中国国家标准汇编

593

GB 30126～30167

（2013 年制定）

中国标准出版社　编

中国标准出版社

北　京

图书在版编目(CIP)数据

中国国家标准汇编:2013年制定.593:GB 30126～30167/中国标准出版社编.—北京:中国标准出版社,2014.9

ISBN 978-7-5066-7674-8

Ⅰ.①中… Ⅱ.①中… Ⅲ.①国家标准-汇编-中国-2013 Ⅳ.①T-652.1

中国版本图书馆CIP数据核字(2014)第187898号

中国标准出版社出版发行
北京市朝阳区和平里西街甲2号(100029)
北京市西城区三里河北街16号(100045)

网址 www.spc.net.cn
总编室:(010)64275323 发行中心:(010)51780235
读者服务部:(010)68523946

中国标准出版社秦皇岛印刷厂印刷
各地新华书店经销

*

开本 880×1230 1/16 印张 39.25 字数 1 210 千字
2014年9月第一版 2014年9月第一次印刷

*

定价 220.00 元

出 版 说 明

1.《中国国家标准汇编》是一部大型综合性国家标准全集。自1983年起，按国家标准顺序号以精装本、平装本两种装帧形式陆续分册汇编出版。它在一定程度上反映了我国建国以来标准化事业发展的基本情况和主要成就，是各级标准化管理机构，工矿企事业单位，农林牧副渔系统，科研、设计、教学等部门必不可少的工具书。

2.《中国国家标准汇编》收入我国每年正式发布的全部国家标准，分为"制定"卷和"修订"卷两种编辑版本。

"制定"卷收入上一年度我国发布的、新制定的国家标准，顺延前年度标准编号分成若干分册，封面和书脊上注明"20××年制定"字样及分册号，分册号一直连续。各分册中的标准是按照标准编号顺序连续排列的，如有标准顺序号缺号的，除特殊情况注明外，暂为空号。

"修订"卷收入上一年度我国发布的、被修订的国家标准，视篇幅分设若干分册，但与"制定"卷分册号无关联，仅在封面和书脊上注明"20××年修订-1，-2，-3，……"字样。"修订"卷各分册中的标准，仍按标准编号顺序排列(但不连续)；如有遗漏的，均在当年最后一分册中补齐。需提请读者注意的是，个别非顺延前年度标准编号的新制定的国家标准没有收入在"制定"卷中，而是收入在"修订"卷中。

读者配套购买《中国国家标准汇编》"制定"卷和"修订"卷则可收齐由我社出版的上一年度我国制定和修订的全部国家标准。

3.由于读者需求的变化，自1996年起，《中国国家标准汇编》仅出版精装本。

4.2013年我国制修订国家标准共1 979项。本分册为"2013年制定"卷第593分册，收入国家标准GB 30126～30167的最新版本。

中国标准出版社
2014年8月

目　　录

ICS 59.080.30
W 04

中华人民共和国国家标准

GB/T 30126—2013

纺织品　防蚊性能的检测和评价

Textiles—Testing and evaluation for anti-mosquitoes properties

2013-12-17 发布　　2014-12-01 实施

中华人民共和国国家质量监督检验检疫总局
中国国家标准化管理委员会　发布

前言

本标准按照 GB/T 1.1—2009 给出的规则起草。

本标准由中国纺织工业联合会提出。

本标准由全国纺织品标准化技术委员会基础标准分技术委员会(SAC/TC 209/SC 1)归口。

本标准起草单位:深圳康益保健用品有限公司、纺织工业标准化研究所、上海巨化纺织科技研究所、北京洁尔爽高科技有限公司。

本标准主要起草人:商成杰、郑宇英、朱丹、张洪杰、张金桐、王兴福。

纺织品　防蚊性能的检测和评价

1　范围

本标准规定了采用驱避法和强迫接触法测定纺织品防蚊性能的方法，并给出了防蚊性能的评价。

本标准适用于机织物、针织物、非织造布等纺织品。

2　规范性引用文件

下列文件对于本文件的应用是必不可少的。凡是注日期的引用文件，仅注日期的版本适用于本文件。凡是不注日期的引用文件，其最新版本(包括所有的修改单)适用于本文件。

GB/T 12490—2007　纺织品　色牢度试验　耐家庭和商业洗涤色牢度

GB/T 13917.1—2009　农药登记用卫生杀虫剂室内药效试验及评价　第1部分：喷射剂

3　术语和定义

下列术语和定义适用于本文件。

3.1

防蚊性能　anti-mosquitoes properties

产品对蚊虫等具有的击倒、杀灭和驱避的特性。

3.2

对照样　control fabric

用于与待测试样比对防蚊性能的织物。

注1：已证明采用色牢度试验用的棉标准贴衬布，经高温蒸煮和蒸馏水洗涤后作为对照样是合适的。

注2：如需要，可采用与试样材质相同，但未经防蚊整理的织物作为对照样。

4　安全预防措施

本方法需要接触蚊虫，并具有保持蚊虫繁殖的条件，所以应在规定的试验环境下由经过培训的人员进行试验。

5　原理

驱避法：具有一定攻击力的蚊虫置于有试样的空间内，其中试样附于人体或供血器上，计数在规定时间内蚊虫在待测试样和对照样表面停落数，以驱避率来评价织物的防蚊性能。

强迫接触法：蚊虫置于有试样的空间内，压缩空间迫使蚊虫接触试样，计数在规定时间内被击倒的蚊虫数和死亡的蚊虫数，以击倒率和杀灭率来评价织物的防蚊性能。

6　设备与材料

6.1　恒温恒湿实验室

能保持一定的试验温度和相对湿度，温度精度为±1 ℃，相对湿度精度为±10%。

6.2 蚊笼

蚊笼尺寸为 40 cm×30 cm×30 cm,底部和两端采用透明材料制成,其余部分采用网孔为(20 目±10 目)的纱网制成。蚊笼一端的中部是直径为 15 cm 的圆孔,在圆孔外缘连接直径为 15 cm,长度约 30 cm 的布袖,参见图 1。

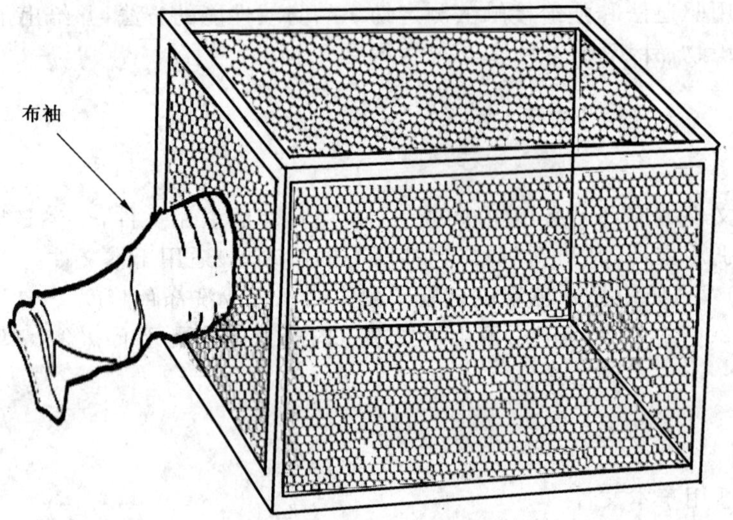

图 1 蚊笼示意图

6.3 驱避测试器

6.3.1 驱避测试器为长方体,18 cm(长)×5 cm(宽)×4 cm(高),其顶部用网孔为(20 目±10 目)的纱网制成,侧面、端板和底面均用透明材料制成,见图 2。

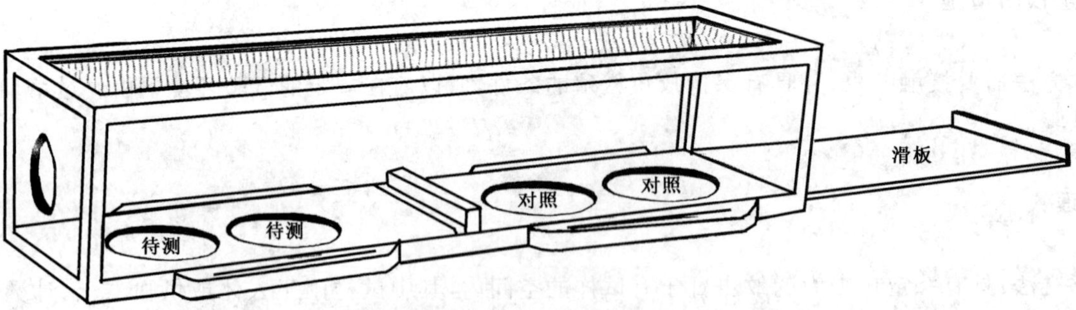

图 2 驱避测试器

6.3.2 驱避测试器底面有四个直径 3 cm 的圆孔,具体位置如图 3 所示。

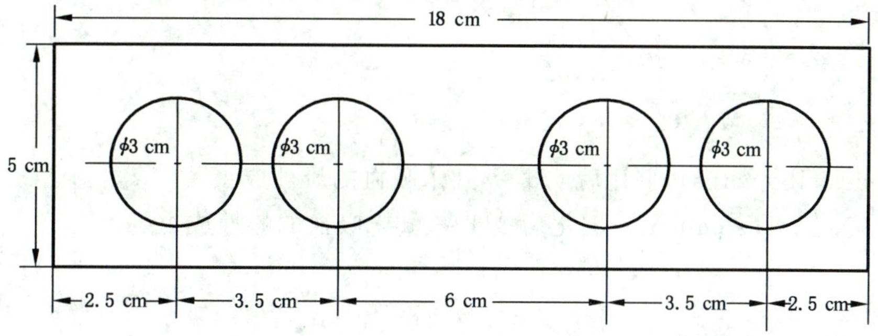

图 3 驱避测试器底面圆孔位置

6.3.3 驱避测试器的两侧和一端底部有滑道槽，滑板由透明材料制成，滑板可在驱避测试器的底面上移动，能暴露和遮盖四个圆孔。

6.3.4 驱避测试器一端的中部是直径为 1.5 cm 的圆孔，用于放入测试的蚊子，用橡皮塞塞进。

6.3.5 弹性橡胶带：用于在志愿人员的前臂上固定驱避测试器用。

6.3.6 模板：尺寸为 18 cm×5 cm，有与图 2 所示的驱避测试器底板相匹配的四个孔。

6.4 吸血昆虫供血器

吸血昆虫供血器：是用于模拟实验动物，替代人体进行驱避试验的人工喂血装置，由温控仪和二个带有热敏探头的血盒组成，其中血盒包括喂血盒和血盒底座，参见图 4。

喂血盒由不锈钢材料加工制成，直径 6.0 cm，内径 5.5 cm，深 0.5 cm，可与血盒底座分离。喂血盒内的血液温度通过温控仪进行调节与控制。

人工膜为封口膜(parafilm 膜)，拉展后将血液封闭于喂血盒内起到血膜的作用。血源采用猪血或鸡血，经脱纤维和防腐处理后，在低于 4 ℃下冷藏备用。冷藏时间超过 20 d 的血液，不能使用。

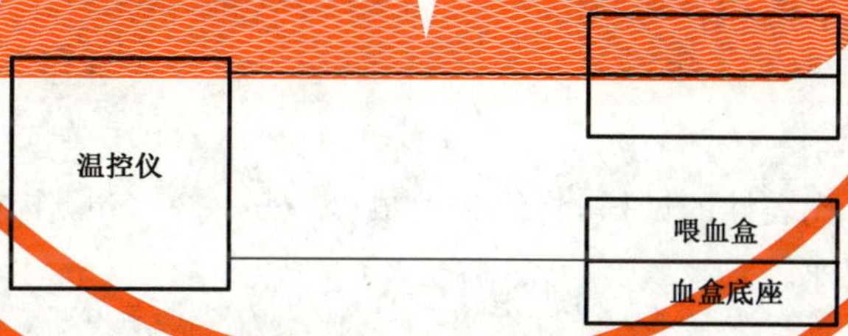

图 4 吸血昆虫供血器示意图

6.5 强迫接触器

符合 GB/T 13917.1—2009 规定的强迫接触器：用于击倒和杀灭试验。

6.6 其他

6.6.1 吸蚊管。

6.6.2 量筒烧瓶等实验室常用器具。

6.6.3 秒表，计数器。

6.6.4 剪刀。

6.6.5 5%蔗糖溶液。

7 试验蚊虫

7.1 蚊虫种类

白纹伊蚊(Aedes albopictus),羽化后4 d～7 d未吸血的雌性成虫。

淡色库蚊(Culex pipiens pallens),羽化后3 d～5 d未吸血的雌性成虫。

7.2 标注信息

用于试验的蚊虫应标注如下信息:

a) 蚊虫的保藏机构名称;

b) 蚊虫的名称和编号;

c) 蚊虫的繁殖日期;

d) 蚊虫的实验室编号。

8 试样的准备

8.1 试样的大小和数量

8.1.1 驱避测试器法

从每个样品上选取具有代表性的试样,剪取4 cm×4 cm正方形作为一个试样。分别取8个待测防蚊织物试样和8个对照样。

8.1.2 吸血昆虫供血器法

从每个样品上选取具有代表性的试样,剪取直径为6 cm的圆形作为一个试样。分别取4个待测防蚊织物试样和4个对照样。

8.1.3 强迫接触器法

从每个样品上选取具有代表性的试样,将织物剪成20 cm×20 cm,作为一个试样。分别取4个待测防蚊织物试样和4个对照样。

8.2 试样前处理

将试样在26 ℃±1 ℃的条件下放置10 min后进行测试。

8.3 防蚊效果耐洗性试样的处理

如果考核织物的防蚊耐洗性能,将待测试样按GB/T 12490—2007中的试样条件A1M进行洗涤,采用ECE标准洗涤剂,清洗结束作为5次洗涤(相当于5次洗涤的具体操作条件和步骤,40 ℃,150 mL溶液,钢珠10粒,洗45 min,洗涤后取出试样,在100 mL的水中清洗两次,每次1 min),达到规定的洗涤次数后,用水充分清洗样品,晾干。

9 测试条件

温度26 ℃±1 ℃;相对湿度65%±10%。

10 测试步骤

10.1 驱避法

10.1.1 驱避测试器法

10.1.1.1 攻击力测试

试验前须对志愿人员及所用试虫进行攻击力试验：在蚊笼(6.2)内放入约300只白纹伊蚊，在手背暴露4 cm×4 cm皮肤，其余部分严密遮蔽。将手伸入蚊笼中，2 min内前来停落的蚊虫多于30只者为攻击力合格，此人及此笼蚊虫可用于驱避试验。

10.1.1.2 驱避测试

选攻击力测试合格的4名志愿人员(男、女各2人)，先用模板(6.3.6)在每人的一只前臂内侧划出四个圆形，分别用待测试样和对照样按图2顺序覆盖四个圆形，然后用模板覆盖试样，在试样上划出四个圆形轮廓，再将驱避测试器放在样布上，并使驱避测试器底面的四个圆孔和样布上的四个圆形轮廓吻合，最后用2个弹性橡胶条将驱避测试器紧固在前臂内侧上。

向固定在前臂内侧的驱避测试器中放进攻击力合格的白纹伊蚊约30只，此时将拉板全部拉出，使4个孔完全暴露，开始计时，计数2 min时待测试样和对照样表面停落的蚊虫数。每位志愿人员试验1次，并计算出驱避率。

10.1.2 吸血昆虫供血器法

在吸血昆虫供血器(6.4)的2个喂血盒中分别加入10 mL血液，用人工膜将血液封闭，待测试样和对照样分别覆盖在喂血盒的人工膜上。由温控仪设定血液温度为36 ℃，当血液温度达到设定温度时，将喂血盒放入盛有300只雌蚊的蚊笼底部，计数2 min时待测试样和对照样表面停落的蚊虫数。重复试验，完成待测试样和对照样的测试。

10.2 强迫接触法

采用强迫接触器，按GB/T 13917.1—2009中4.3.3.1的步骤进行测定。其中，试验蚊虫为淡色库蚊，以试样代替药剂接触面。每个试样使用淡色库蚊20只做强迫接触，蚊虫和试样接触时间为30 min，记录被击倒的蚊虫数。30 min后将全部蚊虫转移至清洁的养蚊笼内，置于26 ℃±1 ℃室内，并用5%糖水棉球饲养，24 h时记录死亡蚊虫数。重复试验，完成待测试样和对照样的测试。

11 结果计算和评价

11.1 结果计算

根据所选试验，按式(1)计算试样对蚊虫的驱避率，按式(2)和式(3)计算试样对蚊虫的击倒率和杀灭率，保留一位小数：

$$R=\frac{B_1-T_1}{B_1}\times 100\% \qquad \cdots\cdots(1)$$

式中：

R ——驱避率，%；

B_1——对照样蚊虫停留数的平均值；

T_1——待测试样蚊虫停留数的平均值。

$$D=\frac{T_2-B_2}{20-B_2}\times 100\% \qquad \cdots\cdots(2)$$

式中：

D ——击倒率，%；

B_2 ——对照样蚊虫 30 min 击倒数的平均值；

T_2 ——待测试样蚊虫 30 min 击倒数的平均值。

$$K=\frac{T_3-B_3}{20-B_3}\times 100\% \qquad \cdots\cdots(3)$$

式中：

K ——杀灭率，%；

B_3 ——对照样蚊虫 24 h 死亡数的平均值；

T_3 ——待测试样蚊虫 24 h 死亡数的平均值。

以驱避率、击倒率或杀灭率计算值作为结果。当计算值为负值时，表示为“0”；当计算值为 100 时，表示为“>99%”。

11.2 评价

11.2.1 总则

根据选择的试验方法，采用至少一项指标对试样的防蚊效果进行评价。

11.2.2 驱避效果

按表 1 评价防蚊纺织品的驱避效果。

表 1

防蚊评级	A 级	B 级	C 级
驱避率 R	>70%	70%～50%	<50%，>30%
驱避效果	具有极强的驱避效果	具有良好的驱避效果	具有驱避效果

11.2.3 击倒效果

按表 2 评价防蚊纺织品击倒效果。

表 2

防蚊评级	A 级	B 级	C 级
击倒率 D	>90%	90%～70%	<70%，>50%
击倒效果	具有极强的击倒效果	具有良好的击倒效果	具有击倒效果

11.2.4 杀灭效果

按表 3 评价防蚊纺织品杀灭效果。

表 3

防蚊评级	A 级	B 级	C 级
杀灭率 K	>70%	70%～50%	<50%,>30%
杀灭效果	具有极强的杀灭效果	具有良好的杀灭效果	具有杀灭效果

12 试验报告

试验报告应包括以下内容：

a) 试验是按本标准执行的；

b) 样品和对照样的描述；

c) 样品的预处理(例如，洗涤次数)

d) 试验用蚊虫的来源；试样的来源；

e) 血源种类及来源；

f) 试验方法；

g) 驱避率，击倒率或杀灭率及其对应的防蚊评级；

h) 试验人员和试验日期；

i) 任何偏离本标准的情况。

ICS 59.080.01
W 04

中华人民共和国国家标准

GB/T 30127—2013

纺织品　远红外性能的检测和评价

Textiles—Testing and evaluation for far infrared radiation properties

2013-12-17 发布　　　　2014-12-01 实施

中华人民共和国国家质量监督检验检疫总局
中国国家标准化管理委员会　发布

前　言

本标准按照 GB/T 1.1—2009 给出的规则起草。

本标准由中国纺织工业联合会提出。

本标准由全国纺织品标准化技术委员会基础标准分技术委员会(SAC/TC 209/SC 1)归口。

本标准起草单位:国家纺织制品质量监督检验中心、太仓金辉化纤实业有限公司、珠海兆天贸易有限公司。

本标准主要起草人:闫春红、吴健春、王宝军、尚灵、谈辉、奚斌。

纺织品　远红外性能的检测和评价

1　范围

本标准规定了采用远红外发射率和温升试验测定纺织品远红外性能的方法,并给出了远红外性能的评价。

本标准适用于各类纺织产品,包括纤维、纱线、织物、非织造布及其制品等。其他材料可参照采用。

本标准不涉及医疗作用的评价。

2　规范性引用文件

下列文件对于本文件的应用是必不可少的。凡是注日期的引用文件,仅注日期的版本适用于本文件。凡是不注日期的引用文件,其最新版本(包括所有的修改单)适用于本文件。

GB/T 6529　纺织品　调湿和试验用标准大气

GB/T 8629—2001　纺织品　试验用家庭洗涤和干燥程序

3　术语和定义

下列术语和定义适用于本文件。

3.1

远红外发射率　far infrared emissivity

试样与同温度标准黑体板在规定条件下的法向远红外辐射强度之比。

4　原理

4.1　远红外发射率的测定

将标准黑体板与试样先后置于热板上,依次调节热板表面温度使之达到规定温度;用光谱响应范围覆盖 5 μm～14 μm 波段的远红外辐射测量系统分别测定标准黑体板和试样覆盖在热板上达到稳定后的辐射强度,通过计算试样与标准黑体板的辐射强度之比,从而求出试样的远红外发射率。

4.2　温升的测定

远红外辐射源以恒定辐照强度辐照试样一定时间后,测定试样测试面表面的温度升高值。

5　仪器和工具

5.1　远红外发射率测试装置。纺织品远红外发射率测试仪原理图见图 1,主要参数应满足以下条件:

a)　试验热板和远红外检测传感器均处于黑体仓内;

b)　试验热板有效面积不低于直径 60 mm 的圆面,温度(34±0.1) ℃;

c)　远红外检测传感器检测波长范围满足 5 μm～14 μm;

d)　远红外辐射强度测定精度±0.1%;

e) 标准黑体板的发射率达到 0.95 以上。

注：某些仪器如能直接计算远红外发射率，发射率测定精度±0.001。

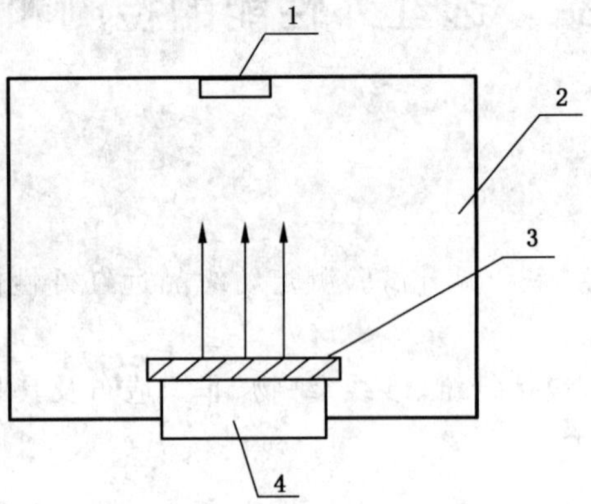

说明：
1——红外接收装置；
2——黑体罩；
3——试样；
4——试验热板。

图 1 远红外发射率测试原理示意图

5.2 远红外辐射温升检测装置。所有部件安装在平稳的架座上，结构原理图见图 2，主要参数应满足以下条件：

a) 远红外辐射源：主波长 5 μm～14 μm，辐射功率 150 W，直径 60 mm～80 mm 的面辐射源。
b) 试样架：试样表面至辐射源的距离 500 mm，试样架在辐射源垂直方向上开穿透孔，开孔直径为 60 mm。
c) 测温仪：具有点状温度传感器，有金属箔防远红外辐射的屏蔽，点状温度传感器直径不超过 0.8 mm，测试范围至少 15 ℃～50 ℃，示值误差不大于 0.1 ℃，响应时间不大于 1 s。

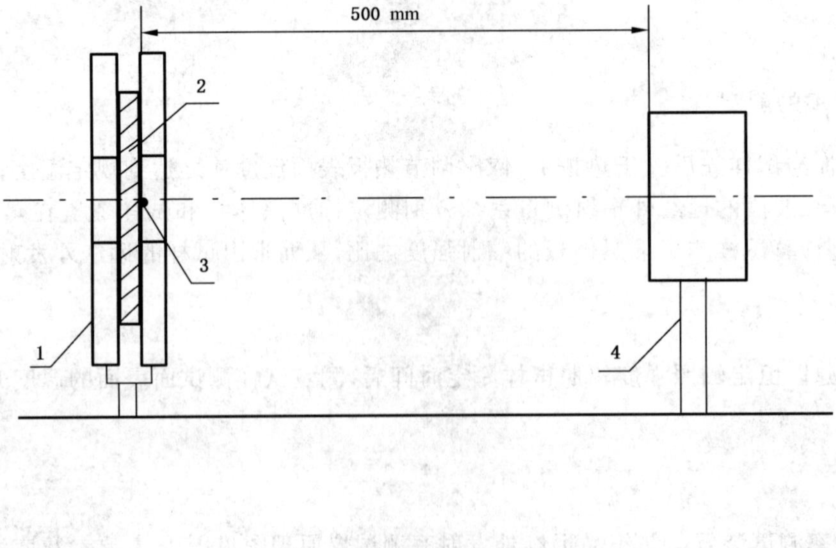

说明：
1——试样架；
2——试样；
3——温度传感器触点；
4——远红外辐射源。

图 2 远红外辐射温升测试装置示意图

5.3 直径为 60 mm、高度为 30 mm 的敞口圆柱形金属容器。

5.4 纱线试样框架，有效试验尺寸不小于试验热板尺寸。

6 试验环境和准备

6.1 试样调湿及环境要求

按照 GB/T 6529 中规定的标准大气的温、湿度环境及程序进行调湿，室内不应有其他热辐射源对其造成影响。

6.2 预处理

6.2.1 如果需要，按照 GB/T 8629—2001 中 7A 程序对样品进行洗涤，洗涤次数由有关各方商定。

注：洗涤次数，内穿类宜不低于 30 次，外穿类宜不低于 10 次，铺盖类宜不低于 5 次。多次洗涤时，可将时间累加进行连续洗涤，或按有关方认可的方法和次数进行洗涤，洗涤次数和方法在报告中说明。

6.2.2 将样品在 6.1 规定的环境下调湿平衡，不得沾污样品。

6.3 试样准备

6.3.1 纤维

测定远红外发射率时，将纤维试样开松成蓬松状态，取 0.5 g 纤维填充到直径为 60 mm、高度为 30 mm 的敞口圆柱形金属容器中，纤维完全充满容器，每份样品至少取 3 个试样；测定温升时，将纤维梳理成蓬松状态，均匀地铺成厚度大约为 30 mm，直径大于 60 mm 的均匀圆柱形絮片，每份样品至少取 3 个试样。

6.3.2 纱线

将纱线试样单层紧密平铺并固定于边长不小于 60 mm 的正方形金属试样框上，测定远红外发射率时将试样框平置并完全覆盖热板，测定温升时，将试样框竖直固定于温升装置试样架上，试样框的中心正对试样架开孔的中心，发射率和温升试验各取至少 3 个试样。

6.3.3 织物等片状样品

从每个样品上剪取发射率和温升试样各至少 3 个，试样尺寸不小于直径 60 mm。取样时试样应平整并具有代表性。对于样品中存在因结构、色泽等(包括制品中拼接组件)差异较大而可能使远红外性能有较大差异的区域，若无特别指明，则每个区域应分别取样。

7 试验步骤

7.1 远红外发射率的测定

7.1.1 将试验热板升温至 34 ℃。

7.1.2 将标准黑体板放置在试验热板上，待测试值稳定后记录标准黑体远红外辐射强度 I_0。

7.1.3 将调湿后的试样放置在试验热板上，待测试值稳定(如 15 min)后记录试样的远红外辐射强度 I。

注：某些仪器如能直接计算远红外发射率，则记录每个试样的远红外发射率值。

7.1.4 按 7.1.3 的步骤测试剩余试样。

7.2 远红外辐照温升的测试

7.2.1 调节试样架与辐射源的距离，使试样表面至辐射源的距离为 500 mm。

7.2.2 将调湿后的试样待测试面朝向红外辐射源夹在试样架中。将测温仪传感器触点固定在试样受辐射的区域表面中心位置。

7.2.3 记录试样表面初始温度 T_0。

7.2.4 开启远红外辐射源，记录试样辐照 30 s 时的表面温度 T。

7.2.5 重复 7.2.2～7.2.4 的步骤，测试剩余试样。

8 结果计算与评价

8.1 结果计算

8.1.1 根据 7.1 测得标准黑体板和试样的远红外辐射强度，按式(1)计算每个试样的远红外发射率，并计算所有试样远红外发射率的平均值作为试验结果，修约至 0.01。

$$\eta=\frac{I}{I_0} \qquad \cdots\cdots(1)$$

式中：

η ——试样远红外发射率，无量纲；

I_0——标准黑体板的远红外辐射强度，单位为瓦每平方米(W/m^2)；

I ——试样的远红外辐射强度，单位为瓦每平方米(W/m^2)。

8.1.2 根据 7.2 测得结果，按式(2)计算每个试样表面的温升，并计算所有试样温升的平均值作为试验结果，修约至 0.1 ℃：

$$\Delta T=T-T_0 \qquad \cdots\cdots(2)$$

式中：

ΔT ——试样在辐射 30 s 内的温升，单位为(℃)；

T_0 ——试样初始表面温度，单位为摄氏度(℃)；

T ——试样在辐射 30 s 时的表面温度，单位为摄氏度(℃)。

8.2 纺织品远红外性能的评价

对于一般样品，若试样的远红外发射率不低于 0.88，且远红外辐射温升不低于 1.4 ℃时，样品具有远红外性能。对于絮片类、非织造类、起毛绒类等疏松样品，远红外发射率不低于 0.83，且远红外辐射温升不低于 1.7 ℃，样品具有远红外性能。

注：由于纺纱织造及后整理工艺对最终纺织品的远红外性能有一定影响，纤维及纱线作为原料不予以评价，测试数据仅作为选料时的参考。

如样品经 6.2 的洗涤后仍达到上述指标要求，则样品具有经洗涤次数的洗涤耐久型远红外性能。

9 试验报告

试验报告应包括下列内容：

a) 试验是按本标准进行的；

b) 样品描述；

c) 试验条件；

d） 仪器型号；

e） 试样数量；

f） 是否经过洗涤处理，如洗涤，注明洗涤次数和方法；

g） 试验结果，远红外发射率及（或）远红外辐射温升值；

h） 如果需要，对样品远红外性能给出评价；

i） 任何偏离本标准的细节。

ICS 59.080.30
W 04

中华人民共和国国家标准

GB/T 30128—2013

纺织品　负离子发生量的检测和评价

Textiles—Testing and evaluation for negative-ion concentration

2013-12-17 发布　　　　2014-12-01 实施

中华人民共和国国家质量监督检验检疫总局
中国国家标准化管理委员会　发布

前　　言

本标准按照 GB/T 1.1—2009 给出的规则起草。

本标准由中国纺织工业联合会提出。

本标准由全国纺织品标准化技术委员会基础标准分技术委员会(SAC/TC 209/SC 1)归口；

本标准起草单位：中纺标(北京)检验认证中心有限公司、杭州天堂伞业集团有限公司、福建中睿环保科技有限公司。

本标准主要起草人：章辉、方锡江、陈郁立、何玲君、刘胜。

纺织品　负离子发生量的检测和评价

1　范围

本标准规定了采用摩擦法测定纺织品动态负离子发生量的试验方法，并给出了评价。

本标准适用于各类纺织织物及其制品。

本标准不涉及因添加含有放射性物质的材料而激发出空气中负离子的纺织产品的安全性评价。

2　规范性引用文件

下列文件对于本文件的应用是必不可少的。凡是注日期的引用文件，仅注日期的版本适用于本文件。凡是不注日期的引用文件，其最新版本(包括所有的修改单)适用于本文件。

GB/T 6529 纺织品　调湿和试验用标准大气

3　术语和定义

下列术语和定义适用于本文件。

3.1

负离子　negative ions

大气中的分子或原子捕获电子后形成的带负电荷的离子，如 $OH^-(H_2O)_n$ 和 $O_2^-(H_2O)_n$ 等。

3.2

负离子发生量　negative ion concentration

纺织品受机械摩擦作用时激发出负离子的个数，以个每立方厘米(个/cm^3)为单位。

4　原理

在一定体积的测试仓中，将试样安装在上、下两摩擦盘上，在规定条件下进行摩擦，用空气离子测量仪测定试样与试样本身相互摩擦时在单位体积空间内激发出负离子的个数，并记录试样负离子发生量随时间变化的曲线。

5　设备与材料

5.1　空气离子测量仪

空气离子测量仪应满足以下要求：

——采用电容式吸入法收集空气离子，能收集离子迁移率大于 0.15 (cm^2/V·s)的离子；

——能测定负离子，分辨率不大于 10 个/cm^3；

——工作温度和相对湿度的范围能满足试验条件的要求；

——能记录负离子发生量随时间变化的曲线。

5.2 测试仓

测试仓应满足以下要求：

——采用有机玻璃等绝缘材料制成，并带有换气系统；

——内部尺寸为(300 ±2)mm ×(560 ±2)mm ×(210±2)mm。

5.3 摩擦仪

摩擦仪由上摩擦盘、下摩擦盘、减速电机和夹持装置组成，其具体要求如下：

——上摩擦盘和下摩擦盘摩均采用不锈钢材料制成；

——上、下摩擦盘摩擦时回转中心轴偏置(50±0.5)mm；

——上摩擦盘为静摩擦盘，有效摩擦直径为(100±0.5)mm，厚度不小于 2mm，能施以向下的压力为(7.5±0.2)N；

——下摩擦盘为动摩擦盘，直径为(200±0.5)mm，厚度不小于 2 mm，能绕减速电机机轴转动，转速为(93±3)r/min；

——夹持装置，能将试样夹紧并固定在上摩擦盘和下摩擦盘表面。

5.4 衬垫

聚氨酯泡沫塑料衬垫两块，直径分别为(98±1)mm 和(198±1)mm，作为安装在试样与摩擦盘之间的衬垫，其主要性能要求如下：

——厚度为(3±1)mm；

——密度为(30±3)kg/m^3；

——压痕硬度为(5.8±0.8)kPa。

6 试样准备

从样品上裁取至少三组试样，每组各两块试样，一块安装在上摩擦盘上，另一块安装在下摩擦盘上，其尺寸要分别与上、下两摩擦盘的尺寸相适应，以保证两块试样能分别用夹持装置固定于上摩擦盘和下摩擦盘上，且能完全覆盖两摩擦盘表面。

7 调湿和试验条件

在 GB/T 6529 规定的标准大气下对试样进行调湿和试验，且试验应在干净和气流稳定的试验环境下进行。

8 试验步骤

8.1 安装试样

打开测试仓，用夹持装置将两块试样和其对应的衬垫分别固定于上摩擦盘和下摩擦盘上，其中衬垫置于试样和摩擦盘之间，且应保证试样在自然平整的状态下能完全覆盖两摩擦盘表面。

注：对于涂层织物，宜使涂层面相互摩擦。

8.2 测试

8.2.1 将 5.1 中规定的负离子测试仪放置于测试仓内，其测试口距摩擦盘 50 mm。

8.2.2 开启空气负离子测试仪，关闭测试仓，测定未摩擦前测试仓内空气负离子浓度，测定时间至少为1 min，待显示测试数据稳定后，对空气负离子测试仪清零。

注：当显示测试数据在(0～100)个/cm^3 范围内变化时，即可认为达到稳定状态。

8.2.3 启动摩擦装置摩擦试样，同时开始测定试样摩擦时的负离子发生量，测定时间至少为 3 min，记录试样负离子发生量随时间变化的曲线。

8.3 测试完毕后，关闭空气负离子测试仪和摩擦装置，启动换气装置至少 5 min，按 8.1～8.2 测定下一组试样，直至测完所有试样。

9 试验结果计算与表示

9.1 从 8.2.3 中记录的负离子发生量-时间关系曲线(如图 1 所示)上 30 s 以后选择并读取除异常峰值外的前 5 个最大有效峰值，单位为个/cm^3，结果保留至整数位。

注：异常峰值一般大于最大有效峰值的 10 倍。

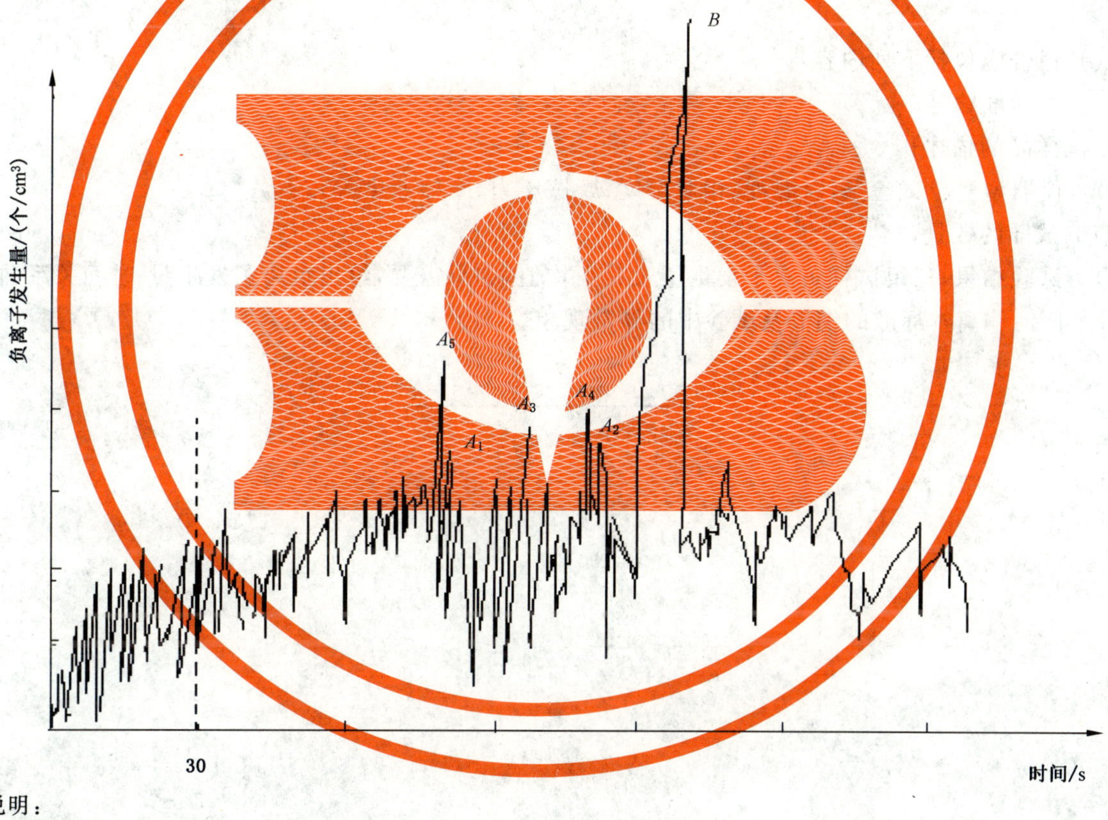

说明：

A_1、A_2、A_3、A_4 和 A_5——负离子发生量-时间关系曲线上的前 5 个最大有效峰值。

B——负离子发生量-时间关系曲线上异常峰值。

图 1 负离子发生量-时间关系曲线图

9.2 计算除异常峰值外的前 5 个最大有效峰值的平均值，作为每组试样的负离子发生量，单位为个/cm^3，结果保留至整数位。

9.3 计算样品三组试样的负离子发生量的平均值，结果保留至整数位。

10 评价

如果需要，对样品的负离子发生量进行评价，具体见表 1。

表 1

负离子发生量/(个/cm^3)	评价
＞1 000	负离子发生量较高
550～1 000	负离子发生量中等
＜550	负离子发生量偏低

11 试验报告

试验报告应包括下列内容：

a) 本标准编号；

b) 样品的描述；

c) 仪器型号及试验条件(温度、相对湿度、摩擦压力、摩擦速度等)；

d) 试样的数量；

e) 试验结果，三组试样负离子发生量及其平均值，如果需要，给出负离子发生量-时间关系曲线；

f) 任何偏离本标准的细节及试验中的异常现象。

ICS 85.060
Y 32

中华人民共和国国家标准

GB/T 30129—2013

壁 纸 原 纸

Base paper of wallpaper

2013-12-17 发布 2014-12-01 实施

中华人民共和国国家质量监督检验检疫总局
中 国 国 家 标 准 化 管 理 委 员 会 发布

前　言

本标准按照 GB/T 1.1—2009 给出的规则起草。

请注意本文件的某些内容可能涉及专利。本文件的发布机构不承担识别这些专利的责任。

本标准由中国轻工业联合会提出。

本标准由全国造纸工业标准化技术委员会(SAC/TC 141)归口。

本标准起草单位:浙江华邦特种纸业有限公司、山东齐峰特种纸业股份有限公司、中国制浆造纸研究院、国家纸张质量监督检验中心、中国造纸协会标准化专业委员会。

本标准主要起草人:邱文伦、左建波、楼钱、陈阴杰、李安东、黎的非。

壁 纸 原 纸

1 范围

本标准规定了壁纸原纸的术语和定义、产品分类、要求、试验方法、检验规则、标志、包装、运输和贮存。

本标准适用于加工制作纸基壁纸和纯纸壁纸用原纸。

2 规范性引用文件

下列文件对于本文件的应用是必不可少的。凡是注日期的引用文件,仅注日期的版本适用于本文件。凡是不注日期的引用文件,其最新版本(包括所有的修改单)适用于本文件。

GB/T 450 纸和纸板 试样的采取及试样纵横向、正反面的测定
GB/T 451.1 纸和纸板尺寸及偏斜度的测定
GB/T 451.2 纸和纸板定量的测定
GB/T 451.3 纸和纸板厚度的测定
GB/T 455 纸和纸板撕裂度的测定
GB/T 456 纸和纸板平滑度的测定(别克法)
GB/T 459 纸和纸板伸缩性的测定
GB/T 462 纸、纸板和纸浆 分析试样水分的测定
GB/T 465.2 纸和纸板 浸水后抗张强度的测定
GB/T 742 造纸原料、纸浆、纸和纸板 灰分的测定
GB/T 1540 纸和纸板吸水性的测定 可勃法
GB/T 1541—1989 纸和纸板 尘埃度的测定法
GB/T 1543 纸和纸板 不透明度(纸背衬)的测定(漫反射法)
GB/T 2828.1 计数抽样检验程序 第1部分:按接收质量限(AQL)检索的逐批检验抽样计划
GB/T 7974 纸、纸板和纸浆亮度(白度)的测定 漫射/垂直法
GB/T 7975 纸和纸板 颜色的测定(漫反射法)
GB/T 10342 纸张的包装和标志
GB/T 10739 纸、纸板和纸浆试样处理和试验的标准大气条件
GB/T 12914 纸和纸板 抗张强度的测定

3 术语和定义

下列术语和定义适用于本文件。

3.1

纸基壁纸 paper-backed vinyl wallpaper

以纸为基材,以聚氯乙烯塑料、金属材料或两者的复合材料为面层,经压延或涂布以及印刷、轧花或发泡复合而制成的壁纸。

3.2

纯纸壁纸　paper wallcovering

是以纯纸壁纸原纸为原材料，直接印刷或涂布发泡而制成的壁纸。

4　分类

4.1　壁纸原纸分为纸基壁纸原纸和纯纸壁纸原纸等。

4.2　壁纸原纸为卷筒纸。

5　要求

5.1　纸基壁纸原纸、纯纸壁纸原纸的技术指标应符合表1或订货合同规定。

表 1

指标名称		单位	规定		
			纸基壁纸原纸		纯纸壁纸原纸
定量		g/m^2	90.0±3.0	100±3	155±4
横幅定量差　≤		%	2.0	2.5	3.0
厚度		μm	150±10	165±10	180±10
横幅厚度差　≤		%	3.0	4.0	5.0
抗张强度(纵向)　≥		kN/m	3.20	3.50	4.50
湿抗张强度(纵向)　≥		kN/m	0.50	0.55	0.85
平滑度		s	正反面均为10～25		正面≥60/反面≥25
撕裂度(横向)　≥		mN	600	700	900
亮度		%	60.0～68.0		≥80.0
不透明度　≥		%	95.0	96.0	96.0
吸水性(正反面均)　≤		g/m^2	20.0		25.0
伸缩性(横向)		%	1.2～1.5		≤1.8
灰分　≤		%	15		
色差　≤		—	1.5		
尘埃度	(0.5～1.0)mm^2　≤	个/m^2	20		
	>1.0 mm^2		不应有		
交货水分		%	4.0～8.0		

5.2　壁纸原纸每卷纸的宽度和直径应按订货合同规定。宽度偏差应不超过±3 mm，直径偏差应不超过±50 mm。

5.3　卷筒纸应复卷整齐，每卷纸的断头应不超过1个，接头处应用胶带粘牢，且接头处应有明显标记。

5.4　壁纸原纸的纤维组织应均匀，纸面应平整，不应有褶子、皱纹、条痕、透光点、斑点等外观质量缺陷。

6 试验方法

6.1 试样的采取按 GB/T 450 的规定进行。

6.2 试样的处理和试验的标准大气条件按 GB/T 10739 的规定进行。

6.3 定量、横幅定量差按 GB/T 451.2 进行测定。

6.4 厚度、横幅厚度差按 GB/T 451.3 进行测定。

6.5 抗张强度按 GB/T 12914 进行测定，仲裁时采用恒速拉伸法进行测定。

6.6 湿抗张强度按 GB/T 465.2 进行测定，浸水时间为 1 h。

6.7 平滑度按 GB/T 456 进行测定。

6.8 撕裂度按 GB/T 455 进行测定。

6.9 亮度按 GB/T 7974 进行测定。

6.10 不透明度按 GB/T 1543 进行测定。

6.11 吸水性按 GB/T 1540 进行测定，吸水时间为 60 s。

6.12 伸缩性按 GB/T 459 进行测定，浸水时间为 15 min。

6.13 灰分按 GB/T 742 进行测定。

6.14 色差按 GB/T 7975 进行测定。

6.15 尘埃度按 GB/T 1541—1989 进行测定。

6.16 交货水分按 GB/T 462 进行测定。

6.17 尺寸偏差按 GB/T 451.1 进行测定。

6.18 外观质量采用目测检验。

7 检验规则

7.1 以一次交货为一批，每批应不多于 30 t。

7.2 生产厂应保证所生产的产品符合本标准或订货合同的规定，交货时每卷纸应附有一份产品质量合格证。

7.3 计数抽样检验程序按 GB/T 2828.1 规定进行，样本单位为卷。接收质量限(AQL)：抗张强度、湿抗张强度、吸水性、伸缩率 AQL=4.0；定量、横幅定量差、厚度、横幅厚度差、平滑度、撕裂度、亮度、不透明度、灰分、色差、尘埃度、交货水分、尺寸偏差、外观质量 AQL=6.5。抽样方案采用正常检验二次抽样方案，检查水平为特殊检查水平 S-2，见表 2。

表 2

批量/卷	正常检验二次抽样方案　特殊检查水平 S-2				
	样本量	AQL=4.0		AQL=6.5	
		Ac	Re	Ac	Re
2～150	3	0	1	—	—
	2	—	—	0	1
151～1 200	3	0	1	—	—
	5	—	—	0	2
	5(10)	—	—	1	2

7.4 可接收性的确定:第一次检验的样品数量应等于该方案给出的第一样本量。如果第一样本中发现的不合格品数小于或等于第一接收数,应认为该批是可接收的;如果第一样本中发现的不合格品数大于或等于第一拒收数,应认为该批是不可接收的。如果第一样本中发现的不合格品数介于第一接收数与第一拒收数之间,应检验由方案给出样本量的第二样本并累计在第一样本和第二样本中发现的不合格品数。如果不合格品累计数小于或等于第二接收数,则判定该批是可接收的;如果不合格品累计数大于或等于第二拒收数,则判定该批是不可接收的。

7.5 需方有权按本标准检验产品,如对产品质量有异议,可在到货后一个月内(或按订货合同规定)通知供方共同取样复验,或委托共同商定的检验部门进行复验。如不符合本标准或订货合同的规定,则判为批不合格,由供方负责处理;如符合本标准或订货合同的规定,则判为批合格,由需方负责处理。

8 标志、包装、运输、贮存

8.1 产品的标志与包装应按 GB/T 10342 进行,或按订货合同的规定。

8.2 产品运输时,应使用有篷而洁净的运输工具,不应与有污染的物质共同运输。搬运和堆垛产品时,不应损坏产品的包装,不应将纸件从高处扔下。

8.3 产品应妥善保管,防止雨、雪、潮湿、日光暴晒及酸碱气体等影响。

ICS 85.060
Y 32

中华人民共和国国家标准

GB/T 30130—2013

胶 版 印 刷 纸

Offset paper

2013-12-17 发布

2014-12-01 实施

中华人民共和国国家质量监督检验检疫总局
中国国家标准化管理委员会
发布

前言

本标准按照 GB/T 1.1—2009 给出的规则起草。

请注意本文件的某些内容可能涉及专利。本文件的发布机构不承担识别这些专利的责任。

本标准由中国轻工业联合会提出。

本标准由全国造纸工业标准化技术委员会(SAC/TC 141)归口。

本标准起草单位:山东太阳纸业股份有限公司、中国制浆造纸研究院、芬欧汇川(常熟)纸业有限公司、金华盛纸业(苏州工业园区)有限公司、中冶纸业银河有限公司、山东晨鸣纸业集团。

本标准主要起草人:邱文伦、黎的非、牛丽、朱志坚、张新武、王秋云、李炳娟。

胶版印刷纸

1 范围

本标准规定了胶版印刷纸的分类、要求、试验方法、检验规则及标志、包装、运输、贮存。

本标准适用于胶版印刷书刊、封面、插图、图片等用的印刷纸。

2 规范性引用文件

下列文件对于本文件的应用是必不可少的。凡是注日期的引用文件，仅注日期的版本适用于本文件。凡是不注日期的引用文件，其最新版本(包括所有的修改单)适用于本文件。

GB/T 147 印刷、书写和绘图用原纸尺寸

GB/T 450 纸和纸板 试样的采取及试样纵横向、正反面的测定

GB/T 451.1 纸和纸板尺寸及偏斜度的测定

GB/T 451.2 纸和纸板定量的测定

GB/T 451.3 纸和纸板厚度的测定

GB/T 456 纸和纸板平滑度的测定(别克法)

GB/T 457—2008 纸和纸板 耐折度的测定

GB/T 459 纸和纸板伸缩性的测定

GB/T 462 纸、纸板和纸浆 分析试样水分的测定

GB/T 1540 纸和纸板吸水性的测定(可勃法)

GB/T 1541—1989 纸和纸板尘埃度的测定法

GB/T 1543 纸和纸板不透明度(纸背衬)的测定(漫反射法)

GB/T 1545 纸、纸板和纸浆 水抽提液酸度或碱度的测定

GB/T 2828.1 计数抽样检验程序 第1部分:按接收质量限(AQL)检索的逐批检验抽样计划

GB/T 7974 纸、纸板和纸浆亮度(白度)的测定 漫射/垂直法

GB/T 7975 纸和纸板 颜色的测定(漫反射法)

GB/T 10342 纸张的包装和标志

GB/T 10739 纸、纸板和纸浆试样处理和试验的标准大气条件

GB/T 12914 纸和纸板 抗张强度的测定

GB/T 22365 纸和纸板 印刷表面强度的测定

QB/T 1020 纸和纸板印刷适性用标准油墨

3 分类

3.1 胶版印刷纸按质量分为优等品、一等品、合格品三个等级。

3.2 胶版印刷纸分平板纸和卷筒纸。

4 要求

4.1 胶版印刷纸的技术指标应符合表1或订货合同规定。

表 1

指标名称			单位	规定								
				优等品			一等品			合格品		
定量			g/m²	60.0	70.0	80.0	90.0	100	110	120	150	200
定量偏差			g/m²	±3.0	±3.0	±3.0	±3.5	±4	±4	±5	±5	±6
厚度			mm	0.075	0.088	0.100	0.110	0.122	0.134	0.144	0.180	0.240
厚度允许偏差			%	±10	±10	±10	±10	±8	±8	±8	±8	±8
厚度横幅差		≤	%	6								
亮度		≤	%	90.0								
不透明度	优等品	≥	%	82.0	84.0	86.0	88.0	92.0	94.0	96.0	96.0	96.0
	一等品			78.0	82.0	84.0	86.0	90.0	92.0	94.0		
	合格品			76.0	80.0	82.0	84.0	88.0	90.0	92.0		
吸水性(正反面均)			g/m²	20.0～45.0								
抗张指数	平板纸(纵横平均) ≥	<100 g/m²	N·m/g	35.0			25.0			20.0		
		≥100 g/m²		30.0			25.0			20.0		
	卷筒纸(纵向) ≥	<100 g/m²	N·m/g	45.0			35.0			30.0		
		≥100 g/m²		35.0			30.0			25.5		
耐折度(横向)		≥	次	12			8			5		
平滑度	(正反面均)	≥	s	30			25			20		
	(正反面差)	≤	%	25			30			35		
伸缩性(横向)		≤	%	+3.5								
印刷表面强度(正反面均)	卷筒	≥	m/s	1.5			1.0			0.8		
	平板			1.0			0.8			0.6		
尘埃度	(0.2～0.5)mm²	≤	个/m²	40			60			100		
	(>0.5～1.5)mm²	≤		4			6			8		
	>1.5 mm²			不应有			不应有			不应有		
交货水分			%	4.5～8.0								

4.2　胶版印刷纸的尺寸应符合 GB/T 147 的规定或按订货合同规定。尺寸偏差应不超过±3 mm，偏斜度应不超过 3 mm。

4.3　胶版印刷纸的切边应整齐、洁净。

4.4　胶版印刷纸的纤维组织应均匀，纸面应平整，不应有褶子、皱纹、残缺、破洞、透光点、裂口、各种斑点、砂子、硬质块、明显毛布痕、鱼鳞斑、透射光可见的针孔及掉粉掉毛现象。

4.5　每批胶版印刷纸色泽一致，不应有明显差别，同批纸的色差 ΔE^*_{ab} 应不大于 2.0。

4.6　卷筒纸应复卷整齐，每卷断头应不超过 3 个，但优等品应不超过 1 个。接头处应粘牢，且接头处应有明显标志。

5　试验方法

5.1　试样的采取和处理按 GB/T 450 和 GB/T 10739 的规定进行。

5.2 定量按 GB/T 451.2 进行测定。
5.3 厚度和厚度横幅差按 GB/T 451.3 进行测定。
5.4 亮度按 GB/T 7974 进行测定。
5.5 色差按 GB/T 7975 进行测定。
5.6 不透明度按 GB/T 1543 进行测定。
5.7 吸水性按 GB/T 1540 进行测定，吸水时间 60 s。
5.8 抗张指数按 GB/T 12914 进行测定，仲裁时采用恒速拉伸法进行测定。
5.9 耐折度按 GB/T 457—2008 中肖伯尔法进行测定。
5.10 平滑度按 GB/T 456 进行测定。
5.11 横向伸缩性按 GB/T 459 进行测定。
5.12 印刷表面强度按 GB/T 22365 进行测定，应使用符合 QB/T 1020 规定的中粘度拉毛油。仲裁时采用电动法进行测定。
5.13 尘埃度按 GB/T 1541—1989 进行测定，出现 0.5 mm^2～1.5 mm^2 尘埃时，检验面积应至少为 1 m^2。
5.14 交货水分按 GB/T 462 进行测定。
5.15 尺寸及偏斜度按 GB/T 451.1 进行测定。
5.16 外观质量采用目测。

6 检验规则

6.1 以一次交货数量为一批，但每批应不多于 30 t。
6.2 供方应保证胶版印刷纸符合本标准或合同规定。每件纸内应附有一份产品合格证，每批交货时应附产品质量检验报告。
6.3 计数抽样检验程序按 GB/T 2828.1 规定进行，样本单位为件或卷。接收质量限(AQL)：抗张指数、印刷表面强度 AQL＝4.0，定量、定量偏差、厚度、厚度允许偏差、厚度横幅差、亮度、不透明度、吸水性、耐折度、平滑度、伸缩性、尘埃度、交货水分、尺寸及偏斜度、外观质量 AQL＝6.5。抽样方案采用正常检验二次抽样方案，检查水平为特殊检查水平 *S*-2。见表 2。

表 2

批量/件或卷	正常检验二次抽样方案　特殊检验水平 *S*-2				
	样本量	AQL＝4.0		AQL＝6.5	
		Ac	Re	Ac	Re
2～150	3	0	1	—	—
	2	—	—	0	1
151～1 200	3	0	1	—	—
	5	—	—	0	2
	5(10)	—	—	1	2

6.4 可接收性的确定：第一次检验的样品数量应等于该方案给出的第一样本量。如果第一样本中发现的不合格品数小于或等于第一接收数，应认为该批是可以接收的；如果第一样本中发现的不合格品数大于或等于第一拒收数，应认为该批是不可接收的。如果第一样本中发现的不合格品数介于第一接收数与第一拒收数之间，应检验由方案给出样本量的第二样本并累计在第一样本和第二样本中发现的不合格品数。如果不合格品累计数小于或等于第二接收数，则判定该批是可以接收的；如果不合格品累计数大于或等于第二拒收数，则批是不可以接收的。

6.5　需方有权按本标准或合同对批产品进行验收，如对该批产品质量有异议，应在到货后一个月内（或按合同规定）通知供方，由供需双方共同抽样检验。如检验结果不符合本标准或合同规定，则判该批不可接收，由供方负责处理；如检验结果符合本标准或合同规定，则判该批合格，由需方负责处理。

7　标志、包装、运输、贮存

7.1　胶版印刷纸的包装与标志应按 GB/T 10342 的规定进行，每件平板纸的纵横向应一致。

7.2　胶版印刷纸运输时应使用防雨、防潮、洁净的运输工具，不应与有污染、腐蚀及易燃物品等共同运输。

7.3　胶版印刷纸在搬运时，不应将纸件（卷）从高处扔下或就地翻滚移动。

7.4　胶版印刷纸应妥善保管，严防雨、雪和地面潮湿的影响，并严禁大型物品挤压。

ICS 59.080.01
W 55

中华人民共和国国家标准

GB/T 30131—2013

纺织品　服装系统静电性能的评定 穿着法

Textile—Evaluation for electrostatic properties of garment system—Dressing method

2013-12-17 发布　　2014-12-01 实施

中华人民共和国国家质量监督检验检疫总局
中国国家标准化管理委员会　发布

前　言

本标准按照 GB/T 1.1—2009 给出的规则起草。

本标准由中国纺织工业联合会提出。

本标准由全国纺织品标准化技术委员会基础标准分技术委员会(SAC/TC 209/SC 1)归口。

本标准起草单位:上海佰洁静电检测技术中心、国家纺织制品质量监督检验中心、上海晨隆静电科技有限公司、上海防静电工业协会、3M 中国有限公司、金华天开电子材料公司、苏州天华超净科技股份有限公司、杭州摩托罗拉移动通信设备有限公司、北京京东方显示技术有限公司、上海华力微电子有限公司。

本标准主要起草人:徐明、黄建华、黎国栋、任圣欣、王宝军、魏晓波、王福良、裴振华、王珣、姜俊平、姜干、史海英、杨新元、高鹤鸣、顾淼、王继华。

纺织品　服装系统静电性能的评定
穿着法

1　范围

本标准规定了服装系统穿着时在规定的地面试样上的静电性能测试方法及评定。

本标准适用于在电子、半导体、通讯等对静电敏感行业所穿用的服装系统的检测。

2　规范性引用文件

下列文件对于本文件的应用是必不可少的。凡是注日期的引用文件，仅注日期的版本适用于本文件。凡是不注日期的引用文件，其最新版本(包括所有的修改单)适用于本文件。

GB/T 8629—2001　纺织品　试验用家庭洗涤和干燥程序

SJ/T 10694—2006　电子产品制造与应用系统防静电检测通用规范

3　术语和定义

下列术语和定义适用于本文件。

3.1

服装系统　garment system

由服装、袜子、鞋及其相关配置组成的系统。

4　原理

人体穿着服装系统，在指定的地面试样表面站立或走动时，通过电阻测试仪、静电监测仪及相关电极，测试服装系统穿着时的系统电阻和动态电压。

5　装置与器具

5.1　电阻表

有 10 V 和 100 V 两档工作电压。电阻测量范围为 1×10^{4} Ω～1×10^{12} Ω，准确度不劣于±5%。

5.2　手持式电极

不锈钢棒，直径 25 mm，长 75 mm。

5.3　平板式静电监测仪

输入阻抗不小于 10^{14} Ω，由监测板、连接线和手持式电极组成，其总电容不大于 30 pF，系统响应时间不大于 0.25 s，测量电压范围 10 V～5 000 V。

5.4 自动图形记录仪

能够与平板式静电监测仪连接，并能有效记录充电电压的波形变化，响应时间应在 0.25 s 以内。

5.5 地面试样

与服装系统使用环境完全相同的地面试样，面积为(900±10)mm×(900±10)mm，应具有适当的接地点。当无法取得上述地面试样的情况下，也可由相关方协商指定地面试样。

5.6 垫板或支撑材料

要求表面平滑、干净，按 SJ/T 10694—2006 中点对点电阻测试方法，电阻应不小于 1.0×10^{11} Ω，厚度约 6 mm。面积应大于 5.5 所规定的地面试样，且将上述地面试样放置在上面的时候，垫板与地面试样的边缘最小间距不得少于 10 mm，见图 1。

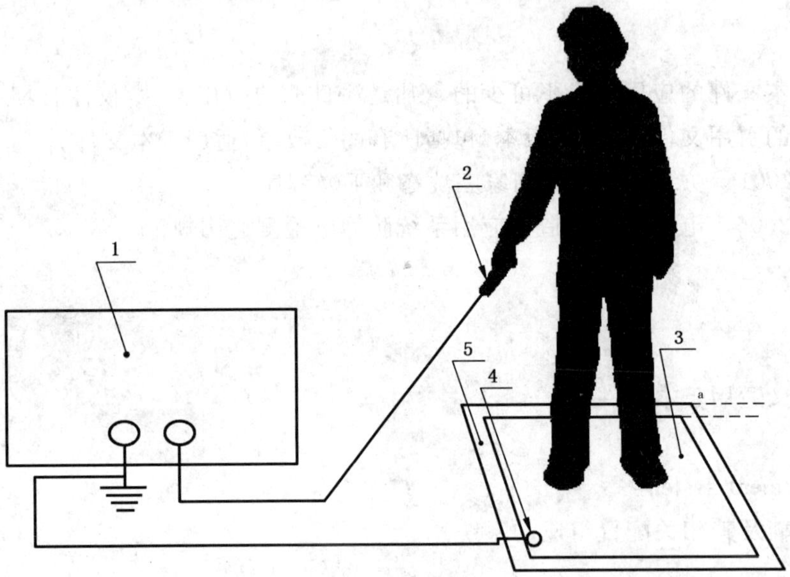

说明：

1——电阻表；

2——手持式电极；

3——地面试样；

4——接地点；

5——垫板或支撑材料。

[a] 地面试样与垫板或支撑材料的边缘相距不得小于 10 mm。

图 1 电阻测试示意图

6 试验条件

温度为(23±3)℃、相对湿度为(12±3)%。采用其他试验条件时，应在试验报告中注明。

7 试样准备

7.1 地面试样

应对地面试样进行清洁，防止表面杂质影响测量，并在测试环境中静置 48 h 以上。如果需要，纺织类的地面试样按相关方指定的程序清洗烘干后，在测试环境静置 48 h 以上。如果在现场进行测试。则在地面上进行标记取样，并在试验报告中注明。

7.2 服装系统试样

对于服装系统中的鞋子，先用浸过酒精的干净棉布擦拭鞋底，去除其表面上的化学物质，将清洁过的鞋子放在测试环境中静置 48 h。也可按照相关方指定的程序对鞋子进行清洁。

对于服装系统中除鞋子以外的其他配置按照相关方指定的程序进行清洗烘干后，在测试环境中静置 48 h。如果没有指定程序，应按照 GB/T 8629—2001 中的 4A 程序清洗一次，60 ℃滚筒烘干 1 h。

进行现场测试时，根据现场的实际条件取样，并在试验报告中注明。

8 试验程序

8.1 服装系统穿着时的电阻测试

8.1.1 将地面试样放置在垫板之上，并使地面试样通过接地点有效接地。

8.1.2 将电阻表的负极通过连接线连接在地面试样的接地点上，将电阻表的正极通过连接线与手持式电极相连。

8.1.3 测试人员穿着服装系统，并保持穿着状态静止站立不少于 10 min。

8.1.4 测试人员双脚站立在地面试样上，一手握住手持式电极。

8.1.5 将测试电压设置为 10 V，开始通电测试。示意图见图 1。通电 15 s±2 s 后，或待数据稳定时，记录测试结果。如电阻超过 1.0×10^{6} Ω，选择 100 V 电压，重新测量，并记录测试结果。

8.1.6 关闭电源，将右脚提起，离地面试样大约 150 mm，并重复 8.1.5。

8.1.7 关闭电源，将左脚提起，离地面试样大约 150 mm，并重复 8.1.5。

8.1.8 在实验室测试时，应在地面试样 5 个不同位置，重复 8.1.2 至 8.1.7。

8.1.9 在现场已安装好地面测试时，应选择分布均匀的 5 个不同位置进行测量。对于大面积的现场，每 500 m^2 至少做 5 组测试，明显磨损、脏污处至少做 3 组。

8.2 服装系统穿着时的动态电压测试

8.2.1 将地面试样放置在垫板之上，并使地面试样通过接地点有效接地。要求地面试样与检测环境中周围其他物体的距离不得小于 0.5 m。

8.2.2 连接平板式静电监测仪和自动图形记录仪，如图 2。

8.2.3 测试人员穿着服装系统，手握手持式电极并连接到平板式静电监测仪上，保持穿着状态静止站立不少于 10 min。

8.2.4 开始测试前，要确保静电监测仪调至零位。

8.2.5 测试人员按如下要求在地面试样上行走：

——按照每秒钟 2 步的步频行走；

——测试过程中始终保持身体面对同一方向，即通过前进及后退的方式行进；

——提腿时，应注意保持鞋底与地面试样平行，且鞋底距地面最高距离控制在 50 mm～80 mm；

——行走路径应符合图 3 的顺序要求，右脚站立于“右 1”位置，左脚站立于“左 1”位置，按照“右 2”、“左 2”、“右 3”、“左 3”、“右 1”、“左 1”的顺序循环；

——行走路径应尽量覆盖地面试样的全部面积，但不可超出测试面积，要避免拖足和旋转；

——行走过程中不能出现明显停顿；

——要避免因为行走动作对地面试样造成褶皱、挤压或损伤。

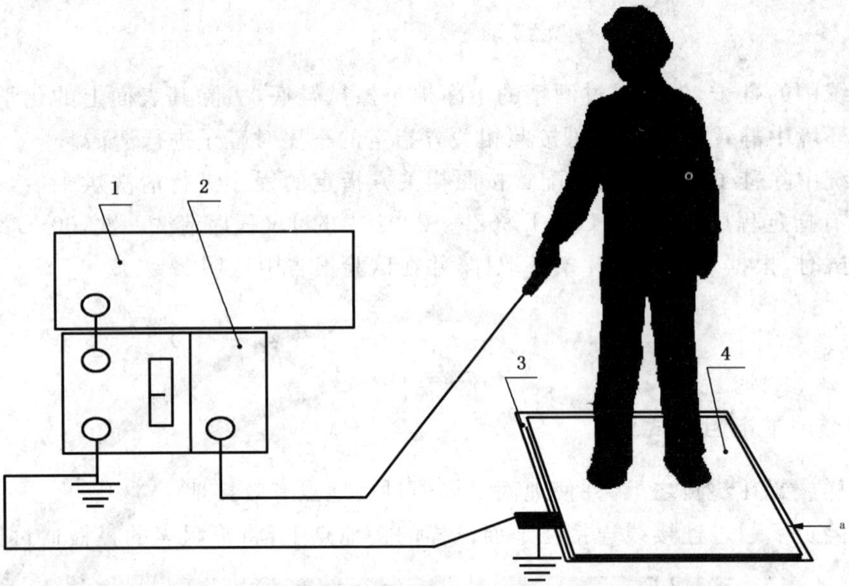

说明：

1——自动图形记录仪；

2——平板式静电监测仪；

3——垫板；

4——地面试样。

[a] 地面试样与垫板或支撑材料的边缘相距不得小于 10 mm。

图 2　动态电压测试示意图

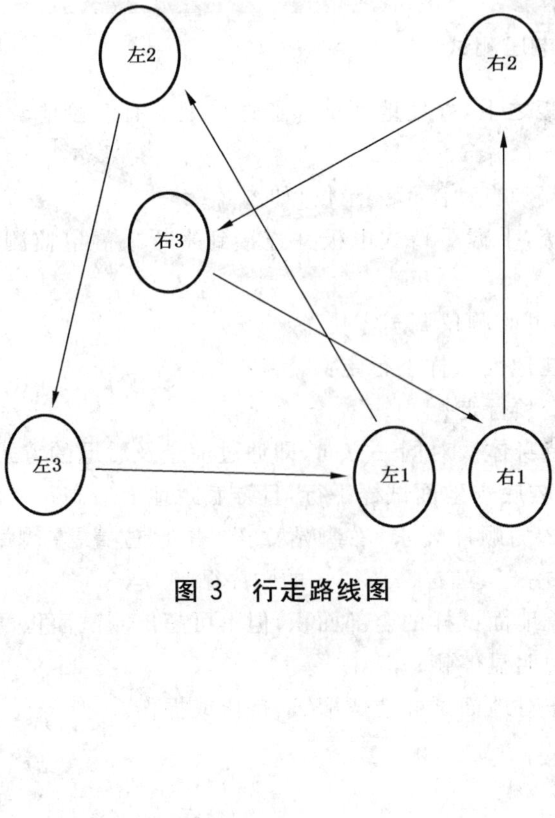

图 3　行走路线图

8.2.6 保持行走状态 1 min,通过自动图形记录仪记录这段期间监测所得的电压值,如图 4。

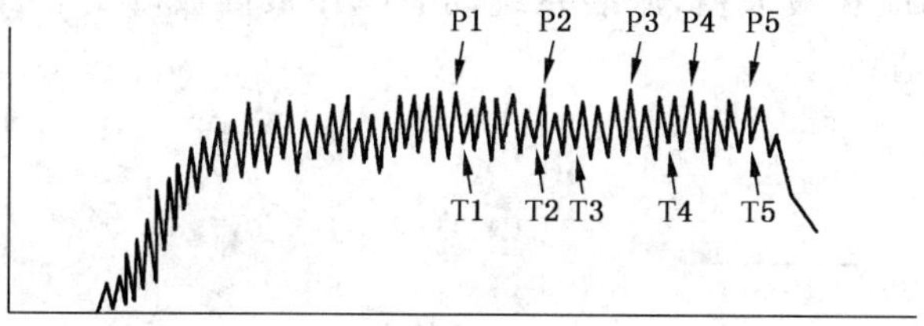

a) 正电时的波形曲线

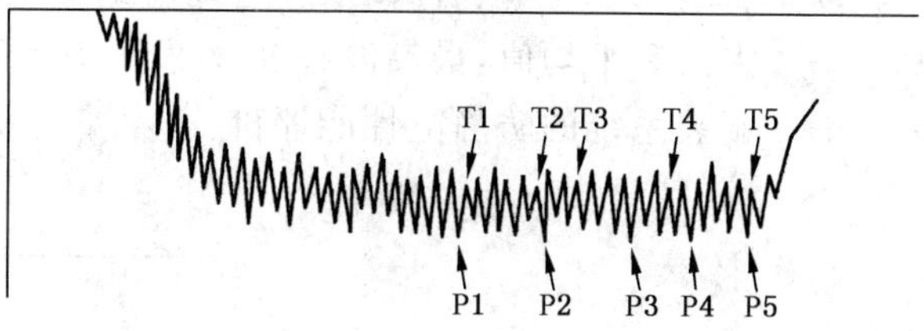

b) 负电时的波形曲线

说明:
P1～P5——5 个最高波峰;
T1～T5——5 个最高波谷。

图 4 动态电压波形示意图

8.2.7 根据绘制成的动态电压曲线(见图 4),记录其中的 5 个最高波峰值 P1～P5 和 5 个最高波谷值 T1～T5。

8.2.8 在实验室测试时,应在地面试样重复 8.2.3～8.2.7 的测试程序 5 次。

8.2.9 在现场地面测试时,应选择分布均匀的 5 个不同位置进行测量。对于大面积的现场,每 500 m^2 至少做 5 组测量,明显磨损、脏污处至少做 3 组。

9 结果表达与计算

9.1 服装系统穿着时的电阻测试

分别计算左脚、右脚和双脚着地时的电阻平均值,结果保留 2 位有效数字,单位为欧姆(Ω)。

9.2 服装系统穿着时的动态电压测试

分别计算每次试验动态电压 5 个最高波峰 P1～P5 的平均值 P 和 5 个最高波谷 T1～T5 的平均值 T,结果修约到整数位,单位为伏特(V),再分别计算 P、T 的平均值,结果修约到整数位,单位为伏特(V)。

10 结果评定

服装系统穿着时的静电性能符合以下条件之一时,判定其系统防静电性能良好:

——服装系统穿着时的电阻不大于 3.5×10^7 Ω 时;

——服装系统穿着时的电阻大于 3.5×10^7 Ω,但小于 1×10^9 Ω,服装系统穿着时的动态电压的绝对值不大于 100 V 时。

11 试验报告

试验报告中应至少包括以下内容:

a) 本标准编号;

b) 试样描述;

c) 试样前处理情况描述;

d) 测试环境及日期;

e) 测试设备、计量溯源及主要测试参数；

f) 服装系统左脚、右脚、双脚着地时的电阻平均值和最大值，服装系统动态电压最高波峰 P 的最大值和平均值，最高波谷 T 的最大值和平均值；

g) 服装系统的防静电性能评价。

ICS 85.060
Y 32

中华人民共和国国家标准

GB/T 30132—2013

胶印书刊纸

Hectograph books and periodicals paper

2013-12-17 发布

2014-12-01 实施

中华人民共和国国家质量监督检验检疫总局
中国国家标准化管理委员会 发布

前　言

本标准按照 GB/T 1.1—2009 给出的规则起草。

请注意本文件的某些内容可能涉及专利。本文件的发布机构不承担识别这些专利的责任。

本标准由中国轻工业联合会提出。

本标准由全国造纸工业标准化技术委员会(SAC/TC 141)归口。

本标准起草单位:中国制浆造纸研究院、国家纸张质量监督检验中心、广东省造纸研究所、佛山市高明宏源纸厂有限公司。

本标准主要起草人:邱文伦、左建波、张青。

胶 印 书 刊 纸

1 范围

本标准规定了胶印书刊纸的分类、要求、试验方法、检验规则及标志、包装、运输、贮存。

本标准适用于胶版印刷书籍、文献、杂志等用纸。

2 规范性引用文件

下列文件对于本文件的应用是必不可少的。凡是注日期的引用文件，仅注日期的版本适用于本文件。凡是不注日期的引用文件，其最新版本(包括所有的修改单)适用于本文件。

GB/T 450 纸和纸板 试样的采取及试样纵横向、正反面的测定

GB/T 451.1 纸和纸板尺寸及偏斜度的测定

GB/T 451.2 纸和纸板定量的测定

GB/T 451.3 纸和纸板厚度的测定

GB/T 456 纸和纸板平滑度的测定(别克法)

GB/T 457—2008 纸和纸板 耐折度的测定

GB/T 460—2008 纸 施胶度的测定

GB/T 462 纸、纸板和纸浆 分析试样水分的测定

GB/T 1540 纸和纸板吸水性的测定 可勃法

GB/T 1541—1989 纸和纸板尘埃度的测定法

GB/T 1543 纸和纸板 不透明度(纸背衬)的测定(漫反射法)

GB/T 2828.1 计数抽样检验程序 第1部分:按接收质量限(AQL)检索的逐批检验抽样计划

GB/T 7974 纸、纸板和纸浆亮度(白度)的测定 漫射/垂直法

GB/T 7975 纸和纸板 颜色的测定(漫反射法)

GB/T 10342 纸张的包装和标志

GB/T 10739 纸、纸板和纸浆试样处理和试验的标准大气条件

GB/T 12914 纸和纸板 抗张强度的测定

GB/T 22365 纸和纸板 印刷表面强度的测定

3 分类

胶印书刊纸分为平板纸和卷筒纸。

4 要求

4.1 胶印书刊纸的技术指标应符合表1或订货合同的规定。

表 1

指标名称			单位	规定
定量			g/m^2	52.0、55.0、60.0、70.0
定量偏差			%	±5
紧度		≤	g/cm^3	0.85
亮度		≤	%	85.0
不透明度	52.0 g/m^2	≥	%	78.0
	55.0 g/m^2			78.0
	60.0 g/m^2			80.0
	70.0 g/m^2			80.0
施胶度[a]		≥	mm	0.25
吸水性(正反面均)[a]			g/m^2	20.0～45.0
抗张指数	卷筒　纵向	≥	N·m/g	30.0
	平板　纵横平均	≥		25.0
平滑度	正反面均	≥	s	20
	正反面差	≤	%	35
耐折度(横向)		≥	次	4
印刷表面强度(正反面均)		≥	m/s	0.8
尘埃度	(0.3～2.0)mm^2	≤	个/m^2	160
	>2.0 mm^2			不应有
交货水分			%	4.0～8.0

[a] 施胶度和吸水性中有一项合格即判为合格。

4.2　胶印书刊纸平板纸尺寸为 880 mm×1 230 mm、787 mm×1 092 mm 或按订货合同要求，尺寸偏差应不超过±3 mm，偏斜度应不超过 3 mm。卷筒直径为 1 100 mm～1 300 mm，或按订货合同规定。

4.3　胶印书刊纸的切边应整齐、洁净。

4.4　胶印书刊纸的纤维组织应均匀，纸面应平整，不应有褶子、皱纹、残缺、破洞、透光点、裂口、各种斑点、砂子、硬质块、明显毛布痕、鱼鳞斑、透射光可见的针孔及掉粉掉毛现象。

4.5　每批胶印书刊纸色泽一致，不应有明显差别，同批纸的色差 ΔE_{ab} 应不大于 2.0。

4.6　卷筒纸应复卷整齐，每卷断头应不超过 3 个，接头处应粘牢，且接头处应有明显标志。

5　试验方法

5.1　试样的采取和试验前试样的处理按 GB/T 450 和 GB/T 10739 的规定进行。

5.2　尺寸及偏斜度按 GB/T 451.1 进行测定。

5.3　定量和定量偏差按 GB/T 451.2 进行测定。

5.4　紧度按 GB/T 451.3 进行测定。

5.5　亮度按 GB/T 7974 进行测定。

5.6　不透明度按 GB/T 1543 进行测定。

5.7 施胶度按 GB/T 460—2008 中墨水划线法进行测定。

5.8 吸水性按 GB/T 1540 进行测定,吸水时间为 60 s。

5.9 抗张指数按 GB/T 12914 进行测定,仲裁时采用恒速拉伸法进行测定。

5.10 平滑度按 GB/T 456 进行测定。

5.11 耐折度按 GB/T 457—2008 中肖伯尔法进行测定。

5.12 印刷表面强度按 GB/T 22365 进行测定,采用中黏度拉毛油,仲裁时采用电动加速法进行测定。

5.13 尘埃度按 GB/T 1541—1989 进行测定。

5.14 交货水分按 GB/T 462 进行测定。

5.15 色差按 GB/T 7975 进行测定。

5.16 外观质量采用目测检验。

6 检验规则

6.1 以一次交货数量为一批,每批应不多于 30 t。

6.2 生产厂应保证所生产的胶印书刊纸符合本标准的要求,每件(卷)纸交货时应附有一份合格证。

6.3 计数抽样检验程序按 GB/T 2828.1 规定进行。样本单位为件或卷。接收质量限(AQL):抗张指数、印刷表面强度 AQL=4.0;定量、定量偏差、紧度、亮度、不透明度、施胶度、吸水性、平滑度、横向耐折度、尘埃度、交货水分、尺寸及偏斜度、外观质量 AQL=6.5。抽样方案采用正常检验二次抽样方案,检查水平为特殊检查水平 S-2。见表 2。

表 2

批量/件或卷	正常检验二次抽样方案　特殊检验水平 S-2				
	样本量	AQL=4.0		AQL=6.5	
		Ac	Re	Ac	Re
2～150	3	0	1	—	—
	2	—	—	0	1
151～1 200	3	0	1	—	—
	5	—	—	0	2
	5(10)	—	—	1	2

6.4 可接收性的确定:第一次检验的样品数量应等于该方案给出的第一样本量。如果第一样本中发现的不合格品数小于或等于第一接收数,应认为该批是可接收的;如果第一样本中发现的不合格品数大于或等于第一拒收数,应认为该批是不可接收的。如果第一样本中发现的不合格品数介于第一接收数与第一拒收数之间,应检验由方案给出样本量的第二样本并累计在第一样本和第二样本中发现的不合格品数。如果不合格品累计数小于或等于第二接收数,则判定该批是可接收的;如果不合格品累计数大于或等于第二拒收数,则判定该批是不可接收的。

6.5 需方若对产品质量有异议,应在到货后一个月内向直接供方提出书面意见,由供需双方共同取样复验或委托共同商定的检验部门进行复验。复验结果如不符合本标准规定,则判为批不可接收,由供方负责处理;若符合本标准的规定,则判为批可接收,由需方负责处理。

7 标志、包装、运输、贮存

7.1 胶印书刊纸的包装与标志应按 GB/T 10342 的规定进行，每件平板纸的纵横向应一致。

7.2 胶印书刊纸运输时应使用防雨、防潮、洁净的运输工具，不应与有污染、腐蚀及易燃物品等共同运输。

7.3 胶印书刊纸在搬运时，不应将纸件(卷)从高处扔下或就地翻滚移动。

7.4 胶印书刊纸应妥善保管，严防雨、雪和地面潮湿的影响，并严禁大型物品挤压。

ICS 85.080
Y 39

中华人民共和国国家标准

GB/T 30133—2013

卫生巾用面层通用技术规范

The specification of coverstock for sanitary absorbent pads

2013-12-17 发布　　　　2014-12-01 实施

中华人民共和国国家质量监督检验检疫总局
中国国家标准化管理委员会　发布

前言

本标准按照GB/T 1.1—2009给出的规则起草。

请注意本文件的某些内容可能涉及专利。本文件的发布机构不承担识别这些专利的责任。

本标准由中国轻工业联合会提出。

本标准由全国造纸工业标准化技术委员会(SAC/TC 141)归口。

本标准起草单位:中国制浆造纸研究院、卓德嘉薄膜(上海)有限公司、厦门延江工贸有限公司、小护士(天津)实业发展股份有限公司、广州宝洁有限公司、国家纸张质量监督检验中心。

本标准主要起草人:王振、邱文伦、高君、李萍、高凤娟。

卫生巾用面层通用技术规范

1 范围

本标准规定了卫生巾用面层产品的术语和定义、分类、要求、试验方法、检验规则和标志、包装、运输、贮存。

本标准适用于卫生巾和卫生护垫用面层产品的生产和销售。

2 规范性引用文件

下列文件对于本文件的应用是必不可少的。凡是注日期的引用文件，仅注日期的版本适用于本文件。凡是不注日期的引用文件，其最新版本(包括所有的修改单)适用于本文件。

GB/T 450 纸和纸板 试样的采取及试样纵横向、正反面的测定

GB/T 451.1 纸和纸板尺寸及偏斜度的测定

GB/T 451.2 纸和纸板定量的测定

GB/T 462 纸、纸板和纸浆 分析试样水分的测定

GB/T 1545—2008 纸、纸板和纸浆 水抽提液酸度或碱度的测定

GB/T 1914 化学分析滤纸

GB/T 2828.1 计数抽样检验程序 第1部分:按接收质量限(AQL)检索的逐批检验抽样计划

GB/T 10739 纸、纸板和纸浆试样处理和试验的标准大气条件

GB/T 12914 纸和纸板 抗张强度的测定

GB 15979 一次性使用卫生用品卫生标准

GB/T 27741—2011 纸和纸板 可迁移性荧光增白剂的测定

3 术语和定义

下列术语和定义适用于本文件。

3.1

复合膜 composite membrane

由无纺布和打孔膜两种材料复合加工，用于卫生巾和卫生护垫面层的材料。

4 分类

卫生巾用面层产品分为无纺布、打孔膜、复合膜等。

5 要求

5.1 技术要求

卫生巾用面层产品技术指标应符合表1或订货合同的规定。

表 1

指标名称		单位	规定		
			无纺布	打孔膜	复合膜
定量偏差		%	±10		
抗张强度 ≥	纵向	N/m	400	200	300
伸长率 ≥	纵向	%	20	90	25
可迁移性荧光增白剂		—	无		
渗入量 ≥		g	1.5		
回渗量 ≤		g	2.5	0.5	2.5
透气率 ≥		mm/s	1 200		
pH		—	4.0～8.5		
交货水分 ≤		%	8.0		

5.2 卫生要求

卫生巾用面层产品卫生指标应符合 GB 15979 的规定。

5.3 规格

卫生巾用面层产品一般以盘为单位，每盘宽度偏差应不超过±3 mm，盘面缠绕应松紧适度、凹陷凸起部分应不大于 5 mm。

5.4 外观

5.4.1 卫生巾用面层产品表面应洁净、无污物，无死褶、破损，无掉毛、硬质块，无明显条状、云斑；无纺布表层不应有硬丝；打孔材料打孔应饱满、规则，打孔膜盲孔数 2 m 内应不超过 6 个，且不应有大于等于 1 mm^2 的盲孔。

5.4.2 卫生巾用面层产品色泽应均匀，同批材料不应有明显色差，无纺布面层不应出现颜色变化的现象。

5.4.3 卫生巾用面层产品切边应整齐。

5.4.4 卫生巾用面层产品应无明显异味。

5.5 原材料

卫生巾用面层产品生产时不得使用有毒有害原材料，不得使用回收原材料。

6 试验方法

6.1 试样的采取按 GB/T 450 规定进行，试样试验前温湿处理按 GB/T 10739 规定进行。

6.2 尺寸偏差按 GB/T 451.1 测定。

6.3 定量偏差按 GB/T 451.2 测定。

6.4 抗张强度、伸长率按 GB/T 12914 测定，采用 50 mm 试验夹距，仲裁时采用恒速拉伸法。

6.5 可迁移性荧光增白剂：将试样置于紫外灯下，在波长 254 nm 和 365 nm 的紫外光下检测是否有荧光现象。若试样在紫外灯下无荧光现象，则判定无可迁移性荧光增白剂。若试样有荧光现象，则按 GB/T 27741—2011 中第 5 章进行可迁移性荧光增白剂测定。

6.6 渗入量按附录 A 进行测定。

6.7 回渗量按附录 B 进行测定。

6.8 透气率按附录 C 进行测定。

6.9 pH 的测定按 GB/T 1545—2008 中 pH 计法进行测定，采用冷抽提。在抽提过程中，装有试样的锥形瓶需在振荡器(振荡速率为往复式 60 次/min，旋转式 30 周/min)上振荡 1 h。

6.10 交货水分按 GB/T 462 测定。

6.11 卫生指标按 GB 15979 测定。

6.12 外观质量采用目测检验。

7 检验规则

7.1 以一次交货为一批，但每批应不超过 500 件。

7.2 生产厂应保证所生产的产品符合本标准或订货合同要求。

7.3 产品的卫生指标不合格，则判定该批是不可接收的。

7.4 计数抽样检验程序按 GB/T 2828.1 规定进行，样本单位为件。接收质量限(AQL)：pH、可迁移性荧光增白剂、渗入量、回渗量为 4.0，定量偏差、抗张强度、伸长率、透气率、交货水分、尺寸偏差、外观质量为 6.5。抽样方案采用正常检验二次抽样方案，检查水平为一般检查水平Ⅰ。见表 2。

表 2

批量/件	正常检验二次抽样方案　一般检验水平Ⅰ				
	样本量	AQL＝4.0		AQL＝6.5	
		Ac	Re	Ac	Re
2～25	2	—	—	0	1
	3	0	1	—	—
26～90	3	0	1	—	—
	5	—	—	0	2
	5(10)	—	—	1	2
91～150	5	—	—	0	2
	5(10)	—	—	1	2
	8	0	2	—	—
	8(16)	1	2	—	—
151～280	8	0	2	0	3
	8(16)	1	2	3	4
281～500	13	0	3	1	3
	13(26)	3	4	4	5

7.5 可接收性的确定：第一次检验的样品数量应等于该方案给出的第一样本量。如果第一样本中发现的不合格品数小于或等于第一接收数，应认为该批是可接收的；如果第一样本中发现的不合格品数大于或等于第一拒收数，应认为该批是不可接收的。如果第一样本中发现的不合格品数介于第一接收数与

第一拒收数之间，应检验由方案给出样本量的第二样本并累计在第一样本和第二样本中发现的不合格品数。如果不合格品累计数小于或等于第二接收数，则判定该批是可接收的；如果不合格品累计数大于或等于第二拒收数，则判定该批是不可接收的。

7.6 需方有权按本标准或订货合同进行验收，如对该批产品质量有异议，应在到货后三个月内通知供方共同取样进行复验。如符合本标准或订货合同要求，则判为该批可接收，由需方负责处理。如不符合本标准或订货合同要求，则判为该批不可接收，由供方负责处理。

8 标志、包装、运输和贮存

8.1 产品标志及包装

8.1.1 产品包装上应标明以下内容：

a) 产品名称；

b) 企业名称、地址、联系方式；

c) 定量、规格、数量、净重；

d) 生产日期和保质期或生产批号和限期使用日期。

8.1.2 与卫生巾面层直接接触的包装材料应清洁、无毒、无害。卫生巾面层不应裸露，以保证产品不受污染。

8.1.3 每件卫生巾面层应附一份产品质量合格证。

8.2 产品运输及贮存

8.2.1 包装上应标明运输及贮存条件。

8.2.2 卫生巾面层在运输过程中应使用具有防护措施的工具，防止重压、尖物碰撞及日晒雨淋。

8.2.3 卫生巾面层应保存在干燥通风、不受阳光直接照射的室内，防止雨雪淋袭和地面湿气的影响，不应与有污染或有毒化学品仪器贮存。

8.2.4 超过保质期的卫生巾面层，经重新检验合格后方可限期使用。

附 录 A
（规范性附录）
渗入量的测定

A.1 仪器与测试溶液

A.1.1 仪器与材料

A.1.1.1 天平：感量 0.01 g；

A.1.1.2 渗透性能测试仪（以下简称测试仪，见图 A.1）；

A.1.1.3 放液漏斗：60 mL（以下简称漏斗）；

A.1.1.4 移液管：10 mL；

A.1.1.5 烧杯；

A.1.1.6 钢板直尺；

A.1.1.7 化学定性分析滤纸：符合 GB/T 1914 要求的中速化学定性分析滤纸若干张（以下简称“滤纸”），滤纸长（纵）200 mm，宽（横）150 mm。

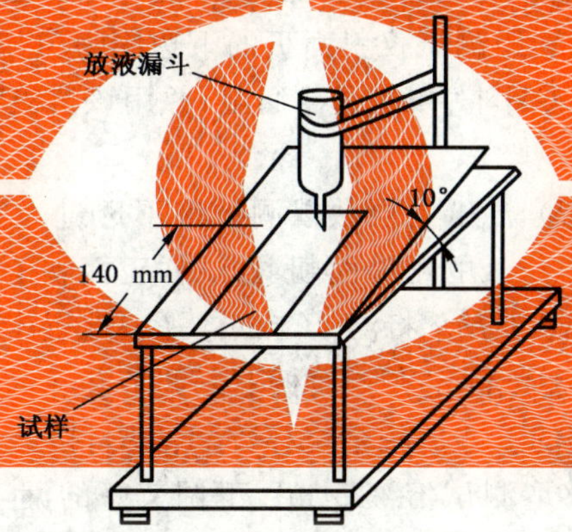

图 A.1 渗透性能测试仪示意图

A.1.2 测试溶液

A.1.2.1 概述

测试溶液是渗透性能测试专用的标准合成试液，配方见 A.1.2.2，测试时测试溶液的温度应保持在（23±1）℃。仲裁检验时应在标准大气条件，即（23±1）℃、（50±2）％相对湿度下处理试样及进行测试。

A.1.2.2 测试溶液配方

蒸馏水或去离子水：860 mL；

氯化钠：10.00 g；

碳酸钠：40.00 g；

丙三醇（甘油）：140 mL；

苯甲酸钠：1.00 g；

食用色素：适量；

羧甲基纤维素钠:约 5 g;

标准媒剂:1%(体积分数)。

以上试剂均为化学纯。

A.1.2.3 测试溶液的物理性能

在(23±1)℃时:

密度:(1.05±0.05)g/cm^3;

粘度:(11.9±0.7)s(用 4 号涂料杯测);

表面张力:(36±4)mN/m。

A.2 试样采取

切取长(纵向)200 mm,宽(横向)100 mm 的卫生巾用面层试样至少 5 张,宽度不足 100 mm 的以实际尺寸测试,但应在试验报告中注明。

A.3 试验步骤

A.3.1 先将测试仪(A.1.1.2)放于水平位置,调节上面板与下面板之间的角度为 10°,再调节放液漏斗(A.1.1.3)的下口,使其中心点的投影距测试仪斜面板的下边缘为(140±2)mm;漏斗下口开口面向操作者。将适量的测试溶液(A.1.2)倒入漏斗中,使漏斗润湿,并用该溶液润洗漏斗两遍,然后放掉漏斗中的溶液。

A.3.2 取足够层数的滤纸(A.1.1.7),滤纸的层数以测试液不透过为宜,称其质量,记为 m_0。然后取待测试样一张,置于已称好的滤纸上,滤纸的粗糙面朝上,试样正面朝上,试验时应确保试样的长边与滤纸的长边平行,且试样与滤纸上下边缘对齐。将滤纸与试样平整地置于斜面板中心位置,确保滤纸下边缘与斜面板的下边缘对齐,将试样与滤纸固定在斜面板上。调节漏斗高度,使其下口的最下端距试样表面(5~10)mm,然后在测试仪斜面板的下方放一个烧杯(A.1.1.5),接经试样渗透后流下的溶液。

A.3.3 用移液管(A.1.1.4)准确移取测试溶液 5 mL 于调节好的漏斗中,然后迅速打开漏斗节门至最大,使溶液自由地流到试样的表面上,并沿着斜面往下流动;溶液流完后,将漏斗节门关闭,然后将试样移开,将滤纸再次放在天平(A.1.1.1)上称量,计为 m_1。若试液从试样侧面流走,则该试样作废,另取一张重新测试。若同种样品有 2 个以上试样出现此现象时,其结果可以保留,但应在报告中注明。

A.4 试验结果的计算

试样的渗入量 m 以吸收测试溶液的质量来表示,单位为克(g),按式(A.1)计算每张试样的渗入量。

$$m = m_1 - m_0 \qquad \cdots\cdots\cdots\cdots (A.1)$$

每个样品测 5 张试样,以 5 张试样测量的算术平均值作为其最终测试结果,精确至 0.1 g。

附　录　B
（规范性附录）
回渗量的测定

B.1　器材与测试溶液

B.1.1　试验器材

B.1.1.1　天平：感量 0.01 g；

B.1.1.2　移液管：10 mL；

B.1.1.3　化学定性分析滤纸：符合 GB/T 1914 要求的中速化学定性分析滤纸若干张（以下简称“滤纸”），滤纸长 150 mm，宽 150 mm。

B.1.1.4　标准压块，φ100 mm，质量为（1.2±0.002）kg（能够产生 1.5 kPa 的压强）。

B.1.2　测试溶液

同 A.1.2。

B.2　试样采取

切取长（纵向）100 mm，宽（横向）100 mm 的卫生巾用面层试样至少 5 张，宽度不足 100 mm 的以实际尺寸测试，但应在试验报告中注明。

B.3　试验步骤

取待测试样一张，将其正面朝上平铺于 150 mm×150 mm 的若干层滤纸（B.1.1.3）上，滤纸的层数以测试溶液不透过为宜，试样的中心点与滤纸的中心点重合，且试样的纵向与滤纸的横向平行放置。用移液管（B.1.1.2）准确移取测试溶液（B.1.2）5 mL，在移液管下口中心点距试样表面中心点的垂直距离为 5 mm～10 mm 处，使溶液自由地流到试样的表面上，并同时开始计时，5 min 时，迅速将 150 mm×150 mm 已知质量（G_1）的若干层滤纸（B.1.1.3）（以最上层滤纸无吸液为宜）放到试样的表面上，同时将标准压块压（B.1.1.4）于滤纸上，重新开始计时，加压 1 min 时将标准压块移去，用天平（B.1.1.1）称量试样上面滤纸的质量（G_2）。

B.4　试验结果的计算

试样的回渗量（G）以经试样吸收后回渗到滤纸上的液体的质量来表示，单位为克（g），按式（B.1）计算。

$$G = G_2 - G_1 \qquad \text{(B.1)}$$

每个样品测 5 张试样，取 5 张试样的算术平均值作为其最终测试结果，精确至 0.1 g。

附 录 C
(规范性附录)
透气率的测定

C.1 原理

在规定的压差条件下,测定一定时间内垂直通过试样给定面积的气流流量,计算出透气率。气流流量可直接测出,也可通过测定流量孔径两面的压差换算而得。

C.2 仪器

C.2.1 试样圆台:具有试验面积为 5 cm^2、20 cm^2、50 cm^2 或 100 cm^2 的圆形通气孔,试验面积误差应不超过±0.5%。对于较大试验面积的通气孔应有适当的试样支撑网。

C.2.2 夹具:应能平整地固定试样,并保证试样边缘不漏气。

C.2.3 橡胶垫圈:用以防止漏气,与夹具(C.2.2)吻合。

C.2.4 压力计或压力表:连接于试验箱,能指示试样两侧的压降为 50 Pa、100 Pa、200 Pa 或 500 Pa,精度至少为 2%。

C.2.5 气流平稳吸入装置(风机):能使具有标准温度的空气进入试样圆台,并可使透过试样的气流产生(50～500)Pa 的压降。

C.2.6 流量计、容量计或测量孔径:能显示气流的流量,单位为 dm^3/min(L/min),精度不超过±2%。

注 1:只要流量计、容量计能满足精度±2%的要求,所测量的气流流量也可用 cm^3/s 或其他适当的单位表示。

注 2:使用压差流量计的仪器,核对所测量的透气量与校正板所标定的透气量是否相差在 2%以内。

C.3 试验条件

试验条件:试验面积 20 cm^2,压降 50 Pa。

C.4 试样准备

切取足够卫生巾用面层试样,试样宽度至少 100 mm,总长不低于 500 mm,作为被测试样,所取试样应具代表性。

C.5 试验步骤

C.5.1 将试样夹持在试样圆台(C.2.1)上,测试点应避开破损处,夹样时采用足够的张力使试样平整且不变形,为防止漏气在试样的低压一侧(即试样圆台一侧)应垫上橡胶垫圈(C.2.3)。

C.5.2 启动吸风机或其他装置(C.2.5)使空气通过试样,调节流量,使压力降逐渐接近 50 Pa,约 1 min 后或达到稳定时,记录气流流量。

注:如使用容量计,为达到所需精度需测定容积约 10 dm^3 以上。
使用压差流量计的仪器,应选择适宜的孔径,记录该孔径两侧的压差。

C.5.3 在同样条件下,每个试样正反面各测 3 次,同一样品共测定 6 次。

C.6 结果计算和表示

C.6.1 计算测定值的算术平均值 q_v。

C.6.2 按式(C.1)计算透气率 R,以 mm/s 表示,结果保留三位有效数字。

$$R=\frac{q_v}{A}\times 167 \qquad \text{(C.1)}$$

式中:

q_v ——平均气流量,$dm^3/min(L/min)$;

A ——试样面积,cm^2;

167 ——由 $dm^3/min\times cm^2$ 换算成 mm/s 的换算系数。

ICS 97.130.20
J 73

中华人民共和国国家标准

GB/T 30134—2013

冷库管理规范

Cold store management regulation

2013-12-17 发布 2014-12-01 实施

中华人民共和国国家质量监督检验检疫总局
中国国家标准化管理委员会 发布

前　　言

本标准按照 GB/T 1.1—2009 给出的规则起草。

本标准由中华人民共和国商务部提出。

本标准由全国制冷标准化技术委员会(SAC/TC 119)归口并负责解释。

本标准起草单位：中国制冷学会、天津商业大学、北京二商集团、常州晶雪冷冻设备有限公司。

本标准主要起草人：杨一凡、申江、唐俊杰、商跃、尹从绪、李鹏、贾富忠。

冷 库 管 理 规 范

1 范围

本标准规定了冷库制冷、电气、给排水系统，库房建筑及相应的设备设施运行管理、维护保养要求和食品贮存管理要求。

本标准适用于贮存肉、禽、蛋、水产及果蔬类的食品冷库，贮存其他货物的冷库可参照执行。

2 规范性引用文件

下列文件对于本文件的应用是必不可少的。凡是注日期的引用文件，仅注日期的版本适用于本文件。凡是不注日期的引用文件，其最新版本(包括所有的修改单)适用于本文件。

GB 2893 安全色

GB/T 13462 电力变压器经济运行

GB 28009 冷库安全规程

GB 50072 冷库设计规范

TSG R0004 固定式压力容器安全技术监察规程

中华人民共和国消防法

国务院令第373号 特种设备安全监察条例

国家质量监督检验检疫总局令第46号 气瓶安全监察规程

国质检局[2003]46号 气瓶安全监察规程

国质检锅[2003]108号 在用工业管道定期检验规程

3 术语和定义

下列术语和定义适用于本文件。

3.1

冷库 cold store

采用人工制冷降温并具有保温功能的仓储用建筑物，包括库房、制冷机房、变配电间等。

3.2

库房 storehouse

冷库建筑群的主体。包括冷加工间、冷藏间及直接为其服务的建筑(如楼梯间、电梯间、穿堂等)。

3.3

制冷机房 refrigeration machine room

用于放置制冷设备和操作系统及其相关设施的房间。包括：制冷机器间、设备间和控制室、变配电室和机修室等。

3.4

制冷设备 refrigerating equipment

制冷压缩机、油分离器、冷凝器、贮液器、中间冷却器、气液分离器、低压循环桶、集油器、蒸发器、空气分离器等制冷系统所用设备的总称。

3.5

制冷系统　refrigerating system

通过制冷设备及专用管道、阀门、自动化控制元件、安全装置等连接在两个热源之间工作，用于制冷目的的总成。

4　基本要求

4.1　冷库管理应遵循《中华人民共和国消防法》、GB 28009 等我国有关法律法规及标准规范的规定。

4.2　冷库管理人员，应具备一定的专业知识和技能；特种作业人员（电梯工、制冷工、叉车工、电工、压力容器操作工等）应依据《特种设备安全监察条例》及国家相关规定持证上岗；库房作业人员，应具有健康合格证，经培训合格后，方能上岗。

4.3　冷库生产经营企业应建立安全生产制度、岗位责任制度、各项操作规程；应建立事故应急救援预案，并定期演练。

4.4　冷库生产经营企业宜建立质量管理体系、HACCP（食品危害分析及关键控制点）体系、职业健康安全管理体系、环境管理体系和库存管理信息系统。

4.5　冷库生产经营企业应建立日常培训制度，并建立培训人员档案。

4.6　冷库生产经营企业应配备与生产经营规模相适应的设备设施，并对其进行定期检查、维护，发现问题及时排除。

4.7　当设备、设施或操作控制系统进行更新改造或升级时，冷库生产经营企业应对相应的维护及操作规程等及时更新完善。作业人员操作前，应接受培训。

4.8　冷库生产经营企业应在厂区特定的位置设立安全标识，其安全色应符合 GB 2893 的规定。

4.9　冷库生产经营企业在采用节能运行模式时，应保证食品质量和安全生产。

4.10　库房中的食品应根据其贮存工艺的要求，分区（间）贮存。库房温、湿度应满足其在规定的时间范围内的贮存要求；对于气调式冷库，库内的气体成分尚应满足其在规定的时间范围内的贮存要求。

4.11　食品的冷加工，应按规定的时间、温度完成其冷却/冻结加工，并应记录食品进出库的温度。对于畜禽肉的胴体及块状食品，应记录其中心温度。

4.12　冷库生产经营企业应保持区域内清洁卫生。库房及加工间应定期消毒，冷藏间应至少每年消毒一次，所使用的消毒剂应无毒无害、无污染。

4.13　厂区要求

4.13.1　冷库厂区内严格控制有毒有害物品，防止造成食品污染。

4.13.2　厂区内的通道应满足交通工具畅通运行的要求。

4.13.3　厂区主线道路的照明照度应不小于 25 lx、广场照明照度应不小于 30 lx。

4.13.4　厂区内运输车辆的行驶速度应不超过 15 km/h。

4.14　非作业人员未经许可不得进入作业区域。

4.15　冷库内严禁烟火。

5　冷库运行管理

5.1　制冷系统运行管理

5.1.1　应建立交接班制度、巡检制度、设备维护保养制度等。

5.1.2　应采用人工或人工与自动仪器相结合的方式，监测制冷系统的运行状况，定时做好运行记录，确保系统安全正常运行。

5.1.3　操作人员发现运行问题及隐患应及时排除，当班处理并做好相应记录。

5.1.4 操作人员应及时排除制冷系统内的不凝性气体。对于氨制冷系统，应将不凝性气体经空气分离器处理后排放至水容器中。

5.1.5 从制冷系统中回收的冷冻油，应经再生处理，并经检测合格方可重复使用。

5.1.6 制冷设备应按照其使用说明书的要求进行操作。

5.1.7 冷凝器的运行压力不得超过系统设计允许值，如出现异常情况，应及时处理。

5.1.8 冷凝器应定期清除污垢。

5.1.9 高压贮液器液面应相对稳定，存液量不应超过容器容积的2/3；卧式高压贮液器的液位高度不得低于容器直径的1/3。

5.1.10 低压循环桶、气液分离器的存液量不应超过容器容积的2/3，液位高度不得超过高液位报警线。

5.1.11 氨制冷系统应视系统运行情况，定期放油。

5.1.12 蒸发器表面霜层及管内油污等应定时清除。

5.1.13 水冷冷凝器、水泵等用水设备在环境温度低于0℃时，应采取防冻措施。

5.1.14 制冷剂钢瓶应严格按照《气瓶安全监察规程》中的有关规定使用。

5.1.15 制冷系统长期停止运行时，应妥善处理系统中的制冷剂。

5.1.16 阀门

5.1.16.1 在制冷系统中，有液体制冷剂的管道和容器，严禁将进出两端的阀门均处于关闭状态。

5.1.16.2 制冷系统正常运行或停止运行时，系统中的压力表阀、安全阀前的截止阀和均压阀应处于开启状态。

5.1.16.3 多台高压贮液器并联使用时，均液阀和均压阀应处于开启状态。

5.1.16.4 冷风机融霜时，严禁关闭回气截止阀。

5.1.16.5 安全阀应按《特种设备安全监察条例》的规定定期校验并做好记录。

5.1.17 制冷系统所用仪器、仪表、衡器、量具应按规定的时间间隔由具备相应资质的机构进行校准或鉴定(验证)。

5.1.18 运行记录

5.1.18.1 操作人员应至少每隔2 h做一次巡视检查并做好运行记录。

5.1.18.2 运行值班记录应按规定的内容如实填写，字迹工整，并保持记录册整洁、完整，不得随意涂改，做好统一保管。运行值班记录应至少保存5年。

5.1.19 机房内不得存放杂物及与工作无关的物品，设备设施的备品、备件应整齐码放在规定的位置。

5.1.20 防护器具

5.1.20.1 防护器具的使用人员应经过培训，熟知其结构、性能和使用方法及维护保管方法。

5.1.20.2 消防灭火器、防毒器具和抢救药品等应急物品应放在危险事故发生时易于安全取用的位置，并由专人保管，定期校验和维护。

5.1.20.3 应建立防护用品、器具的领用登记制度。

5.1.21 制冷系统维修保养

5.1.21.1 制冷压缩机应按制造商的要求定期进行大、中、小修和日常维修保养。其他制冷设备应定期维护保养。

5.1.21.2 特种设备应按照《特种设备安全监察条例》、《固定式压力容器安全技术监察规程》和《在用工业管道定期检验规程》的相关规定进行管理。

5.1.21.3 特种设备应由具备相应资质的机构进行维保。

5.1.21.4 制冷系统检修前，应检查系统中所有的阀门的启闭状态，确认状态无误后方可进行检修，并设置安全标识。

5.1.21.5 检修带电设备时，应首先断电隔离并在开关处设置安全标识；通电运行前应确认接地良好。

5.1.21.6 制冷系统拆检、维修、焊接时，应排空维修部位的制冷剂并与大气连通后方可进行，严禁带压操作。

5.1.21.7　向系统外排放冷冻油时，应注意防火，并严格避免制冷剂外泄。

5.1.21.8　长期停机时，应切断电源。

5.1.21.9　制冷系统进行管路、设备更换维修后，应进行排污及强度、气密试验。气密性试验应使用氮气或干燥清洁的空气进行，严禁使用氧气。

5.1.21.10　维护检修后，应填写维修记录。维修记录的内容包括维护时间、设备、人员、维修内容、责任人、工作说明等。

5.2　给排水系统管理

5.2.1　冷却水、融霜水的水质应满足设备的水质要求和卫生要求。

5.2.2　应保证冷库给水系统有足够的水量、水压。

5.2.3　冷库用水的水温应符合下列规定：

a)　水冷冷凝器的冷却水进出口平均温度应比冷凝温度低 5 ℃～7 ℃；

b)　融霜水的水温应不低于 10 ℃，宜不高于 25 ℃。

5.2.4　冷库生产、生活用水应做好计量，并采取有效的节水措施。

5.3　电气运行管理

5.3.1　应建立配电间停送电操作规程、电气安全操作规程、交接班制度、巡检制度、设备维护保养制度等。

5.3.2　操作者应严格遵循设备操作规范和巡检制度，发现异常情况及时处理，确保设施和系统正常运行。

5.3.3　应详细填写运行值班记录，运行值班记录应按规定的内容如实填写，字迹工整，并保持记录册整洁、完整，不得随意涂改，做好统一保管。运行值班记录应至少保存 5 年。

5.3.4　冷库的电气设置应符合 GB 50072 的相关要求并定期检查，保证其良好的性能。

5.3.5　应定期检查备用电源的可用性。

5.3.6　变压器的经济运行应符合 GB/T 13462 的规定。

5.4　库房管理

5.4.1　库房应定期打扫、消毒，保持清洁卫生。严禁存放与贮存食品无关的物品。

5.4.2　库房内应注意防水、防制冷剂泄漏，严禁带水作业。

5.4.3　应及时清除穿堂和库房的墙、地坪、门、顶棚等部位的冰、霜、水。

5.4.4　无进出货时，库房门应处于常闭状态。

5.4.5　应对库房货架的紧固件、水平度和垂直度等至少每 6 个月进行一次检查。

5.4.6　搬运设备

5.4.6.1　搬运设备应无毒、无害、无异味、无污染，符合相关食品卫生要求。

5.4.6.2　冷库搬运设备应能在低温环境下正常运行。

5.4.6.3　叉车停用时，应停放在规定的位置，并将货叉降至最低位置。

5.4.6.4　搬运设备应定期消毒。

5.4.7　应采用耐低温、防潮防尘型照明设施。大、中型冷库冷间的照明照度不宜低于 50 lx，穿堂照度不宜低于 100 lx。小型冷库冷间的照度不宜低于 20 lx，穿堂照度不宜低于 50 lx。作业视觉要求高的冷库，应按具体要求进行配置。

5.4.8　应在库房内适当的位置设置至少 1 个温度测量装置，冻结物冷藏间的温度测量误差不大于1 ℃，冷却物冷藏间的温度测量误差不大于 0.5 ℃。如需要测量湿度，相对湿度测量误差不大于 5%。温湿度测量装置的安装位置应能正确反映冷间的平均温、湿度。

5.4.9 应定期检查并记录库房温度，记录数据的保存期应不少于2年。

5.4.10 应至少每季度核查一次库内温、湿度检测装置，发现问题及时解决。

5.4.11 库房内应合理分区并设置相关标识。

5.4.12 采用货架堆垛及吊轨悬挂食品，其质量不得超过货架及吊轨的承重荷载。

5.4.13 库房地下自然通风道应保持畅通，不应有积水、雪、污物。采用机械通风或地下油管加热等防冻措施，应由专人负责操作和维护。

5.4.14 库房应设置防撞设施。

5.4.15 土建式冷库的冻结间和冻结物冷藏间空库时，相应的库房温度应保持在−5 ℃以下。

5.4.16 库内作业结束后，作业人员应确认库内无人后方可关灯、锁门。

5.4.17 应为库内作业人员配备防寒工装。

6 食品贮存管理

6.1 应对入库食品进行准入审核，合格后入库，并做好入库时间、品种、数量、等级、质量、温度、包装、生产日期和保质期等信息记录。

6.2 入库前，应检查并确保库房的温湿度符合要求，并做好记录。

6.3 宜遵循先进先出、分区存放的原则。

6.4 在冷库中贮存的食品，应满足贮存食品整体有效保质期的要求，贮存时间不得超过该食品的协议保存期，并定期进行质量检查，发现问题及时处理。

6.5 清真食品的贮存应符合民族习俗的要求，库房、搬运设备、计量器具、工具等应专用。

6.6 具有强烈挥发气味和相互影响(如乙烯)的食品应设专库贮存，不得混放。

6.7 食品堆码时，宜使用标准托盘(1 200 mm×1 000 mm(优先推荐使用)，1 100 mm×1 100 mm)，且托盘材质符合食品卫生标准。

6.8 食品堆码时，应稳固且有空隙，便于空气流通，维持库内温度的均匀性。食品堆码应符合下列要求：

——距冻结物冷藏间顶棚 ≥0.2 m；

——距冷却物冷藏间顶棚 ≥0.3 m；

——距顶排管下侧 ≥0.3 m；

——距顶排管横侧 ≥0.2 m；

——距无排管的墙 ≥0.2 m；

——距墙排管外侧 ≥0.4 m；

——距风道 ≥0.2 m；

——距冷风机周边 ≥1.5 m。

6.9 应对出库食品进行检验，办理出库手续。

6.10 应做好出库时间、品种、数量、等级、质量、温度、包装、生产日期和保质期等信息记录。

7 冷库安全设施管理

7.1 消防设施

7.1.1 消防设施日常使用管理由专职管理员负责。专职管理员应每日检查消防设施的状况，确保设施完好、整洁、卫生。发现丢失、损坏应立即补充、更新。

7.1.2 消防设备设施应由具备相应资质的机构进行维修保养和定期检测。

7.1.3 应设有消防安全疏散等指示标识，严禁关闭、遮挡或覆盖安全疏散指示标识。保持疏散通道、安全出口畅通，严禁将安全出口封闭、上锁。

7.1.4 应保持应急照明、机械通风、事故报警等设施处于正常状态，并定期检测、维护保养。

7.2 氨气体浓度报警仪

7.2.1 采用氨制冷系统的机房应安装氨气体浓度报警仪，库房宜安装氨气体浓度报警仪。氨气体浓度报警仪应由法定计量鉴定机构或厂家每年进行复检，确保安全有效。

7.2.2 氨气体浓度报警仪宜与其他相关设备联防控制和管理。

7.3 设有视频监控系统的冷库，应设立专管员负责安防监控系统的日常管理与维护，确保视频监控系统的安全运行、视频质量清晰。视频资料应至少保存3个月，并不得擅自复制、修改视频资料。

8 冷库建筑维护

8.1 应每年对冷库建筑物进行全面检查，做出维护计划。日常维护中，发现屋面漏水，隔气防潮层起鼓、裂缝，保护层损坏，屋面排水不畅，落水管损坏或堵塞，库内外排水管道渗水，墙面或地面裂缝、破损、粉面脱落，冷库门损坏等问题应及时修复并做好记录。

8.2 地坪冻鼓，墙壁和柱子裂缝时，应查明原因，及时采取措施。

8.3 采用松散隔热层时，如隔热层下沉，应以同样材料填满压实，发现受潮要及时翻晒或更换。

8.4 冷库维修时宜采用新工艺、新材料，做好维修的质量检查及验收。

附　录　A
（资料性附录）
易腐食品贮藏温湿度要求

表 A.1 规定了食品贮藏温湿度要求。

表 A.1　易腐食品贮藏温湿度要求

品类序号	食品类别	食品品名	贮藏温度 ℃	相对湿度 %
1	根茎菜类蔬菜	芹菜	−1～0	95～98
		芦笋	0～1	95～98
		竹笋	0～1	90～95
		萝卜	0～1	95～98
		胡萝卜	0～1	95～98
		芜菁	0～1	95～98
		辣根	−1～0	95～98
		土豆	0～1	80～85
		洋葱	0～2	70～80
		甘薯	12～14	80～85
		山药	12～13	90～95
		大蒜	−2～0	70～75
		生姜	13～14	90～95
2	叶菜类蔬菜	结球生菜	0～1	95～98
		直立生菜	0～1	95～98
		紫叶生菜	0～1	95～98
		油菜	0～1	95～98
		奶白菜	0～1	95～98
		菠菜	−1～0	95～98
		茼蒿	0～1	95～98
		小青葱	0～1	95～98
		韭菜	0～1	90～95
		甘蓝	0～1	95～98
		抱子甘蓝	0～1	95～98
		菊苣	0～1	95～98
		乌塌菜	0～1	95～98
		小白菜	0～1	95～98
		芥蓝	0～1	95～98

表 A.1（续）

品类序号	食品类别	食品品名	贮藏温度 ℃	相对湿度 %
2	叶菜类蔬菜	菜心	0～1	95～98
		大白菜	0～1	90～95
		羽衣甘蓝	0～1	95～98
		莴苣	0～2	95～98
		欧芹	0～1	95～98
		牛皮菜	0～1	95～98
3	瓜菜类蔬菜	苦瓜	12～13	85～90
		丝瓜	8～10	85～90
		佛手瓜	3～4	90～95
		矮生西葫芦	8～10	80～85
		冬西葫芦(笋瓜)	10～13	80～85
		冬瓜	12～15	65～70
		南瓜	10～13	65～70
		黄瓜	12～13	90～95
4	茄果类蔬菜	甜玉米	0～1	90～95
		青椒	9～10	90～95
		红熟番茄	0～2	85～90
		绿熟番茄	10～11	85～90
		茄子	10～12	85～90
5	花菜类蔬菜	青菜花	0～1	95～98
		白菜花	0～1	95～98
6	食用菌类蔬菜	双孢蘑菇	0～1	95～98
		香菇	0～1	95～98
		平菇	0～1	95～98
		金针菇	1～2	95～98
		草菇	11～12	90～95
		白灵菇	0～1	95～98
7	菜用豆类蔬菜	菜豆	8～10	90～95
		毛豆荚	5～6	90～95
		豆角	8～10	90～95
		豇豆	9～10	90～95
		芸豆	8～10	90～95
		扁豆	8～10	90～95

表 A.1（续）

品类序号	食品类别	食品品名	贮藏温度 ℃	相对湿度 %
7	菜用豆类蔬菜	豌豆	0～1	90～95
		荷兰豆	0～1	95～98
		甜豆	0～1	95～98
		四棱豆	8～10	90～95
8	落叶核果类	桃	0～1	90～95
		樱桃	−1～0	90～95
		杏	−0.5～1	90～95
		李	−1～0	90～95
		冬枣	−1～1	90～95
9	常绿果树核果类	生芒果	13～15	85～90
		催熟芒果	5～8	85～90
		杨梅	0～1	90～95
		橄榄	5～10	90～95
10	仁果类	苹果	−1～1	90～95
		西洋梨、秋子梨	−1～0.5	90～95
		白梨、砂梨	−0.5～0.5	90～95
		山楂	−1～0	90～95
11	浆果类	葡萄	−1～0	90～95
		猕猴桃	−0.5～0.5	90～95
		石榴	5～6	85～90
		蓝莓	−0.5～0.5	90～95
		柿子	−1～0	85～90
		草莓	−0.5～0.5	90～95
12	柑橘类	橙类	5～8	85～90
		柚类	5～10	85～90
13	瓜类	西瓜	8～10	80～85
		哈密瓜（中、晚熟）	3～5	75～80
		哈密瓜（早、中熟）	5～8	75～80
		甜瓜、香瓜（中、晚熟）	3～5	75～80
		甜瓜、香瓜（早、中熟）	5～8	75～80
		香蕉	13～15	90～95
		荔枝	1～4	90～95
		龙眼	1～4	90～95

表 A.1（续）

品类序号	食品类别	食品品名	贮藏温度 ℃	相对湿度 %
13	瓜类	木菠萝	11～13	85～90
		番荔枝	15～20	90～95
		菠萝	10～13	85～90
		红毛丹	10～13	90～95
		椰子	5～8	80～85
14	坚果类	—	3～5	50～60
15	畜禽肉	冷却畜禽肉	−1～4	85～90
		冷冻畜禽肉	≤−18	90～95
16	水产品	冰鲜水产品	0～4	85～90
		冷冻水产品	≤−18	90～95
		金枪鱼	≤−50	90～95
17	速冻食品	速冻调制食品	≤−18	—
		速冻蔬菜	≤−18	90～95
18	冰淇淋	—	≤−23	90～95
19	酸奶	—	2～6	—
20	蛋	鲜蛋	−1.5～−2.5	80～85
		冰蛋	−18	80～85

注：鉴于易腐食品的种类繁多，特别对于果蔬类食品的品种、产地、成熟度、采摘期、加工工艺、保鲜工艺等存在较大差异，本附录仅给出列名易腐食品通用贮藏温湿度要求。各地可根据具体情况，参照执行。

ICS 03.120.99
A 00

中华人民共和国国家标准

GB/T 30135—2013

消费品质量安全风险信息描述规范

Description specification on the risk information of consumer products safety

2013-12-17 发布　　2014-12-01 实施

中华人民共和国国家质量监督检验检疫总局
中国国家标准化管理委员会　发布

前　言

本标准按照 GB/T 1.1—2009 给出的规则起草。

本标准由全国消费品安全标准化技术委员会(SAC/TC 508)提出并归口。

本标准起草单位:中国标准化研究院、深圳市计量质量检测研究院、上海市质量监督检验技术研究院、北京航空航天大学、广东省标准化研究院、机械工业北京电工技术经济研究所。

本标准主要起草人:杨跃翔、蔡华利、张海煊、曹寅、王理、许应成、刘霞、陈学章、李莹、曾雁鸿。

消费品质量安全风险信息描述规范

1 范围

本标准规定了消费品质量安全风险信息的内容和表达方式。

本标准适用于各类组织对消费品质量安全风险信息的采集、处理和发布所需要的风险信息内容的规范化表达。

2 规范性引用文件

下列文件对于本文件的应用是必不可少的。凡是注日期的引用文件，仅注日期的版本适用于本文件。凡是不注日期的引用文件，其最新版本(包括所有的修改单)适用于本文件。

GB/T 20000.4—2003 标准化工作指南 第4部分:标准中涉及安全的内容

GB/T 22760—2008 消费品安全风险评估通则

3 术语和定义

GB/T 22760—2008 界定的以及下列术语和定义适用于本文件。

3.1

风险信息 risk information

描述潜在风险或已发生伤害事件的信息。

3.2

消费品 consumer product

为满足社会成员生活需要而销售的产品。

[GB/T 22760—2008,定义 2.1]

3.3

消费者 consumer

为个人目的购买或使用商品和服务的个体社会成员。

[改写 ISO 26000:2010,定义 2.2]

3.4

使用者 user

使用产品或接受服务的个体社会成员。

3.5

使用环境 use environment

消费品使用过程中影响消费品与使用者相互作用的外部条件。

3.6

风险 risk

对伤害的一种综合衡量，包括伤害发生的可能性和伤害的严重程度。

[改写 GB/T 20000.4—2003,定义 3.2]

3.7

危害(源)　hazard

可能导致伤害的潜在根源。

[GB/T 22760—2008,定义 2.3]

3.8

伤害　injury

对人身健康的损害。

[改写 GB/T 22760—2008,定义 2.2]

4　消费品质量安全风险信息

4.1　概述

消费品质量安全风险信息是对消费品在预期使用和可合理预见的误用情况下,因消费品、使用者和使用环境的相互作用,对可能引发人身伤害的各类危害(源)以及消费品质量安全风险可能导致人身伤害后果的描述。

4.2　风险信息结构

消费品质量安全风险信息可分为核心信息和附加信息:

——核心信息是描述消费品质量安全风险的最小数据集,是对消费品质量安全风险涉及的各类主体、危害(源)和可能后果等核心信息的最简化表达。从内容描述角度,消费品质量安全风险核心信息可以分为基础信息、危害(源)信息和伤害结果信息。

——附加信息是描述消费品质量安全风险的可选数据集,是对消费品质量安全风险核心数据集的必要补充和扩展性描述,对消费品质量安全风险分析、研判和处置等有重要作用。

5　风险信息核心信息

5.1　基础信息

在风险信息核心数据集中,基础信息描述是对与消费品质量安全风险相关的消费品、使用者和使用环境的最简化描述。消费品质量安全风险基础信息描述见附录 A。

5.2　危害信息

引发消费品质量安全事故的危害(源)可以分为人的因素、物的因素和环境因素。其中,消费品自身危害因素的客观存在,使消费品处于不安全状态,具有导致消费品质量安全事故的可能性,是引发消费品质量安全事故的本质原因。在未采取必要的控制措施的情况下,在消费者的不安全行为或不良的消费品使用环境的触发下,可能导致消费品质量安全事故发生,造成使用者人身伤害。在风险信息核心数据集中,引发消费品质量安全风险的危害(源)描述见附录 B。

5.3　伤害结果信息

消费品质量安全风险可能导致使用者人身伤害,具体包括伤害类型、伤害结果、伤害性质、伤害严重程度等。在风险信息核心数据集中,消费品质量安全风险可能导致的使用者人身伤害结果描述见附录 C。

6 风险信息附加信息

消费品质量安全风险信息附加数据集是对消费品质量安全风险核心数据集的必要补充和扩展性描述，主要包括对相关风险主体的详细描述，对导致使用者人身伤害的危害(源)的详细描述，对使用者人身伤害结果的详细描述，对导致伤害的原因的详细描述等，可根据实际需要参考核心数据集的表述方式进行扩展。

附 录 A
（规范性附录）
消费品质量安全风险的基础信息

A.1 消费品基础信息

A.1.1 产品名称，指产品的中文名称。

编码选项：根据需要选择产品分类代码。

A.1.2 生产厂商名称，指生产产品的厂商名称。

编码选项：根据实际情况填写。

A.2 使用者基础信息

A.2.1 年龄，指使用者受伤时的年龄。

编码选项：

1 小于5岁；

2 5～14岁；

3 15～19岁；

4 20～24岁；

5 25～44岁；

6 45～64岁；

7 大于64岁；

8 不清楚。

A.2.2 性别，指使用者的生理性别。

编码选项：

1 男性；

2 女性；

3 不清楚。

A.3 使用环境基础信息，指伤害事件发生地点。

编码选项：

1 家：包括室内和室外；

2 学校：包括幼儿园和操场；

3 街道/公路；

4 公共居住场所；

5 体育运动场所；

6 工业/建筑场所；

7 农场和农田；

8 商业区域：贸易和服务场所；

9 其他（详细说明）；

10 不清楚。

A.4 消费品质量安全事故发生时的活动信息，指伤害发生时受伤人的活动。

编码选项：

1 工作，包括去工作的路上（如驾驶卡车）；

2 教育，包括学校体育运动；

3 运动；

4 休闲/玩耍；

5 旅行；

6 其他(详细说明)；

7 不清楚。

附 录 B
（规范性附录）
消费品质量安全风险的危害（源）信息

B.1 人的因素

B.1.1 心理和生理因素，指引发消费品质量安全事故的人的心理和生理因素。

编码选项：

1 负荷超限；

2 健康状况异常；

3 心理异常；

4 辨识功能缺陷；

5 其他。

B.1.2 行为因素，指引发消费品质量安全事故的人为因素。

编码选项：

1 非预期使用；

2 操作错误；

3 误操作；

4 其他。

B.2 物的因素

B.2.1 物理危害，指引发消费品质量安全事故的产品自身因素中的物理因素。

编码选项：

1 机械危害；

2 爆炸危害；

3 噪声危害；

4 电气危害；

5 高/低温物质危害；

6 辐射危害；

7 其他。

B.2.2 化学危害，指引发消费品质量安全事故的产品自身因素中的化学因素。

编码选项：

1 天然产生的化学毒物危害；

2 人工合成的化学物质危害；

3 其他。

B.2.3 生物危害，指引发消费品质量安全事故的产品自身因素中的生物因素。

编码选项：

1 致病微生物危害；

2 致病生物危害；

3 其他。

B.3 环境因素

B.3.1 室内环境危害因素,指引发消费品质量安全事故的室内环境因素。

编码选项:

1 室内地面滑;

2 室内活动场所狭窄;

3 室内活动场所杂乱;

4 室内地面不平;

5 采光照明不良;

6 室内场所空气不良;

7 室内温度、湿度、气压不适;

8 室内涌水;

9 其他。

B.3.2 室外环境危害因素,指引发消费品质量安全事故的室外环境因素。

编码选项:

1 恶劣气候与环境;

2 活动场地和交通设施湿滑;

3 活动场地狭窄;

4 活动场地杂乱;

5 作业场地不平;

6 地面开口缺陷;

7 建筑物和其他结构缺陷;

8 门和围栏缺陷;

9 其他。

附　录　C
（规范性附录）
消费品质量安全风险的人身伤害信息

C.1　伤害类型，指导致消费者就诊的生理伤害，如果有多重伤害，应关注最严重的伤害。

编码选项：

1　骨折；

2　扭伤/拉伤或脱臼；

3　割伤，咬伤或开放性伤；

4　擦伤或浅表伤；

5　烧烫伤；

6　脑震荡；

7　器官系统损伤；

8　皮肤过敏；

9　触电；

10　中毒；

11　其他（详细说明）；

12　不清楚。

C.2　伤害程度，指对伤害程度的描述，如果有多重伤害，应关注最严重的伤害。

编码选项：

1　非常严重：重度，需要重症治疗或外科手术（如内出血、脏器破裂、血管破裂），该类伤害可导致死亡、身体残疾等；

2　严重：重度，需要在急诊室或住院治疗（如骨折、缝合）；

3　一般：轻微或表浅的（如擦伤、轻微割伤），在门诊对伤害进行处理即可；

4　微弱：没有明显的伤害，可在家自行处理。

C.3　伤害原因，指导致消费者伤害的原因，如果有多重伤害，应关注最严重的伤害。

编码选项：

1　交通道路伤害；

2　跌倒/坠落；

3　打击/被人或物体击伤；

4　刺伤或割伤；

5　烧伤、灼伤或烫伤；

6　窒息或悬吊；

7　溺水或近似溺水；

8　中毒；

9　其他（详细说明）；

10　不清楚。

参 考 文 献

[1] GB/T 13861—2009 生产过程危险和有害因素分类与代码
[2] GB/T 15706—2012 机械安全 设计通则 风险评估与风险减小
[3] GB/T 23694—2009 风险管理 术语
[4] GB/T 24662—2009 电子商务 产品核心元数据
[5] ISO 26000:2010 Guidance on social responsibility
[6] Risk Assessment Guidelines for Non-food Consumer Products, http:// www.euchinawto.org
[7] NEISS Coding Manual, January 2012
[8] ISO/DIS 10377:2012 Consumer Product Safety—Guidelines for Suppliers
[9] Injury Surveillance Guidelines, The World Health Organization, 2004
[10] International Classification of External Causes of Injuries(ICECI), Version 1.2

ICS 03.120.99
A 00

中华人民共和国国家标准

GB/T 30136—2013

消费品质量安全风险信息采集和处理指南

Guide for collecting and processing of consumer products safety risk information

2013-12-17 发布

2014-12-01 实施

中华人民共和国国家质量监督检验检疫总局
中国国家标准化管理委员会
发布

前　言

本标准按照 GB/T 1.1—2009 给出的规则起草。

本标准由全国消费品安全标准化技术委员会(SAC/TC 508)提出并归口。

本标准起草单位:中国标准化研究院、广东省标准化研究院、北京航空航天大学、北京林业大学。

本标准主要起草人:蔡华利、杨跃翔、陈学章、许应成、王理、樊坤、袁艳华 。

消费品质量安全风险信息采集和处理指南

1 范围

本标准给出了消费品质量安全风险信息采集和处理的基本程序和方法。

本标准适用于有关组织开展消费品质量安全风险信息管理的活动。

注：本标准是通用指南，相关组织可结合自身情况和实际需要，设定更为具体的目标和信息采集与处理规范，对本标准提供的风险信息采集和处理过程进行必要细化或完善。

2 规范性引用文件

下列文件对于本文件的应用是必不可少的。凡是注日期的引用文件，仅注日期的版本适用于本文件。凡是不注日期的引用文件，其最新版本(包括所有的修改单)适用于本文件。

GB/T 31035—2013 消费品质量安全风险信息描述规范

3 术语和定义

下列术语和定义适用于本文件。

3.1

风险信息 risk information

描述潜在风险或已发生伤害事件的信息。

3.2

风险信息管理 risk information management

为掌握风险状况和识别可能存在的潜在风险而开展的风险信息采集、加工和处理的活动。

3.3

风险信息采集 risk information collection

为获取风险信息而开展的信息搜寻和获取的过程。

3.4

风险信息挖掘 risk information mining

对一定数量的风险信息进行深入计算和分析，并获取风险信息内在特征和规律的过程。

3.5

风险信息处理 risk information processing

对风险信息的筛选、存储、挖掘等系列活动。

4 风险信息采集

4.1 采集原则

风险信息的采集应遵循以下原则：

a) 时效性原则。应在风险信息开始广泛传播之前第一时间采集，保证采集风险信息的时效性。

b) 客观性原则。应尽量保持信息原貌。

c) 合法性原则。应符合国家法律法规的要求,对涉及个人或者组织隐私的风险信息,应建立保密制度并进行严格保密,保证信息在可控范围内流转和使用。

d) 可追溯性原则。应建立相应的编码规则和追溯制度,保留信息源记录。

e) 完整性原则。应力求信息内容全面,尽量充分运用各种信息采集方法,从多个渠道去采集相应的风险信息,每一渠道也可以跨区域、跨时间去采集。

4.2 采集渠道

根据风险信息的披露或掌握主体,采集渠道可包括:

a) 消费者。主要采集消费者通过电话、网络、信件等方式向相关组织提供的消费品质量安全风险信息。

b) 企业。主要采集企业在产品设计、生产、流通等过程中发现的消费品质量安全风险信息。

c) 相关组织。主要采集国内外各种科研院所、检测技术机构、学术团体、医院、伤害事故鉴定机构、消费者维权机构以及专业媒体机构等组织掌握或发布的消费品质量安全风险信息。

d) 政府部门。主要采集国内外与产品质量监管相关的政府部门发布的消费品质量安全风险信息。

常见的采集渠道和风险信息存在形式参见附录A。

4.3 采集方法

风险信息采集方法可包括:

a) 调查采集法。有针对性地通过填写问卷、访谈等方式向掌握某类风险信息的个人或组织获取信息。

b) 工具采集法。对于在互联网上免费公开的风险信息,可以利用搜索引擎人工搜索和采集信息,或者利用自动采集工具软件,自动搜寻和采集相关风险信息。附录B给出了互联网风险信息采集软件的功能示例。

c) 定向采集法。某一渠道的风险信息对本组织非常重要时,可通过与该渠道的相关机构建立合作机制,以定向获取相关风险信息。定向采集信息时,宜事先设置好信息采集的格式和要求。

d) 验证采集法。对于某类不确定的风险信息需要利用技术手段进行验证和确认时,可由相关检测机构或实验室按照相关标准要求检测或模拟伤害发生环境进行试验验证。

4.4 采集程序

采集风险信息,首先要根据本组织实施风险信息管理的需要,确定具体的风险信息采集渠道,再针对不同渠道的信息,确定不同的采集策略和方法,然后结合方法的便利程度和所需信息的紧急程度,以人工或借助相关计算机软件,开展针对性的风险信息采集。

鉴于媒体信息本身已集成各类风险信息源,且具备信息量大、更新快等特点,各组织开展风险信息采集时,应重视对媒体信息尤其是互联网信息的采集。采集互联网信息,可以人工采集,有条件的宜使用自动采集工具来采集。

风险信息采集案例参见附录C。

5 风险信息处理

5.1 信息筛选

风险信息筛选包括剔除重复信息、与本组织不相关的信息以及明显虚假的信息。

信息是否与本组织有关,由本组织开展风险信息管理的目的决定。一般情况下,不涉及产品质量安全的风险信息可以直接剔除。

采集到的风险信息可能包括虚假信息或其他干扰信息。在信息筛选阶段，需要根据风险信息所包含的内容，剔除基于常识或一定的评估规则时可以认定为虚假的信息或其他干扰信息。风险信息的辨伪即识别虚假信息是一个复杂的过程，它贯穿于风险信息管理的始终而并不专属于信息筛选阶段，如采集过程中也会主动避免对部分干扰信息的采集，但信息筛选阶段的风险信息辨伪被认为是典型的和不可缺少的。

示例：

利用采集软件采集互联网上消费者反馈的信息时，往往会设置一定的过滤或研判规则，若出现同一个 IP 地址在短时间内发布大量带有攻击性的消费品质量安全风险信息，可根据规则判定为非合理的恶意攻击信息并直接剔除。

5.2 要素提取

对于每一条风险信息，都要进行信息识别与分析处理，提取出核心要素，包括基础信息、危害信息以及伤害结果信息等。具体的提取要素参见 GB/T 30135。

一般情况下，采集到的风险信息并不具备全部的核心要素，此时，要素提取工作是将已包含的要素提取出来，同时明确还欠缺哪些要素。

5.3 信息挖掘

经过一定时期的积累，组织一般会积累大量的风险信息。需要对这些风险信息进行深入分析和挖掘，才能把握信息的内在特征和规律。风险信息分析和挖掘应考虑但不限于以下方面：

——应建立风险信息分析的目标，明确分析的对象；

——对于分析已发生风险，可利用一些统计分析方法去实现，且应从多个维度分析，如时间维度、信息来源维度、区域维度等；

——风险信息分析可利用一些常用的统计分析方法，也可利用数据挖掘算法实现。附录 D 给出了几种常见的消费品质量安全风险信息挖掘的算法。

5.4 信息存储

采集到的风险信息需要进行存储，风险信息存储时可考虑以下方面：

——风险信息存储应建立持续性机制，保证风险信息能够不间断存取，并能随时获取历史某一时间段同类主题的信息；

——应实现两级存储模式，第一级存储是在刚采集到信息时开展的存储活动，第二级存储是在经过风险信息预处理、核心要素提取环节之后开展的存储活动；

——为方便检索和使用，可建立风险信息存储软件，其数据库的数据项设置可参考 GB/T 30135—2013 中附录 A、附录 B、附录 C，本标准附录 E 给出了风险信息存储软件的功能构成。

经过采集和处理之后的风险信息经存储之后，即可供相关方应用。

附 录 A
（资料性附录）
常见的消费品质量安全风险信息采集渠道和存在形式

表 A.1 给出了常见的消费品质量安全风险信息来源和存在形式。

表 A.1 常见的消费品质量安全风险信息采集渠道和存在形式

序号	采集渠道	风险信息存在形式	备注
1	消费者	消费者通过当地 12365、12315 和 315 等热线或平台向质检、工商等产品质量监管部门投诉的信息	与政府掌握的举报投诉信息相同
		消费者向消费者维权机构或主流媒体反映的投诉信息	
		消费者在专门的投诉或维权网站上自行发布的质量申诉或产品投诉等信息	
		消费者向产品生产商和经销商等投诉的信息	
		消费者通过微博等方式发布的涉及消费品质量安全方面的反馈信息	公开信息
2	企业	生产企业内部如设计、生产部门发现的风险信息	
		企业在销售或售后服务过程中主动发现的风险信息	
		产品的分销商、批发商、零售商等发现的风险信息	
		企业通过行业交流或与其他企业的经济往来中发现的风险信息	
3	相关组织	行业协会或维权机构在日常工作中监测到的风险信息	
		产品检测技术机构在日常产品质量检测（不含受政府部门委托的抽查检测）过程中发现的风险信息	
		产品质量监管部门、检测技术机构、企业和第三方机构等开展消费品质量安全主动风险监测获取的风险信息	
		科研院所的实验室在实验过程中发现的风险信息	
		医院在为消费者治疗过程中记录的风险信息	
		司法鉴定等机构掌握的交通等伤害事故信息	
		其他组织掌握的伤害信息或风险信息	
		境外非政府组织公开发布或向我国通报的有关产品预警通报的风险信息，例如国际绿色和平组织、美国消费者利益委员会（ACCI）、美国消费者联合会（ACU）等发布的风险信息	

表 A.1（续）

序号	采集渠道	风险信息存在形式	备注
4	政府部门	质检、工商部门发布的产品质量监督抽查和商品监测信息	公开信息
		农业、卫生、环保等部门发布或掌握的风险信息	公开信息
		质检、工商等产品质量监管部门掌握的消费者举报投诉信息中的风险信息	
		质检、工商等产品质量监管部门在开展产品质量监管活动中掌握的风险信息	
		质检、工商、卫生、消防等部门开展打假活动发现的风险信息	公开信息
		质检总局发布的缺陷产品召回信息	
		海关和进出境检验检疫部门在进出境商品检验过程中发现的风险信息	
		卫生和质检等部门掌握的产品伤害监测信息	
		公安、司法和交通管理等部门掌握的交通事故信息	
		公安、环保、安全生产等其他政府部门和法院在工作过程中掌握的风险信息	
		境外政府机构发布的消费品质量安全风险信息，例如美国消费品安全委员会(CPSC)发布的召回预警信息、欧盟委员会(EC)通过RAPEX系统发布的消费品警示信息	公开信息

附 录 B
（资料性附录）
风险信息采集软件的功能示例

表B.1给出了互联网风险信息采集软件的功能示例。

表B.1 风险信息采集软件的功能构成

序号	名称	功能说明
1	网址管理	管理（增加、删除、修改）和配置拟采集网络信息的网址，使得软件能够自动获取网址所对应网页的标题以及正文内容等
2	采集规则设置	对采集的时间周期、采集频次、存储位置等关键参数进行设置
3	关键词管理	配置符合行业主题的关键词以及关键词之间的逻辑表达式，使得只有满足关键词搭配规则的信息才被采集
4	信息存储	可直接存入风险信息存储软件中，软件的功能设置可参见本标准附录E
5	风险信息挖掘	嵌入分类、聚类等数据挖掘算法，将获得的大量信息进行初步分析

附　录　C
（资料性附录）
消费品质量安全风险信息采集案例

C.1　背景

A组织受该市政府委托，负责消费品质量安全风险信息采集和处理的工作。

C.2　日常风险信息的采集

C.2.1　确定风险采集渠道

A组织根据本标准附录A分析研究的常见的消费品质量安全风险信息采集渠道和风险信息存在形式，列举出风险采集渠道，并列举主要风险信息源，包括480种主要媒体、本市12365和12315热线（消费者协会）积累的投诉举报信息、历年质监部门的监督抽查数据信息、工商部门的商品监测数据信息、从事产品伤害监测的1家医院、公安交警大队的交通事故信息等。

C.2.2　确定风险信息采集方法

根据以上清单，确定要借助采集软件来采集互联网信息，通过定向采集法采集质监、工商、消协、交警大队等政府部门的信息。另外，拟通过调查法征集本市产品质量安全专家有关特定领域的消费品质量安全风险信息，在一些专题领域，拟委托专业检测机构来进行风险信息的验证，获取具体的风险信息。

C.2.3　开发风险信息采集软件

组织购买或开发互联网消费品质量安全风险信息采集软件，选择了480个主流媒体网站（网址）进行信息采集（监控），设定了采集规则和关键词。

C.2.4　建立定向采集机制

与质监、工商、消协、交警大队等部门沟通，在对方同意的基础上，建立定向采集机制，即通过定向采集方法获取监督抽查、商品监测、消费者12315投诉及交通事故信息。

C.2.5　采集风险信息

在上述基础上，A组织开始风险信息采集工作，全面采集各类消费品质量安全风险信息，并在信息采集基础上开展信息处理和报送等工作。

C.3　专题风险信息的采集

某日，该市突然发生一起幼儿因服装纽扣窒息住院事件，相关服装为本市一家企业生产。此时，A组织要优先采集与婴幼儿和儿童服装安全（尤其是附件安全）相关的风险信息。A组织列出了其专项风险信息采集的要解决的问题及信息源清单：

a)　以往政府产品质量监管时是否抽检信息；
b)　国内外有关标准要求；

c) 相关实验室对婴童服装附件指标检测日常记录情况；

d) 本市及全国消协中的类似的投诉记录；

e) 本市风险监测定点医院中的类似伤害记录；

f) 国内外有关类似案例的报道或文献记载(如国外通报)；

g) 产品质量检测等质量领域专家对产品质量问题和该事件的看法；

h) 事件中幼儿家庭等当事人反馈信息及医治医院医护人员的看法。

根据以上清单,A组织选择相应的风险信息采集方法,采取了以下措施：

a) 从采集软件中的数据库及互联网上搜寻类似案例,后者包括从新闻报道和专业技术文献中查找案例及专家观点等；

b) 从以往积累的产品质量监督抽查和商品监测数据中找出婴童服装抽检数据信息；

c) 查阅国内外相关产品标准和技术法规的对婴童服装附件要求的规定；

d) 委托本市一家权威检测机构,从市场上购买婴童服装并按照相关标准要求检测；

e) 查阅本市消协的有关婴童服装伤害投诉记录,并致电全国消协查询全国类似伤害记录；

f) 查阅本市定点检测医院的产品伤害检测数据；

g) 咨询或采访部分产品检测专家的意见；

h) 访谈事件中幼儿家庭等当事人及医治医院医护人员,了解经过及其看法；

i) 获取其他信息作补充和印证。

附 录 D
（资料性附录）
常见的风险信息挖掘算法

D.1 关联规则法

关联规则法用于发现大量数据中项集之间的关联或相关关系，其挖掘效率取决于挖掘算法。利用关联规则法对大量的消费品质量安全风险信息进行处理，获取关联规则，挖掘与消费品产生质量安全问题有关的因素之间的联系，通过诊断及时发现消费品质量安全隐患并预警，可以有效监管消费品生产、销售全过程，做到防患于未然，降低消费品质量安全风险。图 D.1 给出了关联规则的应用步骤。

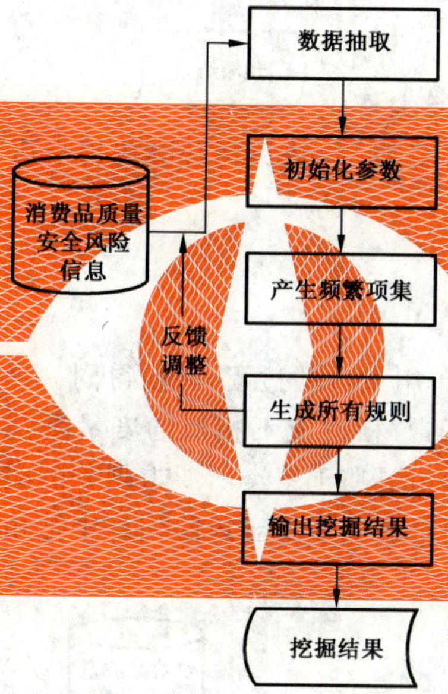

图 D.1 关联规则应用步骤

D.2 分类法

分类是把数据项映射到其中一个事先定义的类中的一个学习函数的过程。由一组输入的属性值向量和相应的类，用基于归纳学习算法得出分类。决策树和决策规则是解决实际应用中分类问题的一种数据挖掘方法。决策树算法的根本是构建决策树分类器。根据训练数据集训练得到决策树分类器，并通过测试数据集评价决策树分类器的分类效果。若分类的准确率在可接受的范围之内，则可利用该分类器进行预测。图 D.2 给出了决策树分类的应用步骤。

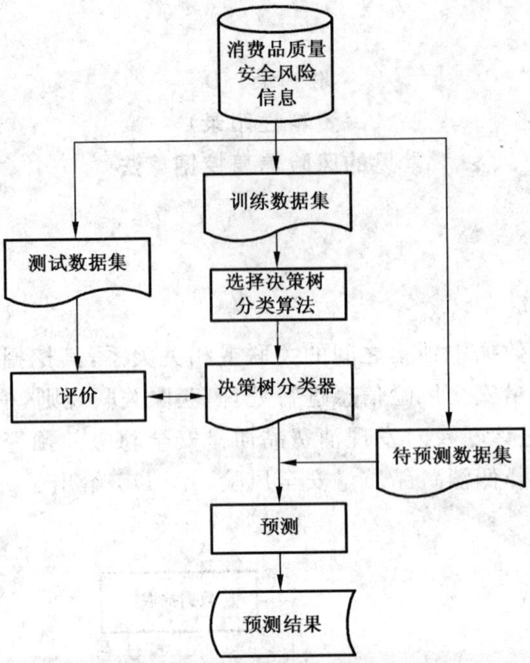

图 D.2 决策树分类应用步骤

D.3 聚类方法

聚类是一个将数据集划分为若干组或类的过程,并使得同一个组内的数据对象具有较高的相似度,而不同组内的数据对象则是不相似的。相似或不相似的度量是基于数据对象描述属性的取值来确定的。聚类方法与前述分类方法不同,主要在于聚类所要求划分的类是未知的。

利用聚类方法,可以从大量的消费品质量安全风险信息中把相似的数据集归类成同一组,便于深度分析。图 D.3 给出了文本聚类的应用步骤。

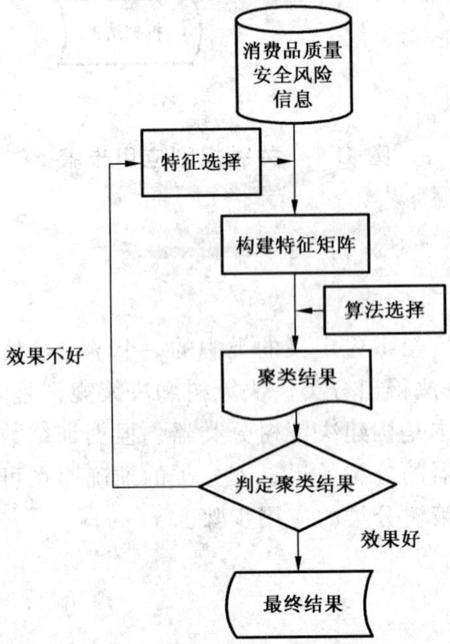

图 D.3 文本聚类应用步骤

附　录　E
（资料性附录）
风险信息存储软件的功能构成

表E.1给出了风险信息存储软件的功能构成示例。

表E.1　风险信息存储软件的功能构成

序号	名称	功能说明
1	基本设置	对软件中用到的常用字典库进行设置，如消费品分类、伤害类型、伤害程度、伤害时的活动、物理类因子、化学类因子、生物类因子等
2	风险信息添加/编辑/删除	对风险信息的管理和维护，包括添加、编辑和删除风险信息
3	风险信息审核	需要由计算机和人工相结合，计算机自动审核一些由于人工录入导致有明显错误的信息；人工审核主要是对填报的信息进行详细审核，以确保信息的真实有效
4	风险信息统计	从多个维度对风险信息进行统计，包括消费品维度、地点维度、时间维度、因子维度等
5	风险信息查询	可根据多个字段查询风险信息，包括消费品种类、地点、时间、安全因子等

参 考 文 献

［1］ GB/T 20134—2006 道路交通信息采集　事件信息集
［2］ GB/T 22118—2008 企业信用信息采集、处理和提供规范
［3］ GB/T 22760—2008 消费品安全风险评估通则
［4］ GB/T 23792—2009 信用标准化工作指南
［5］ GB/T 28216—2011 消费品质量安全因子评估和控制　通则
［6］ GB/Z 20986—2007 信息安全技术　信息安全事件分类分级指南

ICS 29.020
K 04

中华人民共和国国家标准

GB/T 30137—2013

电能质量　电压暂降与短时中断

Power quality—Voltage dips and short interruptions

2013-12-17 发布　　　　2014-05-10 实施

中华人民共和国国家质量监督检验检疫总局
中国国家标准化管理委员会　发布

前　言

本标准按照 GB/T 1.1—2009 给出的规则起草。

请注意本标准的某些内容可能涉及专利。本标准的发布机构不承担识别这些专利的责任。

本标准由全国电压电流等级和频率标准化技术委员会(SAC/TC 1)提出并归口。

本标准主要起草单位：福建省电力有限公司、福建省电力有限公司电力科学研究院、中机生产力促进中心、华北电力大学、西安博宇电气有限公司、国网智能电网研究院。

本标准参加起草单位：中国南方电网有限责任公司超高压输电公司检修中心、中铁工程设计咨询集团有限公司电化院、广西电力科学研究院。

本标准主要起草人：李功新、雷龙武、张苹、林焱、吴丹岳、徐永海、刘军成、周胜军、林海雪。

本标准参加起草人：肖遥、魏宏伟、刘路。

电能质量　电压暂降与短时中断

1　范围

本标准规定了电压暂降与短时中断的指标及测试、统计和评估方法。

本标准适用于交流 50 Hz 电力系统。

2　规范性引用文件

下列文件对于本标准的应用是必不可少的。凡是注日期的引用文件，仅注日期的版本适用于本标准。凡是不注日期的引用文件，其最新版本(包括所有的修改单)适用于本标准。

GB/T 19862　电能质量监测设备通用要求

3　术语和定义

下列术语和定义适用于本文件。

3.1

电压暂降　voltage dip(sag)

电力系统中某点工频电压方均根值突然降低至 0.1 p.u.～0.9 p.u.，并在短暂持续 10 ms～1 min 后恢复正常的现象。

3.2

短时中断　short interruption

电力系统中某点工频电压方均根值突然降低至 0.1 p.u.以下，并在短暂持续 10 ms～1 min 后恢复正常的现象。

3.3

电压暂降(短时中断)阈值　voltage dip (short interruption) threshold

用于判断电压暂降(短时中断)开始和结束而设定的电压门槛值。

3.4

电压暂降(短时中断)持续时间　duration of a voltage dip (swell、short interruption)

达到电压暂降(短时中断)阈值的电压暂降(短时中断)事件的持续时间。

3.5

电压相位跳变　voltage phase-angle jumps

事件发生前后，电压波形在时间轴上相对位置的突然变化。

3.6

暂降(短时中断)频次　voltage dip (short interruption) frequency

一定时间内电压暂降(短时中断)发生的次数。

3.7

半周波刷新电压方均根值　RMS voltage refreshed each half-cycle

$U_{rms(1/2)}$

测量数据窗口为一周波的电压方均根测量值，每半个周波更新一次。

3.8

每周波刷新电压方均根值　RMS voltage refreshed each cycle

$U_{rms(1)}$

测量数据窗口为一周波的电压方均根测量值，每个周波更新一次。

3.9

残余电压　residual voltage

U_{res}

电压暂降或者短时中断过程中记录的电压方均根值的最小值。

3.10

暂降深度　depth of voltage dip

标称电压与残余电压的差值。

3.11

系统平均方均根值变动频率指标(SARFI 指标)　system average RMS frequency index

发生电压暂降(短时中断)事件次数的平均值，是用来反映特定时间内某系统或某单一测点电压暂降(短时中断)发生频度的主要量化指标。

3.12

公称输入电压　declared input voltage

U_{din}

系统标称电压除以电压互感器变比后确定的电压值。

3.13

滑动参考电压　sliding reference voltage

U_{sr}

某特定时间段内的电压方均根值的平均值，用以表示某一电压变化事件(如电压暂降)之前的电压。

3.14

迟滞电压　hysteresis voltage

起点电压阈值与终点电压阈值之间的差值。

注 1：本标准中迟滞的定义和电能质量(PQ)测量参数有关。该定义不同于国际电工词汇(IEV)的定义，IEV 的定义是与铁芯饱和度有关。

注 2：在 PQ 测量中引进迟滞术语的目的是为了避免参数的幅值在阈值范围附近振荡时造成事件的多次统计。

4　电压暂降与短时中断事件统计及推荐指标

4.1　电压暂降与短时中断事件统计

电压暂降与短时中断事件统计表可以直观地反映一段时期内，监测点电压暂降与短时中断事件的发生情况，主要反映事件发生的次数，见表 1。

表 1　电压暂降与短时中断事件统计表

残余电压 ($U=U_{res}/U_n$) %	持续时间 s							
	$0.01<t\leqslant0.1$	$0.1<t\leqslant0.25$	$0.25<t\leqslant0.5$	$0.5<t\leqslant1$	$1<t\leqslant3$	$3<t\leqslant10$	$10<t\leqslant20$	$20<t\leqslant60$
$90\geqslant U\geqslant80$								
$80>U\geqslant70$								

表 1（续）

残余电压 ($U=U_{res}/U_n$) %	持续时间 s							
	$0.01<t\leqslant0.1$	$0.1<t\leqslant0.25$	$0.25<t\leqslant0.5$	$0.5<t\leqslant1$	$1<t\leqslant3$	$3<t\leqslant10$	$10<t\leqslant20$	$20<t\leqslant60$
$70>U\geqslant60$								
$60>U\geqslant50$								
$50>U\geqslant40$								
$40>U\geqslant30$								
$30>U\geqslant20$								
$20>U\geqslant10$								
$10>U\geqslant0$								

表 1 填写说明如下：

a) 表格内为在相应的残余电压和持续时间所对应的各种事件次数。

b) 对 1 min 内发生的数次电压暂降应归并为一次进行统计，如由于二次重合闸引发的两次电压下降应仅统计为一次电压暂降，其残余电压应取为 1 min 内数次电压暂降的最小残余电压，持续时间应取为 1 min 内最小残余电压所在那次电压暂降的持续时间。

4.2 电压暂降与短时中断推荐指标

4.2.1 概述

SARFI 指标用来描述特定周期内某系统或某单一测量点电压暂降(短时中断)事件的发生频度。

SARFI 指标包括两种形式：一种是针对某一阈值电压的统计指标 SARFI_X；另一种是针对某类敏感设备的容限曲线的统计指标 $\text{SARFI}_{\text{CURVE}}$。

4.2.2 SARFI_X

本标准中 SARFI_X 推荐采用以下两种形式，分别为利用事件影响用户数进行统计的 $\text{SARFI}_{X\text{-}C}$ 和仅利用事件发生次数进行统计的 $\text{SARFI}_{X\text{-}T}$，分别如式(1)、式(2)所示：

$$\text{SARFI}_{X\text{-}C}=\frac{\sum N_i}{N_T} \quad \cdots\cdots(1)$$

式中：

X ——电压方均根阈值，X 可能的取值为 90 、80 、70 、50 或 10 等，用电压方均根值占标称电压的百分数形式表示，即为 $X\%$；

当 $X<100$ 时，N_i 为第 i 次事件下承受残余电压小于 $X\%$ 的电压暂降(或短时中断)的用户数；

N_T——所评估测点供电的用户总数。

$$\text{SARFI}_{X\text{-}T}=\frac{N\times D}{D_T} \quad \cdots\cdots(2)$$

式中：

X ——电压方均根阈值，X 可能的取值为 90 、80 、70 、50 或 10 等，用电压方均根值占标称电压的百分数形式表示，即为 $X\%$；

当 $X<100$ 时，N 为监测时间段内残余电压小于 $X\%$ 的电压暂降(或短时中断)的发生次数；

D_T——监测时间段内的总天数；

D ——指标计算周期天数，可取值 30 或 365，对应指标分别表示每月或每年残余电压小于 $X\%$的电压暂降（或短时中断）的平均发生次数，$D \leqslant D_T$。

4.2.3 $SARFI_{CURVE}$

$SARFI_{CURVE}$指标是统计电压暂降（短时中断）事件超出某一类敏感设备容限曲线所定义的区域的概率，不同的容限曲线对应不同的 $SARFI_{CURVE}$ 指标。例如，对于 IT 类设备，可按 $SARFI_{CBEMA}$、$SARFI_{ITIC}$指标统计；对于半导体类设备，可按 $SARFI_{SEMI}$指标统计。只有在 CBEMA 、ITIC 曲线包围区域外部或 SEMI 曲线下方的电压暂降（短时中断）事件才考虑计入 $SARFI_{CURVE}$指标。具体内容可参见附录 A。

5 电压暂降与短时中断的检测

5.1 电压方均根值的计算方法

5.1.1 概述

为了检测电压暂降和短时中断，需要计算各相电压方均根值。电压方均根值有两种计算方法，分别是：半周波刷新电压方均根值（$U_{rms(1/2)}$）和每周波刷新电压方均根值（$U_{rms(1)}$）。

5.1.2 半周波刷新电压方均根值（$U_{rms(1/2)}$）

计算 $U_{rms(1/2)}$ 的公式(3)如下：

$$U_{rms(1/2)}(k)=\sqrt{\frac{1}{N}\sum_{i=1+(k-1)\frac{N}{2}}^{(k+1)\frac{N}{2}}u^2(i)} \qquad \cdots\cdots(3)$$

式中：

N ——每周期的采样点数；

$u(i)$——第 i 次被采样到的电压波形的瞬时值；

k ——被计算的窗口序号（$k=1,2,3,\cdots$），即第一个值是在一个周期内（从样本 1 到样本 N）获得的，下一个值则从样本$\frac{1}{2}N+1$ 到样本$\frac{1}{2}N+N$，依次计算。

5.1.3 每周波刷新电压方均根值（$U_{rms(1)}$）

计算 $U_{rms(1)}$ 的公式(4)如下：

$$U_{rms(1)}(k)=\sqrt{\frac{1}{N}\sum_{i=1+(k-1)N}^{kN}u^2(i)} \qquad \cdots\cdots(4)$$

式中：

N ——每周期的采样点数；

$u(i)$——第 i 次被采样到的电压波形的瞬时值；

k ——被计算的窗口序号（$k=1,2,3,\cdots$），即第一个值是在一个周期内（从样本 1 到样本 N）获得的，下一个值则从样本 $N+1$ 到样本 $2N$，依次计算。

5.2 检测阈值

5.2.1 电压暂降的检测阈值

检测电压暂降的阈值一般依据电压暂降的定义设置为0.9 p.u.。

单相系统中,当$U_{rms(1/2)}$或$U_{rms(1)}$低于暂降阈值时,电压暂降开始;当$U_{rms(1/2)}$或$U_{rms(1)}$等于或者高于暂降阈值与迟滞电压之和时,电压暂降结束。

多相系统中,当一相或多相的$U_{rms(1/2)}$或$U_{rms(1)}$低于暂降阈值时,电压暂降开始;当所有相的$U_{rms(1/2)}$或$U_{rms(1)}$等于或者高于暂降阈值与迟滞电压之和时,电压暂降结束。

5.2.2 短时中断的检测阈值

检测短时中断的阈值一般依据短时中断的定义设置为0.1 p.u.。

单相系统中,当$U_{rms(1/2)}$或$U_{rms(1)}$低于短时中断阈值时,短时中断开始;当$U_{rms(1/2)}$或$U_{rms(1)}$等于或者高于短时中断阈值与迟滞电压之和时,短时中断结束。

多相系统中,当一相或多相的$U_{rms(1/2)}$或$U_{rms(1)}$低于短时中断阈值时,短时中断开始;当所有相的$U_{rms(1/2)}$或$U_{rms(1)}$等于或者高于短时中断阈值与迟滞电压之和时,短时中断结束。

6 电压暂降与短时中断的监测

6.1 监测仪器的分类

监测仪器根据性能不同分为两类,分别定义如下:

A级性能——能精确测量残余电压、相位跳变及持续时间等主要参数,每个测量通道均能测量半周波刷新电压方均根值($U_{rms(1/2)}$),具有至少记录长度不少于1 s的事件波形数据的记录存储功能。该级仪器适用于进行精确测量的场合,例如标准符合性检查、解决争议、电能质量合同仲裁等。

S级性能——能较精确测量残余电压及持续时间等主要参数,每个测量通道均能测量半周波刷新电压方均根值($U_{rms(1/2)}$)或每周波刷新电压方均根值($U_{rms(1)}$),具有至少记录长度不少于0.5 s的事件波形数据的记录存储功能。该级仪器适用于电能质量调查统计、排除故障以及其他不需要较高精确度的应用场合。

应根据具体应用场合来选择合适的仪器性能等级。

本标准推荐监测仪器的采样率不低于6.4 kHz。

6.2 监测仪器技术要求

6.2.1 基本功能

6.2.1.1 监测功能

仪器应能够进行电压暂降(短时中断)主要参数的监测,包括残余电压、持续时间等。

6.2.1.2 显示功能、通讯接口、权限管理功能、设置功能、统计功能

均应满足GB/T 19862要求,并具备阈值设置功能。

6.2.1.3 记录存储功能

仪器的事件波形记录应能准确还原记录时间段内的电压波形变化的过程,并包括事件发生前至少5个周波与事件结束后至少5个周波的波形。

6.2.2 仪器准确度

A 级性能仪器的电压幅值测量误差不应超过公称输入电压的±0.2%；S 级性能仪器的电压幅值测量误差不应超过公称输入电压的±1%。

A 级性能仪器的持续时间测量误差不超过 1 个周期；S 级性能仪器的持续时间测量误差不超过 2 个周期。

A 级性能仪器的相位跳变测量误差不超过 1 度。

6.2.3 电气性能要求、正常使用条件、外壳、机械性能、安全性能、电磁兼容性(EMC)

应满足 GB/T 19862 中要求。

6.3 监测要求

电压暂降与短时中断都是突发事件，因此对其的监测需要在线长时间进行，应在需要监测的位置装设在线监测装置进行监测，建议监测时长至少 1 年。

监测记录内容应包括事件特征、发生时刻、发生位置等，并按照上文中表 1 要求统计结果。

7 电压暂降与短时中断的评估

7.1 评估步骤

为了评估电压暂降和短时中断对电网电能质量水平的影响，宜采用以下三个步骤进行：

第一步：用统一的采样速率和方法来采集电压，并据此确定电压暂降与短时中断的事件特征参数，包括电压暂降(短时中断)的持续时间、残余电压等。

第二步：在一定时间周期内从所测量的所有事件的单一事件特征参数中计算单测点指标(可选用 4.2 中的推荐指标)。单测点指标可用于敏感设备和供电电源之间的兼容性评估。不同地方的单测点指标可为敏感负荷安装地点的选择提供帮助，并可为当地用户提供电压质量方面信息。

第三步：基于某个地区电网的全部监测点的单测点指标计算系统指标。该系统指标需要更长的监测周期(至少一年)。系统指标能够用于评估计及电压暂降和短时中断的区域电网的电能质量状况。

7.2 单一事件特征参数确定

7.2.1 电压暂降的特征参数确定

电压暂降的特征参数包括：残余电压(U_{res})、持续时间等。

残余电压为暂降过程中所有相上测得的最低 U_{rms} 值。电压暂降的开始时间应为触发电压暂降记录的 U_{rms} 值的计算结束时间，电压暂降的终止时间应为电压暂降结束时的 U_{rms} 值的计算结束时间，暂降结束 U_{rms} 值由阈值和迟滞电压之和决定。

电压暂降的持续时间是指从电压暂降起始到结束所用的时间。

注 1：电压暂降的包络曲线并不一定是矩形，因此，对于一个给定的电压暂降，测量持续的时间取决于所选定的电压暂降阈值。可使用多个暂降阈值(在电压暂降和电压短时中断阈值范围内设定)来估计电压暂降的包络曲线。

注 2：迟滞电压通常为 U_{din} 的 2%。

注 3：在故障检修或统计分析中的应用，暂降阈值通常为固定参考电压的 85%～90%。

注 4：残余电压通常对终端用户有用，同时因为残余电压是参考零电位，所以可能被优先加以利用。相比之下，深度通常对电气供应方有用，尤其是高压系统或者当使用滑动参考电压时。

注 5：在电压暂降过程中可能会出现相位移。

注 6：当超过阈值时，可记录一个时间标记。

注 7：滑动参考电压的计算：

滑动参考电压是可选择的，不作要求。如果滑动参考电压用于检测电压暂降，应该用时间常量为 1 min 的一阶滤波器计算滑动参考电压。滤波器计算公式(5)如下：

$$U_{sr(n)} = 0.996\,7 \times U_{sr(n-1)} + 0.003\,3 \times U_{(10)rms} \qquad (5)$$

式中：

$U_{sr(n)}$ ——滑动参考电压的当前值；

$U_{sr(n-1)}$ ——滑动参考电压的前一个值；

$U_{(10)rms}$ ——最近一个 10 周期的 r.m.s.值。

测量开始时，滑动参考电压的初始值设置为公称输入电压。滑动参考电压值每 10 个周期更新一次。如果某 10 周期带有标记，则滑动参考电压值不会更新，仍使用滑动参考电压的前一个值。

7.2.2 短时中断的特征参数确定

短时中断的特征参数包括：残余电压(U_{res})、持续时间等。

残余电压为短时中断过程中任一相上测得的最低 U_{rms} 值。短时中断的开始时间应为触发短时中断记录的 U_{rms} 值的计算结束时间，短时中断的终止时间应为短时中断结束时的 U_{rms} 值的计算结束时间，短时中断结束 U_{rms} 值由阈值和迟滞电压之和决定。

短时中断的持续时间是指从电压短时中断起始到结束的时间差。

短时中断的迟滞电压大小可由用户根据用途设定。

注 1：在多相系统中，其中一个或多个相电压的短时中断对于连接到该系统的单相用户来说意味着一次短时中断，但这种情况并不能归为多相系统的短时中断。

注 2：迟滞电压通常为 U_{din} 的 2%。

7.3 单测点指标计算

单个节点指标计算是对某一测点一定时间(典型值为一年)内所有事件的统计，主要包括电压暂降与短时中断事件统计表统计、$SARFI_X$ 与 $SARFI_{CURVE}$ 等推荐指标的计算。

7.4 系统指标计算

对于区域电网，包括有若干测点，在进行单个测点指标计算后，对于表 1 的形式可考虑将监测点单个测点指标累计求平均来计算区域电网系统指标。对于 $SARFI_{X\text{-}C}$ 指标，则可以直接基于各监测点每次事件受影响的用户数与系统总供电用户数计算系统 $SARFI_{X\text{-}C}$ 指标。

附 录 A
（资料性附录）
容限曲线

20世纪80年代，美国计算机商业设备制造者协会（Computer Business Equipment Manufacturing Association—CBEMA，现已改称 Information Technology Industry Council—ITIC 信息技术工业协会）基于大型计算机对电能质量的要求，提出了电压允许的 CBEMA 曲线（如图 A.1 所示），以防止电压扰动造成计算机及其控制装置误动和损坏。该曲线是根据大型计算机的实验数据和历史数据绘制的。对于其他敏感负荷的 CBEMA 曲线，可参照该曲线并根据实际情况制定。CBEMA 改称信息技术工业协会后，其所属的第三技术委员会对 CBEMA 曲线进行了修订后称其为 ITIC 曲线，如图 A.2 所示。ITIC 曲线仍沿用 CBEMA 的基本概念，即包络线内的电压为合格电压，而包络线外的电压为不合格电压。但与 CBEMA 曲线相比，ITIC 曲线的包络线进行了修订，将光滑曲线改为折线，使电压幅值与持续时间有明确的对应关系；稳态电压容限从 106％和 87％改为 110％和 90％；下包络线的起始时间从 8.33 ms 改为 20 ms（超过 60 Hz 系统的一个周波），表明计算机元件的断电耐受水平有了提高；横坐标既标明秒的单位，又标明 60 Hz 系统的周波（图 A.2 中的 c）单位，更具实用性。

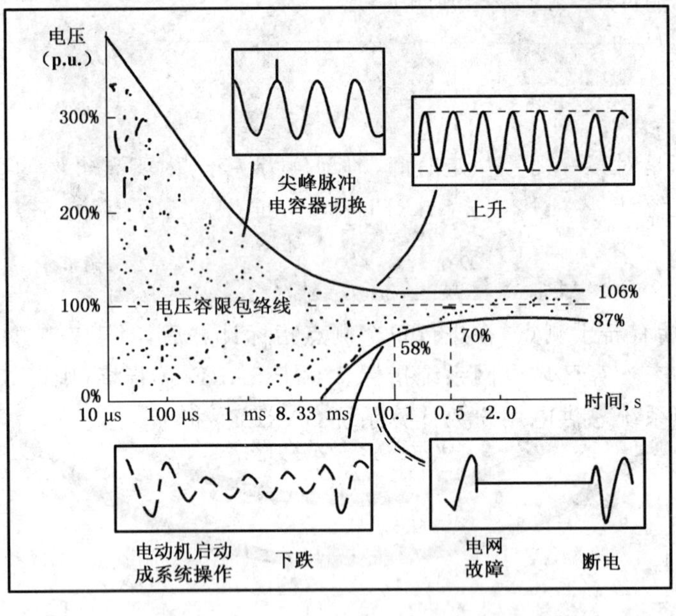

图 A.1 CBEMA 曲线

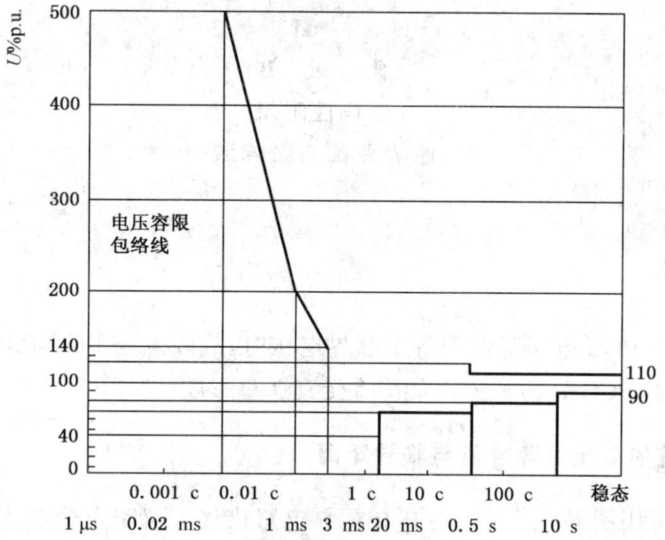

图 A.2 ITIC 曲线

SEMI F47 是半导体加工设备的电压暂降抗扰力规范，定义了半导体加工、度量、自动化测试设备的电压暂降抗扰力(见表 A.1 和图 A.3 实线框内)，规定了持续时间从 0.05 s 到 1.0 s 的 60 Hz 和 50 Hz 工频下电压暂降容忍值。

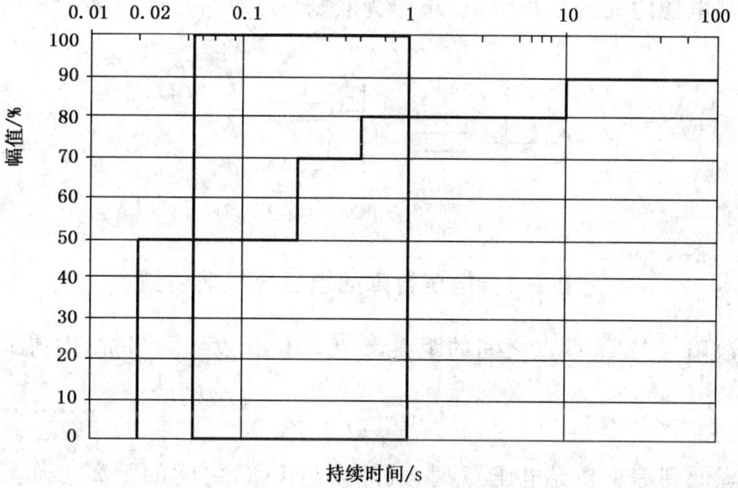

图 A.3 SEMI F47 曲线

表 A.1 SEMI F47 电压暂降持续时间和承受值

持续时间/s	持续时间(周波)		幅值 %
	周波 60 Hz	周波 50 Hz	
<0.05	<3	<2.5	无规定
0.05～0.2	3～12	2.5～10	50%
0.2～0.5	12～30	10～25	70%
0.5～1.0	30～60	25～50	80%
>1.0	>60	>50	无规定

附 录 B
（资料性附录）
临界距离与暂降域

B.1 临界距离

临界距离，描述了当 PCC 电压降低到等于临界电压时，故障点与 PCC 之间的距离。即当故障发生在 PCC 与临界点之间时，PCC 处的敏感性负荷将受到严重影响。

B.1.1 辐射状配电系统的电压暂降幅值与临界距离

对于辐射状系统，可用图 B.1 所示的电压分配器电路描述。忽略负荷电流，并假设电源电压 $E=1$，则故障引起的 PCC 点亦即负荷端的电压暂降幅值为式(B.1)：

$$U_{\mathrm{dip}}=\frac{Z_{\mathrm{F}}}{Z_{\mathrm{F}}+Z_{\mathrm{S}}} \qquad \text{(B.1)}$$

式中：

Z_{F} ——故障点与 PCC 点之间的线路阻抗，单位为欧姆(Ω)；

Z_{S} ——PCC 点与电源之间的系统阻抗，单位为欧姆(Ω)。

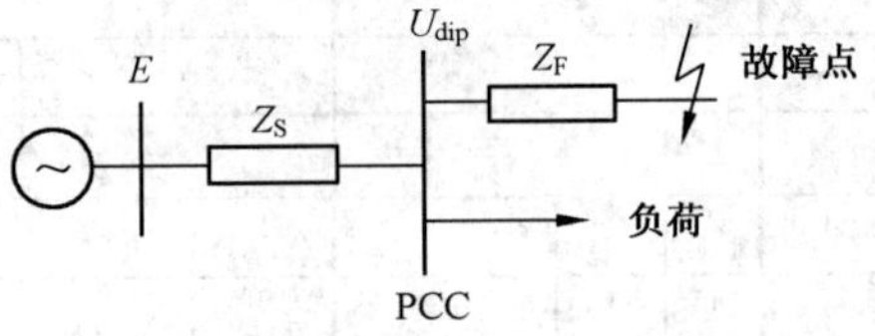

图 B.1 电压暂降的电压分配器模型

令 $Z_{\mathrm{F}}=zl$，l 为故障点与 PCC 点之间的距离，z 为单位长度线路阻抗，则得式(B.2)：

$$U_{\mathrm{dip}}=\frac{zl}{zl+Z_{\mathrm{S}}} \qquad \text{(B.2)}$$

定义 PCC 电压降低到等于临界电压 U 时，故障点与 PCC 之间的距离为临界距离。假设线路阻抗与系统阻抗的 X/R 值相等，则由式(B.2)可得临界距离 l_{crit} 的计算公式(B.3)

$$l_{\mathrm{crit}}=\frac{Z_{\mathrm{S}}}{z}\times\frac{U}{1-U} \qquad \text{(B.3)}$$

在临界距离 l_{crit} 内发生的相关故障将使 PCC 的敏感性负荷非正常工作。

严格地说，上式仅适用于单相系统。对于三相系统的三相故障，如果 Z_{S} 和 z 采用正序阻抗，上式仍可使用；对于单相故障，应采用正序、负序和零序阻抗之和，式中电压为故障相的相对地电压；对于两相故障，应采用正序和负序阻抗之和，式中电压为故障相之间的电压。

当系统与线路的阻抗均为复数时，故障引起的 PCC 点亦即负荷端的电压暂降幅值为式(B.4)：

$$U_{\mathrm{dip}}=\frac{Z_{\mathrm{F}}}{Z_{\mathrm{F}}+Z_{\mathrm{S}}} \qquad \text{(B.4)}$$

式中：

$Z_{\mathrm{S}}=R_{\mathrm{S}}+\mathrm{j}X_{\mathrm{S}}$ 为 PCC 点的系统阻抗，$Z_{\mathrm{F}}=(r+\mathrm{j}X)$；

l——故障点与 PCC 点之间的线路阻抗；

l——故障点与 PCC 点之间的距离，$z=r+jx$ 为单位长度线路阻抗。可证明复阻抗时的临界距离 l_{crit} 为式(B.5)：

$$l_{crit}=\frac{Z_S}{z}\times\frac{U}{1-U}\left(\frac{U\cos\alpha+\sqrt{1-U^2\sin^2\alpha}}{U+1}\right) \quad \cdots\cdots (B.5)$$

式中：

$Z_S=|R_S+jX_S|$，$z=|r+jx|$，$U=|\overline{U}|$；

α——系统阻抗与线路阻抗在复平面上的夹角，即阻抗角，见式(B.6)：

$$\alpha=\text{tg}^{-1}\left(\frac{X_S}{R_S}\right)-\text{tg}^{-1}\left(\frac{x}{r}\right) \quad \cdots\cdots (B.6)$$

假设系统和线路的 X/R 值相等，则 $\alpha=0$，式(B.5)可简化为式(B.3)。尽管上述假设并不总是成立，但在多数情况下，用式(B.3)计算即可得到较满意的结果，特别是在没有足够数据计算阻抗角的情况下。

在阻抗角较大时，按式(B.7)进行计算，即可得到临界距离的较精确的结果。

$$l_{crit}=\frac{Z_S}{z}\times\frac{U}{1-U}[1-U(1-\cos\alpha)] \quad \cdots\cdots (B.7)$$

B.1.2 非辐射状配电系统的电压暂降幅值与临界距离

将前面所讨论的电压暂降幅值与临界距离的方法应用于非辐射状系统时，需进行一些修正。例如，带有负荷端自供电源的供电系统的等值电路如图 B.2 所示，图中负荷端的暂降电压幅值由式(B.8)确定：

$$(1-U_{dip})=\frac{Z_4}{Z_3+Z_4}(1-U_{pcc}) \quad \cdots\cdots (B.8)$$

式中：

Z_1——PCC 点的系统阻抗；

Z_2——故障点与 PCC 点之间的阻抗；

Z_3——PCC 和自供电源母线间的阻抗；

Z_4——自供电源的暂态电抗。

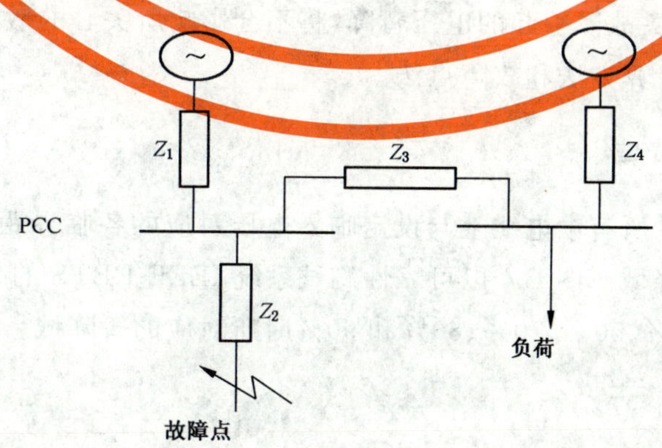

图 B.2 有负荷端自供电源的供电系统的等值电路

忽略负荷电流，并假设两个发电机的端电压相同，可得 PCC 电压为式(B.9)：

$$U_{\text{PCC}}=\frac{Z_2}{Z_2+Z_1\,||\,(Z_3+Z_4)} \qquad \cdots\cdots(\text{B.9})$$

因此有式(B.10)：

$$U_{\text{dip}}=1-\frac{Z_1Z_4}{Z_2(Z_1+Z_3+Z_4)+Z_1(Z_3+Z_4)} \qquad \cdots\cdots(\text{B.10})$$

令 $Z_2=z\times l$，临界电压为 U，可得临界距离为式(B.11)：

$$l_{\text{crit}}=\frac{Z_1}{z(Z_1+Z_3+Z_4)}\left(Z_4\frac{U}{1-U}-Z_3\right) \qquad \cdots\cdots(\text{B.11})$$

又如，图 B.3 所示为同一电源、两个回路的供电系统。采用该系统结构可使电压短时中断发生的次数大大减少，但通常却会使发生较严重电压暂降的次数增加。

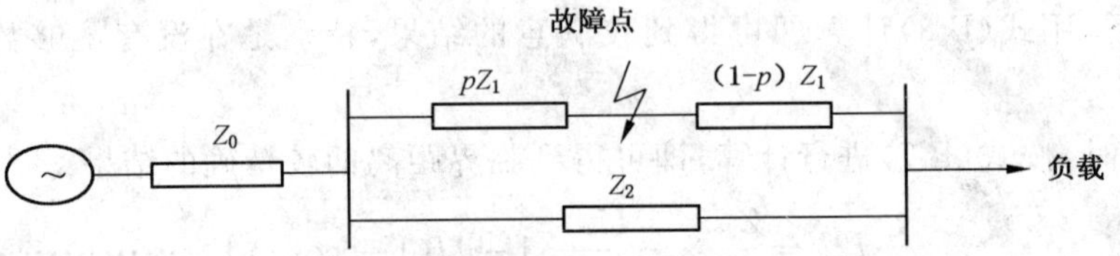

图 B.3　双回路供电系统等值电路

假设 Z_1 和 Z_2 为两条线路的阻抗，Z_0 为系统阻抗，线路 1 在距电源 p 处发生故障，则负荷母线暂降电压由式(B.12)决定：

$$U_{\text{dip}}=\frac{p(1-p)Z_1^2}{Z_0(Z_1+Z_2)+pZ_1Z_2+p(1-p)Z_1^2} \qquad \cdots\cdots(\text{B.12})$$

当 $p=0$ 或 $p=1$ 时，电压暂降幅值为 0。通过合理的假设，也可对临界距离进行描述。

B.2　暂降域

暂降域是指系统中发生故障引起电压暂降，因而使所关心的某一点敏感性负荷不能正常工作的故障点所在的区域。在暂降域以内发生的相关故障引起的电压暂降，将使所关心的敏感性负荷不能正常工作；在暂降域外发生的相关故障引起的电压暂降，将不会影响所关心的敏感性负荷的正常工作。暂降域的计算可以用临界距离计算方法和故障点法。

B.2.1　用临界距离计算暂降域

将敏感负荷所在母线的所有馈电线上与设定临界电压对应的各临界距离点连接起来，可得到与所设定临界电压相对应的暂降域。图 B.4 以可靠性测试系统 IEEE RBTS 的 Bus4 母线为例，给出了临界电压分别为额定电压的 30%、50%、70%、80% 和 90% 时所对应的暂降域。

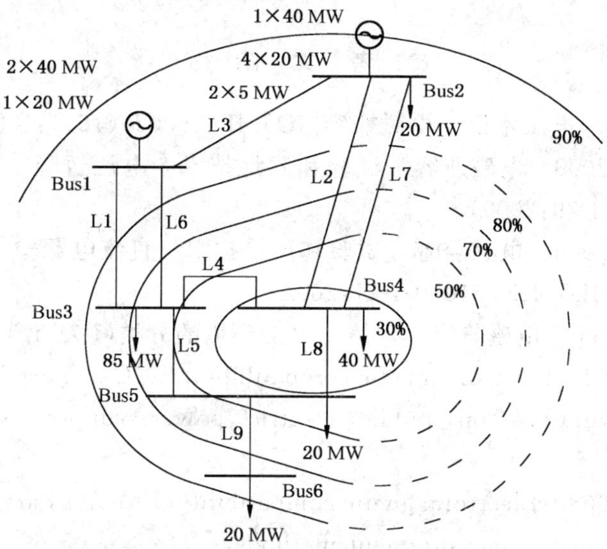

图 B.4 IEEE RBTS 的 Bus4 母线暂降域示意图

B.2.2 故障点法分析暂降域

采用临界距离方法确定暂降域，具有计算简单的优点。该方法的缺陷是，仅考虑了暂降幅值的影响，而未考虑暂降持续时间等特征量对暂降域的影响。计及其他特征量的影响，可考虑采用暂降域分析的故障点法。在已知系统结构的情况下，该方法首先通过分析各种可能发生的故障对敏感负荷所产生的电压暂降影响，将系统粗略地划分为若干部分，具有相同暂降特征的为同一部分，各部分由一个故障点代表；然后对各种故障进行仿真或短路计算，得到暂降幅值、相位跳变和持续时间等特征量；再由各特征量准确地判断可能带给所关心负荷不良影响的故障所在区域，即暂降域。

参 考 文 献

[1] GB/T 4365—2003 电工术语 电磁兼容[IDT IEC 60050(161):1990]

[2] GB/T 17626.11—2008 电磁兼容 试验和测量技术 电压暂降 短时中断和电压变化的抗扰度试验(IDT IEC 61000-4-29:2000)

[3] GB/T 17626.29—2006 电磁兼容 试验和测量技术 直流电源输入端口电压暂降、短时中断和电压变化的抗扰度试验(IDT IEC 61000-4-11:2004)

[4] GB/Z 18039.1—2000 电磁兼容 环境 电磁环境的分类(IDT IEC 61000-2-5:1996)

[5] IEC 61000-2-8:2002 Electromagnetic compatibility(EMC)—Part 2-8:Environment—Voltage dips and short interruptions on public electric power supply systems with statistical measurement results

[6] IEC 61000-4-30:2008 Electromagnetic compatibility(EMC)—Part 4-30:Testing and measurement techniques—Power quality measurement methods

[7] IEC 61000-4-34:2005 Electromagnetic compatibility(EMC)—Part 4-34:Testing and measurement techniques—Voltage dips, short interruptions and voltage variations immunity tests for equipment with input current more than 16 A per phase

[8] IEEE Std 1159-1995 IEEE recommended practice for monitoring electric power quality

[9] IEEE Std 1346-1998 IEEE recommended practice for evaluating electric power system compatibility with electronic process equipment

[10] IEEE Std 1366—2003 IEEE guide for electric power distribution reliability indices

ICS 27.100
K 59

中华人民共和国国家标准

GB/T 30138—2013

往复式内燃燃气电站余热利用系统设计规范

Design code for exhaust and cooling water heat recovery system of gas electric power plant with reciprocating internal combustion engines

2013-12-17 发布

2014-05-10 实施

中华人民共和国国家质量监督检验检疫总局
中国国家标准化管理委员会 发布

前　言

本标准按照 GB/T 1.1—2009 给出的规则起草。

本标准由中国电器工业协会提出。

本标准由全国往复式内燃燃气发电设备标准化技术委员会(SAC/TC 372) 归口。

本标准起草单位:中国石油集团济柴动力总厂、山西汾西重工有限责任公司、郑州金阳电气有限公司、淄博淄柴新能源有限公司、机械工业北京电工技术经济研究所、青岛凯能锅炉设备有限公司、煤炭工业太原设计研究院、青岛依科节能环保设备有限公司、青岛汽车散热器有限公司、烟台荏原空调设备有限公司。

本标准起草人:杨赛青、党永浩、李树生、王安忠、王令金、王志刚、崔鹤松、张卫华、周效龙、史清晨、张宏斌、陈作俊、王波、贠利民、郭海良、邱玉文、王登峰、高金梁、徐祥根。

往复式内燃燃气电站
余热利用系统设计规范

1 范围

本标准规定了往复式内燃燃气电站(以下简称“燃气电站”)的余热利用系统工程的设计原则、设备要求、计量要求等。

本标准适用于陆用往复式内燃燃气电站余热利用系统的工程设计。

2 规范性引用文件

下列文件对于本文件的应用是必不可少的。凡是注日期的引用文件,仅注日期的版本适用于本文件。凡是不注日期的引用文件,其最新版本(包括所有的修改单)适用于本文件。

GB/T 1576 工业锅炉水质

GB/T 1883.1 往复式内燃机 词汇 第1部分:发动机设计和运行 术语

GB/T 7190.1 玻璃纤维增强塑料冷却塔 第1部分:中小型玻璃纤维增强塑料冷却塔

GB/T 7190.2 玻璃纤维增强塑料冷却塔 第2部分:大型玻璃纤维增强塑料冷却塔

GB/T 12145 火力发电机组及蒸汽动力设备水汽质量

GB 18361 溴化锂吸收式冷(温)水机组安全要求

GB/T 18362 直燃型溴化锂吸收式冷(温)水机组

GB/T 18431 蒸汽和热水型溴化锂吸收式冷水机组

GB/T 28056 烟道式余热锅炉通用技术条件

GB 50049 小型火力发电厂设计规范

GB/T 50062 电力装置的继电保护和自动装置设计规范

NB/T 47004 板式热交换器

3 术语和定义

GB/T 1883.1 界定的以及下列术语和定义适用于本文件。

3.1

燃气发动机 gas engine

一种基本燃用气体燃料工作的发动机。

[GB/T 1883.1—2005,定义 4.2]

3.2

燃气发电机组 gas generating set

由燃气发动机、发电机、控制装置、开关装置和辅助设备联合组成的发电机组。

3.3

燃气电站 gas electric power plant

由一台或数台燃气发电组及其相关系统组成的供电电源。

3.4

余热　exhaust and cooling water heat

燃气发电机组排烟的热能、燃气发动机缸套水、中冷水的热能和润滑油的热能等。

3.5

燃气冷热电联产系统　gas-fired combine cooling heating and power system

布置在用户附近，以燃气发电机组发电，并利用燃气发电机组余热制冷、供热，同时向用户输出电能、冷(热)的分布式能源供应系统。

3.6

燃气冷热电联产总效率　gas-fired combine cooling heating and power overall efficiency

燃气冷热电联产系统发电和余热利用的总有效热量占发动机消耗燃料总热量的百分比。

3.7

余热利用系统　exhaust and cooling water heat recovery system

以环境温度为基准，对燃气电站运行过程中排出的热载体热能回收利用的系统。

3.8

余热锅炉　exhaust heat boiler

以燃气发电机组排气为热源，产生蒸汽或热水的锅炉。

3.9

补燃型余热锅炉　complementary combustion type exhaust heat boiler

具有补充燃烧装置的余热锅炉。

3.10

余热吸收式冷(温)水机组　exhaust heat absorption chillers(heater)

直接利用燃气发电机组排烟和缸套水进行制冷、制热的机组。可分为烟气型及烟气热水型冷(温)水机组。

3.11

余热补燃型吸收式冷(温)水机组　exhaust heat supplementary-fired absorption chillers(heater)

除利用余热外，还带有燃烧器，可通过直接燃烧燃气制冷、制热的余热吸收式冷(温)水机组。可分为补燃烟气型及补燃烟气热水型冷(温)水机组。

3.12

热负荷　heat load

供热系统的热用户(或用电设备)在单位时间内所需的供热量。

3.13

冷幅　cool range

冷却装置被冷却介质的出口出水温度与湿球温度之差。

4　总则

4.1　燃气电站余热利用系统的设计宜不影响发电机组的性能要求，如有特殊要求时，可按制造商和用户的技术协议进行设计，其影响应在燃气发电机组制造商允许范围内。

4.2　燃气电站余热利用系统宜对燃气发电机组缸套水和烟气热量进行联合利用，其燃气冷热电联产总效率应不小于70%。

4.3　余热利用设备应靠近发动机布置，并应设有设备安装、检修、运输的空间及场地，设备间的净距离应符合各余热设备的安装技术要求。

4.4　燃气电站余热利用系统外表面温度高于50 ℃的设备和管道宜进行保温隔热，对不宜保温且人员可能接触的部位应设护栏或警示牌。

4.5 设备室外布置时，应根据环境条件和设备的要求设置相关防护措施。

4.6 余热利用设备的能效等级应满足国家现行有关标准的要求。

4.7 燃气电站余热利用系统设计中应执行国家和地方有关环境保护和劳动安全设计的法律、法规和标准。

5 余热容量的确定

燃气电站余热容量应依据燃气发电机组发电装机容量计算确定，燃气发电机组缸套水余热(中冷水余热可参照使用)按公式(1)计算，烟气余热按公式(2)计算。

$$Q_k = \sum_1^i \frac{W_{k,i} \cdot C_{k,i}(T_{k1,i} - T_{k2,i})}{3\ 600} \qquad \cdots\cdots(1)$$

式中：

Q_k ——单位时间内燃气发电机组缸套水余热总和，单位为千瓦(kW)；

$W_{k,i}$ ——燃气发电机组缸套水流量，单位为立方米每小时(m^3/h)；

$C_{k,i}$ ——燃气发电机组缸套水比热，单位为千焦每立方米每摄氏度[kJ/(m^3·℃)]；

$T_{k1,i}$ ——燃气发电机组缸套水出口温度，单位为摄氏度(℃)；

$T_{k2,i}$ ——燃气发电机组缸套水进口温度，单位为摄氏度(℃)。

$$Q_r = \sum_1^i \frac{E_i(C_{p1,i} \cdot T_{p1,i} - C_{p2,i} \cdot T_{p2,i})}{3\ 600} \qquad \cdots\cdots(2)$$

式中：

Q_r ——单位时间内燃气发电机组产生的烟气余热总和，单位为千瓦(kW)；

E_i ——燃气发电机组烟气流量，单位为立方米每小时(m^3/h)；

$C_{p1,i}$、$C_{p2,i}$ ——余热利用设备烟气平均定压比热，单位为千焦每立方米每摄氏度[kJ/(m^3·℃)]，按附录A计算确定；

$T_{p1,i}$ ——余热利用设备烟气进口温度，单位为摄氏度(℃)；

$T_{p2,i}$ ——余热利用设备排气温度，单位为摄氏度(℃)。

6 余热利用系统工艺选型

余热利用系统应根据用户需要和机组现场情况综合选用制热余热利用系统和制冷余热利用系统。系统工程设计宜根据实际应用条件选择如附录B所示工艺流程。

7 设备要求

7.1 余热锅炉与烟气系统

7.1.1 余热锅炉的技术条件应符合GB/T 28056。

7.1.2 余热锅炉参数的选择应满足用户要求。当设计热负荷和最大热负荷相差较大时可选用补燃型余热锅炉。

7.1.3 余热锅炉烟气阻力应满足燃气发电机组允许背压的要求。

7.1.4 余热锅炉在使用过程中，任何时候不应缺水。

7.1.5 余热锅炉前后端烟气系统应符合如下要求：

a) 在余热锅炉烟气管道进口端应设置旁通管道，旁通管直径应不小于燃气发电机组排气主管道直径；

b) 当使用补燃余热锅炉时，在锅炉出口处应额外设置一条排烟管道，其排烟能力应满足补燃燃料燃烧后的最大排烟要求；

c) 在锅炉进气口前烟气管道上应设置防爆阀；

d) 在锅炉进气口前与旁通烟道相连处三通管上应设置烟量调节装置，余热利用烟道阀门与旁通烟道阀门应有可靠的连锁；

e) 烟气余热利用烟道应采用可靠的保温措施；

f) 烟道阀门应能保证在最高排烟温度下长期、可靠运行。

7.1.6 余热锅炉与燃气发电机组宜采用一对一配置，当采用多台燃气发电机组合用一个总烟道对应一台余热锅炉时，各燃气发电机组的排烟应不相互影响，且烟气应不流向停止运行的设备，余热锅炉烟气入口前应设有泄爆口。

7.1.7 各段烟道底的设计均应向余热锅炉方向设置一定倾斜度，最低点设置排水口，并对保温结构采取防水措施。

7.1.8 余热锅炉及烟气管道应设支吊架支撑。

7.1.9 烟道上每隔一定距离应设置温度补偿装置。

7.1.10 余热锅炉的布置方式，应根据当地的室外气象条件，并符合下列规定：

a) 非寒冷地区，应采用露天布置；

b) 一般寒冷地区，可采用露天布置，应对导压管、排污管等易冻损的部位采取伴热措施；

c) 严寒地区，不宜采用露天布置。

7.1.11 余热锅炉污染物的排放应符合国家、地方环保法规的规定。

7.2 余热(补燃)吸收式冷(温)水机组与烟气系统

7.2.1 余热(补燃)吸收式冷(温)水机组的技术条件应符合 GB/T 18362 与 GB/T 18431 的要求。

7.2.2 余热(补燃)吸收式冷(温)水机组的安全要求应符合 GB 18361 的要求。

7.2.3 利用燃气发电机组缸套水余热的余热(补燃)吸收式冷(温)水机组热水阻力应满足燃气发电机组正常工作的要求。

7.2.4 余热(补燃)吸收式冷(温)水机组烟气阻力应满足燃气发电机组允许排气背压的要求。

7.2.5 余热(补燃)吸收式冷(温)水机组前后端烟气系统布置宜参照 7.1.5 的要求。

7.2.6 余热利用系统的烟气与缸套水的自动调节阀的调节特性应满足燃气发电机组和余热(补燃)吸收式冷(温)水机组的要求，调节装置的动作应由余热(补燃)吸收式冷(温)水机组控制。

7.2.7 燃气发电机组和余热(补燃)吸收式冷(温)水机组宜采用一对一配置，当采用多台燃气机组合用一个总烟道对应一台余热(补燃)吸收式冷(温)水机组时，各燃气发电机组的排烟不应相互影响，且烟气不应流向停止运行的设备，余热(补燃)吸收式冷(温)水机组烟气入口前应设有泄爆口。

7.2.8 燃气发电机组和余热(补燃)吸收式冷(温)水机组之间的烟道上以及容易聚集烟气的地方，均应安装泄爆装置。泄爆装置的泄压口应设在安全处。

7.2.9 烟道、烟囱及设备的低点处应装设排水设施，并对保温结构采取防水措施。

7.2.10 余热(补燃)吸收式冷(温)水机组污染物的排放应符合国家、地方环保法规的规定。

7.3 供水系统

7.3.1 系统用水泵

7.3.1.1 水泵的选用应根据锅炉参数选择并满足如下要求：

a) 蒸汽锅炉给水泵应能在正常运行点下长期连续运行，在任何允许运行工况下均不发生汽蚀；

b) 热水锅炉所配循环水泵耐温性能应根据系统给水温度和循环水温度确定。

7.3.1.2 给水系统应至少设置一台备用给水泵，宜采用电动给水泵为常用给水设备。

7.3.1.3 余热回收装置给水系统一般应包括水泵、压力表、截止阀、止回阀及管路附件，各设备宜按如图1原则配置，并符合如下要求：

a) 泵的进出口均应设置切断阀；

b) 泵的进出口管道尺寸宜比泵管口大一规格；

c) 泵的吸入口应设置过滤器；

d) 泵出口应安装止回阀；

e) 泵的进出口均应设置压力表；

f) 泵体前后管路上均应设支架。

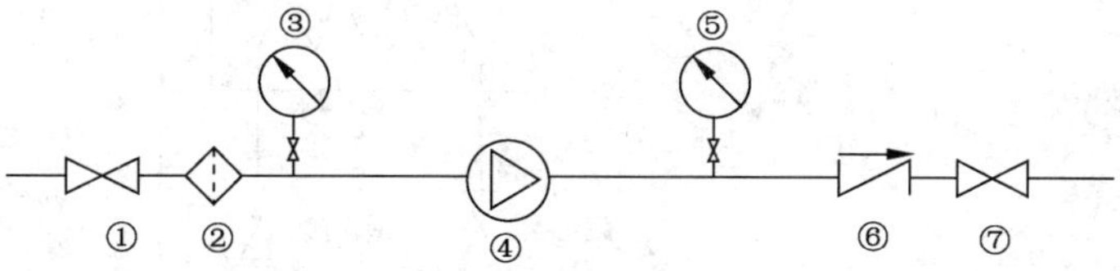

说明：

①、⑦——截止阀；

② ——过滤器；

③、⑤——压力表；

④ ——水泵；

⑥ ——单向止回阀。

图 1

7.3.1.4 余热回收装置宜至少设置两台独立动力的水泵，在一台发生故障停止工作时，其余水泵的排量应能满足各工况下的余热回收装置用水。

7.3.1.5 水泵扬程应按公式(3)计算，应满足最大给水压力要求并增加15%的裕量。

$$H=(H_1+H_2+H_3+H_4+H_5)\times 115\% \quad \cdots\cdots\cdots\cdots(3)$$

式中：

H ——水泵扬程，单位为米(m)；

H_1——水泵吸水管管路阻力损失，单位为米(m)；

H_2——水泵压力管管路阻力损失，单位为米(m)；

H_3——换热器、余热锅炉、余热制冷机组等设备内部阻力损失，单位为米(m)；

H_4——水泵吸水池最低水位与电站使用管路最高点的标高差，单位为米(m)；

H_5——用户供水口要求的扬程，单位为米(m)。

7.3.2 补水系统

7.3.2.1 补给水应经软水器软化处理后方能使用，处理后的水质应符合 GB/T 1576 的要求，当用于有过热器的蒸汽锅炉时水质应符合 GB/T 12145 的要求。

7.3.2.2 软水器的容量应不小于余热利用系统最大给水消耗量。

7.4 热交换器

7.4.1 燃气发电机组缸套水余热利用宜采用间接交换系统，缸套水侧换热系统的阻力应小于燃气发电机组冷却系统允许阻力。换热设备宜选用板式热交换器，其性能要求应符合 NB/T 47004 的要求。

7.4.2 热交换器应与燃气发电机组一对一配置，其容量和台数根据燃气发电机组的功率确定，可不设备用。

7.4.3 热交换器前后应设置温度监控系统，如图 2 所示，温度监控系统应确保热交换器的使用不影响燃气发电机组的性能。

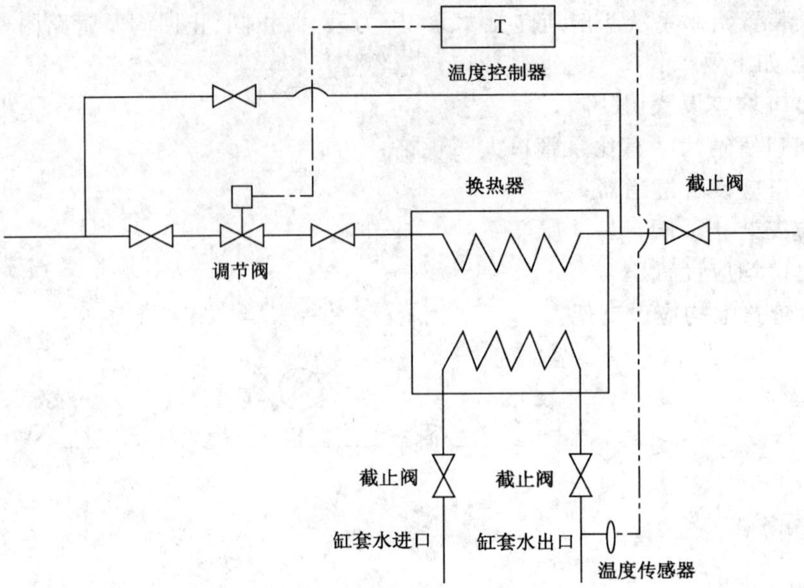

图 2

7.5 余热(补燃)吸收式冷(温)水机组用冷却塔(简称"冷却塔")

7.5.1 冷却塔性能要求应符合 GB/T 7190.1、GB/T 7190.2 的要求。

7.5.2 冷却塔的容量和台数根据热(补燃)吸收式冷(温)水机组的额定冷却水量选取,可选用较大规格的冷却塔,当冷却水量大时,可以采用两台或多台冷却塔。

7.5.3 宜优先选用横流式冷却塔,经常缺水干旱的地区宜选用节水型闭式冷却塔。

7.5.4 选用冷却塔规格时,冷却水量可按公式(4)式计算:

$$V=(1.05\sim1.20)V_1 \qquad \cdots\cdots(4)$$

式中:

V ——冷却塔的额定水量,单位为立方米每小时(m^3/h);

V_1 ——余热(补燃)吸收式冷(温)水机组的额定水流量,单位为立方米每小时(m^3/h)。

7.5.5 选用冷却塔型号规格时,除考虑冷却水量外,还应考虑冷幅影响,在设计中冷幅宜取 3 ℃~5 ℃,冷却塔出水温度应不低于大气中的湿球温度。

7.6 控制系统

7.6.1 余热利用控制系统宜与燃气发电机组控制系统安装在同一控制室内,并独立布置。

7.6.2 余热利用控制系统应设置监控设备,对下列参数进行监控:

a) 热水型余热系统或余热制冷系统:

1) 水温,℃;

2) 水压,MPa;

3) 水位;

4) 排烟温度,℃。

b) 蒸汽型余热系统:

1) 锅炉水位;

2) 蒸汽压力,MPa;

3） 蒸汽温度，℃；

4） 排烟温度，℃。

7.6.3 继电保护和安全自动装置设计，应符合 GB/T 50062 的有关规定。

7.6.4 控制室报警及保护，应符合 GB 50049 的有关规定。

7.6.5 控制系统设备和仪表应采用不间断电源供电，系统电源的配置，应符合下列规定：

a） 配电箱应设两路交流 380 V/220 V 电源进线；

b） 控制盘应设两路交流 220V 电源进线。

7.6.6 控制室的门窗宜选用隔声门窗，室内环境设计应符合隔声、室温、通风等劳动保护要求。

7.6.7 在循环管道上应设置缺水报警系统，并在控制面板上可监视。

8 能源综合利用率

8.1 计算

对于有计量要求的燃气电站，冷热电联产能源综合利用率应按公式(5)计算。

$$\eta=\frac{\sum_{1}^{i}(P_{e,i}+Q_{y})}{\sum_{1}^{i}(M_{f,i}\cdot H_{u,i})/3\,600}\times 100\% \qquad (5)$$

式中：

η ——电站热(冷)电联产能源综合利用率，单位为1，以百分数表示；

$P_{e,i}$ ——燃气发电机组的发电功率，单位为千瓦(kW)；

Q_y ——单位时间内余热利用总量，热水型余热利用系统或余热制冷利用系统按公式(6)计算，蒸汽型余热利用系统按公式(7)计算，单位为千瓦(kW)；

$M_{f,i}$ ——燃气发电机组进气口燃气流量，单位为立方米每小时(m³/h)；

$H_{u,i}$ ——燃气发电机组进气口燃气的低热值，单位为千焦每立方米，(kJ/ m³)。

$$Q_y=\frac{\sum_{1}^{i}C_i\cdot G'_{w,i}\cdot\Delta T_{w,i}+\sum_{1}^{j}C_j\cdot G'_{r,j}\cdot\Delta T_{r,j}}{3\,600} \qquad (6)$$

式中：

Q_y ——单位时间内余热利用总量，单位为千瓦(kW)；

C_i、C_j——介质的比热，单位为千焦每立方米每摄氏度[kJ/(m³·℃)]；

$G'_{w,i}$ ——余热热交换器水流量，单位为立方米每小时(m³/h)；

$\Delta T_{w,i}$——余热热交换器进出水温差，单位为摄氏度(℃)；

$G'_{r,j}$ ——热水型余热锅炉或余热制冷机组介质流量，单位为立方米每小时(m³/h)；

$\Delta T_{r,j}$——余热锅炉或余热制冷机组进出口水温差，单位为摄氏度(℃)。

$$Q_y=\frac{\sum_{1}^{i}C_i\cdot G'_{w,i}\cdot\Delta T_{w,i}+\sum_{1}^{j}D_j\cdot(I_{s,j}-I_{w,j})}{3\,600} \qquad (7)$$

式中：

Q_y ——单位时间内余热利用总量，单位为千瓦(kW)；

C_i ——介质的比热，单位为千焦每立方米每摄氏度[kJ/(m³·℃)]；

$G'_{w,i}$ ——余热热交换器水流量，单位为立方米每小时(m³/h)；

$\Delta T_{w,i}$——余热热交换器进出水温差，单位为摄氏度(℃)；

D_j ——蒸汽产量,单位千克每小时(kg/h);

$I_{s,j}$ ——一定压力和温度下蒸汽型余热锅炉出口蒸汽的热焓,单位千焦每千克(kJ /kg);

$I_{w,j}$ ——蒸汽型余热锅炉进口的水的热焓,单位为千焦每千克(kJ /kg)。

8.2 参数记录

8.2.1 燃气发电机组进气口:

a) 累计时间,h;

b) 累计流量,m^3;

c) 瞬时流量,m^3/h;

d) 可燃组分体积百分比含量(对于瓦斯电站和沼气电站)。

8.2.2 燃气发电机组输出端:

a) 累计时间,h;

b) 累计发电量,kW·h;

c) 发电机功率,kW。

8.2.3 热水型余热锅炉或余热制冷机组进出口端:

a) 累计时间,h;

b) 累计流量,m^3;

c) 瞬时流量,m^3/h;

d) 进、出口温度,℃。

8.2.4 蒸汽型余热锅炉进出口端:

a) 累计时间,h;

b) 累计流量,m^3;

c) 瞬时流量,m^3/h;

d) 蒸汽压力,MPa;

e) 蒸汽温度,℃。

8.2.5 缸套水余热热交换器进出口端:

a) 累计时间,h;

b) 累计流量,m^3;

c) 瞬时流量,m^3/h;

d) 进、出口温度,℃。

8.3 计量仪器要求

计量仪器应经检定合格,并在有效期内。类型和准确度应按表1规定。

表 1

用途	类型	准确度
燃气流量	电子流量计	±1.0%
燃气成分	气相色谱仪	±0.5%
发电量	电能表	±1%
水流量	电子流量计	±1.0%
时间	电子表	±0.2%
温度	电子温度计	±0.1 ℃

附 录 A
（资料性附录）
烟气的平均比热与烟气最低排温

烟气的平均比热为烟气中各组分的定压比热之和，按公式(A.1)计算。

$$C_p = \sum_{1}^{i} C_{p,i} \cdot V_i \qquad \cdots\cdots (A.1)$$

式中：

C_p ——烟气平均定压比热，单位为千焦每立方米每摄氏度[kJ/(m³·℃)]；

$C_{p,i}$ ——被测烟气中各组分的定压比热，见表 A.1，单位为千焦每立方米每摄氏度[kJ/(m³·℃)]；

V_i ——被测烟气中各组分体积含量，单位为1，以百分数表示。

表 A.1

kJ/(m³·℃)

温度/℃	H_2O	N_2	O_2	CO	CO_2	SO_2
0	1.494 3	1.294 6	1.305 9	1.297 9	1.599 9	1.779 4
100	1.505 2	1.295 9	1.317 6	1.302 1	1.700 3	1.863 1
200	1.522 4	1.299 6	1.335 2	1.310 5	1.787 4	1.942 7
300	1.542 5	1.306 8	1.356 2	1.318 8	1.862 8	2.013 8
400	1.565 5	1.316 4	1.377 5	1.331 4	1.929 8	2.072 4
500	1.589 8	1.327 7	1.398 0	1.344 0	1.988 8	2.126 9
600	1.614 9	1.340 3	1.416 9	1.360 7	2.041 2	2.168 8
700	1.641 3	1.353 7	1.434 5	1.373 3	2.088 5	2.210 6
800	1.668 1	1.367 1	1.450 0	1.385 8	2.131 2	2.239 9

附　录　B
（资料性附录）
典型工艺流程

图 B.1～图 B.3 为制热余热利用系统典型工艺流程，图 B.4～图 B.5 为制冷余热利用系统典型工艺流程。

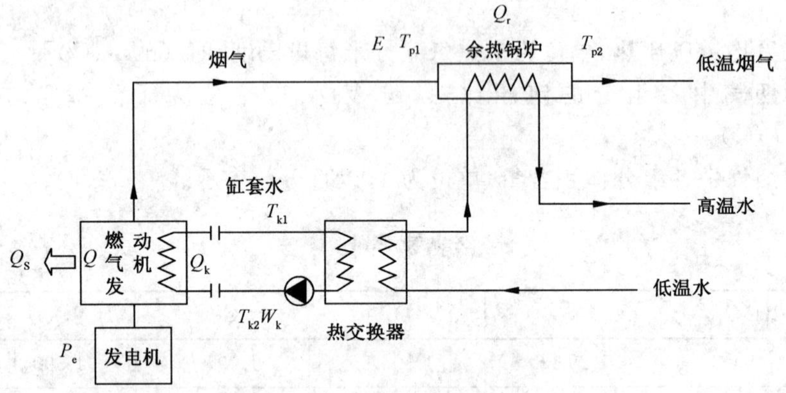

图 B.1　缸套水余热产较低温度热水后进高温烟气余热利用产较高温度热水

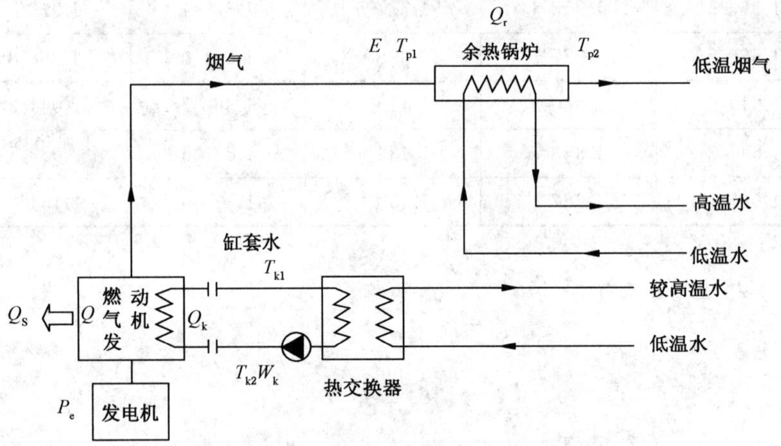

图 B.2　缸套水余热和高温烟气余热产不同温度的热水

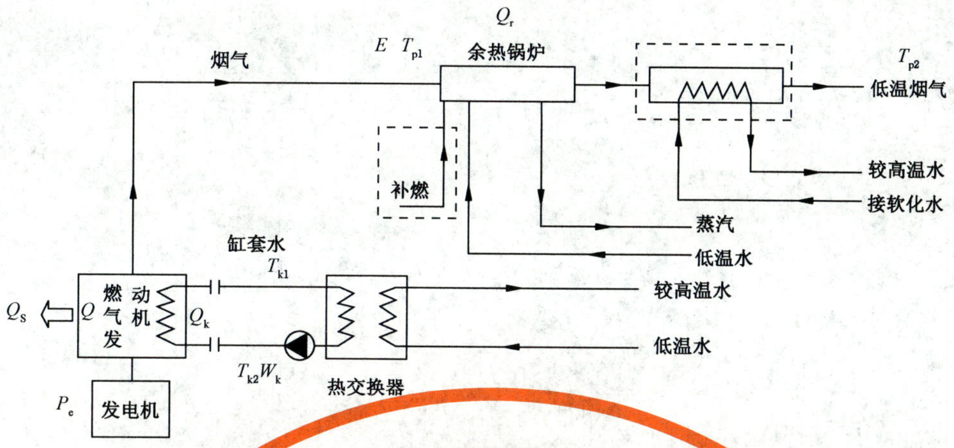

图 B.3 缸套水余热产热水，高温烟气余热产蒸汽，烟气二次利用产热水

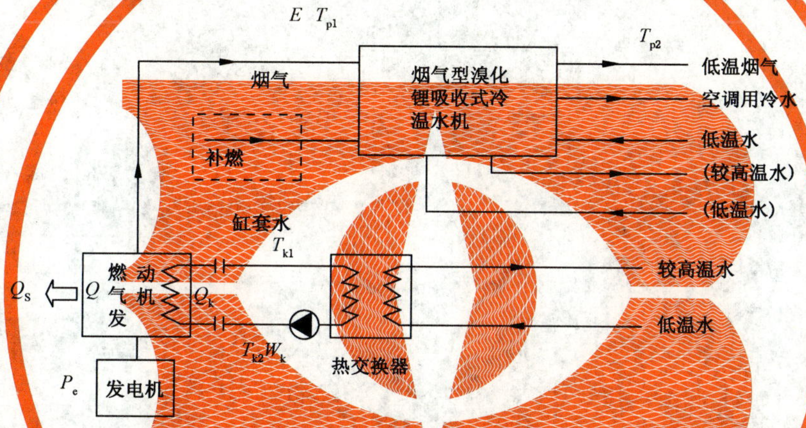

图 B.4 缸套水余热产热水，高温烟气用于溴化锂吸收式冷(温)水机组产冷水

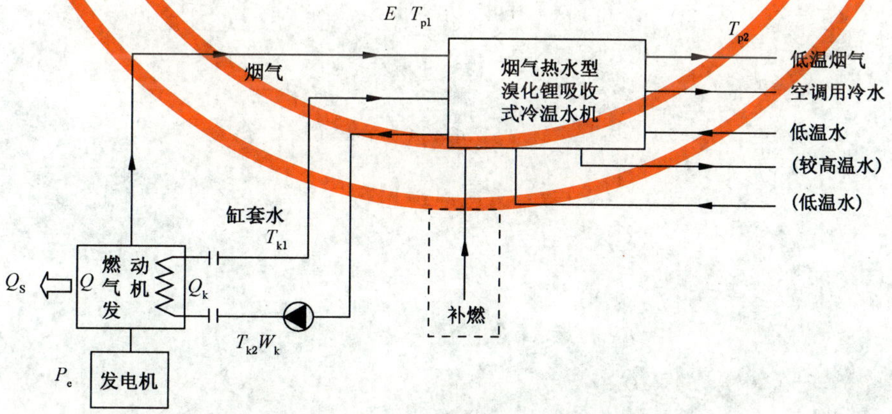

图 B.5 缸套水，高温烟气联合用于溴化锂吸收式冷(温)水机组产冷水

ICS 29.020
K 04

中华人民共和国国家标准

GB/T 30139—2013

工业用电磁屏蔽织物通用技术条件

General specification for industrial electromagnetic shielding fabric

2013-12-17 发布　　2014-05-10 实施

中华人民共和国国家质量监督检验检疫总局
中国国家标准化管理委员会　发布

前 言

本标准按照 GB/T 1.1—2009 给出的规则起草。

本标准由中国电器工业协会提出。

本标准由全国电磁屏蔽材料标准化技术委员会(SAC/TC 323)归口。

本标准起草单位：天诺光电材料股份有限公司、上海市计量测试技术研究院、中国兵器工业集团第五三研究所、莱尔德电子材料有限公司、上海晨隆纺织新材料有限公司、安方高科电磁安全技术(北京)有限公司、深圳市飞荣达科技股份有限公司、青岛亨通伟业特种织物科技有限公司、常州宝丽丝纤维有限公司。

本标准主要起草人：朱焰焰、李国豪、潘涵舜、缪轶、刘世合、于名讯、蔡青、欧保全、刘伟德、黄建华、朱安东、蔡文廷、卜庆革、罗坚平、李智慧。

工业用电磁屏蔽织物通用技术条件

1 范围

本标准规定了工业用电磁屏蔽织物的术语和定义、技术要求、试验方法、检验规则及标志、包装、运输和贮存。

本标准适用于工业用电磁屏蔽织物。

2 规范性引用文件

下列文件对于本文件的应用是必不可少的。凡是注日期的引用文件，仅注日期的版本适用于本文件。凡是不注日期的引用文件，其最新版本(包括所有的修改单)适用于本文件。

GB/T 191 包装储运图示标志

GB/T 3923.1 纺织品 织物拉伸性能 第1部分:断裂强力和断裂伸长率的测定 条样法

GB/T 17759—2009 本色布布面疵点检验方法

GB/T 24218.3 纺织品 非织造布试验方法 第3部分:断裂强力和断裂伸长率的测定(条样法)

GB/T 26667 电磁屏蔽材料术语

GJB 6190 电磁屏蔽材料屏蔽效能测量方法

FZ/T 14010—2006 普梳涤与棉混纺印染布

UL 94—2009 设备和器具部件用塑料材料的可燃性试验(Tests for Flammability of Plastic Materials for Parts in Devices and Appliances)

3 术语和定义

GB/T 26667 界定的以及下列术语和定义适用于本文件。

3.1

金属化处理织物 metallized fabric

利用物理或化学方法，在表面形成致密金属层，使其具有电磁屏蔽功能的织物。

注：金属化处理包括如真空镀膜法、化学镀(络合法、银渗固法、沉积法等)、电镀和溅射金属等。

3.1.1

导电布 conductive fabric

以各类纤维织物为基材，经过表面处理后以物理或化学等方法沉积金属层，使其具有导电性、电磁屏蔽功能的软体导电材料。

3.1.2

导电纱网 conductive yarn net

以各类高分子材料网状织物为基材，经过表面处理后以物理或化学等方法沉积金属层，使其具有导电性、电磁屏蔽功能的软体导电材料。

3.1.3

导电无纺布 conductive non-woven fabric

以各类无纺布为基材，经过表面处理后以物理或化学等方法沉积金属层，使其具有导电性、电磁屏蔽功能的软体导电材料。

3.1.4

导电金属丝网　conductive metal wire mesh

以各类金属丝网为基材，其本身或经过表面处理后以物理或化学等方法沉积其他金属层，具有导电、电磁屏蔽、抗氧化性等性能的软体导电材料。

3.2

导电纤维织物　conductive fiber fabric

利用导电纤维或纱线与其他纤维或纱线进行混纺或交织制成的具有电磁屏蔽功能的织物。

3.2.1

不锈钢纤维织物　stainless steel fiber fabric

含有不锈钢纤维（混纺或纯纺）的具有电磁屏蔽功能的织物。

3.2.2

镀银纤维织物　silver-plated fiber fabric

含有镀银纤维（混纺或纯纺）的具有电磁屏蔽功能的织物。

3.2.3

螯合型导电纤维织物　metal ion-cyan chelated fiber fabric

将一种或多种金属阳离子通过螯合作用到纤维的氰基上，使其具有电磁屏蔽功能的织物。

3.3

金属层结合力　adhesion of metallic coatings

金属层与基材之间的结合强度。

4　技术要求

4.1　金属化处理织物的性能指标

金属化处理织物的性能指标见表1。

表1　金属化处理织物的性能指标

项　　目		导电布	导电纱网	导电无纺布	导电金属丝网
屏蔽效能（30 MHz～18 GHz）/dB	≥	45	45	50	40
表面电阻/（Ω/□）		0.01～1.0	0.01～1.0	0.01～0.5	0.01～0.5
金属层结合力[a]/级	≥	4	—	—	—
金属化处理织物的 Z 轴电阻、克重、厚度、断裂强力和断裂伸长率、耐盐雾性能等指标，依据产品类别、材质等的不同，由供需双方协商确定；阻燃类的导电布，根据用户要求按照 UL 94 分类 V 或 VTM 标准评定其阻燃性能等级；金属化处理织物用于服用时，参考民用电磁屏蔽织物的相关指标。					
[a] 此项不包括表面金属层做过涂覆处理的导电布。					

4.2　导电纤维织物的性能指标

导电纤维织物的性能指标见表2。

表 2 导电纤维织物的性能指标

项　目		不锈钢纤维织物	镀银纤维织物	螯合型导电纤维织物
屏蔽效能(30 MHz～3 GHz)/dB ≥		40	40	40
屏蔽效能(3 GHz～18 GHz)/dB ≥		30	30	30
表面电阻[a]/(Ω/□) ≤		100.0	5.0	5.0
断裂强力[b]/N	经向 ≥	260	260	260
	纬向 ≥	200	200	200

导电纤维织物的成分含量、克重、厚度、幅宽等指标，依据产品类别、材质等的不同，由供需双方协商确定；导电纤维织物用于服用时，参考民用电磁屏蔽织物的相关指标。

[a] 对于表面电阻与屏蔽效能不对应的电磁屏蔽织物，此项不要求。

[b] 断裂强力指标参照 FZ/T 14010—2006 中表 1 的要求，特殊规格、材质的指标由供需双方协商确定。

4.3 外观质量

4.3.1 金属化处理织物的外观质量

4.3.1.1 基本要求

表面平整，有金属光泽，色泽基本一致，卷绕整齐。

4.3.1.2 外观质量指标

金属化处理织物的外观质量指标见表 3。

表 3 金属化处理织物的外观质量指标

项　目		缺陷尺寸	100 m² 容许缺陷数/个	100 m² 累计容许缺陷数/个
缺陷分类	漏斑/mm² ≤	5	10	20
	孔洞/mm² ≤	3	1	
	皱折/mm ≤	300	10	
	断经断纬[a]/mm ≤	300	2	
	污渍/mm² ≤	10	10	

注 1：漏斑，基体表面金属层覆盖不严，致使导电织物形成表面局部颜色不一致。

注 2：孔洞，3 根及以上经纬纱共断或单断经、纬纱，反面形似破洞。

注 3：皱折，应无死折，无明显色差皱折。

注 4：断经断纬，织物内经纱或纬纱断缺。

注 5：污渍，织物表面沾污后留下的痕迹。

[a] 此项不适用于导电无纺布。

4.3.2 导电纤维织物的外观质量

4.3.2.1 外观疵点评分限度

导电纤维织物的外观疵点评分限度见表4。

表4 导电纤维织物的外观疵点评分限度

单位为分每平方米

优等品	一等品	合格品
0.20	0.40	0.60

4.3.2.2 外观疵点评等程序

导电纤维织物的外观疵点评等程序按附录A的规定执行。

5 试验方法

5.1 屏蔽效能的测定

金属化处理织物和导电纤维织物的屏蔽效能的测定按GJB 6190的规定执行。

5.2 表面电阻的测定

金属化处理织物和导电纤维织物的表面电阻的测定按附录B的规定执行。

5.3 金属层结合力的测定

金属化处理织物的金属层结合力的测定按附录C的规定执行。

5.4 断裂强力的测定

导电无纺布按GB/T 24218.3的规定执行;其他电磁屏蔽织物按GB/T 3923.1的规定执行。

5.5 外观质量的检验

5.5.1 把被检金属化处理织物或导电纤维织物产品放置在检验机上,按经向展开,可观察的长度不少于1 m,逐卷(匹)倒卷检验。

5.5.2 使用自然光检验。如果室内光线不足,采用日光灯照明,光源与布面的距离为1.0 m～1.2 m,检验布面的光照度为400 lx±100 lx。

5.5.3 检验方式为目视检验,检验人员的视线应正视被检产品表面,眼睛与被检产品表面的直线距离为100 cm左右,检验机的线速度不大于20 m/min。

5.5.4 导电纤维织物如采用台板检验时,布匹(卷)应平摊检验桌面上,检验人员的视线应正视布面,以能清楚看到疵点为准,以3 m/min～5 m/min的速度逐幅展开检验;幅宽大于140 cm时应两人检验。采用日光灯照明时,光源距桌面80 cm～90 cm,光照度不低于400 lx。

6 检验规则

6.1 检验分类

检验分出厂检验和型式检验。

6.2 出厂检验规则

金属化处理织物和导电纤维织物的出厂检验项目为外观质量并实行全检。金属化处理织物的检验结果符合4.3.1的要求时判定为合格品；只要有一项不符合要求，即判定为不合格。导电纤维织物按4.3.2的要求判定等级；评分大于合格品评分限度的，则判定为不合格品。

6.3 型式检验规则

型式检验内容为第4章技术要求规定的全部项目，每两年进行一次。有下列情形之一时应进行型式检验：

a) 当新材料定型鉴定时；

b) 当原料、工艺有重大变化时；

c) 当产品连续停产半年以上，又恢复生产时；

d) 国家质量监督机构提出进行型式检验要求时；

e) 顾客要求时。

金属化处理织物的检验结果符合4.1和4.3.1的全部要求时判定为合格品；只要有一项不符合要求，即判定为不合格。导电纤维织物的性能指标应符合4.2的要求，只要有一项不符合要求，即判定为不合格；外观质量按4.3.2的要求判定等级，评分大于合格品评分限度的，则判定为不合格品。

7 标志、包装、运输和贮存

7.1 标志

包装箱标有制造厂名称、产品名称及企业已注册的商标标识、“防火”、“防潮”、“小心轻放”等标志，符合GB/T 191的规定。用户有特殊标志要求的由供需双方协商。

检验合格证内容包括：制造厂名称、产品名称、产品类型、产品编号、长度、宽度、重量、出厂日期、检验员代号等。

7.2 包装

产品应用塑料薄膜密封包装。外包装应符合防潮、防尘、防震的要求，包装箱内有检验合格证和检测报告。

必要时，易氧化(如含银、含铜)产品的包装应用真空封装，具体方式由供需双方协商确定。

7.3 运输

在运输过程中不允许和易燃、易爆、具有腐蚀性的物品同车(或其他运输工具)装运，应轻装、轻放，防水、防潮、防机械损坏。

7.4 贮存

产品贮存时应保持密封状态，存放产品的仓库环境温度为室温，保持干燥通风，相对湿度不大于70%。仓库内不允许有各种有害气体，易燃、易爆产品及有腐蚀性的化学物品。

包装箱的堆放高度不应超过8层，以防重压。包装箱应垫离地面至少10 cm，距离墙壁、热源、冷源、窗口或空气入口至少50 cm。

附 录 A
（规范性附录）
导电纤维织物的外观疵点评等程序

A.1 外观疵点总评分的计算

每匹(卷)布外观疵点允许总评分按式(A.1)计算。

$$A = a \times L \times W \qquad \cdots\cdots\cdots\cdots\cdots\cdots\cdots\cdots\cdots\cdots\text{(A.1)}$$

式中：

A ——每匹布外观疵点允许总评分，单位为分每匹(分/匹)；

a ——每平方米允许评分数，单位为分每平方米(分/m^2)；

L ——匹长，单位为米/匹；

W ——幅宽，单位为米(m)。

A.2 外观疵点评等

A.2.1 一匹布中所有疵点评分加合累计超过允许总评分为降等品。

A.2.2 1 m 内严重疵点评 4 分为降等品。

A.2.3 每 100 m 内不允许有超过 3 个不可修织的评 4 分的疵点。

A.3 外观疵点评分

外观疵点评分见表 A.1。

表 A.1 外观疵点评分表

疵点分类		评分数			
		1	2	3	4
经向明显疵点条		≤8 cm	>8 cm,≤16 cm	>16 cm,≤50 cm	>50 cm,≤100 cm
纬向明显疵点条		≤8 cm	>8 cm,≤16 cm	>16 cm,≤50 cm	>50 cm
横档		—	—	半幅及以下	半幅以上
严重疵点	根数评分	—	—	3 根	≥4 根
	长度评分	—	—	<1 cm	≥1 cm

注 1：各类布面疵点的具体内容见 GB/T 17759—2009 中附录 A、疵点名称说明见 GB/T 17759—2009 中附录 B。

注 2：1 m 中累计评分最多评 4 分。

注 3：严重疵点在根数和长度评分矛盾时，从严评分。

注 4：不影响后道工序质量的横档疵点评分，由供需双方协商确定。

A.4 外观疵点的评分说明

A.4.1 外观疵点长度以经向或纬向最大长度量计。

A.4.2 有两种疵点混合在一起，以严重一项评分。

A.4.3 经向明显疵点及严重疵点，长度超过 1 m 的，其超过部分按表 A.1 再行评分。

A.4.4 断续发生的疵点，在经(纬)向 8 cm 内有两个及以上的，则按连续长度评分。

A.4.5 边组织及距边 1 cm 的疵点(包括边组织)不评分，但毛边、拖纱、猫耳朵、凹边、烂边、绞边不良、豁边、深油锈疵及评 4 分的破洞、跳花要评分，如疵点延伸在距边 1 cm 以外时应加合评分。无梭织造布布边，绞边的毛须伸出长度规定为 0.3 cm～0.8 cm。边组织有特殊要求的则按要求评分。

A.4.6 布面拖纱长 1 cm 以上每根评 2 分，布边拖纱长 2 cm 以上的每根评 1 分(一进一出作一根计)。

A.4.7 0.3 cm 以下的杂物每个评 1 分，0.3 cm 及以上杂物和金属杂物(包括瓷器)评 4 分(测量杂物粗度)。

A.4.8 水渍、污渍、不影响组织的浆斑不评分。

A.4.9 疵点修整、假开剪和拼件的规定由供需双方协商确定。

附 录 B
（规范性附录）
表面电阻测试方法

B.1 测试仪器

B.1.1 金属化处理织物的测试仪器

B.1.1.1 数字微欧计

数字微欧计具有多档可选量程，最大量程 20 Ω，最小分辨力 10 μΩ，最大允差：±0.2%。

B.1.1.2 表面电阻测试夹具

表面电阻测试夹具的标准重量为 530 g±5 g。夹具电极材质为纯铜，测试表面采用镀金处理；两电极间的绝缘材料为聚甲醛树脂或采用绝缘系数大于 10^{10} Ω·m 与之相当的材料；单极与被测试样的接触尺寸为 25.4 mm×4.75 mm，极间距为 25.4 mm。

B.1.1.3 取样器

取样器的平行刀刃间距为 25.4 mm。

B.1.1.4 测试平台

测试平台的台面铺 3 mm 厚、邵氏硬度 60 HA～70 HA 的绝缘橡胶板。

B.1.2 导电纤维织物的测试仪器

B.1.2.1 直流低电阻测试仪

直流低电阻测试仪具有多档可选量程，最大量程 1 kΩ，最小分辨力 0.1 Ω，最大允差±0.2%。

B.1.2.2 表面电阻测试夹具

同 B.1.1.2。

B.2 测试环境

B.2.1 试验室温度为 23 ℃±5 ℃，相对湿度为 45%～65%。

B.2.2 状态调节：试验前，试样应在试验温度下存放 1 h 以上，以使试样达到温度和相对湿度的要求，试验期间的环境温度和相对湿度应在报告中说明。

B.3 测试试样

在待检产品的头尾部各取同幅宽度不少于 60 mm 的样品，在两个样品的左/中/右位置各取 2 个试样（纵横向各 1 个），试样尺寸为长 50 mm，宽 25.4 mm（共计 12 个）。

B.4 测试步骤

B.4.1 表面电阻测试系统组成如图 B.1 所示。

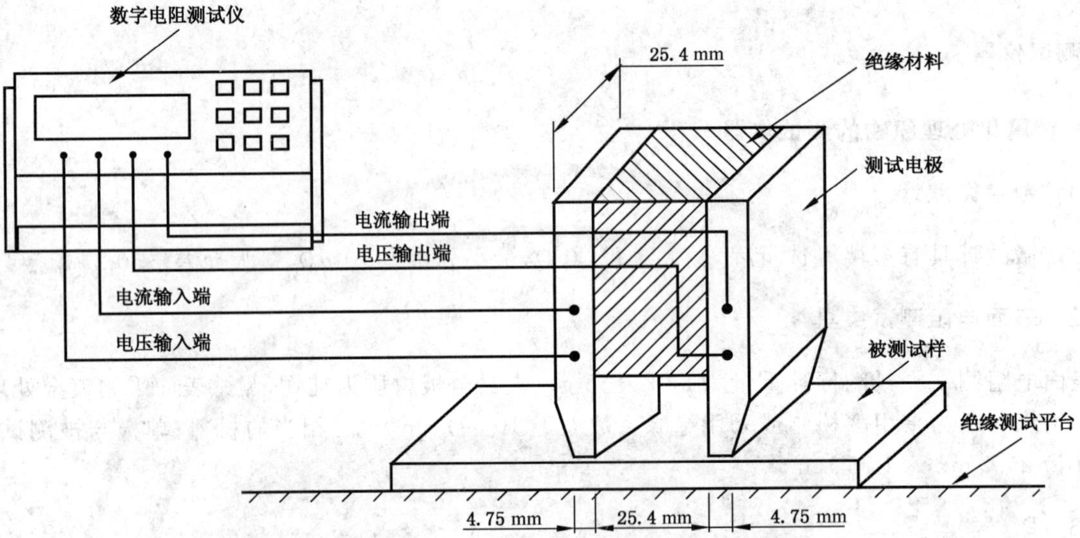

图 B.1 表面电阻测试系统

B.4.2 接上电源和测量导线,接通电源,预热 30 min。

B.4.3 按下最低量程的量程开关,校准并调零。

B.4.4 选择适宜的量程,将试样置于绝缘橡胶平板上,将测试电极夹具与试样表面完全接触。

B.4.5 待显示数据稳定后,读取数据并记录(单位 Ω/□)。

B.5 测试结果

12 个试样电阻值的几何平均值,即为该产品的表面电阻。

注:几何平均值为此 12 个测量值乘积的 12 次方根。

附 录 C
（规范性附录）
导电布的金属层结合力测试方法

C.1 测试仪器

C.1.1 压敏胶粘带

透明或半透明，19 mm 宽，剥离强度 6 N/cm～8 N/cm。

C.1.2 耐摩擦色牢度试验机

该设备具有圆形摩擦表面的摩擦头，直径为 16 mm。摩擦头垂直压力为 9 N，直线往复动程为 100 mm，往复速度 60 次/min。

摩擦布（退浆、漂白、不含任何整理剂的棉织物，剪成 50 mm×50 mm 的正方形用于圆形摩擦头。）

C.1.3 切割工具

美工刀、手术刀或其他锋利的刀刃。

C.1.4 辅助工具

钢尺、钢化平板玻璃。

C.2 测试环境

C.2.1 试验室温度为 23 ℃±5 ℃，相对湿度为 45%～65%。

C.2.2 状态调节：试验前，试样应在试验温度下存放 1 h 以上，以使试样达到温度和相对湿度的要求，试验期间的环境温度和相对湿度应在报告中说明。

C.3 测试试样

在待检产品的头部和尾部各取同幅宽度不少于 200 mm 的样品，在钢化平板玻璃上用切割刀具和钢尺在两个样品的左/中/右位置各取 2 个试样（纵横向各 1 个），试样尺寸为长 180 mm±5 mm，宽 25 mm±1.0 mm。（共计 12 个）。

C.4 测试步骤

C.4.1 取一卷压敏胶粘带，匀速地拉出一段胶带，去除头上的一段 2 圈～3 圈，然后剪下长度约120 mm 的测试胶带。

C.4.2 压敏胶粘带与试样的贴合：将胶带一端折叠 12 mm，粘附在试样一侧的表面，用手指把胶带部位压平；用夹紧装置将试样固定在耐摩擦色牢度试验机底板上，使试样的长度方向与仪器的动程方向一致；将摩擦布固定在试验机的摩擦头上，使摩擦布的经向与摩擦头运行方向一致；在试样的长度方向上，在 30 s 内往返摩擦 25 次，往复动程为 100 mm，垂直压力为 9 N。为了保证胶粘带与金属层接触良好，取下试样，透过胶粘带看到的金属层颜色全面接触是有效的显示。

C.4.3 间隔 30 s 后，拿住胶粘带的自由端，以尽可能与试样 180°的方向，快速(0.5 s～1.0 s)内平稳地撕离胶粘带。

C.4.4 测试完成后将粘胶带平粘在白纸上。

C.4.5 重复 C.4.1～C.4.4 步骤，测试其他试样。

C.5 等级评定

将 12 个经过测试后的试样，放在同一张白纸上观察，为体现测试结果的重复性和再现性，按照 12 个试样结合力的最低等级进行该卷产品的评定。

目视观察胶粘带有无金属颗粒附着并按以下标准进行评级：

1 级：测试胶带粘附金属屑有连成呈片状，且每平方厘米大于 1 个。

2 级：测试胶带粘附金属屑有连成呈片状，且每平方厘米小于 1 个。

3 级：测试胶带粘附金属屑呈点状，每平方厘米大于 100 个点。

4 级：测试胶带粘附金属屑呈点状，且每平方厘米小于 100 个点。

5 级：测试胶带无粘附金属屑。

参 考 文 献

[1] GB/T 2792—1998 压敏胶粘带 180°剥离强度试验方法

[2] GB/T 3920—1997 纺织品 色牢度试验 耐摩擦色牢度

[3] GB/T 5325—2009 精梳涤棉混纺本色布

[4] GB/T 6529—2008 纺织品 调湿和试验用标准大气

[5] GB/T 9286—1998 色漆和清漆 漆膜的划格试验

[6] GB/T 23326—2009 不锈钢纤维与棉涤混纺电磁波屏蔽本色布

[7] GJB 150.1—1986 军用设备环境试验方法 总则

[8] ASTM D3359—2009e2 (Test Method B) 胶带测试结合力的标准方法(Standard Test Methods for Measuring Adhesion by Tape Test)

[9] ASTM D3924—80(2005) 测试油漆,清漆、漆器和相关材料的标准环境(Standard Specification for Standard Environment for Conditioning and Testing Paint, Varnish, Lacquer, and Related Materials)

[10] MIL-DTL-83528C 衬垫材料,导电、屏蔽垫片,电子、橡胶弹性体,电磁干扰/射频干扰通用技术规范(GASKETING MATERIAL, CONDUCTIVE, SHIELDING GASKET, ELECTRONIC, ELASTOMER, EMI/RFI GENERAL SPECIFICATION FOR)

ICS 77.040.99
H 21

中华人民共和国国家标准

GB/T 30140—2013

磁性材料在低频磁场中屏蔽效能的测量方法

Measuring method for the shielding effectiveness of magnetic material in low frequency alternating magnetic field

2013-12-17 发布 2014-05-14 实施

中华人民共和国国家质量监督检验检疫总局
中国国家标准化管理委员会 发布

前　言

本标准按照 GB/T 1.1—2009 给出的规则起草。

本标准使用重新起草法非等效采用 ASTM A698/A698M—2007《在衰减交变磁场中测试磁屏蔽效能的标准方法》。

本标准由中国电器工业协会提出。

本标准由全国电磁屏蔽材料标准化技术委员会(SAC/TC 323)归口。

本标准起草单位:上海市计量测试技术研究院、北方工程设计研究院、安方高科电磁安全技术(北京)有限公司。

本标准主要起草人:来磊、徐振、石雷兵、程涛、蔡青、陆福敏、李自强、朱安东、齐鲁、孙健。

磁性材料在低频磁场中屏蔽效能的测量方法

1 范围

本标准规定了在低频磁场中测量磁性材料磁屏蔽效能的方法。

本标准适用于涉及的材料包括：金属磁屏蔽材料、复合磁屏蔽材料和各类涂层屏蔽材料。

2 规范性引用文件

下列文件对于本文件的应用是必不可少的。凡是注日期的引用文件，仅注日期的版本适用于本文件。凡是不注日期的引用文件，其最新版本（包括所有的修改单）适用于本文件。

GB/T 26667—2011 电磁屏蔽材料术语

ASTM A 34/A 34M—2006 测试磁性材料的取样和流程的规范(Practice for Sampling and Procurement Testing of Magnetic Materials)

ASTM A 340—2003a(2011) 有关磁性测量用符号和定义的术语(Terminology of Symbols and Definitions Relating to Magnetic Testing)

3 术语和定义

GB/T 26667—2011 和 ASTM A 340—2003a(2011)界定的以及下列术语和定义适用于本文件。

3.1

磁屏蔽效能 magnetic shielding effectiveness

SE_M

放入屏蔽材料前、后探测线圈测量电压的比值。

放入屏蔽材料前、后探测线圈测量磁场强度的比值。

4 测量条件

4.1 测量磁场频率

50 Hz 或者 60 Hz。

4.2 测量磁场大小

磁场大小可以在任意需要的测量磁场强度下，标准测量的交流磁场 H_p 为 40 A/m 或者 160 A/m。

4.3 测量环境要求

环境交变磁场小于 10 nT，设备远离周边有电磁辐射的仪器。环境温度为 23 ℃±5 ℃，相对湿度不大于 70%。

4.4 试样准备

试样由两种方式构成，一种为圆筒状的试样或用被测材料制成圆筒形状，一种是在圆筒形状的基材上涂覆或包裹被测材料。

5 测量用设备

5.1 系统构成

系统通常由亥姆霍兹线圈、探测线圈、电流表、电压表、电源、前置放大器、电源控制设备和交流磁场探头组成。

5.2 磁场线圈系统装置

5.2.1 系统结构要求

系统装置结构如图1所示。亥姆霍兹线圈骨架、探测线圈骨架、旋转台和支架台应采用绝缘无磁材料。亥姆霍兹线圈的直径应满足至少为试样圆筒长度的三倍或者直径的四倍。试样符合ASTM A 34/A 34M—2006标准的规定。探测线圈应固定在亥姆霍兹线圈中心，相对两个线圈等间距并和亥姆霍兹线圈同轴，直径和高度应等于或小于试样直径的一半，且不超过亥姆霍兹线圈直径的十分之一。旋转台能保持竖直360°旋转。试样轴线和磁场方向成90°垂直方向。

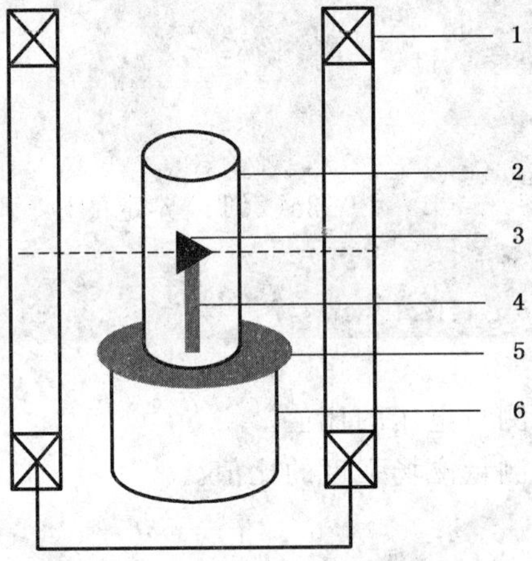

说明：
1——亥姆霍兹线圈；
2——被测试样；
3——探测线圈；
4——探测线圈支架；
5——旋转台；
6——试样底座。

图1 磁屏蔽测量装置示意图

5.2.2 亥姆霍兹线圈

标准的亥姆霍兹线圈直径为1.5 m，由两个匝数完全相同的线圈绕在坚固连接的分离物上，架子应采用绝缘无磁材料。绝缘铜线绕成近似圆形截面的多层同心线圈。两个线圈必须同轴而且和小线圈间距相等。线圈之间应串接形成一个标准的亥姆霍兹线圈。标准亥姆霍兹线圈测量被测屏蔽材料的标准试样圆筒长度为 0.4 m,直径为 0.3 m。支架必须设计成便于放入试样的形状。

可采用边长为 1.5 m 的方形亥姆霍兹线圈,方形和圆形亥姆霍兹线圈的计算见附录 C。

5.2.3 探测线圈

为了实现宽量程测量,标准探测线圈的匝面积应为 5 m^2～10 m^2。线圈输出电压和磁场的关系应符合附录 B 规定。探测线圈应覆盖一层薄的非磁导电屏蔽材料(铜、铝等)和整个系统共地以获得较好的重复性。此屏蔽材料的边缘应绝缘,以防止短路的导线影响整个线圈中流过的磁通。针对各类屏蔽材料推荐的探测线圈的尺寸见表 1。测量小试样可用更小尺寸的探测线圈,相应的匝数要随之增加以实现宽量程测量。

表 1 推荐的探测线圈尺寸

探测线圈	匝数	大约尺寸	
		长度 mm	平均直径 mm
1	10 000	25.4	25.4
2	20 000	31.8	31.8

屏蔽测量电路连接如图 2 所示。

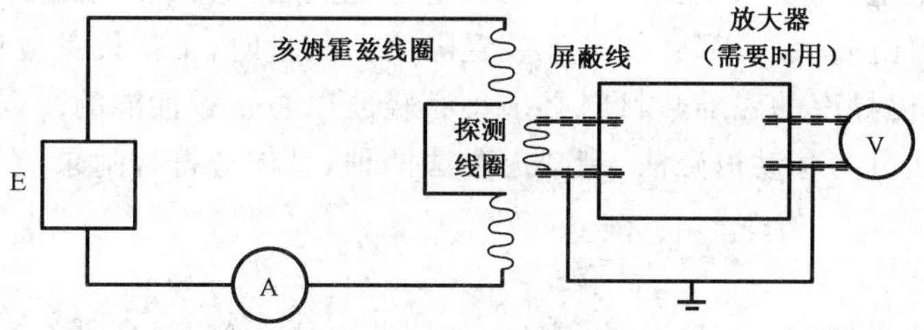

说明:
E——电源;
A——交流电流表;
V——交流电压表。

图 2 磁屏蔽测量电路示意图

5.3 交流电流表

采用最大允许误差不超过±1%的电流表标定线圈的供电电流。

5.4 交流电压表

测量电压最大允许误差不超过±1%,输入阻抗大于 1 MΩ,分辨力小于 0.1 mV。

5.5 前置放大器

当试样的磁屏蔽效能较大或探测线圈的匝面积太小,电压表无法分辨屏蔽材料内探测线圈输出的电压值时,需在探测线圈和电压表之间加上一个线性高阻抗、低噪音的前置放大器。此放大器的输入阻抗大于 1 MΩ。在测量屏蔽材料放置前、后,前置放大器均应接入电压测量电路。线圈输出电压过大可使用一个经校准过的线性衰减器。

5.6 电源

交流电源输出正弦波，电流的波形失真度优于5%，每次测量过程中波形失真度应保持不变。所有连接电源和亥姆霍兹线圈的导线都应采用双绞线方式连接，以减少导线的漏磁通干扰。

5.7 电源控制设备

电源控制设备用来调节施加至亥姆霍兹线圈的电流、电压，通常与电源组合为一个整体。电源必须尽可能远离亥姆霍兹线圈。

5.8 交流磁场探头

当测量屏蔽效能很小或屏蔽材料尺寸较小时，可用横向交流磁场探头替代探测线圈进行测量。有效探测单元必须同样满足探测线圈的尺寸要求。

6 测量过程

6.1 前期装置准备

调整放置试样支架的方向，使测量线圈中由于残余磁场产生的残余电压减至最小。在对亥姆霍兹线圈通电之前，用电压表测量试样放置前后的残余电压。试样放置的合适位置为残余电压远小于测量电压(推荐的比例为测量电压/残余电压=100/1)。应防止杂散电压和电压放大器通过金属套直接耦合。类似的振荡器或其他测量设备都必须与该装置隔离。测量时，干扰设备应远离放置且关闭，以防止发生干扰测量过程。高磁导率的磁屏蔽材料必须小心轻放以防止磁性能的减弱。测量前应对屏蔽材料进行交流退磁，退磁方法分为移动退磁法、衰减退磁法两种，具体应符合附录A规定。

6.2 磁屏蔽效能测量

试样经过退磁后，从最低磁场强度开始测量。使屏蔽试样远离测量装置，逐渐增加励磁电流到设定的磁场值，然后读取电压表的值，换算关系应符合附录B的规定。记录电压U_1作为设定磁场时对应的电压值。减小励磁电流到零磁场，将试样放置于探测线圈外，并位于亥姆霍兹线圈中间。逐渐增大电流到之前设定的同样磁场，对应同样电流表的电流，绕中心轴缓慢转动试样，探测线圈和亥姆霍兹线圈保持不动，记录衰减后的最大电压值U_2。非对称或者部分包裹的屏蔽体宜在实际工作需要使用的方向测量。将电流降为零，从亥姆霍兹线圈中移开试样。

其他磁场的测量应按照上述方法重复进行。测量过程中必须保证只有屏蔽材料本身参与测量。为防止杂散磁场干扰测量结果，各类金属物品都应远离测量区域。

7 测量结果计算

7.1 磁场强度计算

亥姆霍兹线圈中心测量区域的磁场强度计算参见附录C。

7.2 磁屏蔽效能计算

若用交流磁场探头直接测量磁场强度，通过式(1)计算：

$$SE_M = H_1/H_2 \qquad (1)$$

式中：

H_1——亥姆霍兹线圈中无屏蔽材料的磁场强度，单位为安培每米(A/m)；

H_2——亥姆霍兹线圈中有屏蔽材料的磁场强度，单位为安培每米(A/m)。

若用磁场探测线圈测量，则通过式(2)计算：

$$\mathrm{SE_M} = U_1/U_2 \qquad \cdots\cdots (2)$$

式中：

U_1——屏蔽前探测线圈测量的电压，单位为伏(V)；

U_2——屏蔽后探测线圈测量的电压，单位为伏(V)。

通过式(3)计算磁屏蔽效能(分贝)：

$$\mathrm{SE_M}' = 20\lg(U_1/U_2) \qquad \cdots\cdots (3)$$

附 录 A
（规范性附录）
退磁方法

由于试样放在磁场中会有剩磁，为保证测量结果的重复性，可在测量前对屏蔽材料进行退磁。通常可采取以下两种退磁方法。

A.1 移动退磁法

通过沿着空心线圈轴线的方向将屏蔽材料缓慢取出直至远离线圈来实现退磁。空心线圈的直径至少为屏蔽物对角线长度的两倍。退磁线圈的长度直径比至少是 3∶1。退磁空心薄壁线圈中心峰值磁场强度 H_p 按照式(A.1)要求计算，退磁场大小具体见表 A.1。

$$H_p=\frac{N_1}{l}\cdot I_p\cdot\frac{l}{\sqrt{d^2+l^2}} \qquad \cdots\cdots\cdots\cdots\cdots\cdots(\text{A.1})$$

式中：

H_p ——线圈中心峰值磁场强度，单位为安培每米(A/m)；

N_1 ——退磁线圈的匝数；

l ——退磁线圈的长度，单位为米(m)；

d ——退磁线圈的直径，单位为米(m)；

I_p ——交流磁化峰值电流，单位为安培(A)。

如果退磁线圈和亥姆霍兹线圈位于同一房间，或者退磁磁场和其他测量设备之间存在干扰，应在仅试样退磁时打开退磁电源。

表 A.1 不同材料移动退磁法退磁场强度

材料	中心退磁场强度 A/m
铁镍和非晶合金	800
硅钢和低碳钢	4 000
注：其他材料可按照材料磁特性选择相应的退磁场强度。	

A.2 衰减退磁法

当试样结构允许的情况下，通过在屏蔽材料外绕线，导线中通入一定幅值的交流电，在材料中产生较大的磁通。磁化电流应缓慢平稳地从最大值逐渐减小到退磁系统产生最小的磁场。初始最大退磁场见表 A.2。峰值磁场计算按照式(A.2)要求计算。其中磁路长度根据屏蔽材料的最大周长进行计算。

$$H_p=\frac{N_2}{l_m}\cdot I_p \qquad \cdots\cdots\cdots\cdots\cdots\cdots(\text{A.2})$$

式中：

H_p ——线圈中心峰值磁场强度，单位为安培每米(A/m)；

N_2 ——绕线的匝数；

l_m ——屏蔽试样磁路长度，单位为米(m)；

I_p ——交流磁化峰值电流，单位为安培(A)。

表 A.2 不同材料衰减退磁法退磁场强度

材料	中心退磁场强度 A/m
铁镍和非晶合金	2
硅钢和低碳钢	10
注：其他材料可按照材料磁特性选择相应的退磁场强度。	

附 录 B
（规范性附录）
交流探测线圈电压值和交变磁场的比例系数换算

根据电磁感应定律，交流探测线圈测试电压 U：

$$U=-\frac{\mathrm{d}\Phi}{\mathrm{d}t}=-\frac{\mathrm{d}}{\mathrm{d}t}\int_{\mathrm{s}}\vec{B}\cdot\mathrm{d}\vec{S} \qquad \text{(B.1)}$$

式中：

$\vec{B}$ ——磁感应强度，单位为特斯拉(T)；

$\vec{S}$ ——匝面积，单位为平方米(m^2)；

Φ ——线圈感应的磁通值，单位为韦伯(Wb)。

磁感应强度大小：

$$B=B_0\sin(2\pi ft+\phi_0) \qquad \text{(B.2)}$$

式中：

B_0——磁感应强度的有效值，单位为特斯拉(T)；

f ——测量频率，单位为赫兹(Hz)；

ϕ_0——初始相位角。

当交流测量线圈平面法线和磁场方向平行，电压有效值：

$$U=2\pi fSB_0 \qquad \text{(B.3)}$$

交流线圈电压有效值和交变磁场的比例系数：

$$k=\frac{U}{B_0}=2\pi fS \qquad \text{(B.4)}$$

附　录　C
（资料性附录）
亥姆霍兹线圈计算方法

C.1　圆形亥姆霍兹线圈

圆形亥姆霍兹线圈中心间距等于线圈半径 R，如图 C.1 所示。

线圈轴线 x 处的磁场为：

$$H=\frac{R^2NI}{2(R^2+x^2)^{3/2}} \quad\cdots\cdots(\text{C.1})$$

两个线圈中心 o 点的磁场：

$$H=\frac{8NI}{5^{3/2}R}\approx 0.716\frac{NI}{R} \quad\cdots\cdots(\text{C.2})$$

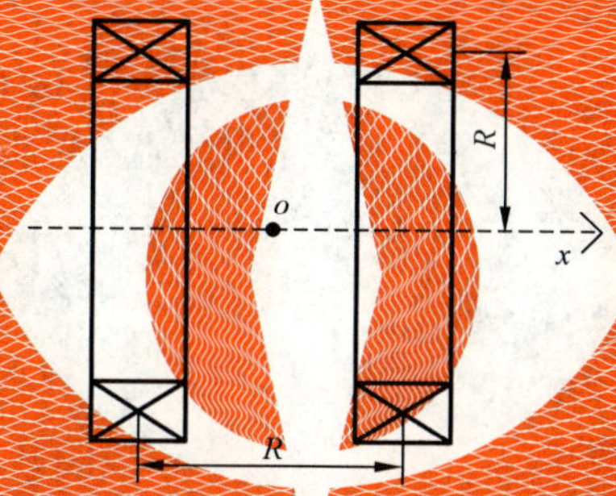

图 C.1　圆形亥姆霍兹线圈

C.2　方形亥姆霍兹线圈

方形亥姆霍兹线圈（又称芳赛洛 Fanselau 方环）一般取中心间距 $2c$ 等于线圈边长 $2a$ 的 0.544 5 倍，如图 C.2 所示。

线圈轴线 x 处的磁场为：

$$H(x)=\frac{2a^2NI}{\pi}\left\{\frac{1}{[a^2+(x-c)^2]\sqrt{2a^2+(x-c)^2}}+\frac{1}{[a^2+(x+c)^2]\sqrt{2a^2+(x+c)^2}}\right\} \quad\cdots\cdots(\text{C.3})$$

两个线圈产生的中心磁场为：

$$H(x)=\frac{4a^2NI}{\pi}\left[\frac{1}{(a^2+c^2)\sqrt{2a^2+c^2}}\right]\approx 0.648\frac{NI}{a} \quad\cdots\cdots(\text{C.4})$$

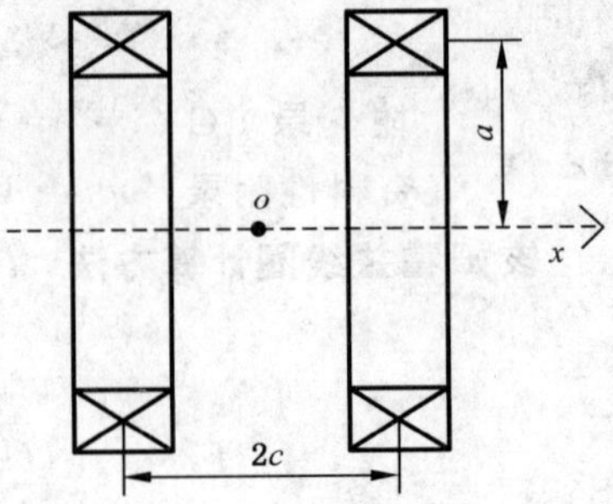

图 C.2　方形亥姆霍兹线圈

ICS 27.140
K 55

中华人民共和国国家标准

GB/T 30141—2013

水轮机筒形阀基本技术条件

Fundamental technical requirements for ring gate of hydraulic turbines

2013-12-17 发布 2013-05-14 实施

中华人民共和国国家质量监督检验检疫总局
中国国家标准化管理委员会 发布

前　言

本标准按照 GB/T 1.1—2009 给出的规则起草。

本标准由中国电器工业协会提出。

本标准由全国水轮机标准化技术委员会(SAC/TC 175)归口。

本标准主要起草单位:哈尔滨电机厂有限责任公司、中国水电顾问集团昆明勘测设计研究院、中国水电顾问集团成都勘测设计研究院、东方电气集团东方电机有限公司、华能澜沧江水电有限公司。

本标准主要起草人:朴春光、毛羽波、武赛波、蒋登云、林洪德、权君宗、钏毅民、高洪军。

水轮机筒形阀基本技术条件

1 范围

本标准规定了水轮机筒形阀的基本技术条件和型号编制方法。

本标准适用于公称直径 3 000 mm 以上的筒形阀。

2 规范性引用文件

下列文件对于本文件的应用是必不可少的。凡是注日期的引用文件，仅注日期的版本适用于本文件。凡是不注日期的引用文件，其最新版本(包括所有的修改单)适用于本文件。

GB 150(所有部分) 压力容器

GB/T 191 包装储运图示标志

GB/T 8564 水轮发电机组安装技术规范

GB/T 2900.45 电工术语 水电站水力机械设备

GB/T 7596 电厂运行中汽轮机油质量

GB/T 28546 大中型水电机组包装、运输和保管规范

ISO 4406 液压油清洁度标准(Hydraulic fluid power—Fluids—Mothod for coding the level of contamination by solid particles)

ASME SECTION-Ⅷ-1 锅炉及压力容器第Ⅷ卷 第1分册：压力容器建造规则(Boiler and pressure vessel code-2010 Edition Ⅷ—Rules for construction of pressure vessels division 1)

3 术语和定义

GB/T 2900.45 界定的以及下列术语适用于本文件。

3.1

筒形阀公称直径 nominal diameter of ring gate

D

筒形阀的外圆直径，单位为毫米(mm)。

3.2

最大静水头 maximum static head

H_{st}

筒形阀关闭后，导水机构水平中心线至上游最高水位所形成的水柱高，单位为米(m)。

3.3

最大静水压 maximum static pressure

p_c

筒形阀关闭后，导水机构水平中心线至上游最大水位所形成的水压，单位为兆帕(MPa)。

3.4

最高瞬态压力 maximum momentary pressure

$p_{m\,max}$

过渡过程中，在导水机构水平中心线处所产生的最高表计压力，单位为兆帕(MPa)。

3.5

设计压力　design pressure

p_d

用于筒形阀过流部件强度设计的压力，应不低于水轮机过渡过程中出现的最高瞬态压力，单位为兆帕(MPa)。

3.6

开度　openings

筒形阀的实际行程 y 与全行程 Y 的比值，用百分比表示。

3.7

偏差(或偏差值)　deviation

ΔS

筒形阀在任意开度位置，任意两个接力器位置差值的绝对值，单位为(mm)。

$\Delta S = |S_i - S_j|$；$i=1\sim N$；$j=N\sim 1$

式中：

N ——接力器数量。

3.8

最大极限偏差　maximum deviation ΔS_{max}

当筒形阀的偏差值逐渐变大时，筒形阀就可能机械卡死，把机械卡死的偏差临界值，称为最大极限偏差，单位为(mm)。

注：最大极限偏差是由阀门结构设计所决定，是筒形阀控制的基础量值。

3.9

同步　synchronization

当筒形阀的偏差值 $\Delta S \leqslant 40\%\Delta S_{max}$ 时，可认为接力器同步(表现为筒形阀同步)。

注：理论上，筒形阀同步时，其偏差值 $\Delta S=0$。

3.10

失步　loss of synchronization

当筒形阀的偏差值 $40\%\Delta S_{max} < \Delta S < 80\%\Delta S_{max}$ 时，认为接力器失步(表现为筒形阀失步)。

注：当筒形阀失步时，筒形阀控制系统应进行纠偏。

3.11

纠偏　rectification of deviation

当筒形阀出现失步时，控制系统能够自动消除失步，使接力器恢复到同步状态(表现为筒形阀同步)。

3.12

卡阻　blocking

当筒形阀的偏差值 $\Delta S \geqslant 80\%\Delta S_{max}$ 或筒形阀连续纠偏 3 次后无效时，认为筒形阀卡阻。

3.13

动水关闭　shutdown in flow

在机组带上负荷并且导叶不动作情况下关闭筒形阀的操作。

4　技术要求

4.1　基本要求

4.1.1　筒形阀及液压系统的承压部件的设计、制造、检验应符合 GB 150 或 ASME 第Ⅷ卷第一分册的相关要求。

4.1.2 机组正常停机时宜关闭筒形阀，筒形阀应能可靠关闭。机组正常条件下，导叶关闭后筒形阀方可投入关闭程序。

4.1.3 筒形阀阀体应具有水力自关闭趋势。

4.1.4 筒形阀开启关闭时间可在 60 s～120 s 范围内调整。

4.1.5 筒形阀在运行初期的漏水量应符合如下要求：

——直径在 3 000 mm～8 000 mm 之间，筒形阀漏水量不大于 10 L/s；

——直径在 8 000 mm 以上，筒形阀漏水量不大于 15 L/s。

4.1.6 机组在任何运行工况下包括机组事故时，筒形阀应能动水关闭且不产生有害振动，阀体及相关部件应具有足够的强度和刚度，能够抵御最大水头下水轮机飞逸时动水关闭的所有作用力。

4.1.7 筒形阀工作状态应处于全开或全关位置，不作调节流量用。

4.1.8 筒形阀的型号编制方法见附录 A。

4.2 结构要求

4.2.1 筒形阀全开时阀体底边应与顶盖过流面齐平，不干扰水流流态。阀体在任何开度位置均不得与导水机构发生干涉。

4.2.2 筒形阀结构应能在不拆卸阀体和水轮机的情况下，更换筒形阀的上、下密封。

4.2.3 筒形阀应设置安装检修时的机械锁锭装置，并能保证阀体停留在从全关到全开过程中的任意位置。

4.2.4 筒形阀在全开位置不宜设置自动液压锁锭装置。

4.3 操作系统要求

4.3.1 筒形阀的同步方式可以采用电液同步或机械同步，并设置相应的同步控制装置和失步保护信号装置。筒形阀动作应灵活，不产生卡阻，全开和全关位置准确。

4.3.2 筒形阀应采用单独的操作油源，筒形阀的油压装置宜采用单台单套模式。

4.3.3 筒形阀的操作用油应与调速器用油牌号一致。试运行前应用油对操作系统各流道进行反复循环清洗，然后更换为符合 GB/T 7596 规定的新油试运行，新油的清洁度应达到 ISO 4406 规定中 16/13 等级。

4.3.4 筒形阀的油压装置，在油压降至事故低油压，且在油泵不能启动的情况下，应保证筒形阀能动水关闭。

4.3.5 筒形阀的油压装置容量应在油泵不能启动的情况下，实现筒形阀关-开-关的要求。

4.3.6 筒形阀应能在现地和远方，自动或手动操作。

4.3.7 筒形阀应至少设下列信号：

a) 筒形阀全开和全关的位置信号；

b) 筒形阀全行程的位置测量信号；

c) 筒形阀的卡阻信号。

4.4 筒形阀控制系统

4.4.1 筒形阀采用链条式机械控制系统或电液控制系统，若采取其他方式的控制系统，由供需双方协商。

4.4.2 控制系统应尽可能减少水机室内的液压环管和分支油管，使控制系统的连接油管最少化。

4.4.3 筒形阀控制系统应具有操作功能、保护功能、调试功能，能够满足筒形阀安装、调试、运行各个阶段的需要。

4.4.4 筒形阀控制系统应具有切实可行的纠偏能力，能自动消除筒形阀运行中的失步，使筒形阀运行过程中不发生卡阻故障。

4.4.5 控制系统应能使筒形阀长期保持在任意开度位置，特别在全开位置时筒体不下滑。

4.4.6 控制系统在厂用电源(包括交流电源与直流电源)完全消失后，应能手动操作关闭筒形阀。

4.4.7 控制系统应具有机械过速保护装置接口。

4.4.8 当筒形阀卡阻时，筒形阀控制系统应停止运行，同时发出卡阻报警信号。

4.5 材料要求

4.5.1 阀体应采用可焊性好的钢板材料。

4.5.2 阀体与上下密封接触的部位，应采用不锈钢材料。

4.5.3 筒形阀的上、下密封宜采用防泥沙、耐水、耐油和抗疲劳的密封材料。

4.5.4 筒形阀的上下密封压板及压板螺钉应采用不锈钢材料。

4.5.5 筒形阀的导向副应为铜合金材料与不锈钢材料。

4.5.6 接力器活塞杆应采用不锈钢材料。

4.5.7 筒形阀的上、下密封宜采用耐磨、耐水、耐油的密封材料。

5 试验

5.1 筒形阀的操作接力器在设备承包商工厂内总装后应作以下试验：

a) 接力器应作油压(水压)试验，试验压力为任何工况下操作筒形阀所承受最大油压的1.5倍，时间30 min，应无渗漏和有害变形。

b) 若为油压直缸接力器，活塞密封应作漏油试验，当油质为L-TSA46油，油温为20 ℃，在额定工作油压时，活塞两侧的允许最大漏油量的计算值为：

$$q = 0.000\,1\,D_c\sqrt{p/4}$$

式中：

D_c ——接力器油缸内径，单位为毫米(mm)；

q ——额定工作油压时的允许最大漏油量，单位为升每分钟(L/min)；

p ——额定工作油压，单位为兆帕(MPa)。

5.2 筒形阀是否在工厂做总装试验和动作试验，由用户和制造厂协商确定。

6 安装与运行

6.1 工地安装和试验，应按GB/T 8564的要求及设备承包商的图样及有关技术文件的要求进行。

6.2 筒体在工地组圆焊接时，应严格控制焊接变形，以保证筒体的圆度满足图样的规定。焊缝应进行100%无损探伤检查，并对焊缝质量有等级要求。

6.3 筒形阀的动水关闭试验应包括空载、25%负荷、50%负荷、75%负荷和100%负荷的工况。筒形阀进行动水关闭试验前，应与设备承包商制定详细的试验大纲和事故应急预案，以确保试验安全。试验后，应对筒形阀及其附属设备进行详细检查，不应产生任何有害损伤。

6.4 运行时必须严格按有关技术文件及自动操作程序进行，并定期对筒形阀设备及附件进行维护。

7 成套供应范围

7.1 采用油压操作的筒形阀和控制系统宜成套供货，成套设备一般包括：

a) 筒形阀本体及操作机构、同步机构、管路及其附件等；

b) 油压装置；

c) 控制系统设备；

d) 供货设备内的连接电缆及电缆套管。

7.2 装拆和维护筒形阀的专用工具及易损件备品参见附录B和附录C。

7.3 每台筒形阀供应下列技术文件：

a) 产品安装使用维护说明书；

b) 交货明细表；

c) 厂内产品检查及试验记录卡；

d) 主要装配图、油压装置图、自动化操作系统图、主要零件图、专用工具图、易损件加工图。

注：d)中图样种类在供需双方签订的技术条件中具体规定。

8 验收与保证

8.1 筒形阀产品及主要零部件，应经制造厂检验合格后才能出厂，并附有证明产品合格的文件。用户有权检查产品的质量及性能指标。

8.2 在产品保证期内，正常工作条件下的筒形阀漏水量应符合供需双方技术协议的规定。

8.3 在用户遵守保管、安装和作用规则的条件下，产品的保证期为自水轮机投入商业运行之日起两年，或从最后一批货物交货之日起3年，以先到期为准。在此期间如因制造质量而损坏或不能正常运行，制造厂应无偿地为用户修理、更换或按合同规定承担经济责任。

8.4 大修保证期不少于5年，但对于泥沙较多的电站，由供需双方共同商定。

9 包装、运输、保管

筒形阀的包装、运输、保管等，应符合GB/T 191和GB/T 28546的有关要求。

附 录 A
（规范性附录）
筒形阀型号的编制方法

A.1 筒形阀型号的编制方法。

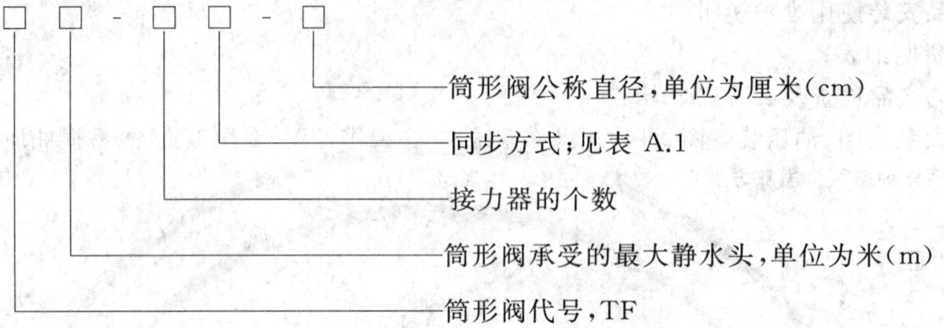

A.2 同步方式用一个汉语拼音字母表示，同步方式和代号规定见表 A.1。

表 A.1 同步方式和代号规定

同步方式	代 号
电液同步	D
机械同步	J

附 录 B
（资料性附录）
筒形阀备品备件

B.1 筒形阀备品备件

见表 B.1。

表 B.1 筒形阀备品备件

序号	备品、备件名称	单位	数量			备注
			(1～3)台机	(4～6)台机	6 台机以上	
1	筒形阀的上下密封环	台套	1	2	3	
2	筒形阀锁锭杆的密封	台套	1	2	3	
3	接力器活塞密封	台套	1	2	3	
4	接力器活塞杆密封	台套	1	2	3	
5	接力器活塞和活塞杆的导向带	台套	1	2	3	
注：1 台套为 1 台机组所需的数量。						

附 录 C
（资料性附录）
筒形阀专用工具

C.1 筒形阀专用工具

见表 C.1。

表 C.1 筒形阀专用工具

序号	工具名称	单位	数量	备 注
1	筒形阀的液压把合工具	套	1	
2	筒形阀的运输工具	套	1	
3	筒形阀检修用锁锭工具	套	1	
4	筒形阀的起吊工具	套	1	

ICS 17.240
F 74

中华人民共和国国家标准

GB/T 30142—2013

平面型电磁屏蔽材料屏蔽效能测量方法

Measuring methods for shielding effectiveness of planar electromagnetic shielding materials

2013-12-17 发布　　　　2014-05-10 实施

中华人民共和国国家质量监督检验检疫总局
中国国家标准化管理委员会　发布

前　言

本标准按照 GB/T 1.1—2009 给出的规则起草。

本标准由中国电器工业协会提出。

本标准由全国电磁屏蔽材料标准化技术委员会(SAC/TC 323)归口。

本标准起草单位:上海市计量测试技术研究院、中国计量科学研究院、东南大学、上海晨隆纺织新材料有限公司、安方高科电磁安全技术(北京)有限公司、天津工业大学、山东天诺光电材料有限公司。

本标准起草人:桑昱、陈超婵、黄攀、蔡青、蒋全兴、陆福敏、来磊、黄建华、朱安东、齐鲁、朱焰焰。

平面型电磁屏蔽材料屏蔽效能测量方法

1 范围

本标准规定了10 kHz～40 GHz频率范围内平面型电磁屏蔽材料的电磁屏蔽效能测量方法。

本标准适用于电磁屏蔽织物、电磁屏蔽金属板、电磁屏蔽金属网、电磁屏蔽玻璃、电磁屏蔽薄膜、电磁屏蔽塑料、电磁屏蔽橡胶等平面型电磁屏蔽材料的电磁波屏蔽效能的测量。

2 规范性引用文件

下列文件对于本文件的应用是必不可少的。凡是注日期的引用文件，仅注日期的版本适用于本文件。凡是不注日期的引用文件，其最新版本(包括所有的修改单)适用于本文件。

GB/T 25471—2010 电磁屏蔽涂料的屏蔽效能测量方法

GB/T 26667—2011 电磁屏蔽材料术语

3 术语和定义

GB/T 26667—2011界定的以及下列术语和定义适用于本文件。

3.1 电薄 electrically thin

试样的厚度远小于(＜1/100)试样的导电波长。

注：改写GB/T 25471—2010，定义3.2。

3.2 屏蔽效能 electromagnetic shielding;SE

在同一激励下的某点上，有屏蔽材料与无屏蔽材料时所测量到的电场强度、磁场强度或功率之比。

$$SE = 20\lg(E_2/E_1)(\mathrm{dB})$$
$$或\ SE = 20\lg(H_2/H_1)(\mathrm{dB}) \quad \cdots\cdots(1)$$
$$或\ SE = 10\lg(P_2/P_1)(\mathrm{dB})$$

式中：

SE ——屏蔽效能(dB)；

H_1——无屏蔽材料时的磁场强度；

H_2——有屏蔽材料时的磁场强度；

E_1——无屏蔽材料时的电场强度；

E_2——有屏蔽材料时的电场强度；

P_1——无屏蔽材料时的功率；

P_2——有屏蔽材料时的功率。

注：屏蔽效能通常为负值，但习惯用其绝对值。

[GB/T 26667—2011，定义2.1.7]

4 测量方法

4.1 总则

法兰同轴装置法适用于电薄材料的屏蔽效能测量，根据测量频率范围分为 30 MHz～1.5 GHz 法兰同轴装置法、30 MHz～3 GHz 法兰同轴装置法。

屏蔽室法适用于屏蔽材料在 10 kHz～40 GHz 频率范围的屏蔽效能测量。屏蔽室屏蔽效能应大于被测材料屏蔽效能至少 6 dB。也可采用屏蔽半暗室或屏蔽全暗室。

4.2 法兰同轴装置法

4.2.1 测量条件

测量条件应满足以下要求：

a) 环境温度：23 ℃±5 ℃；
b) 环境相对湿度：40%～75%；
c) 大气压力：86 kPa～106 kPa；
d) 试样测量前应在上述环境中保持 48 h；
e) 环境电磁噪声对测量结果不应产生影响。

4.2.2 测量设备

4.2.2.1 法兰同轴装置

法兰同轴装置技术指标应满足以下要求：

a) 频率范围：30 MHz～1.5 GHz 或者 30 MHz～3 GHz；
b) 特性阻抗：50 Ω；
c) 电压驻波比：<1.2；
d) 传输损耗：<1 dB；
e) 30 MHz～1.5 GHz 法兰同轴装置的结构尺寸参见附录 A；30 MHz～3 GHz 法兰同轴装置的结构尺寸参见附录 B。

4.2.2.2 信号发生器

信号发生器技术指标应满足以下要求：

a) 频率范围：根据测量需求选择；
b) 输出阻抗：50 Ω；
c) 电压驻波比：<2.0；
d) 最大输出功率：≥13 dBm。

4.2.2.3 频谱分析仪

频谱分析仪技术指标应满足以下要求：

a) 频率范围：根据测量需求选择；
b) 特性阻抗：50 Ω；
c) 频谱分析仪最小分辨率带宽：≤1 kHz。

4.2.2.4 带跟踪信号源的频谱分析仪

带跟踪信号源的频谱分析仪技术指标应满足以下要求：

a) 频率范围：根据测量需求选择；
b) 跟踪信号源最大输出功率：≥0 dBm；
c) 跟踪信号源电压驻波比：<2.0；
d) 频谱分析仪最小分辨率带宽：≤1 kHz。

4.2.2.5 网络分析仪

网络分析仪技术指标应满足以下要求：

a) 频率范围：根据测量需求选择；
b) 特性阻抗：50 Ω；
c) 电压驻波比：<2.0；
d) 中频带宽：≤1 kHz。

4.2.2.6 衰减器

衰减器技术指标应满足以下要求：

a) 频率范围：根据测量需求选择；
b) 特性阻抗：50 Ω；
c) 驻波比：<1.2；
d) 衰减量：≥6 dB(额定功率≥1 W)。

4.2.2.7 电缆及连接线

电缆及连接线技术指标应满足以下要求：

a) 特性阻抗：50 Ω；
b) 连接器：N 型。

4.2.3 测量频率点

采用法兰同轴装置法开展测量时，推荐在 30 MHz、80 MHz、300 MHz、450 MHz、915 MHz、1 GHz、1.5 GHz、1.8 GHz、2.45 GHz、3 GHz 等频率点给出测量结果，并尽量满足用户对测量频率范围和频率点的要求。

4.2.4 被测试样要求

用法兰同轴装置测量屏蔽效能的被测试样应满足以下要求：

a) 被测试样分参考试样和负载试样，参考试样和负载试样应是电薄材料。
b) 参考试样和负载试样的材质应相同，30 MHz～1.5 GHz 法兰同轴装置法对被测试样的形状和尺寸要求见图 1，30 MHz～3 GHz 法兰同轴装置法对被测试样的形状和尺寸要求见图 2。图 1a)、图 2a)中参考试样分为两部分(画有网纹部分)，测量时，中间圆形部分安装在装置的中心导体上，环形部分安装在装置的外导体法兰上。
c) 被测试样应在温度 23 ℃±5 ℃、相对湿度 40%～75%的条件下存放 48 h 后，立即开展测量。
d) 参考试样和负载试样厚度应相等(当两种试样平均厚度之差小于 25 μm 时，本方法认为参考试样和负载试样厚度相等)，各自表面各点厚度之差应小于平均厚度的 5%。
e) 将被测试样夹放在法兰同轴装置中，并夹紧被测试样，使被测试样与装置法兰面紧密接触，避免因接触不良而引起的测量误差。

f) 由于噪声电平会影响接收机的灵敏度，因此测量屏蔽效能值高于 60 dB 以上的待测试样时应使用双层屏蔽或半刚性电缆。

单位为毫米

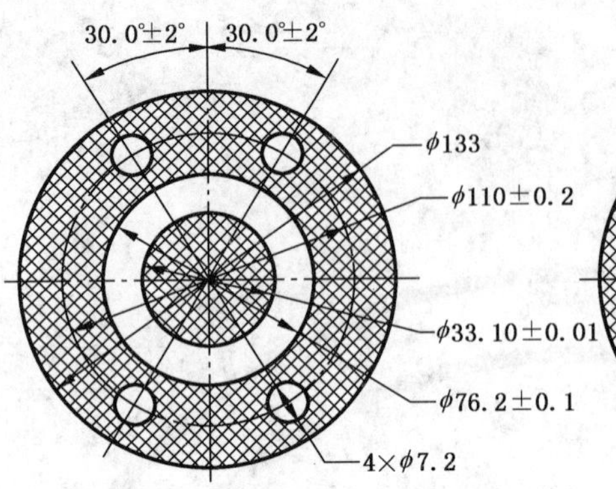

a) 参考试样　　b) 负载试样

图 1 参考试样和负载试样的尺寸要求(30 MHz～1.5 GHz 法兰同轴装置法)

单位为毫米

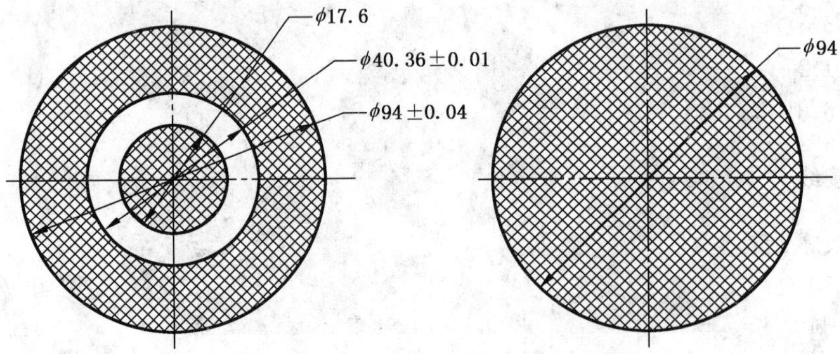

a) 参考试样　　b) 负载试样

图 2 参考试样和负载试样的尺寸要求(30 MHz～3 GHz 法兰同轴装置法)

4.2.5 测量方法

用法兰同轴装置对平面型电磁屏蔽材料的屏蔽效能开展测量时，常用的测量方法有：信号发生器/频谱分析仪测量方法、带跟踪信号源的频谱分析仪测量方法、网络分析仪测量方法。

4.2.5.1 信号发生器/频谱分析仪测量方法

使用信号发生器/频谱分析仪测量方法的步骤如下：

a) 按图 3 连接测量系统，将满足 4.2.2.2 要求的信号发生器通过衰减器接入该装置的一端，装置的另一端通过衰减器与频谱分析仪相连接，测量时注意测量电缆应尽量短；

b) 接通测量设备的电源，待设备工作稳定后进行测量；

c) 将参考试样固定于法兰同轴装置中，采用 30 MHz～1.5 GHz 法兰同轴装置时，用力矩改锥拧紧尼龙螺钉，采用 30 MHz～3 GHz 法兰同轴装置时，拧紧旋钮固定并标记至某一个刻度；

d) 信号发生器调到 30 MHz 频率点上，输出电平置于 0 dBm，调节频谱分析仪频率至 30 MHz，读取最大值，并记下此读数 P_1(dBm)；

e) 保持信号发生器输出电平不变，改变信号发生器的输出频率，测量参考试样在不同频率点上的 P_1(dBm)；

f) 调松法兰同轴装置，取出参考试样，将负载试样固定于装置中，采用30 MHz～1.5 GHz法兰同轴装置时，用力矩改锥以c)中相同力矩拧紧尼龙螺钉，采用30 MHz～3 GHz法兰同轴装置时，拧紧旋钮至c)步骤的同一刻度；

g) 保持信号发生器频率和输出电平不变，观察频谱分析仪读数，如果读数大于它的噪声电平至少10 dB，记下此时频谱分析仪的读数 P_2(dBm)；

h) 保持信号发生器的电平输出不变，改变信号发生器的输出频率，测量负载试样在不同频率点上的 P_2(dBm)；

i) 被测试样屏蔽效能应按公式(2)计算：

$$SE_{dB} = P_1 - P_2 \qquad (2)$$

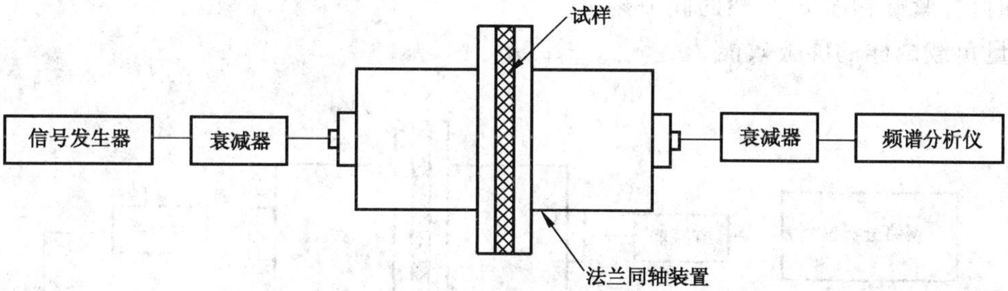

图3 信号发生器/频谱分析仪测试系统示意图

4.2.5.2 带跟踪信号源的频谱分析仪测量方法

使用带跟踪信号源的频谱分析仪测量屏蔽效能的步骤如下：

a) 按图4要求连接测量系统，将满足4.2.2.4要求的带跟踪信号源的频谱分析仪的输出端与法兰同轴装置的一端连接，输入端与装置的另一端连接；

b) 接通测量设备的电源，待设备工作稳定后进行测量；

c) 将参考试样固定于法兰同轴装置中，采用30 MHz～1.5 GHz法兰同轴装置时，用力矩改锥拧紧尼龙螺钉，采用30 MHz～3 GHz法兰同轴装置时，拧紧旋钮固定并标记至某一个刻度；

d) 对测量系统做传输校准；

e) 调松法兰同轴装置，取出参考试样，将负载试样固定于装置中，采用30 MHz～1.5 GHz法兰同轴装置时，用力矩改锥以c)中相同力矩拧紧尼龙螺钉，采用30 MHz～3 GHz法兰同轴装置时，拧紧旋钮至c)步骤的同一刻度；

f) 测量负载试样的屏蔽效能。

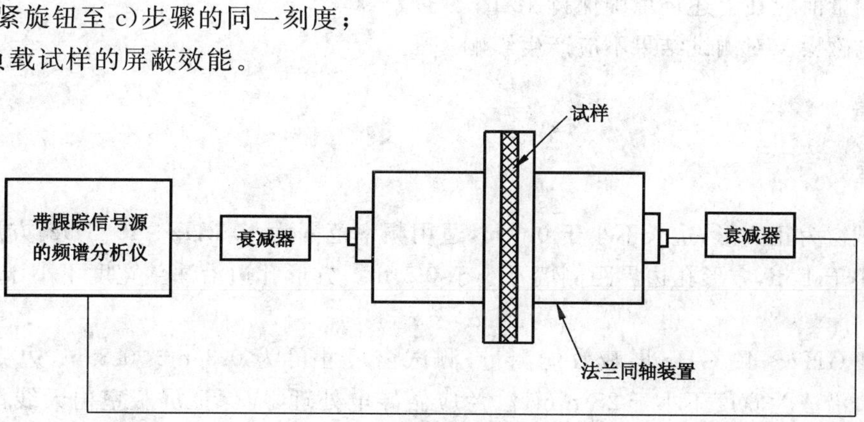

图4 跟踪信号源/频谱分析仪测量系统示意图

4.2.5.3 网络分析仪测量方法

使用网络分析仪测量屏蔽效能的步骤如下：

a) 按图5要求连接测量系统，将满足4.2.2.5要求的网络分析仪输入端与法兰同轴装置的一端相连接，输出端连接装置另一端；
b) 接通测量设备的电源，待设备工作稳定后进行测量；
c) 将参考试样固定于法兰同轴装置中，采用30 MHz～1.5 GHz法兰同轴装置时，用力矩改锥拧紧尼龙螺钉，采用30 MHz～3 GHz法兰同轴装置时，拧紧旋钮固定并标记至某一个刻度；
d) 对测量系统做传输校准；
e) 调松法兰同轴测量装置，取出参考试样，将负载试样固定于装置中，采用30 MHz～1.5 GHz法兰同轴装置时，用力矩改锥以c)中相同力矩拧紧尼龙螺钉，采用30 MHz～3 GHz法兰同轴装置时，拧紧旋钮至c)步骤的同一刻度；
f) 测量负载试样的屏蔽效能。

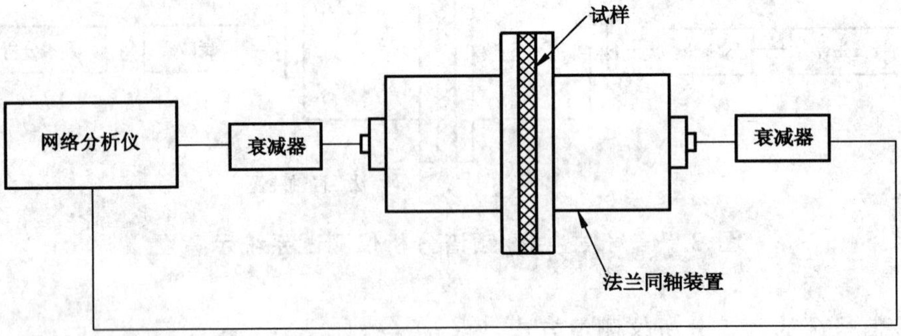

图5 网络分析仪测量系统示意图

4.3 屏蔽室法

4.3.1 测量条件

测量条件应满足以下要求：

a) 环境温度：15 ℃～30 ℃；
b) 环境相对湿度：低于80%；
c) 大气压力：86 kPa～106 kPa；
d) 试样测量前应在上述环境中保持48 h；
e) 环境电磁噪声对测试结果不应产生影响。

4.3.2 测量设备

4.3.2.1 屏蔽室

屏蔽室测试窗为正方形，边长不小于0.6 m，适用频率范围为10 kHz～40 GHz，方形孔中心距屏蔽室地面高度不小于1 m，方形孔边界距侧墙不小于0.5 m。方形孔边沿法兰宽度不小于25 mm，法兰应做导电处理。

如仅用于1 GHz～40 GHz屏蔽效能测量，测试窗尺寸可为0.3 m×0.3 m，边界距侧壁不小于0.1 m，方形孔边沿法兰宽度不小于25 mm，法兰应做导电处理，应保证屏蔽室内天线沿距侧壁不小于0.1 m。也可使用屏蔽暗箱。

4.3.2.2 信号发生器

信号发生器应满足以下要求：

a) 频率范围：10 kHz～40 GHz；

a) 输出阻抗：50 Ω；

b) 电压驻波比：<2.0；

c) 最大输出功率：≥13 dBm。

4.3.2.3 频谱分析仪

频谱分析仪应满足以下要求：

a) 频率范围：9 kHz～40 GHz；

b) 特性阻抗：50 Ω；

c) 频谱分析仪最小分辨率带宽：≤1 kHz。

4.3.2.4 前置放大器

前置放大器应满足以下要求：

a) 频率范围：10 kHz～40 GHz；

b) 增益：30 dB。

4.3.2.5 测量天线

各频段推荐使用的天线见表1。

表1 各频段使用的天线

场型	频率范围	天线类型
磁场	10 kHz～30 MHz	环天线
电场	10 kHz～30 MHz	垂直极化单极天线
电场	20 MHz～200 MHz	双锥天线
电场	100 MHz～1 000 MHz	偶极天线
电场	200 MHz～1 000 MHz	对数周期天线
电场	1 GHz～40 GHz	喇叭天线

4.3.3 测量频率点要求

一般在每10倍频程内选择不少于3个频率点，推荐优先选择表2中的测量频率点，并尽量满足用户对测量频率范围和频率点的要求。测量时应避开屏蔽室的谐振频率点，谐振频率点的计算见附录C。

表2 推荐的测量频率点

场型	频率点
磁场	10 kHz、14 kHz、200 kHz、1 MHz、15 MHz、30 MHz
电场	10 kHz、14 kHz、200 kHz、1 MHz、15 MHz、30 MHz、80 MHz、300 MHz、450 MHz、915 MHz、1 GHz、1.5 GHz、1.8 GHz、2.45 GHz、3 GHz、6 GHz、10 GHz、18 GHz

4.3.4 被测试样要求

用屏蔽室法测量屏蔽效能的被测试样应满足以下要求：

a) 被测试样的面积应大于屏蔽室测试窗的尺寸，被测试样表面应平整；

b) 如被测试样表面不导电，应将被测试样边沿不导电表面部分除去，露出导电表面，保证被测试样安装时被测试样四周边沿与测试窗有良好的导电连接。

4.3.5 测量配置

将被测试样放置在屏蔽室测试窗时，测试窗的法兰面上应安装导电衬垫，导电衬垫的屏蔽效能应大于试样屏蔽效能 10 dB 以上。被测试样的边沿用导电胶带封贴，将被测试样贴在测试窗上，用压力钳夹紧被测试样或用螺钉固定被测试样，保证被测试样与屏蔽室测试窗良好的电连接，避免因电接触不良引入测量偏差。

发射天线放置在屏蔽室外部，接收天线放置在屏蔽室内部。屏蔽室内尽量不放置与测量无关的金属物体。在测量过程中，天线、仪器、屏蔽室内的其他物体，位置保持不变。10 kHz～30 MHz 频率范围内测量磁场屏蔽时环天线采用共轴法布置；10 kHz～30 MHz 频率范围内测量电场屏蔽时天线采用垂直放置，天线放置高度要保证天线杆底部与测试窗底部平行；在 30 MHz～40 GHz 频率范围内，测试天线应垂直极化放置，发射、接收天线对准屏蔽室测试窗的中心；在 200 MHz～1 000 MHz 频率范围内，优先选择偶极天线。天线距屏蔽材料的距离应满足表 3 的要求。

表 3 天线距屏蔽材料的距离

场型	频率范围	距离
磁场	10 kHz～30 MHz	0.3 m
电场	10 kHz～30 MHz	0.3 m
电场	30 MHz～1 000 MHz	1.0 m
电场	1 GHz～18 GHz	0.6 m
电场	18 GHz～40 GHz	0.3 m

4.3.6 测量步骤

屏蔽效能测量步骤如下：

a) 按图 6 或图 7 连接测量设备，测量设备按说明书要求预热；

b) 打开屏蔽室测试窗；

c) 设置发射设备合适的输出电平，读取频谱分析仪上所有测量频率点的电平指示值；

d) 将被测试样安装在测试窗上，并将所有的压力钳(或专用螺钉)锁紧；

e) 保持信号发生器各频率点输出电平与 c)中相同，读取频谱分析仪上所有测量频率点的电平指示值；

f) 根据公式(1)计算各测量频率点被测试样的屏蔽效能。

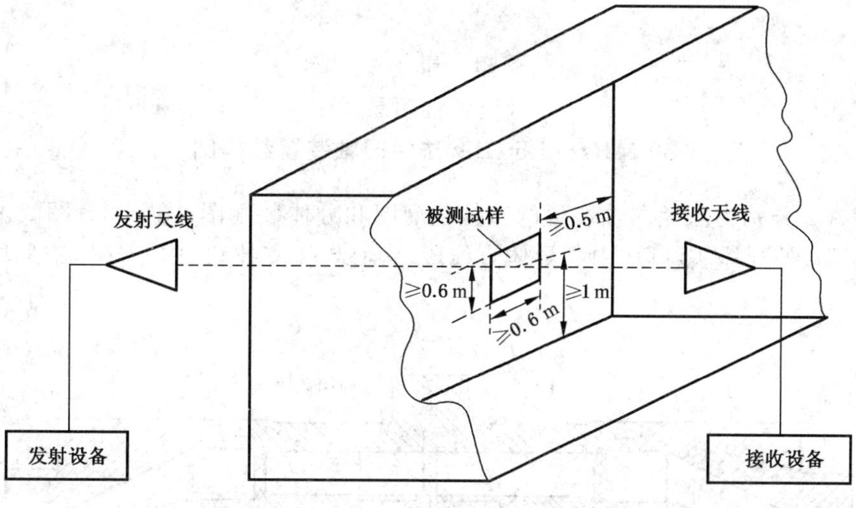

图6　屏蔽室法测试配置图(0.6 m 窗口)

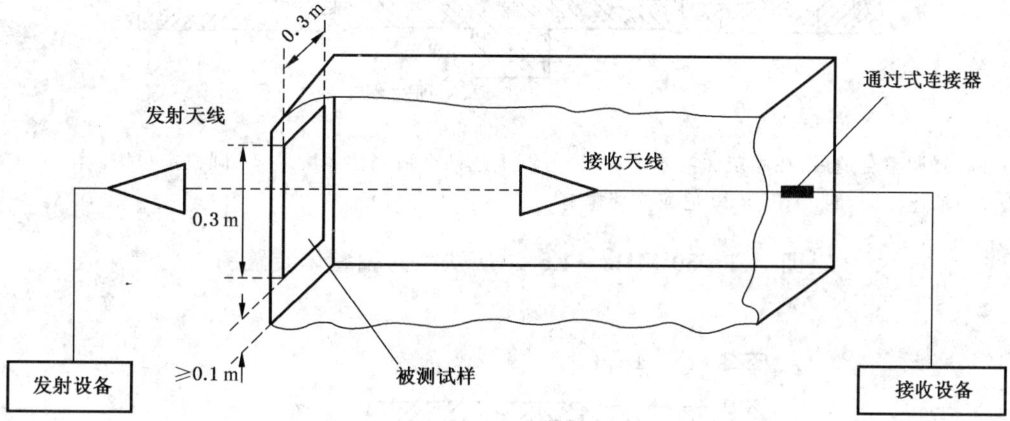

图7　屏蔽室法测量配置图(0.3 m 窗口)

5　报告要求

测量报告应包括被测试样的主要信息：

a)　被测试样的标识,如试样名称、生产厂家、型号、编号等信息；

b)　测量设备的标识,如商标、型号、序列号等信息；

c)　被测试验的环境条件,如温度、湿度等信息；

d)　试验方法；

e)　测量的频率点和屏蔽效能值。

推荐使用的屏蔽效能测量数据记录表格见附录D。

必要时,被测试样测量报告应给出所测屏蔽效能值的不确定度。不确定度的来源分析应考虑材料、传输线的失配、测量系统的动态范围及辅助设备的影响等。

附 录 A
(资料性附录)
30 MHz～1.5 GHz 法兰同轴装置结构图

图 A.1 和图 A.2 分别为法兰同轴装置的整体装配图和分体装配图；图 A.3～图 A.9 分别为中心导体压块、外导体压圈、外导体法兰段、中心导体直线段、中心导体支撑块、中心导体锥形段及外导体锥形段零件图。

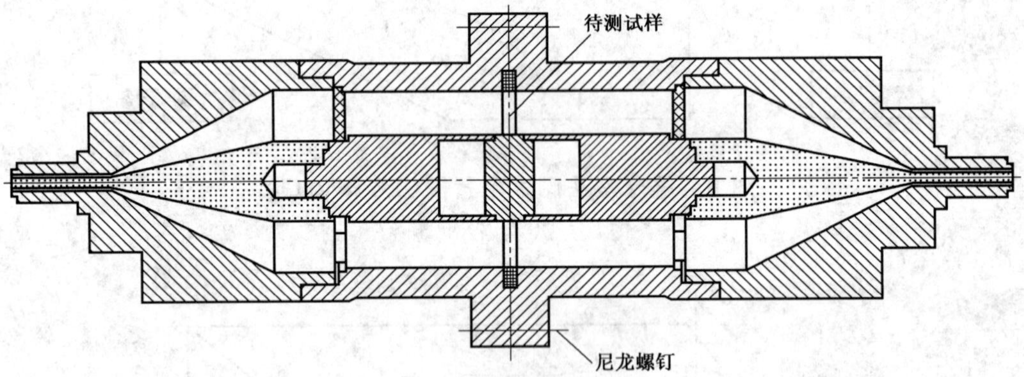

法兰同轴装置调整合适后，在固定法兰 $\phi 110$ 的中心圆上选两个适当位置配装 $\phi 4$ 圆柱定位销。法兰同轴装置需要配用两个 N 型同轴连接器，四个 M6×20 尼龙连接螺钉。

图 A.1 30 MHz～1.5 GHz 法兰同轴整体装置图

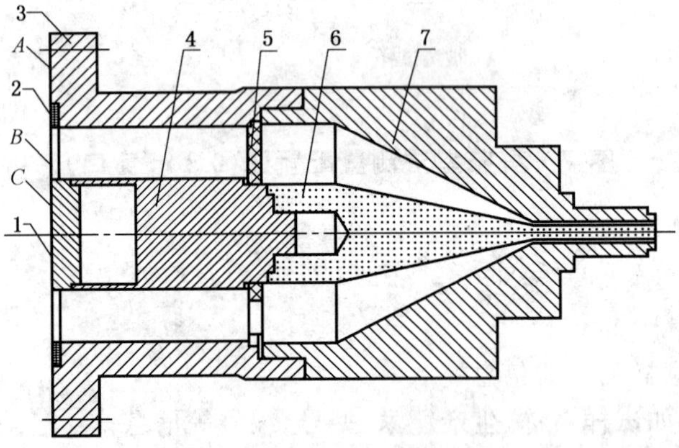

说明：

1——中心导体压块，见图 A.3；

2——外导体压圈，见图 A.4；

3——外导体法兰段，见图 A.5；

4——中心导体直线段，见图 A.6；

5——中心导体支撑块，见图 A.7；

6——中心导体锥形段，见图 A.8；

7——外导体锥形段，见图 A.9。

装配后，精加工 *B* 面，保证其相对于 *A* 的距离为 0.03 mm±0.01 mm；装配后，精加工 *C* 面，保证与 *B* 面高度一致，允差为±0.01 mm。

图 A.2 30 MHz～1.5 GHz 法兰同轴分体装置图

单位为毫米

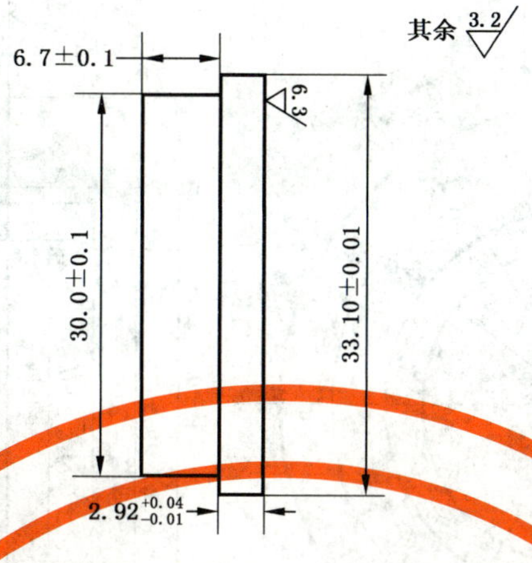

材料:黄铜

图 A.3 中心导体压块

单位为毫米

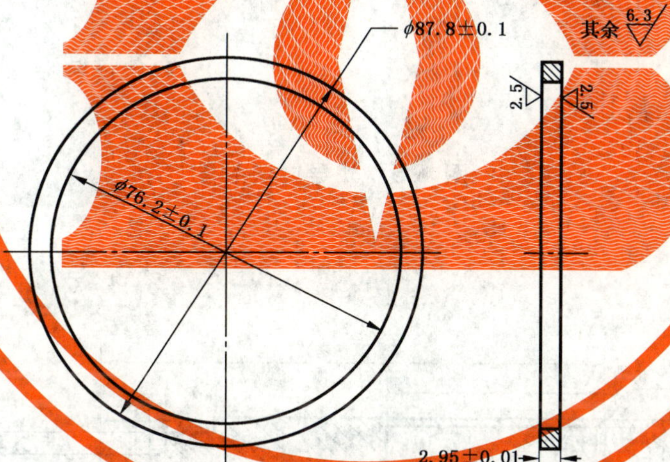

材料:黄铜

图 A.4 外导体压圈

单位为毫米

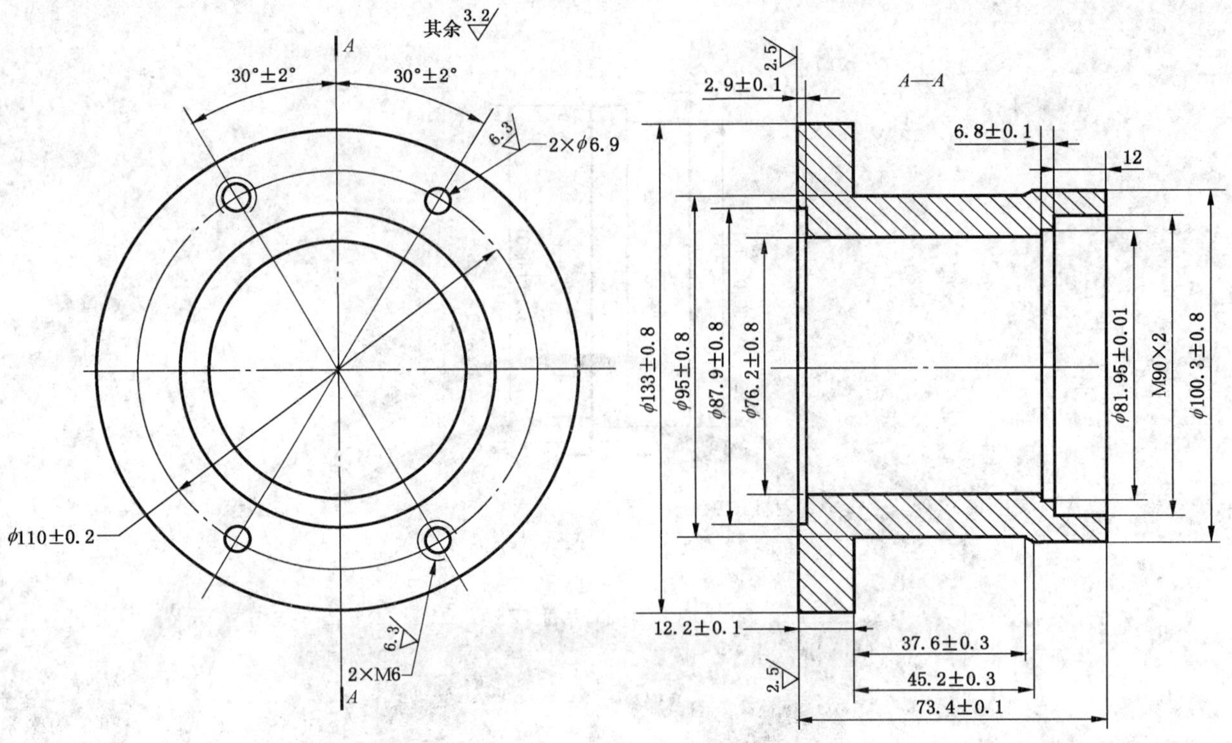

说明：

1.材料：黄铜；

2.锐边倒角：0.5×45°；

3.外表面镀镍：厚度：6 μm。

图 A.5　外导体法兰段

单位为毫米

材料：黄铜

图 A.6　中心导体直线段

单位为毫米

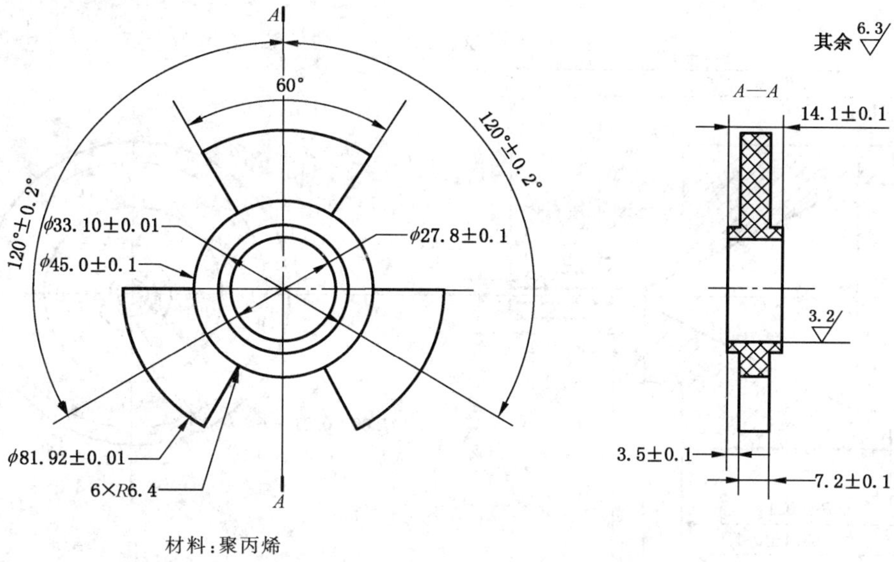

图 A.7　中心导体支撑块

单位为毫米

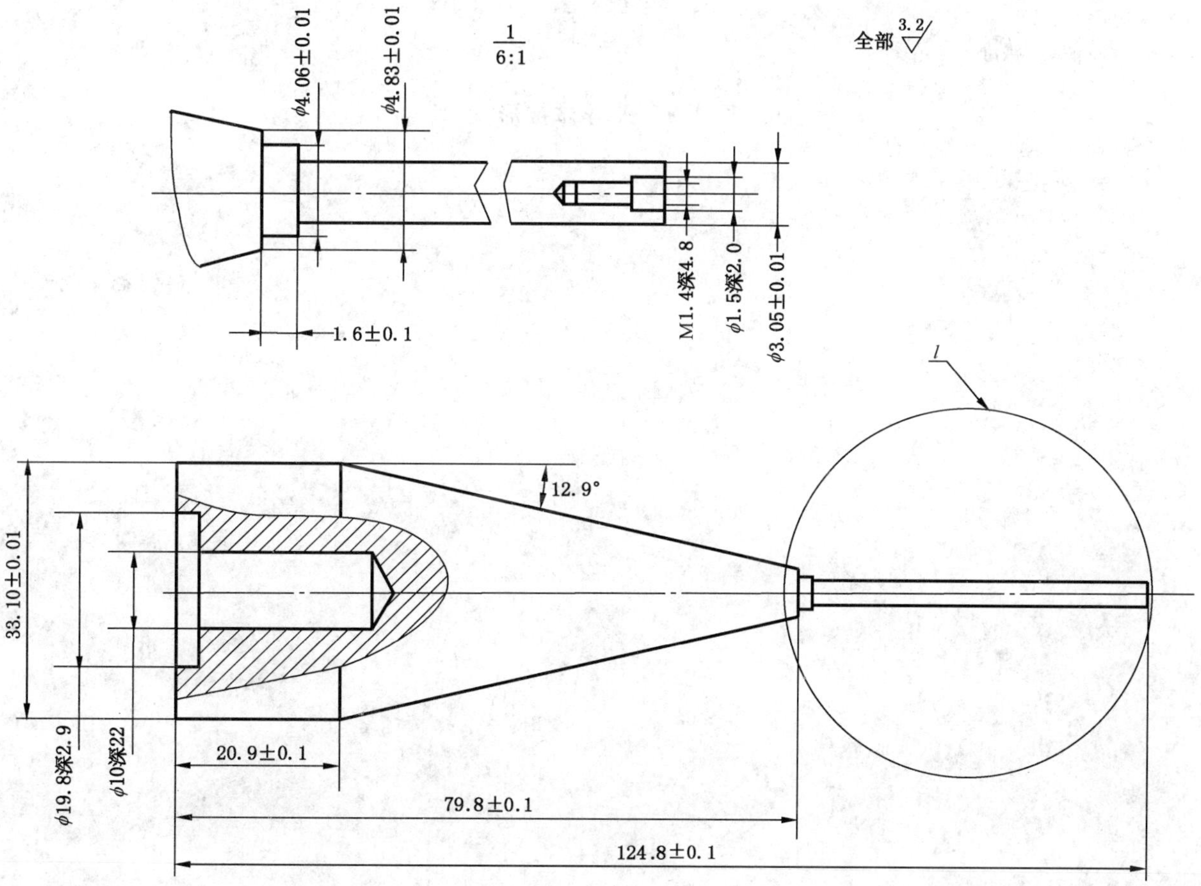

说明：

1.材料：黄铜；

2.尺寸 124.8 mm，留 1.3 mm 装调。

图 A.8　中心导体锥形段

单位为毫米

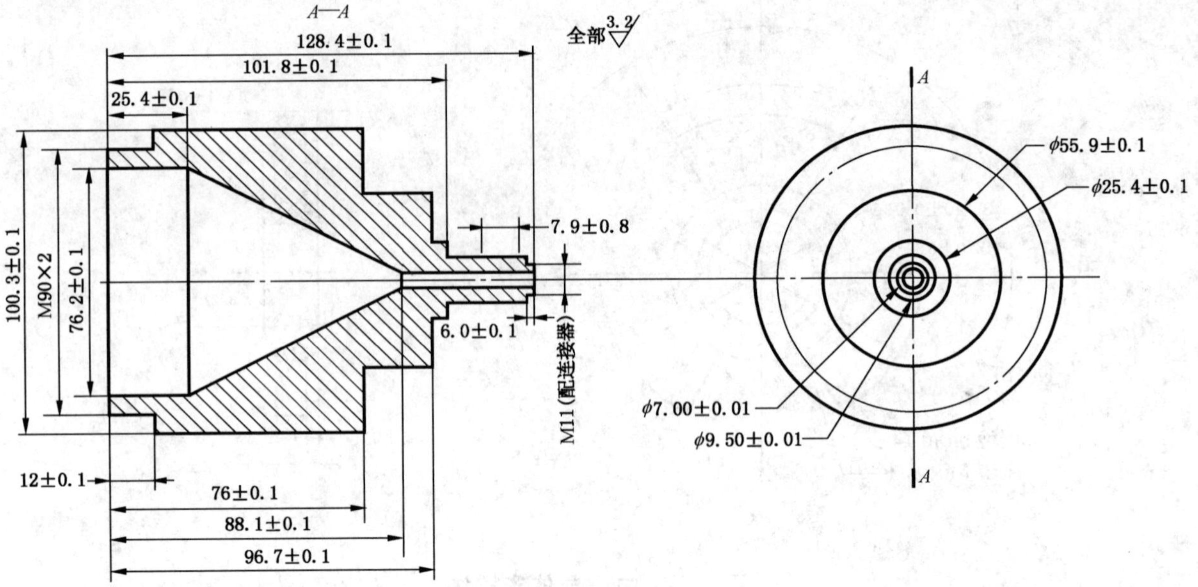

说明：

1.材料：黄铜；

2.锐边倒角：0.5×45°；

3.外表面镀镍：厚度：6 μm。

图 A.9 外导体锥形段

附 录 B
（资料性附录）
30 MHz～3 GHz 法兰同轴装置图

B.1 30 MHz～3 GHz 法兰同轴装置整体装配图

30 MHz～3 GHz 法兰同轴装置通过特定的导轨夹具(见图 B.1)固定，允许的不同心度 16.6 μm 以内。

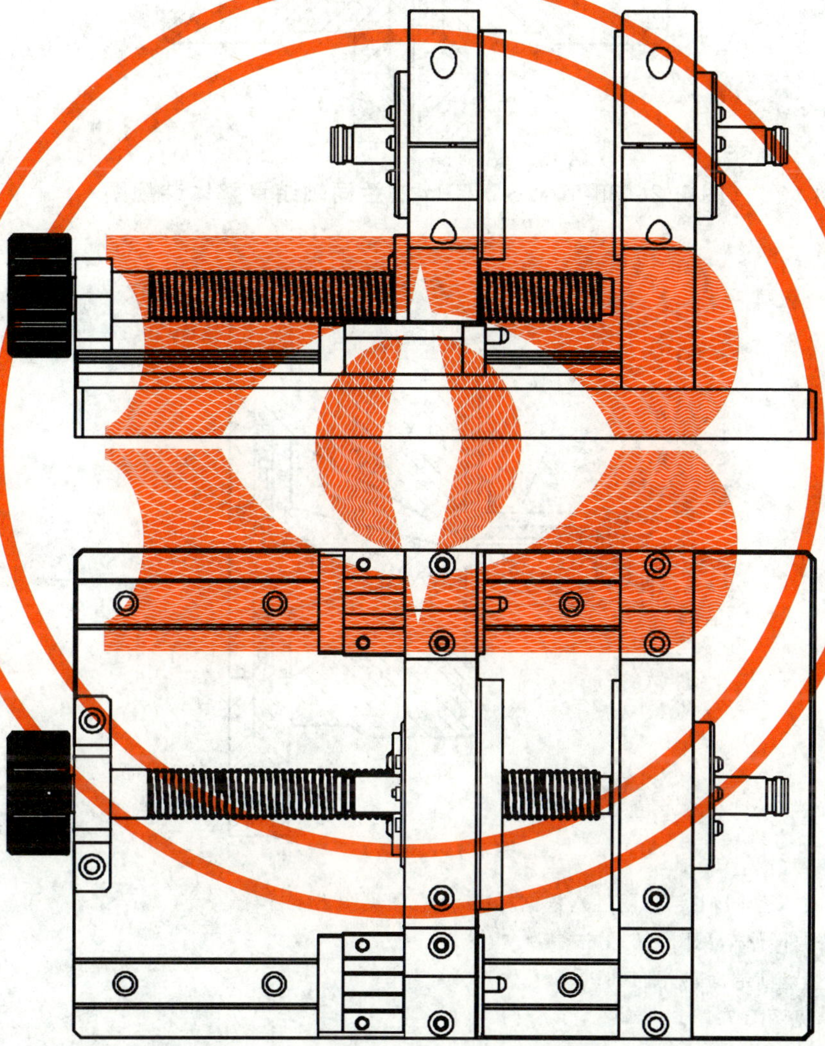

图 B.1 导轨夹具与法兰同轴装置

图 B.2 和图 B.3 为 30 MHz～3 GHz 法兰同轴装置的整体装配图和分体装配图。

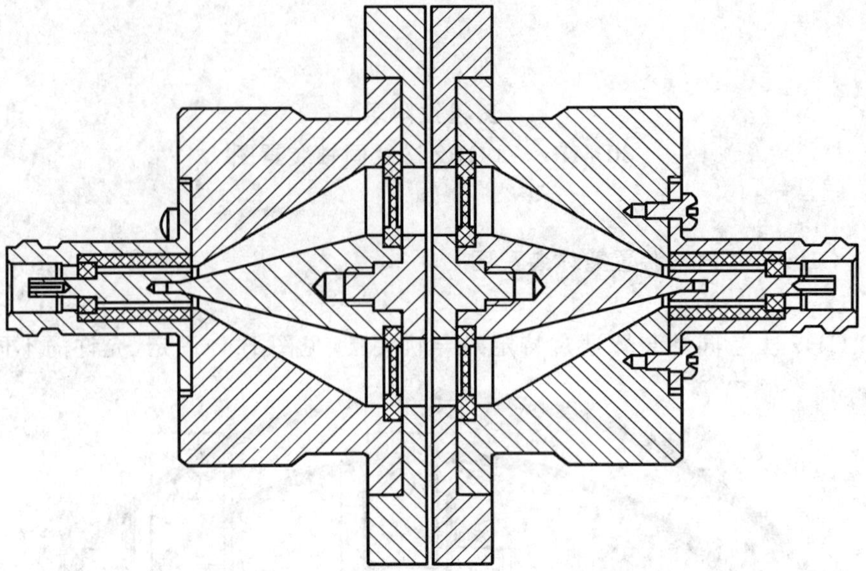

图 B.2 30 MHz～3 GHz 法兰同轴装置整体装配图

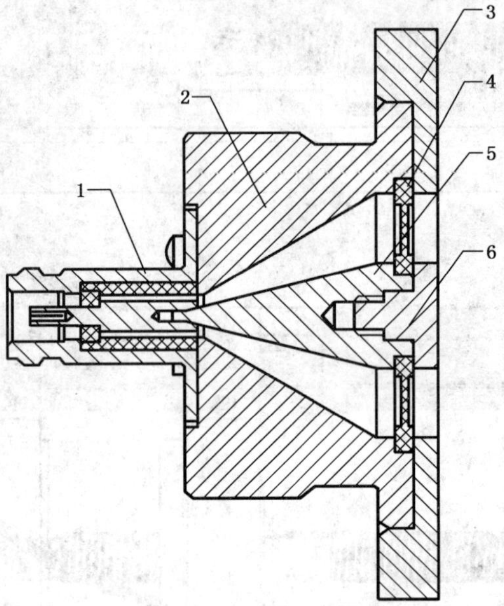

说明：

1——带法兰盘的 N 型同轴接口(阴性)，根据标准，示意图见图 B.4；

2——带法兰盘的外导体，见图 B.5；

3——外导体法兰盘前端面，见图 B.6；

4——支撑介质，见图 B.7；

5——带锥形过渡段的内导体，见图 B.8；

6——内导体分段，见图 B.9。

图 B.3 30 MHz～3 GHz 法兰同轴装置分体装配图

B.2 尺寸结构图

30 MHz～3 GHz 法兰同轴装置由左右对称的两部分构成，本附录仅提供半边尺寸。图 B.4 至图 B.7分别是带法兰盘的 N 型同轴接口(阴性)、带法兰盘的外导体、外导体法兰盘前端面、支撑介质、带锥形过渡段的内导体、内导体分段。在实际加工时应保证内导体断面比外导体法兰端面高 0.2 mm。

单位为毫米

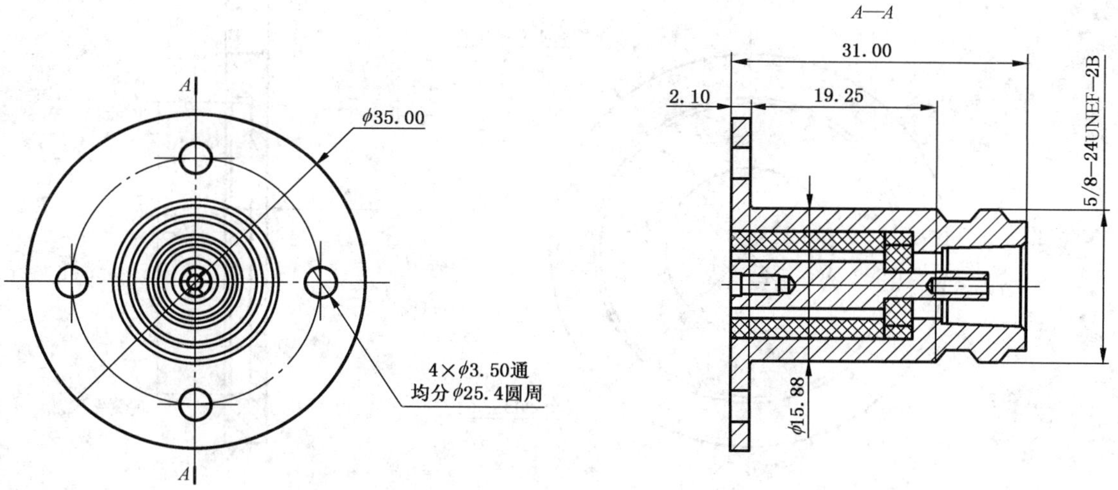

图 B.4　带法兰盘的 N 型同轴接口(阴性)示意图

单位为毫米

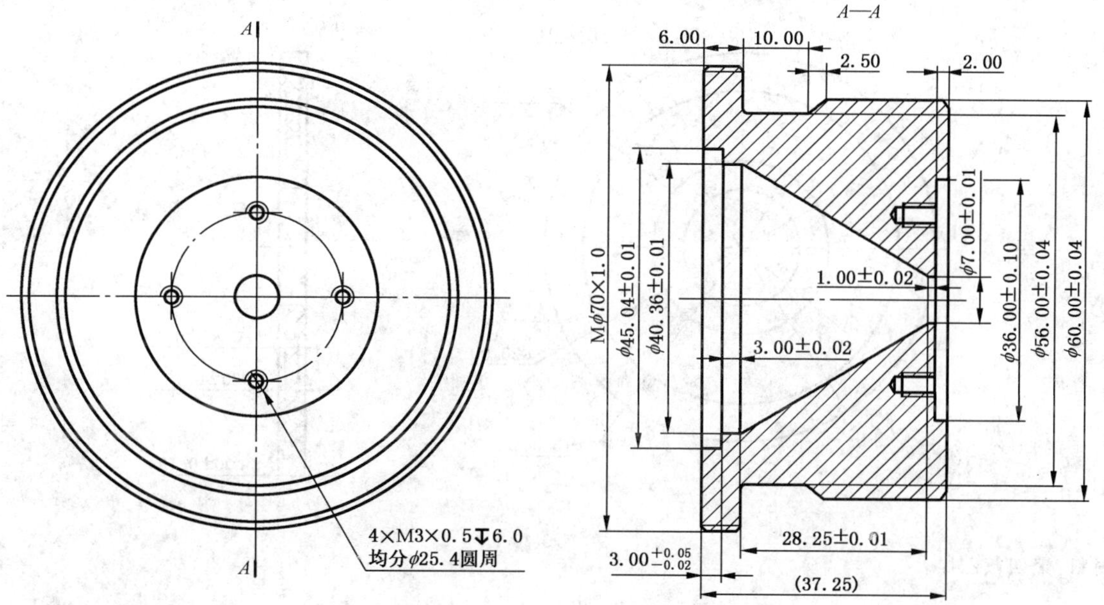

材料:黄铜。

图 B.5　带法兰盘的外导体

单位为毫米

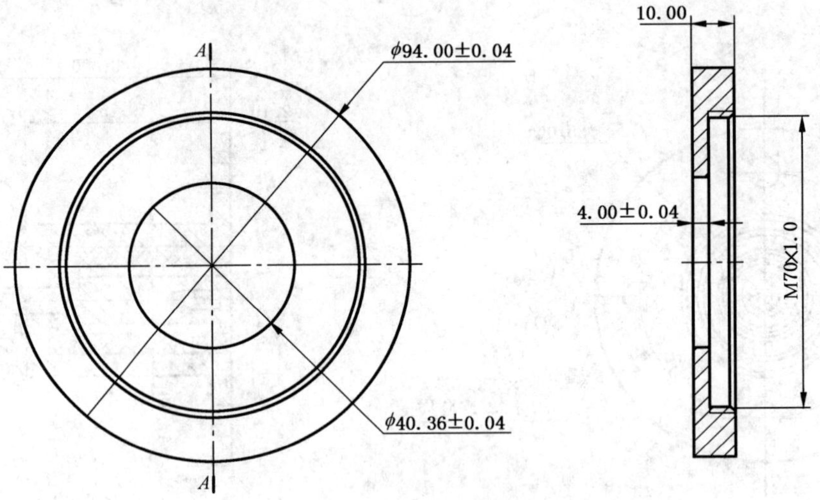

材料:黄铜。

图 B.6 外导体法兰盘前端面

单位为毫米

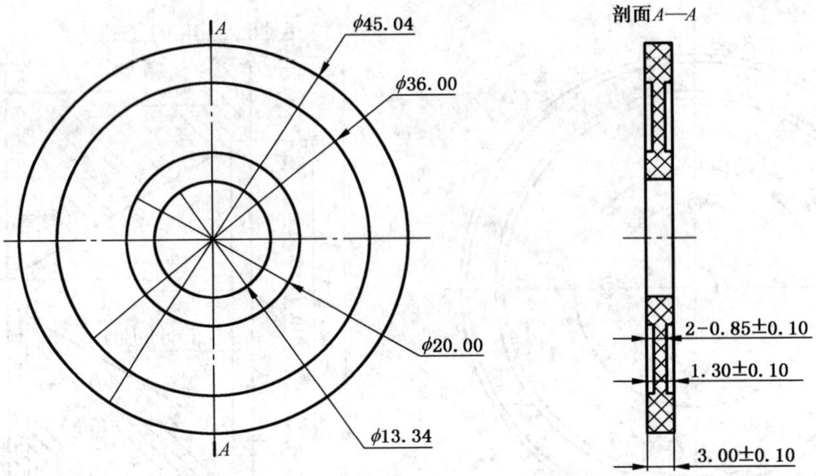

材料:聚四氟乙烯。

图 B.7 支撑介质

单位为毫米

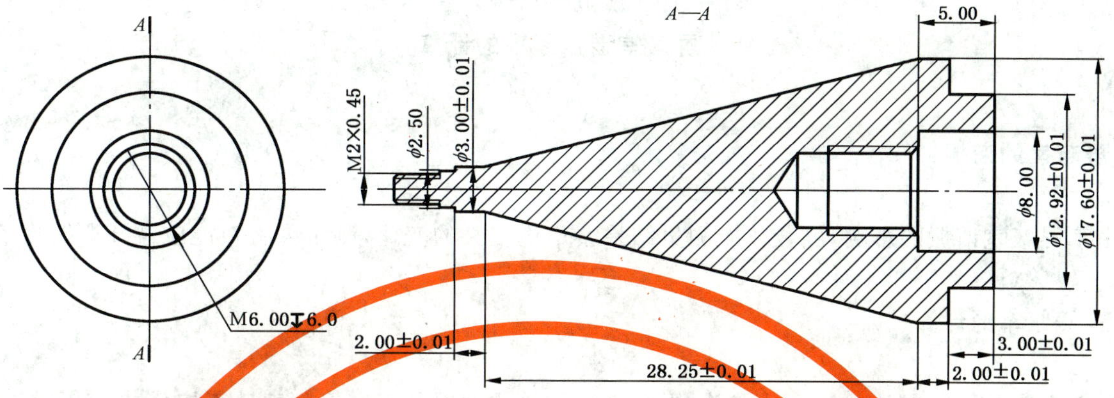

材料:黄铜。

图 B.8　带锥形过渡段的内导体

单位为毫米

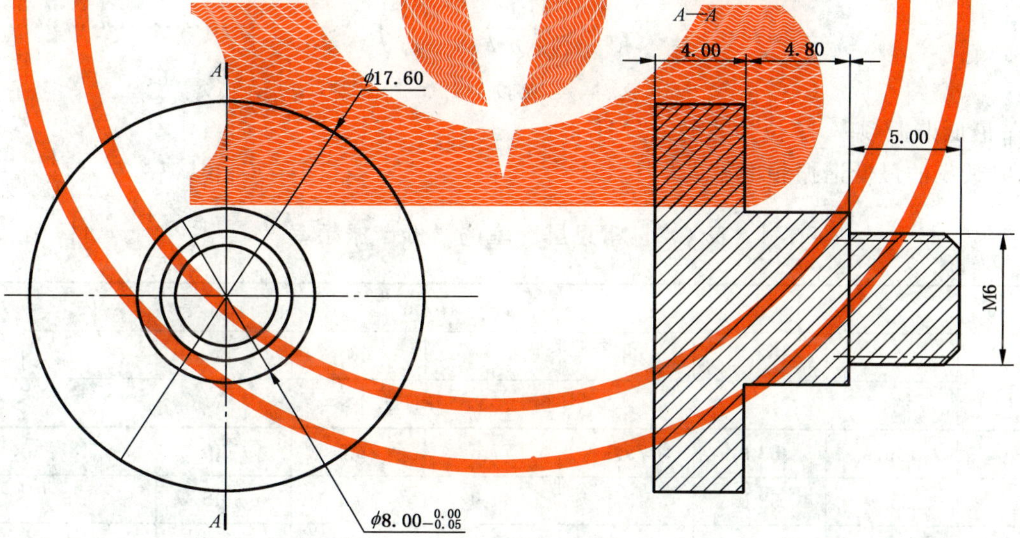

材料:黄铜。

图 B.9　内导体分段

附　录　C
（规范性附录）
屏蔽室谐振频率的计算

C.1　屏蔽室的谐振

由于屏蔽室谐振的影响，屏蔽效能测量结果会产生很大的变化，测量屏蔽效能应避开谐振频率点。

C.2　谐振频率的计算

谐振频率与屏蔽室的几何尺寸有关，平行六面体结构的屏蔽室谐振频率计算按公式(C.1)：

$$f_{\mathrm{mnk}}=150\sqrt{\left(\frac{m}{a}\right)^2+\left(\frac{n}{b}\right)^2+\left(\frac{k}{c}\right)^2} \qquad \cdots\cdots(\text{C.1})$$

式中：
f_{mnk} ——谐振频率，单位为兆赫兹(MHz)；
m、n、k ——为 0、1、2、3…，m、n、k 只能有一个取 0；
a、b、c ——为屏蔽室的边长，单位为米(m)，且 $a \geqslant b \geqslant c$。
最低谐振频率计算按公式(C.2)：

$$f=150\sqrt{\left(\frac{1}{a}\right)^2+\left(\frac{1}{b}\right)^2} \qquad \cdots\cdots(\text{C.2})$$

式中：
f——最低谐振频率，单位为兆赫兹(MHz)；
常见屏蔽室的最低谐振频率见表 C.1。

表 C.1　常见屏蔽室的最低谐振频率

a/m	b/m							
	2	4	6	8	10	12	14	16
	f/MHz							
2	106.1	83.9	79.1	77.3	76.5	76.0	75.8	75.6
4	83.9	53.0	45.1	41.9	40.4	39.5	39.0	38.7
6	79.1	45.1	35.4	31.3	29.2	28.0	27.2	26.7
8	77.3	41.9	31.3	26.5	24.0	22.5	21.6	21.0
10	76.5	40.4	29.2	24.0	21.2	19.5	18.4	17.7
12	76.0	39.5	28.0	22.5	19.5	17.7	16.5	15.6
14	75.8	39.0	27.2	21.6	18.4	16.5	15.2	14.2
16	75.6	38.7	26.7	21.0	17.7	15.6	14.2	13.3
18	75.5	38.4	26.4	20.5	17.2	15.0	13.6	12.5
20	75.4	38.2	26.1	20.2	16.8	14.6	13.1	12.0

附 录 D
（资料性附录）
屏蔽效能数据记录表格

屏蔽效能测量数据记录表格如表 D.1。

表 D.1 屏蔽效能测量数据记录表格

频 率/MHz	P_1/dBm	P_2/dBm	SE/dB
30			
80			
300			
450			
915			
1 000			
1 500			
1 800			
2 450			
3 000			

其中：

a) P_1 为放入参考试样时测得的功率值；

b) P_2 为放入负载试样时测得的功率值；

c) SE 为被测试样的屏蔽效能。

参 考 文 献

[1] GJB 6190—2008 电磁屏蔽材料屏蔽效能测量方法
[2] GB/T 12190—2006 电磁屏蔽室屏蔽效能的测量方法
[3] SJ 20524—1996 材料屏蔽效能的测量方法
[4] ASTM D4935—2010 Standard Test Method for Measuring the Electromagnetic Shielding Effectiveness of Planar Materials

ICS 29.160.30
K 26

中华人民共和国国家标准

GB/T 30143—2013

YZR 系列起重及冶金用绕线转子三相异步电动机技术条件(机座号 450～500)

Specification for YZR series of wound-rotor three-phase induction motors for crane and metallurgical applications (Frame size 450 to 500)

2013-12-17 发布　　2014-05-10 实施

中华人民共和国国家质量监督检验检疫总局
中国国家标准化管理委员会　发布

前言

本标准按照 GB/T 1.1—2009 给出的规则起草。

请注意本文件的某些内容可能涉及专利。本文件的发布机构不承担识别这些专利的责任。

本标准由中国电器工业协会提出。

本标准由全国旋转电机标准化技术委员会(SAC/TC 26)归口。

本标准主要起草单位:佳木斯防爆电机研究所、佳木斯电机股份有限公司、无锡市宏泰起重电机股份有限公司、山西电机制造有限公司、天津神川电机有限公司、大连布鲁克电机有限公司、无锡新大力电机有限公司、大连天元电机股份有限公司、江西特种电机股份有限公司、大连伯顿冠力电机有限公司、湖南特种电机有限责任公司。

本标准参加起草单位:奔宇电机集团有限公司、中国长江航运集团电机厂。

本标准主要起草人:尚志奎、苗峰、王丽萍、薛荣辉、贾玉清、李春艳、张文华、王景辉、梁君声、余文平、李建东、汤松青、赵文明、唐庆华、于淑华。

YZR 系列起重及冶金用绕线转子三相异步电动机技术条件(机座号 450～500)

1 范围

本标准规定了 YZR 系列起重及冶金用绕线转子三相异步电动机的型式、基本参数与尺寸、技术要求、检验规则与试验方法，以及标志、包装及保用期的要求。

本标准适用于各种起重机械及冶金辅助设备配套的起重及冶金用绕线转子三相异步电动机(以下简称电动机)。

2 规范性引用文件

下列文件对于本文件的应用是必不可少的。凡是注日期的引用文件，仅注日期的版本适用于本文件。凡是不注日期的引用文件，其最新版本(包括所有的修改单)适用于本文件。

GB/T 191—2008 包装储运图示标志

GB 755—2008 旋转电机 定额和性能

GB/T 757—2010 旋转电机 圆锥形轴伸

GB/T 997—2008 旋转电机结构型式、安装型式及接线盒位置的分类(IM 代码)

GB/T 1032—2012 三相异步电动机试验方法

GB/T 1958—2004 产品几何量技术规范(GPS) 形状和位置公差 检测规定

GB 1971—2006 旋转电机 线端标志与旋转方向

GB/T 1993—1993 旋转电机冷却方法

GB/T 4772.2—1999 旋转电机尺寸和输出功率等级 第 2 部分：机座号 355～1000 和凸缘号 1180～2360

GB/T 4942.1—2006 旋转电机整体结构的防护等级(IP 代码)分级

GB 10068—2008 轴中心高为 56 mm 及以上电机的机械振动 振动的测量、评定及限值

GB/T 10069.1—2006 旋转电机噪声测定方法及限值 第 1 部分：旋转电机噪声测定方法

GB 10069.3—2008 旋转电机噪声测定方法及限值 第 3 部分：噪声限值

GB/T 12351—2008 热带型旋转电机环境技术条件

GB/T 12665—2008 电机在一般环境条件下使用的湿热试验要求

GB/T 13306—2011 标牌

GB 20237—2006 起重冶金和屏蔽电机安全要求

GB/T 21975—2008 起重及冶金用三相异步电动机可靠性试验方法

GB/T 22714—2008 交流低压电机成型绕组匝间绝缘试验规范

GB/T 22719.1—2008 交流低压电机散嵌绕组匝间绝缘 第 1 部分：试验方法

GB/T 22719.2—2008 交流低压电机散嵌绕组匝间绝缘 第 2 部分：试验限值

3 型式、基本参数与尺寸

3.1 电动机的外壳防护等级为 IP54、IP55，接线盒防护等级为 IP55(按 GB/T 4942.1—2006 的规定)。

3.2　电动机的冷却方法为IC411(按GB/T 1993—1993的规定)。

3.3　电动机的结构及安装型式为IM1001、IM1002、IM1003、IM1004(按GB/T 997—2008的规定)。

3.4　电动机的工作制分为S2、S3、S4、S5、S6、S7、S8及S9八种类型(按GB 755—2008的规定)。按S6～S9工作制订货时须与制造商协商。电动机基准工作制为S3 60%(即工作制为S3,基准负载持续率为60%,每一个工作周期为10 min)。电动机按基准工作制出厂,也可按订货合同特指的工作制及功率出厂。

3.5　电动机的额定电压为380 V。额定频率为50 Hz。定子绕组为△接法,也可按订货合同供应Y接法的电动机。

3.6　电动机在基准工作制时,应按下列额定功率制造:250 kW、280 kW、315 kW、355 kW、400 kW、450 kW、500 kW(按GB/T 4772.2—1999的规定)。

3.7　电动机在基准工作制时,各负载持续率下的额定功率、转子转动惯量、转子绕组开路电压与机座号的对应关系应符合表1的规定。

表1　额定功率、转子转动惯量及转子绕组开路电压与机座号的对应关系

机座号	同步转速 r/min											
	750						600					
	额定功率 kW				转子绕组开路电压 V	转子转动惯量 kg·m²	额定功率 kW				转子绕组开路电压 V	转子转动惯量 kg·m²
	25%	40%	60%	100%			25%	40%	60%	100%		
450L1	375	335	280	220	511	51.5	335	300	250	210	476	50
450L2	400	375	315	250	514	54.8	375	335	280	220	524	53
450L3	450	400	355	280	587	57.7	400	375	315	250	526	55
500L1	530	450	400	315	560	97.2	450	400	355	280	514	95
500L2	600	530	450	355	650	99.5	530	450	400	315	600	97
500L3	670	560	500	400	715	105	600	530	450	355	644	104

注:L后面的数字1、2、3分别代表同一机座号和转速下不同的功率。

3.8　非基准工作制时的额定功率按基准工作制时的额定功率的实际温升值确定,由制造商在产品样本中给出。但S6～S9工作制时的额定功率需采购商提供所需的工作制参数后由制造商分别确定。

3.9　转子绕组开路电压的容差为±10%。

3.10　转子转动惯量的容差为10%。

3.11　电动机的尺寸及公差(按GB/T 4772.2—1999的规定):

a)　电动机的安装尺寸及公差应符合图1及表2的规定,外形尺寸应不大于图1及表2的规定;

b)　电动机轴伸键的尺寸及公差应符合表3的规定;

c)　电动机轴伸长度一半处的径向圆跳动公差应不大于0.08 mm;

d)　电动机轴线对底脚支承平面的平行度公差应不大于1.50 mm;

e)　电动机底脚支承平面的平面度公差应不大于0.35 mm;

f)　电动机轴伸键槽的对称度公差应不大于0.075 mm。

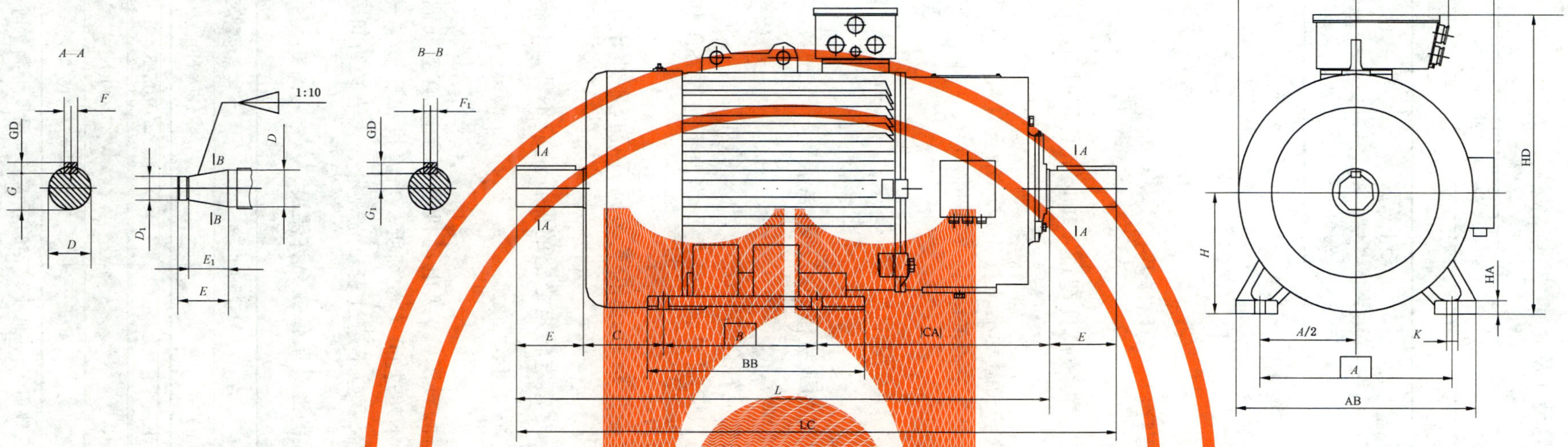

图 1　IM1001、IM1002、IM1003、IM1004 卧式安装的电动机

表 2　电动机的外形尺寸、安装尺寸及公差

单位为毫米

机座号	安装尺寸及公差																											外形尺寸								
	A	A/2	B	C[a]		CA	D[b]		D_1	E		E_1		F		F_1		G		G_1		H		K[c]			螺栓直径	AB	AC	AE	AD	BB	HA	HD	L	LC
				基本尺寸	极限偏差		基本尺寸	极限偏差		基本尺寸	极限偏差	基本尺寸	极限偏差	基本尺寸	极限偏差	基本尺寸	极限偏差	基本尺寸	极限偏差	基本尺寸	极限偏差	基本尺寸	极限偏差	基本尺寸	极限偏差	位置度										
450L	750	375	800	425	±4.0	735	130	+0.040 +0.015	M100×4	250	±0.58	220	0 −0.63	32	0 −0.062	28	0 −0.052	119	0 −0.20	50.0	0 −0.20	450	0 −1.0	35	+0.62 0	ϕ2.5Ⓜ	M30	930	1 250	700	440	1 000	50	1 190	2 210	2 460
500L	850	425	900	450		790	140							36		32	0 −0.062	128	0 −0.30	54.0		500		42		ϕ3.0Ⓜ	M36	1 060	1 300	710		1 050		1 300	2 400	2 640

[a] C 尺寸的极限偏差包括轴的窜动。

[b] 圆锥形轴伸按 GB/T 757—2010 的规定。

[c] K 孔的位置度公差以轴伸的轴线为基准。

表 3 轴伸键的尺寸及公差

单位为毫米

轴伸直径 D	键宽		键高	
	F	F_1	GD	GD_1
130	$32_{-0.062}^{0}$	$28_{-0.052}^{0}$	$18_{-0.110}^{0}$	$16_{-0.110}^{0}$
140	$36_{-0.062}^{0}$	$32_{-0.062}^{0}$	$20_{-0.130}^{0}$	$18_{-0.110}^{0}$

4 技术要求

4.1 电动机应符合本标准的要求，并应按照经规定程序批准的图样及技术文件制造。

4.2 电动机在下列条件下使用时，应能额定运行：

a) 海拔高度不超过 1 000 m。如果电动机指定在海拔高度超过 1 000 m 使用时，应按 GB 755—2008 的规定；

b) 最高环境空气温度随季节而变化，一般环境空气温度不超过 40 ℃，冶金环境空气温度不超过 60 ℃。如果电动机指定在最高环境空气温度高于或低于 40 ℃及 60 ℃的条件下使用时，应按 GB 755—2008 的规定；

c) 最低环境空气温度为－15 ℃；

d) 户内使用；

e) 按不同工作制的规定，频繁地起动、制动（电气的或机械的）及反转；

f) 经常地机械振动及冲击。

4.3 电动机运行期间电源电压和频率与额定值的偏差应符合 GB 755—2008 的规定。

4.4 电动机起动时，转子必须串入附加电阻或电抗，以限制起动电流的平均值不超过各工作制的额定电流的 2 倍。

4.5 电动机采用联轴器或正齿轮传动，若采用正齿轮传动时，其齿轮节圆直径应不小于轴伸直径的 2 倍。

4.6 电动机在额定电压下，基准工作制时，最大转矩对额定转矩之比的保证值应不低 2.8 倍。数值修约间隔为 0.1。

4.7 最大转矩倍数的容差为保证值的－10%。

4.8 电动机采用热分级为 155(F)级、180(H)级两种。155(F)级电动机适用于环境空气温度不超过 40 ℃的场所；180(H)级电动机适用于环境空气温度不超过 60 ℃的场所。当海拔和环境空气温度符合 4.2 的规定时，电动机各发热部位的温升限值或允许温度应不超过表 4 的规定。数值修约间隔为 1。

表 4 电动机各发热部位的温升限值或允许温度

电动机各发热部位	热分级	
	155(F)	180(H)
绕组温升(电阻法)	105 K	105 K
集电环温升(温度计法)	95 K	80 K
轴承允许温度[a](温度计法)	95 ℃	115 ℃
[a] 轴承允许温度是指在 4.2 所规定的环境空气温度下的数值，当在低于规定的环境空气温度下测量时，轴承温度应为实测温度加规定的环境空气温度与实际环境空气温度之差。		

电动机的集电环允许采用130(B)热分级,但其温度限值不超过120 ℃。

如果试验地点的海拔或环境空气温度与4.2的规定不同时,温升限值应按GB 755—2008的规定修正。

4.9 当三相电源平衡时,电动机三相空载电流中的任何一相与三相平均值的偏差应不大于三相平均值的10%。

4.10 电动机绕组的绝缘电阻,在热态下应不低于式(1)和式(2)所求得的数值。

$$R_1 = \frac{U_1}{1\,000 + P/100} \quad \cdots\cdots(1)$$

$$R_2 = \frac{2.5U_2}{1\,000 + P/100} \quad \cdots\cdots(2)$$

式中:

R_1——定子绕组绝缘电阻,单位为兆欧(MΩ);

U_1——定子绕组额定电压,单位为伏(V);

R_2——转子绕组绝缘电阻,单位为兆欧(MΩ);

U_2——转子绕组开路电压,单位为伏(V);

P——电动机的额定功率,单位为千瓦(kW)。

4.11 电动机的绕组应能承受历时1 min的耐压试验而不发生击穿,试验电压的频率为50 Hz,并尽可能为正弦波形的交流电压,电压的有效值:定子绕组时为1 000 V+2 U_1,转子绕组时为1 000 V+4 U_2。

4.12 电动机在热态和逐渐增加转矩的情况下,应能承受4.6所规定的最大转矩值(允许计及容差)、历时15 s的短时过转矩试验而无转速突变、停转及发生有害变形。此时,电压和频率应维持额定值。

4.13 电动机的最大转速为同步转速的2.5倍。电动机空载时应能承受1.2倍最大转速、历时2 min的超速试验。超速试验后,如无永久性的异常变形和不产生妨碍电动机正常运行的其他缺陷,并且转子绕组在超速试验后能满足4.11耐压试验要求时,则为合格。

4.14 电动机散嵌线绕组应能承受匝间绝缘耐冲击电压试验而不击穿,其冲击电压峰值按GB/T 22719.2—2008的规定。电动机定子成型绕组的匝间绝缘试验按GB/T 22714—2008的规定。

4.15 电动机的绕组在按GB/T 12665—2008所规定的40 ℃交变湿热试验方法进行6个周期试验后,绝缘电阻应不低于4.10的规定,并应能承受4.11所规定的耐电压试验而不发生击穿,但试验电压有效值为4.11所规定电压的0.85倍,试验时间为1 min。

4.16 电动机的机械振动:

a) 电动机在空载时测得的振动强度应不超过表5的规定。在测得振动速度、加速度有效值的数值时,数值修约间隔为0.1,在测得振动位移有效值的数值时,数值修约间隔为1;

b) 电动机在检查试验时,只需测量振动的速度。型式试验时,所有三种振动量值都应测量。当检查试验是在自由悬置安装条件下做的,型式试验则应包括在刚性安装情况下的试验。

表5 不同轴中心高 *H* 用位移、速度和加速度表示的振动强度限值(均方根值)

轴中心高 H mm	450~500		
安装方式	位移 μm	速度 mm/s	加速度 m/s^2
自由悬置	45	2.8	4.4
刚性安装	37	2.3	3.6

4.17 电动机在空载时测得的A计权声功率级的噪声限值应不超过102 dB(A)(按GB 10069.3—2008的规定)。噪声数值的容差为3 dB(A)。数值修约间隔为1。

4.18 派生产品:

a) 电动机可按GB/T 12351—2008的规定制成湿热带型;

b) 电动机可制成户外型。

4.19 电动机的可靠度规定为:起重用电动机当可靠寿命为2.5年时,可靠度应不低于0.95。冶金用电动机当可靠寿命为3年时,可靠度应不低于0.95(按GB/T 21975—2008的规定)。

4.20 电动机定、转子各设一个接线盒。定子接线盒在机座顶部,可180°旋转。转子接线盒可放在电动机的左侧或右侧或顶部。

4.21 当出线端标志的字母顺序与三相电源的电压相序方向相同时,从主轴伸端视之,电动机应为顺时针方向旋转(按GB 1971—2006的规定)。

4.22 电动机的接线盒内应设有接地端子,在机座上还另设一个外接地端子。并应在接地端子附近设置接地标志,此标志应保证在电动机整个使用时期内不易磨灭。

4.23 接地端子除作保护接地外,禁止兼作它用。

4.24 电动机上各紧固件应有防松措施。

4.25 电动机的安全性能应符合GB 20237—2006的规定。

5 检验规则与试验方法

5.1 每台电动机应经检验合格后才能出厂,并应附有产品合格证。

5.2 每台电动机应经过检查试验,检查试验项目包括:

a) 机械检查(按5.5、5.6的规定);

b) 绕组对机壳或轴及绕组相互间绝缘电阻的测定(检查试验时可测量冷态绝缘电阻,但应保证热态绝缘电阻不低于4.10的规定);

c) 绕组在实际冷却状态下直流电阻的测定;

d) 转子绕组开路电压的测定;

e) 绕组相间和绕组对机壳的耐电压试验。当电动机只有三根引出线时,绕组相间耐电压试验允许在半成品上进行;

f) 匝间绝缘耐冲击电压试验;

g) 空载电流和损耗的测定;

注:在型式试验时测取空载特性曲线。

h) 噪声的测定;

i) 振动的测定;

j) 旋转方向的检查。

5.3 凡遇下列情况之一者,应进行型式试验:

a) 经鉴定定型后,制造商第一次试制或小批试生产时;

b) 电动机设计或工艺上的变更足以引起某些性能和参数发生变化时;

c) 当检查试验结果与以前的型式试验结果发生不可容许的偏差时;

d) 成批生产的电动机应定期抽试,每年抽试一次。当需要抽试的数量过多时,抽试时间间隔可适当延长,但至少每两年抽试一次。

5.4 电动机的型式试验项目包括:

a) 检查试验的全部项目;

b） 效率、功率因数及转差率的测定；

c） 短时过转矩试验；

d） 超速试验；

e） 最大转矩的测定；

f） 转矩-转差率曲线的测定；

g） 热试验：电动机按基准工作制 S3 60％及工作制 S3 100％时的功率进行热试验。其他各工作制功率的热试验按 5.7 的规定；

h） 转动惯量的测定；

i） 空载特性曲线的测取；

j） 外壳防护等级试验；

k） 可靠度试验；

l） 交变湿热试验。

5.5 电动机的机械检查项目包括：

a） 转动检查：电动机转动时，应平稳轻快，无停滞现象及有害噪声；

b） 外观检查：检查电动机的装配是否正确，表面油漆应干燥完整、均匀，无污损、碰坏、裂纹等现象；

c） 安装尺寸、外形尺寸及键的尺寸检查：安装尺寸及外形尺寸应符合 3.11a）的规定，键的尺寸应符合 3.11b）的规定；

d） 圆跳动、底脚支承平面的平行度和平面度及键槽对称度的检查：圆跳动应符合 3.11c）的规定。底脚支承平面的平行度和平面度应符合 3.11d）和 e）的规定。键槽对称度应符合 3.11f）的规定。底脚支承平面的平面度和键槽对称度允许在零部件上进行检查；

e） 电刷与集电环接触情况检查：电刷与集电环应接触良好，电刷活动自如。

5.6 5.2a）～5.2f）、5.5a）和 5.5b）必须每台检查，5.2h）、5.2i）和 5.5c）～5.5e）可以进行抽查，抽查办法由制造商制定。

5.7 5.2b）～5.2e）、5.2g）和 5.4b）～5.4i）所规定的试验，其试验方法按 GB/T 1032—2012 进行，其中 5.4g）规定的其他各工作制功率的热试验按附录 A 给定的方法进行。5.2f）按 GB/T 22719.1—2008 进行，5.2h）按 GB/T 10069.1—2006 进行，5.2i）按 GB 10068—2008 进行，5.2j）按 GB 1971—2006 进行。5.5 所规定的安装尺寸及公差的检查按 GB/T 4772.2—1999 和 GB/T 1958—2004 进行。4.19 可靠性试验方法按 GB/T 21975—2008 进行。

5.8 电动机外壳防护等级的试验、40 ℃交变湿热试验及热试验中的 S3 25％、S3 40％及 S4、S5 工作制的每小时起动次数为 150 次及 300 次时的热试验，可在产品结构定型或当结构和工艺有较大改变时进行。外壳防护等级的试验方法按照 GB/T 4942.1—2006 进行；40 ℃交变湿热试验方法按照 GB/T 12665—2008 进行；4.19 电动机的可靠度试验在电动机鉴定定型后，制造商第一次生产时或按规定有此项要求时进行。

6 标志、包装及保用期

6.1 铭牌材料及铭牌上数据的刻划方法，应保证其字迹在电动机整个使用时期内不易磨灭（按 GB/T 13306—2011 的规定）。

6.2 从驱动端看，铭牌应固定在电动机机座的右上半部，应标明的项目如下：

a） 制造商名称；

b） 电动机名称（起重及冶金用绕线转子三相异步电动机）；

c) 电动机型号；
d) 额定功率，单位为 kW；
e) 额定频率，单位为 Hz；
f) 额定电流，单位为 A；
g) 额定电压，单位为 V；
h) 额定转速，单位为 r/min；
i) 转子绕组开路电压，单位为 V；
j) 转子电流，单位为 A；
k) 热分级；
l) 工作制；
m) 接线方法；
n) 噪声数值，单位为 dB(A)；
o) 环境空气温度，单位为℃；
p) 外壳防护等级；
q) 转子转动惯量，单位为 kg · m^2；
r) 质量，单位为 kg；
s) 标准编号；
t) 出品编号；
u) 出品年、月。

6.3 电动机接线盒的出线端子及在接线板的接线位置上均应有相应的标志，并应保证其字迹在电动机整个使用时期内不易磨灭。其标志按表 6 的规定。

表 6 出线端标志

绕组名称	定子绕组	转子绕组
出线端标志	U1 V1 W1 U2 V2 W2	K L M

6.4 电动机轴伸平键须绑扎在轴上，并用轴伸保护套或无纬绳将轴伸和键包牢。轴伸及平键表面应有防锈保护措施。

6.5 电动机的轴伸平键、使用说明书(同一采购商、同一型号的一批电动机至少供应一份，使用说明书应标明制造商地址)及产品合格证应随同每台电动机供给采购商。每台电动机随机供给备用电刷数量，可根据订货要求提供。

6.6 电动机的包装应能保证在正常的储运条件下，自发货之日起的一年时间内不致因包装不善而导致受潮与损坏。

6.7 包装箱外壁的文字和标志应清楚整齐，内容如下：
a) 发货站及制造商名称；
b) 收货站及收货单位名称；
c) 电动机的型号和出品编号；
d) 电动机的净重及连同箱子的毛重；
e) 箱子尺寸；
f) 在箱外的适当位置标有“向上”、“怕雨”、“重心”等字样及符号。其图形应符合 GB/T 191—2008 的规定。

6.8　在采购商按照使用说明书的规定，正确使用与存放电动机的情况下，制造商应保证电动机在开始使用一年内，但自制造商起运的日期不超过两年的时间内能良好地运行。如在此规定的时间内电动机因制造质量不良而发生损坏或不能正常工作时，制造商应无偿为采购商修理或更换零件或电动机。

附　录　A
（规范性附录）
YZR 系列起重及冶金用绕线转子三相异步电动机热试验方法

A.1　S2、S3 工作制电动机热试验按 GB/T 1032—2012 进行。

A.2　S4、S5、S7 工作制电动机热试验按给定的每小时等效起动次数进行，试验时额定惯量率 FI 等于 2。试验线路如图 A.1。

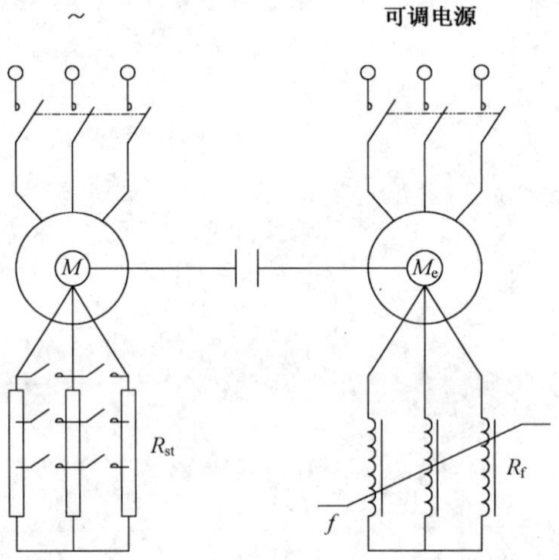

说明：

M——被试电动机；

M_e——负载电动机，应为绕线转子电动机，转子串入频敏电阻或电抗使其运行于反接制动状态（$S=1\sim2$），以获得恒定转矩特性；

R_f——频敏电阻或电抗；

R_{st}——起动电阻，宜采用铬铁铝电阻，R_{st} 的全值应使起动电流的平均值限定在各相应工作制时的额定电流的 2 倍内。

图 A.1　试验线路图

试验时，起动电阻应不小于 3 级，各级电阻的短接时间应保证起动电流的峰值不变，起动时间应不大于电动机的接电时间的 30%。

负载电动机转子外串频敏电阻，使转子功率因数 $\cos\phi_2$ 小于 0.5 或串入电抗使转子功率因数 $\cos\phi_2$ 等于 0.5～0.65。

根据电动机给定的每小时等效起动次数（Z）和被试电动机与负载电动机的转动惯量 J 求得电动机每个工作周期时间 T 及接电时间 t，按式（A.1）、式（A.2）：

$$T=3\,600/Z \qquad \text{(A.1)}$$

$$t=T\cdot \mathrm{FC} \qquad \text{(A.2)}$$

式中：

Z ——每小时等效起动次数；

T ——每个工作周期时间，单位为秒（s）；

t ——接电时间，单位为秒（s）；

FC——给定的负载持续率。

根据 T 及 t 调整时间继电器，并按给定的额定功率进行热试验。

每小时等效起动次数按等值发热原理折算如下：

a) 点动终了时，电动机的转速不超过额定转速的 25%，四次点动相当于一次起动；

b) 电制动（制动到额定转速的 1/3）一次相当于 0.8 次起动。试验时传动系统的惯量率按式（A.3）计算。

$$FI=(J_{m}+J_{ext})/J_{m} \qquad \text{(A.3)}$$

式中：

FI ——传动系统的惯量率；

J_{m} ——电动机的转子转动惯量，单位为千克平方米（$kg \cdot m^2$）；

J_{ext} ——外加负荷系统的转子转动惯量（折算到电动机轴上），单位为千克平方米（$kg \cdot m^2$）。

若试验在非额定的 FI 值下进行，则可根据负载电动机转子转动惯量的大小改变每小时等效起动次数，以保证惯量率与每小时等效起动次数之乘积为常数，选择试验设备时，一般应满足 FI 等于 2～8 的要求。

A.3 S6 工作制电动机热试验时，如无其他规定，每个周期的时间为 10 min。

A.4 S8、S9 工作制电动机热试验按采购商给定的负载和转速进行试验。

ICS 29.160.30
K 26

中华人民共和国国家标准

GB/T 30144—2013

YZP-H 系列船用起重用变频调速三相异步电动机技术条件

Specification for YZP-H series variable-frequency adjustable-speed three-phase induction motors for crane in ships

2013-12-17 发布　　2014-05-10 实施

中华人民共和国国家质量监督检验检疫总局
中国国家标准化管理委员会　发布

前　言

本标准按照 GB/T 1.1—2009 给出的规则起草。

请注意本文件的某些内容可能涉及专利。本文件的发布机构不承担识别这些专利的责任。

本标准由中国电器工业协会提出。

本标准由全国旋转电机标准化技术委员会(SAC/TC 26)归口。

本标准主要起草单位:佳木斯防爆电机研究所、中国长江航运集团电机厂、大连天元电机股份有限公司、无锡市宏泰起重电机股份有限公司。

本标准参加起草单位:江西特种电机股份有限公司。

本标准主要起草人:尚志奎、于淑华、唐庆华、王建国、薛荣辉、樊荣辉。

YZP-H 系列船用起重用变频调速三相异步电动机技术条件

1 范围

本标准规定了 YZP-H 系列船用起重用变频调速三相异步电动机的型式、基本参数与尺寸，技术要求，检验规则，试验方法以及标志、包装及保用期的要求。

本标准适用于 YZP-H 系列船用起重用变频调速三相异步电动机(以下简称电动机)。

2 规范性引用文件

下列文件对于本文件的应用是必不可少的。凡是注日期的引用文件，仅注日期的版本适用于本文件。凡是不注日期的引用文件，其最新版本(包括所有的修改单)适用于本文件。

GB/T 191—2008 包装储运图示标志

GB 755—2008 旋转电机 定额和性能

GB/T 997—2008 旋转电机结构型式、安装型式及接线盒位置的分类(IM 代码)

GB/T 1958—2004 产品几何量技术规范(GPS) 形状和位置公差 检测规定

GB 1971—2006 旋转电机 线端标志与旋转方向

GB/T 1993—1993 旋转电机冷却方法

GB/T 2423.16—2008 电工电子产品环境试验 第 2 部分：试验方法 试验 J 及导则：长霉

GB/T 2423.17—2008 电工电子产品环境试验 第 2 部分：试验方法 试验 Ka：盐雾

GB/T 3667.1—2005 交流电动机电容器 第 1 部分：总则——性能、试验和定额——安全要求——安装和运行导则

GB/T 4772.1—1999 旋转电机尺寸和功率等级 第 1 部分：机座号 56～400 和凸缘号 55～1080

GB/T 4942.1—2006 旋转电机整体结构的防护等级(IP 代码) 分级

GB/T 7060—2008 船用旋转电机基本技术要求

GB 10068—2008 轴中心高为 56 mm 及以上电机的机械振动 振动的测量、评定及限值

GB/T 10069.1—2006 旋转电机噪声测定方法及限值 第 1 部分：旋转电机噪声测定方法

GB 10069.3—2008 旋转电机噪声测定方法及限值 第 3 部分：噪声限值

GB/T 12665—2008 电机在一般环境条件下使用的湿热试验要求

GB/T 13306—2011 标牌

GB 14048.1—2006 低压开关设备和控制设备 第 1 部分：总则

GB 20237—2006 起重冶金和屏蔽电机 安全要求

GB/T 21975—2008 起重及冶金用三相异步电动机可靠性试验方法

GB/T 22670—2008 变频器供电三相笼型感应电动机试验方法

GB/T 22719.1—2008 交流低压电机散嵌绕组匝间绝缘 第 1 部分：试验方法

GB/T 22719.2—2008 交流低压电机散嵌绕组匝间绝缘 第 2 部分：试验限值

CB/T 3667.1—1995 船舶电缆敷设和电气设备安装附件 电缆贯通装置

JB/T 4159—1999 热带电工产品通用技术要求

GD 01—2006 电气电子产品型式认可试验指南

3 型式、基本参数与尺寸

3.1 电动机的外壳防护等级为 IP56,也可根据采购商要求制成 IP54、IP55(按 GB/T 4942.1—2006 的规定)。

3.2 电动机冷却方法为 IC416(按 GB/T 1993—1993 的规定)。

3.3 电动机的结构及安装型式为 IM1001、IM3001、IM3011(按 GB/T 997—2008 的规定),并按表 1 的规定制造。

表 1 电动机的结构及安装型式

结构及安装型式	代号	制造范围(机座号)
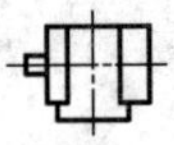	IM1001	112～355
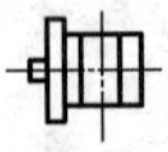	IM3001	112～280
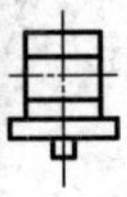	IM3011	112～315

3.4 电动机的工作制分别为 S1、S2、S3、S4、S5、S6、S7 及 S9 八种类型(按 GB 755—2008 的规定),按 S6、S7、S9 订货时须与制造商协商,电动机的定额是以 S3 40% 为基准的周期工作定额(按 GB 755—2008 的规定)。电动机按基准工作制制造,也可按合同规定的工作制及功率制造。

3.5 电动机的额定电压为 380 V,额定频率为 50 Hz。额定电压和额定频率是指电动机输出恒转矩和恒功率特性间的转折点相对应的电动机工作电压及频率。

3.6 电动机的定子绕组接线方法为△接法或 Y 接法。

3.7 电动机的极数为 4 极、6 极、8 极、10 极。

3.8 转子转动惯量的容差为 10%。

3.9 电动机的机座号与标称功率、额定转矩、恒转矩变频范围、恒功率变频范围及转子转动惯量的对应关系按表 2 的规定。

3.10 电动机的尺寸及公差(按 GB/T 4772.1—1999 的规定):

a) 电动机的安装尺寸及其公差应符合图 1～图 3、表 3～表 5 的规定,外形尺寸不大于图 1～图 3、表 3～表 5 的规定;

表 2　机座号与标称功率、额定转矩、恒转矩变频范围、恒功率变频范围及转子转动惯量的对应关系

机座号	同步转速/(r/min)												恒转矩变频范围 Hz	恒功率变频范围 Hz
	1 500			1 000			750			600				
	标称功率 kW	额定转矩 N·m	转子转动惯量 kg·m²	标称功率 kW	额定转矩 N·m	转子转动惯量 kg·m²	标称功率 kW	额定转矩 N·m	转子转动惯量 kg·m²	标称功率 kW	额定转矩 N·m	转子转动惯量 kg·m²		
112M1	3.0	19.1	0.025	1.5	14.0	0.023	—	—	—	—	—	—	2.5～50	50～100(对于355机座号4极时电动机恒功率变频范围为50～75)
112M2	4.0	25.5	0.026	2.2	21.0	0.026								
132M1	5.5	35.0	0.042	3.0	28.6	0.045	2.2	28.0	0.045	—	—	—		
132M2	6.3	40.0	0.044	4.0	38.0	0.051	3.0	38.2	0.051					
160M1	7.5	47.8	0.11	5.5	52.5	0.120	4.0	51.0	0.120	—	—	—		
160M2	11	70.0	0.13	7.5	71.5	0.149	5.5	70.0	0.149					
160L	15	95.5	0.15	11	105	0.190	7.5	95.5	0.190					
180L	22	140.0	0.25	15	143	0.370	11	140	0.370	—	—	—		
200L	30	191.0	0.41	22	210	0.630	15	190	0.630	—	—	—		
225M	37	235.5	0.51	30	286	0.780	22	280	0.770	—	—	—		
250M1	45	286.5	0.89	37	353	1.41	30	380	1.39	—	—	—		
250M2	55	350.0	1.03	45	429	1.63	37	471	1.61					
280S1	63	401.1	1.85	55	525	2.20	45	573	2.30	37	588	3.20		
280S2	75	477.5	2.00	63	600	2.40	—	—	—	—	—	—		
280M	90	573	2.20	75	715	2.80	55	700	2.80	45	716	3.70		
315S1	110	700	4.20	90	859	5.40	63	802	5.40	55	875	6.80		
315S2	—	—	—	—	—	—	75	955	5.80	63	1 002	7.30		
315M	132	840	4.90	110	1 050	6.40	90	1 146	6.40	75	1 193	8.10		
355M	160	1 019	6.40	132	1 260	14.1	110	1 400	14.1	90	1 432	14.2		
355L1	200	1 274	12.0	160	1 528	15.8	132	1 680	15.8	110	1 750	16.4		
355L2	250	1 592	13.0	200	1 910	17.3	160	2 037	17.3	132	2 100	18.0		

注：M、L、S后面的数字1、2分别代表同一机座号和转速下不同的功率。

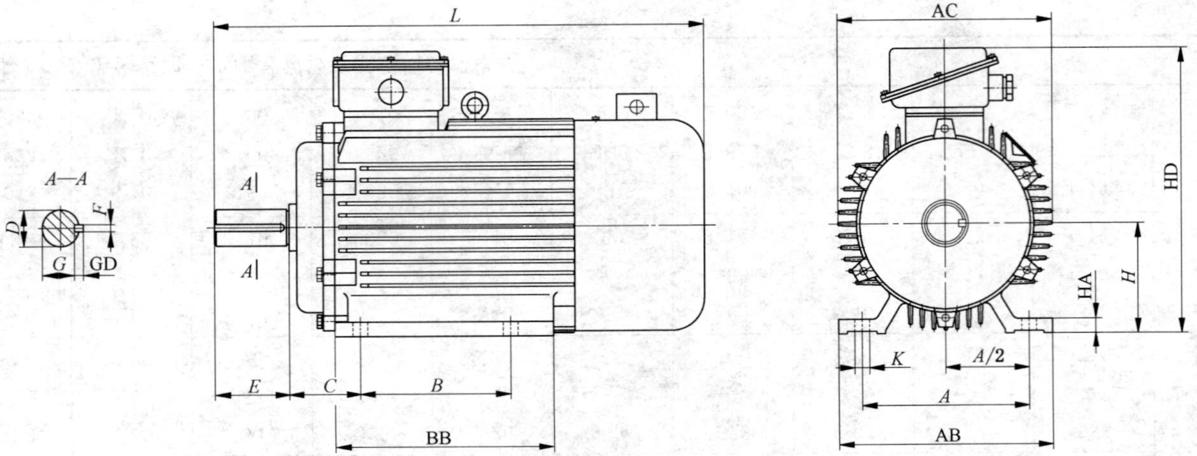

图 1　IM1001 机座带底脚、端盖上无凸缘，卧式安装的电动机

表 3　电动机的外形尺寸、安装尺寸及公差

单位为毫米

机座号	安装尺寸及公差																		外形尺寸						
	A	A/2	B	C[a]		D		E		F		G		H		K[b]			螺栓直径	AB	AC	BB	HA	HD	L
				基本尺寸	极限偏差	基本尺寸	极限偏差	基本尺寸	极限偏差	基本尺寸	极限偏差	基本尺寸	极限偏差	基本尺寸	极限偏差	基本尺寸	极限偏差	位置度							
112M	190	95	140	70	±2.0	28	+0.009 −0.004	60	±0.37	8	0 −0.036	24	0 −0.20	112	0 −0.5	12	+0.43 0	ϕ1.0Ⓜ	M10	250	245	225	20	330	550
132M	216	108	178	89		38		80		10		33		132						275	285	280	22	365	620
160M	254	127	210	108	±3.0	42	+0.018 +0.002	110	±0.43	12	0 −0.043	37		160		15		ϕ1.5Ⓜ	M12	320	320	290	25	425	740
160L			254																			330			790
180L	279	139.5	279	121		48				14		42.5		180						360	360	380		470	850
200L	318	159	305	133	±4.0	55	+0.030 +0.011	140	±0.5	16		49		200		19	+0.52 0		M16	406	406	390		520	890
225M	356	178	311	149		60				18		53		225						455	425	410	28	560	970
250M	406	203	349	168		65						58		250		24		ϕ2.0Ⓜ	M20	515	470	500	30	620	1 050
280S	457	228.5	368	190		75				20	0 −0.052	67.5		280	0 −1.0					575	530	530	32	680	1 100
280M			419																			580			1 180
315S	508	254	406	216		80		170		22		71		315		28			M24	640	620	660	35	870	1 310
315M			457																						1 310
355M	610	305	560	254		95	+0.035 +0.013			25		86		355						740	695	840	38	990	1 600
355L			630																						

[a] C 尺寸的极限偏差包括轴的窜动量。
[b] K 孔的位置度公差以轴伸的轴线为基准。

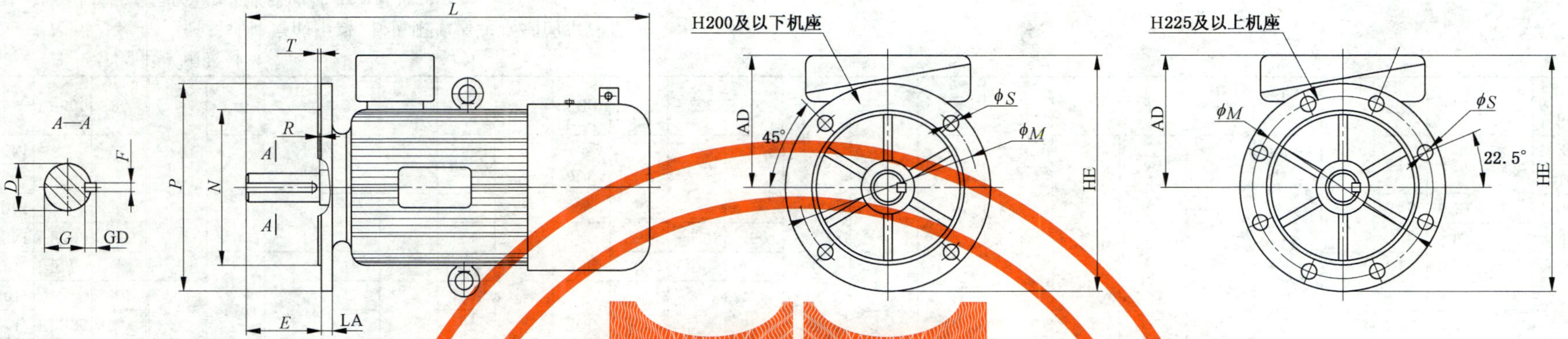

图 2 IM3001 机座无底脚、端盖有凸缘、卧式安装的电动机

表 4 电动机的外形尺寸、安装尺寸及公差

单位为毫米

机座号	凸缘号	D 基本尺寸	D 极限偏差	E 基本尺寸	E 极限偏差	F 基本尺寸	F 极限偏差	G 基本尺寸	G 极限偏差	M	N 基本尺寸	N 极限偏差	P[a]	R[b] 基本尺寸	R[b] 极限偏差	S[c] 基本尺寸	S[c] 极限偏差	S[c] 位置度	螺栓直径	T 基本尺寸	T 极限偏差	孔数	AD	HE	LA	L
112M	FF215	28	+0.094 −0.004	60	±0.37	8	0 −0.036	24	0 −0.20	215	180	+0.014 −0.011	250	0	±2.0	15	+0.043 0	ϕ1.5Ⓜ	M12	4	0 −0.12	4	203	265	14	580
132M	FF265	38	+0.018 +0.002	80		10		33		265	230		300										233	383		650
160M	FF300	42		110	±0.48	12		37		300	250	+0.016 −0.013	350		±3.0	19	+0.052 0		M16	5			265	440	18	800
160L																										820
180L		48				14	0 −0.043	42.5															285	453		880
200L	FF350	55				16		49		350	300	±0.016	400										317	505		920
225M	FF400	60	+0.030 +0.01	140	±0.50	18		53		400	350	±0.018	450									8	335	545		1 000
250M		65						58							±4.0								345	620	22	1 080
280S	FF500	75				20	0 −0.052	67.5		500	450	±0.020	550										410	665		1 100
280M																										1 150

[a] P 尺寸为上极限尺寸。

[b] R 为凸缘配合面至轴伸肩的距离，其极限偏差包括轴的窜动量。

[c] S 孔的位置度公差以轴伸的轴线为基准。

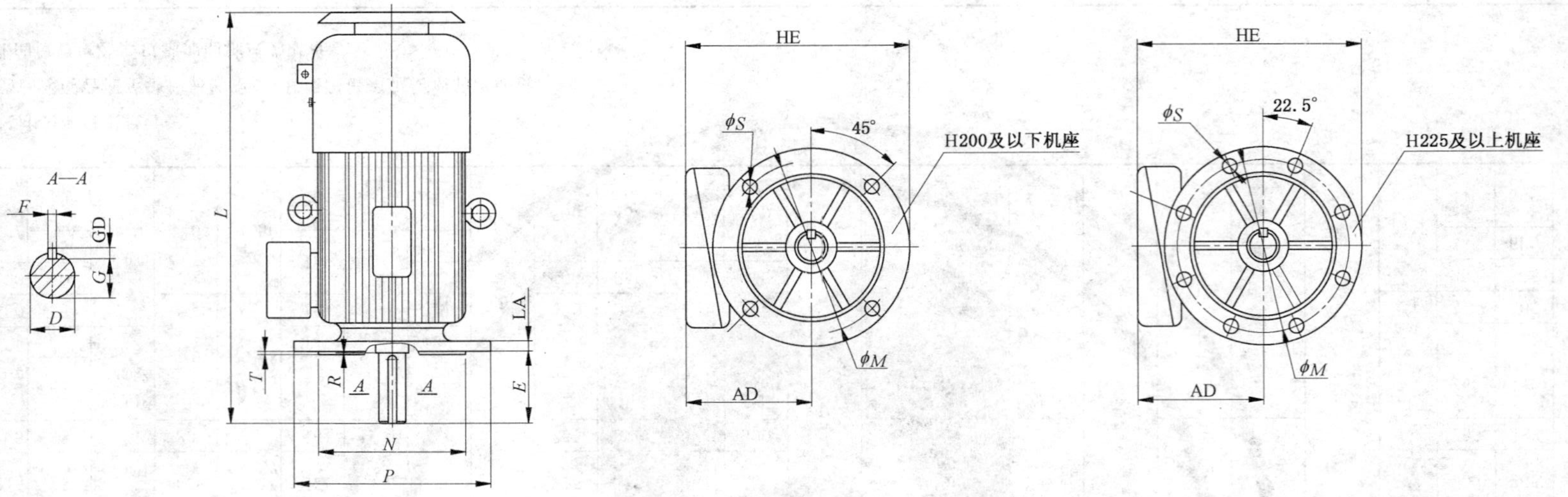

图 3　IM3011 机座无底脚、端盖有凸缘，立式安装的电动机

表 5　电动机的安装尺寸及其公差

单位为毫米

机座号	凸缘号	安装尺寸及公差 D 基本尺寸	D 极限偏差	E 基本尺寸	E 极限偏差	F 基本尺寸	F 极限偏差	G 基本尺寸	G 极限偏差	M	N 基本尺寸	N 极限偏差	P^{a}	R^{b} 基本尺寸	R^{b} 极限偏差	S^{c} 基本尺寸	S^{c} 极限偏差	位置度	螺栓直径	T 基本尺寸	T 极限偏差	孔数	外形尺寸 AD	HE	LA	L
112M	FF215	28		60	±0.37	8	0 −0.036	24		215	180	+0.014 −0.011	250		±2.0	15	+0.043 0		M12	4			203	265	14	580
132M	FF265	38	+0.018 +0.002	80		10		33		265	230		300										233	383		650
160M		42				12		37		300	250	+0.016 −0.013	350									4	265	440		800
160L	FF300																									820
180L		48		110	±0.48	14	0 −0.043	42.5	0 −0.20						±3.0			ϕ1.5Ⓜ			0 −0.12		285	453	18	880
200L	FF350	55				16		49		350	300	±0.016	400	0		19			M16	5			317	505		920
225M	FF400	60				18		53		400	350	±0.018	450				+0.052 0						335	545		1 000
250M		65	+0.030 +0.011	140				58															345	620		1 080
280S	FF500	75			±0.50	20		67.5		500	450	±0.02	550		±4.0							8	410	665		1 130
280M							0 −0.052																		22	1 210
315S	FF600	80		170		22		71		600	550	±0.022	600			24		ϕ2.0Ⓜ	M20	6	0 −0.15		576	900		1 340
315M																										1 360

[a] P 尺寸为上极限尺寸。

[b] R 为凸缘配合面至轴伸肩的距离，其极限偏差包括轴的窜动量。

[c] S 孔的位置度公差以轴伸的轴线为基准。

b） 电动机轴伸键的尺寸及公差应符合表 6 的规定；

表 6 轴伸键的尺寸及公差

单位为毫米

<table>
<tr><th>轴伸直径 D</th><th>键宽 F</th><th>键高 GD</th></tr>
<tr><td>28</td><td>$8_{-0.036}^{0}$</td><td>$7_{-0.090}^{0}$</td></tr>
<tr><td>38</td><td>$10_{-0.036}^{0}$</td><td rowspan="2">$8_{-0.090}^{0}$</td></tr>
<tr><td>42</td><td>$12_{-0.043}^{0}$</td></tr>
<tr><td>48</td><td>$14_{-0.043}^{0}$</td><td>$9_{-0.090}^{0}$</td></tr>
<tr><td>55</td><td>$16_{-0.043}^{0}$</td><td>$10_{-0.090}^{0}$</td></tr>
<tr><td>60</td><td rowspan="2">$18_{-0.043}^{0}$</td><td rowspan="2">$11_{-0.110}^{0}$</td></tr>
<tr><td>65</td></tr>
<tr><td>75</td><td>$20_{-0.052}^{0}$</td><td>$12_{-0.110}^{0}$</td></tr>
<tr><td>80</td><td>$22_{-0.052}^{0}$</td><td rowspan="2">$14_{-0.110}^{0}$</td></tr>
<tr><td>95</td><td>$25_{-0.052}^{0}$</td></tr>
</table>

c） 电动机轴伸长度一半处的径向圆跳动公差应符合表 7 的规定；

表 7 径向圆跳动公差

单位为毫米

轴伸直径 *D*	径向圆跳动公差
＞18～30	0.040
＞30～50	0.050
＞50～80	0.060
＞80～120	0.070

d） 凸缘止口对电动机轴线的径向圆跳动公差及凸缘配合面对电动机轴线的端面圆跳动公差应不大于表 8 的规定；

表 8 径向圆跳动和端面圆跳动公差

单位为毫米

凸缘代号	径向及端面圆跳动公差
FF215～FF265	0.100
FF300～FF500	0.125
FF600	0.160

e） 电动机轴线对底脚支承平面的平行度公差应不大于表 9 规定；

表 9　平行度公差

单位为毫米

轴中心高　H	平行度公差
112～250	0.50
280～355	1.00

f)　电动机底脚支承平面的平面度公差应不大于表 10 规定；

表 10　平面度公差

单位为毫米

底脚外边缘距离的最大尺寸(AB 或 BB)	平面度公差
250	0.15
>250～400	0.20
>400～630	0.25
>630	0.30

g)　电动机轴伸键槽的对称度公差应不大于表 11 的规定。

表 11　对称度公差

单位为毫米

键槽宽　F	对称度公差
8	0.03
10	
12	0.04
14	
16	
18	
20	0.05
22	
25	

4　技术要求

4.1　总则

电动机应符合本标准的要求，并按经规定程序批准的图样及技术文件制造。

4.2　环境适应性

电动机在下列环境条件下应能额定运行：

a)　海拔高度为 0 m；

b)　环境空气温度最低为－25 ℃，最高为＋45 ℃；

c)　空气相对湿度为 95％，并可能有凝露；

d) 有盐雾、霉菌、油雾及海水的影响；
e) 有船舶正常运行中产生的冲击和振动的影响；
f) 倾斜与摇摆：
纵倾：5°(应急电机 10°)；
纵摇：7.5°(应急电机 10°)；
横倾：15°(应急电机 22.5°)；
横摇：22.5°；
可能同时发生横向和纵向倾斜。
g) 按不同工作制的规定频繁地起动、制动(电气的或机械的)及反转；
h) 经常的机械振动及冲击。

4.3 材料要求

4.3.1 电动机导电部分的紧固件应用黄铜制成，所有紧固件应有防锈蚀的电镀层，经盐雾试验后应不低于 GB/T 2423.17 的 2 级要求。

4.3.2 电动机的铜线、硅钢片、绝缘材料、转子导条及轴材料应具有材质报告。

4.3.3 电动机所采用的外壳材料应选用钢质材料或抗拉强度>196 MPa、抗弯强度>392 MPa 的铸铁材料。

4.3.4 电动机所采用的转轴材料的化学成分应符合表 12 的规定。

表 12 转轴材料的化学成分

钢种	化学元素成分/%								
	碳≤	硅≤	锰	硫≤	磷≤	残存元素			
						铜≤	铬≤	钼≤	镍≤
碳钢、碳锰钢	0.60	0.45	0.30~1.50	0.04	0.04	0.30	0.30	0.15	0.40
合金钢	0.45	0.45	—	0.035	0.035	—	—	—	—

4.3.5 电动机的转轴机械性能应满足下列要求：
a) 对于采用碳钢、碳锰钢材料时，抗拉强度≥441 MPa，屈服点≥211 MPa，试样的纵向伸长率(δ_s)≥21%；
b) 对于采用合金钢材料时，抗拉强度≥650 MPa，屈服点≥450 MPa，试样的纵向伸长率(δ_s)≥17%。

4.4 结构要求

4.4.1 电动机定子接线盒位于机座顶部，可沿电动机两侧方向出线。出厂时，定子接线口应用密封盖密封。

4.4.2 接线盒应装有金属填料函，填料函应符合 CB/T 3667.1—2005 的规定。

4.4.3 接线盒内应设有端子接线图(接线图也可设于铭牌上或铭牌附近)。

4.4.4 接线盒内应设有专用的接地螺钉，额定功率超过 100 kW 的电动机，在其机座底脚撑板上或者凸缘端盖上靠近接线盒部位应设有外接地螺钉，并有耐久、清晰、明显的接地标志，其标志应保证在电动机整个使用时期内不易磨灭。接地螺钉的要求应符合 GB 20237—2006 的规定。

4.4.5 电动机接线盒内电气间隙应不小于 8 mm，爬电距离应不小于 12 mm。

4.4.6 若采购商需要，电动机内部可设置加热器，加热器的容量应能使机壳内部温度至少高于机壳外部温度 5 ℃,并考虑加热温度不超过附近绝缘的允许温度。

4.4.7 采用非封闭轴承的电动机,轴承室应设置加油孔(杯)、放油槽,并应采取防止油脂渗入内部绕组的措施。对水平安装的电动机,在机座底部应设有冷凝水泄放孔,泄放孔用铜质螺栓密封。

4.4.8 电动机的所有紧固件应有效地锁紧,不应受船舶正常运行中产生的冲击、振动而发生松动现象。

4.4.9 电动机采用联轴器或正齿轮传动。若采用正齿轮传动时,其齿轮节圆直径应不小于轴伸直径的2倍。

4.5 性能要求

4.5.1 电动机运行期间电压变化为额定电压的－10%～＋6%时,电动机应能可靠工作。

4.5.2 电动机在规定频率范围内应能保证恒转矩或恒功率运行。

4.5.3 当三相电源平衡时,电动机的三相空载电流中任何一相与三相平均值的偏差应不大于三相平均值的10%。

4.5.4 电动机在额定电压下,基准工作制时,最大转矩对额定转矩之比的保证值应不低于表13的规定,最大转矩倍数容差为保证值的－10%。数值修约间隔为0.1。

表 13 最大转矩对额定转矩之比的保证值

标称功率/kW	最大转矩/额定转矩
≤5.5	2.3
＞5.5～11	2.5
＞11	2.8

4.5.5 在额定电压和额定频率下,电动机堵转转矩对额定转矩之比的最小值为1.8倍,容差为－15%。

4.5.6 在额定电压和额定频率下,电动机堵转电流对额定电流之比的保证值允许9倍,容差为20%。

4.5.7 电动机在热态和逐渐增加转矩的情况下,应能承受4.5.4所规定最大转矩值(允许计及容差)、历时15 s的短时过转矩试验而无转速突变、停转及发生有害变形。此时,电压和频率应维持在额定值。

4.5.8 电动机的定子绕组对机壳和绕组相互间应能承受历时1 min的耐电压试验而不发生击穿或闪络,试验电压的频率为50 Hz,并尽可能为正弦波形,电压的有效值为2 380 V。

4.5.9 电动机定子绕组应能承受匝间冲击电压试验而不发生击穿,其试验电压峰值为3 670 V,容差为±3%,波前时间为0.2 μs。

4.5.10 电动机应能承受1.5倍额定电流历时不少于2 min的偶然过电流试验而不损坏。

4.5.11 空载运行时,4极电动机在380 V、120 Hz(355机座号4极为90 Hz),6极、8极、10极电动机在380 V、150 Hz电源供应状态下,应能承受2 min的超速试验。试验后,应无永久性的异常变形和不产生妨碍电动机正常运行的其他缺陷。

4.5.12 电动机的绕组绝缘电阻在热状态时或热试验后,应不低于2 MΩ。在实际冷却状态时,应不低于30 MΩ。

4.5.13 电动机的散嵌绕组应能承受匝间绝缘耐冲击电压试验而不击穿,其试验冲击电压峰值及采用波前时间应满足GB/T 22719.2—2008的规定。

4.5.14 电动机在空载运行状态下,在整个变频范围内,其转速应平稳无停滞。

4.5.15 电动机应具有耐潮性能,经55 ℃、6周期的交变湿热试验后应满足下列要求:

a) 电动机绕组对机壳和绕组间的绝缘电阻应不低于1.32 MΩ;

b) 电动机的绕组应能承受历时1 min工频耐电压试验而不发生击穿,试验电压的有效值为1 500 V;

c) 电动机的金属电镀件和化学处理件的外观应不低于JB/T 4159—1999中的3级要求;

d) 电动机表面油漆外观和附着力应不低于 JB/T 4159—1999 中的 3 级要求；

e) 电动机的塑料零部件的外观应不低于 JB/T 4159—1999 中的 3 级要求。

4.5.16 电动机绕组和绝缘材料应具有防霉能力，经 28 d 试验后应不低于 GB/T 2423.16—2008 中的二级要求。

4.5.17 电动机的金属电镀件经盐雾试验后应符合 JB/T 4159—1999 中表 3 的规定。

4.5.18 电动机按 4.2 规定的条件下，进行倾斜和摇摆试验后，轴承允许温度不超过表 14 的规定，且润滑脂应无泄漏。

4.6 热分级

4.6.1 电动机采用热分级为 155(F)级、180(H)级两种。当海拔高度和环境空气温度符合 4.2 的规定时，电动机各发热部位的温升限值或允许温度应不超过表 14 的规定。数值修约间隔为 1。如果试验地点的海拔高度或环境空气温度与 4.2 的规定不同时，温升限值应按 GB 755—2008 的规定修正。

表 14 电动机各发热部位的温升限值或允许温度

电动机各发热部位	热分级	
	155(F)	180(H)
绕组温升(电阻法)	100 K	100 K
轴承允许温度[a](温度计法)	90 ℃	110 ℃
[a] 轴承允许温度是指在 4.2 所规定的环境空气温度下的数值，当在低于规定的环境空气温度下测量时，轴承温度应为实测温度加规定的环境空气温度与实际环境空气温度之差。		

4.6.2 当电动机的运行环境空气温度高于 45 ℃时，则其温升限值应减去实际环境空气温度与 45 ℃的差值；如电动机的运行环境空气温度低于 45 ℃，则其温升限值可增加实际环境空气温度与 45 ℃的差值，但此增加值应不大于 15 K。

4.7 电动机的机械振动

4.7.1 电动机在采用变频器供电条件下，空载时按 GB 10068—2008 测得的振动强度有效值不超过表 15 的规定。在测得振动速度、加速度有效值的数值时，数值修约间隔为 0.1，在测得振动位移有效值的数值时，数值修约间隔为 1。

表 15 不同轴中心高 H 用位移、速度和加速度表示的振动强度限值(均方根值)

轴中心高 H mm	≤132			>132～280			>280		
安装方式	位移 μm	速度 mm/s	加速度 m/s^2	位移 μm	速度 mm/s	加速度 m/s^2	位移 μm	速度 mm/s	加速度 m/s^2
自由悬置	25	1.6	2.5	35	2.2	3.5	45	2.8	4.4
刚性安装	21	1.3	2.0	29	1.8	2.8	37	2.3	3.6

4.7.2 电动机在检查试验时，只需测量振动的速度。型式试验时，所有三种振动量值都应测量。当检查试验是在自由悬置安装条件下做的，型式试验则应包括在刚性安装情况下的试验。

4.8 噪声

电动机在采用变频器供电条件下，空载时测得的A计权声功率级的噪声数值应不超过表16规定的限值(按GB 10069.3—2008的规定)。噪声数值的容差为3 dB(A)。数值修约相隔为1。

表16 空载时A计权声功率级的噪声限值

机座号	同步转速 r/min		
	1 500	1 000	750及600
	声功率级 dB(A)		
112	86	78	—
132	90	82	78
160	92	85	82
180	94	88	82
200	98	88	86
225	98	91	86
250	100	94	90
280	103	98	93
315	106	98	96
355	108	102	99

4.9 旋转方向

在出线端标志的字母顺序与三相电源的电压相序方向相同时，从主轴伸端视之，电动机应为顺时针方向旋转(按GB 1971—2006的规定)。

4.10 可靠度

电动机的可靠度规定为：当可靠寿命为2.5年时，可靠度应不低于0.95(按GB/T 21975—2008的规定)。

4.11 安全要求

电动机的安全性能应符合GB/T 20237—2006的规定。

5 检验规则

5.1 每台电动机须经检验合格后方能出厂，并附有产品合格证。

5.2 每台电动机应通过检查试验，检查试验项目按表17规定的项目进行。

表 17 检查试验项目

项目	试验项目	检查分类	
		出厂试验	型式试验
1	机械性能及外观质量检查	√	√
2	安装尺寸及外形尺寸检查	√	√
3	电气间隙和爬电距离测定	—	√
4	接地、标志及接线盒检查	√	√
5	匝间绝缘冲击耐电压试验	√	√
6	热试验	—	√
7	绕组在实际冷态下直流电阻的测定	√	√
8	绕组对机壳间及绕组相互间绝缘电阻测量	√	√
9	耐电压试验	√	√
10	空载电流及空载损耗的测定	√	√
11	效率、功率因数及转差率的测定	—	√
12	转矩-转差率曲线的测定	—	√
13	空载不平衡电流测定	√	√
14	空载特性曲线的测定	—	√
15	最大转矩的测定	—	√
16	短时过转矩试验	—	√
17	超速试验	—	√
18	转动惯量的测定	—	√
19	耐潮试验	—	√
20	盐雾试验	—	√
21	长霉试验	—	√
22	倾斜和摇摆试验	—	√
23	振动的测定	√	√
24	噪声的测定	√	√
25	外壳防护性能试验	—	√
26	从 2.5 Hz～100 Hz 空载运行。观察是否有异常振动与噪声的频点	—	√
27	包装检查	√	—

5.3 凡遇下列情况之一者，应进行型式试验：

a) 经鉴定定型后，制造商第一次试制或小批试生产时；

b) 当设计或工艺上的变更足以引起某些性能和参数发生变化时；

c) 当检查试验结果与以前的型式试验结果发生不可允许的偏差时；

d) 成批生产的电动机应定期抽试，抽试时间至少每年一次，当需要抽试的数量过多时，抽试时间间隔可适当延长，但至少每两年抽试一次。

5.4　电动机的机械检查项目包括：

a)　转动检查：电动机转动时，应平稳轻快，无停滞现象及有害噪声；

b)　外观检查：检查电动机装配是否完整正确，表面油漆应干燥完整，均匀，无污损、碰坏和裂纹等缺陷；

c)　安装尺寸、外形尺寸及键尺寸检查；

d)　圆跳动、底脚支承平面的平面度、轴线对底脚支承平面的平行度及键槽对称度的检查，底脚支承平面的平面度和键槽对称度允许在零部件上检查。

6　试验方法

6.1　总则

除本标准规定外，其他试验应按 GB/T 22670—2008 的规定。

6.2　机械外观检查

用目视、耳听的方法，检查电动机的外观质量和轴承运行情况，检查结果应符合 5.4a)、5.4b)的规定。

6.3　尺寸及公差检查

按 GB/T 4772.1—1999 和 GB/T 1958—2004 的规定检查电动机的尺寸及公差，检查结果应符合本标准 3.10 的规定。

6.4　电气间隙和爬电距离测定

按 GB 14048.1—2006 中附录 G 规定的方法测量，结果应符合 4.4.5 的规定。

6.5　接地、标志和接线盒检查

用目视的方法检查电动机的铭牌及数据、出线端子标志、接地螺钉及接地标志，结果应符合 4.4.1～4.4.4 和 7.1～7.5 的规定。

6.6　匝间绝缘冲击耐电压试验

电动机绕组匝间绝缘耐冲击电压试验在制造过程中按 GB/T 22719.1—2008 进行，结果应符合 4.5.13 的规定。

6.7　热试验

6.7.1　50 Hz 时电动机的热试验：先起动冷却风机，将变频器频率调至 50 Hz，电动机在基准工作制额定负载下运行，并用温度计定期测定电动机铁心温度，待其温升稳定后，立即停机，测取其定子绕组电阻，其温升计算方法按 GB/T 22670—2008 的规定。

6.7.2　2.5 Hz 时电动机的热试验：在 50 Hz 时的热试验后立即重新起动电动机，将变频器频率调至 2.5 Hz，使电动机在基准工作制额定负载下运行，并用温度计定期测定电动机铁心温度，待其温升稳定后，立即停机(但风机应继续运行)，测取其定子绕组电阻，其温升计算方法按 GB/T 22670—2008 进行。

6.8　电动机的负载特性测定

在 2.5Hz 时的热试验后，重新起动电动机，将变频器频率分别调至 2.5 Hz、15 Hz、30 Hz、50 Hz 的频率下测取电动机的额定转矩、110％额定转矩、80％额定转矩，随后分别在 60 Hz、80 Hz、100 Hz 的频率下测取电动机在标称功率、110%标称功率、80%标称功率各点处的转矩值(此时的标称功率应折算为转矩),然后绘出电动机的负载特性曲线(见图4)。在测试过程中,电动机应平稳运转,无明显转矩脉动现象(按GB/T 22670—2008的规定)。

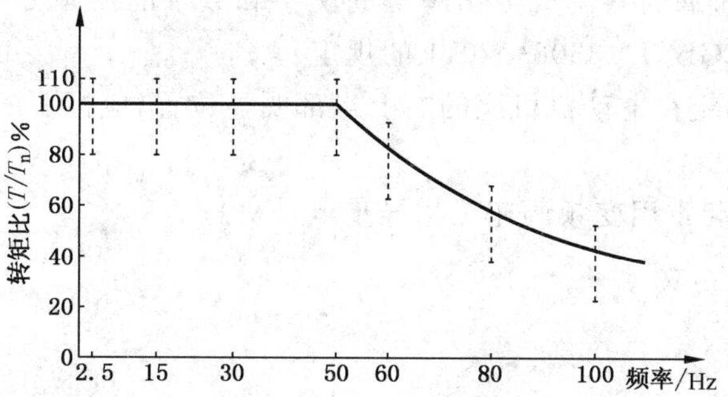

图4 负载特性曲线

6.9 振动和噪声的测定

6.9.1 在变频器供电下,起动冷却风机,电机分别在20 Hz、50 Hz、和100 Hz三点频率处,测取电动机空载时的振动强度有效值,即为电动机振动值,试验方法按GB 10068—2008进行,结果应符合4.7.1的要求。

6.9.2 先起动冷却风机,在变频器供电下,分别在20 Hz、50 Hz和100 Hz三点频率处,测取电动机空载时的最大噪声,即为电动机噪声值,试验方法按GB/T 10069.1—2006进行,结果应符合4.8的要求。

6.10 耐潮试验

耐潮试验按GB/T 7060—2008的规定进行,试验结果应符合4.5.15的要求。

6.11 长霉试验

长霉试验按GB/T 2423.16—2008中方法1的规定进行,试验严酷度为28 d,试验结果应符合4.5.16的要求。

6.12 盐雾试验

盐雾试验按GB/T 2423.17—2008的规定进行,试验结果应符合4.5.17的要求。

6.13 外壳防护试验和交变湿热试验

6.13.1 电动机外壳防护等级的试验,55 ℃、6周期交变湿热试验,可在产品结构定型或当结构和工艺有较大改变时进行。

6.13.2 外壳防护试验按GB/T 4942.1—2006的规定进行,试验结果应符合3.1的要求。

6.13.3 交变湿热试验按GB/T 12665—2008的规定进行。

6.14 倾斜和摇摆试验

6.14.1 倾斜和摇摆试验按GD 01—2006的规定进行。

6.14.2 试验结束后,检查电动机轴承,测量轴承温度,结果应符合4.5.18的要求。

7 标志、包装及保用期

7.1 凡是上船的船用电动机应具有船检标志，并在合同中规定。

7.2 铭牌应用铜质或耐蚀金属材料制成。铭牌上的文字和数字的刻画方法应保证其字迹在电动机整个使用时期内不易磨灭（按 GB/T 13306—2011 的规定）。

7.3 从轴伸端看，铭牌应固定在电动机机座的右上半部明显位置，应标明的项目如下：

a) 制造商名称；
b) 电动机名称（船用起重用变频调速三相异步电动机）；
c) 电动机型号；
d) 外壳防护等级；
e) 工作制；
f) 标称功率，单位为 kW；
g) 额定电压，单位为 V；
h) 额定电流，单位为 A；
i) 额定频率，单位为 Hz；
j) 额定转速，单位为 r/min；
k) 额定转矩，单位为 N·m；
l) 转子转动惯量，单位为 $kg \cdot m^2$；
m) 噪声数值，单位为 dB(A)；
n) 恒转矩频率范围，恒功率频率范围，单位为 Hz；
o) 热分级；
p) 环境空气温度，单位为℃；
q) 接线方法；
r) 标准编号；
s) 船检标记；
t) 质量，单位为 kg；
u) 出厂编号；
v) 出品年、月。

7.4 电动机的出线端标志、旋转方向标志应符合 GB 1971—2006 的规定。

7.5 电动机应有明显的接地标志，其要求应符合 GB 20237—2006 的规定。

7.6 电动机绕组的六个或三个出线端及在接线板的接线位置上均应有相应的标志，并应保证其字迹在电动机整个使用期内不易磨灭。其标志按表 18 的规定。

表 18

定子绕组名称	出线端标志		
	六个出线端		三个出线端
	始端	末端	
第一相	U1	U2	U
第二相	V1	V2	V
第三相	W1	W2	W

7.7　电动机的轴伸平键须绑扎在轴上，轴伸及平键表面应加防锈及保护措施。凸缘式电动机并应在凸缘的配合面上加防锈及保护措施。

7.8　每台电动机应附有下列随机文件，随机文件应放在防潮袋内并固定在木箱内部：

a)　产品证明书(包括船检证书)；

b)　使用说明书；

c)　装箱单，备件(如有)一览表。

7.9　电动机的包装应能保证在正常的储运条件下，自发货之日起的一年时间内不致因包装不善而导致受潮与损坏。

7.10　包装箱的外壁的文字和标志应清楚整齐，内容如下：

a)　发货站及制造商名称；

b)　收货站及收货单位名称；

c)　电动机的型号和出品编号；

d)　电动机的净重及连同包装箱的毛重；

e)　包装箱尺寸；

f)　在箱外适当位置标注“向上”“怕雨”“重心”等字样及符号，其图形应符合 GB/T 191—2008 的规定。

7.11　电动机在运输过程中应可靠固定，严禁碰撞、损伤。

7.12　包装箱在运输过程中不得受雨、雪侵袭，产品应放置在没有雨、雪侵袭，空气流通，温度不高于 45 ℃、不低于 −25 ℃的仓库中贮存。

7.13　在采购商按照使用说明书的规定，正确地使用与存放电动机的情况下，制造商应保证电动机在使用的一年内或自起运的日期不超过两年内能良好地运行，如在此规定的时间内电动机因制造质量不良而发生损坏或不能正常工作时，制造商应无偿地为采购商修理、更换零部件或电动机。

ICS 29.160.30
K 26

中华人民共和国国家标准

GB/T 30145—2013

YZP系列起重及冶金用变频调速三相异步电动机技术条件(机座号450～500)

Specification for YZP series variable-frequency adjustable-speed three-phase induction motors for crane and metallurgical applications (Frame size 450 to 500)

2013-12-17 发布　　　　2014-05-10 实施

中华人民共和国国家质量监督检验检疫总局
中国国家标准化管理委员会　发布

前　言

本标准按照 GB/T 1.1—2009 给出的规则起草。

请注意本文件的某些内容可能涉及专利。本文件的发布机构不承担识别这些专利的责任。

本标准由中国电器工业协会提出。

本标准由全国旋转电机标准化技术委员会(SAC/TC 26)归口。

本标准主要起草单位:佳木斯防爆电机研究所、无锡新大力电机有限公司、佳木斯电机股份有限公司、大连伯顿冠力电机有限公司、大连天元电机股份有限公司、江西特种电机股份有限公司、天津神川电机有限公司、山西电机制造有限公司、无锡市宏泰起重电机股份有限公司。

本标准参加起草单位:中国长江航运集团电机厂。

本标准主要起草人:苗峰、谭玉林、王景辉、王丽萍、李建东、王建国、吴冬英、李春艳、贾玉清、薛荣辉、唐庆华。

YZP 系列起重及冶金用变频调速三相异步电动机技术条件(机座号 450～500)

1 范围

本标准规定了 YZP 系列起重及冶金用变频调速三相异步电动机的型式、基本参数与尺寸,技术要求,检验规则,试验方法,标志、包装及保用期的要求。

本标准适用于变频器供电的各种起重机械及冶金辅助设备电力传动用三相异步电动机(以下简称电动机)。

2 规范性引用文件

下列文件对于本文件的应用是必不可少的。凡是注日期的引用文件,仅注日期的版本适用于本文件。凡是不注日期的引用文件,其最新版本(包括所有的修改单)适用于本文件。

GB/T 191—2008 包装储运图示标志

GB 755—2008 旋转电机 定额和性能

GB/T 756—2010 旋转电机 圆柱形轴伸

GB/T 757—2010 旋转电机 圆锥形轴伸

GB/T 997—2008 旋转电机结构型式、安装型式及接线盒位置的分类(IM 代码)

GB/T 1958—2004 产品几何量技术规范(GPS) 形状和位置公差 检测规定

GB 1971—2006 旋转电机 线端标志与旋转方向

GB/T 1993—1993 旋转电机冷却方法

GB/T 4772.2—1999 旋转电机尺寸和输出功率等级 第 2 部分:机座号 355～1 000 和凸缘号 1 180～2 360

GB/T 4942.1—2006 旋转电机整体结构的防护等级(IP 代码)分级

GB 10068—2008 轴中心高为 56 mm 及以上电机的机械振动 振动的测量、评定及限值

GB/T 10069.1—2006 旋转电机噪声测定方法及限值 第 1 部分:旋转电机噪声测定方法

GB 10069.3—2008 旋转电机噪声测定方法及限值 第 3 部分:噪声限值

GB/T 12351—2008 热带型旋转电机环境技术条件

GB/T 12665—2008 电机在一般环境条件下使用的湿热试验要求

GB/T 13306—2011 标牌

GB 20237—2006 起重冶金和屏蔽电机安全要求

GB/T 22670—2008 变频器供电三相笼型感应电动机试验方法

GB/T 22714—2008 交流低压电机成型绕组匝间绝缘试验规范

GB/T 22719.1—2008 交流低压电机散嵌绕组匝间绝缘 第 1 部分:试验方法

GB/T 22719.2—2008 交流低压电机散嵌绕组匝间绝缘 第 2 部分:试验限值

3 型式、基本参数与尺寸

3.1 电动机的外壳与接线盒的防护等级均为IP54,风机的防护等级为IP23(按GB/T 4942.1—2006的规定)。

3.2 电动机的冷却方法为IC416(按GB/T 1993—1993的规定)。

3.3 电动机的结构及安装型式为IM1001、IM1003(按GB/T 997—2008的规定)。

3.4 电动机的工作制分为S2、S3、S4、S5、S6、S7、S8及S9八种类型(按GB 755—2008的规定)。按S6、S7、S8、S9订货时须与制造商协商。电动机基准工作制为S3 60%(即基准工作制为S3,基准负载持续率为60%,每一工作周期为10 min)。电动机按基准工作制出厂,也可按合同特指的工作制及功率出厂。

3.5 电动机的额定电压为380 V,额定频率为50 Hz。

注:额定电压和额定频率是指电动机输出恒转矩和恒功率特性间的转折点相对应的电动机工作电压及频率。

3.6 电动机的定子绕组接法为△接法。

3.7 电动机的极数为8极和10极。

3.8 电动机在基准工作制时应按下列标称功率制造:250 kW、280 kW、315 kW、355 kW、400 kW、450 kW、500 kW(按GB/T 4772.2—1999的规定)。

3.9 电动机的机座号、基准工作制时的标称功率、额定转矩、转子转动惯量及变频调速范围的对应关系应按表1的规定。

注:额定转矩值按额定频率下的标称功率和同步转速折算。

表1 标称功率、额定转矩、转子转动惯量与同步转速及机座号的对应关系

机座号	同步转速 r/min						恒转矩调频范围 Hz	恒功率调频范围 Hz
	750			600				
	标称功率 kW	额定转矩 N·m	转子转动惯量 kg·m²	标称功率 kW	额定转矩 N·m	转子转动惯量 kg·m²		
450L1	280	3 565	48.3	250	3 979	48.3	1~50	50~100
450L2	315	4 011	52.7	280	4 457	52.7		
450L3	355	4 520	57.1	315	5 014	57.1		
500L1	400	5 093	89.6	355	5 604	89.6		
500L2	450	5 730	93.4	400	6 367	93.4		
500L3	500	6 367	99.8	450	7 163	99.8		
注:L后面的数字1、2、3分别代表同一机座号和转速下的不同功率。								

3.10 转子转动惯量的容差为保证值的10%。

3.11 电动机的尺寸及公差(按GB/T 4772.2—1999的规定):

a) 电动机的安装尺寸及公差应符合图1~图2及表2~表3的规定,外形尺寸应不大于图1~图2及表2~表3的规定;

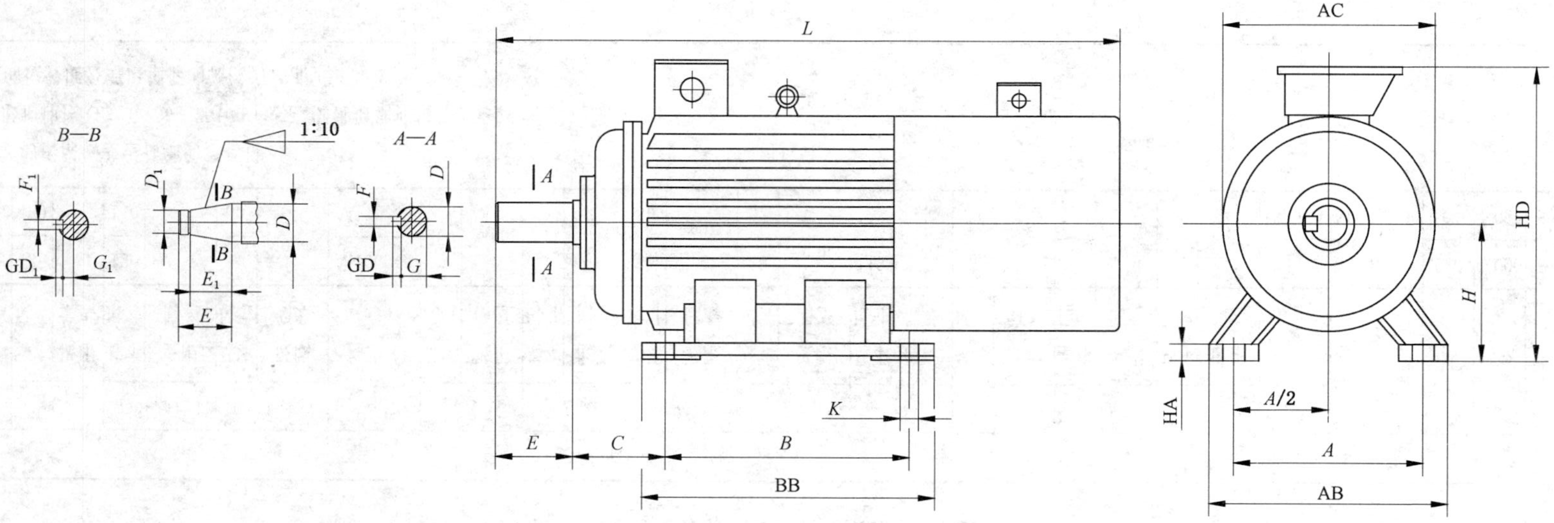

图 1　IM1001、IM1003 卧式安装的电动机(轴流风机冷却)

表 2　电动机的外形尺寸、安装尺寸及公差

单位为毫米

机座号	安装尺寸及公差																													外形尺寸					
	A	A/2	B	C		D^b(圆柱)		D^b(圆锥)		D_1	E		E_1		F		F_1		G		G_1		H		K			螺栓直径	AB	AC	BB	HA	HD	L
				基本尺寸	极限偏差	基本尺寸	极限偏差	基本尺寸	极限偏差		基本尺寸	极限偏差	基本尺寸	极限偏差	基本尺寸	极限偏差	基本尺寸	极限偏差	基本尺寸	极限偏差	基本尺寸	极限偏差	基本尺寸	极限偏差	基本尺寸	极限偏差	位置度							
450	750	375	800	425	±4.0	130	+0.040 +0.015	130	+0.063 0	M100×4	250	±0.58	220	0 −0.63	32	0 −0.062	28	0 −0.052	119	0 −0.2	50	0 −0.2	≤50	0 −1.0	35	+0.62 0	ϕ2.5Ⓜ	M30	930	920	1 000	50	1 190	2 100
500	850	425	900	450		140		140		M110×4					36		32	0 −0.062	128	0 −0.3	54		500		42		ϕ3.0Ⓜ	M36	1 060	1 040	1 050	50	1 300	2 350

[a] C 尺寸的极限偏差包括轴的窜动量。

[b] 圆柱形轴伸按 GB/T 756—2010 的规定,圆锥形轴伸按 GB/T 757—2010 的规定。

[c] K 孔的位置度公差以轴伸的轴线为基准。

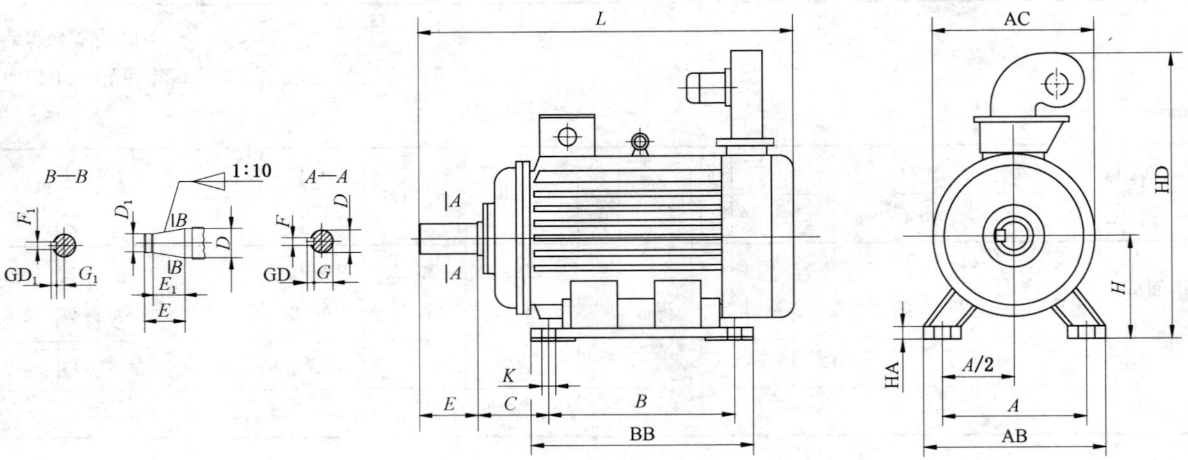

图 2 IM1001、IM1003 卧式安装的电动机(离心风机冷却)

表 3 电动机的外形尺寸、安装尺寸及公差

单位为毫米

机座号	安装尺寸及公差																													外形尺寸					
	A	A/2	B	C		D^b(圆柱)		D^b(圆锥)		D_1	E		E_1		F		F_1		G		G_1		H		K			螺栓直径	AB	AC	BB	HA	HD	L
				基本尺寸	极限偏差	基本尺寸	极限偏差	基本尺寸	极限偏差		基本尺寸	极限偏差	基本尺寸	极限偏差	基本尺寸	极限偏差	基本尺寸	极限偏差	基本尺寸	极限偏差	基本尺寸	极限偏差	基本尺寸	极限偏差	基本尺寸	极限偏差	位置度							
450	750	375	800	425	±4.0	130	+0.040 +0.015	130	+0.063 0	M100×4	250	±0.58	220	0 −0.63	32	0 −0.062	28	0 −0.052	119	0 −0.2	50	0 −0.2	450	0 −1.0	35	+0.62 0	φ2.5Ⓜ	M30	930	920	1 000	50	1 540	2 070
500	850	425	900	450		140		140		M110×4					36		32	0 −0.062	128	0 −0.3	54		500		42		φ3.0Ⓜ	M36	1 060	1 040	1 050	50	1 650	2 270

[a] C 尺寸的极限偏差包括轴的窜动量。

[b] 圆柱形轴伸按 GB/T 756—2010 的规定,圆锥形轴伸按 GB/T 757—2010 的规定。

[c] K 孔的位置度公差以轴伸的轴线为基准。

b) 电动机轴伸键的尺寸及公差应符合表 4 的规定；

表 4 轴伸键的尺寸及公差

单位为毫米

轴伸直径 D	键宽		键高	
	F	F_1	GD	GD_1
130	$32_{-0.62}^{0}$	$28_{-0.52}^{0}$	$18_{-0.110}^{0}$	$16_{-0.110}^{0}$
140	$36_{-0.62}^{0}$	$32_{-0.62}^{0}$	$20_{-0.130}^{0}$	$18_{-0.110}^{0}$

c) 电动机轴伸长度一半处的径向圆跳动公差应不大于 0.08 mm；

d) 电动机轴线对底脚支承平面的平行度公差应不大于 1.50 mm；

e) 电动机底脚支承平面的平面度公差应不大于 0.35 mm；

f) 电动机轴伸键槽的对称度公差应不大于 0.075 mm。

4 技术要求

4.1 电动机应符合本标准的规定，并按照经规定程序批准的图样及技术文件制造。

4.2 在下列环境条件下，电动机应能在表 1 规定的频率范围内额定运行：

a) 海拔高度不超过 1 000 m；

b) 最高环境空气温度随季节而变化，但一般环境空气温度不超过 40 ℃，冶金环境空气温度不超过 60 ℃；

c) 最低环境空气温度为－15 ℃；

注：如电动机指定在海拔高度超过 1 000 m 或最高环境空气温度高于 40 ℃及 60 ℃或低于－15 ℃的条件下使用时，应按 GB 755—2008 的规定。

d) 户内使用；

e) 按不同工作制的规定，频繁地起动、制动（电气的或机械的）及反转；

f) 经常地机械振动及冲击。

4.3 电动机采用联轴器或正齿轮传动，若采用正齿轮传动时，其齿轮节圆直径应不小于轴伸直径的 2 倍。

4.4 电动机运行期间电源电压和频率与额定值的偏差应按 GB 755—2008 的规定。

4.5 在额定电压和额定频率下、基准工作制时，电动机堵转转矩对额定转矩之比的保证值为 1.8 倍，容差允许－15%。

4.6 在额定电压和额定频率下、基准工作制时，电动机最大转矩对额定转矩之比的保证值应不低于 2.8 倍，容差允许－10%。

4.7 在额定电压和额定频率下，电动机堵转电流对额定电流之比的保证值允许 9 倍，容差允许 20%。

4.8 电动机采用热分级为 155(F)级、180(H)级两种。155(F)级电动机适用于环境空气温度不超过 40 ℃ 的场所；180(H)级电动机适用于环境空气温度不超过 60 ℃的场所。当海拔高度和环境空气温度符合 4.2 的规定时，电动机各发热部位的温升限值或允许温度应不超过表 5 的规定。数值修约间隔为 1。

如果试验地点的海拔高度或环境空气温度与 4.2 的规定不同时，温升限值应按 GB 755—2008 的规定修正。

表 5 电动机各发热部位的温升限值或允许温度

电动机的发热部位	热分级	
	155(F)	180(H)
绕组温升(电阻法)	105 K	105 K
轴承允许温度[a](温度计法)	95 ℃	115 ℃

[a] 轴承允许温度是指在 4.2 所规定的环境空气温度下的数值，当在低于规定的环境空气温度下测量时，轴承温度应为实测温度加规定的环境空气温度与实际环境空气温度之差。

4.9 当电动机三相输入电源平衡时，三相空载电流中任何一相与三相平均值的偏差应不大于三相平均值的 10%。

4.10 电动机定子绕组绝缘电阻，在热态时或热试验后，应不低于 0.69 MΩ。

4.11 电动机在热态和逐渐增加转矩的情况下，应能承受 4.6 所规定的最大转矩值(允许计及容差)、历时 15 s 的短时过转矩试验而无转速突变、停转及有害变形。此时，电压和频率应维持额定值。

4.12 电动机在 380 V、120 Hz 电源供电空载运行状态下，应能承受历时 2 min 的超速试验，试验后转子不应发生任何有害变形。

4.13 电动机的定子绕组应能承受历时 1 min 的耐电压试验而不发生击穿，试验电压的频率为 50 Hz，并尽可能为正弦波形，电压的有效值为 2 380 V。

电动机定子绕组应能承受匝间耐冲击电压试验而不发生击穿，其试验冲击电压峰值为 3 670 V，容差为±3%，波前时间为 0.2 μs(按 GB/T 22719.2—2008 和 GB/T 22714—2008 的规定)。

4.14 电动机在空载运行状态下，在整个变频范围内其转速应平稳无停滞、无共振现象。

4.15 电动机的定子绕组在按 GB/T 12665—2008 所规定的 40 ℃交变湿热试验方法进行 6 周期试验后，绝缘电阻应符合 4.10 的要求，并应能承受 4.13 所规定的耐电压试验而不发生击穿，但试验电压有效值为 2 000 V，试验时间为 1 min。

4.16 电动机的机械振动：

a) 电动机在变频器供电条件下空载时测得的振动强度应不超过表 6 的规定。在测得振动速度、加速度有效值的数值时，数值修约间隔为 0.1，在测得振动位移有效值的数值时，数值修约间隔为 1。

b) 电动机在检查试验时，只需测量振动的速度。型式试验时，所有三种振动量值都应测量。当检查试验是在自由悬置安装条件下做的，型式试验则应包括在刚性安装情况下的试验。

表 6 不同轴中心高 *H* 用位移、速度和加速度表示的振动强度限值(均方根值)

轴中心高 H/mm	450～500		
安装方式	位移/μm	速度/(mm/s)	加速度/(m/s^2)
自由悬置	45	2.8	4.4
刚性安装	37	2.3	3.6

4.17 电动机在采用变频器供电条件下，空载时测得的 A 计权声功率级的噪声数值不超过 107 dB(A)(按 GB 10069.3—2008 的规定)，容差为 3 dB(A)。数值修约相隔为 1。

4.18 电动机与风机的接线盒应置于机座顶部或右侧(从主轴伸端视之)，可按两个方向出线。电动机的接线盒内应有接地端子，在机座上应另设一个接地端子，并应在接地端子附近设置接地标志，此标志应保证在电动机的整个使用期内不易磨灭，并且不可拆卸。

4.19 在出线端标志的字母顺序与三相电源的电压相序方向相同时,从主轴伸端视之,电动机应为顺时针方向旋转(按 GB 1971—2006 的规定)。

4.20 电动机上各紧固件应有防松措施。

4.21 电动机可按 GB/T 12351—2008 的规定制成湿热带型。

4.22 电动机的安全性能应符合 GB 20237—2006 的规定。

5 检验规则

5.1 每台电动机应经检验合格后方能出厂,并应附有产品合格证。

5.2 每台电动机应经过检查试验,检查试验项目包括:

a) 机械检查(按 5.5、5.6 的规定);
b) 定子绕组对机壳及绕组相互间绝缘电阻的测定(检查试验时可测量冷态绝缘电阻,但应保证热态绝缘电阻不低于 4.10 的规定);
c) 定子绕组在实际冷却状态下直流电阻的测定;
d) 耐电压试验;
e) 匝间绝缘试验;
f) 空载电流和损耗的测定;
g) 堵转电流和损耗的测定;
h) 噪声的测定;
i) 振动的测定;
j) 旋转方向的检查。

5.3 凡遇下列情况之一者,应进行型式试验:

a) 经鉴定定型后,制造商第一次试制或小批试生产时。
b) 电动机设计或工艺上的变更足以引起某些性能和参数发生变化时。
c) 当检查试验结果与以前的型式试验结果发生不可允许的偏差时。
d) 成批生产的电动机应定期抽试,每年抽试一次。当需要抽试的数量过多时,抽试时间间隔可适当延长,但至少每两年抽试一次。

5.4 电动机的型式试验项目包括:

a) 检查试验的全部项目;
b) 热试验;
c) 负载特性的测定;
d) 短时过转矩试验;
e) 最大转矩的测定;
f) 超速试验;
g) 转子转动惯量的测定;
h) 额定转速的测定;
i) 电动机从 1 Hz～100 Hz 空载运行,观察是否有异常振动与噪声的频点。

5.5 电动机的机械检查项目包括:

a) 转动检查:电动机转动时,应平稳轻快、无停滞现象及有害噪声;
b) 外观检查:检查电动机的装配是否完整正确,电动机表面油漆应干燥完整、均匀,无污损、碰坏、裂痕等缺陷;
c) 安装尺寸、外形尺寸及键的尺寸检查:安装尺寸及外形尺寸应符合 3.11a)的规定;键的尺寸应符合 3.11b)的规定;

d) 圆跳动、底脚支承平面的平行度和平面度及键槽对称度的检查：圆跳动应符合 3.11c)的规定；底脚支承平面的平行度和平面度应分别符合 3.11d)和 e)的规定；键槽对称度应符合 3.11f)的规定。底脚支承面的平面度和键槽对称度允许在零部件上进行检查。

5.6 5.5a)和 5.5b)必须每台检查；5.2h)和 5.2i)及 5.5c)和 5.5d)可以抽查，抽查办法由制造商制定。5.5c) 按 GB/T 4772.2—1999 进行，5.5d)按 GB/T 1958—2004 进行。

5.7 5.2[其中 e)、h)、i)和 j)除外]和 5.4[其中 b)和 c)除外]所规定的各项试验，其试验方法按 GB/T 22670—2008 进行，5.2e)按 GB/T 22719.1—2008 和 GB/T 22714—2008 进行；5.2j)按 GB 1971—2006 进行。

5.8 电动机外壳防护等级的试验，40 ℃交变湿热试验，可在产品结构定型或当结构和工艺有较大改变时进行。外壳防护等级的试验方法按 GB/T 4942.1—2006 进行；40 ℃交变湿热试验方法按 GB/T 12665—2008 进行。

5.9 5.2h)的测定：先启动冷却风机，在变频器供电下，分别在 20 Hz、50 Hz 和 100 Hz 三点频率处，测取电动机空载时的最大噪声，即为电动机的噪声值，试验方法按 GB/T 10069.1—2006 进行。

5.10 5.2i)的测定：先启动冷却风机，在变频器供电下，分别在 20 Hz、50 Hz 和 100 Hz 三点频率处，测取电动机空载时的最大振动速度有效值，即为电动机的振动值，试验方法按 GB 10068—2008 进行。

5.11 5.4b)的试验：

a) 50 Hz 时电动机的热试验：先启动冷却风机，将变频器频率调至 50 Hz，电动机在基准工作制额定负载下运行，并用温度计定期测定电动机铁心温度，待其温升稳定后，立即停机，测取其定子绕组电阻，其温升计算方法按 GB/T 22670—2008 进行。

b) 1 Hz 时电动机的热试验：在 50 Hz 时的热试验后立即重新起动电动机，将变频器频率调至 1 Hz，使电动机在基准工作制额定负载下运行，并用温度计定期测定电动机铁心温度，待其温升稳定后，立即停机(但风机应继续运行)，测取其定子绕组电阻，其温升计算方法按 GB/T 22670—2008 进行。

5.12 在 1 Hz 时的热试验后，重新起动电动机，将变频器频率分别调至 1 Hz、15 Hz、30 Hz、50 Hz 的频率下测取电动机的额定转矩、110%额定转矩、80%额定转矩，随后分别在 60 Hz、80 Hz、100 Hz 的频率下测取电动机在标称功率、110%标称功率、80%标称功率各点处的转矩值(此时的标称功率应折算为转矩)，然后绘出电动机的负载特性曲线(见图 3)。在测试过程中，电动机应平稳运转，无明显转矩脉动现象(按 GB/T 22670—2008 的规定)。

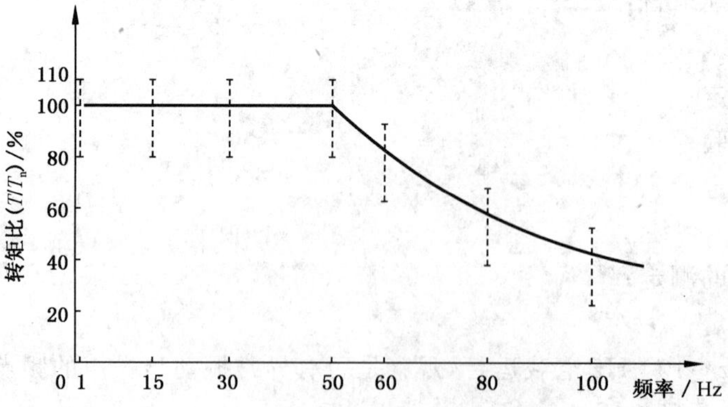

图 3 电动机的负载特性曲线

6 标志、包装及保用期

6.1 铭牌材料及铭牌上数据的刻划方法，应保证其字迹在电动机整个使用时期内不易磨灭（按GB/T 13306—2011 的规定）。

6.2 铭牌应固定在电动机机座的上半部，应标明项目如下：

a) 制造商名称；
b) 电动机名称（起重及冶金用变频调速三相异步电动机）；
c) 电动机型号；
d) 外壳防护等级；
e) 工作制；
f) 标称功率，单位为 kW；
g) 额定电流，单位为 A；
h) 额定电压，单位为 V；
i) 额定频率，单位为 Hz；
j) 额定转矩，单位为 N·m；
k) 额定转速，单位为 r/min；
l) 恒转矩频率范围，恒功率频率范围，单位为 Hz；
m) 噪声数值，单位为 dB(A)；
n) 热分级；
o) 转子转动惯量，单位为 $kg \cdot m^2$；
p) 环境空气温度，单位为℃；
q) 接线方法；
r) 制造商出品年月和出品编号；
s) 质量，单位为 kg；
t) 标准编号。

6.3 电动机定子绕组的六个出线端及在接线板的接线位置上均应有相应的标志，并应保证其字迹在电动机整个使用期内不易磨灭。其标志按表 7 的规定。

表 7 出线端标志

定子绕组名称	出线端标志 六个出线端 始端	出线端标志 六个出线端 末端
第一相	U1	U2
第二相	V1	V2
第三相	W1	W2

6.4 电动机的轴伸平键须绑扎在轴上，轴伸及平键表面应有防锈及保护措施。

6.5 电动机的轴伸平键、使用说明书（同一采购商，同一型式的一批电动机至少供应一份）及产品合格证应随同每台电动机供给采购商。

6.6 电动机的包装应能保证在正常的储运条件下，自发货之日起的一年时间内不致因包装不善而导致受潮与损坏。

6.7 箱子外壁的文字和标志应清楚整齐，内容如下：

a) 发货站及制造商名称；

b) 收货站及收货单位名称；

c) 电动机型号及出品编号；

d) 电动机净重及连同箱子的毛重；

e) 箱子尺寸；

f) 在箱外的适当位置标有“向上”“怕雨”“重心”等字样及符号，其图形应符合 GB/T 191—2008 的规定。

6.8 在采购商按照使用说明书的规定，正确地使用与存放电动机的情况下，制造商应保证电动机在开始使用一年内，但自制造商起运的日期不超过两年的时间内能良好地运行。如在此规定时间内电动机因制造质量不良而发生损坏或不能正常工作时，制造商应无偿地为采购商修理、更换零件或电动机。

ICS 13.200
A 90

中华人民共和国国家标准

GB/T 30146—2013/ISO 22301:2012

公共安全　业务连续性管理体系　要求

Social security—Business continuity management systems—Requirements

(ISO 22301:2012,IDT)

2013-12-17 发布　　2014-05-01 实施

中华人民共和国国家质量监督检验检疫总局
中国国家标准化管理委员会　发布

前　言

本标准按照 GB/T 1.1—2009 给出的规则起草。

本标准使用翻译法等同采用 ISO 22301:2012《公共安全　业务连续性管理体系　要求》(英文版),仅有编辑性修改。

本标准由全国公共安全基础标准化技术委员会(SAC/TC 351)提出并归口。

本标准起草单位:中国标准化研究院、中国信息安全认证中心、中金数据系统有限公司。

本标准主要起草人:王金玉、秦挺鑫、董晓媛、刘俊华、张超、李忠强、魏军、尤其、王明、尹晖。

引　言

0.1　总则

本标准规定了建立和管理一个有效的业务连续性管理体系(BCMS)的要求。

BCMS强调以下方面的重要性：

——理解组织的需求以及制定业务连续性管理方针和目标的必要性；

——实施和运行控制措施来管理组织应对中断事件的整体能力；

——监视和评审业务连续性管理体系的绩效和有效性；

——基于客观测量的持续改进。

和其他管理体系一样，BCMS包括以下关键部分：

a)　方针；

b)　职责明确的人员；

c)　与以下几点相关的管理过程：

　1)　方针；

　2)　策划；

　3)　实施和运行；

　4)　绩效评估；

　5)　管理评审；

　6)　改进；

d)　提供含有审核证据的文件；

e)　任何和组织有关的业务连续性管理过程。

业务连续性有助于构建更具弹性的社会，更宽泛的群体以及组织环境对组织的影响会要求其他的组织参与到恢复过程中来。

0.2　策划—实施—检查—处置(PDCA)模型

本标准采用了“策划(Plan)—实施(Do)—检查(Check)—改进(Act)”(PDCA)模型来策划、建立、实施、运行、监视、评审、保持和改进组织BCMS的有效性。

PDCA模型的采用在一定程度上保证了与其他管理体系标准(例如GB/T 19001质量管理体系、GB/T 24001环境管理体系、GB/T 22080信息安全管理体系、GB/T 24405.1信息技术——服务管理和ISO 28000供应链的安全管理体系规范)的一致性，从而支持与相关管理体系整合后的实施与运行。

图1说明了BCMS如何把相关方的业务连续性管理要求作为输入，并通过必要的措施和过程，产生满足这些要求的连续性结果(例如受控的业务连续性)。表1对PDCA模型进行了解释。

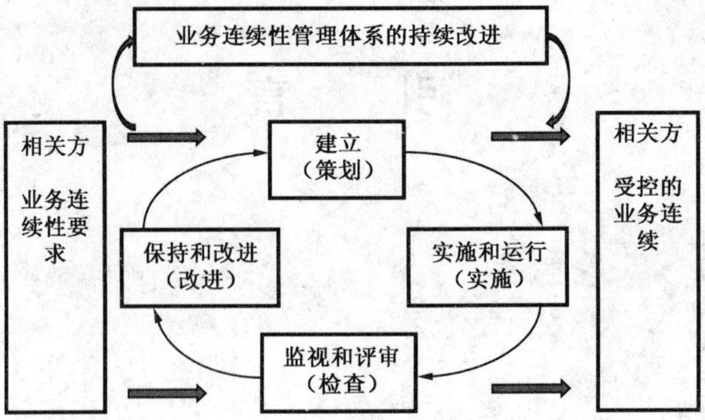

图 1　应用于 BCMS 过程的 PDCA 模型

表 1　PDCA 模型的解释

策划 （建立）	建立与改进业务连续性管理相关的业务连续性方针、目标、指标、控制措施、过程和程序，以提供与组织的总方针和总目标相一致的结果
实施 （实施和运行）	实施和运行业务连续性的方针、控制措施、过程和程序
检查 （监视和评审）	对照业务连续性方针和目标，监视和评审业务连续性的绩效，并将结果报告管理者以供评审，确定和授权纠正与预防措施
改进 （保持和改进）	基于管理评审以及重新评审的业务连续性管理体系的范围、方针和目标的结果，采取纠正措施，以持续改进 BCMS

0.3　本标准中 PDCA 组成部分

如图 1 所示的策划(Plan)—实施(Do)—检查(Check)—改进(Act)模型，本标准中的第 4 章至第 10 章包括以下组成部分：

——第 4 章属于策划部分。它提出了将本标准应用于组织建立 BCMS 的环境、需求、要求和范围时的必要的要求。

——第 5 章属于策划部分。它总结了对业务连续性管理体系中最高管理者角色的要求，以及领导层如何通过方针声明向组织阐明它的期望。

——第 6 章属于策划部分。它描述了制定整个 BCMS 的战略目标和指导原则的相关要求。第 6 章的内容与风险评估中的风险处置机会，以及业务影响分析(BIA)中建立恢复目标的内容不同。

注：第 8 章对业务影响分析和风险评估过程的要求进行了规定。

——第 7 章属于策划部分。它为 BCMS 的运行提供了支撑，涉及能力的建立、在循环/必要的基础上与相关方的沟通，以及对记录、管理、保持和保留所需文件的要求。

——第 8 章属于实施部分。它定义了业务连续性的要求，确定了怎样达到要求以及如何通过制定程序来管理中断事件。

——第 9 章属于检查部分。它汇总了测量业务连续性管理绩效、BCMS 与本标准和管理层期望的符合性，以及从管理层的期望值方面寻求反馈信息的必要要求。

——第 10 章属于改进部分。它识别并通过采取纠正措施处置 BCMS 的不符合。

公共安全　业务连续性管理体系　要求

1　范围

本标准为策划、建立、实施、运行、监视、评审、保持和持续改进一个文件化的业务连续性管理体系规定了要求，用以实施保护，减少中断事件发生的可能性，以及当中断事件发生时准备、响应并恢复。

本标准规定的所有要求是通用的，适用于各种类型、规模和特性的组织或组织的一部分。这些要求的适用范围取决于组织的运行环境和复杂性。

本标准的目的不是要规定统一的业务连续性管理体系(BCMS)结构，而是为组织设计一个适合其自身需要且同时符合相关方要求的BCMS。这些需求由法律、法规、标准、产品和服务、工作流程、组织的规模和结构以及相关方的要求等方面构成。

本标准适用于有如下期望的各种类型和规模的组织：

a)　建立、实施、保持和改进BCMS；

b)　确保符合声明的业务连续性方针；

c)　向其他组织证明自身的符合性；

d)　欲使其BCMS获得被认可的第三方认证机构的认证/注册；

e)　做出符合本标准的自我声明。

本标准可用于评估一个组织满足自身连续性需求和要求的能力。

2　规范性引用文件

下列文件对于本文件的应用是必不可少的。凡是注日期的引用文件，仅注日期的版本适用于本文件。凡是不注日期的引用文件，其最新版本(包括所有的修改单)适用于本文件。

无规范性引用文件。

3　术语和定义

下列术语和定义适用于本文件。

3.1

活动　activity

由组织(或其代表)为生产或支持一个或者多个产品和服务而执行的过程或者一组过程。

示例：此类过程包括账务、呼叫中心服务、信息技术、生产和配送。

3.2

审核　audit

为获得审核证据并对其进行客观的评价，以确定满足审核准则的程度所进行的系统的、独立的并形成文件的过程。

注1：审核可以是内部审核(第一方审核)或是外部审核(第二或第三方审核)，也可以是结合审核(结合两个或两个以上管理体系)。

注2：GB/T 19011中定义了“审核证据”和“审核准则”。

3.3

业务连续性　business continuity

在中断事件发生后，组织在预先确定的可接受的水平上连续交付产品或提供服务的能力。

[ISO 22300]

3.4

业务连续性管理　business continuity management

识别对组织的潜在威胁以及这些威胁一旦发生可能对业务运行带来的影响的一整套管理过程。该过程为组织建立有效应对威胁的自我恢复能力提供了框架，以保护关键相关方的利益、声誉、品牌和创造价值的活动。

3.5

业务连续性管理体系　business continuity management system；BCMS

用于建立、实施、运行、监视、评审、保持和改进业务连续性，是一个组织整个管理体系的一部分。

注：管理体系包括组织结构、方针、规划活动、职责、程序、过程和资源。

3.6

业务连续性计划　business continuity plan

用于指导组织在业务中断时进行响应、恢复、重新开始和还原到预先确定的业务运行水平的形成文件的程序。

注：业务连续性计划通常包括确保关键业务功能的连续性所需的资源、服务和活动。

3.7

业务连续性方案　business continuity programme

由最高管理者和适当的资源所支撑的，为实施和保持业务连续性管理所进行的持续不断的管理和治理过程。

3.8

业务影响分析　business impact analysis

分析活动和业务中断可能带来的影响的过程。

[ISO 22300]

3.9

能力　competence

经证实的应用知识和技能的本领。

3.10

合格(符合)　conformity

满足要求。

[ISO 22300]

3.11

持续改进　continual improvement

为提高绩效进行的循环活动。

[ISO 22300]

3.12

纠正　correction

为消除已发现的不符合所采取的措施。

[ISO 22300]

3.13

纠正措施　corrective action

为消除造成已发现不符合要求的原因并预防其再次发生所采取的措施。

注：在其他不期望结果出现的情况下，采取措施以减少或消除原因并减小影响，或防止再次发生是必要的。此类措施在本定义所指的“纠正措施”概念之外。

[ISO 22300]

3.14

文件 document

信息及其承载媒介。

注1：媒介可以是纸张，计算机磁盘、光盘或其他电子媒体，照片或标准样品，或它们的组合。

注2：一组文件，如若干个规范和记录，也通常称为“文档”。

3.15

存档信息 documented information

需要被组织控制和保持的信息及其承载媒介。

注1：存档信息可以是多种格式的，也可是任何来源的任何承载媒体。

注2：存档信息指：

——管理体系，包括相关的过程；

——为组织运行所生成的信息(文档)；

——所取得结果的证据(记录)。

3.16

有效性 effectiveness

完成制定计划活动并获得计划预期结果的程度。

[ISO 22300]

3.17

事态 event

特定情况集合的发生或变化。

注1：事态可以是一次或多次发生的，可能有多个原因。

注2：事态可以包括不是正在发生的事情。

注3：事态有时可发展为“事件”或“事故”。

注4：没有造成后果的事态也可能被称为“未遂”“接近发生”或“紧急”。

[ISO/IEC 指南 73]

3.18

演练 exercise

在组织中训练、评估、实践和提高绩效的过程。

注1：演练可以用于：验证方针、计划、程序、培训、设备和组织间的协议；对人员的角色和职责进行明确和培训；改善组织间的协调和沟通；识别资源上的差距；提升个人绩能；识别改进机会；把握机会提升应变能力。

注2：测试是演练的一种特殊类型，它包含了对正在计划的演练目标或目的中成功或失败因素的预期。

[ISO 22300]

3.19

事件 incident

可能或将导致中断、损失、紧急状况或危机的情况。

[ISO 22300]

3.20

基础设施 infrastructure

组织运行所必需的设施、设备和服务的体系。

3.21

相关方 interested party

对决策或活动产生影响，受到影响，认为被影响的个人或组织。

注：可以是与组织的任何决策或活动有利益关系的个人或团体。

3.22

内部审核　internal audit

用于管理评审或其他内部目的由组织自身或以组织名义进行的审核,可作为组织符合性自我声明的基础。

注:在许多情况下,特别是一些小型组织,可以由与正在被审核活动无职责的人员进行,以显示独立性。

3.23

启动　invocation

为持续提供关键产品或服务,组织宣布开启其业务连续性安排的活动。

3.24

管理体系　management system

组织建立方针、目标和过程并实现这些目标的相互关联或相互作用的一组元素。

注1:一个管理体系可以关注一个或多个规范要求。

注2:体系元素包括组织结构、角色和职责、计划、运行等。

注3:管理体系的范围可以包括整个组织、组织内某些特定的职能、特定的部分,或是跨越多个组织的一个或多个职能。

3.25

最长可接受中断时间　maximum acceptable outage;MAO

不能提供产品/服务,或者活动无法进行可能带来的负面影响,变得不能接受之前的时间。

注:参见最长可容忍中断时间。

3.26

最长可容忍中断时间　maximum tolerable period of disruption ;MTPD

不能提供产品/服务,或者活动无法进行可能带来的负面影响,变得不能容忍之前的时间。

注:参见最长可接受中断时间。

3.27

测量　measurement

确定一个量值的过程。

3.28

最小业务连续性目标　minimum business continuity objective ;MBCO

在中断中组织为达到其业务连续性目标可以接受的最低标准的服务和(或)产品。

3.29

监视　monitoring

确定一个体系、过程或活动的状态。

注:可能需要通过检查、监督或密切观察来确定状态。

3.30

互助协议　mutual aid agreement

两个或多个实体为了互相帮助而预先达成的共识。

[ISO 22300]

3.31

不符合　nonconformity

未满足要求。

[ISO 22300]

3.32

目标　objective

想要取得的结果。

注1：目标可以是战略的、策略的或运行层面的。

注2：目标可以和不同的规范要求相关(例如财政的、健康和安全以及环境目标)，也可以应用于不同的层次(例如战略、组织范围、项目、产品和过程)。

注3：目标可以用其他方式来表示，例如作为预期结果、意图、运行准则、社会安全目标或用其他意思相近的词来表达(例如目的或宗旨)。

注4：在公共安全管理体系标准的背景下，公共安全目标是由组织设定的，与公共安全方针一致的，用于达成特定结果的目标。

3.33

组织　organization

为了实现目标形成的具有自身职能，按照一系列职责、权限和相互关系安排的个人或一组人员。

注1：组织的概念包括但不限于个体商户、公司、集团、企事业单位、研究机构、合伙企业、慈善机构、或是上述单位的结合体，无论其是否为法人团体，公营还是私营。

注2：对于拥有一个以上运营单位的组织，可以把每一个单独运营的单位视为一个组织。

3.34

外包(动词)　outsource (verb)

把组织的部分职能或过程安排给外部组织。

注：虽然外包的职能和过程属于管理体系的范围，但外部组织则在此范围之外。

3.35

绩效　performance

可测量的结果。

注1：绩效与定量或定性的结果有关。

注2：绩效与活动、流程、产品(包括服务)、体系或组织的管理有关。

3.36

绩效评估　performance evaluation

确定可测量结果的过程。

3.37

人员　personnel

为组织工作并受其管理的人。

注：人员的概念包括但不限于员工、兼职人员和派遣人员。

3.38

方针　policy

由组织最高管理者正式发布的意图和方向。

3.39

程序　procedure

为进行某项活动或过程所规定的途径。

3.40

过程　process

将输入转化为输出的相互关联或相互作用的一组活动。

3.41

产品和服务　products and services

组织提供给顾客、服务对象和相关方的有益的成果，例如制成品、汽车保险和社区护理。

3.42

优先活动　prioritized activities

事件发生后为了减轻影响必须优先执行的活动。

注：描述此类活动的常用术语包括：紧要的、必要的、重要的、紧急的和关键的。

[ISO 22300]

3.43

记录 record

所取得结果的说明或提供所完成活动的证据。

3.44

恢复点目标 recovery point objective ;RPO

为使活动能够恢复进行，而必须将该活动所用的信息恢复到某时间点。

3.45

恢复时间目标 recovery time objective ;RTO

事件发生后到下列活动完成之间的时间段。

——产品或服务必须恢复，或

——活动必须恢复，或

——资源必须复原。

注：对于产品、服务和活动，恢复时间目标必须小于组织不能接受的导致产品/服务停止供应、活动无法执行等负面影响所需的时间。

3.46

要求 requirement

明示的、通常隐含的或必须履行的需求或期望。

注1："通常隐含"是指顾客或相关方的惯例或一般做法，所考虑的需求和期望是不言而喻的。

注2：规定要求是经明示的要求，如：记录信息。

3.47

资源 resources

为了运行和实现目标，组织在需要时可供使用的所有资产、人员、技能、信息、技术(包括工厂和设备)、场地、物资和信息(无论是否为电子格式)。

3.48

风险 risk

对于目标的不确定性影响。

注1：该影响是偏离预期目标的——正面的或负面的。

注2：目标可以有不同的方面(例如财政、健康和安全以及环境目标)，也可以应用于不同的层次(例如战略、组织范围、项目、产品和过程)。目标可以用其他方式来表示，例如作为预期结果、意图、运行准则、业务连续性目标或用其他意思相近的词来表达(例如目的或宗旨)。

注3：风险常被描述为潜在事态(ISO/IEC 指南 73 中 3.5.1.3)和后果(ISO/IEC 指南 73 中 3.6.1.3)，或它们的组合。

注4：风险通常被表述为事态的后果(包括环境的变化)和发生的可能性(ISO/IEC 指南 73 中 3.6.1.1)。

注5：不确定性是指完全或部分缺乏有关某项事态的了解或认识(包括其后果和发生可能性)信息的状态。

注6：在业务连续性管理体系的背景下，为取得特定的结果，组织在与业务连续性方针保持一致的前提下制定了业务连续性目标。当应用风险和风险管理要素等术语的时候，往往都和组织目标有关。这些目标包括但不仅限于6.2中提到的业务连续性目标。

[ISO/IEC 指南 73]

3.49

风险偏好 risk appetite

组织愿意接受或承担风险的数量和类别。

3.50

风险评估　risk assessment

风险识别、风险分析和风险评价的整个过程。

[ISO/IEC 指南 73]

3.51

风险管理　risk management

指导和控制一个组织相关风险的协调活动。

[ISO/IEC 指南 73]

3.52

测试　testing

一个用以确定某事物的存在、质量或真实性的评价程序。

注 1：测试可能会涉及到“试验”。

注 2：测试经常被用于支持计划。

[ISO 22300]

3.53

最高管理者　top management

在最高层指挥和控制组织的一个人或一组人。

注 1：最高管理者有权力在组织内进行授权，并提供资源。

注 2：如果管理体系的范围只涵盖了组织的一部分，那么最高管理者指那些直接指导和操控该部分组织的人。

3.54

验证　verification

通过提供证据对规定要求已得到满足的认定。

3.55

工作环境　work environment

工作时所处的一组条件。

注：条件包括物理的、社会的、心理的和环境的因素(例如温度、承认方式、人因工效和大气成分)。

[ISO 22300]

4　组织环境

4.1　了解组织和组织环境

组织应确定与其意图相关且影响其达到 BCMS 预期结果能力的外部和内部情况。

在建立、实施和保持组织的 BCMS 时，这些情况应被考虑。

组织应识别以下内容并形成文件：

a)　组织的活动、职能、服务、产品、合作方、供应链、与相关方的关系以及与中断事件有关的潜在影响；

b)　业务连续性方针和组织目标以及其他方针，包括其总体风险管理策略间的联系；

c)　组织的风险偏好。

在构建环境时，组织应：

a)　阐明其目标，包括与业务连续性有关的目标；

b)　确定会造成增加风险不确定性的外部和内部因素；

c)　根据风险偏好设定风险准则；

d)　确定 BCMS 的目的。

4.2 理解相关方的需求和期望

4.2.1 总则

在建立 BCMS 时，组织应确定：

a) 与 BCMS 有关的相关方；

b) 这些相关方的要求(即阐明的、通常隐含的或强制性的需求和期望)。

4.2.2 法律和法规要求

组织应建立、实施和保持一个程序(或多个程序)用以识别、利用和评估与业务运行、产品和服务，以及相关方连续性要求相关的适用的法律和法规要求。

组织应确保在建立、实施和保持其 BCMS 时考虑这些适用的法律、法规和经组织认同的其他要求。

组织应将这些信息形成文件并保持更新。应与受影响的员工和其他相关方沟通新制定或变更的法律、法规和其他要求。

4.3 确定业务连续性管理体系的范围

4.3.1 总则

组织应通过确定 BCMS 的边界和适用性来建立其范围。

组织在确定范围时应考虑：

——在 4.1 中涉及的外部和内部因素；

——在 4.2 中涉及的要求。

该范围应为可获得的存档信息。

4.3.2 BCMS 的范围

组织应：

a) 确定组织中被包含在 BCMS 范围内的部分；

b) 在考虑组织的任务、目标、内部和外部职责(包括与相关方有关的)以及法律和法规方面的责任下，建立 BCMS 的要求；

c) 识别 BCMS 范围内的产品、服务和所有相关活动；

d) 考虑相关方的需求和利益，例如客户、投资者、股东、供应链、公共和/或社区的投入和需求、期望和利益(如适用时)；

e) 按照组织规模、性质和复杂性确定合适的 BCMS 范围。

在定义范围时，组织应将删减理由形成文件，任何删减应不影响组织提供达到 BCMS 要求的业务和运行连续性的能力和责任，删减是由业务影响分析或风险评估和适用的法律或法规要求确定的。

4.4 业务连续性管理体系

组织应根据本标准的要求，建立、实施、保持和持续改进 BCMS，包括所需的过程和过程间的相互作用。

5 领导力

5.1 领导力和承诺

整个组织的最高管理者和其他相关管理人员应证明他们在 BCMS 方面的领导力。

例如：领导力和承诺能够通过激励和授权员工为 BCMS 的有效性做出贡献来体现。

5.2 管理承诺

最高管理者应通过以下方式来证明其在 BCMS 方面的领导力和承诺：

——确保已经为业务连续性管理体系制定了方针和目标并确保方针和目标与组织的战略方向是一致的；

——确保业务连续性管理体系的要求纳入组织的业务过程中；

——确保业务连续性管理体系所需的资源可用；

——就业务连续性管理的有效性和符合 BCMS 要求的重要性进行传达；

——确保业务连续性管理体系达到预期结果；

——指导和支持员工为 BCMS 的有效性作贡献；

——推动持续改进；

——支持其他相关管理角色在其职责领域内展示其领导作用和承诺。

注 1：本标准中的“业务”从广义上解释为对于组织的存在而言具有核心价值的活动。

最高管理者应通过以下活动为建立、实施、运行、监视、评审、保持和改进 BCMS 的承诺提供证据：

——建立业务连续性方针；

——确保 BCMS 目标和计划已被制定；

——为业务连续性管理确定角色、职责和能力；

——任命一名或多名具有适当权限和能力的 BCMS 责任人员来负责实施和保持 BCMS。

注 2：这些人员在组织内部可以承担其他职责。

最高管理者应通过以下方式确保相关角色的职责和职权在组织内被授权和传达：

——确定风险接受准则和可接受的风险级别；

——积极参与演练和测试；

——确保 BCMS 的内部审核被执行；

——实施 BCMS 的管理评审；

——证明其对持续改进的承诺。

5.3 方针

最高管理者应建立业务连续性方针，该方针应：

a) 符合组织的宗旨；

b) 为业务连续性目标的制定提供框架；

c) 包含满足适应要求的承诺；

d) 包含对 BCMS 进行持续改进的承诺。

BCMS 方针应：

——为可获得的存档信息；

——在组织内部传达；

——适当时使相关方能够获得；

——在规定的时间间隔内或当重大变化发生时对持续适用性进行评审。

组织应保留业务连续性方针方面的存档信息。

5.4 组织的角色、职责和权力

最高管理者应该确保相关角色的职责和权限在组织内部被授权和传达。

最高管理者应分配职责和职权以：

a) 确保管理体系符合本标准的要求；

b) 向最高管理者报告 BCMS 的绩效。

6 策划

6.1 应对风险和机会的措施

当进行 BCMS 策划时，组织应考虑 4.1 提到的因素和 4.2 提到的要求，并确定需要应对的风险和机会以：

a) 确保管理体系能够达到预期结果；

b) 防止或减少不良影响；

c) 实现持续改进。

组织应策划：

a) 应对风险和机会的措施；

b) 如何：

1) 将这些措施在 BCMS 的过程中进行整合和实施(见 8.1)；

2) 评估这些措施的有效性(见 9.1)。

6.2 业务连续性目标和实现计划

最高管理者应确保制定业务连续性目标并将其传达给组织内具有相关职责的人员。

业务连续性目标应：

a) 与业务连续性方针保持一致；

b) 考虑组织为实现目标所能接受的产品和服务的最低级别；

c) 是可测量的；

d) 考虑适用的要求；

e) 进行监视和适当的更新。

组织应保留与业务连续性目标有关的存档信息。

为了达到业务连续性目标，组织应确定：

——谁将负责；

——要做什么；

——需要什么资源；

——什么时候完成；

——怎样评估结果。

7 支持

7.1 资源

组织应确定并提供建立、实施、保持和持续改进 BCMS 所需的资源。

7.2 能力

组织应：

a) 根据绩效影响，确定其管理下的工作人员应具备的必要能力；

b) 确保人员在适当的教育、培训和实践经验的基础上能够胜任；

c) 在适用的情况下,采取措施以获得必要的能力,并评估所采取措施的有效性;

d) 保留适当的存档信息作为能力的证据。

注:适用的措施包括:提供培训、指导、重新分配当前工作人员或聘任有能力的人。

7.3 意识

在组织管理下的工作人员应了解:

a) 业务连续性方针;

b) 他们对 BCMS 有效性的贡献,包括改进业务连续性管理绩效带来的益处;

c) 不符合 BCMS 要求的后果;

d) 在发生中断事件时各自的角色。

7.4 沟通

组织应确定与 BCMS 有关的内部和外部沟通的需求,包括:

a) 沟通的内容;

b) 沟通的时机;

c) 沟通的对象。

组织应建立、实施和保持一个程序(或多个程序)以实现:

——与组织的相关方和雇员之间的内部沟通;

——与顾客、合作方、当地社区和包括媒体在内的其他相关方的外部沟通;

——收集、存档和回应来自相关方的信息;

——在适当的情况下,采用和纳入国家或地区的威胁预警体系(或类似的体系),供规划和运行使用;

——发生中断事件时,确保沟通手段的可用性;

——在合适的情况下,促进与相关政府机构进行有组织的沟通,确保多个响应机构和人员之间的协作;

——对于正常通信中断期间所需要的备用通信方式进行操作和测试。

注:关于应对事件的更多沟通要求,见 8.4.3。

7.5 存档信息

7.5.1 总则

组织的 BCMS 应包括:

——本标准所要求的存档信息;

——由组织确定的为实现 BCMS 绩效而必须的存档信息。

注:BCMS 的存档信息范围因组织而异:

——组织的规模以及它的活动、过程、产品和服务的类型;

——过程及其相互作用的复杂性;

——人员能力。

7.5.2 创建和更新

在创建和更新存档信息时,组织应确保合适的:

a) 标识和描述(如标题、日期、作者或编号);

b) 格式(例如语言、软件版本、图形)、介质(例如纸质、电子的)以及对适宜性和充分性的评审和审批。

7.5.3 存档信息的管理

BCMS 和本标准所要求的存档信息应受控以确保：

a) 在需要使用的地点和时间是可用的和适宜的；

b) 得到切实的保护(例如丧失机密性、使用不当或失去完整性)。

适当时，组织应采取以下措施对存档信息进行控制：

——分发、访问、获取和使用；

——存储和保存，包括保护可读性；

——变更控制(例如版本控制)；

——保留和处置；

——获取和使用；

——可读性(即清晰可读)的保持；

——防止作废文件的非预期使用。

根据具体情况，组织确定的在 BCMS 的策划和运行中所必须的外来存档信息应被识别和控制。

建立存档信息的控制时，组织应确保对存档信息进行充分的保护(例如避免信息泄露、未授权修改或删除)。

注：信息获取权是指有关存档信息浏览许可的决定，或浏览和改变存档信息的许可和权力。

8 实施

8.1 实施的策划和控制

组织应通过以下方式策划、实施和控制为满足要求所需要的过程，并实施 6.1 中所确定的措施。

a) 建立过程准则；

b) 按照准则执行这些过程的控制；

c) 为了确定流程按计划进行，在必要的范围内保留存档信息。

组织应控制计划内的变更以及评审非预期的变更带来的结果，必要时采取行动减轻负面影响。

组织应确保外包过程的受控。

8.2 业务影响分析和风险评估

8.2.1 总则

组织应建立、实施和保持一个正式的、形成文件的业务影响分析和风险评估过程。

a) 建立评估的环境、确定标准和评估中断事件的潜在影响；

b) 考虑组织遵从的法律要求和其他要求；

c) 包括系统的分析、风险处置优先级以及相关的成本；

d) 明确业务影响分析和风险评估所要求的输出；

e) 提出输出信息更新和保密的要求。

注：不同的业务影响分析和风险评估方法会决定上述活动的执行顺序。

8.2.2 业务影响分析

组织应建立、实施、保持一个正式的、形成文件的确定连续性和恢复优先级、目标和指标的评价过程。这个过程应包括对支持该组织的产品和服务活动中断所造成的影响的评估。

业务影响分析应包括以下内容：

a) 识别支持产品和服务交付的活动；

b) 评估这些活动中断后随时间推移的影响；

c) 在最低可接受水平上制定业务恢复优先级时间表，要考虑在某时间内，没有恢复这些业务所造成的影响是不可接受的；

d) 识别这些活动间的依赖关系及支持资源，包括供应商、外包方和其他相关方。

8.2.3 风险评估

组织应建立、实施和保持一个正式的形成文件的风险评估过程。该过程能系统地识别、分析和评价中断事件给组织带来的风险。

注：这一过程可以参照 ISO 31000 来制定。

组织应：

a) 识别中断对于组织的优先活动以及过程、系统、信息、人员、资产、外包方和其他支持资源所带来的风险；

b) 系统地分析风险；

c) 评价哪种中断风险需要处理；

d) 识别与业务连续性目标相符以及与组织的风险偏好一致的处理措施。

注：组织必须意识到特定金融或政府部门会对这些风险披露的详细程度有要求。另外，特定的社会需求也要求在适当程度上共享此类信息。

8.3 业务连续性策略

8.3.1 确定和选择

策略的确定和选择应以业务影响分析和风险评估的输出结果为基础。

组织应确定一个适当的业务连续性策略以：

a) 保护优先活动；

b) 稳定、连续、重启和恢复优先活动以及该活动所依赖的活动和支持资源；

c) 减轻、响应和管理影响。

策略的确定应该包括批准活动恢复的优先级时间表。

组织应对供应商的业务连续能力进行评价。

8.3.2 建立资源要求

组织应为执行所选择的策略设置资源要求。所需考虑的资源类型应包括但不限于：

a) 人员；

b) 信息和数据；

c) 建筑物、工作环境和配套设施；

d) 设施、设备和耗材；

e) 信息通信技术系统；

f) 交通工具；

g) 资金；

h) 合作方和供应商。

8.3.3 保护和缓解

对于需要处理的已识别风险，组织应考虑采用主动措施以：

a) 减少中断的可能性；

b) 缩短中断的时间；

c) 限制中断对组织的关键产品和服务的影响。

组织应根据其风险偏好选择和实施适当的风险处置措施。

8.4 建立和实施业务连续性程序

8.4.1 总则

组织应以业务影响分析中已识别的恢复目标为基础，建立、实施和保持业务连续性程序，来管理中断事件和保证活动的连续性。

组织应将程序(包括必要的安排)形成文件，以确保活动的连续性和对中断事件的管理。

程序应：

a) 建立适当的内部和外部沟通协议；

b) 针对业务中断期间需要采取的紧急步骤进行详细规定；

c) 灵活地应对非预期的威胁和不断变化的内部和外部环境；

d) 关注可能导致潜在运行中断的事态影响；

e) 在已提出的假设和在相互依赖关系分析的基础上进行开发；

f) 通过实施适当的减缓策略有效地将后果最小化。

8.4.2 事件响应机制

组织应利用对事件管理有职责、权力和能力的人员来建立并实施中断事件响应程序和管理机制，并将其形成文件。

响应机制应：

a) 识别开始采取正式响应措施的影响阀值；

b) 评估中断事件的性质和范围以及潜在影响；

c) 启动适当的业务连续性响应；

d) 具备用于启动、运行、协调和沟通的响应过程和程序；

e) 具备可用于支持过程和程序的资源来处理中断事件以减轻影响；

f) 与相关方、权力机构以及媒体进行沟通。

组织应采取人身安全第一优先的原则，通过与相关方进行协商来决定是否就其重大风险和影响进行外部沟通，并将其决定形成文件。如果决定要进行外部沟通，组织应建立和实施针对此类与外部以及在适当情况下与媒体进行沟通和预警的程序。

8.4.3 预警和沟通

组织应建立、实施和保持程序以：

a) 发现事件；

b) 对事件进行日常监视；

c) 进行组织内部沟通并接收、存档和响应来自相关方的反馈；

d) 对国家或地区的威胁预警体系(或类似的体系)进行接收、记录和响应；

e) 确保在中断事件期间沟通手段的可用；

f) 为同应急响应人员进行有序的沟通提供便利；

g) 记录与事件、采取的措施和所做的决定相关的重要信息，适当时，下列事项应被考虑和实施：

——向将要受到正在发生或者即将发生的中断事件潜在影响的相关方进行预警；

——确保多个响应组织和人员之间的协同；

——通信设施的运行。

沟通和预警程序应定期进行演练。

8.4.4 业务连续性计划

组织应建立响应中断事件，以及如何在预定的时间内继续或恢复其活动的文件化程序。此程序应能针对使用者提出要求。

业务连续性计划应全部包含：

a) 确定在事件发生时和发生后相关人员和团队的角色和职责；

b) 一个启动响应的过程；

c) 处理中断事件所造成的直接后果的详细说明，要考虑到：

1) 个人福利；

2) 响应中断的策略、战术和执行方案的选择；

3) 防止进一步损失或优先活动无法执行；

d) 如何以及在何种情况下组织与员工及其亲属、关键相关方、以及紧急联络人进行沟通；

e) 组织将如何在预定的时间里继续或恢复其优先活动；

f) 事件发生后，组织的媒体响应的详细说明包括：

1) 沟通策略；

2) 首选的媒体接口；

3) 起草媒体声明的方针或模板；

4) 合适的发言人。

g) 事件一旦结束后的退出过程。

每个计划应确定：

——目的和范围；

——目标；

——启动的准则和程序；

——实施程序；

——角色、职责和职权；

——沟通的要求和程序；

——内部和外部的依赖关系和相互作用；

——资源的要求；

——信息流和存档过程。

8.4.5 恢复

组织应有用以在事件发生后从所采用的临时措施中恢复并重新开始业务正常活动的文件化程序。

8.5 演练和测试

组织应演练和测试其业务连续性程序，以确保它们和业务连续性目标相一致。

组织进行的演练和测试应：

a) 与 BCMS 的范围和目标保持一致；

b) 基于适当的，有周密计划以及明确目的和目标的场景；

c) 持续实施并召集相关方对其整套业务连续性安排进行验证；

d) 最大限度降低运行中断的风险；

e) 形成正式的演练总结报告，内容包括输出结果、建议和实施改进的措施；

f) 在促进持续改进的情况下被评审;

g) 按计划的时间间隔或者当组织或其运营环境出现重大变化时进行。

9 绩效评估

9.1 监视、测量、分析和评价

9.1.1 总则

组织应确定:

a) 需要被监视和测量的内容;

b) 监视、测量、分析和评价方法,确保得到有效的结果;

c) 何时进行监视和测量;

d) 何时进行监视和测量结果的分析和评价。

组织应保留适当的存档信息作为结果的证据。

组织应评价 BCMS 的绩效和 BCMS 的有效性。

另外,组织应:

——在不符合发生前采取必要措施以应对不利的趋势和结果;

——保留相关的存档信息作为结果的证据。

用于监视绩效的程序应提供:

——制定符合组织需求的绩效指标;

——对组织的业务连续性方针、目标和指标完成程度的监视;

——保护其优先级活动的过程、程序和职能的绩效;

——对本标准和业务连续性目标符合性的监视;

——对 BCMS 缺陷绩效的历史证据的监视;

——记录监视和测量的数据和结果,为采取后续纠正措施提供便利。

注:缺陷绩效包括不符合、未遂事件、错误警报和实际发生的事件。

9.1.2 业务连续性程序的评价

a) 组织应对其业务连续性程序和能力进行评价,以确保其持续的适宜性、充分性和有效性;

b) 这些评价应通过定期评审、演练、测试、事件总结报告和绩效评估来进行。重大变更应在一个(或多个)程序中得到及时的反映;

c) 组织应定期评价其对现行法律法规要求、行业最佳实践及其自身业务连续性方针和目标的符合性;

d) 组织应按计划的时间间隔或者当组织或运营环境出现重大变化时进行评估。

当中断事件发生并导致业务连续性程序的启动时,组织应进行事后评审并记录其结果。

9.2 内部审核

组织应按计划的时间间隔进行内部审核,提供信息以表明业务连续性管理体系是否:

a) 符合:

1) 组织自身对 BCMS 的要求;

2) 本标准的要求。

b) 得到有效的实施和保持。

组织应:

——策划、建立、实施和保持一个或多个审核方案，包括频次、方法、职责、策划要求和报告。审核方案应该考虑到所关注过程的重要性和以往审核的结果。
——确定每次审核的审核准则和范围。
——审核员的选择和审核的执行应确保审核过程的客观性和公正性。
——确保审核结果被报告给相关管理层。
——保留执行审核方案和审核结果的存档信息作为证据。

审核方案，包括任何日程安排，应以组织活动的风险评估和以往的审核结果为基础。审核程序应涵盖范围、频次、方法和能力，以及执行审核和报告结果的职责和要求。

负责被审核领域的管理层人员应确保及时采取必要的纠正和纠正措施，以消除发现的不符合及其根源，不得无故拖延。后续活动应该包括对所采取措施进行验证以及验证结果的报告。

9.3 管理评审

最高管理者应按计划的时间间隔评审组织的 BCMS，以确保其持续适宜、充分和有效。

管理评审应考虑以下内容：

a) 以往管理评审措施的状态；
b) 与业务连续性管理体系有关的外部和内部因素的变化；
c) 业务连续性绩效的信息，包括在以下方面的趋势：
   1) 不符合项及纠正措施；
   2) 监视和测量评价结果；
   3) 审核结果。
d) 持续改进的机会。

管理评审应该考虑到组织的绩效，包括：

——以往管理审核的后续跟进；
——改变 BCMS 的变更需求，包括方针和目标；
——改进机会；
——BCMS 的审核和评审的结果，包括对关键供应商和合作方(适用时)；
——可能用于改进组织的 BCMS 绩效和有效性的技术、产品或程序；
——纠正措施的状态；
——演练和测试的结果；
——在以往的风险评估中没有引起足够重视的风险和问题；
——无论是 BCMS 范围内部还是外部的任何能对 BCMS 产生影响的变化；
——方针的充分性；
——改进建议；
——在中断事件中采取的措施以及从中吸取的经验；
——新出现的良好实践和指导。

管理评审的输出应当包括与持续改进机会相关的决定以及可能存在的对 BCMS 变更的需求，并且还包括：

a) 对 BCMS 范围的变化；
b) 对 BCMS 有效性的改进；
c) 对风险评估、业务影响分析、业务连续性计划和相关程序的更新；
d) 对用以响应可能对 BCMS 产生影响的内部或外部事件的程序和控制措施的修改，包括对下列事项的变更：
   1) 业务和运行要求；

2) 风险降低和安全要求；

3) 运行条件和过程；

4) 法律和法规要求；

5) 合同义务；

6) 风险级别和/或风险接受准则；

7) 资源需求；

8) 资金和预算要求；

e) 对控制措施的有效性进行测量的方式。

组织应保留存档信息作为管理评审结果的证据。

组织应：

——向相关方传达管理评审的结果；

——针对这些结果采取适当的措施。

10 改进

10.1 不符合和纠正措施

当不符合发生时，组织应：

a) 识别不符合；

b) 对不符合做出反馈，并且，适当时：

1) 采取措施进行控制和纠正；

2) 对结果进行处理。

c) 评估为消除不符合的原因所采取措施的需求，为了防止不符合在别处出现或者再现，可采取下列方法：

1) 评审不符合；

2) 确定引起不符合的原因；

3) 确定是否存在或有可能出现类似不符合；

4) 评估纠正措施的必要性以确保不符合不会重复或在别处发生；

5) 确定和实施需要的纠正措施；

6) 评审所采取的任何纠正措施的有效性；

7) 必要时，对 BCMS 进行变更。

d) 实施需要的任何措施；

e) 评审所采取的任何纠正措施的有效性；

f) 必要时，对 BCMS 进行变更。

纠正措施应与所遇到不符合的影响程度相适应。

组织应保留下列存档信息作为证据：

——不符合的性质和任何所采取的后续措施；

——各项纠正措施的结果。

10.2 持续改进

组织应持续改进 BCMS 的适宜性、充分性或有效性。

注：组织可以运用 BCMS 的过程来实现改进，例如领导力、策划和绩效评估。

参 考 文 献

[1] ISO 9001,Quality management systems—Requirements.

[2] ISO 14001,Environmental management systems—Requirements with guidance for use.

[3] ISO 19011,Guidelines for auditing management systems.

[4] ISO/IEC 20000-1,Information Technology—Service Management.

[5] ISO 22300,Societal security—Terminology.

[6] ISO/PAS22399,Societal security—Guideline for incident preparedness and operational continuity management.

[7] ISO/IEC 24762,Information technology—Security techniques—Guidelines for Information and communications technology disaster recovery services.

[8] ISO/IEC 27001,Information Security Management Systems.

[9] ISO/IEC 27031,Information technology—Security techniques—Guidelines for information and communication technology readiness for business continuity.

[10] ISO 31000,Risk Management—Principles and Guidelines.

[11] ISO/IEC 31010, Risk management—Risk assessment techniques.

[12] ISO/IEC Guide 73,Risk management—Vocabulary.

[13] BS 25999-1,Business continuity management—Code of practice,British Standards Institution (BSI).

[14] BS 25999-2,Business continuity management—Specification,British Standards Institution (BSI).

[15] SI 24001,Security and continuity management systems—Requirements and guidance for use,Standards Institution of Israel.

[16] NFPA1600, Standard on disaster/emergency management and business continuity programs,National Fire Protection Association (USA).

[17] BusinessContinuity Plan Drafting Guideline,Ministry of Economy,Trade and Industry (Japan),2005.

[18] BusinessContinuity Guideline,Central Disaster Management Council,Cabinet Office,Government of Japan,2005.

[19] ANSI/ASIS SPC. 1, Organizational Resilience: Security, Preparedness, and Continuity Managements Systems—Requirements with Guidance for UseSS 540: 2008,Singapore Standard for Business Continuity Management.

[20] ANSI/ASIS/BSI BCM. 01,Business Continuity Management Systems: Requirements with Guidance for Use.

ICS 13.310
A 91

中华人民共和国国家标准

GB/T 30147—2013

安防监控视频实时智能分析设备技术要求

Technical requirements for real time intelligent video analysis devices in surveillance system

2013-12-17 发布　　　　2014-08-01 实施

中华人民共和国国家质量监督检验检疫总局
中国国家标准化管理委员会　发布

前　言

本标准按照 GB/T 1.1—2009 给出的规则起草。

请注意，本文件的某些内容可能涉及专利，本文件的发布机构不承担识别这些专利的责任。

本标准由中华人民共和国公安部提出。

本标准由全国安全防范报警系统标准化技术委员会(SAC/TC 100)归口。

本标准起草单位：公安部第一研究所、北京中盾安全技术开发公司、北京智安邦科技有限公司、北京文安科技发展有限公司、公安部安全与警用电子产品质量检测中心、金鹏电子信息机器有限公司、广州浩云安防科技股份有限公司、杭州海康威视数字股份有限公司、公安部安全防范报警系统产品质量监督检验测试中心。

本标准主要起草人：陈朝武、李鹏飞、张跃、王列、杨达、陶海、魏一、龙中胜、赵炫、高磊、董鹏飞、黄麒麟。

安防监控视频实时智能分析设备技术要求

1 范围

本标准规定了安防监控视频实时智能分析设备的功能、性能、接口、电磁兼容性、环境适应性、试验方法、检验规则等。

本标准适用于安防监控中应用的视频实时智能分析设备，具有视频实时智能分析功能的摄像机及其他领域应用的视频实时智能分析装置可参考采用。

2 规范性引用文件

下列文件对于本文件的应用是必不可少的。凡是注日期的引用文件，仅注日期的版本适用于本文件。凡是不注日期的引用文件，其最新版本（包括所有的修改单）适用于本文件。

GB/T 191—2008 包装储运图示标志

GB/T 2421.1—2008 电工电子产品环境试验 概述和指南

GB/T 2423.1—2008 电工电子产品环境试验 第2部分：试验方法 试验A：低温

GB/T 2423.2—2008 电工电子产品环境试验 第2部分：试验方法 试验B：高温

GB/T 2423.3—2006 电工电子产品环境试验 第2部分：试验方法 试验Cab：恒定湿热试验

GB/T 2423.5—1995 电工电子产品环境试验 第2部分：试验方法 试验Ea和导则：冲击

GB/T 2423.10—2008 电工电子产品环境试验 第2部分：试验方法 试验Fc：振动（正弦）

GB/T 2828.1 计数抽样检验程序 第1部分：按接收质量限（AQL）检索的逐批检验抽样计划

GB/T 2829 周期检验计数抽样程序及表（适用于对过程稳定性的检验）

GB 4208—2008 外壳防护等级（IP代码）

GB/T 4857.5—1992 包装 运输包装件 跌落试验方法

GB 16796—2009 安全防范报警设备 安全要求和试验方法

GB/T 17626.2—2006 电磁兼容 试验和测量技术 静电放电抗扰度试验

GB/T 17626.3—2006 电磁兼容 试验和测量技术 射频电磁场辐射抗扰度试验

GB/T 17626.4—2008 电磁兼容 试验和测量技术 电快速瞬变脉冲群抗扰度试验

GB/T 17626.5—2008 电磁兼容 试验和测量技术 浪涌（冲击）抗扰度试验

GB/T 17626.6—2008 电磁兼容 试验和测量技术 射频场感应的传导骚扰抗扰度

GB/T 17626.11—2008 电磁兼容 试验和测量技术 电压暂降、短时中断和电压变化的抗扰度试验

GB/T 25724—2010 安全防范监控数字视音频编解码技术要求

GB/T 28181—2011 安全防范视频监控联网系统信息传输、交换、控制技术要求

3 术语和定义、缩略语

3.1 术语和定义

GB/T 25724—2010 界定的术语和定义以及下列术语和定义适用于本文件。

3.1.1

安防监控视频　surveillance video

用于安全防范监控的、经摄像机采集的多帧图片构成的信息。

3.1.2

目标　object

视频中的行人、车辆、物体等特定对象。

3.1.3

事件　event

视频中出现的、满足用户预定义规则的特定事情。

3.1.4

目标大小　object size

目标在视频中最小外接矩形的宽度(水平像素值)和高度(垂直像素值)。

3.1.5

目标位置　object position

目标在视频中最小外接矩形的中心坐标,坐标系原点自视频左上角起,x 轴正向向右,y 轴正向向下。

3.1.6

视频实时智能分析　real time intelligent video analysis

利用数字图像处理、模式识别等相关技术对视频内容进行实时分析,自动检测感兴趣的目标或事件,以文本、图片或视频等方式输出分析结果。

3.1.7

视频实时智能分析设备　real time intelligent video analysis device

具有视频实时智能分析功能的装置。

3.1.8

视频描述数据　video description data

视频实时智能分析设备输出的对视频中的目标、事件等内容进行描述的数据。

3.1.9

运动目标检测　moving object detection

在视频中设定检测区域,对该区域内处于运动状态的目标进行检测。

3.1.10

遗留物检测　unattended object detection

在视频中设定检测区域,对物体移入该区域且保持静止超过一定时间的事件进行检测。

3.1.11

物体移除检测　object removal detection

在视频中设定检测区域,对物体移出该区域超过一定时间的事件进行检测。

3.1.12

绊线检测　tripwire detection

在视频中设定一条或多条检测线,对目标以指定方向穿越检测线的事件进行检测。

3.1.13

入侵检测　intrusion detection

在视频中设定检测区域,对目标进入或离开该区域的事件进行检测。

3.1.14

逆行检测　retrograde motion detection

在视频中设定检测区域及正常运动方向,对区域内目标不按正常方向运动的事件进行检测。

3.1.15

徘徊检测　loitering detection

在视频中设定检测区域,对同一目标在该区域内运动超过一定时间的事件进行检测。

3.1.16

流量统计　flow statistics

在视频中设定一个或多个检测区域(或检测线),对单位时间内按指定方向进入或离开该区域(或穿越检测线)的目标数量进行统计。

3.1.17

密度检测　density detection

在视频中设定检测区域,对该区域内的目标稠密程度进行估计。

3.1.18

目标分类　object classification

在视频中设定检测区域,将区域内的目标基于某种相似性归入不同类别。

3.1.19

正检　true positive

视频中出现应该被检测的目标或事件,且视频实时智能分析设备输出了正确的检测结果。

3.1.20

误检　false positive

视频中未出现应该被检测的目标或事件,但视频实时智能分析设备输出了检测结果。

3.1.21

漏检　false negative

视频中出现应该被检测的目标或事件,但视频实时智能分析设备未输出检测结果。

3.1.22

检测目标　detected object

视频实时智能分析设备输出的目标。

3.1.23

基准数据　reference data

对视频中的目标、事件等内容进行人工标注生成的数据,作为性能测试的参考值。

3.1.24

基准目标　reference object

基准数据中的目标。

3.1.25

目标匹配率　object matching ratio

检测目标与基准目标的匹配程度。

$$\text{目标匹配率}=\frac{\text{检测目标与基准目标重叠区域像素个数}\times 2}{\text{基准目标像素个数}+\text{检测目标像素个数}}$$

3.1.26

检测率　true positive rate

视频实时智能分析设备输出的正确目标或正确事件与视频中应该被设备检测的目标或事件的百分比。

$$检测率=\frac{正检数}{漏检数+正检数}\times 100\%$$

3.1.27

误检率 false positive rate

视频实时智能分析设备输出的目标或事件中，错误目标或事件所占的百分比。

$$误检率=\frac{误检数}{误检数+正检数}\times 100\%$$

3.1.28

分类准确率 classification accuracy

视频实时智能分析设备对目标类别做出正确判断的百分比。

$$分类准确率=\frac{分类正确的目标数}{分类正确的目标数+分类错误的目标数}\times 100\%$$

3.2 缩略语

下列缩略语适用于本文件。

AQL：接收质量限(Acceptance Quality Limit)

FN：漏检(False Negative)

FP：误检(False Positive)

FPS：帧每秒(Frames Per Second)

MJPEG：运动图像逐帧压缩技术(Motion Joint Photographic Experts Group)

RQL：不合格质量水平(Rejectable Quality Level)

SDK：软件开发工具包(Software Development Kit)

SVAC：安全防范监控数字视音频编解码(Surveillance Video and Audio Coding)

TP：正检(True Positive)

4 基本要求

4.1 设备标识

设备的标识由设备名称、视频信号输入方式、视频描述数据输出方式和企业标识组成：

a) 设备名称，用大写英文字母 AF-VID 的代号表示。

b) 视频信号输入的具体支持方式，用两位大写英文字母表示如下：

——AC：只支持模拟视频信号的输入；

——DC：只支持非网络数字视频信号的输入；

——NC：只支持网络数字视频码流的输入；

——AD：支持模拟视频信号及非网络数字视频信号的输入；

——AN：支持模拟视频信号及网络数字视频码流的输入；

——DN：支持非网络数字视频信号及网络数字视频码流的输入；

——AL：支持模拟视频信号、非网络数字视频信号及网络数字视频码流的输入。

c) 视频描述数据输出的具体支持方式，用两位大写英文字母表示如下：

——SP：只支持视频描述数据的独立输出；

——MX：只支持视频描述数据混合在视频编码数据中的输出；

——AL：支持视频描述数据的独立输出及混合在视频编码数据中的输出。

d) 企业标识，可自定义扩展，用大写英文字母和阿拉伯数字表示。

AF-VID-□□-□□-□□□□

企业标识

视频描述数据输出的具体支持方式

视频信号输入的具体支持方式

设备名称

示例：某公司生产的只支持模拟视频信号输入、只支持视频描述数据混合在视频编码数据中输出的安防视频实时智能分析设备，表示为：AF-VID-AC-MX-MGS。

4.2 工作原理

设备的工作原理如图1所示，应包括以下内容：

a) 数据输入：应支持模拟视频信号、非网络数字视频信号、网络数字视频码流中的一种或多种信号源接入；宜支持音频、传感器报警数据等数据的输入；应支持控制数据的输入。

b) 数据处理应包括输入数据预处理模块、智能分析处理模块、输出数据处理模块、设备控制模块：
- ——输入数据预处理模块对输入的模拟视频信号进行数字化、格式变换等预处理，对输入的非网络数字视频信号进行格式变换等预处理，对输入的网络数字视频码流进行解码等预处理；
- ——智能分析处理模块对预处理后的视频数据进行实时智能分析，对输入的音频、传感器报警等其他数据进行分析处理；
- ——输出数据处理模块对智能分析处理模块输出结果进行处理生成视频描述数据，对预处理后的视频数据进行编码生成视频编码数据；
- ——设备控制模块对输入的控制数据进行处理，同时输出响应控制数据。

c) 数据输出：应支持视频描述数据及控制数据的输出，宜支持视频编码数据的输出。

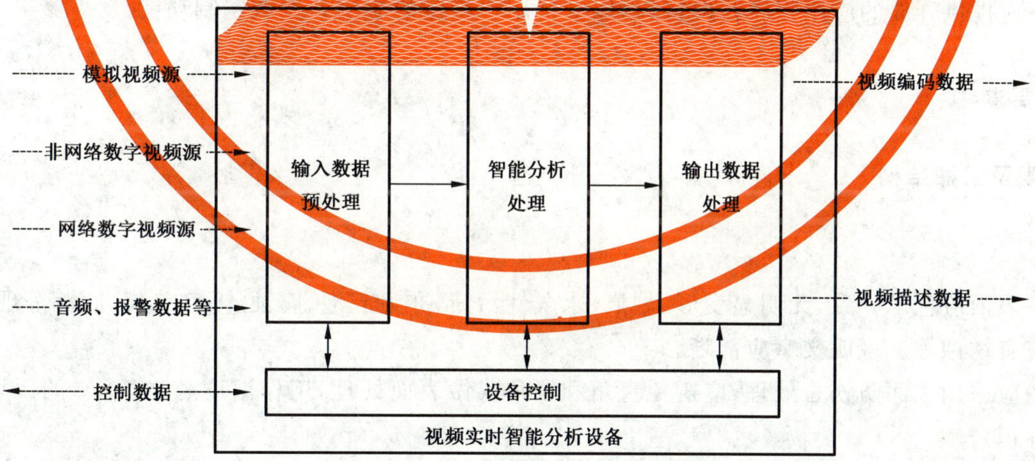

图1 设备工作原理图

4.3 物理接口

4.3.1 模拟视频输入接口

设备宜具有模拟复合视频输入接口，连接口应采用BNC(对应模拟复合信号传输)接口方式。

4.3.2 数字视频输入接口

设备宜具有数字视频输入接口,连接口宜采用 BNC(对应 SDI 信号传输)接口方式。

4.3.3 模拟视频输出接口

设备宜具有模拟复合视频输出接口,连接口应采用 BNC(对应模拟复合信号传输)接口方式。

4.3.4 数字视频输出接口

设备宜具有数字视频输出接口,连接口宜采用 BNC(对应 SDI 信号传输)接口方式。

4.3.5 报警接口

设备宜具有报警输入及报警输出接口。

4.3.6 控制接口

设备宜具有 RS-232 或 RS-485 串行控制接口。

4.3.7 网络接口

设备应至少具有 1 个 10/100/1 000 BASE-T 以太网口,连接口应采用 RJ45 接口方式。

4.3.8 存储介质接口

设备宜具有存储介质接口,连接口宜采用 USB 接口或 SD 存储卡等接口。

4.4 软件接口

设备应提供开放的应用程序开发接口,以支持用户特定的应用开发或定制功能。

5 一般要求

5.1 外观及机械结构

5.1.1 外观

设备表面应色泽一致,无明显变形、划痕、永久性污渍,亦无起泡、腐蚀、毛刺龟裂、脱落等现象,金属表面不应有锈蚀等。说明文字应清晰。

设备应采用表面防伤害处理,应避免直角和锐角或做表面处理,工作温度超过 50 ℃的区域应做明显警告标识。

5.1.2 结构

设备应具有电源指示灯,指示设备是否正常供电。设备应具有指示灯表示设备正在参数设定。设备应具有其他指示灯来说明设备的其他状态,至少应能说明设备正常工作状态和故障状态。

室内使用的设备,其防护能力 A 级应符合 GB 4208—2008 中 IP20 的规定,B 级应符合 GB 4208—2008 中 IP32 的规定。室外暴露使用的设备或设备配合防护罩一起使用的套装,其防护能力 A 级应符合 GB 4208—2008 中 IP65 的规定,B 级应达到 GB 4208—2008 中 IP66 的要求,C 级应达到 GB 4208—2008 中 IP67 的要求。

5.2 电磁兼容性

5.2.1 静电放电抗扰度

静电放电抗扰度限值应符合 GB/T 17626.2—2006 中试验等级 3 的规定。

试验期间,被测设备允许功能暂时丧失或性能暂时降低,但在骚扰停止后应能自行恢复,不需要操作者干预。试验后设备应能正常工作。

5.2.2 射频电磁场辐射抗扰度

射频电磁场辐射抗扰度限值应符合 GB/T 17626.3—2006 中试验等级 3 的规定。

试验期间,被测设备允许功能暂时丧失或性能暂时降低,但在骚扰停止后应能自行恢复,不需要操作者干预。试验后设备应能正常工作。

5.2.3 射频场感应的传导骚扰抗扰度试验

射频场感应的传导骚扰抗扰度限制应符合 GB/T 17626.6—2008 中试验等级 3 的规定。

试验期间,被测设备允许功能暂时丧失或性能暂时降低,但在骚扰停止后应能自行恢复,不需要操作者干预。试验后设备应能正常工作。

5.2.4 电快速瞬变脉冲群抗扰度

设备各端口的电快速瞬变脉冲群抗扰度限值应符合 GB/T 17626.4—2008 中试验等级 3 的规定。

试验期间,被测设备允许功能暂时丧失或性能暂时降低,但在骚扰停止后应能自行恢复,不需要操作者干预。试验后设备应能正常工作。

5.2.5 浪涌(冲击)抗扰度

浪涌(冲击)抗扰度限值应符合 GB/T 17626.5—2008 中的规定,试验等级:交流电源线 3 级;直流、信号、控制及其他输入线 2 级。

试验期间,被测设备允许功能暂时丧失或性能暂时降低,但在骚扰停止后应能自行恢复,不需要操作者干预。试验后设备应能正常工作。

5.2.6 电压暂降、短时中断和电压变化抗扰度

本要求仅适用于交流电源端口。

电压暂降、短时中断和电压变化抗扰度限值应符合 GB/T 17626.11—2008 中的规定:试验等级:电压暂降 3 类;短时中断 3 类,电压变化 70%。

试验期间,被测设备允许功能暂时丧失或性能暂时降低,但在骚扰停止后应能自行恢复,不需要操作者干预。试验后设备应能正常工作。

5.3 环境适应性

5.3.1 气候环境适应性

设备至少应能在表 1 规定的某一个环境类别下正常工作。

表 1　气候环境试验条件

试验项目	试验参数	试验条件			
		类别Ⅰ	类别Ⅱ	类别Ⅲ	类别Ⅳ
低温试验(工作状态)	温度/℃	5±3	−10±3	−25±3	−40±5
	持续时间/h	16	16	16	16
高温试验(工作状态)	温度/℃	40±3	55±3	55±3	70±3
	持续时间/h	16	16	16	16
恒定湿热试验(工作状态)	相对湿度/%	93±3			
	温度/℃	40±2			
	持续时间/h	48			

5.3.2　机械环境适应性

设备至少应能在表 2 规定的某一类别机械环境试验后正常工作,且元器件无松动、移位和损坏,机壳不应变形。

表 2　机械环境试验条件

试验项目	试验参数		试验条件			
			类别Ⅰ	类别Ⅱ	类别Ⅲ	类别Ⅳ
正弦振动试验	频率范围/Hz		10～150	10～150		
	加速度/(m/s^2)		2	5		
	轴向数目		3			
	扫频速率/(oct/min)		1			
	每轴向扫频周期的数目		1			
冲击试验	脉冲持续时间/ms		6			
	峰值加速度 $\hat{A}$/(m/s^2)	试验样品质量 m (kg):$m<4.75$	$\hat{A}=1\,000-200\times m$			
		试验样品质量 m (kg):$m\geqslant4.75$	不要求测试			
	冲击轴向数		6			
	每轴向上的脉冲次数		3			
跌落试验	高度/m		0.5			
	几何面数		6			
	各个面跌落次数		1			

5.4 安全性

5.4.1 绝缘电阻

应符合 GB 16796—2009 中 5.4.4 的要求。

5.4.2 抗电强度

应符合 GB 16796—2009 中 5.4.3 的要求。

5.4.3 泄漏电流

应符合 GB 16796—2009 中 5.4.6 的要求。

5.4.4 防过热

应符合 GB 16796—2009 中 5.6 的要求。

5.4.5 信息加密

设备宜支持视频描述数据加密功能，加密算法可选择 SM1、DES、AES 等。

6 功能要求

6.1 视频实时智能分析

设备应至少支持以下 1 种视频实时智能分析功能：

a) 运动目标检测；
b) 遗留物检测；
c) 物体移除检测；
d) 绊线检测；
e) 入侵检测；
f) 逆行检测；
g) 徘徊检测；
h) 流量统计；
i) 密度检测；
j) 目标分类。

由于视频智能分析技术处于发展阶段，允许具有不在上面之列视频实时智能分析功能的设备作为视频实时智能分析设备进行检测，检测方法参见第 9 章执行。

6.2 视频描述数据输出

设备应实时输出视频描述数据，数据应包括目标、事件相关的文本信息，同时宜包括目标、事件相关的图片信息。该数据可独立于视频流输出，也可作为辅助数据附加在视频编码码流中输出。

图片信息宜采用 JPEG、JPEG2000、BMP 等编码格式。

视频描述数据的格式见第 8 章。

6.3 报警输入输出

设备宜支持本地的报警输入及本地报警输出。

6.4 视频输出

设备宜支持实时视频输出,视频宜采用SVAC、H.264、MPEG4、MJPEG等编码格式。

6.5 视频异常检测

设备宜支持视频的丢失、抖动、冻结、遮挡、失焦、噪声、偏色、亮度异常、对比度异常等视频异常检测功能。

6.6 参数配置

设备应支持远程配置或现场配置功能,包括参数设置、设备控制和软件升级等:

a) 参数应包括:设备的网络参数、视频实时智能分析功能规则参数等。视频实时智能分析功能规则参数内容参见附录A;
b) 控制操作应包括:设备启动/停止控制、视频实时智能分析开始/停止控制、设备搜索、设备状态查询、设备规则能力集查询等;
c) 远程配置应允许用户通过网络远程对设备进行参数设置、设备控制和软件升级操作等;
d) 现场配置应允许用户通过设备提供的串口或以太网口连接计算机,现场对设备进行参数设置、设备控制和软件升级操作等;
e) 设备的参数设置信息应能保存在设备硬件中,当设备通电启动时,所有参数应能恢复至上次断电时的状态。

6.7 自检

设备应具有对自身工作是否正常的检查功能,并具有正常工作状态显示。自检内容由厂家规定。

6.8 恢复出厂设置

设备应具有出厂初始参数的恢复设置功能。

7 性能要求

7.1 运动目标检测

设备满足以下要求:

a) 应能检测出水平或垂直方向速度在15 px/s~200 px/s、且宽度和高度均大于或等于16 px的单个运动目标;
b) 单目标检测率应大于或等于95%;
c) 单目标误检率应小于或等于20%;
d) 应能同时检测多个目标。

7.2 遗留物检测

设备满足以下要求:

a) 应可对宽度和高度均大于或等于32 px的物体进行检测;
b) 物体停留判定时间应可在4 s~300 s设置;
c) 检测结果输出时间应小于或等于1 s;
d) 检测率应大于或等于90%;
e) 误检率应小于或等于20%。

7.3 物体移除检测

设备应满足以下要求：

a) 可对宽度和高度均大于或等于 32 px 的移除物体进行检测；

b) 物体移除判定时间可在 0 s～10 s 设置；

c) 检测结果输出时间应小于或等于 1 s；

d) 检测率应大于或等于 90%；

e) 误检率应小于或等于 20%。

7.4 绊线检测

设备满足以下要求：

a) 应能检测出水平或垂直方向速度为 15 px/s～200 px/s、且宽度和高度均大于或等于16 px 的绊线目标；

b) 检测结果输出时间应小于或等于 1 s；

c) 检测率应大于或等于 95%；

d) 误检率应小于或等于 10%。

7.5 入侵检测

设备应满足以下要求：

a) 应能检测出水平或垂直方向速度为 15 px/s～200 px/s、且宽度和高度均大于或等于16 px 的入侵目标；

b) 检测结果输出时间应小于或等于 1 s；

c) 检测率应大于或等于 95%；

d) 误检率应小于或等于 10%。

7.6 逆行检测

设备满足以下要求：

a) 应能检测出水平或垂直方向速度为 15 px/s～200 px/s、且宽度和高度均大于或等于32 px 的逆行目标；

b) 逆行判定距离应能在 32 px～256 px 设置；

c) 检测结果输出时间应小于或等于 1 s；

d) 检测率应大于或等于 95%；

e) 误检率应小于或等于 10%。

7.7 徘徊检测

设备满足以下要求：

a) 应能对宽度和高度均大于或等于 32 px 的徘徊目标进行检测；

b) 徘徊判定时间应能在 5 s～600 s 设置；

c) 检测结果输出时间应小于或等于 1 s；

d) 检测率应大于或等于 95%；

e) 误检率应小于或等于 10%。

7.8 流量统计

设备满足以下要求：

a) 应能对宽度和高度均大于或等于16 px的目标进行流量统计；

b) 目标流量统计误差应在－15%～15%范围内。

7.9 密度检测

设备满足以下要求：

a) 应能对目标宽度和高度均大于或等于10 px的场景进行密度检测。

b) 目标稠密程度估计误差应小于或等于1个级别；目标稠密程度分为4个级别。

 1) 很稀疏：目标覆盖面积占检测区域面积的0～25%；

 2) 稀疏：目标覆盖面积占检测区域面积的26%～50%；

 3) 密集：目标覆盖面积占检测区域面积的51%～75%；

 4) 很密集：目标覆盖面积占检测区域面积的76%～100%。

c) 检测结果输出时间应小于或等于2 s。

7.10 目标分类

设备应满足以下要求：

a) 可对人、车、其他物体进行区分；

b) 可对宽度和高度均大于或等于64 px的目标进行分类；

c) 分类准确率应大于或等于80%。

8 视频描述数据要求

设备输出的视频描述数据应采用XML的方式封装，或可通过SDK封装为XML格式。数据应至少包含以下内容：

a) 运动目标检测及目标分类输出信息包括：绝对时间、相对时间、目标编号、目标位置、目标大小、目标速度、目标类型、目标颜色等；

b) 遗留物检测、物体移除检测、绊线检测、入侵检测、逆行检测、徘徊检测等事件检测类输出信息包括：绝对时间、相对时间、事件编号、事件类型、事件级别、事件状态等；

c) 流量统计输出信息包括：绝对时间、相对时间、截面通过目标个数、通过目标类型等；

d) 密度检测输出信息包括：绝对时间、相对时间、当前区域内目标密度等级或目标个数、目标类型等。

数据的封装格式如表3～表13所示，表中的数据类型、坐标系及视频描述数据类型定义见附录B和附录C，表中是否必选项栏目说明该元素是否属于视频描述数据必须包含的内容，有效值栏目留空表示默认取值范围。

表3 视频描述数据封装格式

XML元素	数据类型	有效值	是否必选项	说明
Time	CHAR[23]		是	绝对时间，格式为“YYYY-MM-DD hh:mm:ss.sss”
Frameno	UINT32		否	相对帧号
Timestamp	UINT64		是	相对时间

表 3（续）

XML 元素			数据类型	有效值	是否必选项	说　　明
PUID			CHAR[20]		是	视频实时智能分析设备的唯一标识，表明此视频描述数据来自哪一个设备。 设备标识应符合 GB/T 28181—2011 附录 D 规定的编码规则 A，其中类型编码取值范围为 500～599
CameraID			CHAR[20]		是	视频描述数据对应的摄像机编号，表明此视频描述数据是对该摄像机视频内容分析的结果。 摄像机编号应符合 GB/T 28181—2011 中附录 D 规定的编码规则
FrameWidth			UINT16		是	视频帧的宽度，单位为像素(px)
FrameHeight			UINT16		是	视频帧的高度，单位为像素(px)
MetaElement	ElementType	TypeCode1	UINT32		是	视频描述数据类型，定义见附录 B。 由低位至高位开始，每 bit 表明是否包含一种视频描述数据： 0：不包含； 1：包含
		TypeCode2	UINT32			
		TypeCode3	UINT32			
		TypeCode4	UINT32			
	ElementInfo				是	信息元素内容，定义见表 4～表 13

表 4　目标信息封装格式

XML 元素		数据类型	有效值	是否必选项	说　　明
Num		UINT16		是	目标个数
TargetInfo	ID	UINT16		是	目标编号
	PosX	UINT16		是	目标位置，X 坐标，单位为像素(px)
	PosY	UINT16		是	目标位置，Y 坐标，单位为像素(px)
	Width	UINT16		是	目标大小，宽度，单位为像素(px)
	Height	UINT16		是	目标大小，高度，单位为像素(px)
	SpeedUnit	UINT8		是	目标运动速度的单位： 0：px/s； 1：m/s； 2：km/h； 其余数值保留
	SpeedVal	FLOAT		是	目标运动速度，小于 0 表示速度信息无效

表 4（续）

XML 元素			数据类型	有效值	是否必选项	说　明
TargetInfo	SpeedRad		UINT16	[0, 360)	是	目标运动方向(度)
	Type		UINT16		是	目标类型： 0：行人； 1：车辆； 0xFFFF：其他目标； 其余数值保留
	ColorSpace		UINT8		是	颜色空间： 0：RGBA； 1：HSV； 其余数值保留
	ColorCount		UINT16		是	目标主色个数
	ColorInfo	AreaPosX	UINT16		是	主色区域外接矩形中心 *X* 坐标，单位为像素(px)
		AreaPosY	UINT16		是	主色区域外接矩形中心 *Y* 坐标，单位为像素(px)
		AreaWidth	UINT16		是	主色区域外接矩形宽度，单位为像素(px)
		AreaHeight	UINT16		是	主色区域外接矩形高度，单位为像素(px)
		ColorValue	UINT32		是	目标区域的主颜色。 若 ColorSpace 为 0，使用 RGB 编码方法表示，按 BGRA 顺序排列。最后一个字节为 0x00 时，表示颜色信息无效；为其他数值时表示当前主色的权重，所有主色权重之和小于或等于 0xFF。 若 ColorSpace 为 1，使用 HSV 编码方法表示，按 HSV 顺序排列，H 占 16bit，采用 16bit 均匀量化：0x0000 表示 0，0xFFFF 表示 360；S、V 分别占 8bit。采用 8bit 均匀量化：0x00 表示 0，0xFF 表示 100％
	TrajPntCount		UINT32		否	轨迹点个数
	TrajPntInfo	*X*	UINT16		否	轨迹点 *X* 坐标，单位为像素(px)
		Y	UINT16		否	轨迹点 *Y* 坐标，单位为像素(px)
		TimeStamp	UINT64		否	轨迹点对应的相对时间

表 4（续）

XML 元素		数据类型	有效值	是否必选项	说明
TargetInfo	Status	UINT8		否	目标状态： 0：首次出现； 1：持续； 2：消失； 其余数值保留
	ImageSize	UINT32		否	目标截图数据的长度
	ImageData	CHAR[v]		否	包含图片头数据的目标截图数据，由采用 BASE64 编码的字符数组表示。数组长度 v 由 ImageSize 决定
	Extension	CHAR[20]		否	扩展字段

表 5　事件检测信息封装格式

XML 元素		数据类型	有效值	是否必选项	说明
Num		UINT8		是	事件个数
EventInfo	ID	UINT8		是	事件编号
	Type	UINT16		是	事件类型： 0：遗留物检测； 1：物体移除检测； 2：绊线检测； 3：入侵检测； 4：逆行检测； 5：徘徊检测； 其余数值保留
	Level	UINT8		是	事件级别： 0：提示； 1：普通警告； 2：严重警告； 其余数值保留
	Status	UINT8	[0，1]	是	事件状态，0 表示事件结束，1 表示事件发生
	RuleInfo			是	规则信息，见表 6～表 10
	ImageSize	UINT32		否	事件截图数据的长度
	ImageData	CHAR[v]		否	包含图片头数据的事件截图数据，由采用 BASE64 编码的字符数组表示。数组长度 v 由 ImageSize 决定
	ImagePath	CHAR[260]		否	事件截图的存储路径
	RecordPath	CHAR[260]		否	事件录像的存储路径
	Extension	CHAR[20]		否	扩展字段

表 6 遗留物检测/物体移除检测规则信息封装格式

XML 元素			数据类型	有效值	是否必选项	说　　明
DetectRegion	PointNum		UINT16	[3,+2^16-1]	是	检测区域包含顶点的个数。 区域边界的方向定义为序号较小的顶点指向序号较大的顶点，使沿边界方向前进，左方为此区域的内侧
	Point	*X*	UINT16		是	顶点的 *X* 坐标，单位为像素(px)
		Y	UINT16		是	顶点的 *Y* 坐标，单位为像素(px)
MinDuration			UINT16		否	最小持续时间，单位为秒(s)

表 7 绊线检测规则信息封装格式

XML 元素			数据类型	有效值	是否必选项	说　　明
TripLineNum			UINT8		是	绊线条数
TripLine	PointNum		UINT16	[2，+2^16-1]	是	绊线包含的端点个数。 绊线方向定义为该绊线序号较小的端点指向序号较大的端点。沿该方向前进，绊线的左方区域为此绊线的左侧，绊线的右方区域为此绊线的右侧
	Point	*X*	UINT16		是	端点的 *X* 坐标，单位为像素(px)
		Y	UINT16		是	端点的 *Y* 坐标，单位为像素(px)
TimeNum			UINT8		否	时间限制个数，与 TripLineNum 相关： TripLineNum 为 1 时，TimeNum 为 0； TripLineNum 为 2 时，TimeNum 为 1； TripLineNum 为 *M*(*M* 大于 2)时，TimeNum 为 *M*。 第 TimeNum 个限定时间为目标从第一条绊线到最后一条绊线的总时间。当 TimeNum 大于 1 时，第 *N*(*N* 取值[1，TimeNum-1])个限定时间为目标从第 *N* 条绊线到第(*N*+1)条绊线的时间
Time	Min		UINT16		否	最小间隔时间，单位为秒(s)
	Max		UINT16		否	最大间隔时间，单位为秒(s)
Direction			UINT8	[0，2]	是	触发方向： 0：从左到右； 1：从右到左； 2：任意方向

表 8　入侵检测规则信息封装格式

XML 元素			数据类型	有效值	是否必选项	说　明
DetectRegion	PointNum		UINT16	[3，+2^16-1]	是	检测区域包含顶点的个数。 区域边界的方向定义为序号较小的顶点指向序号较大的顶点，使沿边界方向前进，左方为此区域的内侧
	Point	*X*	UINT16		是	顶点的 *X* 坐标，单位为像素(px)
		Y	UINT16		是	顶点的 *Y* 坐标，单位为像素(px)
ActionNum			UINT8		否	入侵行为类型个数
ActionType			UINT8[v]		否	入侵行为类型数组，数组长度 *v* 由 ActionNum 确定。 行为类型包括： 0：进入区域； 1：离开区域； 2：区域内出现； 3：区域内消失； 4：在区域内； 其余数值保留

表 9　逆行检测规则信息封装格式

XML 元素			数据类型	有效值	是否必选项	说　明
DetectRegion	PointNum		UINT16	[3，+2^16-1]	是	检测区域包含顶点的个数。 区域边界的方向定义为序号较小的顶点指向序号较大的顶点，使沿边界方向前进，左方为此区域的内侧
	Point	*X*	UINT16		是	顶点的 *X* 坐标，单位为像素(px)
		Y	UINT16		是	顶点的 *Y* 坐标，单位为像素(px)
Direction	StartPoint	*X*	UINT16		是	正常行驶方向起点坐标
		Y	UINT16		是	
	EndPoint	*X*	UINT16		是	正常行驶方向终点坐标
		Y	UINT16		是	

表 10　徘徊检测规则信息封装格式

XML 元素			数据类型	有效值	是否必选项	说　明
DetectRegion	PointNum		UINT16	[3，+2^16-1]	是	检测区域包含顶点的个数。 区域边界的方向定义为序号较小的顶点指向序号较大的顶点，使沿边界方向前进，左方为此区域的内侧
	Point	*X*	UINT16		是	顶点的 *X* 坐标，单位为像素(px)
		Y	UINT16		是	顶点的 *Y* 坐标，单位为像素(px)
MinDuration			UINT16		否	最小持续时间，单位为秒(s)

表 11　流量统计信息封装格式

XML 元素		数据类型	有效值	是否必选项	说　明
Num		UINT8		是	流量方向个数
FlowInfo	ID	UINT8		是	流量方向编号
	Direction	UINT16	[0，359]	是	流量方向(度)
	Type	UINT8		是	目标的类型： 0:行人； 1:车辆； 其余数值保留
	Count	UINT32		是	流量计数值
	Extension	CHAR[20]		否	扩展字段

表 12　密度检测信息封装格式

XML 元素		数据类型	有效值	是否必选项	说　明
Num		UINT8		是	检测区域个数
CrowdInfo	ID	UINT8		是	区域编号
	Type	UINT8		是	目标的类型： 0:行人； 1:车辆； 其余数值保留
	Unit	UINT8		是	密度检测数值单位： 0:密度等级； 1:密度百分比； 其余数值保留
	Level	UINT32		是	区域内的密度百分比或密度等级。 单位为密度等级时，取值对应如下： 0:很稀疏； 1:稀疏； 2:密集； 3:很密集
	Extension	CHAR[20]		否	扩展字段

表 13　视频异常检测信息封装格式

XML 元素	数据类型	有效值	是否必选项	说　明
Num	UINT8		是	视频异常检测项个数

表 13（续）

XML 元素		数据类型	有效值	是否必选项	说　明
VideoCheckInfo	Type	UINT8	[0，31]	是	每个取值代表一种检测类型： 0：丢失； 1：抖动； 2：冻结； 3：遮挡； 4：失焦； 5：噪声； 6：偏色； 7：亮度异常； 8：对比度异常； 其余数值保留
	Value	UINT8	[0，100]	是	检测值，值越高表示视频质量越差
	Extension	CHAR[20]		否	扩展字段

视频描述数据的 XML 封装示例见 C.2。

9　试验方法

9.1　试验环境条件

除环境试验外，试验应在下列环境条件下进行：

——环境温度：15 ℃～35 ℃；

——相对湿度：30%～75%；

——大气压：86 kPa～106 kPa。

9.2　测试辅助设备

试验过程中，应使用以下测试辅助设备：

——视频信号源发生器(DVD、硬盘播放器等)：1 台；

——模拟摄像机：1 台；

——数字摄像机：1 台；

——视频信号检测器：1 台；

——电脑(PC 或笔记本)：1 台；

——时间服务器：1 台。

9.3　测试序列

设备性能测试宜使用附录 D 提供的序列进行。测试序列可根据实际测试的需要进行增删。

9.4　物理接口试验

目视检查，判定结果是否符合 4.3 的要求。

9.5 外观及机械结构试验

9.5.1 外观检查

目视检验，判定结果是否符合5.1.1的要求。

9.5.2 结构试验

目视检验，判定结果是否符合5.1.2的要求。

9.5.3 外壳防护等级试验

按GB 4208—2008中的试验方法进行试验，判定结果是否符合5.1.2的要求。

9.6 电磁兼容性试验

9.6.1 静电放电抗扰度试验

使用的测试仪器和履行的试验程序应符合GB/T 17626.2—2006的要求。

接触放电应施加在被测样品导电表面和耦合板上，空气放电应施加在被测样品的绝缘表面上。对每个选取的点至少进行正负各10次放电，每次放电间隔大于或等于1 s；预选点的选取应该是被测样品上容易触碰到的地方，对相应的耦合板施加10次间接放电。

试验期间样品通电并调试正常。

试验期间和试验后，判定结果是否符合5.2.1的要求。

9.6.2 射频电磁场辐射抗扰度试验

使用的测试仪器和履行的试验程序应符合GB/T 17626.3—2006中的要求。

试验期间将被测样品接通电源并调试正常。

试验期间和试验后，判定结果是否符合5.2.2的要求。

9.6.3 射频场感应的传导骚扰抗扰度试验

使用的测试仪器和履行的试验程序应符合GB/T 17626.6—2008中的要求。

试验期间将被测样品接通电源并调试正常。

试验期间和试验后，判定结果是否符合5.2.3的要求。

9.6.4 电快速瞬变脉冲群抗扰度试验

使用的测试仪器和履行的试验程序应符合GB/T 17626.4—2008中的要求，每个极性施加试验电压1次，每次试验持续时间大于或等于1 min。

试验期间将被测样品接通电源并调试正常。

试验期间和试验后，判定结果是否符合5.2.4的要求。

9.6.5 浪涌(冲击)抗扰度试验

使用的测试仪器和履行的试验程序应符合GB/T 17626.5—2008中的要求。

受试样品应与制造商的安装说明一致。除了制造商指定的接地连接，受试样品和连接电缆应与参考地绝缘。

AC 主电源线应对线-线、线-地两种模式做瞬态注入。对于线-地耦合器，瞬态应经过一个 10 Ω 的串联电阻器注入。在受试样品和耦合/退耦网络之间电源线的长度应小于或等于 2 m。施加的浪涌脉冲次数应为正、负极性各 20 次。

附加的低电压和信号线经由 40 Ω 的串联电阻器加载瞬态注入应仅对线-地耦合模式。在受试样品和耦合/退耦网络之间的信号线的长度应小于或等于 2 m。然而，如果在制造商资料中确定信号线仅通过屏蔽电缆连接，那么在这些情况下，瞬态应直接(即无 40 Ω 的串联电阻)的加载到屏蔽的 20 m 长的屏蔽线中，施加的浪涌脉冲次数应为正、负极性各 5 次。

试验期间将被测样品接通电源并调试正常。

试验期间和试验后，判定结果是否符合 5.2.5 的要求。

9.6.6 电压暂降/短时中断和电压变化抗扰度试验

使用的测试仪器和履行的试验程序应符合 GB/T 17626.11—2008 中的要求。

试验期间将被测样品接通电源并调试正常。

试验期间和试验后，判定结果是否符合 5.2.6 的要求。

9.7 环境适应性试验

9.7.1 环境适应性试验总则

环境适应性试验总则应符合 GB/T 2421.1—2008 的要求。

试验的顺序应按低温、高温、恒定湿热、振动、冲击、跌落依次进行。被测样品在做环境适应性试验前应通过 9.4、9.5、9.6、9.9 和 9.10 的检测。

9.7.2 低温试验(工作状态)

按 GB/T 2423.1—2008 中 5.4 的规定进行试验。将被测样品通电放入试验箱中；调整箱温至表 1 的规定值，保持在该温度 16 h，在试验的最后 30 min 内对样品进行检查；试验周期结束时，将样品断电，待试验箱内温度恢复到常温后取出样品，在 9.1 规定的环境条件下自然恢复 2 h，开机检查，判定结果是否符合 5.3.1 的要求。

9.7.3 高温试验(工作状态)

按 GB/T 2423.2—2008 中 5.4 的规定进行试验。将被测样品通电放入试验箱中；调整箱温至表 1 的规定值，保持在该温度 16 h，在试验的最后 30 min 内对样品进行检查；试验周期结束时，将样品断电，待试验箱内温度恢复到常温后取出样品，在 9.1 规定的环境条件下自然恢复 2 h，开机检查，判定结果是否符合 5.3.1 的要求。

9.7.4 恒定湿热试验(工作状态)

按 GB/T 2423.3—2006 的规定进行试验。将被测样品通电放入试验箱中；调整箱温及相对湿度至表 1 的规定值，保持在该温度及湿度持续 48 h，在试验的最后 30 min 内对样品进行检查；试验周期结束时，将样品断电，待试验箱内温度恢复到常温后取出样品，在 9.1 规定的环境条件下自然恢复 2 h，开机检查，判定结果是否符合 5.3.1 的要求。

9.7.5 振动试验

按 GB/T 2423.10—2008 的规定进行试验。被测样品断电固定在试验台上，进行振动响应检查，如果有共振频率,则在此共振频率上振动 30 min;如果无共振频率,则在表 2 规定的条件下进行振动试验。试验结束后,开机检查,判定结果是否符合 5.3.2 的要求。

9.7.6 冲击试验

按 GB/T 2423.5—1995 的规定进行试验。被测样品断电,并按 GB/T 2423.5—1995 的要求固定安装在试验台上,按表 2 规定的加速度和持续时间分别在 X、Y、Z 3 个轴向进行冲击试验。试验结束后,开机检查,判定结果是否符合 5.3.2 的要求。

9.7.7 跌落试验

按 GB/T 4857.5—1992 的规定进行试验。将被测样品装入包装盒内,使其处于准备运输状态;按 GB/T 4857.5—1992 中 3.5.2.1a)的要求,将被测样品距离水泥地面 500 mm 高处平行跌落,前、后、左、右、底 5 面各作 1 次;试验结束后,从包装盒中取出样品,开机检查,判定结果是否符合 5.3.2 的要求。

9.8 安全性试验

9.8.1 绝缘电阻试验

将受试样品的开关处于接通位置,按 GB 16796—2009 中 5.4.4 的规定试验,判定结果是否符合 5.4.1 的要求。

9.8.2 抗电强度试验

将受试样品的开关处于接通位置,按 GB 16796—2009 中 5.4.3 的规定试验,判定结果是否符合 5.4.2 的要求。

9.8.3 泄漏电流试验

按 GB 16796—2009 中 5.4.6 的规定或将受试样品施加正常工作电压,用泄漏电流测试仪,测试机壳对地的泄漏电流,判定结果是否符合 5.4.3 的要求。

9.8.4 防过热试验

按 GB 16796—2009 中 5.6 的规定试验,判定结果是否符合 5.4.4 的要求。

9.8.5 信息加密试验

对具有信息加密功能的被测样品通电,并输入测试视频信号,按产品说明书要求对其输出的信息进行加密解密测试,判定结果是否符合 5.4.5 的要求。

9.9 功能试验

9.9.1 视频实时智能分析试验

对被测样品通电,并输入测试视频信号,按产品说明书要求对其视频实时智能分析功能进行测试,判定结果是否符合 6.1 的规定。

9.9.2 视频描述数据输出试验

对被测样品通电,并输入测试视频信号,开启其视频实时智能分析功能,检查其输出数据内容及格式,判定结果是否符合6.2及第8章的规定。

9.9.3 报警输入输出试验

对被测样品通电,并输入测试视频信号,按产品说明书要求连接其他报警设备并对报警输入输出功能进行测试,判定结果是否符合6.3的规定。

9.9.4 视频输出试验

对被测样品通电,并输入实时视频信号,检查其输出的数据,判定结果是否符合6.4的规定。

9.9.5 视频异常检测试验

对被测样品通电,并输入实时视频信号,开启其视频异常检测功能,对摄像机进行遮挡、抖动、变焦等干扰,检查其输出的数据内容及格式,判定结果是否符合6.5及第8章的规定。

9.9.6 设备配置试验

按照以下步骤进行参数配置试验:

a) 对被测样品通电,并输入实时视频信号;
b) 按产品说明书要求进行各种配置;
c) 检查被测样品输出,判断其配置功能是否有效。

判定结果是否符合6.6的规定。

9.9.7 自检试验

按产品说明书规定进行自检功能试验,判定结果是否符合6.7的规定。

9.9.8 恢复出厂设置试验

按照以下步骤进行恢复出厂设置试验:

a) 对新出厂设备通电,并输入测试视频信号,设备应能正常工作,获取此时设备设置并记录;
b) 更改设备设置,并确认参数设置更改有效;
c) 对设备进行出厂设置恢复,再次获取参数设置;
d) 比较前后两次获取的设置参数是否相同,以确定恢复出厂设置功能是否有效。

判定结果是否符合6.8的规定。

9.10 性能试验

9.10.1 试验流程

性能测试流程如图2所示:

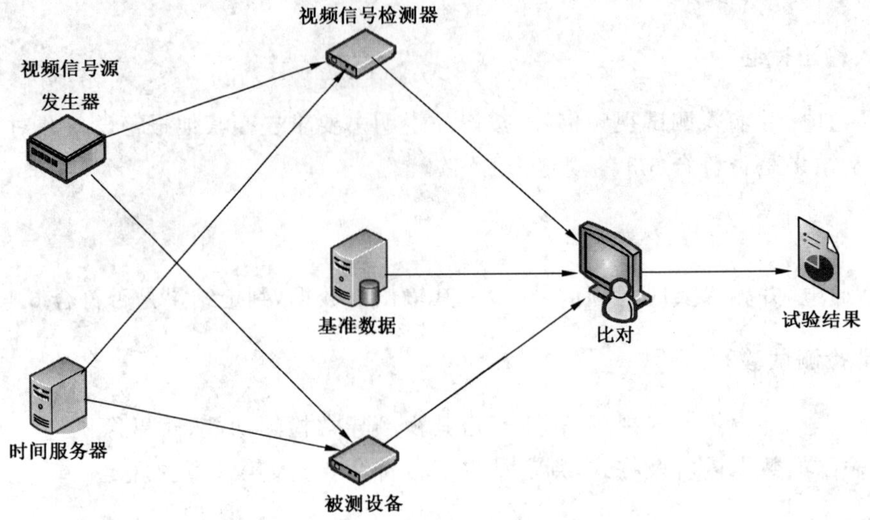

图 2 性能测试流程

视频信号源发生器将测试视频信号同时输入给被测设备及视频信号检测器，被测设备和视频信号检测器应与时间服务器进行了校时。当视频信号源开始输出视频信号时，视频信号检测器应记录视频第一帧信号输出的绝对时间。在比对环节中，将视频信号输出的绝对时间与基准数据中的相对时间进行叠加，确定基准数据与被测设备输出视频描述数据之间的对应关系，并进行比对，从而得到性能试验结果。

性能测试过程中，对于同一场景且相同时段的测试序列，设备的参数应保持一致。

9.10.2 运动目标检测

使用表 D.1 提供的测试序列集进行运动目标检测功能的性能测试。测试序列应进行了基准数据的标注。其中 7.1 中要求 a)项要求应使用 A0032～A0035 序列进行检验；其他要求应使用表 D.1 其他序列进行检验。

对待测设备通电，并开启运动目标检测功能，输入测试视频信号，记录待测设备的输出结果。将待测设备的输出结果与基准数据进行比对，计算检测率和误检率，判定结果是否符合 7.1 中的要求。

正检、误检及漏检的统计方式如下：

——TP：计算检测目标与所有未匹配的基准目标的目标匹配率(或重叠区域像素数)，如其中最大的目标匹配率在 0.1 以上(或最大的重叠区域像素大于或等于 64 个)，即认为该检测目标属于 TP 目标，且将与之匹配程度最高的基准目标记为已匹配；

——FP：检测目标与任意一个未匹配的基准目标的目标匹配率皆在 0.1 以下(或重叠区域像素小于 64 个)，则认为该检测目标属于 FP 目标；

——FN：基准目标与任意一个检测目标的目标匹配率皆在 0.1 以下(或重叠区域像素小于 64 个)，则认为该检测目标属于 FN 目标。

9.10.3 遗留物检测

使用表 D.2 提供的测试序列集进行遗留物检测功能的性能测试。测试序列应进行了基准数据的标注。其中 7.2 中 a)项要求应使用 B0024 序列进行检验；其他要求应使用表 D.2 中其他序列进行检验。

对待测设备通电，并开启遗留物检测功能，输入测试视频信号，按照测试序列的要求，进行检测区域和参数设定。记录设备的输出结果，并与基准数据进行比对，计算检测率、误检率以及检测结果输出时间，判定结果是否符合 7.2 的要求。

正检、误检及漏检的统计方式如下：

——TP：检测区域内出现遗留物，且设备输出了检测结果；

——FP：检测区域内未出现遗留物，但设备输出了检测结果；

——FN：检测区域内出现遗留物，但设备未输出检测结果。

9.10.4 物体移除检测

使用表 D.3 提供的测试序列集进行物体移除检测功能的性能测试。测试序列应进行了基准数据的标注。其中 7.3 中 a)项要求应使用 C0015 序列进行检验；其他要求应使用表 D.3 中其他序列进行检验。

对待测设备通电，并开启物体移除检测功能，输入测试视频信号，按照测试序列的要求，进行检测区域和参数设定。记录设备的输出结果，并与基准数据进行比对，计算检测率、误检率以及检测结果输出时间，判定结果是否符合 7.3 的要求。

正检、误检及漏检的统计方式如下：

——TP：检测区域内物体被移走，且设备输出了检测结果；

——FP：检测区域内物体未被移走，但设备输出了检测结果；

——FN：检测区域内物体被移走，但设备未输出检测结果。

9.10.5 绊线检测

使用表 D.4 提供的测试序列集进行绊线检测功能的性能测试。测试序列应进行了基准数据的标注。其中 7.4 中 a)项要求应使用 D0008～D0009 序列进行检验；其他要求应使用表 D.4 中其他序列进行检验。

对待测设备通电，并开启绊线检测功能，输入测试视频信号，按照测试序列的要求，进行绊线和参数设定。记录设备的输出结果，并与基准数据进行比对，计算检测率、误检率以及检测结果输出时间，判定结果是否符合 7.4 的要求。

正检、误检及漏检的统计方式如下：

——TP：有目标发生了绊线，且设备输出了检测结果；

——FP：没有目标发生绊线，但设备输出了检测结果；

——FN：有目标发生了绊线，但设备未输出检测结果。

9.10.6 入侵检测

使用表 D.5 提供的测试序列集进行入侵检测功能的性能测试。测试序列应进行了基准数据的标注。其中 7.5 中 a)项要求应使用 E0022 序列进行检验；其他要求应使用表 D.5 中其他序列进行检验。

对待测设备通电，并开启入侵检测功能，输入测试视频信号，按照测试序列的要求，进行检测区域等参数设定。记录设备的输出结果，并与基准数据进行比对，计算检测率、误检率以及检测结果输出时间，判定结果是否符合 7.5 的要求。

正检、误检及漏检的统计方式如下：

——TP：有目标进入了检测区域，且设备输出了检测结果；

——FP：没有目标进入检测区域，但设备输出了检测结果；

——FN：有目标进入了检测区域，但设备未输出检测结果。

9.10.7 逆行检测

使用表 D.6 提供的测试序列集进行逆行检测功能的性能测试。测试序列应进行了基准数据的标注。其中 7.6 中 a)项要求应使用 F0021～F0022 序列进行检验；其他要求应使用表 D.6 中其他序列进行检验。

对待测设备通电,并开启逆行检测功能,输入测试视频信号,按照测试序列的要求,进行运动方向等参数设定。记录设备的输出结果,并与基准数据进行比对,计算检测率、误检率以及检测结果输出时间,判定结果是否符合7.6的要求。

正检、误检及漏检的统计方式如下:

——TP:检测区域内存在目标逆行,且设备输出了检测结果;

——FP:检测区域内不存在目标逆行,但设备输出了检测结果;

——FN:检测区域内存在目标逆行,但设备未输出检测结果。

9.10.8 徘徊检测

使用表D.7提供的测试序列集进行徘徊检测功能的性能测试。测试序列应进行了基准数据的标注。其中7.7中a)项要求应使用G0012序列进行检验;其他要求应使用表D.7中其他序列进行检验。

对待测设备通电,并开启徘徊检测功能,输入测试视频信号,按照测试序列的要求,进行检测区域及徘徊时间等参数的设定。记录设备的输出结果,并与基准数据进行比对,计算检测率、误检率以及检测结果输出时间,判定结果是否符合7.7的要求。

正检、误检及漏检的统计方式如下:

——TP:检测区域内存在目标徘徊,且设备输出了检测结果;

——FP:检测区域内不存在徘徊目标,但设备输出了检测结果;

——FN:检测区域内存在目标徘徊,但设备未输出检测结果。

9.10.9 流量统计

使用表D.8提供的测试序列集进行流量统计功能的性能测试。测试序列应进行了基准数据的标注。

对待测设备通电,并开启流量统计功能,输入测试视频信号,按照测试序列的要求,进行参数设定。记录设备的输出结果,并与基准数据进行比对,计算流量偏差,判定结果是否符合7.8的要求。

9.10.10 密度检测

使用表D.9提供的测试序列集进行密度检测功能的性能测试。测试序列应进行了基准数据的标注。

对待测设备通电,并开启密度检测功能,输入测试视频信号,按照测试序列的要求,进行检测区域等参数设定。记录设备的输出结果,并与基准数据进行比对,计算密度检测偏差,判定结果是否符合7.9的要求。

9.10.11 目标分类

在附录D提供的表D.10测试序列集上进行目标分类功能的性能测试。测试序列应进行了基准数据的标注。

对待测设备通电,并开启目标分类功能,输入测试视频信号,记录待测设备的输出结果。将待测设备的输出结果与基准数据进行比对,计算分类准确率,判定结果是否符合7.10的要求。

10 检验规则

10.1 检验分类

10.1.1 型式检验

当产品遇有下列情况之一时,应进行型式检验:

a) 在设计定型和生产定型时；

b) 产品的设计、工艺、生产设备、管理等方面有较大改变(包括人员素质的改变)而影响到产品的性能；

c) 出厂检验的结果与上次型式检验有较大差异；

d) 产品进行安全认证时；

e) 产品长期停产后，恢复生产；

f) 国家质量监督机构要求进行时。

10.1.2 质量一致性检验

质量一致性检验分为以下几组：

a) A组检验(逐批)：交收产品时，全数检验；

b) B组检验(逐批)：交收产品时，抽样检验；

c) C组检验(周期)：每半年进行1次，受试样品从交收检验合格批中随机抽取；

d) D组检验(周期)：产品评优时进行。

10.2 试验项目和顺序

各类检验的试验项目、试验顺序、试验方法、技术要求及不合格分类按表14规定进行。

表14 试验项目和顺序

<table>
<tr><th rowspan="2">序号</th><th rowspan="2">检验项目</th><th rowspan="2">技术要求</th><th rowspan="2">试验方法</th><th rowspan="2">不合格分类</th><th rowspan="2">型式检验</th><th colspan="4">质量一致性</th></tr>
<tr><th>A</th><th>B</th><th>C</th><th>D</th></tr>
<tr><td>1</td><td>物理接口</td><td>4.3</td><td>9.4</td><td>A</td><td>√</td><td colspan="4">√</td></tr>
<tr><td>2</td><td>外观及机械结构</td><td>5.1</td><td>9.5</td><td>B</td><td>√</td><td colspan="4">√</td></tr>
<tr><td>3</td><td>视频实时智能分析功能</td><td>6.1</td><td>9.9.1</td><td>A</td><td>√</td><td colspan="4">√</td></tr>
<tr><td>4</td><td>视频描述数据输出</td><td>6.2</td><td>9.9.2</td><td>A</td><td>√</td><td colspan="4">√</td></tr>
<tr><td>5</td><td>报警输入输出</td><td>6.3</td><td>9.9.3</td><td>B</td><td>√</td><td colspan="4">√</td></tr>
<tr><td>6</td><td>视频输出</td><td>6.4</td><td>9.9.4</td><td>B</td><td>√</td><td colspan="4">√</td></tr>
<tr><td>7</td><td>视频异常检测</td><td>6.5</td><td>9.9.5</td><td>B</td><td>√</td><td colspan="4">√</td></tr>
<tr><td>8</td><td>设备配置</td><td>6.6</td><td>9.9.6</td><td>B</td><td>√</td><td colspan="4">√</td></tr>
<tr><td>9</td><td>自检</td><td>6.7</td><td>9.9.7</td><td>B</td><td>√</td><td colspan="4">√</td></tr>
<tr><td>10</td><td>恢复出厂设置</td><td>6.8</td><td>9.9.8</td><td>B</td><td>√</td><td colspan="4">√</td></tr>
<tr><td>11</td><td>性能要求</td><td>7</td><td>9.10</td><td>A</td><td>√</td><td colspan="4">√</td></tr>
<tr><td>12</td><td>电磁兼容性</td><td>5.2</td><td>9.6</td><td>A</td><td>√</td><td colspan="4"></td></tr>
<tr><td>13</td><td>环境适应性</td><td>5.3</td><td>9.7</td><td>A</td><td>√</td><td colspan="4"></td></tr>
<tr><td>14</td><td>安全性</td><td>5.4</td><td>9.8</td><td>A</td><td>√</td><td colspan="4"></td></tr>
</table>

10.3 抽样与组批规则

10.3.1 组批规则

交付检验的批应由同一生产批的产品构成。

10.3.2 抽样规则

抽样规则应符合以下要求：

a) 鉴定检验的受试样品不应少于3台；

b) A组检验为全数检验；

c) B组检验的样品数量按GB/T 2828.1的规定随机抽取；

d) C组和D组检验的样品数量按GB/T 2829的规定随机抽取。

10.4 判定规则

10.4.1 合格判定

按表14规定的项目、顺序、技术要求、试验方法和不合格分类判定样品是否合格，如果有一项A类或两项B类不符合要求则判为不合格品。

全数检验的样品应全部合格，对抽样检验的样品不合格品数小于或等于接收数(A_c)，则判为批合格；不合格品数等于或大于拒收数(R_e)，则判为批不合格。

10.4.2 检查水平

如无特殊规定，一般采用检查水平Ⅱ。在B组检验中，不合格品的AQL为1.5；在C组和D组及鉴定检验中，不合格品的RQL为20。

10.4.3 抽样方案严格性的调整

在连续批的逐批检验中，若质量水平保持较好或较差时，应按GB/T 2828.1规定的转移规则进行放宽检查或加严检查。

10.5 不合格品的处理

对判为合格批中的不合格品应由厂方调换或修复成合格品。

B组、C组或D组检验不合格时，其代表批的产品应停止检验，分析原因，消除不合格因素后再提交检验。

10.6 批的再提交

批检验不合格时，经修理、调试、检验合格后，再次随机抽取规定数量的样品提交检验。

若仍判为不合格时，则可拒收，待查明原因，采取措施通过新的周期试验后，才能恢复正常生产和交收检验。

11 标志、包装、运输、贮存

11.1 标志

包装箱外应标有生产厂家和设备名称、设备标识、出厂编号、出厂日期等标志，并喷刷或贴有"怕雨"、"温度极限"等运输标志，标志应符合GB/T 191—2008的规定。包装箱外的标志不因运输条件和自然条件而变色、脱落。

11.2 包装

应将设备做一般性防潮包装，并适合车运、船运、空运，包装箱内应附产品使用说明书、检验合格证、装箱单。

应以印刷品或电子光盘、软磁盘方式向用户提供与实际设备相符合的使用说明书。

应向用户提供设备维护说明书，用户能够按照设备维护说明书对设备进行日常维护（如通过设备的声音或指示灯提示了解设备的当前状态），并能够按照设备维护说明书解决常见的设备故障，同时用户能够按照设备维护说明书对设备进行更换。

11.3 运输

包装好的产品应能适应车运、海运、空运的环境应力要求；在长途运输时，应注意防潮、防尘和防机械损伤。

11.4 贮存

贮存处的环境温度为－40 ℃～55 ℃，相对湿度小于或等于93%，室内无酸、碱及其他腐蚀性气体，应有防雨、雪和水浸的措施，不应露天存放。

附　录　A
（资料性附录）
视频实时智能分析功能规则说明

A.1　功能规则数据

视频实时智能分析功能规则宜包含以下信息：

a）功能规则配置信息包括：设备标识、摄像机编号、规则个数、规则信息。

b）规则信息包括：规则名、规则使能状态、规则类型、规则参数。

c）规则参数由规则类型决定，各规则类型对应规则参数如下：

1）运动目标检测规则参数包括：检测区域、检测灵敏度、目标类型个数、目标类型等信息；

2）遗留物检测/物体移除检测规则参数包括：检测区域、最小持续时间、触发位置等信息；

3）绊线检测规则参数包括：绊线条数、绊线信息、绊线间触发间隔时间、触发位置、触发方向、目标类型等信息；

4）入侵检测规则参数包括：检测区域、入侵行为、最小目标个数、最大目标个数、最小触发时间、重复报警间隔时间、触发位置、目标类型个数、目标类型等信息；

5）逆行检测规则参数包括：检测区域、允许行驶方向、目标类型个数、目标类型等信息；

6）徘徊检测规则参数包括：检测区域、最小目标个数、最大目标个数、最小持续时间、重复报警间隔时间、触发位置、目标类型个数、目标类型等信息；

7）流量统计规则参数包括：检测区域、统计类型、运动正方向、目标类型、上报周期等信息；

8）密度检测规则参数包括：检测区域、估计类型、目标类型；

9）目标分类规则参数包括：检测区域、目标类型个数、目标类型等信息；

10）视频异常检测规则参数包括：子功能个数、子功能配置信息。子功能配置信息包括子功能类型信息和使能信息。

点、折线、区域等数据类型说明见表 A.1～表 A.11 所示，其他数据类型定义见附录 B。表中有效值栏目留空表示默认取值范围。

表 A.1　点数据类型 POINT 参数

字　段	数据类型	有效值	说　明
X	UINT16		*X* 坐标
Y	UINT16		*Y* 坐标

表 A.2　折线数据类型 LINE 参数

字　段	数据类型	有效值	说　明
PointNum	UINT16	[2，+2^16-1]	折线包含的点个数
Point	POINT[v]		折线的点数组，按顺序表示折线的各端点。点坐标的单位为像素(px)。 数组长度 *v* 由 PointNum 确定。 每段折线线段的方向定义为该线段序号较小的端点指向序号较大的端点。 沿折线方向前进，折线的左方区域为此折线的左侧，折线的右方区域为此折线的右侧

表 A.3 区域数据类型 REGION 参数

字　段	数据类型	有效值	说　　明
PointNum	UINT16	[3，+2^16-1]	区域的顶点个数
Point	POINT[v]		区域的点数组，顺序表示区域的各顶点。数组长度 v 由 PointNum 确定。区域边界的方向定义为序号较小的顶点指向序号较大的顶点，使沿边界方向前进，左方为此区域的内侧。点坐标的单位为像素(px)

表 A.4 矩形框对数据类型 RECT_PAIR 参数

字　　段		数据类型	有效值	说　　明
MinRect	TopLeftPoint	POINT		最小矩形框，左上角和右下角坐标
	LowerRightPoint	POINT		
MaxRect	TopLeftPoint	POINT		最大矩形框，左上角和右下角坐标
	LowerRightPoint	POINT		

表 A.5 间隔时间数据类型 TIME 参数

字　　段	数据类型	有效值	说　　明
Min	UINT16		最小间隔时间，单位为秒(s)
Max	UINT16		最大间隔时间，单位为秒(s)

表 A.6 目标大小过滤器组类型 FILTERS 参数

字　　段	数据类型	有效值	说　　明
Unit	UINT8		过滤器长度和面积单位： 0：px(长度或面积)； 1：cm(长度)或 cm^2(面积)； 其余数值保留
FilterNum	UINT8		过滤器个数
Filter	FILTER[v]		过滤器数组，数组长度 v 由 FilterNum 确定，FILTER 类型见表 A.7

表 A.7 目标大小过滤器类型 FILTER 参数

字　段	数据类型	有效值	说　　明
Type	UINT8		过滤方式： 0：长度过滤； 1：面积过滤； 2：宽高比过滤； 其余数值保留
Config			过滤器的具体参数信息，见表 A.8～表 A.11

表 A.8　长度/面积过滤方式参数信息

字　段	数据类型	有效值	说　　明
RectPairNum	UINT8	[1，3]	出现的矩形框对个数
RectPair	RECT_PAIR[v]		矩形框对数组，数组长度 v 由 RectPairNum 确定，长度和面积单位为像素(px)

表 A.9　长度过滤方式参数信息

字　　段		数据类型	有效值	说　　明
Width	MinWidth	UINT16		最小宽度，单位为厘米(cm)
	MaxWidth	UINT16		最大宽度，单位为厘米(cm)
Height	MinHeight	UINT16		最小高度，单位为厘米(cm)
	MaxHeight	UINT16		最大高度，单位为厘米(cm)

表 A.10　面积过滤方式参数信息

字　　段	数据类型	有效值	说　　明
MinArea	UINT32		最小面积，单位为平方厘米(cm^2)
MaxArea	UINT32		最大面积，单位为平方厘米(cm^2)

表 A.11　宽高比过滤方式参数信息

字　　段		数据类型	有效值	说　　明
MinRatioRect	TopLeftPoint	POINT		最小宽高比矩形框的左上角和右下角坐标
	LowerRightPoint	POINT		
MaxRatioRect	TopLeftPoint	POINT		最大宽高比矩形框的左上角和右下角坐标
	LowerRightPoint	POINT		

视频实时智能分析功能规则参数见表 A.12～表 A.25 所示。

表 A.12　视频实时智能分析功能规则参数

字　段	数据类型	有效值	说　　明
PUID	CHAR[20]		视频实时智能分析设备的唯一标识，表明此规则参数对应哪一个设备。 设备标识应符合 GB/T 28181—2011 中附录 D 规定的编码规则 A，其中类型编码取值范围为 500～599
CameraID	CHAR[20]		视频实时智能分析设备对应的摄像机编号，表明此设备对该摄像机所拍摄视频内容进行分析。摄像机编号应符合 GB/T 28181—2011中附录 D 规定的编码规则

表 A.12（续）

字　段	数据类型	有效值	说　明
VideoAnalyseRuleNum	UINT16		规则个数
VideoAnalyseRule	RULE_INFO[v]		规则信息数组，数组长度 v 由 VideoAnalyseRuleNum 确定，规则格式见表 A.13

表 A.13　规则信息数据类型 RULE_INFO 参数

字　段	数据类型	有效值	说　明
Name	CHAR[32]		规则名称，不同规则不能同名
Enable	UINT8	[0，1]	规则是否使能：0 为不使能，1 为使能
Type	UINT16		规则类型： 0：运动目标检测； 1：遗留物检测； 2：物体移除检测； 3：绊线检测； 4：入侵检测； 5：逆行检测； 6：徘徊检测； 7：流量统计； 8：密度检测； 9：目标分类； 10：视频异常检测； 其余数值保留
RuleConfig			具体规则参数，见表 A.14～表 A.27

表 A.14　运动目标检测功能规则参数

字　段	数据类型	有效值	说　明
DetectRegion	REGION		检测区域
Sensitivity	UINT8	[1，10]	检测灵敏度
ObjectTypeNum	UINT16		支持的目标类型个数
ObjectType	UINT16[v]		目标类型数组，数组长度 v 由 ObjectTypeNum 确定，数组元素取值为支持的目标类型。 0：行人； 1：车辆； 0xFFFF：其他目标； 其余数值保留
SizeFilter	FILTERS		目标大小过滤器组

表 A.15 遗留物检测/物体移除检测功能规则参数

字　段	数据类型	有效值	说　明
DetectRegion	REGION		检测区域
MinDuration	UINT16		最小持续时间,单位为秒(s)
TriggerPosition	UINT8		触发位置: 0:目标中心(最小外接矩形中心); 1:目标最小外接矩形任意部分; 2:目标本体任意部分; 其余数值保留
SizeFilter	FILTERS		目标大小过滤器组

表 A.16 绊线检测功能规则参数

字　段	数据类型	有效值	说　明
TripLineNum	UINT8		绊线条数
TripLine	LINE[v]		绊线数组,数组长度 v 由 TripLineNum 确定
TimeNum	UINT8		时间限制个数,与绊线条数相关: 绊线为 1 条时,TimeNum 为 0; 绊线为 2 条时,TimeNum 为 1; 绊线为 $M(M>2)$条时,TimeNum 为 M
Time	TIME[v]		间隔时间数组,数组长度 v 由 TimeNum 确定。 第 TimeNum 个限定时间为目标从第一条绊线到最后一条绊线的总时间。当 TimeNum>1 时,第 N(N 取值[1, TimeNum−1])个限定时间为目标从第 N 条绊线到第(N+1)条绊线的时间
TriggerPosition	UINT8		触发位置: 0:目标中心(最小外接矩形中心); 1:目标最小外接矩形任意部分; 2:目标本体任意部分; 其余数值保留
Direction	UINT8	[0, 2]	触发方向: 0:从左到右; 1:从右到左; 2:任意方向
ObjectTypeNum	UINT16		支持的目标类型个数
ObjectType	UINT16[v]		目标类型数组,数组长度 v 由 ObjectTypeNum 确定,数组元素取值代表支持的目标类型。 0:行人; 1:车辆; 0xFFFF:其他目标; 其余数值保留
SizeFilter	FILTERS		目标大小过滤器组

表 A.17 入侵检测功能规则参数

字　　段	数据类型	有效值	说　　明
DetectRegion	REGION		检测区域
ActionNum	UINT8		入侵行为个数
Action	ACTION[v]		入侵行为数组,数组长度 v 由 ActionNum 确定,ACTION 类型见表 A.18
TriggerPosition	UINT8		触发位置: 0:目标中心(最小外接矩形中心); 1:目标最小外接矩形任意部分; 2:目标本体任意部分; 其余数值保留
ObjectTypeNum	UINT16		支持的目标类型个数
ObjectType	UINT16[v]		目标类型数组,数组长度 v 由 ObjectTypeNum 确定,数组元素取值为支持的目标类型。 0:行人; 1:车辆; 0xFFFF:其他目标; 其余数值保留
SizeFilter	FILTERS		目标大小过滤器组

表 A.18 入侵行为数据类型 ACTION 参数

字　　段		数据类型	有效值	说　　明
Type		UINT8		行为类型: 0:进入区域; 1:离开区域; 2:区域内出现; 3:区域内消失; 4:在区域内; 其余数值保留
ActionConfig	MinTargets	UINT16		最小目标个数,行为类型为 4 时有效
	MaxTargets	UINT16		最大目标个数,行为类型为 4 时有效
	MinDuration	UINT16		最小持续时间,行为类型为 4 时有效,单位为秒(s)
	ReportInterval	UINT16		重复报警间隔时间,行为类型为 4 时有效,单位为秒(s)

表 A.19 逆行检测功能规则参数

字　段		数据类型	有效值	说　明
DetectRegion		REGION		检测区域
Direction	StartPoint	POINT		正常行驶方向起点坐标和终点坐标。按此方向行驶为正向,反方向为逆行
	EndPoint	POINT		
Sensitivity		UINT8	[1, 10]	检测灵敏度
ObjectTypeNum		UINT16		支持的目标类型个数
ObjectType		UINT16[v]		目标类型数组,数组长度 v 由 ObjectTypeNum 确定,数组元素取值为支持的目标类型。 0:行人; 1:车辆; 0xFFFF:其他目标; 其余数值保留
SizeFilter		FILTERS		目标大小过滤器组

表 A.20 徘徊检测功能规则参数

字　段	数据类型	有效值	说　明
DetectRegion	REGION		检测区域
MinObjectNum	UINT8		最小目标个数
MaxObjectNum	UINT8		最大目标个数
MinDuration	UINT16		最小持续时间,单位为秒(s)
ReportInterval	UINT16		重复报告间隔时间,单位为秒(s)
TriggerPosition	UINT8		触发位置: 0:目标中心(最小外接矩形中心); 1:目标最小外接矩形任意部分; 2:目标本体任意部分; 其余数值保留
ObjectTypeNum	UINT16		支持的目标类型个数
ObjectType	UINT16[v]		目标类型数组,数组长度 v 由 ObjectTypeNum 确定,数组元素取值为支持的目标类型。 0:行人; 1:车辆; 0xFFFF:其他目标; 其余数值保留
SizeFilter	FILTERS		目标大小过滤器组

表 A.21　流量统计功能规则参数

字　　段		数据类型	有效值	说　　明
DetectRegion		REGION		检测区域
Type		UINT8		统计类型： 0：区域统计； 1：出入口统计； 其余数值保留
Direction	StartPoint	POINT		从起点到终点表示正常运动方向，按照此方向运动是正向，反过来是逆行。只对统计类型为1时有效
Direction	EndPoint	POINT		从起点到终点表示正常运动方向，按照此方向运动是正向，反过来是逆行。只对统计类型为1时有效
ObjectType		UINT8		目标类型： 0：行人； 1：车辆； 0xFFFF：其他目标； 其余数值保留
ReportInterval		UINT16		上报周期，单位为秒(s)
UpperLimit		UINT32		目标数量上限

表 A.22　密度检测功能规则参数

字　　段	数据类型	有效值	说　　明
DetectRegion	REGION		检测区域
Unit	UINT8		密度检测数值单位： 0：密度等级； 1：密度百分比； 其余数值保留
ObjectType	UINT8		目标类型： 0：行人； 1：车辆； 其余数值保留

表 A.23　目标分类功能规则参数

字　　段	数据类型	有效值	说　　明
DetectRegion	REGION		检测区域
ObjectTypeNum	UINT16		支持的目标类型个数
ObjectType	UINT16[v]		目标类型数组，数组长度 v 由 ObjectTypeNum 确定，数组元素取值为支持的目标类型。 0：行人； 1：车辆； 0xFFFF：其他目标； 其余数值保留
SizeFilter	FILTERS		目标大小过滤器组

表 A.24　视频异常检测功能规则参数

字　段	数据类型	有效值	说　明
ChildFuncNum	UINT8		子功能个数
ChildFunc	VIDEO_CHILD_FUNC[v]		子功能规则数组，数组长度 v 由 ChildFuncNum 确定，VIDEO_CHILD_FUNC 格式见表 A.25

表 A.25　视频异常检测子功能规则数据类型 VIDEO_CHILD_FUNC 参数

字　段	数据类型	有效值	说　明
Type	UINT8		子功能类型： 0：丢失； 1：抖动； 2：冻结； 3：遮挡； 4：失焦； 5：噪声； 6：偏色； 7：亮度异常； 8：对比度异常； 其余数值保留
Enable			子功能是否使能，0 为不使能，1 为使能

A.2　规则能力集数据

视频实时智能分析功能规则能力集应包含以下信息：

a)　规则能力集信息。包括：设备标识、摄像机编号、基础能力、支持的最大规则个数、支持的规则类型个数、具体规则能力。

b)　基础能力。包括：支持的折线最大点个数、支持的区域最大点个数、目标大小过滤能力集。目标大小过滤能力集包括：单位、支持的过滤方式。

c)　规则能力信息。包括：规则类型、具体规则能力配置。不同规则类型的具体规则能力配置如下：

1)　运动目标检测/目标分类/徘徊检测/逆行检测规则能力集信息包括：支持的目标类型、是否支持大小过滤；

2)　遗留物检测/物体移除检测规则能力集信息包括：是否支持大小过滤；

3)　绊线检测规则能力集信息包括：支持的绊线条数、支持的目标类型、是否支持大小过滤；

4)　入侵检测规则能力集信息包括：支持的入侵行为类型、支持的目标类型、是否支持大小过滤；

5)　流量统计/密度检测规则能力集信息包括：目标类型；

6)　视频异常检测规则能力集信息包括：支持的子功能类型。

视频实时智能分析功能规则能力集参数见表 A.26～表 A.34 所示。

表 A.26 设备支持的视频实时智能分析功能规则能力集参数

字段		数据类型	有效值	说明
PUID		CHAR[20]		视频实时智能分析设备唯一标识
CameraID		CHAR[20]		视频实时智能分析设备对应摄像机编号
BaseCap	MaxLinePointNum	UINT16		折线最大点个数
	MaxRegionPointNum	UINT16		区域最大点个数
	SizeFilter	RULE_FILTER		目标大小过滤能力集，见表 A.27
MaxRuleNum		UINT16		最大支持规则个数
RuleTypeNum		UINT16		支持的规则类型个数
RuleCap		RULE_CAP[v]		支持的规则能力集数组，数组长度 v 由 RuleTypeNum 确定，具体类型见表 A.28

表 A.27 目标大小过滤能力集 RULE_FILTER 参数

字段		数据类型	有效值	说明
Unit	Pixel	UINT8	[0, 1]	是否支持单位为像素(px):0 为不支持,1 为支持
	Centimeter	UINT8	[0, 1]	是否支持单位为厘米(cm)或平方厘米(cm^2):0 为不支持,1 为支持
Type	Length	UINT8	[0, 1]	是否支持长度过滤方式:0 为不支持,1 为支持
	Area	UINT8	[0, 1]	是否支持面积过滤方式:0 为不支持,1 为支持
	Ratio	UINT8	[0, 1]	是否支持宽高比过滤方式:0 为不支持,1 为支持

表 A.28 规则能力集数据类型 RULE_CAP 参数

字段	数据类型	有效值	说明
Type	UINT16		规则类型，见表 A.13
CapConfig			具体规则能力集参数，见表 A.29～表 A.34

表 A.29 运动目标检测/目标分类/徘徊检测/逆行检测功能规则能力集参数

字段		数据类型	有效值	说明
ObjectType	Human	UINT8	[0, 1]	是否支持行人类型:0 为不支持,1 为支持
	Vehicle	UINT8	[0, 1]	是否支持车辆类型:0 为不支持,1 为支持
	Object	UINT8	[0, 1]	是否支持其他目标类型:0 为不支持,1 为支持
SizeFilter		UINT8	[0, 1]	是否支持目标大小过滤:0 为不支持,1 为支持

表 A.30 遗留物检测/物体移除检测功能规则能力集参数

字段	数据类型	有效值	说明
SizeFilter	UINT8	[0, 1]	是否支持目标大小过滤:0 为不支持,1 为支持

表 A.31 绊线检测功能规则能力集参数

字段		数据类型	有效值	说明
MaxLineNum		UINT8		最大绊线条数
ObjectType	Human	UINT8	[0, 1]	是否支持行人类型:0 为不支持,1 为支持
	Vehicle	UINT8	[0, 1]	是否支持车辆类型:0 为不支持,1 为支持
	Object	UINT8	[0, 1]	是否支持其他目标类型:0 为不支持,1 为支持
SizeFilter		UINT8	[0, 1]	是否支持目标大小过滤:0 为不支持,1 为支持

表 A.32 入侵检测功能规则能力集参数

字段		数据类型	有效值	说明
ActionType	Enter	UINT8	[0, 1]	是否支持"进入区域"行为类型:0 为不支持,1 为支持
	Exit	UINT8	[0, 1]	是否支持"离开区域"行为类型:0 为不支持,1 为支持
	Appear	UINT8	[0, 1]	是否支持"区域内出现"行为类型:0 为不支持,1 为支持
	Disappear	UINT8	[0, 1]	是否支持"区域内消失"行为类型:0 为不支持,1 为支持
	Inside	UINT8	[0, 1]	是否支持"在区域内"行为类型:0 为不支持,1 为支持
ObjectType	Human	UINT8	[0, 1]	是否支持行人类型:0 为不支持,1 为支持
	Vehicle	UINT8	[0, 1]	是否支持车辆类型:0 为不支持,1 为支持
	Object	UINT8	[0, 1]	是否支持其他目标类型:0 为不支持,1 为支持
SizeFilter		UINT8	[0, 1]	是否支持目标大小过滤:0 为不支持,1 为支持

表 A.33 流量统计、密度检测规则能力集参数

字段		数据类型	有效值	说明
ObjectType	Human	UINT8	[0, 1]	是否支持行人类型:0 为不支持,1 为支持
	Vehicle	UINT8	[0, 1]	是否支持车辆类型:0 为不支持,1 为支持

表 A.34 视频异常检测功能规则能力集参数

字　段	数据类型	有效值	说　明
VideoQualityDetection	UINT32		支持的检测子功能。 由低位至高位开始,每 bit 表明是否支持一种检测子功能,0:不支持;1:支持。 子功能对应位如下: 0x00000001:丢失检测; 0x00000002:抖动检测; 0x00000004:冻结检测; 0x00000008:遮挡检测; 0x00000010:失焦检测; 0x00000020:噪声检测; 0x00000040:偏色检测; 0x00000080:亮度异常检测; 0x00000100:对比度异常检测; 其余位保留

附　录　B
（规范性附录）
数据类型及坐标系定义

B.1　数据类型说明

表 B.1 规定了本标准所涉及的数据类型。

表 B.1　数据类型定义

数据类型	内存长度	取值范围	说　明
CHAR	8 bit	[−128，+127]	
UINT8	8 bit	[0,+255]	
UINT16	16 bit	[0,+2^16−1]	
UINT32	32 bit	[0,+2^32−1]	
UINT64	64 bit	[0,+2^64−1]	
FLOAT	32 bit	符合 IEEE754	
CHAR[M]	*M* * 8 bit		长度为 *M* 的字符串类型，其内存长度为 *M* * 8 bit，‘*’表示乘法运算。如果 *M* 是‘*v*’，表示长度由其他元素决定
UINT8[M]	*M* * 8 bit		长度为 *M* 的 UINT8 数组类型，其内存长度为 *M* * 8 bit，‘*’表示乘法运算。如果 *M* 是‘*v*’，表示长度由其他元素决定
UINT16[M]	*M* * 16 bit		长度为 *M* 的 UINT16 数组类型，其内存长度为 *M* * 16 bit，‘*’表示乘法运算。如果 *M* 是‘*v*’，表示长度由其他元素决定
UINT32[M]	*M* * 32 bit		长度为 *M* 的 UINT32 数组类型，其内存长度为 *M* * 32 bit，‘*’表示乘法运算。如果 *M* 是‘*v*’，表示长度由其他元素决定

B.2　坐标及坐标系定义

本标准所涉及坐标及矢量方向描述，统一遵循如下约定。

坐标系定义：使用图像左上坐标系；

X、*Y* 轴坐标定义：像素单位坐标，图像左上角作为原点，*X* 轴和 *Y* 轴正方向如图 B.1 所示。

矢量方向定义：*X* 轴正方向为零度角，逆时针旋转。

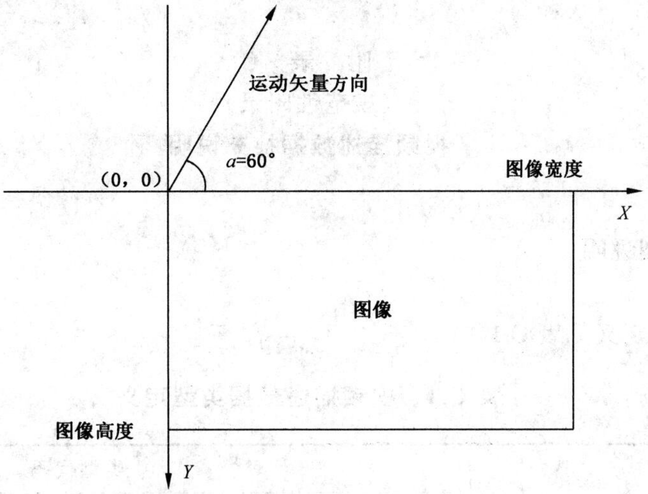

图 B.1　坐标及坐标系定义图

附　录　C
（规范性附录）
视频描述数据补充说明

C.1　视频描述数据类型说明

视频描述数据类型定义见表 C.1。

表 C.1　视频描述数据类型定义

类型名称	类型代码			
	TypeCode1	TypeCode2	TypeCode3	TypeCode4
运动目标检测、目标分类信息	0x00000001	0x00000000	0x00000000	0x00000000
遗留物检测、物体移除检测、绊线检测、入侵检测、逆行检测、徘徊检测等事件信息	0x00000002	0x00000000	0x00000000	0x00000000
流量统计信息	0x00000004	0x00000000	0x00000000	0x00000000
密度检测信息	0x00000008	0x00000000	0x00000000	0x00000000
视频异常检测信息	0x00000010	0x00000000	0x00000000	0x00000000

C.2　视频描述数据 XML 封装示例

视频描述数据的 XML 封装示例如下：

```
〈? xml version="1.0" encoding="UTF-8" ?〉
〈data time="2011-01-11 13:45:23.120" frameno="11" timestamp="86868543"〉
    〈! -- 此数据来自编号为"12080100005000000001"的前端设备 --〉
    〈PUID〉12080100005000000001〈/PUID〉
    〈! -- 此数据是对编号为"12080100001310000001"的摄像机视频内容分析结果 --〉
    〈CameraID〉12080100001310000001〈/CameraID〉
    〈FrameWidth〉704〈/FrameWidth〉
    〈FrameHeight〉576〈/FrameHeight〉
    〈MetaElement〉
        〈! -- 视频描述数据元素 --〉
        〈ElementType〉
            〈! -- 0x00000001 表示运动目标检测及目标分类 --〉
            〈TypeCode1〉1〈/TypeCode1〉
        〈/ElementType〉
        〈ElementInfo〉
            〈! -- 信息主体,目标个数为 2 --〉
            〈Num〉2〈/Num〉
            〈TargetInfo〉
```

```
〈! -- 目标 ID 为 1 --〉
〈ID〉1〈/ID〉
〈! -- 目标 X 坐标为 10 --〉
〈PosX〉10〈/PosX〉
〈! -- 目标 Y 坐标为 10 --〉
〈PosY〉10〈/PosY〉
〈! -- 目标宽度为 50px --〉
〈Width〉50〈/Width〉
〈! -- 目标高度为 25px --〉
〈Height〉25〈/Height〉
〈! -- 1 表示速度单位为 m/s --〉
〈SpeedUnit〉1〈/SpeedUnit〉
〈! -- 目标运动速度为 1.5m/s --〉
〈SpeedVal〉1.5〈/SpeedVal〉
〈! -- 目标运动方向与 X 轴正方向夹角为 180 度 --〉
〈SpeedRad〉180〈/SpeedRad〉
〈! -- 目标类型为车辆 --〉
〈Type〉1〈/Type〉
〈! -- 目标颜色空间为 RGBA --〉
〈ColorSpace〉0〈/ColorSpace〉
〈! -- 目标主色个数为 2 --〉
〈ColorCount〉2〈/ColorCount〉
〈ColorInfo〉
    〈! -- 主色区域 X 坐标为 12 --〉
    〈AreaPosX〉12〈/AreaPosX〉
    〈! -- 主色区域 Y 坐标为 12 --〉
    〈AreaPosY〉12〈/AreaPosY〉
    〈! -- 主色区域宽度为 25 --〉
    〈AreaWidth〉25〈/AreaWidth〉
    〈! -- 主色区域高度为 12 --〉
    〈AreaHeight〉12〈/AreaHeight〉
    〈! -- 区域主色为红色,权重为 0x80 --〉
    〈ColorValue〉0x0000FF80〈/ColorValue〉
〈/ColorInfo〉
〈ColorInfo〉
    〈AreaPosX〉12〈/AreaPosX〉
    〈AreaPosY〉24〈/AreaPosY〉
    〈AreaWidth〉25〈/AreaWidth〉
    〈AreaHeight〉12〈/AreaHeight〉
    〈! -- 区域主色为绿色,权重为 0x7F --〉
    〈ColorValue〉0x00FF007F〈/ColorValue〉
〈/ColorInfo〉
〈! -- 轨迹点个数为 2 --〉
```

```xml
        <TrajPntCount>2</TrajPntCount>
        <TrajPntInfo>
            <!-- 轨迹点 X 坐标为 2 -->
            <X>2</X>
            <!-- 轨迹点 Y 坐标为 3 -->
            <Y>3</Y>
            <!-- 轨迹点对应相对时间为 86840000 -->
            <TimeStamp>86840000</TimeStamp>
        </TrajPntInfo>
        <TrajPntInfo>
            <X>5</X>
            <Y>8</Y>
            <TimeStamp>86850000</TimeStamp>
        </TrajPntInfo>
        <!-- 目标状态为持续 -->
        <Status>1</Status>
        <!-- 目标图片数据 -->
        <ImageData>/9j/4AAQSkZJRgA</ImageData>
    </TargetInfo>
    <TargetInfo>
        <!-- 目标 ID 为 2 -->
        <ID>2</ID>
        <!-- 目标 X 坐标为 20 -->
        <PosX>20</PosX>
        <!-- 目标 Y 坐标为 20 -->
        <PosY>20</PosY>
        <!-- 目标宽度为 10 -->
        <Width>10</Width>
        <!-- 目标高度为 20 -->
        <Height>20</Height>
        <!-- 0 表示速度单位为 px/s -->
        <SpeedUnit>0</SpeedUnit>
        <!-- 目标运动速度为 12px/s -->
        <SpeedVal>12</SpeedVal>
        <!-- 目标运动方向与 X 轴正方向夹角为 90 度 -->
        <SpeedRad>90</SpeedRad>
        <!-- 目标类型为行人 -->
        <Type>0</Type>
        <!-- 目标颜色空间为 HSV -->
        <ColorSpace>1</ColorSpace>
        <!-- 目标主色个数为 1 -->
        <ColorCount>1</ColorCount>
        <ColorInfo>
```

```
                〈AreaPosX〉22〈/AreaPosX〉
                〈AreaPosY〉22〈/AreaPosY〉
                〈AreaWidth〉8〈/AreaWidth〉
                〈AreaHeight〉16〈/AreaHeight〉
                〈! -- 区域主色:H 分量为 0x0800,S 分量为 0xFF,V 分量为 0x80 --〉
                〈ColorValue〉0x0800FF80〈/ColorValue〉
            〈/ColorInfo〉
        〈/TargetInfo〉
    〈/ElementInfo〉
〈/MetaElement〉

〈MetaElement〉
    〈! -- 视频描述数据元素 --〉
    〈ElementType〉
        〈! -- 0x00000002 表示事件检测 --〉
        〈TypeCode1〉2〈/TypeCode1〉
    〈/ElementType〉
    〈ElementInfo〉
        〈! -- 信息主体,事件个数为 2 --〉
        〈Num〉2〈/Num〉
        〈EventInfo〉
            〈ID〉1〈/ID〉
            〈! -- 物体移除检测 --〉
            〈Type〉1〈/Type〉
            〈! -- 事件级别为普通警告 --〉
            〈Level〉1〈/Level〉
            〈! -- Status 为 1 代表事件发生,0 表示事件结束--〉
            〈Status〉1〈/Status〉
            〈! -- 规则信息 --〉
            〈RuleInfo〉
                〈! -- 检测区域 --〉
                〈DetectRegion〉
                    〈! -- 区域顶点个数为 3 --〉
                    〈PointNum〉3〈/PointNum〉
                    〈! -- 区域顶点坐标 --〉
                    〈Point〉
                        〈X〉2〈/X〉
                        〈Y〉2〈/Y〉
                    〈/Point〉
                    〈Point〉
                        〈X〉2〈/X〉
                        〈Y〉80〈/Y〉
                    〈/Point〉
```

```
            〈Point〉
                〈X〉80〈/X〉
                〈Y〉80〈/Y〉
            〈/Point〉
        〈/DetectRegion〉
        〈! -- 最小持续时间为 100s --〉
        〈MinDuration〉100〈/MinDuration〉
    〈/RuleInfo〉
    〈! -- 报警截图数据--〉
    〈ImageData〉/9j/4AAQSkZJRgA〈/ImageData〉
    〈! -- 报警截图的存储路径--〉
    〈ImagePath〉http:\10.41.0.1\Images\201101112008.jpg〈/ImagePath〉
〈/EventInfo〉
〈EventInfo〉
    〈ID〉2〈/ID〉
    〈! -- 绊线检测 --〉
    〈Type〉2〈/Type〉
    〈! -- 事件级别为严重警告 --〉
    〈Level〉2〈/Level〉
    〈! -- 事件发生--〉
    〈Status〉1〈/Status〉
    〈! -- 规则信息 --〉
    〈RuleInfo〉
        〈! -- 绊线数为 1 --〉
        〈TripLineNum〉1〈/TripLineNum〉
        〈TripLine〉
            〈! -- 绊线端点个数为 3 --〉
            〈PointNum〉3〈/PointNum〉
            〈! -- 绊线端点坐标 --〉
            〈Point〉
                〈X〉40〈/X〉
                〈Y〉300〈/Y〉
            〈/Point〉
            〈Point〉
                〈X〉30〈/X〉
                〈Y〉200〈/Y〉
            〈/Point〉
            〈Point〉
                〈X〉40〈/X〉
                〈Y〉80〈/Y〉
            〈/Point〉
        〈/TripLine〉
        〈! -- 触发方向为从左到右 --〉
```

```
            〈Direction〉0〈/Direction〉
        〈/RuleInfo〉
        〈! -- 报警录像的存储路径--〉
        〈RecordPath〉http:\10.41.0.1\Records\201101112008.mp4〈/RecordPath〉
    〈/EventInfo〉
〈/ElementInfo〉
〈/MetaElement〉

〈MetaElement〉
    〈! -- 视频描述数据元素 --〉
    〈ElementType〉
        〈! -- 0x00000004 表示流量统计 --〉
        〈TypeCode1〉4〈/TypeCode1〉
    〈/ElementType〉
    〈ElementInfo〉
        〈! -- 信息主体,流量方向个数为 2 --〉
        〈Num〉2〈/Num〉
        〈FlowInfo〉
            〈ID〉1〈/ID〉
            〈Direction〉30〈/Direction〉
            〈! -- 目标类型为车辆 --〉
            〈Type〉1〈/Type〉
            〈! -- 此方向流量计数值为 23 --〉
            〈Count〉23〈/Count〉
        〈/FlowInfo〉
        〈FlowInfo〉
            〈ID〉2〈/ID〉
            〈Direction〉0〈/Direction〉
            〈! -- 目标类型为行人 --〉
            〈Type〉0〈/Type〉
            〈Count〉3〈/Count〉
        〈/FlowInfo〉
    〈/ElementInfo〉
〈/MetaElement〉

〈MetaElement〉
    〈! -- 视频描述数据元素 --〉
    〈ElementType〉
        〈! -- 0x00000008 表示密度检测 --〉
        〈TypeCode1〉8〈/TypeCode1〉
    〈/ElementType〉
    〈ElementInfo〉
        〈! -- 信息主体,检测区域个数为 2 --〉
```

```
            <Num>2</Num>
            <CrowdInfo>
                <ID>1</ID>
                <! -- 目标类型为车辆 -->
                <Type>1</Type>
                <! -- 当前密度数值单位为密度百分比 -->
                <Unit>1</Unit>
                <! -- 当前密度百分比为 8% -->
                <Level>8</Level>
            </CrowdInfo>
            <CrowdInfo>
                <ID>2</ID>
                <! -- 目标类型为行人 -->
                <Type>0</Type>
                <! -- 当前密度数值单位为密度等级 -->
                <Unit>0</Unit>
                <! -- 当前密度等级为很稀疏 -->
                <Level>0</Level>
            </CrowdInfo>
        </ElementInfo>
    </MetaElement>

    <MetaElement>
        <! -- 视频描述数据元素 -->
        <ElementType>
            <! -- 0x00000010 表示视频异常检测 -->
            <TypeCode1>16</TypeCode1>
        </ElementType>
        <ElementInfo>
            <! -- 信息主体,视频异常检测项个数为 2 -->
            <Num>2</Num>
            <VideoCheckInfo>
                <! -- 抖动 -->
                <Type>1</Type>
                <! -- 检测值为 5 -->
                <Value>5</Value>
            </VideoCheckInfo>
            <VideoCheckInfo>
                <! -- 对比度异常 -->
                <Type>8</Type>
                <! -- 检测值为 90 -->
                <Value>90</Value>
            </VideoCheckInfo>
```

```
        〈/ElementInfo〉
    〈/MetaElement〉

    〈MetaElement〉
        〈! -- 视频描述数据元素 --〉
        〈ElementType〉
            〈! -- 0x0000000C 表示包含流量统计及密度检测 --〉
            〈TypeCode1〉12〈/TypeCode1〉
        〈/ElementType〉
        〈! -- 流量统计信息 --〉
        〈ElementInfo〉
            〈! -- 信息主体,流量方向个数为 1 --〉
            〈Num〉1〈/Num〉
            〈FlowInfo〉
                〈ID〉1〈/ID〉
                〈Direction〉10〈/Direction〉
                〈! -- 目标类型为车辆 --〉
                〈Type〉1〈/Type〉
                〈! -- 此方向流量计数值为 20 --〉
                〈Count〉20〈/Count〉
            〈/FlowInfo〉
        〈/ElementInfo〉

        〈! -- 密度检测信息 --〉
        〈ElementInfo〉
            〈! -- 信息主体,检测区域个数为 1 --〉
            〈Num〉1〈/Num〉
            〈CrowdInfo〉
                〈ID〉1〈/ID〉
                〈! -- 目标类型为行人 --〉
                〈Type〉0〈/Type〉
                〈! -- 当前密度数值单位为密度等级 --〉
                〈Unit〉0〈/Unit〉
                〈! -- 当前密度等级为很稀疏 --〉
                〈Level〉0〈/Level〉
            〈/CrowdInfo〉
        〈/ElementInfo〉
    〈/MetaElement〉

〈/data〉
```

附 录 D
（资料性附录）
视频实时智能分析设备性能测试序列

D.1 运动目标检测测试序列

运动目标检测测试序列集见表 D.1。

表 D.1 运动目标检测测试序列

视频编号	快照及检测区域设定	检测功能	时长 (hh:mm:ss)	帧率 (FPS)	分辨率	环境特征	天气	时段	检测因素	难度
A0001		运动目标检测	0:06:59	25	352×288	停车场旁人行区	阴天	白天	—	容易
A0002		运动目标检测	0:02:11	25	352×288	停车场旁人行区	晴天	白天	阴影	较难
A0003		运动目标检测	0:00:50	25	352×288	小区	晴天	夜晚	低照度	一般
A0004	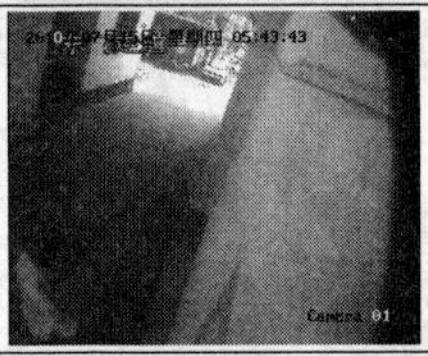	运动目标检测	0:03:17	25	352×288	出入口	晴天	凌晨	光照变化	较难
A0005		运动目标检测	0:02:26	25	720×576	出入口	晴天	夜晚	小目标	一般
A0006		运动目标检测	0:03:59	25	720×576	马路人行区、地面积雪	阴天	白天	—	一般
A0007	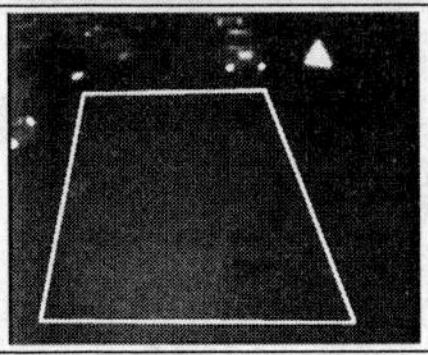	运动目标检测	0:02:40	25	640×480	小区内空地	晴天	夜晚	低照度、红外摄像	一般

表 D.1（续）

视频编号	快照及检测区域设定	检测功能	时长 (hh:mm:ss)	帧率 (FPS)	分辨率	环境特征	天气	时段	检测因素	难度
A0008		运动目标检测	0:03:20	25	720×576	小区内空地	晴天	夜晚	低照度、干扰物、红外摄像	一般
A0009		运动目标检测	0:03:50	25	640×480	小区内空地	晴天	白天	干扰物	很难
A0010		运动目标检测	0:00:43	25	720×576	小区住宅楼前	雨天	白天	干扰物	一般
A0011		运动目标检测	0:01:12	25	720×576	体育馆门口	晴天	白天	干扰物	较难
A0012	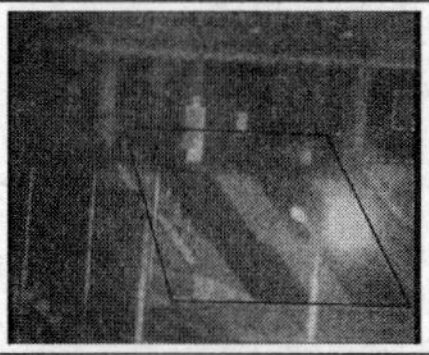	运动目标检测	0:01:02	25	720×576	体育馆门口	晴天	夜晚	低照度、抖动	较难
A0013		运动目标检测	0:01:27	25	704×576	马路	晴天	白天	—	容易
A0014		运动目标检测	0:00:36	25	720×576	某单位大门口	晴天	黄昏	—	一般
A0015		运动目标检测	0:00:53	25	720×576	某单位大门口	晴天	白天	—	一般
A0016		运动目标检测	0:02:33	25	352×288	围墙周围	晴天	白天	小目标、干扰物	较难

表 D.1（续）

视频编号	快照及检测区域设定	检测功能	时长(hh:mm:ss)	帧率(FPS)	分辨率	环境特征	天气	时段	检测因素	难度
A0017		运动目标检测	0:00:45	25	352×288	室外停车场	雪天	白天	小目标、干扰物	一般
A0018		运动目标检测	0:00:48	25	352×288	某商场门前	晴天	白天	多目标、干扰物	较难
A0019		运动目标检测	0:00:48	25	352×288	室内会议室	—	—	小场景运动目标	一般
A0020		运动目标检测	0:04:00	25	352×288	室外操场	雨天	夜晚	低照度、干扰物、红外摄像	较难
A0021		运动目标检测	0:03:13	25	704×576	室外操场	晴天	夜晚	低照度、光照突变、红外摄像	很难
A0022		运动目标检测	0:00:32	25	704×576	大堂	—	—	多目标、干扰物	一般
A0023		运动目标检测	0:00:12	25	704×576	马路人行区	晴天	白天	阴影	容易
A0024		运动目标检测	0:04:18	25	704×576	马路人行区	晴天	白天	—	容易
A0025		运动目标检测	0:06:44	25	352×288	马路人行区	阴天	白天	—	容易

表 D.1（续）

视频编号	快照及检测区域设定	检测功能	时长(hh:mm:ss)	帧率(FPS)	分辨率	环境特征	天气	时段	检测因素	难度
A0026		运动目标检测	0:04:47	25	704×576	马路人行区	晴天	白天	阴影	容易
A0027		运动目标检测	0:01:48	25	352×288	公园内道路	晴天	黄昏	—	一般
A0028		运动目标检测	0:01:52	25	352×288	公园内道路	晴天	白天	干扰物	较难
A0029		运动目标检测	0:02:03	25	352×288	公园内道路	晴天	夜晚	低照度、红外摄像	较难
A0030		运动目标检测	0:06:31	25	352×288	马路	雾天	白天	极小灰度差	一般
A0031		运动目标检测	0:01:14	25	720×576	马路	晴天	白天	—	一般
A0032		运动目标检测	0:01:00	25	352×288	简单背景	—	—	小目标低速运动	简单
A0033		运动目标检测	0:01:00	25	352×288	简单背景	—	—	小目标低速运动	简单
A0034	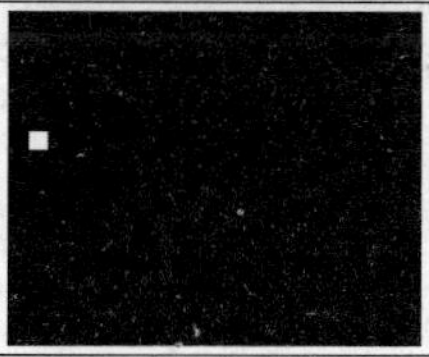	运动目标检测	0:01:00	25	352×288	简单背景	—	—	小目标高速运动	简单

表 D.1（续）

视频编号	快照及检测区域设定	检测功能	时长(hh:mm:ss)	帧率(FPS)	分辨率	环境特征	天气	时段	检测因素	难度
A0035		运动目标检测	0:01:00	25	352×288	简单背景	—	—	小目标高速运动	简单

D.2 遗留物检测测试序列

遗留物检测测试序列集见表 D.2。

表 D.2 遗留物检测测试序列

视频编号	快照及检测区域设定	检测功能	时长(hh:mm:ss)	帧率(FPS)	分辨率	环境特征	天气	时段	检测因素	难度
B0001	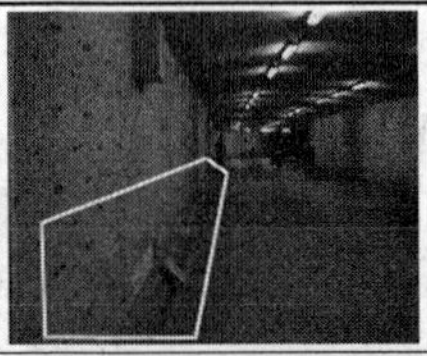	遗留物检测	0:03:07	25	720×576	地下通道	—	—	—	一般
B0002		遗留物检测	0:02:59	25	384×288	ATM 机	—	—	—	一般
B0003		遗留物检测	0:02:14	25	352×288	ATM 机	—	—	—	一般
B0004		遗留物检测	0:00:51	25	352×288	ATM 机	—	—	—	一般
B0005		遗留物检测	0:00:58	25	352×288	ATM 机	—	—	—	一般
B0006		遗留物检测	0:03:44	25	704×576	ATM 机	—	—		很难

表 D.2（续）

视频编号	快照及检测区域设定	检测功能	时长(hh:mm:ss)	帧率(FPS)	分辨率	环境特征	天气	时段	检测因素	难度
B0007		遗留物检测	0:04:32	25	640×480	公司前台大厅	—	—	小目标	一般
B0008		遗留物检测	0:04:31	25	640×480	公司前台大厅	—	—	大目标	较难
B0009		遗留物检测	0:04:31	25	640×480	公司前台大厅	—	—	小目标、多目标	较难
B0010		遗留物检测	0:04:31	25	640×480	公司前台大厅	—	—	大目标、多目标	较难
B0011		遗留物检测	0:04:28	25	640×480	公司前台大厅	—	—	光照突变、多目标	较难
B0012		遗留物检测	0:02:13	25	704×576	仓库	—	—	光照突变	很难
B0013		遗留物检测	0:02:26	25	640×480	公司前台大厅	—	—	干扰物	较难
B0014	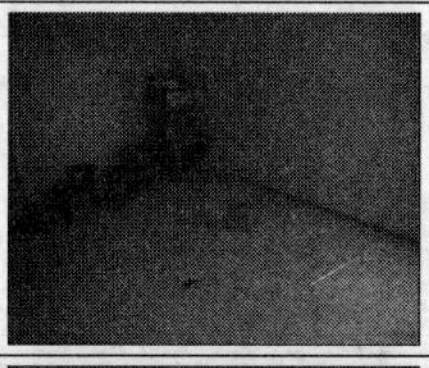	遗留物检测	0:01:20	25	704×576	仓库	—	—	低照度	一般
B0015		遗留物检测	0:00:55	30	704×576	ATM 机取款大厅	—	—	—	很难

表 D.2（续）

视频编号	快照及检测区域设定	检测功能	时长(hh:mm:ss)	帧率(FPS)	分辨率	环境特征	天气	时段	检测因素	难度
B0016		遗留物检测	0:01:06	30	704×576	ATM 机取款大厅	—	—	—	很难
B0017		遗留物检测	0:00:45	25	704×576	ATM 机	—	—	—	较难
B0018		遗留物检测	0:01:42	25	704×576	ATM 机	—	—	—	很难
B0019		遗留物检测	0:01:02	25	704×576	ATM 机	—	—	—	较难
B0020	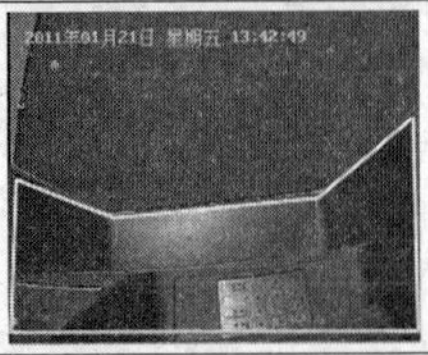	遗留物检测	0:00:49	25	352×288	ATM 机	—	—	—	容易
B0021	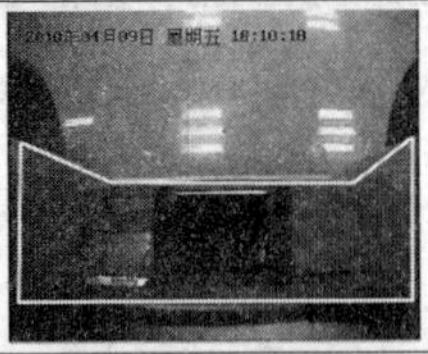	遗留物检测	0:02:28	25	352×288	ATM 机	—	—	—	较难
B0022		遗留物检测	0:16:13	25	352×288	监控室大厅	—	—	—	一般
B0023		遗留物检测	0:16:59	25	352×288	监控室大厅	—	—	光照突变、小目标	较难
B0024	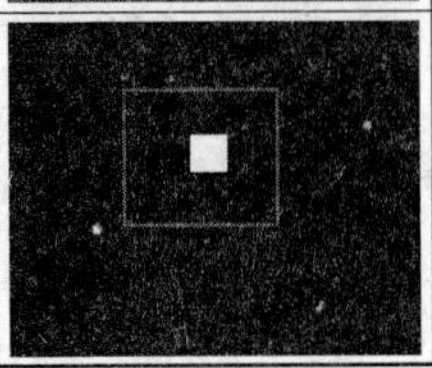	遗留物检测	0:02:00	25	352×288	简单背景	—	—	小目标	简单

D.3 物体移除检测测试序列

物体移除检测测试序列集见表 D.3。

表 D.3 物体移除检测测试序列

视频编号	快照及检测区域设定	检测功能	时长(hh:mm:ss)	帧率(FPS)	分辨率	环境特征	天气	时段	检测因素	难度
C0001		物体移除检测	0:02:10	25	720×576	仓库	—	—	低照度、小目标	较难
C0002		物体移除检测	0:01:50	25	720×576	仓库	—	—	小目标	较难
C0003	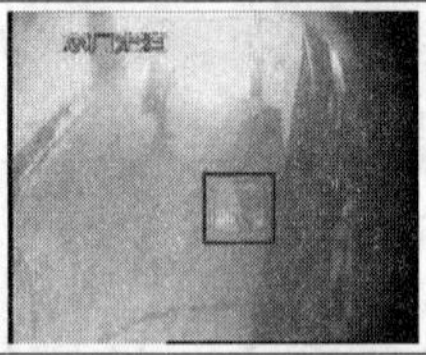	物体移除检测	0:02:48	25	320×240	出入口	晴天	白天	极小灰度差	容易
C0004		物体移除检测	0:02:22	25	320×240	小区住宅楼前	晴天	白天	小目标	一般
C0005		物体移除检测	0:02:00	25	640×480	公司前台大厅	—	—	小目标	较难
C0006		物体移除检测	0:01:21	25	640×480	公司前台大厅	—	—	干扰物	较难
C0007		物体移除检测	0:01:09	25	704×576	仓库	—	—	低照度	一般
C0008		物体移除检测	0:02:02	25	704×576	仓库	—	—	光照突变、低照度	很难

表 D.3（续）

视频编号	快照及检测区域设定	检测功能	时长(hh:mm:ss)	帧率(FPS)	分辨率	环境特征	天气	时段	检测因素	难度
C0009		物体移除检测	0:03:14	25	352×288	仓库	—	—	低照度、光照突变	很难
C0010		物体移除检测	0:01:00	25	704×576	办公室	—	—	—	很难
C0011		物体移除检测	0:00:38	25	704×576	停车位前	晴天	白天	—	较难
C0012		物体移除检测	0:00:50	30	720×480	ATM 机	—	—	—	很难
C0013		物体移除检测	0:01:10	25	352×288	马路	阴天	白天	小目标	较难
C0014		物体移除检测	0:04:31	25	352×288	大厅	—	—	小目标	较难
C0015		物体移除检测	0:02:00	25	352×288	简单背景			小目标	简单

D.4 绊线检测测试序列

绊线检测测试序列集见表 D.4。

表 D.4　绊线检测检测测试序列

视频编号	快照及检测区域设定	检测功能	时长(hh:mm:ss)	帧率(FPS)	分辨率	环境特征	天气	时段	检测因素	难度
D0001	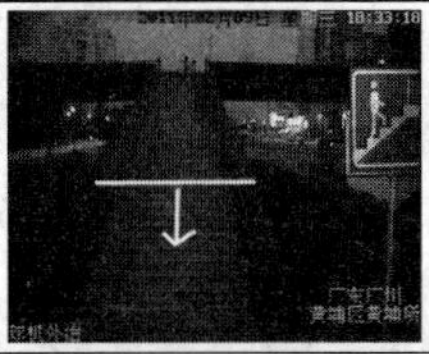	绊线检测	0:00:59	25	704×576	过街天桥台阶	晴天	黄昏	低照度	一般
D0002	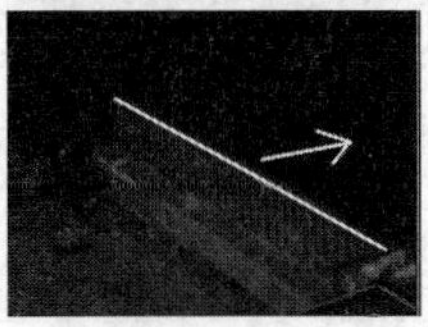	绊线检测	0:03:08	25	384×288	围墙/围栏周围	晴天	夜晚	低照度	一般
D0003		绊线检测	0:00:32	25	384×288	铁路线上	阴天	白天	—	容易
D0004		绊线检测	0:08:19	25	352×288	小区内行车道	晴天	白天	阴影	较难
D0005		绊线检测	0:04:09	25	352×288	小区内行车道	雨天	白天	光照突变、抖动	很难
D0006		绊线检测	0:06:04	25	704×576	火车道、地面积雪	晴天	白天	小目标、抖动	较难
D0007	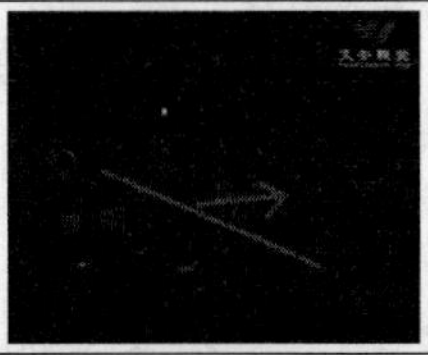	绊线检测	0:00:56	25	384×288	停车场	晴天	夜晚	低照度、小目标	很难
D0008	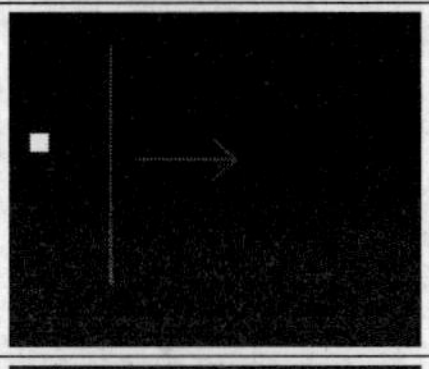	绊线检测	0:01:00	25	352×288	简单背景	—	—	小目标低速运动	简单
D0009	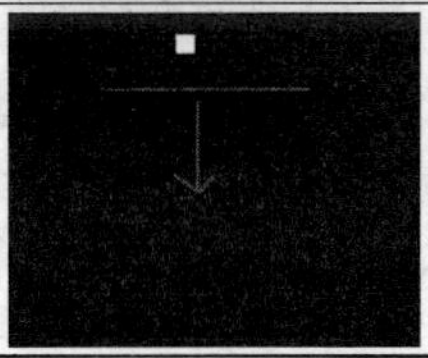	绊线检测	0:01:00	25	352×288	简单背景	—	—	小目标低速运动	简单

D.5 入侵检测测试序列

入侵检测测试序列集见表 D.5。

表 D.5 入侵检测测试序列

视频编号	快照及检测区域设定	检测功能	时长(hh:mm:ss)	帧率(FPS)	分辨率	环境特征	天气	时段	检测因素	难度
E0001		入侵检测	0:02:00	25	704×576	候船大厅	晴天	白天	—	一般
E0002		入侵检测	0:02:13	25	704×576	银行门前	晴天	白天	—	一般
E0003		入侵检测	0:00:59	25	704×576	过街天桥台阶	晴天	黄昏	低照度	一般
E0004		入侵检测	0:01:58	25	704×576	地下通道台阶	晴天	白天	—	一般
E0005		入侵检测	0:02:21	25	704×576	公园内道路	晴天	白天	—	一般
E0006		入侵检测	0:03:08	25	384×288	围墙/围栏周围	晴天	夜晚	低照度	一般
E0007		入侵检测	0:00:32	25	384×288	铁路线上	阴天	白天	—	容易
E0008		入侵检测	0:01:47	25	352×288	小区内行车道	晴天	夜晚	红外摄像	很难

表 D.5（续）

视频编号	快照及检测区域设定	检测功能	时长(hh:mm:ss)	帧率(FPS)	分辨率	环境特征	天气	时段	检测因素	难度
E0009		入侵检测	0:00:28	25	352×288	自行车棚附近	晴天	白天	干扰物	较难
E0010		入侵检测	0:08:19	25	352×288	小区内行车道	晴天	白天	阴影	较难
E0011	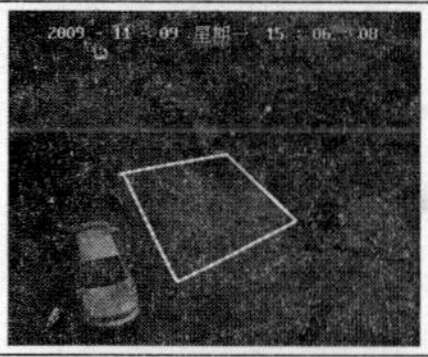	入侵检测	0:04:09	25	352×288	小区内行车道	雨天	白天	光照突变、抖动	很难
E0012	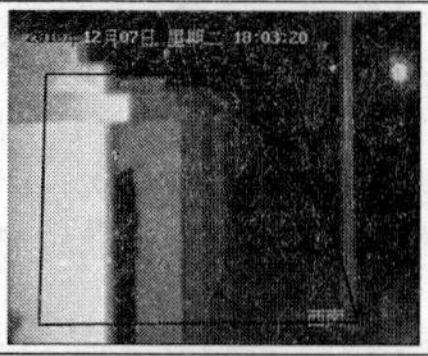	入侵检测	0:06:00	25	352×288	围墙/围栏周围	晴天	夜晚	低照度	很难
E0013		入侵检测	0:02:00	25	352×288	围墙/围栏周围	晴天	白天	—	较难
E0014		入侵检测	0:02:01	25	720×576	铁路周围	晴天	白天	干扰物	一般
E0015		入侵检测	0:17:02	25	352×288	油田周围	阴天	黄昏	小目标	很难
E0016		入侵检测	0:01:43	25	352×288	油田周围	阴天	黄昏	小目标	很难
E0017		入侵检测	0:06:25	25	352×288	围墙/围栏周围	晴天	白天	小目标、光照突变	较难

表 D.5（续）

视频编号	快照及检测区域设定	检测功能	时长(hh:mm:ss)	帧率(FPS)	分辨率	环境特征	天气	时段	检测因素	难度
E0018		入侵检测	0:06:04	25	704×576	火车道、地面积雪	晴天	白天	小目标、抖动	较难
E0019		入侵检测	0:00:56	25	384×288	停车场	晴天	夜晚	低照度、小目标	很难
E0020		入侵检测	0:03:22	25	384×288	树林围栏	晴天	白天	—	较难
E0021		入侵检测	0:01:38	25	352×288	围墙/围栏周围	阴天	白天	—	一般
E0022	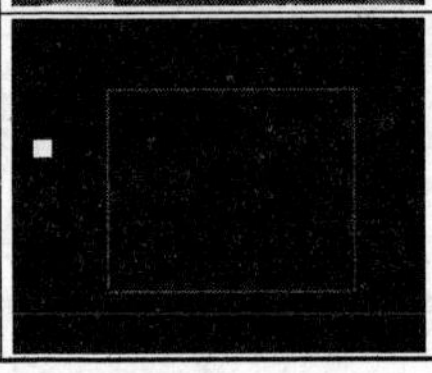	入侵检测	0:01:00	25	352×288	简单背景	—	—	小目标低速运动	简单

D.6 逆行检测测试序列

逆行检测测试序列集见表 D.6。

表 D.6 逆行检测测试序列

视频编号	快照及检测区域设定	检测功能	时长(hh:mm:ss)	帧率(FPS)	分辨率	环境特征	天气	时段	检测因素	难度
F0001		逆行检测	0:00:35	25	720×576	马路	晴天	白天	—	容易
F0002		逆行检测	0:08:00	25	352×288	马路	晴天	夜晚	干扰物	一般

表 D.6（续）

视频编号	快照及检测区域设定	检测功能	时长(hh:mm:ss)	帧率(FPS)	分辨率	环境特征	天气	时段	检测因素	难度
F0003		逆行检测	0:09:00	25	352×288	马路	晴天	夜晚	模糊、干扰物	较难
F0004		逆行检测	0:03:51	25	720×576	马路	晴天	黄昏	—	容易
F0005		逆行检测	0:00:55	25	704×576	出入口	阴天	白天	大目标	较难
F0006		逆行检测	0:00:39	25	704×576	自行车棚附近	晴天	白天	—	一般
F0007		逆行检测	0:00:34	25	704×576	自行车棚附近	晴天	白天	—	一般
F0008		逆行检测	0:00:36	25	704×576	小区内行车道	阴天	白天	—	容易
F0009		逆行检测	0:00:52	25	704×576	小区内行车道	阴天	白天	—	容易
F0010	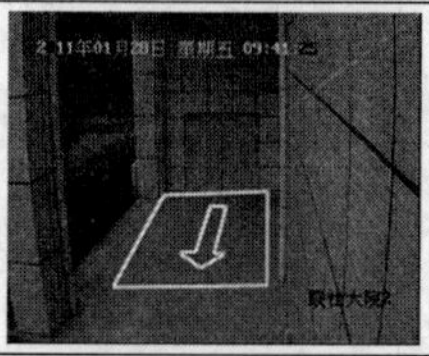	逆行检测	0:00:37	25	704×576	库房门口	阴天	白天	—	一般
F0011	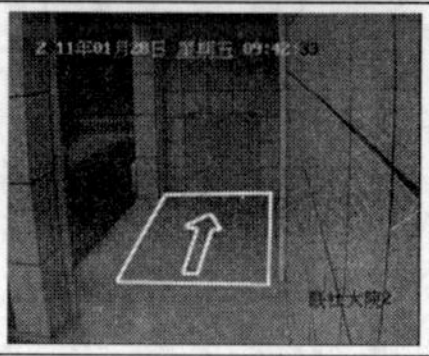	逆行检测	0:00:35	25	704×576	库房门口	阴天	白天	—	一般

表 D.6（续）

视频编号	快照及检测区域设定	检测功能	时长(hh:mm:ss)	帧率(FPS)	分辨率	环境特征	天气	时段	检测因素	难度
F0012		逆行检测	0:00:40	25	704×576	出入口	阴天	白天	—	容易
F0013		逆行检测	0:00:50	25	704×576	出入口	阴天	白天	—	一般
F0014	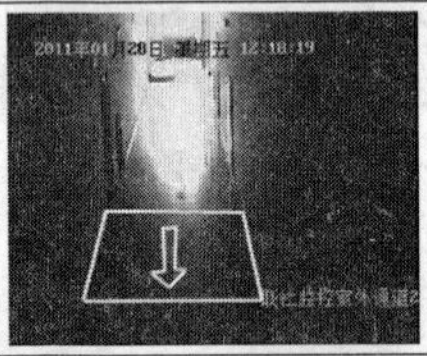	逆行检测	0:00:57	25	704×576	走廊/楼道	晴天	白天	逆光、阴影	较难
F0015	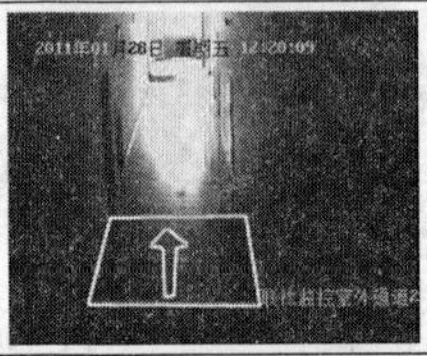	逆行检测	0:00:50	25	704×576	走廊/楼道	晴天	白天	逆光、阴影	较难
F0016	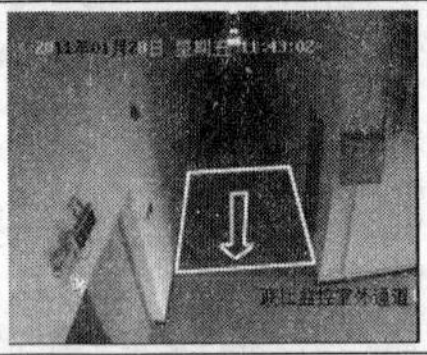	逆行检测	0:00:41	25	704×576	走廊/楼道	—	—	—	一般
F0017	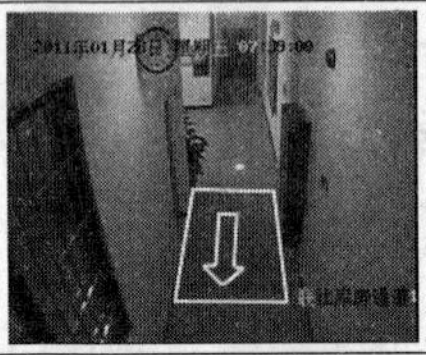	逆行检测	0:00:34	25	704×576	走廊/楼道	—	—	—	容易
F0018		逆行检测	0:05:35	25	704×576	马路	晴天	白天	—	一般
F0019		逆行检测	0:04:45	25	704×576	马路	晴天	白天	—	一般
F0020		逆行检测	0:02:35	25	704×576	马路	晴天	黎明	逆光	很难

表 D.6（续）

视频编号	快照及检测区域设定	检测功能	时长(hh:mm:ss)	帧率(FPS)	分辨率	环境特征	天气	时段	检测因素	难度
F0021	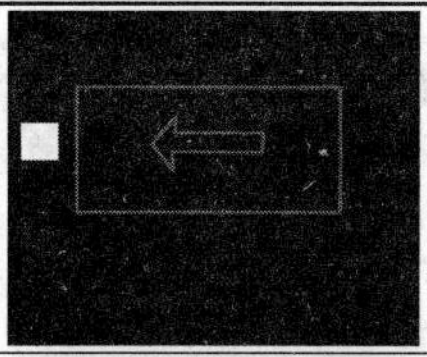	逆行检测	0:01:00	25	352×288	简单背景	—	—	小目标 低速运动	简单
F0022	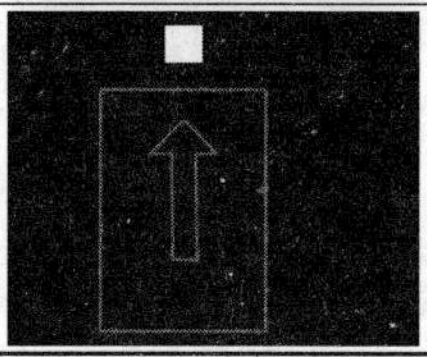	逆行检测	0:01:00	25	352×288	简单背景	—	—	小目标 低速运动	简单

D.7 徘徊检测测试序列

徘徊检测测试序列集见表 D.7。

表 D.7 徘徊检测测试序列

视频编号	快照及检测区域设定	检测功能	时长(hh:mm:ss)	帧率(FPS)	分辨率	环境特征	天气	时段	检测因素	难度
G0001		徘徊检测	0:00:59	25	352×288	小区内行车道	晴天	夜晚	低照度	一般
G0002		徘徊检测	0:05:40	25	704×576	大厅	—	夜晚	—	一般
G0003		徘徊检测	0:01:10	10	324×268	某政府大院门口	阴天	白天	—	一般
G0004	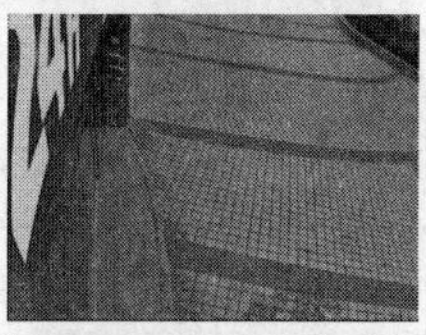	徘徊检测	0:02:59	25	384×288	某商店门前	晴天	白天	—	一般
G0005		徘徊检测	0:06:13	25	384×288	ATM 机取款大厅	—	白天	—	一般

表 D.7（续）

视频编号	快照及检测区域设定	检测功能	时长(hh:mm:ss)	帧率(FPS)	分辨率	环境特征	天气	时段	检测因素	难度
G0006		徘徊检测	0:01:04	30	704×576	ATM 机取款大厅	—	—	—	一般
G0007		徘徊检测	0:01:59	30	704×576	ATM 机取款大厅、室内室外交界处	晴天	白天	干扰物	很难
G0008		徘徊检测	0:02:41	25	704×576	某商店门前	晴天	白天	—	较难
G0009		徘徊检测	0:01:39	25	704×576	出入口	晴天	白天	—	一般
G0010		徘徊检测	0:01:52	25	704×576	某商场门前	晴天	白天	—	较难
G0011		徘徊检测	0:03:22	25	704×576	出入口	晴天	白天	—	较难
G0012		徘徊检测	0:03:00	25	325×288	简单背景	—	—	小目标	简单

D.8 流量统计测试序列

流量统计测试序列集见表 D.8。

表 D.8　流量统计测试序列

视频编号	快照及检测区域设定	检测功能	时长(hh:mm:ss)	帧率(FPS)	分辨率	环境特征	天气	时段	检测因素	难度
H0001		流量统计	0:03:01	25	384×288	公园/商场出入口	晴天	白天	—	一般
H0002		流量统计	0:03:01	25	384×288	公园/商场出入口	晴天	白天	—	一般
H0003		流量统计	0:04:03	25	384×288	公园/商场出入口	晴天	白天	阴影	一般
H0004		流量统计	0:05:32	25	352×288	商场内电梯处	—	—	—	一般
H0005		流量统计	0:08:09	25	352×288	地铁进站口	—	—	—	很难
H0006		流量统计	0:01:04	25	384×288	公园/商场出入口	—	—	—	较难
H0007		流量统计	0:03:55	25	384×288	公园/商场出入口	晴天	白天	—	一般
H0008		流量统计	0:12:43	25	352×288	公园/商场出入口	—	—	—	一般
H0009	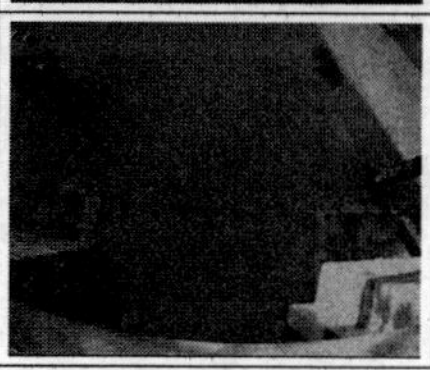	流量统计	0:10:26	25	352×288	公园/商场出入口	晴天	白天	—	容易

表 D.8（续）

视频编号	快照及检测区域设定	检测功能	时长(hh:mm:ss)	帧率(FPS)	分辨率	环境特征	天气	时段	检测因素	难度
H0010		流量统计	0:02:51	25	352×288	公园/商场出入口	—	—	—	一般
H0011		流量统计	0:12:47	25	352×288	公园/商场出入口	—	—	—	一般
H0012		流量统计	0:00:42	25	352×288	公园/商场出入口	阴天	白天	—	容易
H0013		流量统计	0:12:39	25	352×288	商场内电梯处	—	—	—	较难
H0014		流量统计	0:04:07	25	448×336	公园/商场出入口	—	—	逆光	一般
H0015		流量统计	0:04:00	25	704×576	商业区天桥人流密集区域	晴天	白天	小目标	较难
H0016		流量统计	0:04:00	25	704×576	商业区天桥人流密集区域	阴天	白天	小目标	较难
H0017		流量统计	0:04:00	25	704×576	商业区天桥人流密集区域	晴天	夜晚	小目标	较难
H0018		流量统计	0:03:00	25	704×576	马路人行区	晴天	白天	阴影	很难

表 D.8（续）

视频编号	快照及检测区域设定	检测功能	时长（hh:mm:ss）	帧率（FPS）	分辨率	环境特征	天气	时段	检测因素	难度
H0019		流量统计	0:03:00	25	704×576	马路人行区	晴天	夜晚	模糊	较难
H0020		流量统计	0:03:00	25	704×576	马路人行区	晴天	白天	遮挡	较难
H0021		流量统计	0:03:00	25	704×576	马路人行区	晴天	夜晚	—	一般
H0022		流量统计	0:03:00	25	704×576	马路人行区	阴天	白天	模糊	较难
H0023		流量统计	0:03:00	25	704×576	马路人行区	阴天	白天	模糊	较难
H0024		流量统计	0:03:23	25	352×288	公园/商场出入口	晴天	白天	干扰物	一般
H0025		流量统计	0:02:15	25	352×288	公园/商场出入口	晴天	黄昏	干扰物	一般
H0026		流量统计	0:01:30	25	352×288	地铁出入口	—	—	—	一般
H0027		流量统计	0:01:40	25	352×288	公园/商场出入口	阴天	白天	—	一般

表 D.8（续）

视频编号	快照及检测区域设定	检测功能	时长(hh:mm:ss)	帧率(FPS)	分辨率	环境特征	天气	时段	检测因素	难度
H0028		流量统计	0:01:02	16	352×288	自动扶梯	晴天	白天	人流量大	一般
H0029		流量统计	0:01:02	16	352×288	自动扶梯	晴天	夜晚	阴影、日光灯闪烁	较难
H0030		流量统计	0:01:04	25	352×288	行人通道	晴天	白天	人流量大	一般
H0031		流量统计	0:01:04	25	352×288	行人通道	晴天	夜晚	阴影、人流量大	较难
H0032		流量统计	0:01:02	16	352×288	步行街	阴天	白天	路口宽阔、人行不规则	一般
H0033		流量统计	0:01:02	16	352×288	步行街	阴天	夜晚	路口宽阔、人行不规则	一般

D.9 密度检测测试序列

密度检测测试序列集见表 D.9。

表 D.9 密度检测测试序列

视频编号	快照及检测区域设定	检测功能	时长(hh:mm:ss)	帧率(FPS)	分辨率	环境特征	天气	时段	检测因素	难度
I0001		密度检测	0:01:59	25	352×288	马路人行区	阴天	白天	—	容易

表 D.9（续）

视频编号	快照及检测区域设定	检测功能	时长(hh:mm:ss)	帧率(FPS)	分辨率	环境特征	天气	时段	检测因素	难度
I0002		密度检测	0:03:19	25	720×576	马路人行区	阴天	白天	—	一般
I0003		密度检测	0:03:57	25	720×576	马路人行区	阴天	白天	—	一般
I0004		密度检测	0:04:59	25	720×576	马路人行区	阴天	白天	—	一般
I0005		密度检测	0:05:07	25	720×576	广场	晴天	白天	—	较难
I0006		密度检测	0:03:39	25	720×576	广场	阴天	白天	—	较难
I0007		密度检测	0:00:52	25	720×576	马路人行区	晴天	白天	干扰物	一般
I0008	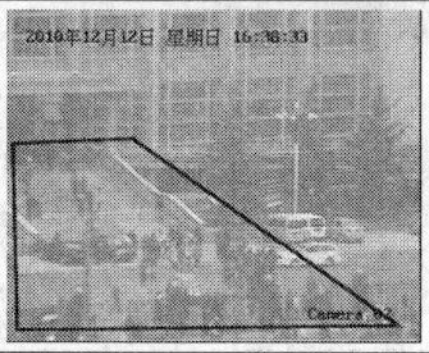	密度检测	0:29:59	25	704×576	体育馆门口	晴天	白天	模糊	很难
I0009		密度检测	0:03:38	25	720×576	马路人行区	晴天	白天	光照突变	一般
I0010		密度检测	0:01:25	25	720×576	广场	晴天	白天	大场景高密度人群	很难

表 D.9（续）

视频编号	快照及检测区域设定	检测功能	时长(hh:mm:ss)	帧率(FPS)	分辨率	环境特征	天气	时段	检测因素	难度
I0011		密度检测	0:02:10	25	720×576	火车站大厅	—	—	—	一般
I0012		密度检测	0:04:14	25	352×288	马路人行区	晴天	夜晚	—	较难
I0013		密度检测	0:06:00	30	352×288	马路人行区	晴天	白天	—	一般
I0014		密度检测	0:06:01	25	352×288	马路人行区	晴天	夜晚	低照度、模糊	很难
I0015		密度检测	0:11:10	30	352×288	广场	晴天	白天	模糊	较难
I0016		密度检测	0:12:21	25	352×288	马路人行区	晴天	白天	—	一般
I0017		密度检测	0:03:21	25	352×288	马路人行区	雨天	夜晚	雨伞遮挡	一般
I0018	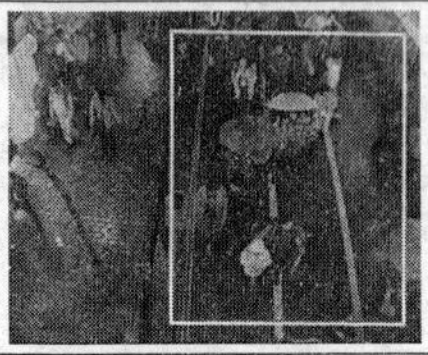	密度检测	0:03:22	25	352×288	马路人行区	雨天	夜晚	雨伞遮挡	一般
I0019		密度检测	0:07:09	25	352×288	电影院门口	晴天	夜晚	—	一般

表 D.9（续）

视频编号	快照及检测区域设定	检测功能	时长 (hh:mm:ss)	帧率 (FPS)	分辨率	环境特征	天气	时段	检测因素	难度
I0020		密度检测	0:05:30	25	352×288	隧道或地下通道	—	—	—	一般
I0021		密度检测	0:01:23	25	352×288	隧道或地下通道	—	—	—	一般
I0022		密度检测	0:03:03	25	352×288	广场	晴天	白天	—	一般
I0023		密度检测	0:02:30	25	352×288	隧道或地下通道	—	—	—	较难
I0024		密度检测	0:03:39	25	704×576	马路人行区	晴天	白天	—	较难
I0025		密度检测	0:02:52	25	704×576	广场	晴天	白天	小目标	一般
I0026		密度检测	0:12:36	25	352×288	马路人行区	晴天	白天	—	很难
I0027		密度检测	0:02:33	25	704×576	马路人行区	晴天	夜晚	低照度	一般
I0028		密度检测	0:05:02	25	352×288	广场	晴天	白天	—	一般

表 D.9（续）

视频编号	快照及检测区域设定	检测功能	时长(hh:mm:ss)	帧率(FPS)	分辨率	环境特征	天气	时段	检测因素	难度
I0029		密度检测	0:01:08	18	320×240	步行街	晴天	白天	路面环境、干扰物	较难
I0030		密度检测	0:01:04	30	320×240	室外广场	晴天	白天	大场景、小目标	较难
I0031		密度检测	0:01:10	25	352×288	室外广场	晴天	白天	大场景高密度人群	较难
I0032		密度检测	0:01:08	25	352×288	室外广场	阴天	白天	高密度人群、阴影	较难
I0033		密度检测	0:01:02	16	352×288	室外广场	阴天	夜晚	低照度	较难

D.10 目标分类测试序列

目标分类测试序列集见表 D.10。

表 D.10 目标分类测试序列

视频编号	快照及检测区域设定	检测功能	时长(hh:mm:ss)	帧率(FPS)	分辨率	环境特征	天气	时段	检测因素	难度
J0001		目标分类	0:03:59	25	720×576	马路人行区、地面积雪	阴天	白天	—	一般
J0002		目标分类	0:04:18	25	704×576	马路人行区	晴天	白天	—	容易

表 D.10（续）

视频编号	快照及检测区域设定	检测功能	时长(hh:mm:ss)	帧率(FPS)	分辨率	环境特征	天气	时段	检测因素	难度
J0003		目标分类	0:06:44	25	352×288	马路人行区	阴天	白天	—	容易
J0004		目标分类	0:04:47	25	704×576	马路人行区	晴天	白天	阴影	一般
J0005		目标分类	0:03:56	25	352×288	马路人行区	晴天	白天	阴影	一般
J0006		目标分类	0:01:06	25	704×576	马路人行区	晴天	白天	大目标	较难

参 考 文 献

[1] GB 8898—2011 音频、视频及类似电子设备 安全要求
[2] GB 15207—1994 视频入侵报警器
[3] GA/T 368—2001 入侵报警系统技术要求

ICS 13.310
A 91

中华人民共和国国家标准

GB/T 30148—2013

安全防范报警设备 电磁兼容抗扰度要求和试验方法

Security alarm equipments—EMC immunity requirements and test methods

(IEC 62599-2:2010, Alarm systems—Part 2: Electromagnetic compatibility—Immunity requirements for components of fire and security alarm systems, MOD)

2013-12-17 发布 2014-08-01 实施

中华人民共和国国家质量监督检验检疫总局
中国国家标准化管理委员会 发布

前　言

本标准按照 GB/T 1.1—2009 给出的规则起草。

本标准使用重新起草法修改采用 IEC 62599-2:2010《报警系统　第 2 部分:电磁兼容性　消防与安全防范报警系统设备抗扰度要求》。

本标准与 IEC 62599-2:2010 的技术性差异及原因如下:

——考虑到我国消防和安防分属管理的现状,本标准删除了 IEC 62599-2:2010 中与消防有关的内容,具体调整如下:

- 删除了 IEC 62599-2:2010 名称中的"消防与",并将标准名称修改为"安全防范报警设备电磁兼容抗扰度要求和试验方法";
- 删除了 IEC 62599-2:2010 第 1 章中的"火灾探测和火灾报警系统";
- 删除了 IEC 62599-2:2010 第 3 章中的"火灾探测和火灾报警系统"。

——按照 GB/T 1.1—2009 的要求修改了 IEC 62599-2:2010 的范围。

——将第 2 章中"IEC 61000-4-3:2006"改为"IEC 61000-4-3:2010"。

——增加了 3.1.3"条件试验"。

——删除了 IEC 62599-2:2010 的术语"区域产品性能标准"、"入侵报警系统"、"紧急报警系统"。

——修改了 IEC 62599-2:2010 中第 7 章～第 13 章标题的名称。

——修改了 IEC 62599-2:2010 中 8.3.4 的内容,允许 EUT 使用辅助设备。

——将 IEC 62599-2:2010 中 5.3 的注修改为正文内容。

——将 IEC 62599-2:2010 中 11.3.3 的注修改为正文内容。

——将 IEC 62599-2:2010 中 11.4 的注修改为正文内容。

本标准做了下列编辑性修改:

——删除了 IEC 62599-2:2010 的前言;

——将"IEC 62599 的本部分"改为"本标准";

——增加了本标准的前言。

请注意本文件的某些内容可能涉及专利。本文件的发布机构不承担识别这些专利的责任。

本标准由全国安全防范报警系统标准化技术委员会(SAC/TC 100)提出并归口。

本标准起草单位:公安部安全与警用电子产品质量检测中心、北京中盾安全技术开发公司、公安部安全防范报警系统产品质量监督检验中心(上海)、霍尼韦尔(中国)有限公司、深圳市中安测标准技术有限公司。

本标准主要起草人:滕旭、金巍、李红升、卢玉华、张济国、韩峰、雷凌、吴雷、刘少娟、杨捷。

安全防范报警设备
电磁兼容抗扰度要求和试验方法

1 范围

本标准规定了安全防范报警设备的电源电压适应性、电源电压暂降和短时中断抗扰度、静电放电抗扰度、射频电磁场辐射抗扰度、射频场感应的传导骚扰抗扰度、电快速瞬变脉冲群抗扰度、浪涌(冲击)抗扰度等电磁兼容抗扰度要求和试验方法。

本标准适用于以下安全防范报警系统中的设备:

a) 入侵报警系统;

b) 视频监控系统;

c) 出入口控制系统[包括楼宇对讲系统、电子巡查系统、停车场(库)安全管理系统等];

d) 公众求助系统;

e) 远程接收和/或监控中心;

f) a)~e)各系统组合和/或集成系统;

g) 含有电子装置的实体防护设备;

h) 人体生物特征识别应用设备。

本标准不适用于特殊电磁环境中(如,雷达等大功率发射装置附近)使用的安全防范报警设备。

2 规范性引用文件

下列文件对于本文件的应用是必不可少的。凡是注日期的引用文件,仅注日期的版本适用于本文件。凡是不注日期的引用文件,其最新版本(包括所有的修改单)适用于本文件。

GB/T 2421.1—2008 电工电子产品环境试验 概述和指南(IEC 60068-1:1988,IDT)

GB/T 17626.4 电磁兼容 试验和测量技术 电快速瞬变脉冲群抗扰度试验(GB/T 17626.4—2008,IEC 61000-4-4:2004,IDT)

GB/T 17626.5 电磁兼容 试验和测量技术 浪涌(冲击)抗扰度试验(GB/T 17626.5—2008,IEC 61000-4-5:2005,IDT)

GB/T 17626.11 电磁兼容 试验和测量技术 电压暂降、短时中断和电压变化的抗扰度试验(GB/T 17626.11—2008,IEC 61000-4-11:2004,IDT)

GB 50348 安全防范工程技术规范

IEC 61000-4-2:2008 电磁兼容性(EMC)第 4-2 部分:试验和测量技术 静电放电抗扰度试验[Electromagnetic compatibility (EMC)—Part 4-2:Testing and measurement techniques—Electrostatic discharge immunity test]

IEC 61000-4-3:2010 电磁兼容性(EMC)第 4-3 部分:试验和测量技术 射频电磁场辐射抗扰度试验[Electromagnetic compatibility (EMC)—Part 4-3:Testing and measurement techniques—Radiated,radio-frequency,electromagnetic field immunity test]

IEC 61000-4-6:2008 电磁兼容性(EMC)第 4-6 部分:试验和测量技术 射频场感应的传导骚扰抗扰度[Electromagnetic compatibility (EMC)—Part 4-6:Testing and measurement techniques—Immunity to conducted disturbances,induced by radio-frequency fields]

ETSI EN 301 489(所有部分) 电磁兼容和无线频谱(ERM) 无线电设备和业务的电磁兼容(EMC)标准[Electromagnetic compatibility and radio spectrum matters (ERM)—Electromagnetic compatibility (EMC) standard for radio equipment and services]

ETSI EN 300 339 电磁兼容和无线频谱(ERM) 无线电通信设备通用电磁兼容性(EMC)[Electromagnetic compatibility and radio spectrum matters (ERM)—General Electromagnetic compatibility (EMC) for radio communications equipment]

3 术语、定义和缩略语

3.1 术语和定义

GB 50348 界定的以及下列术语和定义适用于本文件。

3.1.1

EMC 基础标准 basic EMC standard

描述 EMC 现象、试验和测量方法以及试验设备和试验布置细节的标准。

注：EMC 基础标准给出了如何选择严酷等级的方法，但是未给出规定的限值或符合性判定。

3.1.2

公众求助系统 social alarm system

为公众在危险情况下提供呼叫求助的报警系统。

3.1.3

条件试验 conditioning

把试验样品暴露在试验环境中，以确定这些条件对试验样品的影响。

[GB/T 2421.1—2008，定义 4.1.2]

3.2 缩略语

下列缩略语适用于本文件。

CDN：耦合去耦网络 Coupling and Decoupling Network

CW：连续波(载波) Continuous Wave (carrier wave)

EMC：电磁兼容性 Electromagnetic Compatibility

EUT：受试设备 Equipment Under Test

4 试验说明

本标准下列条款所述试验均应单独进行。EUT 应满足各项试验的符合性判定要求。对同一 EUT 进行多项试验时的试验顺序无特定要求，且允许中间过程使用简化的功能试验，并在所有试验完成后进行完整的功能试验。但是，在这种情况下，如果 EUT 出现功能失效现象，可能无法确认是由哪项试验导致的。

本标准相关条款中引用了现行适用的 EMC 基础标准。这些标准的具体内容(如试验程序、试验装置和试验布置的描述)本标准中未全部重复列出。但是，本标准根据试验的特殊性做出了修改或补充规定。

从电气特性或特定设备的用法等方面考虑，某些试验可能不适用因而没有必要进行。这种情况下，应在报告中记录不予试验的结论并注明其判定理由。

5 试验条件

5.1 配置

EUT 是系统的一部分或能连接到其他设备时，应在至少连接为满足验证其性能的最小配置的条件下进行试验。EUT 有大量的输入/输出端口时，试验时应选择足够数量的端口模拟实际工作条件，并保证所有不同类型的端口得到测试。实际安装时，输入/输出端口可能分别连接不同类型的线缆，试验时应将这些端口分别连接相应类型的线缆(如探测器回路)。

试验期间，应监视 EUT 以观察其状态的任何改变，包括观察输出端口的任何改变，因为这些端口的改变可通过相连设备认定为 EUT 状态的改变。

5.2 环境条件

除非其他基础标准或试验程序中另有规定，试验应在 EUT 额定供电电压和 GB/T 2421.1—2008 中 5.3.1 规定的下列测量和试验用标准大气条件中进行：

——温度：15 ℃～35 ℃；

——相对湿度：25％～75％；

——大气压：86 kPa～106 kPa。

5.3 工作条件

试验期间 EUT 的工作条件应符合相关产品标准(如入侵报警系统系列标准)中的规定。

没有相关产品标准时，试验期间 EUT 的工作条件至少应包括实现系统主要功能的模式(与所作试验相关)，例如：进行辐射抗扰度试验时入侵报警系统的“设置警戒”模式。

试验报告中应准确记录试验期间的配置和工作模式。

6 功能试验

功能试验和接受准则应符合相关的产品标准(如入侵报警系统系列标准)中的规定。没有相关产品标准时，EMC 试验前后至少应对 EUT 的主要功能进行试验或测试。

7 电源电压适应性

7.1 试验目的

验证电源电压在预期变化范围内变化时，EUT 功能保持正常的能力。

7.2 试验原理

将 EUT 的电源电压分别调至到最大值和最小值，并保持足够长时间，温度达到稳定后进行功能试验。

7.3 试验程序

7.3.1 初始检测

条件试验之前，对 EUT 进行功能试验(见第 6 章)。

7.3.2 条件试验期间受试样品状态

将 EUT 连接到合适的供电电源,监视并加载 EUT(见 5.1),EUT 应处于工作状态(见 5.3)。

7.3.3 条件试验

将 EUT 置于表 1 所列供电电源条件下,直至温度达到稳定。

表 1

最大供电电压(U_{max})	最小供电电压(U_{min})
U_{nom}[a]+10%	U_{nom}[a]− 15%

[a] U_{nom}=额定电源电压。如果 EUT 能够进行调整(如改变变压器的抽头)以使其可适用于多个额定供电电压,则应对每个额定电压实施上述条件试验。如果 EUT 声称不需调整而能适应不同的额定电压(如 AC220 V/240 V),则 U_{max}=(最大的 U_{nom})+10%,U_{min}=(最小的 U_{nom})−15%。在任何情况下,U_{nom} 的取值均应包含当地的额定电源电压(中国大陆为 AC220 V)。

7.3.4 条件试验期间的测试

试验中监视 EUT 以观察其任何状态改变。在每种供电条件下,当温度达到稳定后进行功能试验(见第 6 章)。

7.3.5 最终测试

每种电源供电的条件试验结束后,目视检查 EUT 是否有机械损伤。

7.4 符合性判定

EUT 不应出现因不同供电电压而导致的损坏、故障或状态改变现象。

试验后 EUT 应满足功能试验(见第 6 章)的要求。

8 电源电压暂降和短时中断抗扰度

8.1 试验目的

验证设备在经受交流电网供电电压暂降(减少)和短时中断干扰(如由配电网络中负载切换和保护装置动作引起的干扰)时的抗扰度。

8.2 试验原理

对设备的交流供电电源进行电压暂降和短时中断。

8.3 试验程序

8.3.1 一般要求

试验设备和试验程序应符合 GB/T 17626.11 的要求。

8.3.2 初始检测

条件试验之前，对 EUT 进行功能试验(见第 6 章)。

8.3.3 EUT 条件试验期间受试样品状态

将 EUT 连接到合适的供电电源，监视并加载 EUT(见 5.1)，EUT 应处于工作状态(见 5.3)。

8.3.4 条件试验

依据表 2 要求，按照下述幅度降低交流电压偏离额定值并持续对应的周期。电压的变化应发生在电压波形的过零点处。

表 2

电压下降幅度 %	下降持续时间 周期个数(如，电压波形周期)	下降次数 次	下降时间间隔 s
20	250/300[a]	3	≥10
30	25/30[a]	3	≥10
60	10/12[a]	3	≥10
100	0.5;1;250/300[a]	3	≥10

[a] 小数值对应电压周期为 50 Hz 的试验，大数值对应电压周期为 60 Hz 试验。

试验时允许 EUT 使用辅助设备(如 UPS 等)，这时应将使用情况详述在试验报告及制造商安装说明中。

8.3.5 条件试验期间的测试

试验中监视 EUT 以观察其任何状态改变。

8.3.6 最终测试

试验结束后，对 EUT 进行功能试验(见第 6 章)，目视检查 EUT 是否有机械损伤。

8.4 符合性判定

EUT 不应出现因条件试验而导致的损坏、故障或状态改变现象。条件试验期间允许指示装置闪烁，但 EUT 应无永久性损坏或输出端口无任何改变(这些端口的改变可通过相连设备认定为 EUT 状态的改变)。

试验后 EUT 应满足功能试验(见第 6 章)的要求。

9 静电放电抗扰度

9.1 试验目的

验证设备在经受静电放电时的抗扰度。带静电的人体触摸 EUT 或其邻近设备时都会对 EUT 产生静电放电现象。

9.2 试验原理

在操作人员能够接触到的部位和耦合板上进行静电放电试验。静电放电由专用设备产生以模拟人体电容和人体阻抗。

9.3 试验程序

9.3.1 一般要求

试验设备和试验程序应符合 IEC 61000-4-2:2008 的要求,应采用实验室内型式试验的试验程序。壁装和顶装设备的试验程序同落地式设备,但其安装表面应距接地参考平面 0.1 m。

对导电表面和耦合板进行接触放电试验,对绝缘表面进行空气放电试验。应对每个预选放电部位在每种试验电压条件下进行 10 次直接放电试验。预选放电部位应是 EUT 安装后经常被触及或正常操作时可触及的任何部位。应通过合适的耦合板进行 10 次间接放电试验。

除非其他产品标准中另有规定,最终用户或维修人员极少接触的表面或部位(如,电池接线端子)可不予试验,但这些表面应有适当的静电放电危害标识或警告,并在操作手册中给出降低静电放电风险的程序。

9.3.2 初始检测

条件试验之前,对 EUT 进行功能试验(见第 6 章)。

9.3.3 条件试验期间受试样品状态

将 EUT 连接到合适的供电电源,监视并加载 EUT(见 5.1),EUT 应处于工作状态(见 5.3)。

9.3.4 条件试验

试验的严酷等级见表 3。

表 3

试验电压[a]		极性	每种电压等级和极性在各放电部位的放电次数 次	放电间隔 s
空气放电 kV	接触放电 kV			
2,4 和 8	6	+、−	10	≥1

[a] 所列试验电压均为开路电压。这里列出了较低严酷等级对应的试验电压,设备也应满足这些较低严酷等级的要求。

9.3.5 条件试验期间的测试

试验中监视 EUT 以观察其任何状态改变。

9.3.6 最终测试

试验结束后,对 EUT 进行功能试验(见第 6 章),目视检查 EUT 是否有机械损伤。

9.4 符合性判定

EUT 不应出现因条件试验而导致的损坏、故障或状态改变现象。条件试验期间允许指示装置闪烁,但 EUT 应无永久性损坏或输出端口无任何改变(这些端口的改变可通过相连设备认定为 EUT 状态的改变)。

试验后 EUT 应满足功能试验(见第 6 章)的要求。

10 射频电磁场辐射抗扰度

10.1 试验目的

验证设备在经受射频电磁场辐射时(如,便携式无线电收发机、无线电话等设备产生的射频电磁场)的抗扰度。

10.2 试验原理

在 80 MHz～2.7 GHz 频率范围内对 EUT 进行电磁场辐射扫频试验。应采用正弦和脉冲(开关 CW)信号两种调制方式。增加脉冲调制方式是因为一些报警系统设备对脉冲或开关信号特别敏感。

10.3 试验程序

10.3.1 一般要求

试验设备和试验程序应符合 IEC 61000-4-3:2010 的要求,同时应考虑以下修改和说明。

电磁场可由全电波暗室、半电波暗室中的天线或其他方式(如,TEM 或 GTEM 小室)产生,但应在足够大的测试区域内(相对 EUT 而言)满足均匀性和复现性的要求。试验前,应在整个频率范围内(80 MHz～2.7 GHz)确定 EUT 所处位置(测试区域)产生规定 CW 场强所应满足的条件(如功率电平)。然后将 EUT 置于测试区域,按 10.3.4 所列严酷等级的要求,利用上述条件以要求的调制方式对 EUT 进行扫频试验。

在试验频率范围内以递增方式进行扫频,步长不应超过基频(如,上一步频率)的 1%。扫频速率的设定应留出 EUT 响应所需时间,包括任何延时、集成或处理的时间。正弦幅度调制扫频过程中,特定时间内(EUT 响应时间或 3 s,取较大值)频率的变化不应超过基频的 1%。脉冲调制过程中,在规定的速率下(见 10.3.4)连续波至少进行三次通/断切换的特定时间内,频率的变化不应超过基频的 1%。

响应时间较长的 EUT,可使用下列一种或多种方法提高扫频速率:

a) 调整 EUT 的工作状态,减少整体的响应时间(如,保证 EUT 主要功能的前提下,使用特殊的试验模式或软件以减少延时或采样周期);
b) 监测 EUT 的某些参数(用户/接口发现 EUT 功能失效前,EUT 的某些参数可能会发生变化);
c) 比较具有相似操作的常用功能和非常用功能。

在某些情况下,一定时间段内也许不可能探测到所有的失效现象。这种情况下,制造商、测试机构和认证机构最好能够考虑失效的可能性及后果,协商确定扫频速率。

EUT 与电磁场相关的三个轴向均应进行试验。这样,电磁场的电场分量 E 和磁场分量 H 能够施加在 EUT 三正交轴的每个轴向上(见图 1)。

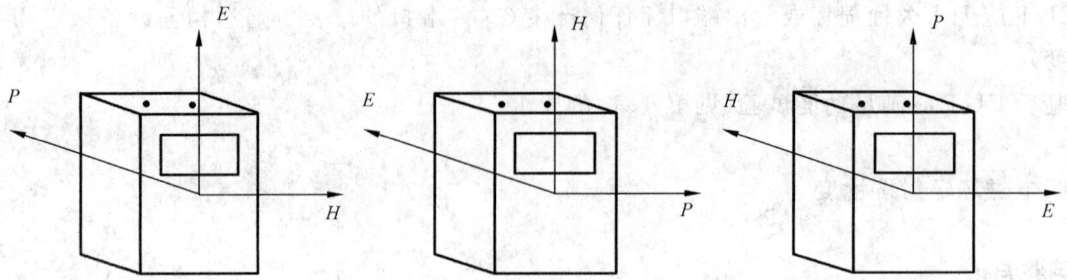

说明：
E ——电场矢量；
H ——磁场矢量；
P ——传播矢量。

图 1　EUT 和场矢量轴向示意图

10.3.2　初始检测

条件试验之前，对 EUT 进行功能试验(见第 6 章)。

10.3.3　条件试验期间受试样品状态

将 EUT 连接到合适的供电电源，监视并加载 EUT(见 5.1)，EUT 应处于工作状态(见 5.3)。

10.3.4　条件试验

试验的严酷等级见表 4。

表 4

频率范围 MHz	场强[a] V/m	调制[b]	
		幅度调制	脉冲调制
80～2 700	10	80%，1 kHz，正弦	1 Hz(通 0.5 s，断 0.5 s)

[a] 场强值为调制前连续波的有效值(RMS)。

[b] 见图 2。

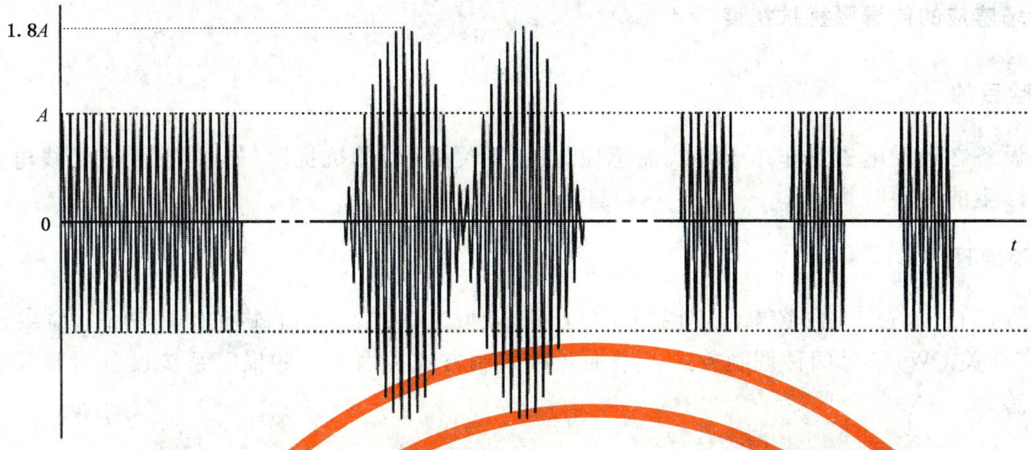

说明：

A——CW 场强(10V/m、RMS)对应的信号幅值。

注：此图仅波形和相对调制幅度的示意图，不精确地代表相关频率。

图 2　连续波的调制类型方式

10.3.5　条件试验期间的测试

试验中监视 EUT 以观察其任何状态改变。

10.3.6　最终测试

试验结束后，对 EUT 进行功能试验(见第 6 章)，目视检查 EUT 是否有机械损伤。

10.4　符合性判定

EUT 不应出现因条件试验而导致的损坏、故障或状态改变现象。条件试验期间允许指示装置闪烁，但 EUT 应无永久性损坏或输出端口无任何改变(这些端口的改变可通过相连设备认定为 EUT 状态的改变)，并且场强为 3 V/m 时，指示装置无闪烁现象。

对于视频监控系统中的设备，可通过观察图像监视其状态改变。场强为 10 V/m 时，允许图像质量出现劣化，但应满足下列条件：

a)　EUT 无永久损坏或状态改变(如，内存数据无异常或可编程设置无变化等)；

b)　场强为 3 V/m 时，出现轻微的图像质量劣化，但不影响系统正常使用；同时

c)　场强为 1 V/m 时，无可见的图像质量劣化。

对具有无线链路的设备，在 ETSI EN 301 489(所有部分)中相关部分为该类无线链路设备定义的发射机和接收机免测频段范围内，试验期间允许不建立通信连接。ETSI EN 301 489(所有部分)中没有相关部分适用于该类无线链路设备时，应引用 ETSI EN 300 339 中关于免测频段的定义。

试验时允许 EUT 丧失检测和指示信号丢失的功能，除非在 EUT 产品性能标准中特意标明不允许该功能丧失。没有相应的产品性能标准时，应符合产品技术规格的要求。

必要时可使用适当的滤波器，以确保免测频段之外的 EUT 功能失效不是因测试系统的谐波而引起的。

试验后 EUT 应满足功能试验(见第 6 章)的要求。

11　射频场感应的传导骚扰抗扰度

11.1　试验目的

验证设备在经受电磁场作用于导线而感应出的传导骚扰时的抗扰度(如,由便携式无线电发射器或无线电话产生的传导骚扰)。

11.2　试验原理

在150 kHz～100 MHz频率范围内对EUT的各种输入/输出端口施加射频干扰。应采用正弦幅度和脉冲(开关CW)信号两种调制方式。增加脉冲调制方式是因为一些报警系统设备对脉冲或开关信号特别敏感。

11.3　试验程序

11.3.1　一般要求

试验设备和试验程序应符合IEC 61000-4-6:2008的要求,同时应考虑以下修改和说明。

在试验频率范围内以递增方式进行扫频,步长不应超过基频(如,上一步频率)的1%。扫频速率的设定应留出EUT响应所需时间,包括任何延时、集成或处理的时间。正弦幅度调制扫频过程中,特定时间内(EUT响应时间或3 s,取较大值)频率的变化不应超过基频的1%。脉冲调制过程中,在规定的速率(见11.3.4)下连续波至少进行三次通/断切换的特定时间内,频率的变化不应超过基频的1%。

响应时间较长的EUT,可使用下列一种或多种方法也许能调高扫频速率:

a)　调整EUT的工作状态,减少整体的响应时间(如,保证EUT主要功能的前提下,使用特殊的试验模式或软件以减少延时或采样周期);

b)　监测EUT的某些参数(用户/接口发现EUT功能失效前,EUT的某些参数可能会发生变化);

c)　比较具有相似操作的常用功能和非常用功能。

在某些情况下,一定时间段内也许不可能探测到所有的失效现象。这种情况下,制造商、测试机构和认证机构最好能够考虑失效的可能性及后果,协商确定扫频速率。

除AC公共供电网电源端口外,用于连接供电或信号线的端口,在制造商明示其线缆长度不应超过3 m的情况下,不需要进行试验。

11.3.2　初始检测

条件试验之前,对EUT进行功能试验(见第6章)。

11.3.3　条件试验期间受试样品状态

将EUT连接到合适的供电电源,监视并加载EUT(见5.1),EUT应处于工作状态(见5.3)。

试验期间,在每种类型的输入/输出端口中,至少应有一个端口通过CDN连接或接入合适的终端阻抗。如果EUT同种类型的输入/输出端口不止一个,则其中一个端口注入试验信号时,其余端口中至少应有一个通过CDN连接或接入合适的终端阻抗。若没有足够空间将所有CDN放置在距EUT 300 mm的范围之内,则无试验信号注入的CDN与EUT的距离可大于300 mm,但应尽量靠近。未与CDN连接的EUT的RF输入端口宜终接50 Ω负载。

11.3.4　条件试验

试验的严酷等级见表5。

表 5

频率范围 MHz	试验电压[a] dBμV(V)	调制	
		幅度调制	脉冲调制
0.15～100	140(10)	80%,1 kHz,正弦	1 Hz(通 0.5 s,断 0.5 s)
[a] 场强值为调制前连续波的有效值(RMS)。 [b] 见图 2。			

11.3.5 条件试验期间的测试

试验中监视 EUT 以观察其任何状态改变。

11.3.6 最终测试

试验结束后,对 EUT 进行功能试验(见第 6 章),目视检查 EUT 是否有机械损伤。

11.4 符合性判定

EUT 不应出现因条件试验而导致的损坏、故障或状态改变现象。条件试验期间允许指示装置闪烁,但 EUT 应无永久性损坏或输出端口无任何改变(这些端口的改变可通过相连设备认定为 EUT 状态的改变),并且 U_0=130 dBμV 条件下,指示装置无闪烁现象。

对于视频监控系统中的设备,可通过观察图像监视其状态改变。在 U_0=140 dBμV 条件下,允许图像质量出现劣化,但应满足下列条件:

a) EUT 无永久损坏或状态改变(如,内存数据无异常或可编程设置无变化等);

b) U_0=130 dBμV 时,出现轻微的图像质量劣化,但不影响系统正常使用;同时

c) U_0=120 dBμV 时,无可见的图像质量劣化。

对具有无线链路的设备,在 ETSI EN 301 489(所有部分)中相关部分为该类无线链路设备定义的发射机和接收机免测频段范围内,试验期间允许不建立通信连接。ETSI EN 301 489(所有部分)中没有相关部分适用于该类无线链路设备时,应引用 ETSI EN 300 339 中关于免测频段的定义。

试验后 EUT 应满足功能试验(见第 6 章)的要求。

12 电快速瞬变脉冲群抗扰度

12.1 试验目的

验证设备在经受快速低能量瞬变脉冲群时的抗扰度,这种脉冲群可能由继电器、接触器等装置的动作或切换感性负载而引起,并可能感应到信号电路和数据电路等。

12.2 试验原理

将电快速瞬变脉冲群注入到设备的供电电源和/或信号输入及输出端口。

12.3 试验程序

12.3.1 一般要求

试验设备和试验程序应符合 GB/T 17626.4 中的要求,应采用实验室内型式试验的试验程序。

12.3.2 初始检测

条件试验之前，对 EUT 进行功能试验(见第 6 章)。

12.3.3 条件试验期间受试样品状态

将 EUT 连接到合适的供电电源，监视并加载 EUT(见 5.1)，EUT 应处于工作状态(见 5.3)。

12.3.4 条件试验

试验的严酷等级见表 6。

表 6

试验电压[a]		极性	每种极性的试验次数	持续时间 min
AC 公共电网供电线[b] kV	其他供电线[c]/信号线[d] kV			
2	1	+、−	1	$1^{+0.2}_{0}$

[a] 试验电压为开路电压。

[b] 通过 CDN 注入。

[c] 通过 CDN 注入。不连接至 DC 分配网络的 DC 端口视为信号端口，如蜂鸣器输出端口。

[d] 采用容性耦合夹注入。制造商技术规格中规定连接电缆长度不得超过 3 m 时不需试验。

12.3.5 条件试验期间的测试

试验中监视 EUT 以观察其任何状态改变。

12.3.6 最终测试

试验结束后，对 EUT 进行功能试验(见第 6 章)，目视检查 EUT 是否有机械损伤。

12.4 符合性判定

EUT 不应出现因条件试验而导致的损坏、故障或状态改变现象。条件试验期间允许指示装置闪烁，但 EUT 应无永久性损坏或输出端口无任何改变(这些端口的改变可通过相连设备认定为 EUT 状态的改变)。

试验后 EUT 应满足功能试验(见第 6 章)的要求。

13 浪涌(冲击)抗扰度

13.1 试验目的

验证设备在经受低速高能量瞬变(浪涌)的抗扰度。这种低速高能量瞬变，可能由附近的雷击、配电系统或低压供电网中的切换动作(包括切换大型电容器电池组)等产生，进而注入到电源和信号电缆上。

13.2 试验原理

将低速高能量的瞬变(浪涌)通过线—线和线—地耦合方式注入到 AC 供电线上，通过线—地耦合方式注入到信号和特低电压供电线上。

瞬变(浪涌)发生器的阻抗特性(有效阻抗为 2 Ω)由开路电压和短路电流脉冲波形(如,幅度、上升时间和衰减时间)决定。为了模拟典型安装阻抗,对特低电压线路和信号线进行试验时,发生器与 40 Ω 阻抗串联;对 AC 供电线(线—地模式)进行试验时,发生器与 10 Ω 阻抗串联。

试验脉冲通过适当的耦合网络注入至受试导线中,保证试验脉冲不发生畸变。

13.3 试验程序

13.3.1 一般要求

试验设备和试验程序应符合 GB/T 17626.5 中的要求,同时应考虑以下修改和说明。

EUT 的布置与安装应符合制造商安装说明中的要求。除制造商要求的接地外,EUT 和连接电缆应与参考地绝缘。

AC 电源供电线的试验应采用线—线和线—地两种耦合方式注入。对于线—地耦合方式,通过 10 Ω 串联阻抗注入瞬变脉冲。EUT 与耦合/去耦网络之间的电源线长度应小于或等于 2 m。对应每一个严酷等级的电压电平,每个极性至少施加 20 个脉冲。脉冲应与电源电压波形同步,每个过零点和最大最小点处应至少施加 5 个脉冲。脉冲的最大重复率为 1 次/5 s。应确认 EUT 的任何不合格不是因采用了过高的重复率而导致。不能确认时,宜更换 EUT,并以低于 1 次/min 的重复率再次试验。

特低电压线和信号线的试验仅应采用线—地耦合方式,通过一个 40 Ω 串联阻抗注入。若 EUT 同种类型的输入/输出端口非常多(如探测器回路),则可在每种类型的输入/输出端口中选择具有代表性的端口进行试验。EUT 与耦合/去耦网络之间的信号线长度应小于或等于 2 m。但是,如果制造商手册中标明某些信号线仅应采用屏蔽线缆,则瞬变脉冲应直接施加(即,不需要 40 Ω 串联阻抗)到长度为 20 m 屏蔽线的屏蔽层,如图 3 所示。为了减少衰减引起的问题,可能会用到电流补偿扼流圈,以便对信号线上负载的高频信号进行去耦。对应每一个严酷等级的电压电平,每个极性至少施加 5 个脉冲。脉冲的最大重复率为 1 次/5 s。应确认 EUT 的任何不合格不是因采用了过高的重复率而导致。不能确认时,宜更换 EUT,并以低于 1 次/min 的重复率再次试验。

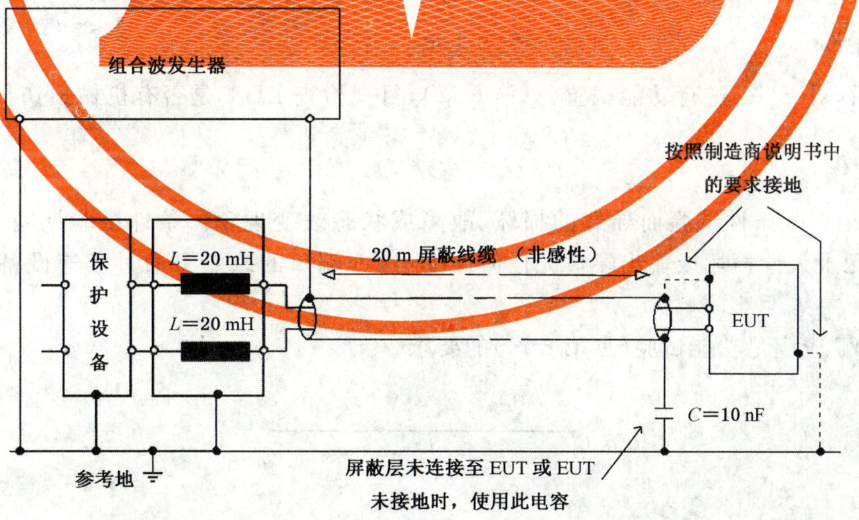

图 3 耦合信号线屏蔽层示意

13.3.2 初始检测

条件试验之前,对 EUT 进行功能试验(见第 6 章)。

13.3.3 条件试验期间受试样品状态

将 EUT 连接到合适的供电电源，监视并加载 EUT(见 5.1)，EUT 应处于工作状态(见 5.3)。

13.3.4 条件试验

试验的严酷等级见表 7。

表 7

<table>
<tr><td colspan="3">试验电压[a]</td><td rowspan="3">极性</td><td colspan="2">每个极性、电压、耦合方式和每根线上至少施加的浪涌脉冲数</td></tr>
<tr><td colspan="2">AC 公共电网供电线</td><td>其他供电/信号线[c]</td><td rowspan="2">AC 公共电网供电线[e]</td><td rowspan="2">其他供电/信号线</td></tr>
<tr><td>线—线
kV</td><td>线—地[b]
kV</td><td>线—地[d]
kV</td></tr>
<tr><td>0.5 和 1</td><td>0.5,1 和 2</td><td>0.5 和 1</td><td>+、−</td><td>20</td><td>5</td></tr>
<tr><td colspan="6">[a] 所列试验电压均为开路电压。列出较低严酷等级所对应的试验电压是因为设备也应满足所有较低严酷等级的要求。
[b] 通过 10 Ω 串联阻抗。
[c] 制造商技术规格中规定设备连接线不得超过 30 m 时，不需要试验。
[d] 通过 40 Ω 串联阻抗。
[e] 电源电压波形的每个过零点、最大和最小点各施加 5 次。</td></tr>
</table>

13.3.5 条件试验期间的测试

试验中监视 EUT 以观察其任何状态改变。

13.3.6 最终测试

试验结束后，对 EUT 进行功能试验(见第 6 章)，目视检查 EUT 是否有机械损伤。

13.4 符合性判定

EUT 不应出现因条件试验而导致的损坏、故障或状态改变现象。条件试验期间允许指示装置闪烁，但 EUT 应无永久性损坏或输出端口无任何改变(这些端口的改变可通过相连设备认定为 EUT 状态的改变)。

试验后 EUT 应满足功能试验(见第 6 章)的要求。

ICS 29.240
K 45

中华人民共和国国家标准

GB/T 30149—2013

电网通用模型描述规范

Grid common model description specification

2013-12-17 发布 2014-08-01 实施

中华人民共和国国家质量监督检验检疫总局
中国国家标准化管理委员会 发布

前　言

本标准按照 GB/T 1.1—2009 给出的规则起草。

本标准由全国电网运行与控制标准化技术委员会(SAC/TC 446)归口。

本标准起草单位:国家电网公司国家电力调度控制中心、中国电力科学研究院、国网电力科学研究院、华中电网有限公司、福建省电力有限公司。

本标准的主要起草人:辛耀中、米为民、钱静、蒋国栋、严亚勤、陶洪铸、汤卫东、刘涛、林静怀、邓兆云、宋鑫、石俊杰、冷喜武、徐丹丹、尚学伟、叶飞、高保成、彭清卿、李毅松。

电网通用模型描述规范

1 范围

本标准规定了电力系统 CIM 模型的高效描述格式。

本标准适用于电力系统数据模型的在线应用与交换。

2 规范性引用文件

下列文件对于本文件的应用是必不可少的。凡是注日期的引用文件，仅注日期的版本适用于本文件。凡是不注日期的引用文件，其最新版本(包括所有的修改单)适用于本文件。

DL/T 890.1 能量管理系统应用程序接口(EMS-API) 第 1 部分:导则和一般要求

DL/Z 890.2 能量管理系统应用程序接口(EMS-API) 第 2 部分:术语

DL/T 890.301 能量管理系统应用程序接口(EMS-API) 第 301 部分:公共信息模型(CIM)基础

DL/T 890.501 能量管理系统应用程序接口(EMS-API) 第 501 部分:公共信息模型的资源描述框架(CIM RDF)模式

IEC 61970-452 能量管理系统应用程序接口(EMS-API) 第 452 部分: CIM 静态传输网络模型子集(EMS-API—Part 452:CIM Static transmission network model profile)

IEC 61970-552 能量管理系统应用程序接口(EMS-API) 第 552 部分:CIM XML 模型交换格式(EMS-API—Part 552:CIM XML model exchange format)

3 术语和定义

DL/T 890.1、DL/Z 890.2、DL/T 890.301、DL/T 890.501 界定的以及下列术语和定义适用于本文件。

3.1

公共信息模型 common information model;CIM

CIM 是一个抽象模型，它表示了在电力企业中为企业运行的各个方面建立模型通常所需的所有主要对象。该模型包含这些对象的公用类和属性，以及它们之间的关系。

[DL/Z 890.2—2010,3.8]。

3.2

可扩展的标记语言 extensible markup language;XML

XML 是标准通用标记语言(SGML)的一个子集，用来在一个文本文件中插入结构化数据。

[DL/Z 890.2—2010,3.26]。

3.3

资源描述框架 resource description framework;RDF

RDF 是万维网联盟(W3C)推荐的一种语言，用于表示机器可简单地进行处理的元数据。RDF 采用 XML 作为内部的语法。

[DL/Z 890.2—2010,3.47]。

3.4

资源描述框架模式　RDF schema

RDF schema 是一种用资源描述框架表示的模式规范语言，用来描述资源及其性质，包括资源如何与其他资源关联，用来规范应用指定的模式。

［DL/Z 890.2—2010，3.48］

3.5

基于 XML 的 CIM 模型　XML based CIM model；CIM/XML

以 CIM RDF 模式作为元模型框架来构建电力系统通用模型的 XML 文档。这些文档的样式称为 CIM/XML 格式，用来描述和交换电力系统通用模型。

［IEC 61970-552］

3.6

基于 E 的 CIM 模型　E based CIM model；CIM/E

CIM RDF 模式作为元模型框架来构建电力系统通用模型的 E 文档，针对 CIM/XML 格式的效率缺陷所发展起来的一种高效的电力系统模型描述与交换格式，适用于电力系统通用模型的在线交换。CIM/XML 格式与 CIM/E 格式可以相互转换。

4　符号定义

本标准所用符号见表 1。

表 1　符号定义

序　号	符　号	定　义
1	< >	类起始符
2	< />	类结束符
3	< !	系统声明起始符
4	! >	系统声明结束符
5	@	数据块头引导符(横表式)
6	@#	数据块头引导符(纵表式)
7	#	数据行引导符
8	//	注释引导符
9	::	类和实体连接符
10	=	赋值连接符
11	.	名称连接符，父类与子类的连接符
12	*	指针引导符
13	空格	由一个或连续多个空格或制表符(Tab)组成
14	'	含空格的字符数据，前后加单引号
15	-	该项数据为空
注：以上符号均为英文半角符号。		

5 描述格式

5.1 概述

根据类定义模式(CIM/E Schema),电力系统模型能被转换导出为一个CIM/E文档,如图1所示。类定义模板提供了CIM/E文档所使用的模式描述格式。CIM/E模型交换文档在解析后可导入到一个外部系统中。

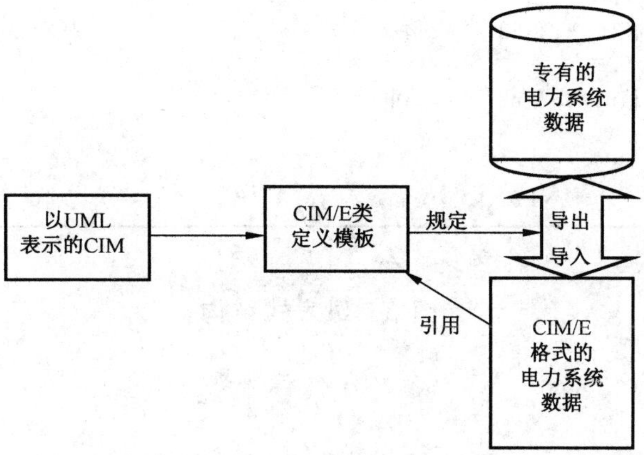

图1 模型交换机制

CIM/E数据是纯文本数据,主要通过对文本中每行第一个字符或前两个字符的使用,达到规范格式的目的。CIM/E和IEC 61970-552在功能上类似(用于电网模型的描述和交换,只是适用场景不同),而且能相互转换。

CIM/E对于英文字母的大小写敏感。

5.2 基本结构

CIM/E数据文件包括注释(可选)、系统声明、根标签、数据块起始标记、数据块头定义、数据块、数据块结束标记等部分。

CIM/E数据有两种基本结构,即横表式结构、纵表式结构,分别如图2、图3所示。

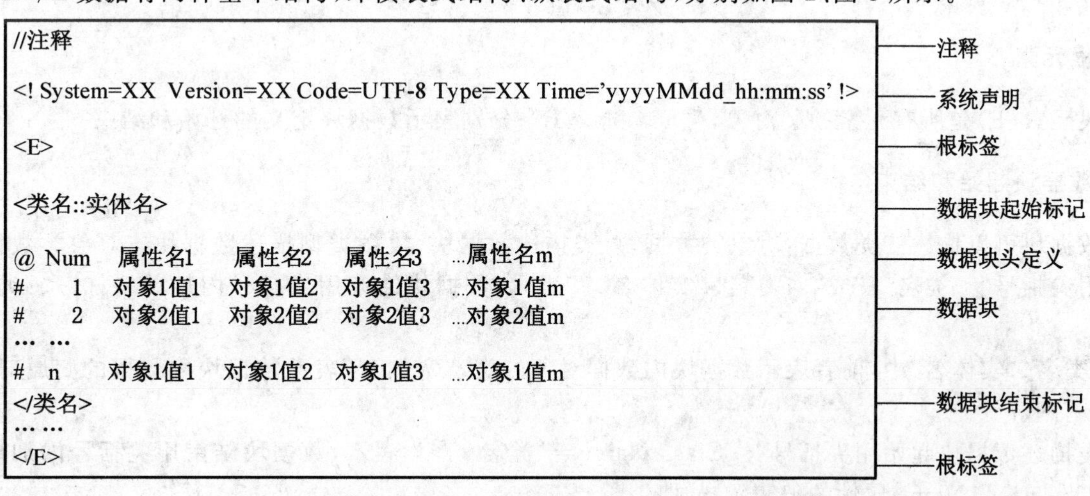

图2 横表式结构

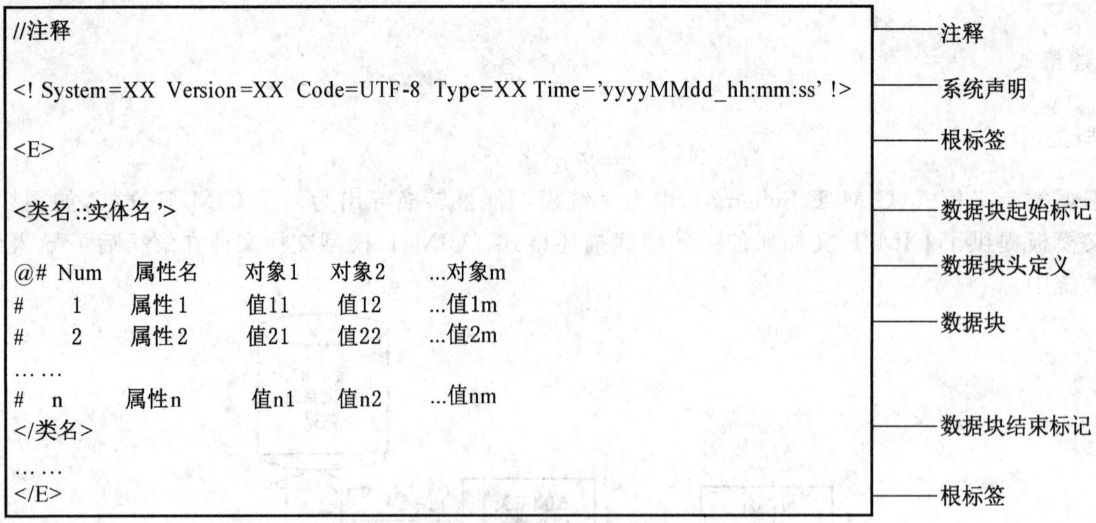

图 3　纵表式结构

5.3　注释

注释是可选部分，通过双斜杠“//”引导开始。注释可出现在数据文件的任意地方，既可以独立一行，也允许在行的后部。

5.4　系统声明

系统声明位于根元素前端，由左尖括号加叹号并列“＜!”引导开始，由叹号加右尖括号并列“! ＞”标记结束。系统声明中说明产生数据的应用系统名称、采用的版本、字符集和数据类型。标记内的具体内容如下，各部分之间用空格分割，可根据系统情况进行扩展：

a)　System：模型数据的源系统标识，可由组织机构、应用系统名称等组合而成；

b)　Version：CIM/E 模板文件的版本，在模型文件中，指封装本数据所采用的 CIM/E 版本；

c)　Code：字符集名称，指本文件所用的字符集；

d)　Type：模型类型，模型类型的种类可根据应用需求定义和扩展，缺省是“全模型”；

e)　Time：模型导出时间。

5.5　根元素

根元素(E)是所有元素的父对象，＜E＞和＜/E＞分别表示数据块定义的开始和结束。

5.6　数据块起始和结束

数据块可以描述三类数据：对象类数据块、类描述数据块、枚举类型描述数据块。对象类数据块的起始用尖括号“＜类名＞”或“＜类名::实体名＞”表示，数据块结束用尖括号内加单斜杠“＜/类名＞”表示。

“类名::实体名”中，前者表示数据块内数据对象的类，“实体名”表示数据块内数据的归属对象，如华东、南网等。

类描述数据块起始用尖括号“＜Class Name='类名' ＞”表示，数据块结束用尖括号内加单斜杠“＜/ Class ＞”，Name 属性的值表示描述的类。

枚举类型描述数据块起始用尖括号“＜Enum Name='类名' ＞”表示，数据块结束用尖括号内加单斜杠“＜/ Enum＞”，Name 属性的值表示描述的枚举类型名。

数据块起始标记中可带若干个标记属性名及其值，标记属性名与属性值之间用等号“＝”相连。如可在类描述数据块添加 belongsToCategory 属性的值表示 CIM 中类所属的包。

5.7 数据块头定义

数据块头定义用地址符“@”标记，用于表明数据的基本结构：即横表式、纵表式。数据块头定义的具体标记如下：

a） 单地址符“@”表示数据的基本结构为横表式，其语法为：

@ 序号 属性名 1 属性名 2 属性名 3...

@ 序号、各属性名之间使用空格分割。横表式结构的数据块中每个对象占一行、每个属性占一列，适用于表格类数据，或属性较少且对象较多的数据，如图 2 所示。

b） 单地址符加井号“@＃”表示数据的基本结构为纵表式，其语法为：

@＃ 序号 属性名 对象名 1 对象名 2 对象名 3...

@＃、序号、属性名、各对象名之间通过空格分割。纵表式结构的数据块中所有属性占一列，每个对象占一列，适合于对象数相对固定且属性较多的数据，如图 3 所示。

5.8 数据块

数据块由多个数据行组成，每个数据行由井号“＃”引导。数据行中的各数据值之间通过空格分割。数据行的表达方式与数据块头定义一一对应。

数据块的第一列总是在“＃”后跟一个或多个空格，空格后加序号，如“＃10”，使序号单独成为一列。该序号表示本行数据在本数据块中的顺序，以 1 开始编号。序号后面跟一空格后开始数据值序列，如果属性对应的值不存在，则用’NULL’表示。

5.9 空格

CIM/E 中使用空格作为分割符，如数据块中每行各项内容之间使用空格分割。空格分割符由一个或连续多个空格或制表符(Tab)组成。如果字符串数据中含有空格字符，则需在字符串数据前后加单引号“’”。

5.10 连接符

连接符包含以下两类：

a） 赋值连接符：用等号“＝”表示，用于数据块起始标记内属性名与属性值之间的连接，如：

＜! System＝某省调 Code＝UTF-8 Type＝全模型 Time＝’20060321_23:15:00’! ＞

b） 名称连接符：用小数点“.”或“/”表示，用于连接层次结构的类或实体。用于厂站实体的 pathName 描述如：“华北.灞桥厂/220 kV”。

5.11 对象指针

CIM/E 中用星号“＊”表示对象指针。当“＊”出现在属性名前面时，表示该属性为指针属性(即其值是指向对象的指针)，后面紧跟指针所指向的类名；当“＊”出现在数据项前面时，后面紧跟指针所指向的对象标识(对象标识存于 mRID 属性)。如果指针指向多个对象，对象标识以逗号“,”分割(最后一个对象标识无逗号)。对象指针具体结构见图 4。

```
//对象指针
<! Code=UTF-8  Time='yyyMMdd_hh:mm:ss'  System=xx  Type= 全模型 !>
<E>
…
<ClassnameA  : : XX>
@Num        mRID         name          pathName   ...
//序号       标识         名称          路径名      ...
#   1       A_obj1       A_nm1         A_path1     ...
#   2       A_obj2       A_nm2         A_path2     ...
#   3       A_obj3       A_nm3         A_path3     ...
… …
</ClassnameA >
<ClassnameB  : : XX>
@Num        mRID         name          pathName    *ClassnameA       ...
//序号       标识         名称          路径名       关联A类           ...
#   1       B_obj1       B_nm1         B_path1      A_obj1            ...
#   2       B_obj2       B_nm2         B_path2      A_obj2 , A_obj3   ...
#   3       B_obj3       B_nm3         B_path3      A_obj4            ...
… …
</ClassnameB >
…
</E>
```

图 4　对象指针

5.12　使用原则

CIM/E 允许电力系统模型的任意子集在文档中序列化。为了模型导入方能最大化地使用它，模型导出应遵循以下原则：

a)　mRID、Name、PathName 属性作为对象重要属性，要求在每一个资源引入的时候都包含；

b)　包含单值属性而不是它们反向的多值属性；例如，在定义设备类与容器类间的关联关系时，使用设备类的 MemberOf_EquipmentContainer 而不使用容器类的 Contains_Equipments；

c)　在遇到多对多关联的时候，通常有一个引用的主方向，包含主要的引用而不是它们多值的反向引用；例如，在定义 SynchronousMachine 与 MVArCapabilityCurve 间的关联关系时，使用 SynchronousMachine 的 MVArCapabilityCurves 属性，而不用 MVArCapabilityCurve 的 SynchronousMachines 属性，因为主要的关系是从 SynchronousMachine 到 MVArCapabilityCurve；

注：上述的类和属性英文名均来自 DL/T 890.301。

d)　当遇到一个单值关联和一个反向单值，可以包含任意一个，但不要同时包含两个；导入工具能够处理任意方向的关联，并能补齐反向关联；

e)　在指定 mRID 值时应遵循名字规则：一个名字是一个以字母或者几个标点符号开头的，紧跟着字符、数字、连字符、下划线、冒号或者句号共同组成的作为名字字符串的标记；

f)　在一个模型分散在多个文档或者使用多个版本的模型的时候，mRID 要使用稳定的标识符，确保它不会被重用也从不会改变。

6　类定义模板

6.1　概述

CIM/E 不仅可以描述数据内容，也可以用来对数据格式进行定义，即作为模板使用。CIM/E 的模板功能类似于 XML 语言中的大纲(Schema)功能,主要用于描述数据类包含的属性列表及每个属性的名称、类型、长度、量纲和备注等相关信息。CIM/E 的模板功能一方面可以用于对数据内容进行格式定义,实现数据格式自描述,便于计算机编程实现;另一方面也便于今后属性的扩展。CIM/E 的模板内容来源于 DL/T 890.301、DL/T 890.501 和 IEC 61970-452,即这 3 个标准中定义的类都可以在 CIM/E 模板中描述。

类定义模板是采用 CIM/E 横表式结构描述应用模型的模式信息的模板文件(见图 5),文件包括注释(可选)、系统声明、根元素、类数据块定义、枚举类数据块定义等部分。

模板文件的系统声明位于根元素前端,标记内的内容标识了模板制定的机构(System)、CIM/E 版本(Version)、文件编码形式(Code)、模板的应用类型(Type)、导出时间(Time)等信息。

根元素是所有元素的父对象,<E>和</E>分别表示数据块定义的开始和结束。在<E>中声明该模板用到的所有的名字空间,格式为“Ens:名字空间简称=’名字空间全称’”,“Ens”是名字空间标识,“:”后面是名字空间,可以使用多个名字空间,如<E Ens:cim=’http://iec.ch/TC57/2003/CIM-schema-cim11#’>。根元素中包含两类数据块:类定义数据块定义了类包含的所有属性;枚举类数据块定义了该类包含的所有可能取值。

```
//模型文件
<!Code=UTF-8 Time='yyyMMdd_hh:mm:ss' System=xx !>
<E Ens:cim='http://iec.ch/TC57/2003/CIM-schema-cim11#'>
… …
<Class name='classname1' belongToCategory=' Category' Ens='cim'>
@Num  Name     Alias  Type    Unit Size Inherit           Range Multiplicty maxVal     minVal   Comment Ens
//序号 属性名   中文名 数据类型 量纲 长度 继承类名          关联类名 多重性   属性最大值 属性最小值 注释   名字空间
# 1   mRid     标识   string  -    64   IdentifiedObject  -      -          -          -          -      cim
# 2   pathName 全名   string  -    64   IdentifiedObject  -      -          -          -          -      cim
# 3   rx       参数   float   -    4    -                 -      -          1 000      -1 000     -      cim

… …
</Class>

… …
</E>
```

图 5　类模板定义

6.2　类描述数据块

CIM/E 模板文件类描述的数据块起始的基本表达方式为:<Class name=’ClassName’ belongsToCategory=’所属包名’ Ens:名字空间简称=’名字空间全称’>。类名为定义类的名称,belongsToCategory 为所属包名,Ens 为类所属名字空间,类用到的名字空间必须在根标签处声明,其他类相关的属性允许根据需求扩充。类描述数据块头定义中必须包含如下的具体内容如下,可根据系统情况进行扩展,数据块中的每条记录对应类的一个属性:

a)　Name:属性名称,对应于 RDF 模式语言中 rdfs:label 标签,为必须填写的标识性数据;

b)　Alias :属性别名,类属性的本地名称,为必须填写的标识性数据;

c)　Type:属性类型,对应于 RDF 模式语言中 cims:dataType 标签;

d) Size:长度,属性的最大字节数;

e) minVal :属性值的最小值;

f) maxVal :属性值的最大值;

g) Unit :量纲;

h) Inherit:继承类名,原始定义该继承属性的父类名称,描述了 CIM 类属性的继承特性,自然属性 Inherit 值为“-”,继承属性 Inherit 值为原始定义该属性的类名;

i) Range :关联类名,关联属性关联的类名,对应于 RDF 模式语言中 rdfs:range 标签;

j) Multiplicity :多重性,对应 RDF 于模式语言中 cims:multiplicity 标签;

k) Comment :属性注释,对应 RDF 于模式语言中 rdfs:comment 标签;

l) Ens:属性所属名字空间,属性的名字空间必须在根标签出声明。

CIM 中类属性分成三类:基本属性、关联属性、枚举属性。关联属性需要填写 Range、Multiplicity 值;枚举属性 Type 填写枚举类名;基本属性填写 Type、Size、minVal、maxVal、Unit 值,其中 Type 填写的是基本数据类型,如 Timestamp、Float、String、Integer 等,Unit 填写的是属性单位类型,如 MW、Degrees、MVA、Count、Amperes、PerCent、Ratio、MVAr、kV、TapPosition、SwitchPosition 等。如果 CIM 中类属性的 cims:dataType 为 Domain 中的类,且该类具备 Value、Unit 属性,则类属性的 Type、Unit 字段值应根据 Domain 中的类 Value、Unit 属性去填写。

6.3 枚举类型数据块

CIM/E 模板文件中,枚举类型描述的数据块起始的基本表达方式为:＜Enum name＝'Enum' belongsToCategory＝'所属包名'＞。类名为该枚举类型的名称,belongsToCategory 为所属包名,其他类相关的属性允许根据需求扩充,具体示例如图 6 所示。

枚举类型模式数据块中必须包含 Name 字段,对应于 RDF 模式语言中 rdfs:label 标签,数据块中的每条记录对应枚举类的一个值描述(rdf: Description)。CIM/E 模板文件定义的枚举类型就可以在 CIM/E 模型数据文件中直接引用,如引用图 6 中的类型取值“WindingConnection.Y”。

```
……
<Enum name='WindingConnection'  belongsToCategory='Wires'>
@Num        Name      Comment
// 序号      名称       备注
#  1         Y          -
#  2         Z          -
#  3         D          -
</Enum>
……
```

图 6 枚举类型描述的数据块使用举例

附 录 A
(资料性附录)
公共模型中类和属性的最小集合

IEC 61970-452 中定义了静态传输网络模型,IEC 61970-456 中定义了解决电力系统状态的接口,一些电力系统设备包含在其中。这里面的一些类、属性和关联的集合被选择用来静态网络建模,在 CIM/E 文件中,至少应该包含表 A.1 的类。

在设备模型中至少应包括下面的类。

表 A.1 设备模型至少包括的类

英 文 名	中 文 名	备 注
BaseVoltage	基准电压	字典类
ControlArea	控制区域	
Substation	变电站/发电厂	
VoltageLevel	电压等级	
Breaker	断路器	
Disconnector	刀闸	
BusbarSection	母线	
SynchronousMachine	同步发电机	
ACLineSegment	交流线段	
Load	负荷	
PowerTransformer	变压器	
TransformerWinding	变压器绕组	
TapChangerType	变压器抽头类型	
ShuntCompensator	并联电容电抗器	

在拓扑模型中至少应包括表 A.2 的类。

表 A.2 拓扑模型至少包含的类

英 文 名	中 文 名	备 注
BaseVoltage	基准电压	字典类
ControlArea	控制区域	
Substation	变电站/发电厂	
VoltageLevel	电压等级	
Node	逻辑节点	
Island	拓扑岛	
BusbarSection	母线	
SynchronousMachine	同步发电机	

表 A.2（续）

英 文 名	中 文 名	备 注
ACLineSegment	交流线段	
Load	负荷	
PowerTransformer	变压器	
TransformerWinding	变压器绕组	
TapChangerType	变压器抽头类型	
ShuntCompensator	并联电容电抗器	

参 考 文 献

［1］ IEC 61970-456 能量管理系统应用程序接口(EMS-API) 第456部分:解决电力系统状态的接口

ICS 13.280
F 84

中华人民共和国国家标准

GB/T 30150—2013/IEC 62303:2008

辐射防护仪器　气载氚监测设备

**Radiation protection instrumentation—
Equipment for monitoring airborne tritium**

(IEC 62303:2008,IDT)

2013-12-17 发布　　2014-08-01 实施

中华人民共和国国家质量监督检验检疫总局
中国国家标准化管理委员会　发布

前　　言

本标准按照 GB/T 1.1—2009 给出的规则起草。

本标准使用翻译法等同采用 IEC 62303:2008《辐射防护仪器　气载氚监测设备》。

与本标准中规范性引用的国际标准有一致性对应关系的我国文件如下：

——GB/T 2423(所有部分)　环境试验[IEC 60068(所有部分)]；

——GB/T 2423.5—1995　电工电子产品环境试验　第 2 部分：试验方法　试验 Ea 和导则：冲击(IEC 60068-2-27:1987,IDT)；

——GB/T 2423.34—2012　电工电子产品环境试验　第 2 部分：试验方法　试验 Z/AD：温度/湿度组合循环试验(IEC 60068-2-38:2009,IDT)；

——GB/T 7165.5—2008　气态排出流(放射性)活度连续监测设备　第 5 部分：氚监测仪的特殊要求(IEC 60761-5:2002,IDT)；

——GB/T 17626(所有部分)　电磁兼容　试验和测量技术[IEC 61000(所有部分)]；

——GB/T 17626.2—2006　电磁兼容　试验和测量技术　静电放电抗扰度试验(IEC 61000-4-2:2001,IDT)；

——GB/T 17626.3—2006　电磁兼容　试验和测量技术　射频电磁场辐射抗扰度试验(IEC 61000-4-3:2002,IDT)；

——GB/T 17626.4—2008　电磁兼容　试验和测量技术　电快速瞬变脉冲群抗扰度试验(IEC 61000-4-4:2004,IDT)；

——GB/T 17626.5—2008　电磁兼容　试验和测量技术　浪涌(冲击)抗扰度试验(IEC 61000-4-5:2005,IDT)；

——GB/T 17626.11—2008　电磁兼容　试验和测量技术　电压暂降、短时中断和电压变化的抗扰度试验(IEC 61000-4-11:2004,IDT)；

——GB/T 17626.12—1998　电磁兼容　试验和测量技术　振荡波抗扰度试验(IEC 61000-4-12:1995,IDT)；

——GB 17799.4—2012　电磁兼容　通用标准　工业环境中的发射标准(IEC 61000-6-4:2011,IDT)。

本标准对 IEC 62303:2008 做了下列编辑性修改：

——删除国际标准的前言；

——按照汉语习惯对一些编排格式进行了修改(例如：注的后面加“:”,一些列项说明的后面将“。”改为“;”)；

——用小数点符号“.”代替国际标准中的小数点符号“,”；

——在“2　规范性引用文件”中将已有相应国家标准的国际标准改为我国的标准，删除未在正文中出现的 IEC 60761-1 和 ISO 10012:2003；

——“4.1　一般设计要点”没有任何内容，增加“一般设计要点见 4.2～4.13”；

——7.7.3.2 中的第一段“10 μGy/h±10%”修改为“10 μGy/h(1±10%)”；

——8.5.1、8.5.2、9.7.1、9.7.2、表 3 和表 4 中交流电源频率的变化范围只保留我国现行使用的 47 Hz～51 Hz；

——9.3.3 中“2%”后增加“($k=2$)”；

——表 3 中“交流电源变化”是笔误，修改为“交流电源频率”。

本标准由全国核仪器仪表标准化技术委员会(SAC/TC 30)提出并归口。

本标准起草单位：深圳市计量质量检测研究院、深圳市人民医院。

本标准主要起草人：李名兆、于敬哲、廖湘庆、钱晓艳、钟晓茹、刘庆辉、周迎春。

辐射防护仪器　气载氚监测设备

1　范围

本标准规定了一般特性、一般试验方法、机械特性、电气和电子特性、辐射特性、安全特性和环境特性以及设备的正确鉴定和合格证书。如果设备作为核设施辐射连续监测中央控制系统的一部分，可能要有与那些系统有关的其他标准的附加要求。

本标准适用于对工作场所、排放到环境中的气态排出流以及环境本身的氚进行取样和连续测量的设备，并适用于固定式、便携式和移动式设备。

本标准的目的是建立必需的一般要求，并给出用于气载氚连续监测和/或取样的可行方法及设备的实例。本标准是对现行标准IEC 60761-5的完整扩充，后者仅适用于气态排出流中氚的取样和监测设备，而本标准扩大覆盖面以包括监测氚可能造成放射性危害的所有场合。设备设计成在正常运行工况以及在应急工况(包括事故期间和事故后)下工作。根据应急工况的特性，可能需要安装专门用于正常运行工况设计的设备和专门用于应急工况设计的其他设备。

本标准适用于提供下述功能的氚取样器和氚监测仪：

——在工作场所、排放点的气态排出流以及环境中测量氚的体积活度及其随时间变化；

——当超过预置氚的体积活度或浓度或者预置氚的总排放活度时，启动报警；

——确定在给定时间范围内氚的总排放活度；

——含有氚的空气或气体取样和分析。

2　规范性引用文件

下列文件对于本文件的应用是必不可少的。凡是注日期的引用文件，仅注日期的版本适用于本文件。凡是不注日期的引用文件，其最新版本(包括所有的修改单)适用于本文件。

GB/T 2900.81—2008　电工术语　核仪器　物理现象和基本概念(IEC 60050-393:2003,IDT)

GB/T 2900.82—2008　电工术语　核仪器　仪器、系统、设备和探测器(IEC 60050-394:2007,IDT)

GB/T 16511—1996　电气和电子测量仪器随机文件(IEC 61187:1993,IDT)

IEC 60068(所有部分)　环境试验(Environmental testing)

IEC 60068-2-27　环境试验　第2-27部分:试验方法　试验Ea和导则:冲击(Environmental testing—Part 2-27:Tests—Test Ea and guidance:Shock)

IEC 60068-2-38　环境试验　第2-38部分:试验方法　试验Z/AD:温度/湿度组合循环试验(Environmental testing—Part 2-38:Tests—Test Z/AD:Composite temperature/humidity cyclic test)

IEC 60761-5　气态排出流(放射性)活度连续监测设备　第5部分:氚监测仪的特殊要求(Equipment for continuous monitoring of radioactivity in gaseous effluents—Part 5:Specific requirements for tritium monitors)

IEC 61000(所有部分)　电磁兼容[Electromagnetic compatibility (EMC)]

IEC 61000-4-2　电磁兼容　第4-2部分:试验和测量技术　静电放电试验[Electromagnetic compatibility (EMC)—Part 4-2:Testing and measurement techniques—Electrostatic discharge immunity test]

IEC 61000-4-3 电磁兼容 第4-3部分:试验和测量技术 射频电磁场辐射抗扰度试验[Electromagnetic compatibility (EMC)—Part 4-3:Testing and measurement techniques—Radiated,radio-frequency, electromagnetic field immunity test]

IEC 61000-4-4 电磁兼容 第4-4部分:试验和测量技术 电快速瞬变脉冲群抗扰度试验[Electromagnetic compatibility (EMC)—Part 4-4:Testing and measurement techniques—Electrical fast transient/burst immunity test]

IEC 61000-4-5 电磁兼容 第4-5部分:试验和测量技术 浪涌抗扰度试验[Electromagnetic compatibility (EMC)—Part 4-5:Testing and measurement techniques—Surge immunity test]

IEC 61000-4-11 电磁兼容 第4-11部分:试验和测量技术 电压暂降、短时中断和电压变化的抗扰度试验[Electromagnetic compatibility (EMC)—Part 4-11:Testing and measurement techniques—Voltage dips, short interruptions and voltage variations immunity tests]

IEC 61000-4-12 电磁兼容 第4-12部分:试验和测量技术 振荡波抗扰度试验[Electromagnetic compatibility (EMC)—Part 4-12:Testing and measurement techniques—Ring wave immunity test]

IEC 61000-6-4 电磁兼容 第6-4部分:通用标准 工业环境中的发射标准[Electromagnetic compatibility (EMC)—Part 6-4:Generic standards—Emission standard for industrial environments]

IEC 61000-6-6 电磁兼容 第6-6部分:通用标准 户外设备的HEMP抗扰度[Electromagnetic compatibility (EMC)—Part 6-6:Generic standards—HEMP immunity for indoor equipment]

ISO 2889 气载放射性物质取样的一般原则(General principles for sampling airborne radioactive materials)

ISO GUM:1995 测量不确定度的表示导则(Guide to the expression of uncertainty in measurement)

3 术语和定义

GB/T 2900.81—2008、GB/T 2900.82—2008 界定的以及下列术语和定义适用于本文件。

3.1

事故工况 accident conditions

预计很少发生的偏离正常运行的情况,如果相关的专设安全设施未按设计要求动作,该工况可导致不可接受量的放射性物质释放。

3.2

报警装置 alarm assembly

在超过报警阈值或探测到故障时,其输出能提供听觉或视觉报警的装置或装置组合。

3.3

预计运行事件 anticipated operation occurrence

在核电厂运行寿期内预计可能出现一次或几次偏离正常运行的各种运行过程,由于设计中已采取相应措施,这类事件不致于引起安全重要物项的严重损坏,也不致导致事故工况。

3.4

变异系数 coefficient of variation

一组 n 次测量值 x_i 的标准偏差 s 与其算术平均值 $\bar{x}$ 之比 V,关系式(1)如下:

$$V=\frac{s}{\bar{x}}=\frac{1}{\bar{x}}\sqrt{\frac{1}{n-1}\sum_{i=1}^{n}(x_i-\bar{x})^2} \qquad \cdots\cdots(1)$$

3.5

控制装置 control assembly

用于处理探测装置的输出并提供数据指示值及整个系统电源的装置。

3.6

活度的约定真值　conventionally true activity

一个放射源活度的最佳估计值。

注：通常，对于一给定目的，活度的约定真值充分接近真值，忽略它们之间的差异。例如：由初级标准或次级标准确定、或由经过次级标准或初级标准校准过的参考仪器来确定的一个值及其不确定度可认为是约定真值。

3.7

包含因子　coverage factor

为求得扩展不确定度，对测量结果的合成标准不确定度所乘的数字因子(k)(ISO GUM:1995)。

3.8

判断量　decision quantity

用于判断被测物理效应是否存在的随机变量。

3.9

判断阈　decision threshold

判断量的固定值，当被测物理效应的实际测量结果超过该值时，确定该物理效应存在。

注：统计试验宜指定假设被错误拒绝(第一类错误)的概率等于给定值 α。对于本标准，$\alpha=5\%$。

3.10

设计基准事故　design basis accident

核设施按确定的设计准则在设计中采取了针对性措施的那些事故工况，并且该事故中燃料的损坏和放射性物质的释放保持在管理限值之内。

3.11

探测限　detection limit

通过测量方法可探测的被测量最小真值。

注：探测限是与统计试验和假设(见判断阈)有关的被测量的最小真值，具有下列特性：如果实际的真值等于或超过探测限，假设没有被错误拒绝(第二类错误)的概率至多等于给定值 β。对于本标准，$\beta=5\%$。

3.12

动态范围　dynamic range

一个量的最大可测指示值信号与该量的判断阈信号的比值。

3.13

有效测量范围　effective range of measurement

设备或装置的性能满足本标准要求的被测量数值范围。

3.14

指示值误差　error of indication

在测量点上，一个量的指示值 v 与该量的约定真值 v_c 之差 Δv，见式(2)：

$$\Delta v = v - v_c \qquad (2)$$

式中：

v ——试验时设备或装置指示的量值；

v_c ——该量的约定真值。

3.15

制造厂　manufacturer

包括设备的设计、生产和销售者。

3.16

测量装置　measurement assembly

包括功能单元、设计用于测量与电离辐射有关量(活度、体积活度等)的装置。

3.17

测量的不确定度　measurement uncertainty

与测量结果有关的参数，它表征了被测量值可能合理分布的分散程度。任何测量结果应给出带有按 ISO GUM:1995 推荐方法计算得出的有关不确定度。

3.18

正常运行　normal operation

核设施在规定限值和条件内的运行。

3.19

用户　purchaser

包括使用者。

3.20

辐射探测装置　radiation detection assembly

用于对入射电离辐射产生响应信号的装置。

注 1：该信号携带与辐射物理特性有关的信息。

注 2：在同一单元中可以包括一个或多个部件。

3.21

参考响应　reference response

在参考条件下，装置对参考体积活度的响应 R_{ref}，见式(3)：

$$R_{ref}=\frac{v}{v_c} \qquad \cdots\cdots(3)$$

式中：

v ——试验时由设备或装置测量的值；

v_c ——参考源的约定真值。

3.22

相对误差　relative error

测量误差与被测量真值的商。

注：因为不可能确定一个真值，实际上采用约定真值。

3.23

(测量装置的)响应时间　response time (of a measuring assembly)

从被测量发生阶跃变化到输出信号第一次达到其最终值的某一给定百分数(通常取 90%)时所经历的时间。

注：在本标准中使用 90%。

3.24

滞留能力　retention capacity

能够以平衡状态在所用介质中滞留规定物质的最大量。

3.25

取样装置　sampling assembly

用于收集有代表性样品的一组相互连接的装置。

3.26

取样收集效率　sampling collection efficiency

对于一给定量的放射性物质，在规定的时间间隔内，收集的活度与提供的活度之比。

3.27

灵敏度　sensitivity

对于被测量的一个给定值，被测量观测值的变化与被测量的变化之比。

3.28

严重事故　severe accident

严重性超过设计基准事故并造成堆芯明显恶化的事故工况。

3.29

氚　tritium

除非另有说明，本标准中的“氚”包括以气体或蒸汽形态存在的氚，不管其是否为化合物。

3.30

氚监测仪　tritium monitor

设计用于监测在排放至环境的气态排出流中、环境中和工作场所大气中氚的设备。

3.31

氚取样器　tritium sampler

设计用于收集供随后分析的任意形态氚的设备。

3.32

体积活度　volumetric activity

活度与样品总体积的商。

注 1：对于气体，有必要指明测量体积活度（以贝克勒尔每立方米表示）时的温度和压力，例如：标准温度和压力（STP）。

注 2：该量以贝可勒尔每立方米（Bq/m^3）表示。

4　氚监测设备的分类

不同的氚监测仪设计用于满足使用者的特殊需求。本标准根据下列工作和使用要求对氚监测仪分类：

- 选择氚的化学形态：
  ——对所有气态氚或蒸汽形态氚响应的总量氚监测仪；
  ——有选择地探测特定化学形态气载氚（例如：含氚水蒸气）的氚监测仪。
- 取样和分析方法：
  ——流通法：在空气流过测量装置的同时进行探测；
  ——批样法：将氚收集在吸附器或捕集器上进行探测。
- 测量范围：
  ——低量程氚监测仪：包括那些可能用于测量体积活度不超过 10 MBq/m^3 的监测仪；
  ——高量程氚监测仪：那些可能用于测量体积活度超过 10 MBq/m^3 的监测仪。
- 工作条件：
  ——正常运行工况；
  ——应急工况。
- 系统界面：
  ——只有就地读出和报警；
  ——与中央辐射监测系统连接，除了就地读出和给出报警指示值，还可触发报警或指示运行故障。
- 安装和（或）电源类型：
  ——固定式或移动式氚监测仪主要使用交流电源，也可使用电池作为备用电源；固定式监测仪通常有与中央辐射监测系统连接的输出接口；
  ——便携式监测仪主要使用电池，其特点是便于携带、使用灵活。便携式监测仪也可通过内部或外部转换器使用由线路供电的电源并能与中央辐射监测系统连接。

4.1 一般设计要点

一般设计要点见4.2～4.13。

4.2 探测方法

本标准没有规定为实现其要求的性能而使用哪些辐射探测器类型。

4.3 易于去污

与放射性接触的表面(例如:取样和探测装置),在结构上应使其污染累积最小并在设计上便于去污或易于更换部件。

4.4 易爆炸混合物

在某些情况下,测量的气体样品可能含有易爆炸气体混合物。在可能存在易爆炸混合物的场合,装置的设计应能防止引燃样品。

4.5 耐腐蚀

应要求采取特殊的系统设计保护取样和测量系统免受有害和(或)腐蚀性物质的侵害。

4.6 可靠性

所有设备的设计应提供最低潜在故障的可靠性能。

制造厂宜提供重要部件(例如:气泵、探测器、流量测量装置、电池等)预期运行寿命的文件。

制造厂应规定日常维护的频度并完整描述每个维护程序。维护要求宜在可行的前提下保持最低。

4.7 运行试验的能力

宜为用户提供对装置满意运行进行定期检查的能力,包括校准和测量线性的验证。通常宜安装可通过控制和测量组件进行检查的这些试验部件。

应能在测量范围的两个有代表性的点上检查装置的校准。

必要时应使用一个或多个合适的放射源进行检查。可使用电子学方法检查测量线性。

4.8 调整和维护工具

为了便于调整和故障定位,所有电子设备应具有足够数量的试验点,试验点应易于接近且有标识。应提供特殊的维护工具和适用的维护手册。

所有设备的设计应使其便于维修和维护。

设备宜具有带显示的自诊断功能。

4.9 装置的噪声水平

装置的噪声水平主要来源于取样装置,特别是流体管道系统的运行和产生的合成振动。

制造厂应通过选择部件和设计装置将噪声水平减至最小并使之与装置使用的环境类型相适应。

4.10 电磁干扰

应采取一切必要的措施防止设备受到接收或发射的电磁干扰影响。

抗扰度的严酷度等级为3(见IEC 61000系列标准)。

制造厂应规定设备的电磁发射。IEC 61000-6-6 的表 1 给出了本标准涉及设备的发射限值。

4.11 机械冲击

监测仪的设计宜将机械冲击的影响减至最小。

4.12 测量特性

电子装置宜以 Bq/m^3 为单位指示测量的活度。应由制造厂和用户协商采用指示值的其他表示法。

制造厂应说明设备的判断阈和有效测量范围。这些特性应考虑参考本底水平(0.2 μGy/h)和氡的体积活度。

4.13 测量范围

有效测量范围应适合于特定的用途。用于应急工况的氚监测仪,其最低可探测浓度应至少与为正常运行工况设计的氚监测仪的最高十进位位重叠。

最高可探测浓度应至少超过应急工况期间预期浓度 0.5 个十进位位。

应由制造厂和用户协商确定被监测的最低浓度值和最高浓度值。

5 设备部件

5.1 概述

设备由若干部件组成。下面列出了主要部件及其功能。

5.2 取样装置

5.2.1 一般要求

取样装置主要包括下列一个或多个装置和功能单元:

——取样和排气管道;

——抽取样品用于实验室分析和使用氚进行校准试验的装置;

——空气/计数气体混合装置(正比计数器);

——空气/液体闪烁混合装置(液体闪烁计数器);

——测量室和(或)取样室;

——环境 γ 辐射屏蔽装置和(或)补偿装置或适当的屏蔽;

——气载微粒滞留装置(适用时);

——单个气泵或集中泵站;

——空气流量监测和(或)控制装置(适用时);

——压力监测和(或)控制装置(适用时);

——湿度监测和(或)控制装置(适用时);

——温度测量装置(适用时);

——电池(适用时)。

5.2.2 取样和排气管道

应考虑下列特性并经制造厂与用户协商确定:

——所使用的材料,应特别给出化学腐蚀、表面吸附、记忆效应等;

——入口与出口之间的最短距离,以避免回流;

——通过控制温度和(或)压力,防止在取样管中出现冷凝;
——流量和压降对测量的影响;
——由于流量、管子直径、取样管长度等因素造成的从取样入口到探测器的延迟时间;
——易于去污。

5.2.3 入口过滤器

应将一个过滤器安装在取样回路入口处的支架上,以去除来自于空气的灰尘和气溶胶。为了保持设备的规定性能,该过滤器应不捕集甚至不暂时滞留氚。为保证入口过滤器不滞留氚或通过计算氚活度来观察滞留的氚,过滤器支架应在不造成粘附于过滤器放射性物质损失的条件下进行拆装。

应进行所有必要的布置以控制过滤器中的压降。系统的设计宜带有报警装置以指示可导致过滤器故障的明显压力变化。应能方便地更换过滤器。

5.2.4 收集介质

如果探测装置包括收集特定化学形态氚或浓缩活度的收集介质,应已知其对该形态氚的特有效率、滞留量和延迟时间常数。

制造厂应说明该化学形态氚、取样流量、氚浓度、大气条件以及空气样品中存在的化学产物和其他气体如何影响收集效率和收集量。制造厂应向用户说明如何才能识别收集效率和收集量已下降到不可接受的程度。制造厂应规定收集介质的储存条件。

5.2.5 气泵

当泵作为装置的主要部分时,应满足下列要求:
——除了将氚收集到加压室进行测量以外,应将泵置于探测装置的下游;
——泵的设计应保证其易于接近和更换部件;
——应由制造厂说明标称流量;
——应规定泵的型号及其可更换的部件;
——泵应提供一个适合于测量方法的空气流量;
——应易于更换泵及其部件;
——在体积活度的测量技术对压力敏感的情况下,宜注意保证测量体积中的压力受通过入口过滤器产生压降变化的影响最小;
——应注意防止放射性气体泄漏到工作人员的呼吸区域;
——设计用于在事故期间和事故后使用的监测系统的泵和取样单元应密封;可接受的泄漏率取决于事故工况;应由制造厂与用户协商确定在设计基准事故或严重事故期间和设计基准事故或严重事故后处于工作状态的测量装置的泵泄漏率,以及监测仪工作时使用的条件;
——泵应能在规定的两次维护工作之间连续运行。应由制造厂与用户协商确定维护工作的周期,但应超过每六个月一次。泵的设计应保证其易于接近和更换部件。

5.2.6 与流量有关的控制和测量

5.2.6.1 流量控制

如果测量技术受流量的影响,应提供流量控制装置,以适合所用气泵和过滤器固有特性的变化。

5.2.6.2 流量测量

如果测量受流量的影响,应提供流量测量装置。取样流量应以 SI 单位表示。应提供校准流量计时的压力和温度。应对实际的环境空气条件进行适当的修正。

5.2.6.3 压力控制

如果测量技术受压力影响(例如:电离室),应提供带报警的压力控制装置,在超过正常压力变化时给出报警。

5.2.6.4 压力测量

如果测量技术受压力影响,应提供带报警的压力测量装置,在超过正常压力变化时给出报警。压力应以 SI 单位表示。应在标准条件下校准压力测量装置。应对实际的环境空气条件进行适当的修正。

5.2.6.5 体积测量

取样单元应配备总体积测量装置。体积测量应以 SI 单位表示。

5.3 探测装置

5.3.1 防止冷凝

应保护受湿度影响的探测器(例如:电离室)避免出现冷凝。应提供下列保护措施:

——加热气流或探测器本身;

——冷却气流随后再加热气流,以降低相对湿度。在就地储水箱中收集冷却器的冷凝水。不宜频繁排水,至少 8 d 排水一次。应提供带报警单元的液位指示器,在储水箱达到最大液位时给出报警。由于冷凝水可能含氚,应监测冷凝水以确定被监测气流的氚浓度。

应密切观察加热或冷却气流对体积测量的影响。应考虑气体流过脱水器的影响。

5.3.2 辐射探测器

制造厂应规定探测器的特性,包括探测器类型、尺寸和取样室体积以及取样管道。

5.3.3 补偿探测器

制造厂可使用一个附加探测器用于补偿本底 γ 辐射和/或气体样品中的氡或氡子体活度,也可提供采用电子学方法消除氡子体活度的探测系统。

5.4 控制装置

控制和测量装置主要包括下列部分:

——电气控制和电源;

——电子测量装置;

——测量显示单元;

——一个或多个辐射探测器。

装置可与中央辐射监测显示盘相连。

5.5 指示装置

除了给出可见的测量值以外,设备宜提供下列运行指示:

——系统电源开;

——气泵开(如适用);

——探测器高压电源开;

——探测器加热单元开(如适用);
——冷却装置开(如适用);
——储水箱液位(如适用)。

压力测量、压力控制、流量测量、流量控制和(或)体积测量的单位应适合被测参数的指示值单位。

经制造厂与用户协商确定,可提供测量和报警远距离指示的输出信号。

5.6 报警装置

5.6.1 概述

报警和指示装置应适合设备的用途并应由制造厂与用户协商确定。

应为所有报警功能提供测试手段以检查报警的工作状态。对于可调报警,应能使用实际报警工作点的指示值在整个可调范围进行检查。

报警电路应保持报警状态直到采用复位控制使其复位,或当报警状态消失时自动复位。

5.6.2 报警类型

5.6.2.1 高值报警

应提供覆盖整个有效测量范围的可调高值报警。

5.6.2.2 故障报警

应提供故障报警,宜包括:
——探测器信号丧失;
——取样回路丧失;
——电子系统故障;
——环境辐射本底高;
——只要有可能,报警宜通过自诊断系统指示尽可能多的其他故障源。

宜单独显示每种故障。

其他报警(例如:预报警)应由制造厂与用户协商确定。

5.6.3 报警测试手段

应使用报警测试手段进行所有报警功能的检查。对于可调报警,应能使用实际报警工作点的指示值在整个可调范围进行检查。

5.6.4 报警复位特性

报警电路应保持报警状态直到采用复位控制使其复位。

5.6.5 报警自诊断

宜提供自诊断系统。

5.6.6 报警显示

宜单独显示每种故障。

5.7 检查源

监测仪可配备发射光子的检查源(如^{137}Cs)以指示仪器正常工作。应在检查源处于屏蔽状态时确定装置的探测限。如果处于屏蔽的检查源活度不够或不合适,还可提供工作底源。这种由少量放射性物质组成的源安装在探测器上或探测器附近,以验证探测器连续工作。

5.8 环境本底屏蔽或补偿装置

为了减少环境本底对测量的影响,宜提供适当的辐射屏蔽、电子补偿或软件修正技术。

屏蔽的设计应使设备易于维护。

5.9 电池

一些监测仪可配备电池。应在装置上清楚地标出电池的正确极性。制造厂应规定电池的类型。

二次电池应在 16 h 内重新充满电。宜使用完成充电后自动关闭充电器的装置。在最大负载条件下,应提供检查电池状态的装置。在监测仪功能受到影响之前,监测仪应清楚地显示最小负载指示值。

6 试验条件

6.1 一般试验方法

本标准给出了适用于每种类型的监测仪和(或)取样单元的一般试验方法。除非另有规定,这些试验均为型式试验。由制造厂与用户协商,这些试验中的某些试验或全部也可作为验收试验。规定的这些要求是最低要求并可对这些要求予以扩展。

详细的试验方法将依据每种类型监测仪的特性而改变。

本标准描述的试验可根据其是在标准试验条件或在其他条件下进行来分类。

6.2 标准试验条件下进行的试验(用于正常运行工况)

标准试验条件见表 1。在标准试验条件下进行的试验见表 2,该表给出了试验特性、要求和规定试验方法的相应条款号。

6.3 随影响量变化进行的试验

这些试验目的是确定影响量变化所带来的影响。为了便于进行这些试验,将其分为两类:

——与测量、报警和指示单元有关的试验;

——与空气回路有关的试验。

应分别进行这两类试验。

为了检查表 3 列出的每个影响量变化的影响,所有其他影响量应保持在表 1 给出的标准试验条件的限值以内。

为了简化这些试验,仅需对每个影响量进行单独的试验。该试验应在测量范围下限 10 倍～50 倍的活度水平处测量规定影响量变化的影响。

与测量、报警和指示单元有关的试验见表 3,该表给出了每个影响量的变化范围和装置指示值相应变化的限值。

空气回路的试验见表 4,该表给出了每个影响量的变化范围和试验时参数的相应变化限值。

6.4 应急工况条件下进行的试验

应分两个步骤对设计用于在应急工况期间(事故期间和事故后)监测的测量单元进行试验。第一步应在 6.2 给出的标准试验条件下进行试验。第二步应在应急工况下、测量单元处于工作状态时进行试验。应急工况取决于设备类型和事故类型。因此,应由制造厂与用户协商确定应急工况。

6.5 源的种类

6.5.1 参考源

为了在型式试验期间确定参考响应，参考源应是含有已知体积活度的拟测特定形态氡的空气。参考源宜由压缩气瓶和含拟测特定形态氡的气体或任何产生适用形态氡的其他校准装置组成。

附录B给出了制备这些源的一些适用方法。应已知气体源活度的约定真值，其不确定度应小于10%($k=2$)。

6.5.2 固体源

可使用适合于有关设备的固体放射源进行其他试验。例如：如果仪器具有禁用γ补偿的能力，应使用^{137}Cs。为了覆盖设备的测量范围，可能需要使用多个源，源的活度应与设备相适应。

6.6 试验期间的计量确认系统

6.6.1 测量不确定度

试验结果的不确定度宜小于试验(见表2和表3)最大允许变化的1/3。

注：由于很难获得体积活度不确定度较低的气体源，在空气污染监测仪的试验中，使用体积活度不确定度($k=2$)等于设备允许误差的1/2的参考源是可以接受的。

6.6.2 统计涨落

对于任何使用辐射的试验，如果单独由辐射随机性引起的指示值统计涨落在试验允许的指示值变化中占有显著份额，那么为了证明该项试验满足要求，就应取足够多的读数，以保证能够有足够的精密度估算这些读数的平均值。

7 辐射探测试验

7.1 概述

应在标准试验条件下进行这些试验。如果采用电子学方法来补偿天然放射性活度，则对测量装置进行的所有试验都应按制造厂说明书的规定预先调整好补偿电路，在补偿电路处于工作状态时进行试验。

7.2 参考响应

7.2.1 要求

在标准试验条件下，按制造厂说明书调整好校准控制器，参考响应不应超过±15%。

7.2.2 试验方法

如果使用固体源进行常规试验，则应在型式试验期间确定装置对所用固体源响应相对于合适气体源响应的关系。

7.2.3 使用气体源的试验

根据监测仪的设计，可分别使用下列两种方法中的任何一种方法进行试验：

——用一已知体积活度标记的空气或气体以恒定流量和已知压力循环流过装置，在经过足够长的

时间达到平衡后记下平衡读数(见附录 A);

——应将探测器浸没在一个体积活度已知、容积足够大的气体内,应记录在平衡条件下的读数。

注:使用者宜了解氡及其子体的影响。

7.2.4 使用固体源的试验

应将合适的固体源放在相对于探测器的规定位置上,不改变气体源试验时的条件(但没有气体源存在)。应确定在平衡时装置对固体源的相对响应。对于以后的常规试验或功能试验,应将固体源放在相对于探测器的规定位置上,并应利用在型式试验中已确定的装置对气体源的相对响应因子。

7.3 线性

7.3.1 试验源

应使用氚或一组固体源进行试验。

在所需试验中使用的试验源制备标准应是:每个源活度的约定真值不确定度的绝对值(ε_{sa})应优于10%($k=2$),并且在相同试验中使用的源之间的活度约定真值不确定度(ε_{sr})应优于5%($k=2$)。试验源应可溯源至认可的标准。

7.3.2 要求

在标准试验条件下,相对固有误差在整个有效测量范围内不应超过±15%,其中不包括放射源的不确定度。

在使用固体源的场合,为了计算相对误差,v 和 v_c 应考虑设备响应的变化。

7.3.3 试验方法

这些试验:

——可使用放射性气体或固体源进行;

——可通过输入电子信号进行。

宜在测量范围最低值的至少 2.5 倍处和包括有效测量范围的大约 25%、50%和 75%三个点进行试验。应使用放射源获得最小读数和最大读数。

7.4 对其他化学形态氚的响应

7.4.1 要求

如果设备用于测量特定化学形态氚的活度,设备对其他化学形态氚(对测量产生影响)的响应应由制造厂规定并不应超过对拟测特定形态氚响应的±15%。

7.4.2 试验方法

试验方法与 7.2 中规定的相同,但使用其他化学形态的氚。

7.5 对氚以外的放射性气体的响应

7.5.1 要求

氚以外的放射性气体可能影响读数。应由制造厂和用户协商确定对指定放射性气体的要求和设备对这些气体的响应。

7.5.2 试验方法

试验方法与7.2中规定的相同,但使用某种或某些合适的放射性气体。

7.6 响应时间

7.6.1 要求

制造厂应规定装置的响应时间。响应时间包括探测器中空气的更新时间。

7.6.2 试验方法

应以标称流量进行该项试验。测量室内的体积活度应至少为测量范围下限的10倍。为了确定指示值随时间的变化,应将一台记录仪或其他相似的仪器与装置相连。

系统应连续通入不含氚的空气并记录本底值 R_i。

将已知体积活度的氚气连续注入监测仪的入口,经一段时间后达到平衡。应记录平衡值 R_f。

应按开始注入氚气的起始时刻与读数首次达到 $0.9(R_f-R_i)+R_i$ 之间的时间间隔计算响应时间。

7.7 对环境γ辐射的响应

7.7.1 概述

对环境γ辐射的响应与判断阈有关。制造厂和用户应商定并说明用于特定用途所需的这些参数值。

7.7.2 要求

当带有环境γ辐射补偿装置的探测器以制造厂规定的取向受到从空气比释动能率参考本底变化到由 ^{137}Cs 产生的 10 μGy/hγ 照射时,制造厂应说明判断阈和读数的最大值。对任意取向和辐射能量达 1.3 MeV (^{60}Co)的γ辐射照射的响应不应超过该值的两倍。

7.7.3 试验方法

7.7.3.1 本底指示值的确定

在标准试验条件下,设备应在没有放射源存在的情况下至少工作1 h并确定本底指示值。

7.7.3.2 辐射源影响的确定

应将 ^{137}Cs 源置于距探测器至少2 m处,在探测器装置不存在的条件下,探测器所在位置的γ空气比释动能率约定真值等于 10 μGy/h(1±10%)。应由制造厂规定探测器相对于源的取向。

当达到稳定时,应记录读数。应根据该读数计算判断阈。判断阈应符合制造厂的规定。测量装置的最大读数不应超过制造厂的规定值。

7.7.3.3 取向和光子能量影响的确定

在使用γ补偿探测器的场合,探测器还应在制造厂和用户商定的多个取向上受到照射。如果通过编程使测量装置带有γ补偿因子,在试验期间该因子不应改变。在所有情况下,测量装置的读数不应超过制造厂规定值的两倍。

按制造厂和用户的商定,应使用γ辐射源重复上述试验。如果通过编程使测量装置带有γ补偿因子,在试验期间该因子不应改变。测量装置的读数不应超过制造厂规定值的两倍。

7.8 对中子辐射的响应

7.8.1 概述

中子辐射可能影响读数。用户应规定容许的中子辐射对读数的影响。应由制造厂和用户协商确定可接受的影响程度。

7.8.2 要求

如果仪器用于存在中子辐射的场合，那么应说明对中子的响应。对中子响应的试验不是强制性的，只有在规定这一要求时才需进行该项试验。在任何情况下，仪器的设计应减少中子辐射的影响。

7.8.3 试验方法

应由制造厂和用户协商确定试验方法。

7.9 过载试验

7.9.1 要求

除非制造厂与用户另有商定，当受到可给出最大测量指示值两倍活度的辐射源照射时，设备应保持满刻度指示或给出明确的指示，并当过载照射消失时设备应正常工作。可提供“过载”指示值。

7.9.2 试验方法

应按照如下试验方法：

a) 探测器装置应受到可给出测量范围下限 10 倍～50 倍之间读数的适当活度的辐射源照射。应记录这一读数。

b) 探测器装置应受到产生大于最大测量指示值两倍活度的辐射源照射。照射应至少保持10 min 并应验证仪器保持最大读数。

c) 移去源并在与 a)相同的条件下照射探测装置。在经过一段时间(由制造厂与用户商定，但少于 1 h)后，读数与 a)中获得读数的差别不应大于 10%。

7.10 重复性

7.10.1 要求

对于任何超过有效测量范围下限两倍的读数，由统计涨落引起的指示值变异系数应小于 15%。

7.10.2 试验方法

应使用一个可在测量范围下限 10 倍～50 倍之间给出指示值的固体源。

应以适当的时间间隔至少取 10 个读数。为了获得彼此独立的数值，应计算全部读数的平均值和变异系数。变异系数应在要求的限值以内。

7.11 本底指示值的稳定性

7.11.1 要求

对于不含氚的本底测量，制造厂应规定仪器读数的最大可接受值和变异系数。

7.11.2 试验方法

接通仪器的电源，将其置于最灵敏量程。在没有放射源存在的情况下，仪器应在标准试验条件下工作。在经过最少 30 min 后，开始读取足够的读数至少 1 h。读数的平均值和变异系数应在规定的范围内。

7.12 指示值的稳定性

7.12.1 要求

装置预热 30 min 后，在以后的 100 h 内，由给定源获得的指示值变化不应大于 10%。

7.12.2 试验方法

应使用一个可在测量范围下限 10 倍～20 倍之间给出指示值的放射源。

30 min 后，应取足够多的读数。然后在不调整装置和不改变条件的情况下，在 10 h 和 100 h 后再取更多的读数。每次所取读数的平均值应在说明的限值以内。

如必要，应对读数进行源放射性衰变的修正。

8 电气和机械试验

8.1 报警阈范围

8.1.1 要求

本项要求不包括探测器。报警设置范围应与 5.6 的要求一致。

8.1.2 试验方法

应对每个可调报警进行本项试验。按照制造厂的规定，使用合适的电子信号发生器，应确定报警触发的设备响应范围。

对用于增加信号触发的报警，应将报警调到其最低设置值并缓慢增加输入信号，直到触发报警。应记录设备的指示值。然后，再将报警调到其最高设置值并缓慢增加输入信号，直到再次触发报警。

应记录在测量范围下限 50 倍处的设备指示值。

8.2 报警阈稳定性

8.2.1 概述

使用合适的电子信号进行本项试验。

8.2.2 要求

这些要求不包括探测器。

设 X 是 100 h 工作时间内的标称报警设置值，则任何报警电路工作点的偏离不应超过(95%～105%)X 的范围。

8.2.3 试验方法

已确定任何报警电路的标称报警设置值为 X：

——输入相当于 95%X 的电子信号时，如果在 100 h 内不触发报警，试验结果满足要求；

——在 1 h 后和工作 100 h 后,输入相当于 105%X 的电子信号,如果在 1 min 内触发报警,试验结果满足要求。

8.3 设备的故障报警

应按 8.1 对探测器故障报警进行试验。应由制造厂与用户协商确定对设备进行故障报警的其他试验。

8.4 预热时间——探测和测量装置

8.4.1 要求

当受到放射源照射时,在开机后的 30 min 内,装置应给出一个指示值,该值与在标准条件(见表 3)下获得数值的差别不超过±10%。

8.4.2 试验方法

试验前,设备应断电至少 1 h。

应使用可给出测量范围下限 10 倍～50 倍读数的放射源。应开启探测和控制装置。

在 1 h 内,应每隔 5 min 记录一次活度的指示值。在开机后的 10 h 内应取足够多的读数并将其平均值作为指示值的"最终值"。

应画一条活度指示值随时间变化的曲线,必要时对活度衰变进行修正。

"最终值"与曲线上 30 min 对应值的差别应在规定的限值以内。

8.5 电源变化

8.5.1 要求

交流电源的电压在(88%～110%)U_N(U_N 为标称电压)范围内和频率在 47 Hz～51 Hz 范围内变化时,装置应能在正常工作,指示值的变化不应大于标准试验条件下指示值的 10%。

8.5.2 试验方法

应使用可给出测量范围下限 10 倍～50 倍读数的放射源。在电压和频率为其标称值时,按 7.6.2 取足够多的读数,求其平均值。

- 使用交流或直流电源

对于使用交流电源的装置,频率为标称值,在电压为 110%U_N 和 88%U_N 时,取两组足够多的连续读数,求其平均值。

这两组平均值与在标称电压时获得平均值的差别不应超过±10%。

- 使用交流电源

电压为标称值,在频率为 47 Hz 和 51 Hz 时,取足够多的连续读数,求其平均值。

这两组平均值与在标称频率时获得平均值的差别不应超过±10%。

8.6 电池试验

8.6.1 概述

电池的容量直接影响监测仪的工作时间。容量不足的电池影响测量质量,因此有必要给出电池状态的指示。

8.6.2 要求

8.6.2.1 一般要求

电池的容量应满足:在连续使用 8 h 后,装置的指示值与初始指示值的差别不应大于 10%。

当使用二次电池供电时,其容量应满足:在连续使用 8 h 后,装置的指示值与初始指示值的差别不应大于 10%。

8.6.2.2 原电池的试验方法

应使用可在最不灵敏量程给出大约满刻度偏转 2/3 指示值的适当放射源照射监测仪。应记录初始指示值。监测仪应连续使用 8 h。应将实际指示值与试验开始时的指示值对比。指示值的差别应小于初始值的 10%。

8.6.2.3 二次电池的试验方法

应关闭充电器并按 8.6.2.2 进行相同的试验。指示值的差别也应小于初始值的 10%。

8.7 电源瞬变的影响

8.7.1 要求

监测仪应满足 IEC 61000-4-4 严酷等级 3(电快速瞬变脉冲群)和 IEC 61000-4-11(承受 0.5 周期的电源中断)的要求。

在没有放射源存在的情况下,本底指示值的变化不应超过测量判断阈的 3 倍。

在有放射源存在的情况下,指示值的变化不应大于平均指示值的 10%,并在瞬变期间不应触发报警。

8.7.2 试验方法

应进行两种不同的试验:一种不使用放射源,另一种使用可在测量的最低量程内给出指示值的放射源。报警设置值应为测量判断阈的 3 倍。

为了避免统计不确定性,应取足够多的读数。在没有电源瞬变的情况下取一组读数,在有快速瞬变(试验方法按 IEC 61000-4-4)的情况下取一组读数,在有短时中断(试验方法按 IEC 61000-4-11,中断频率:10 Hz)的情况下取一组读数。

9 空气回路的性能试验

9.1 概述

这些试验适用于其响应取决于通过取样和探测装置已知流量的所有监测仪。

如果设备不受流量影响但其功能要求取样流量,应由制造厂与用户协商确定流量回路和流量报警的简单试验。

当设备受流量影响且流量随排出流流量变化时,应由制造厂与用户协商确定适用的试验。

当设备受流量影响且对流量做电子学修正时,应由制造厂与用户协商确定适用的试验。

表 4 归纳了这些试验的要求。

9.2 气体滞留的感受度

9.2.1 要求

应将体积活度约为判断阈的 1 000 倍、其化学形态为设备拟测形态的氚气引入到监测仪中，时间至少为设备响应时间的 10 倍。在将空气引入到监测仪后，气体滞留的感受度试验应指示小于最大读数的 1%。

设计用于在事故期间和事故后工作的仪器，在试验中应施加由制造厂与用户协商确定活度浓度。使用空气清洁后，可接受的气体滞留不应大于 10%。

9.2.2 试验方法

应将体积活度约为判断阈的 1 000 倍、其化学形态为设备拟测形态的氚气引入到探测装置中，时间至少为设备响应时间的 10 倍。

对于不包括吸收介质的装置，气体系统应呈闭合回路并向该系统引入足够的氚气使体积活度等于判断阈的 1 000 倍。该闭合回路系统应运行 10 min。

验证测量装置的指示值维持在其最大值的时间至少为设备响应时间的 10 倍。

然后，在标准试验条件内的温度、压力和湿度下，以标称流量使空气在空气回路中开路循环足够长的时间达到平衡指示值，该值应小于在使用氚活度试验期间最大指示值的 1%。

设计用于在事故期间和事故后工作的仪器，在试验中应施加由制造厂与用户协商确定活度浓度。使用空气清洁后，可接受的气体滞留应不大于 10%。

9.3 体积和流量测量的准确度

9.3.1 概述

浓缩空气中氚测量值的准确度与流量测量值或将氚浓缩或吸收到收集介质的取样体积的准确度有直接关系。与含氚介质混合的计数气体的准确体积和流量测量同样对氚活度的准确测量十分重要。

9.3.2 要求

制造厂应规定含氚空气的体积和流量测量的准确度以及计数气体（对于正比计数器）的体积和流量测量的准确度。测量的偏差不应超过取样体积真值的±10%。

9.3.3 试验方法

应使用无尘空气进行本项试验。本项试验应将在测量条件下校准的、不确定度小于 2%（$k=2$）的体积和流量测量装置安装在设备入口的空气回路中。接通设备的电源并在其工作 30 min 后测量流量。读数应满足要求。

9.4 流量稳定性

9.4.1 概述

本项试验的目的是在标准试验条件下确定仅由空气回路和入口或取样过滤器产生压降时的标称取样流量和取样稳定性。不要求对其功能与流量无关的监测仪（例如：具有总体积测量取样单元的监测仪）进行本项试验。

9.4.2 要求

制造厂应规定所用过滤器类型的标称流量。在取样装置经正常的预热时间（30 min）后，取样流量的指示值在随后 100 h 内的变化不应大于 10%。

9.4.3 试验方法

为了避免在试验期间收集装置的压降发生任何变化，应使用无尘空气进行本项试验。所以应将低压降的高效微粒空气过滤器(HEPA)置于空气回路的上游。本项试验应将在测量条件下经校准、不确定度小于 3%($k=2$)的流量计安装在设备入口的空气回路中。接通设备的电源并在其工作 30 min、5 h、20 h 和 100 h 后测量流量。读数应满足要求。

监测仪在该压降下的流量指示值与流量约定真值相比，其变化不应超过±10%。

9.5 过滤器压降的影响

9.5.1 概述

由于在各次试验中入口过滤器的性能和阻塞程度可能不同，应考虑仅测量总压降和流量。

9.5.2 要求

本项试验的目的是在标准试验条件下确定引起标称空气流量减少 10%时过滤器两端压降的增量。不要求对其功能与流量无关的监测仪和取样单元(例如：具有总体积测量的取样单元)进行本项试验。

应由制造厂与用户协商确定能够引起标称空气流量减少 10%的最低可接受压降。

9.5.3 试验方法

对于本项试验，监测仪应配备清洁的入口过滤器。应将流量计安装在监测仪的上游，同时在流量计与监测仪入口之间装有可变限流器(例如：阀门)。为了测量气流在监测仪两端的压降，应在入口过滤器下游由制造厂选定的位置上安装经校准的压力传感器(例如：U 型管或差压计)。

应在标称压降下测量通过过滤器的标称流量。然后，应调整可变节流阀以获得低于在标准试验条件下标称流量 10%的平均流量。应在标准试验条件下测量取样流量的约定真值。

在这些条件下，引起流量减少 10%的所测压降应满足要求。

9.6 电源电压对流量的影响

9.6.1 对交流供电设备的要求

当电源电压在(88%～110%)U_N 范围内变化时，标称流量的变化不应大于 10%。

9.6.2 试验方法

本项试验将取样和探测装置与按表 4 中规定电压变化范围的电源相连接。

应按 9.3 的规定进行流量测量。

9.7 电源频率对流量的影响

9.7.1 对交流供电设备的要求

当电源频率在 47 Hz～51 Hz 范围内变化时，标称流量的变化不应大于 10%。

9.7.2 试验方法

本项试验将取样和探测装置与标称电压和频率可在 47 Hz～51 Hz 范围内变化的电源相连接。

应记录在标称频率和所给频率限值时的流量。

10 环境性能试验

10.1 环境温度

10.1.1 概述

装置的性能可能受环境温度变化的影响。应由制造厂与用户协商确定允许的环境温度范围。

10.1.2 要求

在制造厂与用户协商确定的温度范围内，指示值应保持在表3规定的限值以内。

对于该类设备，探测和取样装置可能在与测量装置不同的环境条件下工作。设备的部分或所有部件可能在比表3规定限值更高的温度条件下工作。如果是这种情况，应由制造厂与用户协商确定适用的试验。

10.1.3 试验方法

探测装置应受到一合适的试验源照射以给出在标准试验条件下的已知标称读数。该读数宜处于用户的最低报警水平。

应在气候箱内进行本项试验。除非设备对湿度的变化灵敏，否则一般不需要控制气候箱内的湿度。

温度应在标称温度范围内的每个极限温度下至少保持4 h。应在此期间的最后30 min内获得读数。

此外，应在表3中温度范围的中点温度获得一个读数。如果在中点温度的读数超过监测仪在参考温度下获得读数的±10%，制造厂应说明读数在该点的差异。

10.2 温度冲击

10.2.1 概述

温度冲击可能使装置内部冷凝而使其受到影响。冷凝可能引起电气或电子部件的短路。

10.2.2 要求

便携式和移动式装置可能受温度冲击的影响。因此，这些装置应设计成能承受温度冲击。

10.2.3 试验方法

应使用足够强的辐射源(例如：γ源)照射监测仪，使其在试验量程内大约中间刻度产生一个相当于氚的指示值。设备应保持在(20±2)℃并至少平衡40 min。然后，在5 min内将温度升至40 ℃(35 ℃仅用于室内使用的设备)。应在5 min时记录试验参数并在随后的2 h内每隔15 min记录一次试验参数。使设备恢复至(20±2)℃并经过4 h。在5 min内将温度降至−10 ℃(10 ℃仅用于室内使用的设备)。应在5 min时记录试验参数并在随后的2 h内每隔15 min记录一次试验参数。

10.3 相对湿度

10.3.1 概述

由温度变化产生的冷凝可能严重影响装置内部的部件。冷凝可能引起电气或电子部件的短路。

10.3.2 要求

便携式和移动式装置可能受湿度冲击的严重影响。因此，这些装置应设计成能承受湿度冲击。

IEC 60068-2-38 规定了该类冲击试验中温度和相对湿度的范围。当相对湿度为 90%和温度为 35 ℃时,指示值的变化应小于 10%。

10.3.3 试验方法

应使用 6.5 中的合适试验源照射探测装置。

可在单一温度 35 ℃和相对湿度 90%条件下进行本项试验;表 3 规定的±10%指示值变化限值允许附加单独由温度引起的变化。

10.4 大气压力

10.4.1 概述

环境气压和(或)探测器系统内部的气压可能影响监测仪的响应。

10.4.2 环境气压

10.4.2.1 要求

应对探测器装置进行大气压力影响的试验。应由制造厂与用户协商确定试验条件(这取决于监测仪的工作条件)。

10.4.2.2 试验方法

应将探测装置置于不同的环境气压下。应记录这些气压及其对探测装置指示值变化的影响,指示值的变化应小于 10%。

10.4.3 探测器系统内部气压

10.4.3.1 要求

应进行探测器系统内部气压影响的试验。应由制造厂与用户协商确定试验条件(这取决于监测仪的工作条件)。

10.4.3.2 试验方法

应确定在三种不同气压下的响应。由制造厂与用户协商确定进行这些试验的气压值。

10.5 密封

如果探测器装置可能在异常潮湿或多尘的条件(例如:户外)中使用,用户应说明有关防潮和防尘的要求。装置应满足 IEC 60068 系列标准的要求,或由制造厂与用户协商确定。例如:应防止直径大于 1 mm 的微粒进入设备。设备还应防溅以免液体溅洒影响其正常工作。

10.6 机械冲击

10.6.1 概述

便携式和移动式装置可能受机械冲击的影响。

10.6.2 要求

设计的装置应能承受机械冲击。制造厂应规定装置抵御机械冲击的性能。

10.6.3 试验方法

IEC 60068-2-27 规定了机械冲击的试验方法。

10.7 外部电磁抗扰度和静电放电

10.7.1 概述

在设备的设计中应采取特殊措施，以保证外部电磁场和/或静电放电不会引起设备不可用或给出不正确的指示值。设备应满足 IEC 61000-4-2(静电放电抗扰度试验)、IEC 61000-4-3(射频电磁场辐射抗扰度试验)、IEC 61000-4-4(电快速瞬变脉冲群抗扰度试验)、IEC 61000-4-5(浪涌抗扰度试验)和 IEC 61000-4-12 (振荡波抗扰度试验)严酷等级 3 的要求。

10.7.2 要求

如果装置的指示值可能受外部电磁场存在的影响，应由制造厂给出这种影响的警告并在操作手册中说明。制造厂应说明对装置造成影响的电磁场频率范围、强度和静电放电水平以及由此引起的指示值变化。

应由制造厂与用户协商确定本底指示值的变化和指示值随源的变化。

10.7.3 试验方法

试验方法应按 IEC 61000 系列标准的规定。宜特别注意检测在特定频率上的响应变化。制造厂应规定试验和验收准则并与用户协商。

10.8 电磁发射

10.8.1 要求

如果监测仪发射电磁辐射，应由制造厂与用户协商确定允许的发射水平和特性。

电磁发射不应超过制造厂规定的数值。

10.8.2 试验方法

试验方法应按 IEC 61000-6-4 的规定。

应特别注意检测在特定频率上的发射水平变化。制造厂应规定试验和验收准则并与用户协商。

11 型式试验报告和合格证书

应用户的要求，制造厂应提供按本标准要求进行的型式试验报告。

每个系统应随带一份合格证书，合格证书至少给出下列信息和标准相关部分中规定的附加信息：

——制造厂名称或注册商标；

——监测仪和装置的型号和序号；

——探测器的类型；

——有效测量范围；

——在标准试验条件下的本底指示值；

——每个测量量程的限值；

——量程的刻度分度；

——对规定试验源的响应；

——对环境γ辐射的响应；
——单元之间允许的最大电缆长度；
——标称空气流量(适用时)；
——数据显示的描述；
——设备拟测氚的化学形态；
——响应随体积活度的变化；
——对其他形态氚的响应(如果测量是选择性的)；
——对氚以外的其他放射性气体的响应；
——对外部γ辐射的响应；
——气溶胶过滤器的特性、尺寸和有效面积；
——响应时间；
——气体滞留的感受度；
——设备满足本标准要求的说明。

12 操作和维修手册

每台装置应随带一份符合GB/T 16511—1996要求的说明手册。

表1 参考条件和标准试验条件(用于正常运行工况)
(除非制造厂另有说明)

影响量	参考条件	标准试验条件
低浓度参考放射源	使用适当形态氚标记的空气或气体	使用适当形态氚标记的空气或气体
预热时间(整个设备)	30 min	≥30 min
环境温度	20 ℃	18 ℃～22 ℃
相对湿度	65%	50%～75%
大气压力[a]	101.3 kPa	70 kPa～106 kPa
电源电压[b]	标称电压 U_N	U_N(1±1%)
交流电源频率[b]	标称频率 f_N	f_N(1±1%)
交流电源波形	正弦波	总谐波畸变小于5%
γ辐射本底	空气比释动能率小于0.20 μGy/h	空气比释动能率小于0.25 μGy/h
氡浓度	<10 Bq/m³	<10 Bq/m³
外界电磁场	可忽略	小于引起干扰的最低值
外界磁感应	可忽略	小于地磁场感应值的两倍
射频	可忽略	小于引起干扰的最低值
取样流量	调节到标称流量(由制造厂规定)	调节到标称流量(1±5%)
装置控制器	处于正常工作状态	处于正常工作状态
放射性物质的污染	可忽略	可忽略
化学物质的污染	可忽略	可忽略

[a] 当探测技术对大气压力的变化特别灵敏时，应限制该条件为参考压力的(1±5%)。
[b] 可以使用直流电源，不规定频率。

表 2 标准试验条件下进行的试验(用于正常运行工况)

试验特性	要求	参考条款
参考响应	按制造厂的规定小于±15%	7.2
线性	在整个有效测量范围内小于±15%	7.3
响应时间	按制造厂的规定	7.6
过载	当受到可给出最大指示值的两倍活度照射时，应保持满刻度指示	7.9
气体滞留的感受度	在受到大于判断阈 1 000 倍的体积活度照射后，小于由其所产生的最大读数的 1%	9.2
重复性	变异系数小于 15%	7.10
指示值的稳定性	在 100 h 内所有量程小于满刻度最大角偏转的 10%(模拟显示)或小于指示值的 10%(数字显示)	7.12 和 7.11
报警阈范围	在整个有效测量范围内	8.1
报警阈稳定性	在 100 h 内小于设置点水平的 5%	8.2

表 3 改变影响量的试验(用于正常运行工况)

影响量	影响量的数值范围	指示值的变化限值	参考条款
对其他化学形态氚的响应	与设备拟测化学形态氚的范围相同	按制造厂的规定，但一般小于装置对拟测化学形态氚在相同比活度时读数的 15%	7.4
对氚以外的其他放射性气体的响应	按制造厂的规定	按制造厂的规定	7.5
^{137}Cs 源外部 γ 辐射(源与探测器在规定的几何条件下)	空气比释动能率为 10 μGy/h	按制造厂的规定	7.7
^{137}Cs 源外部 γ 辐射(源与探测器在其他几何条件下)	空气比释动能率为 10 μGy/h	按制造厂的规定	7.7
其他源外部 γ 辐射(源与探测器在规定的几何条件下)	空气比释动能率为 10 μGy/h	在使用^{137}Cs 源情况下由制造厂规定数值的两倍	7.7
预热时间	30 min	±10%	8.4
交流电源电压	$88\%U_N \sim 110\%U_N$ (U_N=标称电压)	±10%	9.6
交流电源频率	47 Hz～51 Hz	±10%	8.5

表 3（续）

影响量	影响量的数值范围	指示值的变化限值	参考条款
环境温度	10 ℃～35 ℃(中点:22 ℃) −10 ℃～40 ℃(中点:15 ℃) −25 ℃～50 ℃(中点:12 ℃)	±10% ±20% ±50%	10.1
温度冲击	20 ℃升至 40 ℃,恢复至 20 ℃,然后降至−10 ℃	±10%	10.2
相对湿度	35 ℃时 90%	±10%	10.3
大气压力	由制造厂规定	由制造厂规定	10.4
密封	由制造厂规定	由制造厂规定	10.5
机械冲击	由制造厂规定	由制造厂规定	10.6
外界电磁场和静电放电	由制造厂与用户协商确定	由制造厂与用户协商确定	10.7
电磁发射	由制造厂与用户协商确定	由制造厂与用户协商确定	10.8

表 4　空气回路的试验

（这些试验仅适用于其响应取决于流量的装置）

影响量	变化范围	变化限值	参考条款
时间	1 h～100 h	±10%	9.4
过滤器压降	按制造厂的技术规格书	0%～−10%	9.5
电源电压	88%U_N～110%U_N	±10%	9.6
交流电源频率	47 Hz～51 Hz	±10%	9.7

附 录 A
（资料性附录）
工作条件的说明

A.1 排出流监测

A.1.1 概述

在工厂正常运行工况和工厂应急工况下，监测放射性排出流的任务完全不同。在工厂正常运行工况期间，测量应证明符合排放限值。在应急期间，测量是为保护环境所必需的。

A.1.2 工作条件

A.1.2.1 正常运行工况

设计用于正常运行工况的放射性排出流监测设备，其目的通常是为了保证从每个设施排放的排出流符合批准的排放限值。监测仪也可给出工厂故障的早期预警。应连续记录测量值和所有报警信号。可通过监测仪的控制装置或工厂的中央辐射计算机来完成这一工作。如果使用监测仪的控制装置记录测量值，那么就应由工厂的中央辐射计算机给出报警的附加指示值。

通常，放射性排出流监测设备的主要目的是为了保证从每个设施排放的排出流符合批准的排放限值。

放射性排出流监测设备也可为用户提供进行过程控制相关的数据。虽然这只是其次要目的，但在某些情况下，可观察到可能给出工厂故障早期预警的探测活度明显低于允许排放限值的位置。

无论其是为了满足管理部门的要求或是主要为用户提供控制信息，对排出流监测设备的主要要求是具有测量限定排放水平（以体积活度和排出流总流量表示）的能力。

这一能力受各种因素影响，包括：探测器的类型和性能、监测仪的工作方式、在整个排出流中的活度稀释和取样系统的效率（实际测量排出流的部分，而不是全部）。

A.1.2.2 应急工况

在应急工况期间，放射性排出流监测设备的目的是为工作人员提供原始数据，用于计算排放活度对环境的预期影响。这些数据是预测对核设施附近的环境和居民预期采取必要防护措施的基础。

用于在应急工况期间和应急工况后监测排放活度的氚监测仪测量值是预测对环境预期影响所必需的。这种预测是基于测量的活度，也基于其他不同的数据，例如：气象数据、排放空气的温度。为了对预期影响进行实际预测，应使用专用解释程序处理应急监测仪的测量值。可在计算机化的氚监测仪中或与氚监测仪连接的应急计算机中执行这些程序。

A.1.3 收集有代表性的样品

为了测量实际的排放，应在排放管道中选取一个有代表性的点对被测排出流取样，取样点处于放射性入口点和滞留点的下游。

然而，当要求的灵敏度对于正常测量来说过低时且活度由一个或多个明确的源产生，在活度被非放射性排出流进一步稀释之前有利于就地测量排出流。在这种情况下，应同时监测或单独监测来源于所有放射性污染源的排出流。如果在排出流取样点的下游装有滞留装置，监测仪指示的活度将不是实际排放的活度，应在排放后计算滞留量，以确定实际排放。在排放前和排放期间，宜假设滞留装置是无效的。

本标准不包括获得有代表性样品的原则,有关内容见 ISO 2889。

A.2 环境监测

A.2.1 工作条件

A.2.1.1 正常运行工况

通常,在正常运行工况中使用的放射性环境监测设备的主要目的是为了保证从每个设施排放的放射性排出流的影响符合批准的排放限值。测量值是对核设施附近的环境和居民预期采取必要防护措施的基础。

在正常运行工况下用于环境监测的氚监测仪指示值是由天然本底引起的。排放的活度很低,一般不会产生明显的测量值。应连续记录测量值和所有报警信号。可通过监测仪的控制装置或工厂的中央辐射计算机来完成这一工作。如果使用监测仪的控制装置记录测量值,那么就应由工厂的中央辐射计算机给出报警的附加指示值。

A.2.1.2 应急工况

在事故期间和事故后,环境监测设备是最重要的设备。环境监测设备给出排放的氚对环境影响的信息并提供对受影响区域内的居民采取防护措施的基础。

用于在应急工况期间和应急工况之后监测环境中活度的氚监测仪测量值对指示实际影响是必不可少的。为了解释实际影响的,应使用与排放活度解释程序相似的专用解释程序处理测量值。应在用于计算排放活度影响的同一计算机中执行这些程序。确保监测仪处于工作状态向电厂计算机连续传输测量值和报警信号。

A.2.2 收集有代表性的样品

收集的样品应是有代表性的环境空气。对收集和整理样品的要求与排出流监测的要求相似。

A.3 工作场所监测

A.3.1 工作条件

A.3.1.1 正常运行工况

工作场所监测设备的目的是为了保证工作场所大气中的气载氚浓度符合批准的限值。

用于正常运行工况的工作场所监测设备的最重要的目的之一是防止工作人员受到较高剂量的照射。因此,监测仪的显示和报警指示应在工作场所中连续可见。

监测仪的其他目的是为了保证工作场所大气中的气载氚浓度符合批准的限值。

应连续记录测量值和所有报警信号。可通过监测仪的控制装置或工厂的中央辐射计算机来完成这一工作。如果使用监测仪的控制装置记录测量值,那么就应由工厂的中央辐射计算机给出报警的附加指示值。

A.3.1.2 应急工况

在应急工况期间或应急工况之后,也可使用为正常运行工况设计的大多数监测仪。设计准则与4.1规定的相同。如果还有其他条件(例如:特殊的化学条件或温度),应由制造厂与用户协商确定。

A.3.2 收集有代表性的样品

应在可控的工作场所中收集有代表性的空气作为样品。

附 录 B
（资料性附录）
含氚放射性参考源的制备

B.1 概述

本标准试验所需的含氚气体参考源有多种制备技术。

本附录介绍三种实际可行的技术，只要正确使用这些方法，就能完成各种试验。

B.2 使用含氚压缩气瓶

B.2.1 要求

经过校准的市售瓶装含氚压缩气瓶可直接用于7.4中规定的试验。

这些压缩气瓶能将已知活度的氚注入与受试设备连接的校准回路。图B.1给出了试验的配置图。

B.2.2 操作方法

——以高于大气压的压力 p 在阀门A和阀门B之间用压缩气瓶充满已知体积 V 的标准含氚气体；

——然后，将体积为 V 的气体注入校准回路，校准回路的已知总体积 $V_1>>V$，其中 V_1 还包括受试设备的体积；

——重复这些操作，直到在校准回路中获得在大气压下所要求的体积活度。

该技术不适用于带有捕集或选择性浓缩所用形态氚的吸收介质的装置。

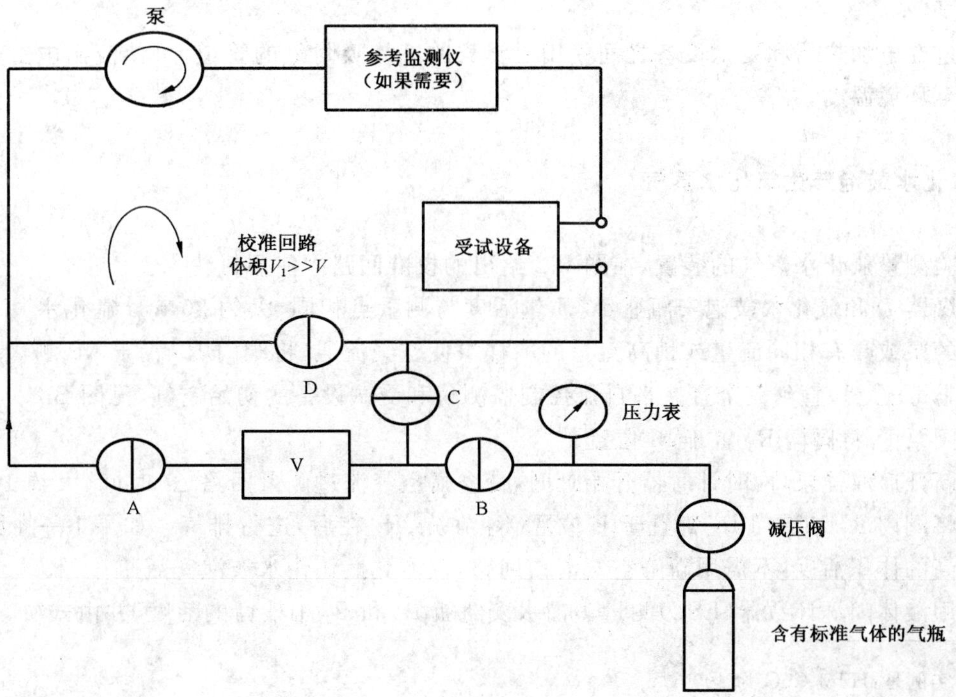

图 B.1 校准回路

B.3 使用含氚的安瓿瓶

B.3.1 要求

通过在已知体积的空气或气体中打碎标准氚安瓿瓶可获得已知体积活度的含氚空气或气体。

B.3.2 操作方法

——将安瓿瓶放入空气回路中；

——通过旋转或摇动气瓶打碎安瓿瓶。

可使用低活度安瓿瓶在不同体积的气瓶中直接获得所要求的体积活度。在这些情况下，将经减压后的每个气瓶中的含氚空气或气体以标称流量注入受试设备中。

为了减少氚的损耗和对环境的排放，校准回路应尽可能闭路循环。该方法不适用于带有捕集或选择性浓缩氚的吸收介质的装置。

B.4 通过氚气氧化产生氚化水蒸气

B.4.1 要求

为了试验测量氚化水蒸气的装置，可通过在电加热器中将氚气(HT)或氚化甲烷(C_3H_3T)氧化获得适用形态的氚。

B.4.2 操作方法

——使用市售的或B.2中给出的技术获得含氚空气或气体的气瓶；

——以标称流量让含氚空气或气体通过含有相应氧化剂的小型电加热器，使其加热至某一适当的温度[1)]；

——通过在电加热器和受试设备之间使用足够长的不易吸附氚的管道，可使流出电加热器的气体降至环境温度。

B.5 通过氚化水鼓泡产生氚化水蒸气

为了试验测量氚化水蒸气的装置，在图B.2给出的校准回路中使用氚化水。

通过干燥器D和氚化水鼓泡安瓿瓶A(质量活度与测量点相同，大约20 mL氚化水)引入空气，使用受试设备的泵或具有相同流量或稍高流量的取样泵使空气流通，将阀门R_1置于M(测量)位置、阀门R_2置于E(排气)位置，直到完全置换来自氚控制监测仪和受试设备的初始空气，见图B.2。

——关闭泵P，将阀门R_2置于M位置；

——重新开启取样泵，同时计时器开始计时，使含氚空气流过测量回路Δt时间(大约10 min)。然后将阀门R_1和阀门R_2都置于E位置(R_1在先、R_2在后)进行排气。如果下一个测量点处于较高的体积活度，不需用新鲜空气清洁回路，仅需更换氚化水鼓泡安瓿瓶；

——使用液体闪烁计数器(LSC)测量蒸馏水安瓿瓶B_1和B_2中残留的活度，并由式(B.1)计算通过

1) 典型实例是：HT+CuO为400 ℃；

HT+氧化物的混合物($CuO+MnO_2$)为200 ℃；

HT+O_2(在100 ℃的空气中)Pd(在氧化铝上)。

受试设备的体积活度约定真值：

$$A_V^t = \frac{A_{\mathrm{LSC}}}{\frac{\mathrm{d}V}{\mathrm{d}t} \times \Delta t} \qquad \cdots\cdots\cdots\cdots(\mathrm{B.1})$$

式中：

A_V^t ——体积活度的约定真值，单位为贝可勒尔每立方米（$\mathrm{Bq \cdot m^{-3}}$）；

Δt ——取样时间，单位为分钟（min）；

$\frac{\mathrm{d}V}{\mathrm{d}t}$ ——流量，单位为立方米每分钟（$\mathrm{m^3 \cdot min^{-1}}$）；

A_{LSC} ——两个鼓泡安瓿瓶（B_1 和 B_2）的总活度。

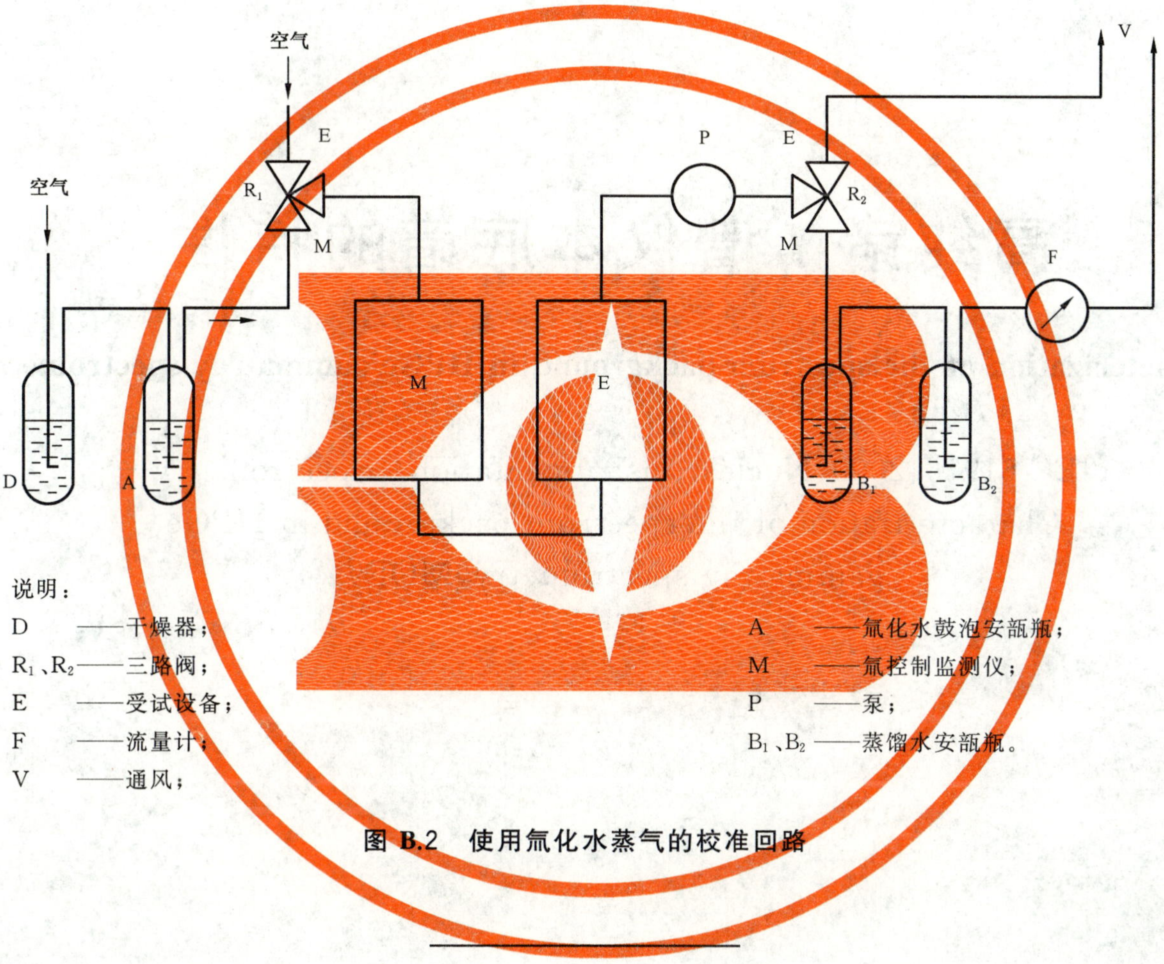

说明：

D ——干燥器；

R_1、R_2——三路阀；

E ——受试设备；

F ——流量计；

V ——通风；

A ——氚化水鼓泡安瓿瓶；

M ——氚控制监测仪；

P ——泵；

B_1、B_2——蒸馏水安瓿瓶。

图 B.2 使用氚化水蒸气的校准回路

ICS 27.120
F 81

中华人民共和国国家标准

GB/T 30151—2013

高纯锗γ谱仪本底谱的特性

Characterization of the spectrum background in HPGe gamma-ray spectrometry

(IEC 61976:2000,Nuclear instrumentation—Spectrometry—
Characterization of the spectrum background in HPGe
gamma-ray spectrometry,MOD)

2013-12-17 发布 2014-08-01 实施

中华人民共和国国家质量监督检验检疫总局
中国国家标准化管理委员会 发布

前　言

本标准按照GB/T 1.1—2009给出的规则起草。

本标准使用重新起草法修改采用IEC 61976:2000《核仪器　谱仪　高纯锗γ射线谱仪谱本底的特性》。

本标准对IEC 61976:2000的主要修改如下[这些修改涉及的条款已通过在其外侧页边空白位置的垂直单线(|)予以标示]：

——增加"引言"，纳入IEC标准第1章"范围和目的"中标准编制的目的等有关内容；

——按GB/T 1.1的要求改写第1章"范围"；

——第2章"规范性引用文件"，用GB/T 4960.6—2008《核科学技术术语　第6部分：核仪器仪表》代替(参照IEC 60050-393:2003和IEC 60050-394:2007编制)IEC 60050-393:1996《核仪器　物理现象和基本概念》和IEC 60050-394:1995《核仪器　仪器》；增加引用文件GB/T 4833.1《多道分析器　第1部分：主要技术要求与试验方法》和GB/T 7167《锗γ射线探测器测试方法》；

——第3章标题改为"术语和定义"；

——第4章"谱的描述"增加γ谱的一般测量方法，即"高纯锗γ谱仪对γ谱的一般测量宜采用GB/T 4833.1和GB/T 7167提供的方法"；

——5.1"本底连续谱"中"(还可在任何其他感兴趣的能量确定)"改为"(还可在任何其他感兴趣的能量点或能量区间确定)"，以扩大本底连续谱测量的能量可选范围；

——在5.2的"……包含的总道数，"后增加"并使测量的计算结果的误差相对较小，所以可能需要在"第一个和"中增加1道。"；

——在表A.1中增加表注："对^{226}Ra，在^{226}Ra与^{222}Rn平衡的条件下可以测量^{226}Ra的谱；对^{238}U，在^{238}U与^{226}Ra平衡条件下(较难实现)可通过测量^{226}Ra的谱以及分析和计算得到^{238}U的谱。"；

——增加附录B(资料性附录)"本底连续谱和本底峰测量的示意和实例"，即针对第5章"本底特性"的式(1)和式(2)给出示意图，以加深对公式的理解，还增加本底连续谱和本底峰的两个实测谱，以丰富本标准的内容；

——增加参考文献，列入GB/T 2900.81—2008《电工术语　核仪器　物理现象和基本概念》和GB/T 2900.82—2008《电工术语　核仪器　仪表、系统、设备和探测器》。

本标准由全国核仪器仪表标准化技术委员会(SAC/TC 30)归口。

本标准起草单位：核工业标准化研究所、中科院高能物理研究所、清华大学。

本标准主要起草人：熊正隆、赵京伟、刘以农、严陈昌、朱学敏、李玉兰。

引　言

本标准的目的是为描述和测量由高纯锗探测器构成的γ谱仪的本底谱提供统一的方法，其定义和方法特别适用于评价由高纯锗探测器构成的低本底γ谱仪。

本标准定义的本底连续谱和本底峰的测量方法是在大量实验结果的基础上确定的，该方法不仅提供给制造商和用户，还可在几种不同类型高纯锗探测器的类似测量之间提供对比。

高纯锗γ谱仪本底谱的特性

1 范围

本标准规定了用高纯锗探测器构成的γ谱仪中本底谱的特性。

本标准适用于由高纯锗探测器构成的γ谱仪采集的本底谱,特别是低本底探测器采集的本底谱。

本标准不涉及降低本底的方法。

2 规范性引用文件

下列文件对于本文件的应用是必不可少的。凡是注日期的引用文件,仅注日期的版本适用于本文件。凡是不注日期的引用文件,其最新版本(包括所有的修改单)适用于本文件。

GB/T 4833.1 多道分析器 第1部分:主要技术要求与试验方法(GB/T 4833.1—2007,IEC 61342:1995,MOD)

GB/T 4960.6 核科学技术术语 第6部分:核仪器仪表

GB/T 7167 锗γ射线探测器测试方法

3 术语和定义

GB/T 4960.6 界定的以及下列术语和定义适用于本文件。

3.1

(电离辐射的)谱 spectrum (of an ionizing radiation)

通常指某一特定辐射量的数值随能量的分布,例如粒子发射率与其能量的关系。

[GB/T 4960.6—2008,3.1.37]

3.2

半高宽 full width at half maximum;FWHM

在单峰构成的分布曲线上,峰值一半处曲线上两点的横坐标间的距离。

[GB/T 4960.6—2008,3.2.27]

3.3

样品 sample

关注并需要测量其中放射性核素及含量的一种材料。

3.4

外部本底 external background

在没有待测样品的给定配置中,高纯锗探测器所测得的谱。

3.5

样品诱发本底 sample-induced background

由样品发射的、而不包括放置在探测器附近的任何源(含样品)的全能峰的所有谱数据。

3.6

总本底 total background

外部本底与样品诱发本底之和。

3.7

本底峰　background peak

外部本底谱中任意源产生的所有全能峰。

3.8

本底连续谱　background continuum

外部本底谱中不属于全能峰的任何数据。

3.9

峰基线　peak baseline

在本底峰区域附近那些属于外部本底和样品诱发本底而不属于全能峰的计数。

4　谱的描述

本底谱的收集时间宜足够长，以保证在能量为 100 keV 范围内一倍标准偏差的统计不确定度大约为 5%。这意味着，在所测谱的 100 keV 能量区域内，每道的计数不应低于 400，以减小数据中统计不确定度对本底谱测量的影响。谱中道的数量宜足够多，即以每道能量表示的所收集感兴趣的能量范围足够小，使得由于"道-能量"变换的误差所引起的计算不确定度与理论值相比足够小。

在开始本底谱测量之前，应采取所有必要的预防措施，以避免可能在实验室的实验、检查、校准中用到的任何辐射源(包括天然的和人工的，如 X 射线、中子发生器和粒子加速器)对所测本底谱的影响。

能严重影响外部本底谱的因素是：

a)　测量的几何位置；

b)　屏蔽材料及其厚度和几何条件(包括探测器位置)；

c)　测量的日期和时间；

d)　测量时的天气状况；

e)　测量的持续时间；

f)　气载放射性活度；

g)　测量室的空气流通情况。

因此，测量地点和条件的详细描述[以上 a)～g)]宜包含在测量结果的报告中。

高纯锗 γ 谱仪对 γ 谱的一般测量宜采用 GB/T 4833.1 和 GB/T 7167 提供的方法。

常用核素的峰能量参见附录 A。

5　本底谱特性

5.1　本底连续谱

本底连续谱的平均值 $B(E)$以"计数每千电子伏千秒"表示。$B(E)$应是下述能量范围内的计数平均值，即以指定能量为中心、其宽度是探测器在该能量给定半高宽(能量分辨力)的 5 倍。在所有计算中，从能量到道数的变换应四舍五入(即在 0.0～0.499 99 之间的小数应计为 0.0，在 0.5～0.999 99 之间的小数应计为 1.0)。

$B(E)$由式(1)给出：

$$B(E)=\frac{1\,000}{T_{\mathrm{L}}}\cdot\frac{G}{5F(E)+1}\cdot\sum_{i=j-2.5F(E)}^{j+2.5F(E)}C_i \qquad (1)$$

式中：

$B(E)$——能量 E 处本底连续谱的平均值，单位为计数每千电子伏千秒$(\text{keV}\times 1\,000\ \text{s})^{-1}$；

T_{L}——活时间，单位为秒(s)；

G ——道数到能量的变换因子，单位为道每千电子伏(道/keV)；

$F(E)$——探测器在能量 E 处的分辨率，单位为以半高宽(FWHM)表示的道数；

C_i ——第 i 道的道计数；

j ——对应能量 E 的道数。

平均量 $B(E)$代表连续本底谱，对描述本底谱中无本底峰的区域最有用。它还描述本底峰区域的平均本底，但可掩盖单个峰的真实价值。对一个特定的高纯锗探测器，$B(E)$值宜在 3 个能量点(50 keV、140 keV 和 1 350 keV)确定(还可在任何其他感兴趣的能量点或能量区间确定)，并将其结果记录在本底谱测量的报告中。

本底连续谱测量的示意和实例参见附录 B。

5.2 本底峰

在外部本底谱中，所选定本底峰能量的净峰面积 $A_{NP}(E)$以“计数每千秒”表示。$A_{NP}(E)$以所选定能量处 3 倍半高宽区域的总计数减去同一区域的峰基线计数来计算。峰基线计数由低于本底峰能量区域的计数与高于本底峰能量区域的计数之和来确定。低于本底峰能量的区域从低于本底峰能量的 3 倍半高宽延伸到 1.5 倍半高宽。高于本底峰的区域从高于本底峰能量的 1.5 倍半高宽延伸到 3 倍半高宽。

$A_{NP}(E)$由式(2)给出：

$$A_{NP}(E)=\frac{1\ 000}{T_L}\left[\sum_{i=j-1.5F(E)}^{j+1.5F(E)}C_i-\sum_{i=j-1-3F(E)}^{j-1-1.5F(E)}C_i-\sum_{i=j+1+1.5F(E)}^{j+1+3F(E)}C_i\right] \quad \cdots\cdots(2)$$

式中：

$A_{NP}(E)$——对应能量 E 的本底峰单位时间的净面积，单位为计数每千秒(1/1 000 s)。

当 $A_{NP}(E)$为负数时宜报告为 0。

在使用式(2)时，应使得“第一个和”中包含的道数等于“第二个和”与“第三个和”中包含的总道数，并使测量的计算结果的误差相对较小，所以可能需要在“第一个和”中增加 1 道。如果观察到基线有一个明显的斜坡，则第二个和与第三个和中的道数应相等。有必要将以上三项归一为包含在每个求和项中的道数，以便正确计算道数。

本底峰测量的示意和实例参见附录 B。

附 录 A
（资料性附录）
常用的峰能量

以下峰能量来自天然和人工放射性核的发射，这些放射性核可存在于探测器材料中或自然环境中，而且是很多用户感兴趣的，见表 A.1。为特定应用，也可规定其他的同位素和能量。“宇[宙]生[成]的”意味着宇宙射线与所列出材料的相互作用而生成。

注：宇生的相互作用数据来自“活化分析低本底 γ 射线分析实验室”，R.M.Lindstrom，D.J.Lindstrom，L.A.Slaback 和 J.K.Langland，核仪器和方法（NIM）A299（1990）425～429。

表 A.1 常用 γ 射线的峰能量表

能量/keV	源	能量/keV	源	能量/keV	源
13	UX 射线	185.7，186.2	^{238}U，^{226}Ra[a]	846.8	宇宙^{56}Fe
25.6	^{231}Th(^{235}U)	197.1	宇宙^{71}Ge，^{19}F	911.1	^{228}Ac(^{232}Th)
31.8～37.3	^{137}Cs	215.5	宇宙^{77}Ge^{m}	962.1	宇宙^{63}Cu
46.5	^{210}Pb(^{238}U)	238.6	^{212}Pb(^{232}Th)	968.9	^{228}Ac(^{232}Th)
53.4	宇生的^{73}Ge^{m}	295.2	^{214}Pb(^{238}U)	1 001.0	^{234m}Pa(^{238}U)
59.5	^{241}Am	351.9	^{214}Pb(^{238}U)	1 063.6	宇生的^{207}Pb
63.3	^{234}Th(^{238}U)	511	宇生的，湮没	1 115.5	宇生的^{65}Cu
66.7	宇生的^{73}Ge^{m}	569.7	宇生的^{207}Pb	1 120.3	^{214}Bi(^{238}U)
72.8	Pb X 射线	583.1	^{208}Tl(^{232}Th)	1 173.2	^{60}Co
75.0	Pb X 射线	596.1	宇生的^{74}Ge(n,n')	1 238.1	^{214}Bi(^{238}U)
84.8	Pb X 射线	609.3	^{214}Bi(^{238}U)	1 327.0	宇生的^{63}Cu
87.3	Pb X 射线	661.6	^{137}Cs	1 332.5	^{60}Co
92.6	^{234}Th(^{238}U)	669.6	宇生的^{63}Cu	1 412.1	宇生的^{63}Cu
109.9	宇生的^{19}F	693.4	宇生的^{72}Ge(n,n')	1 460.8	^{40}K
122.1	宇生的^{57}Fe	727.2	^{212}Bi(^{232}Th)	1 481.8	宇生的^{65}Cu
139.7	宇生的^{75}Ge^{m}	766.6	^{234m}Pa(^{238}U)	1 764.5	^{214}Bi(^{238}U)
159.7	宇生的^{77}Ge^{m}	770.6	宇生的^{63}Cu	2 614.6	^{208}Tl(^{232}Th)
174.9	宇生的^{71}Ge	803.3	宇生的^{206}Pb(n,n')		

注：对^{226}Ra，在^{226}Ra 与^{222}Rn 平衡的条件下可以测量^{226}Ra 的谱；对^{238}U，在^{238}U 与^{226}Ra 平衡条件下（较难实现）可通过测量^{226}Ra 的谱以及分析和计算得到^{238}U 的谱。

附　录　B
（资料性附录）
本底连续谱和本底峰测量的示意和实例

B.1　本底连续谱的示意图

本底谱中连续谱的平均值 $B(E)$ 按式(B.1)计算，即：

$$B(E)=\frac{1\ 000}{T_{\mathrm{L}}}\cdot\frac{G}{5F(E)+1}\cdot\sum_{i=j-2.5F(E)}^{j+2.5F(E)}C_i \quad \cdots\cdots\cdots\cdots(\mathrm{B.1})$$

测量数据的示例如下：

——E 为 50 keV；

——$F(E)$ 为 7 道(取整数)；

——j 为 367 道(取整数)，对应能量 E 为 50 keV；

——i 为 350 道～385 道(取整数)；

——G 是 7.34 道/keV；

——T_{L} 设定为 8 640 000 s(100 d)。

注意：$E=Gj+d$，这里只给出斜率 G，没说明截距 d(本示例假设是 0)，当 $d\neq 0$ 时 $j\neq E/G$。

式(B.1)的示意见图 B.1，其中本底平均值：

$$B(E)=\frac{1\ 000}{8\ 640\ 000}\times\frac{7.34}{36}\times 25\ 386\approx 0.599\ 1\ [1/(\mathrm{keV}\cdot 1\ 000\ \mathrm{s})]$$

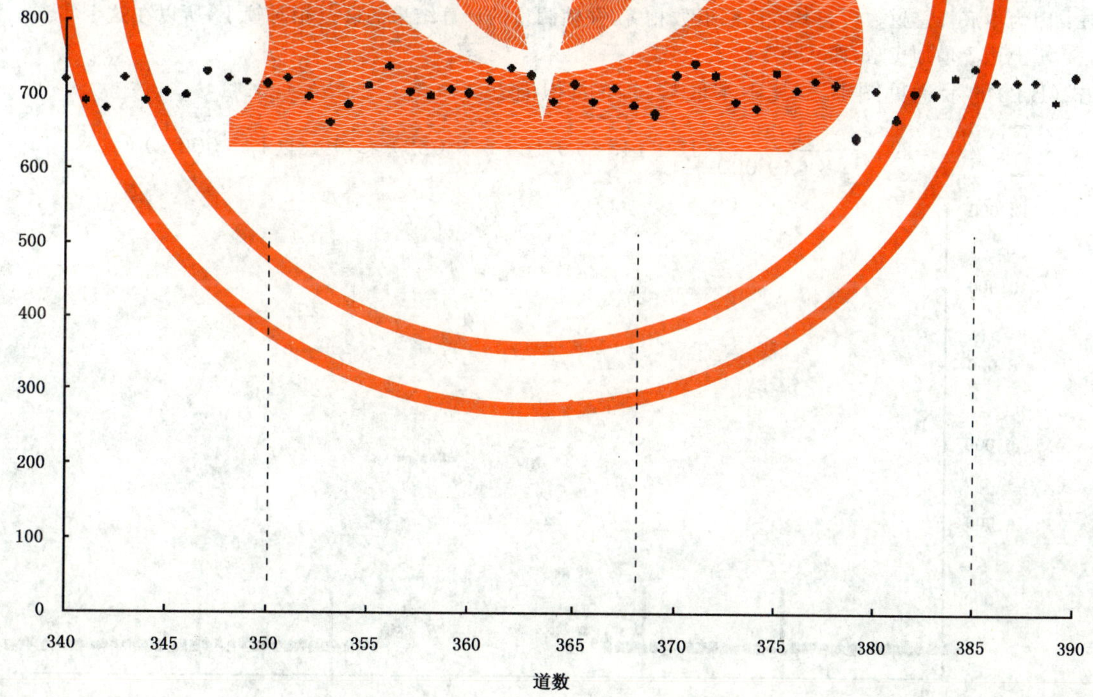

图 B.1　本底连续谱测量的示意图

i 为 340 道～390 道的计数 C_i，如表 B.1 所示。

表 B.1　340 道～390 道的计数

道数	0	1	2	3	4	5	6	7	8	9
340	720	688	677	723	688	699	697	731	722	716
350	715	721	695	661	683	711	739	702	698	705
360	700	719	736	728	689	713	690	707	684	671
370	728	744	727	690	681	731	705	719	715	642
380	705	666	702	699	726	739	719	720	720	692
390	727	—	—	—	—	—	—	—	—	—

B.2　本底峰的示意图

本底峰的净面积 $A_{\mathrm{NP}}(E)$ 按式(B.2)计算,即:

$$A_{\mathrm{NP}}(E)=\frac{1\ 000}{T_{\mathrm{L}}}\left[\sum_{i=j-1.5F(E)}^{j+1.5F(E)}C_i-\sum_{i=j-1-3F(E)}^{j-1-1.5F(E)}C_i-\sum_{i=j+1+1.5F(E)}^{j+1+3F(E)}C_i\right] \quad \cdots\cdots\cdots\cdots\cdots(\mathrm{B.2})$$

测量数据的示例如下:

——E 为 140 keV;

——$F(E)$为 7.69 道,取整数为 8 道;

——j 为 389 道(取整数),对应能量 E 为 140 keV;

——i 依次为 377 道～402 道(共 26 道),364 道～376 道(13 道),402 道～414 道(13 道);

——T_{L} 设定为 8 640 000 s(100 d)。

注:因为本底峰总道数应与其本底总道数相等,并使测量的计算结果的误差相对较小,所以在这个实测示例中本底峰上边界增加 1 道,即从 401 改成 402。

式(B.2)的示意见图 B.2,其中本底峰的净面积值:

$$A_{\mathrm{NP}}=\frac{1\ 000}{8\ 640\ 000}(100\ 148-9\ 164-9\ 082)\approx 9.48\ (1/1\ 000\ \mathrm{s})$$

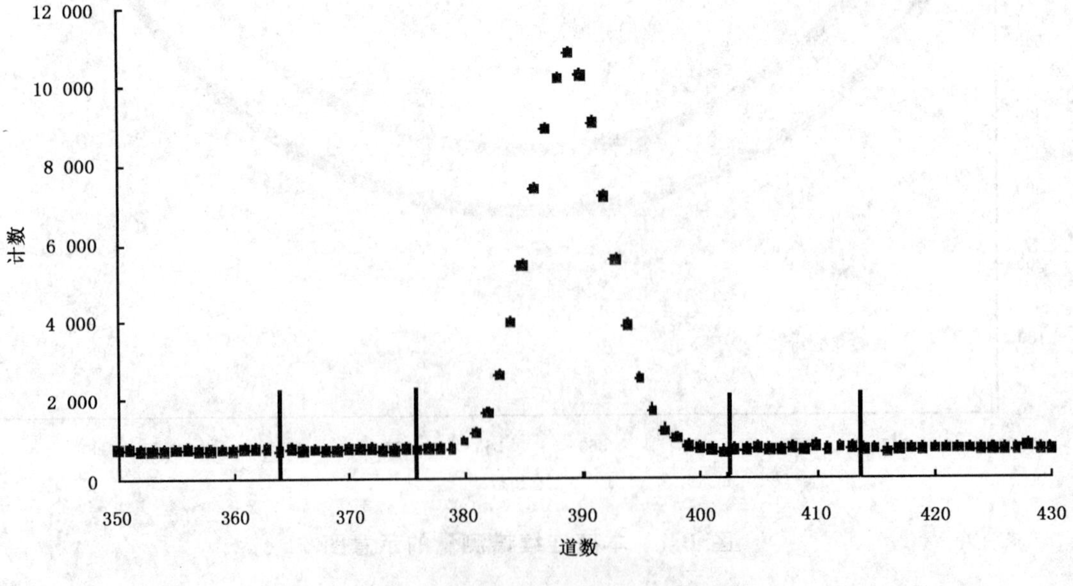

图 B.2　本底峰的净面积测量示意图

i 为 360 道～419 道的计数 C_i,如表 B.2 所示。

表 B.2　360 道～419 道的计数

道数	0	1	2	3	4	5	6	7	8	9
360	700	719	736	728	689	713	690	707	684	671
370	728	744	727	690	682	732	707	727	745	715
380	903	1 135	1 659	2 619	3 947	5 369	7 347	8 884	10 178	10 821
390	10 245	9 055	7 168	5 528	3 881	2 504	1 695	1 197	972	800
400	715	695	644	664	670	728	693	667	722	684
410	761	665	756	732	696	710	652	686	710	671

B.3　高纯锗低本底 γ 谱仪的实测能谱

B.3.1　基本能谱

某高纯锗低本底 γ 谱仪的实测能谱见图 B.3。

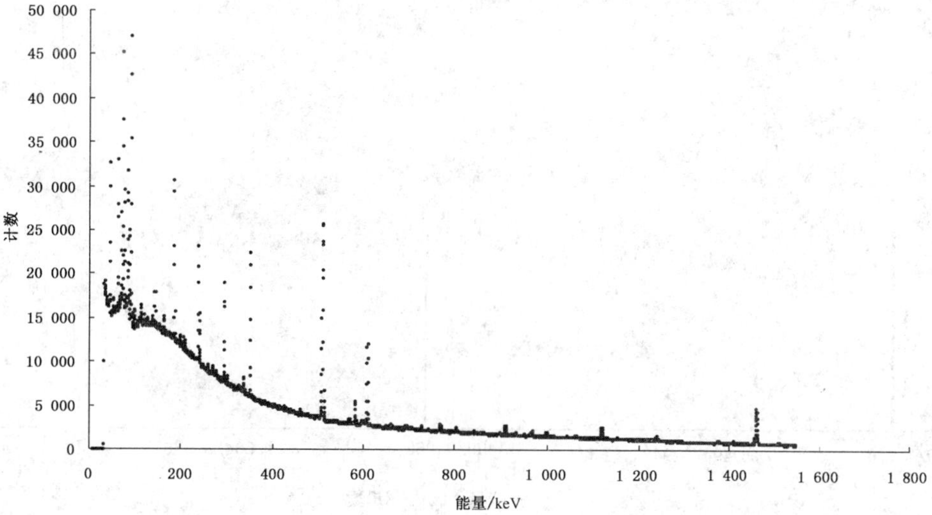

a）十进制坐标计数

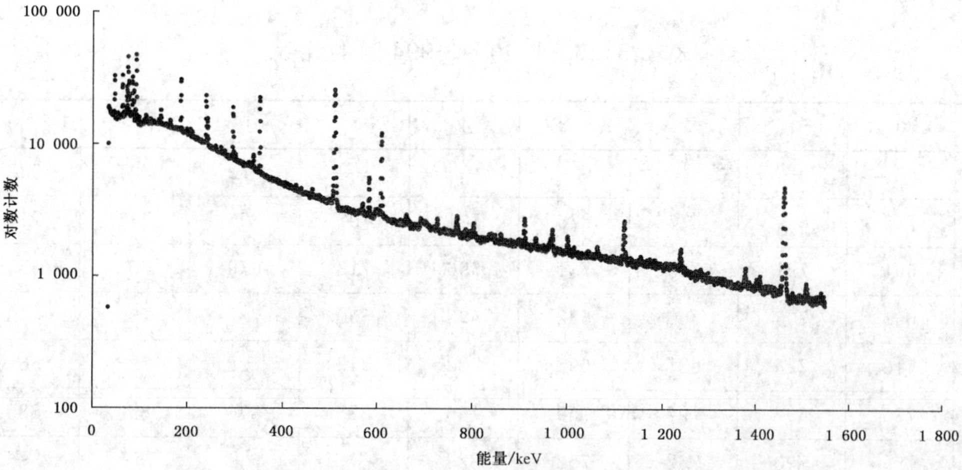

b）半对数坐标计数

图 B.3　某高纯锗低本底 γ 谱仪的实测能谱

B.3.2 本底连续谱

某高纯锗低本底γ谱仪的实测本底连续谱见图B.4,其中:

——E 为1 500 keV;

——$F(E)$为11道(取整数);

——j 为3 965(取整数),对应能量 E 为1 500 keV;

——i 为3 938道~3 993道(取整数);

——G 是2.643 2道/keV;

——T_L 设定为15 239 200 s(176 d)。

则连续谱本底平均值:

$$B(E)=\frac{1\ 000}{15\ 239\ 200}\times\frac{2.643\ 2}{56}\times 40\ 482\approx 0.125\ 4\ [1/(\text{keV}\cdot 1\ 000\ \text{s})]$$

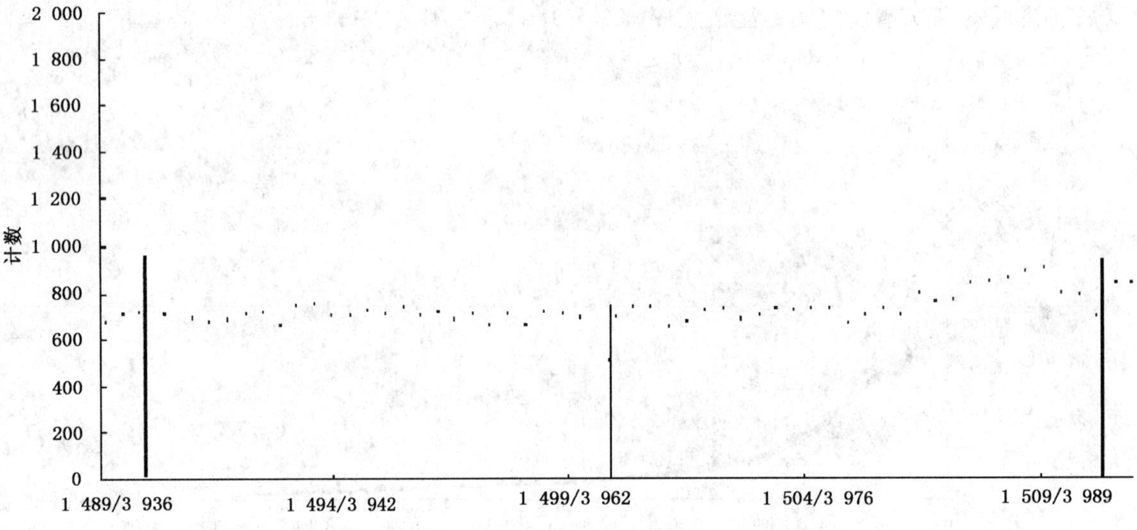

图 B.4 某高纯锗低本底γ谱仪的实测本底连续谱

i 为3 936道(1 489 keV)~3 994道(1 511 keV)的计数 C_i,如表B.3所示。

表 B.3 3 936道~3 994道的计数

道数	0	1	2	3	4	5	6	7	8	9
3 930	—	—	—	—	—	—	672	701	689	704
3 940	717	689	670	676	701	707	656	741	747	697
3 950	691	721	703	731	696	713	679	700	655	703
3 960	650	706	700	682	692	690	732	730	646	670
3 970	716	725	681	694	722	715	728	722	661	694
3 980	726	692	797	759	766	825	836	856	885	899
3 990	795	790	762	752	829	—	—	—	—	—

B.3.3 本底峰

某高纯锗低本底 γ 谱仪实测本底峰见图 B.5，其中：

——E 为 1 460 keV；

——$F(E)$为 11 道(取整数)；

——j 为 3 861(取整数)，对应能量 E 为 1 460 keV；

——i 依次为 3 845 道～3 878 道(34 道)，3 828 道～3 844 道(17 道)，3 878 道～3 894 道(17 道)；

——T_L 设定为 15 239 200s(176 d)。

注：因为本底峰总道数应与其本底总道数相等，并使测量的计算结果的误差相对较小，所以在这个实测示例中本底峰上边界增加 1 道，即从 3 877 道改成 3 878 道。

则本底谱中峰的净面积值：

$$A_{NP}=\frac{1\ 000}{15\ 239\ 200}(70\ 788-13\ 572-11\ 809)\approx 2.980\ [1/1\ 000\ s]$$

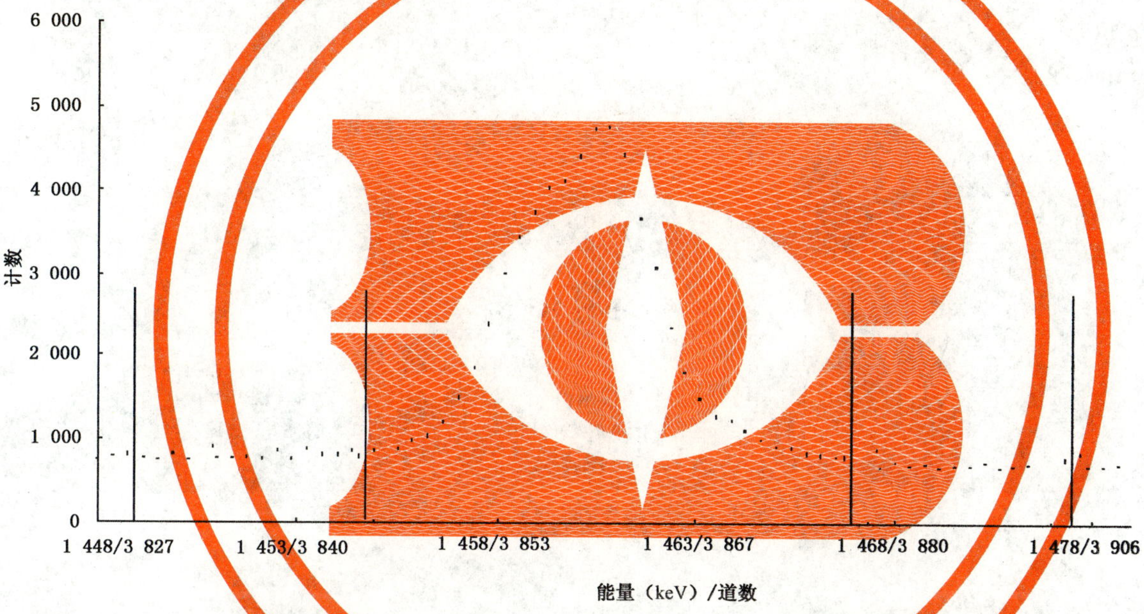

图 B.5 某高纯锗低本底 γ 谱仪的实测本底峰的净面积

i=3 827 道(1 448 keV)～3 895 道(1 474 keV)的计数 C_i，如表 B.4 所示。

表 B.4 3 827 道～3 895 道的计数

道数	0	1	2	3	4	5	6	7	8	9
3 820	—	—	—	—	—	—	—	767	807	770
3 830	781	751	815	769	818	782	787	785	755	858
3 840	760	875	799	805	855	796	867	873	973	1 017
3 850	1 211	1 490	1 845	2 369	2 995	3 438	3 736	4 015	4 097	4 402
3 860	4 725	4 757	4 408	3 669	3 064	2 352	1 810	1 498	1 275	1 229
3 870	1 101	995	915	891	832	795	792	803	753	671
3 880	725	686	710	680	686	689	725	678	681	705
3 890	713	642	683	686	696	715	—	—	—	—

参 考 文 献

[1] GB/T 2900.81—2008 电工术语 核仪器 物理现象和基本概念
[2] GB/T 2900.82—2008 电工术语 核仪器 仪表、系统、设备和探测器

ICS 27.160
F 12

中华人民共和国国家标准

GB/T 30152—2013

光伏发电系统接入配电网检测规程

Testing code for photovoltaic generation system connected to distribution network

2013-12-17 发布　　2014-08-01 实施

中华人民共和国国家质量监督检验检疫总局
中国国家标准化管理委员会　发布

前　言

本标准按照 GB/T 1.1—2009 给出的规则起草。

本标准由中国电力企业联合会提出并归口。

本标准起草单位：中国电力科学研究院、国网电力科学研究院。

本标准主要起草人：丁杰、吕宏水、张军军、秦筱迪、李臻、陈志磊、王伟、刘纯、夏烈、何国庆、迟永宁、黄晶生、王建秋。

光伏发电系统接入配电网检测规程

1 范围

本标准规定了光伏发电系统接入配电网的检测项目、检测条件、检测设备和检测步骤等。

本标准适用于通过380 V电压等级接入电网,以及10(6)kV电压等级接入用户侧的新建、改建和扩建光伏发电系统。

2 规范性引用文件

下列文件对于本文件的应用是必不可少的。凡是注日期的引用文件,仅注日期的版本适用于本文件。凡是不注日期的引用文件,其最新版本(包括所有的修改单)适用于本文件。

GB 1207 电磁式电压互感器

GB 1208 电流互感器

GB 2894 安全标志及其使用导则

GB/T 12325 电能质量 供电电压偏差

GB/T 12326 电能质量 电压波动和闪变

GB/T 14549 电能质量 公用电网谐波

GB/T 15543 电能质量 三相电压不平衡

GB/T 15945 电能质量 电力系统频率偏差

GB/T 17626.15 电磁兼容 试验和测量技术 闪烁仪 功能和设计规范

GB/T 17626.30 电磁兼容 试验和测量技术 电能质量测量方法

GB/T 21431 建筑物防雷装置测试技术规范

GB/T 29319 光伏发电系统接入配电网技术规定

DL/T 474.4 现场绝缘试验实施导则 第4部分:交流耐压试验

3 术语和定义

下列术语和定义适用于本文件。

3.1

光伏发电系统 photovoltaic(PV) generation system

利用光伏电池的光生伏特效应,将太阳辐射能直接转换成电能的发电系统。

3.2

电网模拟装置 grid simulator

模拟电网输出特性的可控交流电源。

3.3

谐波子群的有效值 r.m.s.value of a harmonic subgroup

$G_{sg,n}$

某一谐波的有效值以及与其紧邻的两个频谱分量的方和根。在测量研究过程中,为顾及电压波动的影响，通过对所求谐波以及与其紧邻的频谱分量的能量累加而得到离散傅立叶变换(DFT)输出分量的一个子群。其阶数由所考虑的谐波给出。

3.4

时间窗　time window

T_w

测量电流谐波、间谐波所取的时间宽度。

注：对于 50 Hz 电力系统，时间窗 T_w 取 10 个额定基波周期，即为 200 ms。两条连续的频谱线之间的频率间隔是时间窗的倒数，因此两条连续的频谱线之间的频率间隔是 5 Hz。

3.5

间谐波中心子群的有效值　r.m.s.value of a interharmonic central subgroup

$C_{isg,n}$

位于两个连续的谐波频率之间、且不包括与谐波频率直接相邻的频谱分量的全部间谐波分量的方和根。

注 1：间谐波分量的频率由频谱线的频率决定，该频率不是基波频率的整数倍。

注 2：谐波阶数 n 和 $n+1$ 之间的间谐波中心子群用 $C_{isg,n}$ 表示；例如，5 次和 6 次谐波之间的间谐波中心子群用 $C_{isg,5}$ 表示。

3.6

孤岛　islanding

包含负荷和电源的部分电网，从主网脱离后继续孤立运行的状态。孤岛可分为非计划性孤岛和计划性孤岛。

注：非计划性孤岛指非计划、不受控地发生孤岛。计划性孤岛指按预先配置的控制策略，有计划地发生孤岛。

4 总则

4.1 光伏发电系统并网性能应满足 GB/T 29319 的规定。

4.2 检测项目应至少包括无功功率、运行适应性、电能质量、低/高压保护、频率保护和防孤岛保护等。测试宜以整个发电系统作为被测对象。当光伏发电系统更换不同型号变压器或逆变器时，应重新进行检测，当光伏发电系统更换同型号变压器或逆变器数量达到一半以上时，也应重新进行检测。

5 测量设备

测量设备包括电压互感器、电流互感器和数据采集装置等。测量设备准确度应至少满足表 1 的要求，电压互感器应满足 GB 1207 的要求，电流互感器应满足 GB 1208 的要求，数据采集装置通道带宽应不小于 10 MHz。

表 1　测量设备准确度要求

设备仪器	准确度要求
电压互感器	0.5(0.2[a])级
电流互感器	0.5(0.2[a])级
数据采集装置	0.2 级

[a] 0.2 级为电能质量测量时的准确度要求。

6 无功功率

6.1 无功容量

检测应选择在晴天少云的气象条件下按照如下步骤进行：

a) 运行被测光伏发电系统，使其输出有功功率分别至光伏发电系统所配逆变器总额定功率的10%～40%、40%～60%和60%以上；

b) 调节光伏发电系统功率因数从滞后0.95开始，连续调节至超前0.95；

c) 测量并记录光伏发电系统实际输出的功率因数。

6.2 电压调节

按电网调度机构给定的电压调节方式、参考电压及电压调差率等参数设置光伏发电系统的参数，利用数据采集装置，记录光伏发电系统全天运行数据。选取电压波动较明显时段的运行数据进行分析，确定被测光伏发电系统发出的无功功率是否随并网点电压水平自动变化，且变化趋势正确。

7 运行适应性

7.1 检测装置

运行适应性检测应使用电网模拟装置，其技术指标应符合如下要求：

a) 电网模拟装置与光伏发电系统连接侧的电压谐波应小于GB/T 14549中谐波允许值的50%；

b) 电网模拟装置应具备电能双向流动的能力，对电网的安全性不应造成影响，向电网注入的电流谐波应小于GB/T 14549中谐波允许值的50%；

c) 正常运行时，电网模拟装置的输出电压偏差值应小于0.2%；

d) 正常运行时，电网模拟装置输出频率偏差值应小于0.01 Hz，可调节步长至少为0.05 Hz；

e) 电网模拟装置的响应时间应小于0.02 s；正常运行时，三相电压不平衡度应小于1%，相位偏差应小于1%；

f) 装置能向并网点输出三相不平衡电压、叠加电压谐波和电压间谐波。

注：电压谐波至少能叠加3、5、7、9次谐波。

7.2 检测示意图

检测开始前应按照图1连接检测电路。

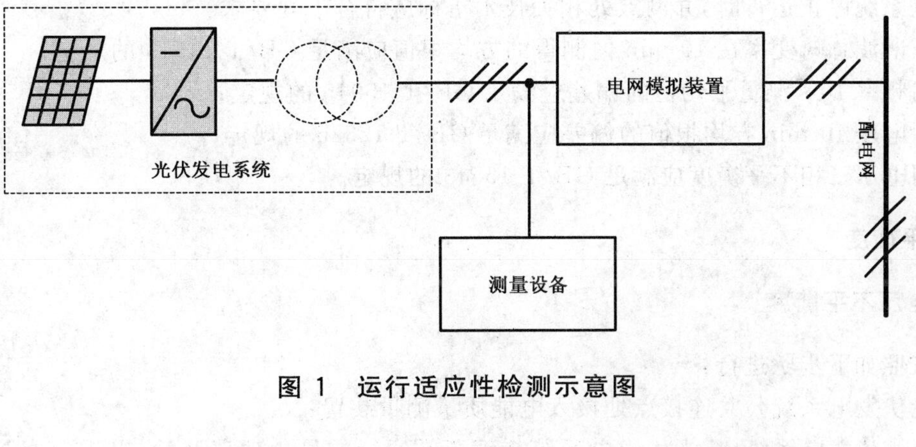

图1 运行适应性检测示意图

7.3 电压适应性

检测应按照如下步骤进行：

a) 在公共连接点标称频率条件下，调节电网模拟装置，使公共连接点电压至86%U_N，并保持时间为1 min，记录光伏发电系统运行时间或脱网跳闸时间；

b) 在公共连接点标称频率条件下，调节电网模拟装置，使公共连接点电压至109%U_N，并保持时间为1 min，记录光伏发电系统运行时间或脱网跳闸时间；

c) 在公共连接点标称频率条件下，调节电网模拟装置，使公共连接点电压至86%U_N～109%U_N之间任意值，并保持时间为1 min，记录光伏发电系统运行时间或脱网跳闸时间。

注：U_N 为公共连接点标称电压。

7.4 频率适应性

检测应按照如下步骤进行：

a) 在公共连接点标称电压条件下，调节电网模拟装置，使公共连接点频率至49.55 Hz，并保持时间为20 min，记录光伏发电系统运行时间或脱网跳闸时间；

b) 在公共连接点标称电压条件下，调节电网模拟装置，使公共连接点频率至50.15 Hz，并保持时间为20 min，记录光伏发电系统运行时间或脱网跳闸时间；

c) 在公共连接点标称电压条件下，调节电网模拟装置，使公共连接点频率至49.55 Hz～50.15 Hz之间任意值，并保持时间为20 min，记录光伏发电系统运行时间或脱网跳闸时间。

7.5 电能质量适应性

调节电网模拟装置，使公共连接点的谐波值、三相电压不平衡度、间谐波值分别至GB/T 29319要求的限值，记录光伏发电系统运行时间或脱网跳闸时间。宜同时记录并网点电流谐波。

8 电能质量

8.1 检测装置

电能质量测量装置应符合GB/T 17626.30的要求，测量装置的闪变算法应符合GB/T 17626.15的要求。

8.2 电网条件

光伏发电系统停止运行时，并网点处相关技术指标应符合下列要求：

a) 电压谐波总畸变率在10 min内测得的方均根值应满足GB/T 14549的规定；

b) 电网频率10 s测量平均值的偏差应满足GB/T 15945的规定；

c) 电网电压10 min方均根值的偏差应满足GB/T 12325的规定；

d) 电网电压三相不平衡度应满足GB/T 15543的规定。

8.3 三相不平衡度

8.3.1 三相电压不平衡度

检测应按照如下步骤进行：

a) 在光伏发电系统公共连接点处接入电能质量测量装置；

b) 运行光伏发电系统，从光伏发电系统持续正常运行的最小功率开始，以10%的光伏发电站所配逆变器总额定功率为一个区间，每个区间内连续测量 10 min，从区间开始按每 3 s 时段计算方均根值，共计算 200 个 3 s 时段方均根值；

c） 应分别记录其负序电压不平衡度测量值的 95%概率大值以及所有测量值中的最大值；

d） 重复测量 1 次。

注：最后一个区间的终点取测量日光伏发电系统持续正常运行的最大功率。

8.3.2 三相电流不平衡度

宜同时测量三相电流不平衡度。

8.4 闪变

在光伏发电系统公共连接点处接入电能质量测量装置，测量电压和电流的截止频率应不小于 400 Hz。从光伏发电系统持续正常运行的最小功率开始，以 10%的光伏发电系统所配逆变器总额定功率为一个区间，每个区间内分别测量 2 次 10 min 短时闪变值 P_{st}。光伏发电系统的长时闪变值应通过短时闪变值 P_{st} 计算。检测方法应满足 GB/T 12326 的要求。

注：最后一个区间的终点取测量日光伏发电系统持续正常运行的最大功率。

8.5 谐波、间谐波

8.5.1 电流谐波

检测应按照如下步骤进行：

a） 在光伏发电系统公共连接点处接入电能质量测量装置；

b） 从光伏发电系统持续正常运行的最小功率开始，以 10%的光伏发电系统所配逆变器总额定功率为一个区间，每个区间内连续测量 10 min；

c） 按公式(1)取时间窗 T_w 测量电流谐波子群的有效值，取 3 s 内的 15 个电流谐波子群有效值计算方均根值；

d） 计算 10 min 内所包含的各 3 s 电流谐波子群的方均根值；

e） 电流谐波子群应记录到第 50 次，利用公式(2)计算电流谐波子群总畸变率并记录。

注 1：h 次电流谐波子群的有效值：

$$I_h = \sqrt{\sum_{i=-1}^{1} C_{10h+i}^2} \qquad \cdots\cdots(1)$$

式中：

C_{10h+i}——DFT 输出对应的第 $10h+i$ 根频谱分量的有效值。

注 2：电流谐波子群总畸变率：

$$\mathrm{THDS}_i = \sqrt{\sum_{h=2}^{50}\left(\frac{I_h}{I_1}\right)^2} \times 100\% \qquad \cdots\cdots(2)$$

式中：

I_h ——在 10 min 内 h 次电流谐波子群的方均根值；

I_1 ——在 10 min 内电流基波子群的方均根值。

注 3：最后一个区间的终点取测量日光伏发电系统持续正常运行的最大功率。

注 4：持续在短暂周期内的谐波可以认为是对公用电网无害的。因此，这里不要求测量因光伏发电系统启停操作而引起的短暂谐波。

8.5.2 电流间谐波

检测应按照如下步骤进行：

a） 在光伏发电系统公共连接点处接入电能质量测量装置；

b) 从光伏发电系统持续正常运行的最小功率开始，以10%的光伏发电系统所配逆变器总额定功率为一个区间，每个区间内连续测量10 min；
c) 按公式(3)取时间窗 T_w 测量电流间谐波中心子群的有效值，取3 s内的15个电流间谐波中心子群有效值计算方均根值；
d) 计算10 min内所包含的各3 s电流间谐波中心子群的方均根值；
e) 电流间谐波测量最高频率应达到2 kHz。

注1：h 次电流间谐波中心子群的有效值：

$$I_h = \sqrt{\sum_{i=2}^{8} C_{10h+i}^2} \quad \cdots\cdots\cdots\cdots(3)$$

式中：

C_{10h+i}——DFT输出对应的第 $10h+i$ 根频谱分量的有效值。

注2：最后一个区间的终点取测量日光伏发电系统持续正常运行的最大功率。

8.6 直流分量

检测应按照如下步骤进行：
a) 在光伏发电系统公共连接点处接入电能质量测量装置；
b) 电能质量检测装置分别在光伏发电系统所配逆变器总额定功率的10%～40%、40%～60%和60%以上时，测量注入电网的直流分量大小。

9 低/高压保护、频率保护和恢复并网

9.1 检测装置

低/高压保护和频率保护及恢复并网检测通过电网模拟装置实现，其技术要求应符合7.1的规定。检测开始前应按照图1连接检测电路。

9.2 低/高压保护

检测应按照如下步骤进行：
a) 在公共连接点标称频率条件下，调节电网模拟装置使公共连接点电压从额定值阶跃至49%U_N并保持至少0.4s，测量光伏发电系统跳闸时间；
b) 在公共连接点标称频率条件下，调节电网模拟装置使公共连接点电压分别从额定值阶跃至51%U_N、84%U_N和51%U_N～84%U_N之间的任意值并保持至少4 s，测量光伏发电系统跳闸时间；
c) 在公共连接点标称频率条件下，调节电网模拟装置使公共连接点电压分别从额定值阶跃至111%U_N、134%U_N和111%U_N～134%U_N之间的任意值并保持至少4 s，测量光伏发电系统跳闸时间；
d) 在公共连接点标称频率条件下，调节电网模拟装置使公共连接点电压从额定值阶跃至136%U_N并保持至少0.4 s，测量光伏发电系统跳闸时间。

注：U_N 为公共连接点标称电压。

9.3 频率保护

检测应按照如下步骤进行：
a) 在公共连接点标称电压条件下，调节电网模拟装置使公共连接点频率从额定值阶跃至47.45 Hz并保持至少0.4 s，测量光伏发电系统跳闸时间；

b) 在公共连接点标称电压条件下，调节电网模拟装置使公共连接点频率从额定值阶跃至 50.25 Hz 并保持至少 0.4 s，测量光伏发电系统跳闸时间；

c) 在公共连接点标称电压条件下，调节电网模拟装置使公共连接点频率从额定值分别阶跃至 47.55 Hz、49.45 Hz 和 47.55 Hz～49.45 Hz 之间的任意值保持 10 min 后恢复到额定值，测量光伏发电系统运行时间或跳闸时间。

9.4 恢复并网

在进行低/高压保护及频率保护测试后，调节电网模拟装置使并网点电压、频率恢复至光伏发电系统可以正常运行的条件，测试光伏发电系统能否经过一个可调设定的时间后重新恢复并网。

10 防孤岛保护

10.1 交流负载

防孤岛保护检测应使用能够精确模拟三相独立交流用电设备谐振发生的 RLC 负载，且满足三相负载不平衡时的检测要求。

10.2 检测示意图

应按照图 2 连接检测电路。

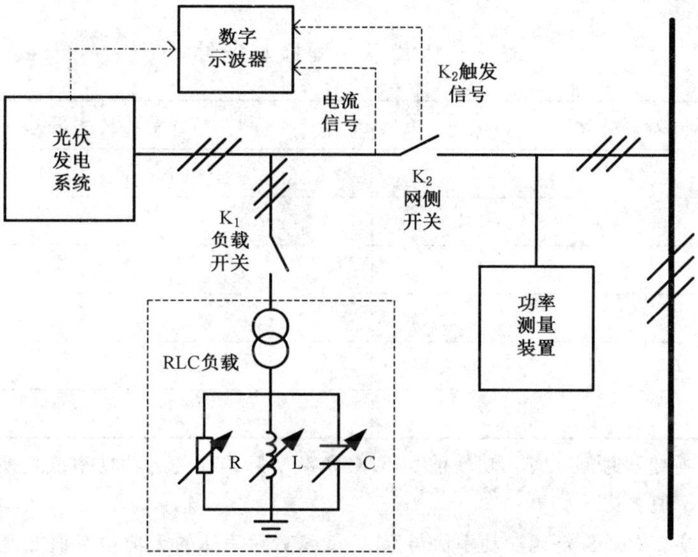

图 2 防孤岛保护检测示意图

10.3 检测方法

10.3.1 抽检原则

抽检应按照如下原则进行：

a) 对于只配备单台逆变器且该逆变器已通过防孤岛测试的光伏发电系统可不测试；

b) 对于具备多个并网点的光伏发电系统，应按照所配逆变器型号进行分类，每类子系统随机抽取一个并网点开展测试。

10.3.2 检测步骤

检测应按照如下步骤进行：

a) 防孤岛能力检测点应选择在光伏发电系统并网点处。

b) 通过功率检测装置测量被测光伏发电系统的有功功率和无功功率输出。

c) 依次投入电感 L、电容 C、电阻 R，使得：

   1) LC 消耗的无功功率等于被测光伏发电系统发出的无功功率；

   2) RLC 消耗的有功功率等于被测光伏发电系统发出的有功功率；

   3) RLC 谐振电路的品质因数为 1±0.2；

   4) 流过 K_2 的基波电流小于被测光伏发电系统输出电流的 5%。

d) 断开 K_2，通过数字示波器记录被测光伏发电系统运行情况。

e) 读取数字示波器和功率检测装置数据进行分析，若被测光伏发电系统在 2 s 内停止向交流负载供电，则不再继续检测。否则应进行下步检测。

f) 调节电感 L、电容 C，使 L、C 的无功功率按表 2 的规定每次变化±2%；表 2 中的参数表示的是图 2 中流经开关 K_2 的无功功率流的方向，正号表示功率流从被测光伏发电系统到电网。

g) 每次调节后，断开 K_2，通过数字示波器记录被测光伏发电系统运行情况；若记录的时间呈持续上升趋势，则应继续以 2% 的增量扩大调节范围，直至记录的时间呈下降趋势。

h) 读取数字示波器数据进行分析，输出报表和测量曲线，并判别是否满足 GB/T 29319 的要求，检测记录见附录 A。

表 2 负载不匹配检测条件 %

有功功率偏差百分比[a]	无功功率偏差百分比[b]
0	−1
0	−3
0	−5
0	+1
0	+3
0	+5

[a] 被测光伏发电系统逆变器总额定有功功率值与 RLC 负载实际消耗的有功功率值之差与被测光伏发电系统逆变器总额定有功功率值之比。

[b] 被测光伏发电系统逆变器总额定无功功率值与 RLC 负载实际消耗的无功功率值之差与被测光伏发电系统逆变器总额定无功功率值之比。

11 通用技术条件

11.1 防雷和接地

使用防雷和接地测试装置测量光伏发电系统和并网点设备的防雷接地电阻。光伏发电系统和并网点设备的防雷和接地测试应符合 GB/T 21431 的要求。

11.2 电磁兼容

光伏发电系统设备的电磁兼容测试应满足相关标准的要求。

11.3 耐压

使用耐压测试装置测量光伏发电系统设备的耐压。并网点设备的耐压测试应符合 DL/T 474.4 的要求。

11.4 安全标识检查

按照 GB 2894 的要求,对光伏发电系统的安全标识进行检查。

12 检测文件

12.1 检测文件内容

12.1.1 检测结果应记录并包括以下内容:

a) 被测光伏发电系统的规格参数;

b) 检测设备的规格参数;

c) 现场检测环境参数;

d) 被测光伏发电系统的检测结果;

e) 其他相关内容。

12.1.2 在现场将各项检测结果如实记入原始记录表,原始记录表应有检测人员、校核人员和技术负责人员签名。

12.2 检测报告

检测记录格式见附录 A。

附 录 A
（规范性附录）
检 测 记 录

A.1 光伏发电系统基本信息（见表 A.1）

表 A.1 光伏电站基本情况表

<table>
<tr><td>检测机构</td><td colspan="2"></td></tr>
<tr><td>电站名称</td><td colspan="2"></td></tr>
<tr><td>电站业主</td><td colspan="2"></td></tr>
<tr><td rowspan="4">电站地理位置信息</td><td colspan="2">建设地址：</td></tr>
<tr><td colspan="2">经度：</td></tr>
<tr><td colspan="2">纬度：</td></tr>
<tr><td colspan="2">海拔：</td></tr>
<tr><td rowspan="9">电站基本信息</td><td colspan="2">占地面积：</td></tr>
<tr><td colspan="2">装机容量：</td></tr>
<tr><td colspan="2">额定功率：</td></tr>
<tr><td colspan="2">组件类型：</td></tr>
<tr><td colspan="2">组件型号：</td></tr>
<tr><td colspan="2">逆变器型号：</td></tr>
<tr><td colspan="2">无功配置：</td></tr>
<tr><td colspan="2">接入电压等级：</td></tr>
<tr><td colspan="2">变压器型号：</td></tr>
<tr><td rowspan="3">气候条件</td><td>年均日照小时数</td><td></td></tr>
<tr><td>夏季平均气温</td><td></td></tr>
<tr><td>冬季平均气温</td><td></td></tr>
</table>

A.2 无功功率和电压调节能力

无功功率检测时，记录光伏发电系统的无功功率因数实测值，同时记录光伏发电系统的无功配置信息。

A.3 电压适应性检测（见表 A.2）

表 A.2 电压适应性检测表

并网点设定电压 V	并网点实际测量电压 V	设定时间 s	系统运行时间 s
86%U_N			
109%U_N			

A.4 频率适应性(见表A.3)

表A.3 频率适应性检测表

并网点设定频率 Hz	并网点实际测量频率 Hz	设定时间 s	系统运行时间 s
49.55			
50.15			

A.5 低/高压保护(见表A.4)

表A.4 低/高压保护检测表

并网点设定电压 V	并网点实际测量电压 V	设定时间 s	系统跳闸时间 s
$49\%U_N$			
$51\%U_N$			
$51\%U_N<$____$<84\%U_N$			
$84\%U_N$			
$111\%U_N$			
$111\%U_N<$____$<134\%U_N$			
$134\%U_N$			
$136\%U_N$			

A.6 频率保护(见表A.5)

表A.5 频率保护检测表

并网点设定频率 Hz	并网点实际测量频率 Hz	设定时间 s	系统运行时间 s
47.45			
50.25			
47.55			
47.55<____<49.45			
49.45			

A.7 防孤岛保护(见表 A.6)

表 A.6 防孤岛保护检测表

序号	被测光伏发电系统逆变器总额定有功功率 W	被测光伏发电系统实际输出有功功率百分比 %	负载不配匹有功偏差百分比 %	负载不配匹无功偏差百分比 %	被测光伏电站无功功率 Var	品质因数	运行时间 s
1			0	0			
2			0	−5			
3			0	−3			
4			0	−1			
5			0	+1			
6			0	+3			
7			0	+5			

A.8 电能质量

A.8.1 三相电压不平衡度(见表 A.7)

表 A.7 三相电压不平衡度检测表

运行功率 kW	实测最大值	95%概率大值

A.8.2 闪变(见表 A.8)

表 A.8 闪变检测表

<table>
<tr><td colspan="11">无功功率 Q=____</td></tr>
<tr><td>电压等级</td><td colspan="10"></td></tr>
<tr><td colspan="11">__相闪变值 P_{st}</td></tr>
<tr><td rowspan="2">测量次数</td><td colspan="10">功率区间
kW</td></tr>
<tr><td>__~__</td><td>__~__</td><td>__~__</td><td>__~__</td><td>__~__</td><td>__~__</td><td>__~__</td><td>__~__</td><td>__~__</td><td>__~__</td></tr>
<tr><td>1</td><td></td><td></td><td></td><td></td><td></td><td></td><td></td><td></td><td></td><td></td></tr>
<tr><td>2</td><td></td><td></td><td></td><td></td><td></td><td></td><td></td><td></td><td></td><td></td></tr>
</table>

A.8.3 谐波、间谐波(见表 A.9、表 A.10)

表 A.9 电流谐波子群检测表

无功功率 Q=____										
电压等级										
__相电流谐波子群有效值 A										
谐波次数	功率区间 kW									
	__~__	__~__	__~__	__~__	__~__	__~__	__~__	__~__	__~__	__~__
1st										
2nd										
……										
50th										
$THDS_i$										

表 A.10 电流间谐波中心子群

无功功率 Q=____										
电压等级										
__相电流间谐波中心子群有效值 A										
间谐波次数	功率区间 kW									
	__~__	__~__	__~__	__~__	__~__	__~__	__~__	__~__	__~__	__~__
1st										
2nd										
……										
39th										

ICS 27.160
F 12

中华人民共和国国家标准

GB/T 30153—2013

光伏发电站太阳能资源实时监测技术要求

Technical requirement for solar energy resource real-time monitoring of photovoltaic power station

2013-12-17 发布 2014-08-01 实施

中华人民共和国国家质量监督检验检疫总局
中国国家标准化管理委员会 发布

前　言

本标准按照 GB/T 1.1—2009 给出的规则起草。

本标准由中国电力企业联合会提出并归口。

本标准起草单位：中国电力科学研究院、国网电力科学研究院。

本标准主要起草人：王晓蓉、刘纯、王伟胜、冯双磊、王勃、卢静、杨红英、张菲、车建峰、姜文玲、赵燕青。

光伏发电站太阳能资源实时监测技术要求

1 范围

本标准规定了光伏发电站太阳能资源实时监测的站址选择、测量要素、测量设备性能、安装与维护、测量数据传输和测量数据整理的技术要求。

本标准适用于并网型光伏发电站。

2 术语和定义

下列术语和定义适用于本文件。

2.1

光伏发电站 photovoltaic (PV) power station

利用光伏电池的光生伏特效应,将太阳辐射能直接转换成电能的发电系统,一般包含变压器、逆变器和光伏方阵,以及相关辅助设施等。

2.2

总辐射 global radiation

水平表面在 2π 立体角内所接收到的太阳直接辐射和散射辐射之和。

2.3

直接辐射 direct solar radiation

从日面及其周围一小立体角内发出的辐射。

注:一般来说,直接日射是由视场角约为 5°的仪器测定的。因此,它包括日面周围的部分散射辐射,即环日辐射。

2.4

法向直接辐射 direct normal radiation

与太阳光线垂直的平面上接收到的直接辐射。

2.5

散射辐射 diffuse radiation

太阳辐射经过大气散射或云的反射,从天空 2π 立体角以短波形式向下到达地面的辐射。

2.6

辐照度 irradiance

物体在单位时间、单位面积上接收到的辐射能。

2.7

总辐照度 global solar irradiance

水平面上由总日射形成的半球向辐照度。

2.8

直接辐射辐照度 direct irradiance

直接辐射在任意给定平面上形成的辐照度。

2.9

法向直接辐射辐照度 direct normal irradiance

直接辐射在与射束垂直的平面上的辐照度,又称法向直射辐照度。

2.10

散射辐射辐照度　diffuse irradiance;scattering irradiance

在给定平面上由散射辐射形成的半球向辐照度。

2.11

总辐照度　global solar irradiance

水平面上由总日射形成的半球向辐照度。

2.12

日照时数　sunshine duration

太阳直接辐射辐照度大于或等于 120 W/m^2 时段的总和,又称实照时数。

2.13

可照时数　duration of possible sunshine

在无任何遮蔽条件下,太阳中心从某地东方地平线到进入西方地平线,其光线照射到地面所经历的时间。

3　测量站址要求

气象监测设备所处位置宜设在光伏电站范围内,易于观测人员到达,且能较好地反映本地气象要素特点。

4　测量要素要求

实时监测的参数应包括总辐照度(水平及倾角)、日照时数、平均风速、平均风向、环境温度、相对湿度,宜包括法向直射辐照度、散射辐照度和气压。

5　测量数据要求

5.1　总辐照度数据的测量要求:

a)　光谱范围:280 nm～3 000 nm;

b)　测量精度:5%。

5.2　风速数据的测量精度:±0.5 m/s(3 m/s～30 m/s)。

5.3　风向数据的测量精度:±5°。

5.4　温度数据的测量精度:±0.5 ℃。

5.5　相对湿度数据的测量精度:±8%。

5.6　气压数据的测量精度:±0.3 hPa。

5.7　直射辐照度数据的测量要求:

a)　光谱范围:280 nm～3 000 nm;

b)　测量精度: 5%。

5.8　散射辐照度数据的测量要求:

a)　光谱范围:280 nm～3 000 nm;

b)　测量精度: 5%。

6　测量数据传输要求

6.1　测量数据的传输应采用有线或无线传输方式,传输数据畅通率应不低于 95%。

6.2 测量数据传输间隔应不大于 5 min,时间延迟应小于 1 min。

7 测量数据整理要求

7.1 下载的测量数据应作为原始资料正本保存并备份。

7.2 不得对正本数据进行任何的改动,用备份件进行数据整理。

7.3 应对数据进行检验,判断设备运行情况。

7.4 应对数据的完整性及合理性进行判断,剔除由于仪器故障、传输错误等原因造成的不真实数据。

ICS 11.100
C 44

中华人民共和国国家标准化指导性技术文件

GB/Z 30154—2013

医学实验室 GB/T 22576—2008 实验室实施指南

Medical laboratories—Guidance on laboratory implementation of GB/T 22576—2008

(ISO/TR 22869:2005, Medical laboratories—Guidance on laboratory implementation of ISO 15189:2003, MOD)

2013-12-17 发布 2014-08-01 实施

中华人民共和国国家质量监督检验检疫总局
中国国家标准化管理委员会 发布

前　言

本指导性技术文件按照 GB/T 1.1—2009 给出的规则起草。

本指导性技术文件使用重新起草法修改采用 ISO/TR 22869:2005《医学实验室　ISO 15189:2003 实施指南》。

本指导性技术文件与 ISO/TR 22869:2005 在结构上是保持一致的。

本指导性技术文件与 ISO/TR 22869:2005 相比，将文中引用的 ISO 15189:2003 修改为 ISO 15189:2007,ISO/TR 22869:2005 中引用 ISO 15189 的条款在 2003 和 2007 两个版本是相同的。

请注意本文件的某些内容可能涉及专利。本文件的发布机构不承担识别这些专利的责任。

本指导性技术文件由国家食品药品监督管理局提出。

本指导性技术文件由全国医用临床检验实验和体外诊断系统标准化技术委员会(SAC/TC 136)归口。

本指导性技术文件起草单位：北京市医疗器械检验所、中国合格评定国家认可委员会。

本指导性技术文件主要起草人：杜海鸥、胡冬梅、张新梅、廖晓曼。

引　言

本指导性技术文件提供了实验室如何满足质量和能力要求的指南。特别针对 GB/T 22576—2008 规定的医学实验室(在法语中,这些实验室被称为"生物医学分析实验室",而其他语言可能使用与英语"临床实验室"等同的称谓)。本指导性技术文件说明了在医学实验室中逐步建立和维持质量管理体系的基本原则。本指导性技术文件适用于新建实验室和现有实验室,包括 GB/T 22576—2008 的管理和技术要求。

众所周知,每个国家都可能有专门法规或要求,适用于该领域专业人员及其行为和责任。在认可需要符合一套专用要求的国家,寻求认可的实验室需要从认可机构获得符合性相关的其他指南。本指导性技术文件也认识到每个实验室实施这些要求的起点不同。

因此,每个实验室需自行定位,以建立符合医学实验室各种要求的质量管理体系。在建立符合 GB/T 22576—2008 的质量体系时,实验室管理层首先需要做的是,以患者和客户的需求、实验室的资源以及区域和国家规定为基础,确定合适的优先事项。

医学实验室的服务是对患者医疗保健的基础,因而应满足所有患者及负责患者医疗保健的临床人员的需求。这些服务包括受理申请、患者准备、患者识别、样品采集、运送、保存,临床样品的处理和检验及结果的确认、解释、报告以及提出建议。此外,还应考虑医学实验室工作的安全性和伦理学问题。在国家法规许可的前提下,期望医学实验室的服务除进行诊断和患者管理之外,还包括会诊病例中患者的检验和积极参与疾病预防。所有医学实验室应当为其专业人员提供教育和科研机会。

本指导性技术文件适用于医学实验室服务领域内现有的所有学科;在其他服务领域和学科内的同类工作也可适用。此外,对医学实验室能力进行承认的认可机构可将本指导性技术文件作为其工作的基础。国际、国家和当地的指南性文件也有助于实验室符合地方的和 GB/T 22576—2008 中的要求。

本指导性技术文件为医学实验室的质量管理体系如何符合 GB/T 22576—2008 的要求,以及在建立质量管理体系的各种 ISO 文件与 GB/T 22576—2008 之间的关系方面提供了指南。附录 A 中详述了 GB/T 22576—2008 中的要素是如何协助定义质量管理体系的。最后在参考文献中列出了相关的资料,包括国际和国家标准和认可机构。

医学实验室
GB/T 22576—2008 实验室实施指南

1 范围

本指导性技术文件为医学实验室如何实施质量管理体系，从而满足 GB/T 22576—2008 对质量和能力的专用技术和管理要求提供了指南。认可医学实验室能力的机构也可使用本指导性技术文件作为帮助实验室建立质量管理体系以满足国家要求和符合相关国际要求的基础。本指导性技术文件适用于新建实验室以及现有实验室，包括 GB/T 22576—2008 的管理和技术要求。

2 规范性引用文件

下列文件对于本文件的应用是必不可少的。凡是注日期的引用文件，仅注日期的版本适用于本文件。凡是不注日期的引用文件，其最新版本(包括所有的修改单)适用于本文件。

GB/T 22576—2008 医学实验室 质量和能力专用要求(ISO 15189:2007，IDT)

3 寻求符合 GB/T 22576—2008 的认可

如果将 GB/T 22576—2008 认可作为最终目标，寻求专家建议可以帮助实验室避免因准备不充分或做无用功而致的缺陷。对实验室的初步审核有助于明确其处于建立质量管理体系和依据标准进行认可的过程的哪个阶段。已经维持最好技术和管理实践的医学实验室可能只需要将其文件化，而刚开始建立质量管理体系的实验室则需要清楚达到认可目标所需的时间和资源。

本指导性技术文件的重点是帮助实验室建立包括 GB/T 22576—2008 中描述的管理要求和技术要求的管理体系。因为是管理层实施质量管理体系，所以需要管理层考虑满足 GB/T 22576—2008 规定的对人员、环境条件、设备以及检验前、检验和检验后程序的技术要求的方法。

4 确定资源以帮助实验室满足 GB/T 22576—2008 的要求

每个实验室都可能有一套特定的资源以帮助其满足要求。实验室管理层通常可以向当地已经符合要求的其他实验室、专业实验室机构(地方、区域、国家和国际)、政府、认可机构(条件允许或现有)，或可为医学实验室提供质量保证支持的国际组织以及相关专业顾问寻求帮助。如果实验室不能确定从何处开始，可先向国家卫生部或同等的国家卫生组织求助。也可以从参考文献中获得其他信息资源。

5 寻求支持以建立符合 GB/T 22576—2008 要求的质量管理体系

实验室管理层应认识到，健康医疗服务的质量管理体系通常用一个层级概念来描述。从管理者的角度，这些概念始于全面质量管理原则，即在健康医疗服务体系中努力达到优质(安全、有效、及时和以患者为中心)服务。该原则通常包括了质量管理，即保持协调一致和全面的努力以满足医疗体系的质量目标。这些努力被称为“质量体系”，它包括所有质量保证活动(质量管理的一部分，致力于提供质量要求会得到满足的信任)(GB/T 19000—2008)和质量控制活动(质量管理的一部分，致力于满足质量要求)(GB/T 19000—2008)。

如果没有这样一个层级的质量管理方案(质量金字塔,见图1),虽然实验室也可能得到满足其所有分析目标的非常准确和可靠的检测结果,但不能提供需要的患者医护结果,因为在健康医疗体系内提供服务时存在其他问题。例如,如果对正确的患者样品实施了错误的检测,或对错误的患者样品实施了正确的检测,尽管结果从分析角度讲是准确可靠的,但此实验室检验可能会对患者医疗产生危害。由于质量管理体系必须适应不断变化的医疗环境,实验室管理层必须制定计划以持续改进其管理实践(包括员工培训)、质量保证和质量控制程序,以保持其应对医疗需求的高水平反应能力。实施质量管理体系的益处应包括合理分配资源和降低操作成本。

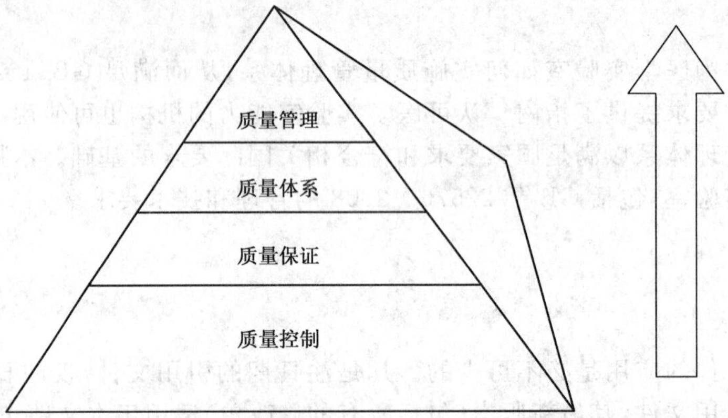

图1　质量金字塔

GB/T 22576—2008认可包括和规定了医学实验室质量管理体系的各基本要素。如果实验室希望被认可成为符合国际质量标准的机构,则必须符合这些要求。对质量体系框架内的符合性,允许通过逐步实现符合GB/T 22576—2008的要求来达到,以避免浪费宝贵的资源。实验室应向所有责任人强调他们的目标是为健康医疗需要提供充分的实验室服务。一个符合GB/T 22576—2008要求的质量管理体系,可为实验室达到服务和患者医护的目标提供有效途径。实验室服务的整个周期的质量可以通过实施质量管理体系而得到保证(见图2)。必须持续检查这个循环周期以发现改进实验室服务的机会,例如减少实验室接收的不符合检测要求的样品数量。

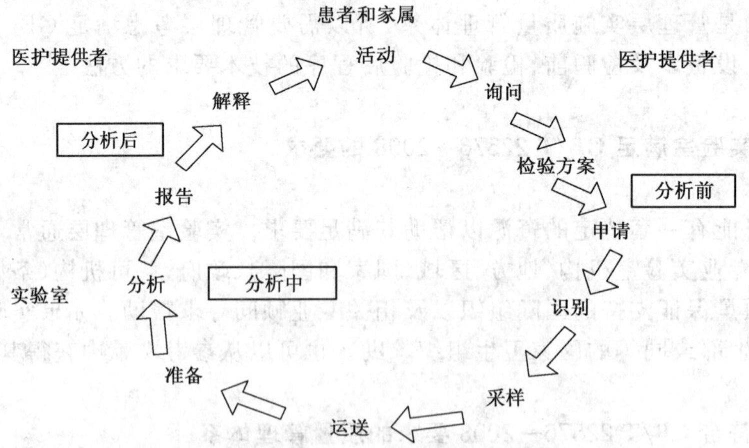

图2　医学实验室-总检验周期

6　实施基于GB/T 22576—2008的质量管理体系

6.1　质量管理体系组成

历史上,ISO 9001:2005定义的质量体系要素大部分来源于美国贝尔实验室的统计学先驱沃尔特.

休哈顿(Walter Shewhart)在20世纪30年代提出的概念。他提出解决问题的四个阶段(计划、实施、检查、改进)被称为“休哈顿循环(Shewhart Cycle)”。这一概念经爱德华.戴明(W.Edwards Deming)在20世纪50年代有效改进而成为质量管理工具,被称为“戴明环(Deming Wheel)”。这些工具已经在很多行业领域得到有效应用,以提高生产效率和效果,并提高客户对生产出的产品的满意度。质量管理原则应用于医学实验室提供服务的益处已经成为共识,该原则已在许多国家使用。

质量体系原则应用于医学实验室是GB/T 22576—2008的核心。它规定质量管理体系包括组织方针政策、结构、过程、程序和资源。当组织的结构和其他过程调整到满足用户的需要和要求时,质量管理体系即已建立。应注意,用ISO 9001的供应链术语(供方→组织→客户),对医学实验室来讲,供方可以指医学实验室所使用物品的供方,如试剂、试剂盒和设备,或指为医护人员或患者提供检测服务的医学实验室。组织可以是实验室本身或实验室所属的管理机构。客户通常指申请实验室检测的个人,也可认为是患者。

质量管理体系的基本要素包括:组织、人员、设备、采购和库存、过程控制、文件和记录、信息管理、事件管理、内部和外部评审、过程改进、服务和满意度及设施和安全。医学实验室质量可定义为由建立一套明确规定和实施良好的过程而获得结果的状态。这些过程形成一套体系用于人体样品采集和检验,以及检验结果报告,以达到如下目的:

——支持诊断、疾病预防和控制、疾病状态管理;

——产生对临床有用并对医疗结果有最佳影响的信息;

——达到符合性的预定目标;

——确保无误;

——确保及时、安全、有效和合算;和

——提高客户满意度和持续改进。

最初的管理责任是规定实验室运行的方针政策。然后遵循方针政策规定过程,指出实施这些方针政策所必须做的事项。最终,用程序进一步规定这些过程,描述实施方针政策和过程所采取的一系列活动。这一系列工作组成质量管理体系,随时建立、控制、评审及改进整个检验周期。GB/T 22576—2008的要求与在实验室中形成质量管理体系之间的关系和关联如图3所示。

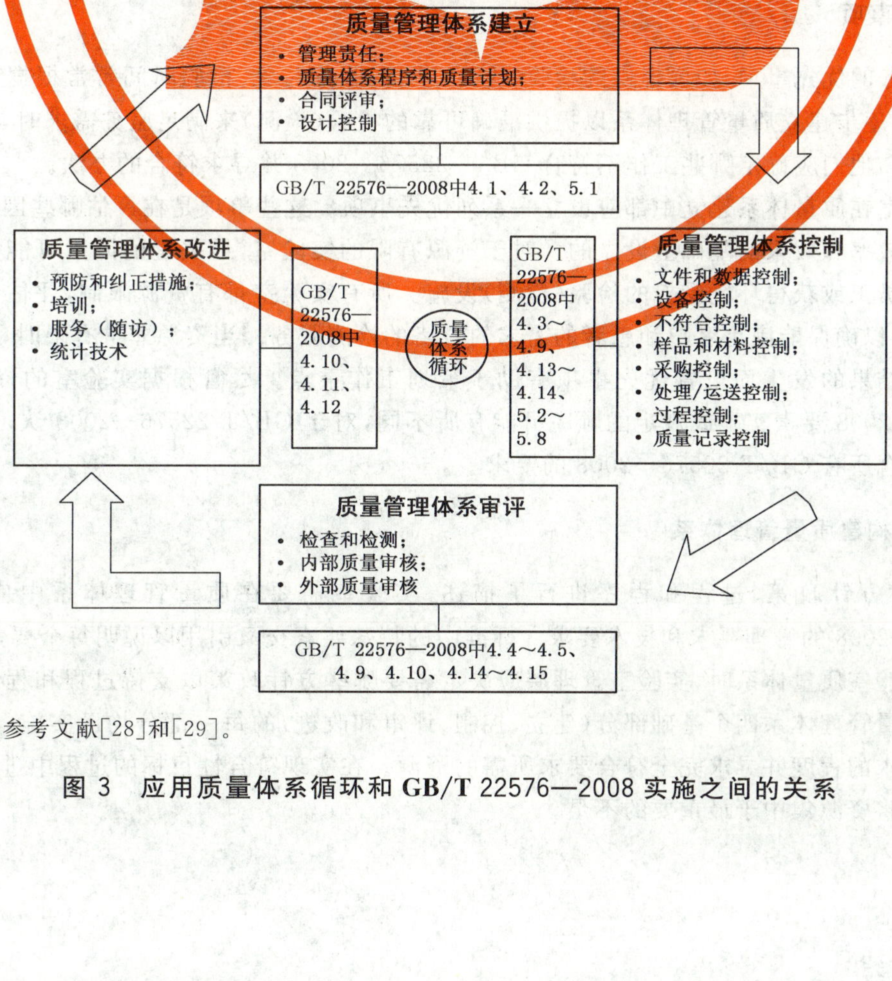

注:修改自参考文献[28]和[29]。

图3 应用质量体系循环和GB/T 22576—2008实施之间的关系

6.2 评审——识别质量管理体系的缺陷

满足 GB/T 22576—2008 所有要求的计划中的关键步骤是实施实验室自我评价。核查表是这种认可前评价的一个便利工具。应确保其覆盖实验室所有的活动。如果寻求某个特定认可机构的认可，认可机构或帮助实验室符合认可机构要求的顾问使用的预评审核查表会非常有用。这种审核可以帮助实验室确定其与 GB/T 22576—2008 的符合情况。

由于每个实验室的起点不同，满足标准要求的路径也各不相同。例如，确认大部分已符合 GB/T 22576—2008 第 5 章规定的设施技术要求(人员、设备、检验前、检验和检验后程序)的实验室，工作重点可集中到符合 GB/T 22576—2008 第 4 章的管理要求上。

达到符合性的另一个方法是确定质量管理体系的哪些部分有缺失。假设实验室的设施、人员和设备充分，首先要强调的是实验室对检验过程是否有充分的质量控制。如果没有，这就是实验室的工作起点，因为实验室实施的所有测量的有效性存在问题。如果质量控制充分，则应关注组成全面质量保证体系的各个环节。通过评审实验室全部管理、技术范围和技术能力的每个部分，可以识别出质量体系中的不足，并必须加以改进以符合 GB/T 22576—2008。

6.3 策划——纠正质量管理体系中的缺陷

实验室通过评价发现其质量管理体系中存在的不足之后，下一步是制定纠正措施计划。该计划应明确符合 GB/T 22576—2008 要求所必需的资源(资金、人员、设备和时间)。在某些情况下，可能需要改变或修改管理方针政策、过程或程序。某些缺陷的纠正所需的补充或者改变只能由实验室管理层与实验室的客户、基金组织、政府部门、卫生部等共同完成。除了达到符合性，实验室也应设法消除或降低风险，提高实验室服务效率。因此，符合性的最终受益者是患者。改正识别出的缺陷是保证满足所有医疗服务目标所必需的。

6.4 设置优先事项

实验室服务的优先事项，如要提供的检验(检测)项目、服务对象、检验时间常常根据外部的需求而设置。然而，当逐步建立质量管理体系以提供准确可靠的检验(检测)来满足服务需求时，实验室管理层负有最终责任。他们应确定哪些工作不符合 GB/T 22576—2008 并寻求符合的办法。

每个实验室在质量体系建立中都应设立一系列优先事项。这些事项是在评估哪些因素最可能影响实验室服务的效率和效果的基础上设立的。对于资源有限的实验室，最关键的因素可能是能够具备经过充分培训的员工或获得环境受控的检验(检测)设施。所有实验室都有资源限制，评估资源首先用于何处相当重要，以确保能满足客户和患者的需求的合格的检测服务。当资源非常有限时，基于预防不符合检验(检测)结果的发生而设置优先事项有助于策划工作重点。尽管根据实验室的资源和安排，其 GB/T 22576—2008 要素实施或规定的顺序可能有所不同，对于 GB/T 22576—2008 认可，实验室在认可之前必须符合所有 GB/T 22576—2008 的要求。

6.5 实施——构建质量管理体系

附录 A 对方针政策、过程和程序进行了描述，实验室需要在质量管理体系中应用其以满足 GB/T 22576—2008 的管理要求和技术要求。标准中的特殊要素交叉引用以说明每个要素如何应用。

在构建实验室质量体系时，实验室管理层应决定需要哪些方针政策以支持过程和程序从而实现特殊要求。当质量管理体系四个基础部分(建立、控制、评审和改进)的每一部分均已实施，实验室应评估其符合标准要求的程度并寻求完全符合要求所需的资源。在实现符合性目标的过程中进行初次内部审核有助于确保将资源集中于最重要的不足。

6.6 评估、改进和维持质量管理体系

无论实验室的起点如何，对质量体系进行定期内部审核有助于保证实验室持续符合 GB/T 22576—2008 或朝着这个目标稳步前进。虽然内部审核可能在很多方面识别出需要改进之处，定期进行外部审核也有其他价值。

外部审核可采取几种方式，包括：

a) 由认可机构进行的评审；

b) 由专家、专家组、或来自经 GB/T 22576—2008 认可的实验室进行的现场评估；

c) 与其他实验室的检验(检测)结果进行比对以确定实验室检验性能的准确性(ISO 定义为能力验证)；

d) 样品复检方案，一个实验室与另一个实验室对同一检测材料或者患者样品检测的结果进行比较；或

e) 参加国家或者区域性基准计划以确定实验室操作和过程与同类机构的可比性。

应注意每个方法都有确定不满足管理要求或者技术要求的能力。实验室内部审核和外部审核过程越全面，就越有利于实验室识别需要改进之处。

监控实验室服务结果和客户(医护人员和患者)评价可以发现其他改进和维持实验室质量管理体系的机会。这些信息的输入将会提高实验室识别不符合产生原因的能力。一旦实验室认可和实施了质量管理体系，应用相关过程促进持续发展和进步。整个质量体系应能够对识别出的问题做出响应，这些问题来源于客户、外部质量评审程序或经适当培训和教育的内部评审和外部评审以及技术或管理实践的改变。完成上述要求后，质量管理体系的维持和改进就成为实验室管理和技术工作的目标。

附 录 A
（资料性附录）
规定质量管理体系的 GB/T 22576—2008 要素

A.1 概要

对于医学实验室，实施质量管理体系需要清楚地了解实验室在实施体系过程中所处的阶段，完成体系实施所需要的各项方针政策、过程和程序。下表提供了实施质量管理体系的途径和步骤框架。由于医学实验室的组织结构及其提供服务范围的不同，实验室可能也需要参考文献中的信息资源提供的技术指南文件。为明确特定的管理要求和技术要求，表 A.1 中引用的数字编号是 GB/T 22576—2008 的章条和附录。注意表 A.1 中的条款可以作为实验室的核查表，用于记录实验室实施质量管理体系的进程。

表 A.1 GB/T 22576—2008 实验室应用指南流程表

方针政策	过程	程序
规定意向和目标：	将意向转为措施的活动：	文件说明：
□ 基于全面质量管理原则的实验室服务指南和要求(4.1、4.2)	□ 从下面规定的预期服务列表确定实验室核心功能： ——疾病预防、控制和监控； ——综合数据管理； ——参考检验和专门检验； ——环境卫生； ——实验室改进和法规符合性； ——方针政策的制定； ——突发事件反应； ——健康研究； ——培训和教育； ——合作和交流	□ 质量方针声明中规定的质量管理目标和实验室质量承诺[4.2.3c)、4.2.3f)] □ 实验室服务的范围和应用(咨询认可机构)[4.2.3a)] □ 客户是谁和如何为他们提供服务(服务标准)[4.1.2、4.2.3b)] □ 质量手册：规定实验室质量活动，包括但不局限于内部质量控制政策和参加室间质量评价计划(按 GB/T 22576—2008 内容和结构)(4.2.2～4.2.4)
□ 符合法规要求(4.1)	□ 根据实验室位置和功能确定适用的法规要求	□ 法规要求和如何符合要求的框架 □ 确保实验室的法律地位(4.1.1)
□ 保证实验室质量所需资源的财务分析[4.1、4.2、4.4.1b)、4.6.1]	□ 考虑和确定费用，包括： ——设施：类型、数量和位置； ——设备； ——供应(采购和库存)； ——人力资源； ——维护、校准、质量控制、室间质量评价； ——咨询，如需要	□ 分项费用和总的运行费用(年度预算) □ 供应、设备和服务购买程序，如： ——批量采购； ——来源等

表 A.1（续）

方针政策	过程	程序
规定意向和目标：	将意向转为措施的活动：	文件说明：
□ 管理结构(4.1.4、4.1.5)	□ 确定管理层级 □ 确定责任和义务 □ 确定和其他组织的关系[4.1.5e)] □ 确定可能的利益冲突(4.1.4) □ 制定政策和程序以确保所有实验室人员不受影响质量和客户信心的不适当压力[4.1.5b)]	□ 实验室实施质量管理的承诺(4.1.3) □ 人员的技术要求和培训要求[4.1.5g)] □ 规定所有人员的职责、权利和相互关系[4.1.5a)、c)、e)、f)、h)、j)] □ 授予实验室人员履行职责所需的适当权力和资源[4.1.4、4.1.5a)] □ 实验管理的自主权[4.1.4、4.1.5e)] □ 实验室质量主管的任命机制[4.1.5i)、4.1.5j)]
□ 文件控制(4.3)	□ 规定文件控制政策和程序(4.3.1～4.3.3、5.4.4) □ 建立所有文件的评审过程[4.3.2a)、4.3.2d)] □ 规定文件保存过程	□ 根据所需的要求制定文件(4.3.1、4.3.3、5.4.4) □ 文件控制清单[4.3.2b)、4.3.2c)] □ 文件评审、修改和更新
□ 人员-技术要求(5.1) □ 招聘和留用有资质人员的计划，作为质量承诺的必要内容	□ 制定所有实验室人员的人事政策和岗位说明，包括符合法律、法规和认证机构要求的标准 □ 规定人员记录要求 □ 规定实验室负责人或指定人员的职责(5.1.4) □ 制定合法招聘和雇佣程序 □ 制定发展计划 □ 制定对所有员工的继续教育计划(5.1.9、5.1.12) □ 制定使用计算机系统的人员的管理政策(5.1.8) □ 制定安全和不良事件教育计划(5.1.10) □ 制定定期的能力评估计划(5.1.11) □ 制定绩效评价体系，激励和承认计划 □ 制定处理意外事件、事故和职业危害发生的程序(结合人力资源政策) □ 建立抱怨处理政策	□ 与提供服务相关的岗位说明(5.1.1、5.1.3～5.1.6) □ 记录，包括岗位说明、证明材料、证书、继续教育和人员健康记录 □ 活动记录 □ 培训记录(5.1.11) □ 教育和经历(5.1.12) □ 质量保证培训(5.1.6) □ 确保符合法律和法规 □ 发展/培训表格(5.1.6) □ 教育学分记录 □ 保密和行为的伦理标准(5.1.13、附录B、附录C) □ 年度安全培训表格和不良事件报告 □ 应对不良事件培训(5.1.10) □ 能力评估、结果和纠正措施记录(5.1.11) □ 承认 □ 保留涉及员工的免疫、事故、伤害及意外事件记录 □ 抱怨和处理结果记录
□ 检验前程序(5.4)	□ 建立检验申请单要求，提供的相关信息符合法规或认可要求(5.4.1) □ 制定原始样品采样手册(4.2.4、4.3.1、5.4.3) □ 建立原始样品采集、处理、追溯、运输和保存的标准(5.4.5) □ 建立过程监控样品运输(5.4.6) □ 建立检验申请、申请单、样品采集程序和所用检验方法的评审过程(5.4.9、5.4.10)	□ 完成申请单，包含所需信息(5.4.1、5.4.3) □ 正确的样品采集和处理(5.4.2、5.4.3)： ——用户的一般信息； ——标签和安全性说明； ——原始样品的接收、拒收、追溯、登记入册和保存(5.4.5、5.4.12)； ——给医务人员的患者准备指导书； ——急诊样品采集(5.4.11)； ——处理口头或者电子检测申请(5.4.11) □ 样品运输时间、保存条件和安全法规符合性的评审

表 A.1（续）

方针政策	过程	程序
规定意向和目标：	将意向转为措施的活动：	文件说明：
□ 检验程序(5.5)	□ 保证检验程序适宜并经确认(5.5.1、5.5.2) □ 制定所有检验的程序(5.5.3) □ 为实验室服务的用户提供检验项目清单，样品要求和性能参数(5.5.6、5.5.7)	□ 在开始时并定期通过管理评审确认程序(5.5.2、5.5.5) □ 程序手册和可供快速查阅的参考材料(5.5.3、5.5.6) □ 质量控制、校准及标准化结果的操作记录 □ 评审质量控制和室间质量评价结果 □ 记录确保检验质量所采取的纠正措施
□ 检验程序的质量保证(5.6)	□ 建立每一类特性检验的溯源链(5.6.2) □ 建立内部质量控制体系方案以获得合格结果(5.6.1) □ 参加室间质量评价计划(5.6.4) □ 需要时，建立与其他实验室交换检测样品的机制(5.6.5、5.6.6) □ 确认法规和(或)认可要求	□ 识别检验测量中的测量不确定度来源(5.6.2) □ 制定不确定度预算的程序并评估每一类特性检验的测量不确定度(5.6.2) □ 规定和评审生物参考区间(5.5.5) □ 记录检测系统校准和验证的活动(4.2.5、5.6.3) □ 对结果和纠正措施记录进行管理评审(5.6.4、5.6.7、5.8.10)
□ 检验后程序(5.7)	□ 规定检验结果审核和发放要求 □ 规定结果发布之后，样品保存条件、保存时间和安全处置要求	□ 检验结果的评审记录，电子或手写 □ 检测后，在指定区域保存样品 □ 样品安全处置
□ 结果报告(5.8、附录 B)	□ 设计纸质和电子报告格式(5.8.1、5.8.3、5.8.5) □ 制定所有实验室报告保留的程序(5.8.6) □ 建立报告发送系统以确保结果报告及时(5.5.5、5.8.2、5.8.7、5.8.9、5.8.10、5.8.16) □ 确定检测/检验的周转时间(5.8.11) □ 确定已更改和修改报告所需的纠正措施	□ 按 SOP 规定，每项检验报告列出详细信息 □ 结果发布指南(5.8.9、5.8.13、5.8.14) □ 电子传输时间安排，需要特殊通知的危急值，人工报告的发布时间安排等 □ 所有检测的周转时间清单提供给用户和实验室工作人员(5.8.11) □ 记录报告修改或更正(5.8.15) □ 通过电话、传真或者其他方式报告检测结果以及适用时提供咨询服务(5.8.12、5.8.14)
设施要求，包括充分的设施设计，以保证管理层承诺的合格检测环境(设施和环境条件)(5.2)	□ 建立标准以确保所有原始样品和分样品的采集及检验场地具有足够的空间并保证安全(5.2.1～5.2.4、5.2.8、5.2.9)	□ 控制进入检测区域、接触试剂和样品(5.2.6、5.2.7) □ 清洁工作区的要求和时间安排(5.2.10) □ 生物危害材料的正确处理和处置(5.2.10) □ 监测、记录和纠正影响检测结果的环境条件(5.2.5) □ 提供适当设施保护接受采样和检测的患者的隐私

表 A.1（续）

方针政策	过程	程序
规定意向和目标：	将意向转为措施的活动：	文件说明：
□ 实验室设备标准，包括采购、维护、安全操作、更换和供货，以保证合格的检测和供应(5.3)	□ 制定设备、数据完整性、安全处置的性能标准计划(4.2.5、5.3.1、5.3.6、附录 B) □ 建立设备维护计划表、正常功能监控和维修规定(5.3.2)	□ 设备操作确认记录(5.3.2～5.3.5、5.3.14) □ 维护文件、软件更新、校准和维修(4.2.5、5.3.8～5.3.13) □ 所有设备和人员的安全要求(5.2.5、5.3.6～5.3.8、5.3.12) □ 处理有缺陷的设备(5.3.7)
□ 不符合(4.9)	□ 制定应对和纠正问题的程序(4.9.1) □ 制定计划，评价跟踪程序的有效性 □ 制定偏离 SOP 文件的报告和批准程序	□ 解决问题，签发报告和检测等的责任人 □ 采取纠正措施、记录偏离并评估偏离对检测结果的影响 □ 结果或不符合工作的识别、纠正措施、评审和签发 □ 管理评审计划表
□ 抱怨的解决(4.8)(接收和解决所有从医务人员、患者或其他方面的反馈)	□ 建立解决抱怨和向服务用户反馈的机制	□ 记录所有抱怨、调查和纠正措施
□ 质量和技术记录(4.13)	□ 制定和实施程序，管理实验室产生的质量和技术记录 □ 验证与当地法规的符合性	□ 记录清单 □ 获取/保密 □ 保留时间 □ 保存存档设施、环境条件和进入控制 □ 记录清晰 □ 记录的收回和处置
□ 申请和合同(4.4)	□ 建立检测申请单的设计和评审过程 □ 确定检验合同的要求	□ 检验申请单内容和评审间隔 □ 患者检验合同及其评审和更新
□ 委托实验室(4.5)	□ 建立选择和评审委托的过程 □ 制定委托实验室结果的处理和报告政策	□ 选择标准 □ 委托实验室的评审和(或)更新 □ 保持所用委托实验室的清单 □ 处理委托实验室的报告
□ 外部服务和供应(4.6)	□ 建立服务和物品的采购程序 □ 建立库存控制系统	□ 根据质量、服务、价格和可获得性制定选择标准 □ 采购合同、物品验证、供方资质和物品与服务的评价
□ 咨询服务(4.7)	□ 确定所需的顾问和咨询服务的必要性和程度	□ 选择标准 □ 合同要求
□ 内部审核(4.14)	□ 计划、组织和实施内部审核 □ 为实验室管理层的评审提交审核结果	□ 谁进行审核 □ 审核计划 □ 报告结果 □ 所采取的纠正措施的跟踪

表 A.1（续）

方针政策	过程	程序
规定意向和目标：	将意向转为措施的活动：	文件说明：
□ 管理评审(4.15)	□ 制定实验室管理评审的政策和时限，对质量管理体系和全部的医疗服务进行评审(4.15.1) □ 列出需评审的各项质量指标(可从结果周转时间和实验室服务的抱怨开始)(4.15.2)	□ 按计划评审 □ 起草管理评审报告 □ 报告评审的发现和措施 □ 向实验室成员通报评审结果和措施(4.15.4)
□ 持续改进(4.12)	□ 按质量管理体系规定定期对所有操作程序进行管理评审 □ 识别改进机会、实施质量指标以监测和评价医疗服务 □ 审核关注的方面以实现改进 □ 为实验室人员提供教育和培训	□ 管理评审计划 □ 改进的措施计划 □ 对措施进行评审或审核(改进过程和程序) **注**：有关风险管理的标准 ISO 14971 有助于关注以下活动：员工的参与和改进、鼓励团队合作、管理层的支持，员工的认同和成就的认可
□ 纠正措施(4.10)	□ 制定对问题进行调查的程序 □ 实施纠正 □ 持续审核关注点	□ 记录调查和纠正的结果 □ 评审纠正措施的结果并提交给管理层 □ 监控纠正的结果
□ 预防措施(4.11)	□ 识别需要的改进和潜在的不符合 □ 列出活动清单，如评审室间质量评价结果	□ 启动预防措施和控制以确保改进

参 考 文 献

实验室管理体系发展的其他参考资料

尽管本指导性技术文件是符合 GB/T 22576—2008 的实验室的指南，但因篇幅有限，它不能提供医学实验室质量管理有关的所有技术和管理内容的细节。对于不容易得到咨询而又需要这些细节的帮助来确定实验室试验不确定度、确定生物参考值，用于文件控制和其他管理技巧等的实验室，下列资源性材料非常有帮助。

[1] ISO 31(all parts).Quantities and units

[2] ISO/IEC Guide 43-1, Proficiency testing by interlaboratory comparisons—Part 1: Development and operation of proficiency testing schemes

[3] ISO 9000:2000, Quality management systems—Fundamentals and vocabulary

[4] ISO 9001:2000, Quality management systems—Requirements

生物参考值的确定

[5] Clinical and Laboratory Standards Institute(CLSI) website: http://www.clsi.org/

[6] NCCLS C28-A2: How to Define and Determine Reference Intervas in the Clinical Laboratory; Approved Guideline.2nd ed., NCCLS: Wayne, PA.2000

[7] SOLBERG H.E.Establishment and use of reference values, In: BURTIS, C.A. and ASHWOOD, E.R., (eds). Tietz Textbook of Clinical Chemistry.3rd ed., W.B.Saunders Co., Philadelphia, PA, 1999

实验室测量不确定度的确定

[8] American Association for Clinical Chemistry website: http://www.aacc.org/

[9] International Federation of Clinical Chemistry and Laboratory Medicine website: http://www.ifcc.org/

[10] ISO 5725(all part), Accuracy(trueness and precision) of measurement methods and results

[11] Guide to the expression of uncertainty in measurement (GUM), BIPM, IEC, IFCC, ISO, IUPAC, IUPAP, OIML, 1993, corrected and reprinted in 1995

[12] NCCLS EP5-A, Evaluation of Precision Performance of Quantitative Measurement Methods; Approved Guideline.NCCLS: Wayne, PA, 2nd ed., 2004

[13] NCCLS EP15-A: User Demonstration of Performance for Precision and Accuracy; Approved Guideline.NCCLS: Wayne, PA, 2001

[14] NCCLS GP29-A: Assessment of Laboratory Tests When Proficiency Testing is Not Available; Approved Guideline, NCCLS: Wayne, PA, 2002

文件控制

[15] Clinical and Laboratory Standards Institute(CLSI) website: http://www.clsi.org/

[16] NCCLS GP2-A4, Clinical Laboratory Technical Procedure Manuals; Approved Guideline. 4th ed.NCCLS: Wayne, PA, 2002

实验室质量

[17] DEMING, W.E.Out of the Crisis.Cambridge, MA.MIT Center for Advanced Engineering Study: 1986

[18] DVEYRIN, Z., BEN-DAVID, H., MATES, A.Proficiency testing as a tool for ISO 17025 implementation in National Public Health Laboratory: a means for improving efficiency.Accred.Qual. Assur., 6, 2001, pp.190-194.Springer Verlag, Germany

[19] KALMIN,N.D.,MYERS,L.K.,FISK,M.B.ISO 9000 model ideally suited for quality plan for blood centers.Transfusion,38,1998,pp.79-85

[20] List of international external quality assessment programs: http://www.phppo.cdc.gov/mlp/eqa.aspx

[21] EL-NAGEH,M.,HEUCK,C.,KALLNER,A.And MAYNARD,J.Quality Systems for Medical Laboratories: Guidelines for Implementation and Monitoring. WHO Regional Publications, Eastern Mediterranean Series 14,WHO-EMRO:Alexandria,Egypt,1995

[22] National Pathology Accreditation Advisory Council,Australia website: http://www.health.gov.au/npaac

[23] Clinical and Laboratory standards institute(CLSI) website: http://www.slsi.org/

管理技巧

[24] CDC.Core Functions and Capabilities of State Public Health Laboratories.MMWR: September 20,2002,51(RR14.pp.1-8)

[25] JURAN.J.M Juran On Leadership for Quality.New York,NY: The Free Press,1989

[26] MCCLOSKEY,L.A.,COLLET,D.N.TQM: A Primer Guide to Total Quality Management. Methuen,MA:Goal/QPC,1993

[27] Clinical and Laboratory Standards Institute(CLSI) website: http://www.clsi.org/

质量体系循环

[28] BURNETT,D.A Practical Guide to Accreditation in Laboratory Medicine.ACB Venture Publications,London,UK,2002.ISBN 0-902429-39-6

[29] National Pathology Accreditation Advisory Council Guidelines for Quality Systems in Medical Laboratories,Commonwealth of Australia.ISBN 0-642-73578-6

国际、国家来源和认可标准

[30] Canadian Standards Association website: http://www.csa.ca/

[31] Clinical Pathology Accreditation(UK) Ltd website: http://www.cpa-uk.co.uk/

[32] College of American Pathologists Laboratory Improvement Program website: http://www.cap.org/

[33] European Committee for Standardization(CEN) website: http://www.cenorm.be/cenorm/index.htm

[34] International Laboratory Accreditation Cooperation website: http://www.ilac.org/

[35] International Organization for Standardization website: http://www.iso.org/

[36] Israel Laboratory Accreditation Authority website: http://www.israc.gov.il/

[37] National Association of Testing Authorities,Australia website: http://www.nata.asn.au/

[38] Clinical and Laboratory Standards Institute(CLSI) website: http://www.clsi.org/

[39] United Kingdom Accreditation Service website: http://www.ukas.com/

[40] United States Clinical Laboratory Improvement Amendments 1988 at Centers for Medicare and Medicaid Services website: http://www.cms.hhs.gov/

[41] The Japan Accreditation Board for Conformity Assessment website: http://www.jab.or.jp/

ICS 29.240.10
F 20

中华人民共和国国家标准

GB/T 30155—2013

智能变电站技术导则

Technical guide for smart substation

2013-12-17 发布 2014-08-01 实施

中华人民共和国国家质量监督检验检疫总局
中国国家标准化管理委员会 发布

前　　言

本标准按照 GB/T 1.1—2009 给出的规则起草。

本标准由中国电力企业联合会提出并归口。

本标准负责起草单位:国家电网公司。

本标准参加起草单位:中国电力科学研究院、国网电力科学研究院、中国电力工程顾问集团公司、中国南方电网有限责任公司、江苏省电力设计院、南方电网科学研究院有限责任公司、清华大学、许继集团有限公司、北京四方继保自动化股份有限公司。

本标准主要起草人:沈江、刘有为、黄国方、倪益民、周泽昕、李震宇、陈志蓉、骆洁艺、苏麟、董新洲、易永辉、任雁铭、肖燕、曹团结、许婧、李亚楼、林繁涛、李娟、赵颖科、白静芬、张艳、杨威、梁潇、张朝阳、张海滨、陈硕、白钟、赵燕茹。

引　言

智能变电站作为智能电网的重要环节，在我国已经有试点建设的经验，对智能变电站应该具有的技术特征及基本技术要求有了较为成熟的认识，为了更好地引导智能变电站的技术方向，促进智能变电站设备与系统的研制，推动智能变电站的规范设计和建设，特制定本标准。

目前智能变电站尚无国际标准。本标准既立足于当前智能变电站建设的技术现状，又充分考虑了技术发展的趋势。

本标准编写过程中，广泛征求了调度、生产、基建、设计、科研、设备制造及相关标准化委员会等多方面意见，吸收了国内外智能电网研究的最新成果。

智能变电站技术导则

1 范围

本标准规定了智能变电站的相关术语和定义，明确了智能变电站的技术原则、体系架构和功能要求，对智能变电站的设备、检测、设计、调试、运行维护等环节做出了规定。

本标准适用于110(66)kV～750 kV电压等级智能变电站。

2 规范性引用文件

下列文件对于本文件的应用是必不可少的。凡是注日期的引用文件，仅注日期的版本适用于本文件。凡是不注日期的引用文件，其最新版本（包括所有的修改单）适用于本文件。

GB 1094（所有部分） 电力变压器

GB 1984 高压交流断路器

GB 1985 高压交流隔离开关和接地开关

GB/T 2900.15 电工术语 变压器、互感器、调压器和电抗器

GB/T 2900.50 电工术语 发电、输电及配电 通用术语

GB/T 2900.57 电工术语 发电、输电和配电 运行

GB 7674 额定电压72.5 kV及以上气体绝缘金属封闭开关设备

GB/T 11022 高压开关设备和控制设备标准的共用技术要求

GB/T 14285 继电保护和安全自动装置技术规程

GB/T 19862 电能质量监测设备通用要求

GB/T 20840（所有部分） 互感器

GB/T 25931 网络测量和控制系统的精确时钟同步协议

DL/T 282 合并单元技术条件

DL/T 478 继电保护和安全自动装置通用技术条件

DL/T 634.5104 远动设备及系统 第5-104部分：传输规约 采用标准传输协议集的IEC 60870-5-101网络访问

DL/T 663 220 kV～500 kV电力系统故障动态记录装置检测要求

DL/T 860 （所有部分） 变电站通信网络和系统

DL/T 890 （所有部分） 能量管理系统应用程序接口(EMS-API)

DL/T 1092 电力系统安全稳定控制系统通用技术条件

DL/T 1100 （所有部分） 电力系统的时间同步系统

3 术语和定义、缩略语

3.1 术语和定义

GB/T 2900.15、GB/T 2900.50、GB/T 2900.57、DL/T 860.1和DL/T 860.2界定的以及下列术语和定义适用于本文件。

3.1.1

智能变电站 smart substation

采用可靠、经济、集成、节能、环保的设备与设计，以全站信息数字化、通信平台网络化、信息共享标准化、系统功能集成化、结构设计紧凑化、高压设备智能化和运行状态可视化等为基本要求，能够支持电网实时在线分析和控制决策，进而提高整个电网运行可靠性及经济性的变电站。

3.1.2

智能高压设备 smart high voltage equipment

具有测量数字化、控制网络化、状态可视化、功能一体化和信息互动化等技术特征的高压设备，由高压设备本体、集成于高压设备本体的传感器和智能组件组成。

3.1.3

智能组件 intelligent component

智能高压设备的组成部分，由高压设备本体的测量、控制、监测、保护（非电量）、计量等全部或部分智能电子装置(IED)集合而成，通过电缆或光缆与高压设备本体的传感器或/和控制机构连接成一个有机整体，实现和/或支持对高压设备本体或部件的智能控制，并对其运行可靠性、控制可靠性及负载能力进行实时评估，支持电网的优化运行和高压设备的状态检修。通常运行于高压设备本体近旁。

3.1.4

电测量信息 electrical measurement

电网各测点电压、电流、频率等测量信息，包括稳态、动态和暂态。

3.1.5

设备状态信息 equipment status

电网设备的运行状态、控制状态和负载能力状态的监测或/和评估信息。

3.1.6

广域态势感知 wide area situation awareness

基于广域电测量信息及设备状态信息，实时评估电网状态，并对变化趋势做出预测，以支持电网的实时控制。

3.1.7

顺序控制 sequence control

一种系列相关控制指令的处理方式，即按照一定时序及闭锁逻辑，自动逐条发出、逐条确认被正确执行，直至执行完成全部控制指令。

3.1.8

站域保护控制 substation protection and control

基于实时的本站和/或相关站的电测量信息及设备状态信息，实现面向变电站及电网安全的保护控制。

3.1.9

选相位操作 point-on-wave switching

通过对操作指令的恰当延时，使断路器在期望的相位完成分闸或合闸操作。

3.1.10

数据通信网关机 communication gateway

一种通信装置，实现智能变电站与调度（调控）中心、生产管理等主站系统之间的通信，为实现智能变电站监视控制、信息查询和远程浏览等功能提供数据、模型和图形等传输服务。

3.1.11

综合应用服务器 comprehensive application server

集合站用电源、安全警卫、消防、环境监测、状态监测等监控或监测信息，实现对站用电源、辅助设施、输电线路及高压设备等的运行监视、控制与管理。

3.2 缩略语

DoS——拒绝服务(Denial of Service)

GPS——全球卫星定位系统(Global Position System)

IED——智能电子装置(Intelligent Electronic Device)

IRIG-B——美国靶场仪器组 B 型码(Inter-Range Instrumentation Group-B)

SCD——全站系统配置文件(Substation Configuration Description)

SNTP——简单网络时间协议(Simple Network Time Protocol)

UPS——不间断电源(Uninterrupted Power Supply)

4 总则

4.1 应具有高的运行可靠性和长期运行的经济性。

4.2 应优先采用节能、环保、集成、紧凑的设备和设计。

4.3 应符合易扩展、易升级、易改造、易维护的工业化应用要求。

4.4 应遵循 DL/T 860 建立全站统一的通信网络,应遵循网络专用、横向隔离、纵向认证的原则,对不同类型的信息进行安全分区,以保障信息安全。

4.5 应具有全站信息数字化、信息共享标准化、通信平台网络化、系统功能集成化、结构设计紧凑化、高压设备智能化和运行状态可视化等技术特征。

4.6 应支持与相关变电站、输电线路、发电厂、大用户(含大型充电站)之间的信息互动;支持风能、太阳能等可再生能源接入。

4.7 宜对站域电测量信息及设备状态信息进行统一管理和展示,通过对站域信息的综合分析,辨识基础数据品质,提升辅助决策能力。

4.8 继电保护应满足选择性、速动性、灵敏性和可靠性的要求,适应智能电网技术及设备的发展要求。

4.9 本标准未述及的部分,执行常规变电站的相关技术标准,如有与本标准要求不一致的部分,应优先采用本标准。

5 体系架构

5.1 体系分层

5.1.1 智能变电站由智能高压设备、继电保护及安全自动装置(包括站域保护控制装置)、监控系统、网络通信系统、站用时间同步系统、电力系统动态记录装置、计量系统、电能质量监测系统、站用电源系统及辅助设施等设备或系统组成(参见附录 A)。

5.1.2 遵循 DL/T 860,智能变电站的通信网络和系统按逻辑功能划分为三层:过程层、间隔层和站控层。各逻辑功能由相关物理设备实现,单一物理设备可以实现多个逻辑功能。

5.1.3 站控层设备主要包括监控主机、数据库服务器、综合应用服务器、数据通信网关机等,完成数据采集、数据处理、状态监视、设备控制和运行管理等功能。

5.1.4 间隔层设备主要包括测控装置、继电保护装置、计量表计、智能高压设备的监测主 IED 等,实现或支持实现测量、控制、保护、计量、监测等功能。

5.1.5 过程层设备主要包括智能电力变压器、智能高压开关设备、互感器等高压设备,支持或实现电测量信息和设备状态信息的实时采集和传送,接受并执行各种操作与控制指令。

5.2 通信网络架构

智能变电站通信网络宜采用工作可靠、结构简单、易于维护的架构，满足实时性和可靠性要求，必要时可采用双网冗余方式。

5.3 信息安全分区

遵循 4.4 的原则，站控层网络应划分为安全Ⅰ区和安全Ⅱ区，安全Ⅰ区与安全Ⅱ区之间的通信应通过防火墙隔离；安全Ⅰ区、安全Ⅱ区与调度（调控）中心之间的通信应通过纵向加密认证装置；安全Ⅱ区与安全Ⅲ/Ⅳ区的设备或系统通信时应通过正向和反向隔离装置[1)]。

6 主要设备及功能要求

6.1 智能高压设备

6.1.1 基本要求

应符合常规高压设备的技术标准要求，根据工程实际需求，实现下列全部或部分智能化功能：

a) 数字测量：需要测量的全部参量应实现数字化测量和传输。
b) 网络控制：受控部件实现基于站内通信网络的控制，包括远方控制、多台智能高压设备受控部件之间的主从或协调控制等。
c) 状态评估：基于集成于高压设备本体的传感器，由相关 IED 采集传感器的感知信息，并宜就地进行高压设备本体运行状态、控制状态及负载能力状态的分析评估，并形成能够支持电网运行控制的实时评估结果，同时支持高压设备的状态检修。
d) 信息互动：智能组件内各 IED 之间通过通信网络实现信息共享；智能组件通过通信网络上报评估结果及格式化的监测数据、接收控制指令、反馈控制状态等。

6.1.2 智能电力变压器

应遵循 GB 1094 等电力变压器标准，并满足以下要求：

a) 智能电力变压器应遵循 6.1.1 的原则，通过集成于电力变压器的传感器，由智能组件实现其智能化功能，参见图 A.2，具体要求如下：
   ——应实现冷却装置（非自冷型）的网络控制及自主智能控制，可支持网络控制；
   ——应实现有载分接开关的网络控制，支持自主恒压控制和智能主从控制等，同时实现过压闭锁、欠压闭锁、过流闭锁、高油黏稠度闭锁等智能化功能；
   ——可实现常规接点信息的连续监测，包括油面温度、底层油温、油位、油压等；
   ——宜集成非电量保护功能；
   ——可对铁心接地电流、油中溶解气体、绕组温度、局部放电、高压套管电容量、冷却装置运行状态、有载分接开关运行状态等部分或全部进行实时监测。
b) 应与配置的传感器进行一体化设计；如集成电子式互感器，宜与电子式互感器进行一体化设计。

6.1.3 智能高压开关设备

应遵循 GB 1984、GB 1985、GB 7674、GB/T 11022 等高压开关设备（含气体绝缘金属封闭开关设

---

1)详见国家电力监管委员会相关文件。

备)标准并满足如下要求：

a） 智能高压开关设备应遵循 6.1.1 的原则，通过集成于高压开关设备的传感器，由智能组件实现其智能化功能，参见图 A.2，具体要求如下：

——应实现分、合闸操作的网络控制；如有要求，应同时支持继电保护装置的直接跳闸；

——应支持顺序控制、智能联锁等功能；

——宜实现各气室压力、温度等气体状态参量的连续测量；

——可配置选相位操作功能；

——可选择对机械状态(根据工程要求确定监测参量)、局部放电等进行实时监测。

b） 应与配置的传感器进行一体化设计；如集成电子式互感器，宜与电子式互感器进行一体化设计。

6.1.4 无功补偿设备

应遵循无功补偿设备相关标准，并满足以下要求：

——应实现网络化控制；

——应支持恒定电压控制、或/和恒定无功控制、或/和恒定功率因数控制等自主智能控制模式；

——应具备装置的自我保护功能；

——宜实现关键部件运行状态的实时监测。

6.2 电子式互感器

应遵循 GB/T 20840，并满足如下要求：

a） 输出应与配套的合并单元的输入相匹配。

b） 宜集成于其他高压设备，但也可以是独立设备。

6.3 合并单元

应遵循 DL/T 282，并满足以下要求：

a） 输入特性应与配套的互感器输出特性相匹配。

b） 输出特性应满足保护、监控、电能计量、电能质量监测、电力系统动态记录及相量测量等应用要求。贸易结算点电能表可配置独立的合并单元以满足管理要求。

c） 应符合 6.9c)的要求。

6.4 继电保护及安全自动装置

应遵循 GB/T 14285、DL/T 478、DL/T 1092 等相关标准，并优先满足以下要求：

a） 应针对互感器或/和合并单元的输出特性，优化相关继电保护和稳定控制的有关算法，提高继电保护装置及安全自动装置的性能。

b） 差动保护应考虑各侧互感器特性的差异，支持不同类型互感器的接入方式。

c） 应适应风电、太阳能等可再生能源接入后可能出现的特殊工况。

d） 应具备自检及自诊断功能。

e） 应符合 6.9 c)的要求。

f） 继电保护装置双重化配置时，输入、输出及供电电源各环节应独立。

g） 宜将采集信息、控制对象相同的不同保护功能进行集成。

h） 面向单个设备的继电保护装置宜采用就地化布置方式。

6.5 站域保护控制装置

6.5.1 基于站域及相关站的电测量信息，实现部分安全自动装置的功能，包括(但不限于)备自投、低频减载、低压减载、过负荷联切和后备保护等。

6.5.2 应支持与相关变电站间的协调控制，实现面向区域电网安全与稳定的保护控制功能。

6.5.3 宜支持不同运行方式下保护控制策略的自适应功能。

6.6 监控系统

6.6.1 基本要求

由站监控主机、综合应用服务器、数据通信网关机、测控装置等组成，在智能组件、继电保护装置及安全自动装置等支持下实现保护信息子站及6.6.2～6.6.8所述功能。

6.6.2 数据采集

准确级及实时性符合应用要求，同时要求：

a) 应实现对全站电测量信息、设备状态信息的采集。

b) 对有精确时标和同步要求的电测量信息，应实现统一时间断面的实时同步采集。

c) 根据需要，可支持电网广域态势感知的信息需求。

6.6.3 运行监视

应实现对电测量信息、设备状态信息的实时监视，并满足以下要求：

a) 应支持调度(调控)中心远方浏览变电站运行状态。

b) 宜支持设备控制、电网运行故障与视频监控联动。

c) 宜采用可视化技术对运行监视内容进行统一展示。

6.6.4 操作与控制

应实现站内设备就地和远方的操作与控制，包括站内操作、调度控制、自动控制(顺序控制、无功优化控制、负荷优化控制)、正常或紧急状态下的开关设备控制等，并满足以下要求：

a) 对于所有操作，应实现电气防误闭锁操作功能，自动生成符合操作规范的操作票。

b) 可配备直观图形界面，在站内和远方实现可视化操作。

6.6.5 智能告警

宜具智能告警功能，包括：

a) 对全站预警(warning)与告警(alarm)信息进行实时在线甄别和推理，建立统一的预警与告警逻辑，可根据需求上报分层、分类的预警与告警信息。

b) 对预警与告警给出处理指导意见。

6.6.6 故障分析

宜具有故障分析功能，包括：

a) 在电网事故、保护动作、设备或装置故障、异常报警等情况下，宜具有通过对站内事件属性与时序、电测量信息等的综合分析，实现故障类型识别和故障原因分析。

b) 宜实现单事件推理、关联多事件推理、故障推理等智能分析决策功能。

c) 宜具备可视化的故障反演功能。

6.6.7 源端维护

宜具有源端维护功能，包括：

a) 利用配置工具，统一进行信息建模及维护，生成标准配置文件，支持DL/T 860模型到

DL/T 890 模型的转换。

b) 主接线图和分画面图形文件应以标准图形格式上报调度(调控)中心。

c) 具备模型合法性校验功能,包括站控层与间隔层装置的模型一致性校验、站控层 SCD 模型的完整性校验,支持离线和在线校验方式。

6.6.8 数据辨识

宜具有数据辨识功能,包括:

a) 基于站内电测量信息的冗余及关联性,对不良数据进行辨识与处理,提升基础数据的品质。

b) 支持调度(调控)中心对电网状态估计的应用需求。

6.7 数据通信网关机

6.7.1 应根据信息安全分区方案灵活配置,以满足安全防护要求。

6.7.2 应满足与调度(调控)中心的信息交互要求,支持调度(调控)中心对智能变电站进行实时监控、远程浏览及顺序控制等功能,支持调度(调控)中心采集实时电测量信息及设备状态信息以实现电网广域态势感知等功能。

6.7.3 应满足与生产管理系统的信息交互要求,支持智能变电站将设备状态信息报送至生产管理系统,以支持设备状态检修。

6.8 网络通信系统

6.8.1 站内通信

满足变电站各设备间的信息交互需求,同时要求:

a) 应具有网络数据分级、流量控制及优先传送功能,满足全站设备正常运行的需求。

b) 应具备网络风暴抑制功能,网络设备局部故障不应导致网络全局通信异常。

c) 宜实现全站测量、控制、计量、监测、保护基于统一的站内通信网络。

d) 宜具备 DoS 防御能力和防止病毒传播的能力。

e) 应具备方便的配置工具进行网络配置、监视、维护。

f) 应具备对网络所有节点的工况监视与报警功能。

6.8.2 站对外通信

站内各设备和系统与相关主站的通信应根据数据的安全分区原则分别选择专属通道传输数据。与调度(调控)中心信息交互宜遵循 DL/T 634.5104、DL/T 860 等协议。

6.8.3 接入网络的设备

接入变电站通信网络的设备,应满足以下要求:

a) 应基于自描述技术实现站内信息与模型的在线交换。

b) 应具备对报文丢包及数据完整性甄别的功能。

6.9 站用时间同步系统

应遵循 DL/T 1100,并满足下列要求:

a) 站用时间同步系统应能接收北斗和 GPS 授时信号(优先采用北斗),实现时间同步,两种授时互为备用,同时具有守时功能,条件具备时也可采用地面授时时钟的授时信号。

b) 站用时间同步系统为全站 IED 和系统进行授时,实现全站时间同步,授时精度满足各 IED 和系统的要求。

c) 站用时间同步系统应支持 IRIG-B、SNTP、GB/T 25931 等一种或多种对时方式,IED 和系统至少支持其中一种。

6.10 电力系统动态记录装置

应遵循 DL/T 663,并满足以下要求:

a) 应记录系统电压、电流及开关设备状态信息;记录继电保护装置、安全自动装置的动作信息等。

b) 应支持基于站内通信网络或/和点对点等多种采样方式。

c) 应具有记录数据在线转存及离线状态下对所记录的动态过程进行反演与辅助分析的功能;具有对无效数据的甄别功能。

d) 应支持调度(调控)中心远程调阅及综合故障分析等功能。

e) 应符合 6.9 c)的要求。

6.11 网络报文记录仪

应对站内网络通信中的报文进行监视、记录,并满足如下要求:

a) 出现的异常进行告警。

b) 应具有对记录的网络报文进行在线转存及离线状态下对网络报文过程进行反演及分析的功能。

c) 应符合 6.9 c)的要求。

6.12 计量系统

通常由电能量采集终端和若干电能表等组成,在遵循计量设备相关标准的同时满足以下要求:

a) 贸易结算点计量应采用独立电能表。电能表应具备数字量输入接口,应支持基于网络通信的采样方式,接收合并单元的采样值。

b) 非贸易结算点计量可采用独立的电能表,也可以由测控装置等实现电能表的功能。

c) 电能表宜具备谐波功率计量功能;宜支持分时区和时段计量、支持本地及远方对时区和时段设定等功能。

d) 非贸易结算点计量的各关键环节,包括互感器、合并单元、电能表及整个计量系统,应符合非贸易结算点计量的准确级要求和运行管理要求。

e) 对于重要的贸易结算点,宜配置主、副 2 套电能表;主、副电能表应分别从双重化配置的合并单元接收采样值。

f) 计量数据应通过站内通信网络向电能量采集终端报送。

g) 计量系统应符合保密性、安全性要求。

h) 应符合 6.9 c)的要求。

6.13 电能质量监测系统

根据需要,可配置电能质量监测系统。电能质量监测系统由若干电能质量监测装置和综合应用服务器的相关功能模块组成,电能质量监测装置应遵循 GB/T 19862,并满足以下要求:

a) 应接收合并单元的采样值(优先接收采样速率高的合并单元采样值),通过站内通信网络向综合应用服务器报送电能质量监测数据。

b) 应有定时段统计电能质量指标和电能质量事件告警的功能。

c) 电能质量监测各个环节,包括互感器、合并单元、电能质量监测装置及整个电能质量监测系统,均应满足电能质量监测的相关技术要求。

d) 应符合6.9 c)的要求。

e) 宜具有在线进行干扰源辨识的功能。

6.14 站用电源系统

6.14.1 应对全站直流、交流、逆变、UPS、通信等电源进行统一设计、统一配置。

6.14.2 应对站用电源系统进行统一监视，监视信息宜按标准数据模型通过站用电源接口报送至综合应用服务器。

6.15 辅助设施

6.15.1 视频监控

站内宜配置视频监控子系统，并满足以下要求：

a) 可上传图像或/和视频信息。

b) 应接入综合应用服务器，在设备操控、事故处理时能与监控系统、安全警卫子系统协同联动。

c) 对重要枢纽变电站，可具备视频巡视功能。

6.15.2 安全警卫

应配置红外对射或电子围栏、门禁等安全警卫设施，并满足以下要求：

a) 安全警卫信息宜按标准数据模型报送至综合应用服务器。

b) 宜有与应急指挥信息系统进行通信的接口。

c) 宜配备语音广播设施，实现设备区域人员与控制中心的语音交流，非法入侵时能广播告警。

6.15.3 消防

应配置火灾报警及消防子系统，告警信号、监测数据宜按标准数据模型报送至综合应用服务器。

6.15.4 环境监测

应监测环境温度和湿度等；有充 SF_6 气体设备的室内还应监测 SF_6 气体含量，监测信息宜按标准数据模型报送至综合应用服务器。

6.16 节能环保

站用电源可采用或部分采用太阳能、风能等清洁能源；站内照明宜采用高效节能光源。站内建筑宜按绿色建筑标准设计，空调、风机、加热器应实现节能运行。

7 设计

7.1 总体应按第4章、第5章要求进行设计。

7.2 在符合可靠性、可维修性原则的前提下，可整合功能，优化配置，提高设备或/和系统集成度，减少变电站占地面积和建筑面积。

7.3 宜进行电气设备和土建接口的标准化设计，实现变电站装配式施工，缩短建设周期。

7.4 宜采用新型节能环保材料和高能效技术，实现资源节约、环境友好。

7.5 应考虑运行检修、改扩建、调试的便利性和安全性要求。

7.6 对于暂不具备条件实现的功能应用，应预留扩展或升级的接口。

7.7 设计工具应支持基于模型文件生成全站配置文件的功能，满足可视化要求；图纸和配置文件可在后续生产、调试、运行各环节中直接使用。

8 检测

8.1 设备检测

8.1.1 用于变电站的所有设备或可独立检测的设备部件均应进行检测。

8.1.2 检测应依据标准或供、需双方合同约定由具有检测资质的机构执行;型式试验的检测项目应包括功能检测或/和性能检测及环境耐受能力检测等,检测结果应符合相关标准或合同约定要求。

8.2 系统检测

8.2.1 若某项功能由一个以上物理设备组成的系统实现,则应在完成设备检测的基础上进行系统级检测,如智能高压设备、计量系统等。

8.2.2 检测应依据标准或供、需双方合同约定由具有检测资质的机构执行。

8.2.3 检测应遍历各种工况,检测结果应符合相关标准或合同约定要求。

9 调试

9.1 集成联调

在具备条件或需方有要求时,可在工厂或第三方进行联调,按工程实际配置对二次设备或/和系统(宜含第一次设备的智能组件)进行集成联调,检验其功能和性能的符合性。

9.2 现场调试

调试前,应按相关标准及第6章的要求编制调试大纲,优化调试流程,按设备、全站、站与站外系统的顺序进行调试。调试内容应包括功能测试和性能测试。调试应包括正常工况和异常工况,对于改、扩建工程,调试前需要做好安全防护措施。

9.3 调试工具

应配置面向测量、控制、监测、保护、计量等功能的调试工具。建立面向全站或局部的调试环境,以检验其行为的正确性。

10 运行维护

10.1 运行管理

10.1.1 应支持保护定值管理,包括接收定值整定单,对保护定值进行校核等。

10.1.2 应支持源端维护和模型校核功能,并建立站内设备基础信息,为站内其他应用提供基础数据。

10.1.3 运行维护权限管理应区分设备的使用权限和操作权限。

10.2 例行巡检

可利用视频监控系统及其他智能巡检装置等对变电站进行例行巡检。

10.3 定期维修

对于需要定期保养或维修的设备和/或系统,应定期进行保养和维修;对于有准确度等级要求的设备或/和系统，应定期进行准确度等级校验。

10.4 状态检修

10.4.1 根据智能告警信息，及时排查告警原因，必要时进行带电检测；对告警原因不明且不能在线确认状态的设备和/或系统，可适时提出停电检修建议。

10.4.2 根据智能高压设备报送的预警或告警信息，以及格式化的监测数据，结合带电检测、不良工况及家族缺陷记录等，提出检修建议，统筹安排停电检修。

附　录　A

（资料性附录）

智能变电站通信网络和系统基本架构示意图

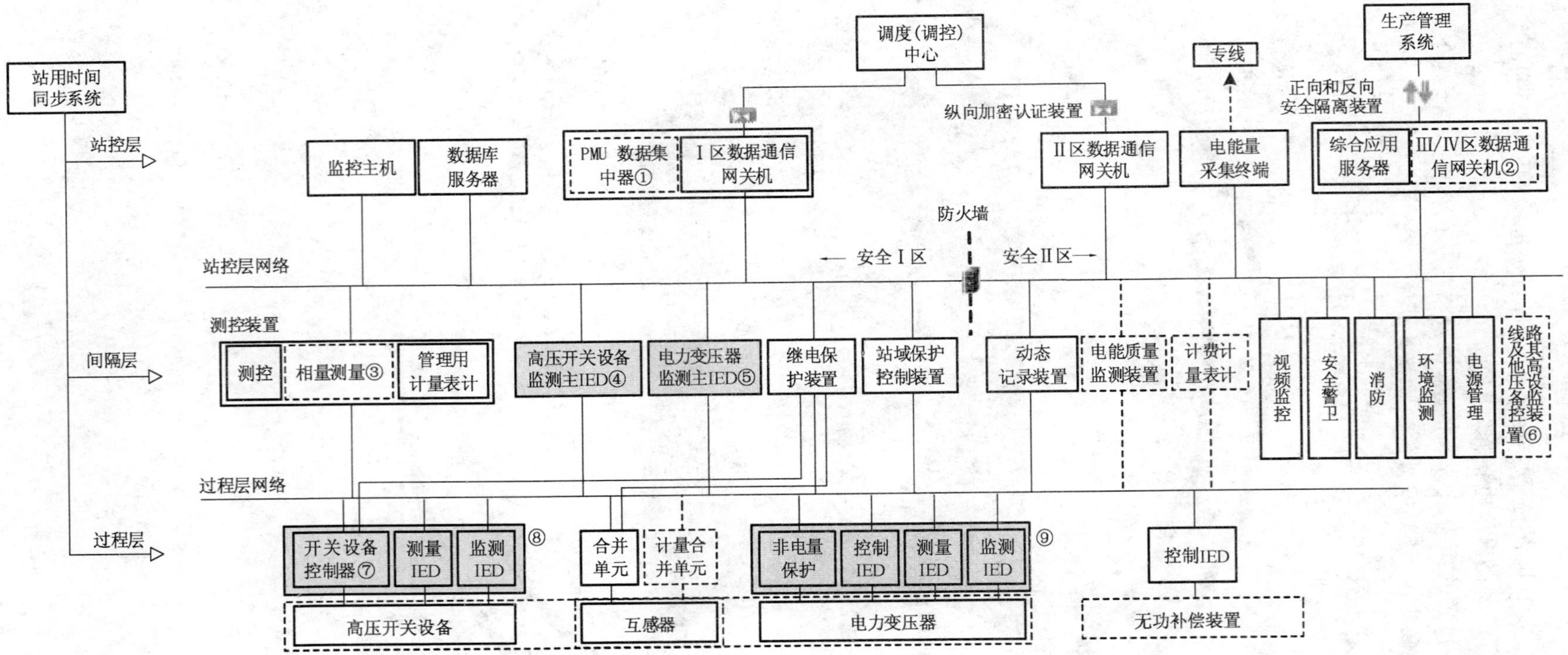

说明：

虚线框——表示此 IED 为可选；其中，变压器、开关设备配置有监测 IED 时，应配置监测主 IED；

①——可为独立装置，也可以集成于Ⅰ区网关机；

②——可为独立装置，也可与综合应用服务器合并；

③——可为独立装置，也可以集成于测控装置；

④——为高压开关设备智能组件的一部分；

⑤——为电力变压器智能组件的一部分，根据调度（调控）中心需要，可接入Ⅰ区或Ⅱ区；

⑥——输电线路及其他高压设备监测信息的接入（如有）；

⑦——也称智能终端，用于实现高压开关设备的网络化控制，需要时可支持选相位操作；

⑧——高压开关设备智能组件；

⑨——电力变压器智能组件。

图 A.1　智能变电站通信网络和系统架构示意图

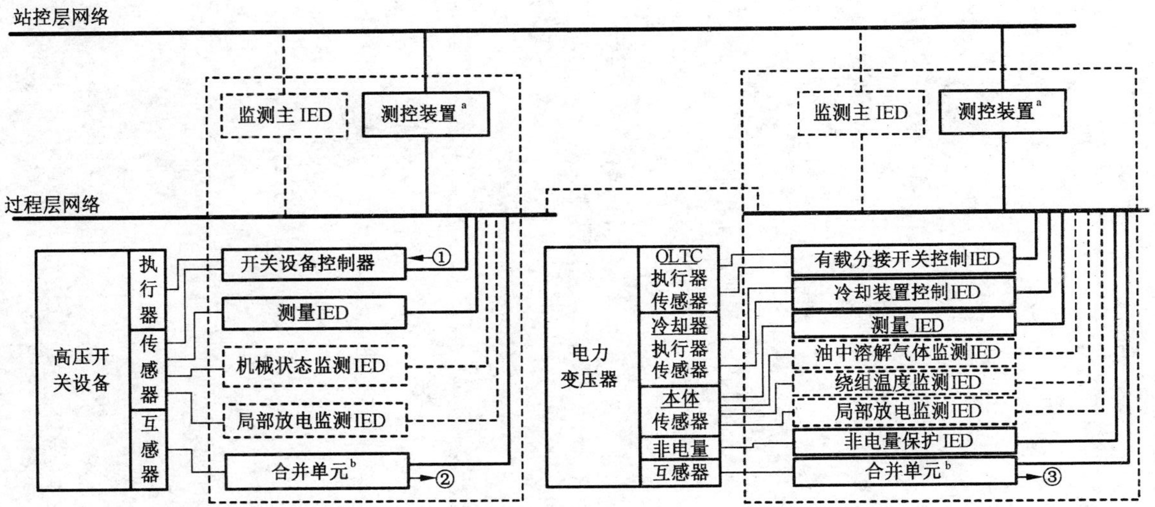

a) 高压开关设备智能组件　　b) 电力变压器智能组件

说明：

监测主 IED——集合智能组件内所有其他相关 IED 信息，实现 6.1.1c)的功能；

测量 IED ——测量有关高压设备运行状态的参量；

监测 IED ——监测有关高压设备可靠性状态的参量；

控制 IED ——实现对高压设备(部件)的网络化控制或/和智能控制；

① ——自相关继电保护装置；

②③ ——至相关继电保护装置；

虚线框 ——表示可选配，当至少有一个监测 IED 时应配置监测主 IED；

根据调度(调控)系统的需要，监测主 IED 可以接入Ⅰ区或Ⅱ区。

[a] 可集成于智能组件。

[b] 可集成于智能组件；如高压设备集成了电子式互感器的传感器，则合并单元宜集成于智能组件。

图 A.2　电力变压器、高压开关设备智能组件示意图

ICS 59.080.01
W 04

中华人民共和国国家标准

GB/T 30156—2013

纺织制品涂层附件腐蚀和磨损的方法

Method of corrosion and wear for the coated accessories of textile products

2013-12-17 发布　　　　2014-10-15 实施

中华人民共和国国家质量监督检验检疫总局
中国国家标准化管理委员会　发布

前　言

本标准按照 GB/T 1.1—2009 给出的规则编写。

本标准由中国纺织工业联合会提出。

本标准由全国纺织品标准化技术委员会基础标准分技术委员会(SAC/TC 209/SC 1)归口。

本标准起草单位:江苏出入境检验检疫局、宁波出入境检验检疫局、江苏省检验检疫科学技术研究院、莱州市电子仪器有限公司、纺织工业标准化研究所。

本标准主要起草人:丁友超、王香香、冯云、曹锡忠、蔡建和、钱凯、傅科杰、张国权。

纺织制品涂层附件腐蚀和磨损的方法

警告——使用本标准的人员应有正规实验室工作的实践经验。本标准并未指出所有可能的安全问题。使用者有责任采取适当的安全和健康措施,并保证符合国家有关法规规定的条件。

1 范围

本标准规定了在检测纺织制品中带涂层金属附件的镍释放量之前的一种加速腐蚀和磨损方法。

本标准适用于镍释放量测定的,表面有金属镀层、清漆或塑料等涂层的拉链、纽扣、铆钉、装饰链和标牌等纺织制品的金属附件。

2 规范性引用文件

下列文件对于本文件的应用是必不可少的。凡是注日期的引用文件,仅注日期的版本适用于本文件。凡是不注日期的引用文件,其最新版本(包括所有的修改单)适用于本文件。

GB/T 6682 分析实验室用水规格和试验方法

3 原理

试样暴露于腐蚀性环境中处理后,放置于装有磨损介质的滚筒中。磨损介质由研磨膏和细颗粒磨料配置而成。使试样与磨损介质发生滚动摩擦。磨损后的试样用于GB/T 30158进行镍释放量检测。

4 试剂

4.1 除非有特别注明,所有能与试样接触的试剂都不得含有镍,所用试剂均为分析纯,试验用水应符合GB/T 6682中规定的三级水。

4.2 DL-乳酸:纯度大于85%。

4.3 氯化钠。

4.4 褐煤酸酯蜡-E蜡(CAS号:73138-45-1)。

4.5 十八烷酸(硬脂酸)(CAS号:57-11-4)。

4.6 液体石蜡(CAS号:8042-47-5):轻质,密度为0.84 g/L~0.86 g/L。

4.7 三乙醇胺(CAS号:102-71-6)。

4.8 二氧化硅(石英)(CAS号:14808-60-7):粒径≤200 μm。

4.9 脱脂溶液:0.5%(质量分数)十二烷基苯磺酸钠(CAS号:25155-30-0)的水溶液,或对市售的中性清洁剂进行适当稀释后使用。

4.10 腐蚀介质:50 g DL-乳酸(4.2)和100 g氯化钠(4.3)溶于1 000 mL水中,摇匀。

4.11 研磨膏,含有以下配制组分(以质量分数计):

——6%~8%的褐煤酸酯蜡-E蜡(4.4);

——3%的十八烷酸(4.5);

——30%~35%的液体石蜡(4.6);

——2%的三乙醇胺(4.7);

——48%的二氧化硅(4.8);

——6%～9%的水。

5 设备和材料

5.1 总则

所有能与试样接触的材料都不得含有镍。

5.2 磨损装置

由滚筒和试样架组成,应符合以下要求:

——滚筒横截面和试样架均为正六边形,内切圆直径为 190 mm,滚筒和试样架可围绕其水平方向的轴旋转,见图 1;

——试样架用于安装试样,确保试样之间以及试样与滚筒和试样架之间在转动过程中不得相互接触,参见图 A.1;

——滚筒转速为(30±2)r/min,并能按顺时针和逆时针两个方向转动。

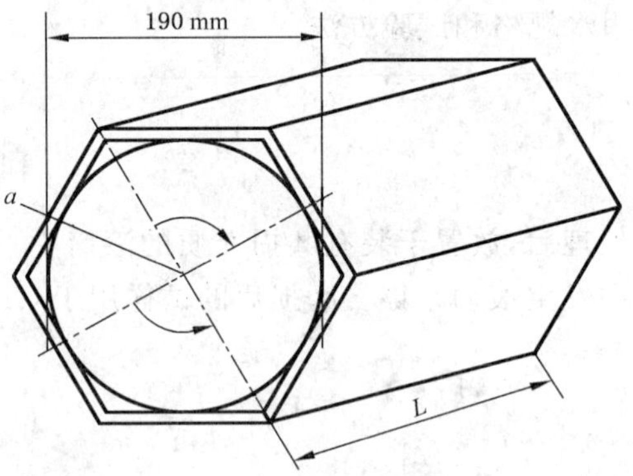

图中:

L ——滚筒长度,根据需要设计;

a ——旋转轴心。

图 1 滚筒示意图

5.3 容器

带有盖子和用于悬挂试样的装置,由惰性材料(例如玻璃或塑料)制成。

5.4 烘箱

实验室烘箱,能够保持温度在(50±2)℃。

5.5 细颗粒磨料

细颗粒磨料的组分为:椰子壳、核桃壳、花生壳和杏壳,按照质量 1∶1∶1∶1 的比例混合,经过研磨并筛选,保证混合物的颗粒大小在 0.8 mm～1.3 mm 之间。

5.6 塑料镊子

6 步骤

6.1 样品制备

在对试样腐蚀(6.2)和磨损(6.3)处理之前,需把其不同零部件拆分开。

用塑料镊子或干净的防护手套对试样进行脱脂处理。将试样置于室温的脱脂溶液(4.9)里轻微搅动 2 min,用水冲洗干净后,置于滤纸上吸湿干燥。

注:此步骤目的是去除试样表面的油脂和皮肤分泌物,而不是去除试样表面的保护性镀层。

6.2 腐蚀程序

将试样悬挂于容器(5.3)中的腐蚀介质(4.10)上方的 2 cm～4 cm 处,将容器密闭放入 50 ℃烘箱(5.4)内,恒温保持 2 h。将容器从烘箱中取出,在通风橱中取出试样,用水冲净。试样放于滤纸上,在室温下干燥 1 h 后,立即执行磨损程序(6.3)。

注:此步骤目的是腐蚀试样表面的金属镀层、清漆、塑料等涂层。

6.3 磨损程序

6.3.1 制备磨损介质

称取足够填充到滚筒(5.2.1)中至一半高度的细颗粒磨料(5.5),按每千克细颗粒磨料中加入 7.5 g 的比例称取好相应的研磨膏(4.11)。使用合适的个人防护手套,先向总重量 10%的细颗粒磨料中加入研磨膏,用手搅拌均匀,直至细颗粒磨料表面无明显的研磨膏。再加入剩余的细颗粒磨料一起放入滚筒中,转动滚筒 5 h 使混合物搅拌均匀。如果磨损介质在 1 周内没有使用,在下次使用之前,应转动滚筒 1 h 使磨损介质重新混合均匀。

注:通过此程序,将颗粒表面覆盖上研磨膏,形成的磨损介质用于磨损。

磨损介质未使用时,应密闭保存。

磨损介质在经历 2 次磨损程序后,每千克细颗粒磨料中再加入 7.5 g 研磨膏。带防护手套,用手拌匀磨损介质,直到细颗粒磨料表面无明显的研磨膏,再放置滚筒中转动 5 h。

磨损介质在使用 4 次磨损程序后,应废弃。

6.3.2 固定试样

试样需要分别固定在试样架内部,避免在滚筒转动时试样之间相互碰撞、试样与筒壁或其它部件的碰撞,从而损坏试样。附录 A 给出了不同纺织制品金属附件固定方式及示例。

6.3.3 磨损试样

将固定好试样的试样架放入滚筒中,然后装半筒磨损介质(6.3.1)。盖上滚筒并将滚筒水平放置在磨损设备(5.2.2)中。

转动滚筒,转速为(30±2)r/min,运行 2.5 h±5 min 后以反方向转动,转动时间共为 5 h±5 min。

6.4 镍释放量测定的准备

6.4.1 从滚筒中取出试样架,拆卸试样架后取出试样。用一块软布或其他合适软质材料轻轻擦拭试样,去除表面残留的磨损介质。

6.4.2 检查试样是否有意外的损坏,如损坏,则该试样作废。

6.4.3 处理好的试样，供 GB/T 30158 进行镍释放量检测。

7 试验报告

试验报告应包括下列内容：

a） 使用的标准（即本标准）编号；

b） 试验日期；

c） 必要时，描述试样的安装方法；

d） 与本标准规定程序的偏离；

e） 试验中出现的异常情况。

附　录　A
(资料性附录)
不同纺织制品金属附件固定方式

A.1　总则

试样固定在试样架上面，把试样架置于六角形滚筒内。

固定材料可为硅橡胶片，硅橡胶条或尼龙绳等材料。

A.2　试样的固定

如果仅需测试试样单面，测试面应朝向滚筒旋转中心。如果试样较长，样品的长度方向与滚筒的轴线平行。待磨损的试样距离筒壁 10 mm～30 mm。

注：直接和长期接触皮肤的试样面为测试面。

A.3　不同纺织制品金属附件固定方式示例

A.3.1　拉链：仅检测拉链头。采用合适的方法，把尼龙绳或硅橡胶条缠绕、固定在拉头的支芯上，分别从拉头的啮合口和导入口抽出固定材料的末端，将拉头固定在试样架上。

A.3.2　工字扣：将工字扣的面扣和底扣分开，独立测试。利用面扣和底扣的凸起部分，用尼龙绳缠绕后固定在试样架上。

A.3.3　四合扣：将四合扣的扣面、簧面、底面和高脚分开。扣面和高脚用尼龙绳缠绕凸起部位而固定在试样架上，簧面和底扣用细尼龙绳穿过中间的孔，采用图 A.1 的方式固定在试样架上。

A.3.4　气眼、绳扣、吊扣：用细尼龙绳穿过气眼、绳扣或吊扣的中间的孔，参见图 A.1 的方式固定在试样架上。在固定气眼、绳扣或吊扣时，平面朝向转动轴，凸出部分朝向壁面。

A.3.5　装饰链：参见图 A.1，将硅橡胶条穿过试样架塑料片的孔部，连接装饰链进行固定。

A.3.6　标牌：利用标牌上的缝纫线孔，或用锥子等合适工具在标牌长度方向的两端中心钻两个小孔，用细尼龙绳穿过小孔后固定在试样架上，参见图 A.1。

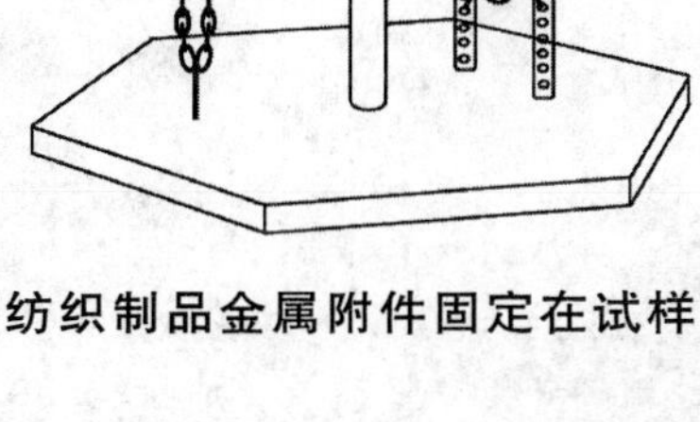

图 A.1　不同纺织制品金属附件固定在试样架上的示意图

ICS 59.080.01
W 04

中华人民共和国国家标准

GB/T 30157—2013

纺织品　总铅和总镉含量的测定

Textiles—Determination of total content of lead and cadmium

2013-12-17 发布　　　　2014-10-15 实施

中华人民共和国国家质量监督检验检疫总局
中国国家标准化管理委员会　发布

前　言

本标准按照GB/T 1.1—2009给出的规则起草。

本标准由中国纺织工业联合会提出。

本标准由全国纺织品标准化技术委员会基础标准分技术委员会(SAC/TC 209/SC 1)归口。

本标准起草单位:中纺标(北京)检验认证中心有限公司、国家纺织制品质量监督检验中心、中华人民共和国宁波出入境检验检疫局。

本标准主要起草人:章辉、井婷婷、郑宇秀、保琦蓓、冯云、傅科杰。

纺织品　总铅和总镉含量的测定

警告：使用本标准的人员应有正规实验室工作的实践经验。本标准并未指出所有可能的安全问题。使用者有责任采取适当的安全和健康措施，并保证符合国家有关法规规定的条件。

1　范围

本标准规定了纺织产品中总铅和总镉含量的测定方法。

本标准适用于各种纺织产品。

2　规范性引用文件

下列文件对于本文件的应用是必不可少的。凡是注日期的引用文件，仅注日期的版本适用于本文件。凡是不注日期的引用文件，其最新版本(包括所有的修改单)适用于本文件。

GB/T 6682　分析实验室用水规格和试验方法

3　原理

试样经浓酸消解，消解后的溶液经稀释定容后用电感耦合等离子体发射光谱仪(ICP-AES)在适当的条件下测定铅和镉的发射强度，或用原子吸收分光光度计测量铅和镉的吸光度，对照标准工作曲线确定各种金属离子的浓度，计算出试样中重金属的总量。

4　试剂和材料

除非另有说明，仅使用分析纯或以上级别的试剂和 GB/T 6682 规定的二级水或以上级别的水。

4.1　浓硝酸

4.2　3%(体积分数)硝酸

取 3 mL 浓硝酸(4.1)，用二级水定容至 100 mL。

4.3　氟硼酸

4.4　氢氟酸

4.5　过氧化氢

4.6　标准储备溶液

各元素标准储备溶液可使用标准物质或按如下方法配制。

4.6.1　铅(Pb)标准储备溶液(1 000 μg/mL)

称取 0.160 g 硝酸铅[$Pb(NO_3)_2$]，用 10 mL 硝酸(1+9)溶解，移入 100 mL 容量瓶中稀释至刻度。

4.6.2 镉(Cd)标准储备溶液(1 000 μg/mL)

称取 0.203 g 氯化镉($CdCl_2 \cdot \frac{5}{2}H_2O$),用 10 mL 硝酸(1+9)溶解,移入 100 mL 容量瓶中,稀释至刻度。

注:除另有规定外,标准储备溶液在常温(15 ℃~25 ℃)下保存期为 6 个月,当出现浑浊、沉淀或颜色有变化等现象时,宜重新制备。

4.7 标准工作溶液(50 μg/mL)

从标准储备溶液中准确移取 2.50 mL 置于容量瓶中,用 3%硝酸(4.2)定容至 50 mL。

注:标准工作溶液在常温(15 ℃~25 ℃)下有效期一般为二周,若出现浑浊、沉淀或颜色有变化等现象时,宜重新制备。

5 设备和仪器

5.1 电感耦合等离子体发射光谱仪(ICP-AES)或原子吸收分光光度计。

5.2 微波消解仪:带程序温度控制功能。

5.3 消解容器。

5.4 一次性刀片。

5.5 容量瓶:50 mL,100 mL。

5.6 移液管:0.5 mL,1.0 mL,2.0 mL。

5.7 水相过滤膜:孔径 0.45 μm。

5.8 天平:精度为 0.01 mg。

6 分析步骤

6.1 试样的制备与处理

6.1.1 制备

取有代表性试样,将试样剪碎至 5 mm×5 mm 的小片,称取 0.2 g 左右的试样,精确至 0.000 1 g。

6.1.2 消解

往装有待测试样和空白的消解容器中分别加入 5.0 mL 浓硝酸(4.1),待试样和酸在室温下反应完全后,将消解容器密封并放置到微波消解仪(5.2)中,用 10 min 升温至(175±5)℃,并在(175±5)℃保持 5 min,让试样冷却至少 5 min,然后从微波消解仪中取出。打开消解容器前应先在通风柜中将微波消解罐冷却到室温或冷却至少 30 min。

注 1:由于消解仪型号不同,不同实验室可采用不同的消解程序,只要保证样品消解完全即可。

注 2:对于 PU 等较难消解的涂层样品,可加入适量氟硼酸、氢氟酸和双氧水等。

注 3:在试验中如使用了氢氟酸,要加 30 mL 4%的硼酸到每个容器中,使之与氢氟酸络合以保护石英等离子矩管。

6.1.3 样液定容

将消化后的溶液转移于 50 mL 的容量瓶(5.5)中,用少量水分 3 次淋洗消解容器,合并淋洗液于容量瓶中,用水定容到刻度,混匀,过水相过滤膜(5.7),滤液应尽快用于电感耦合等离子体发射光谱仪(ICP-AES)或原子吸收分光光度计(5.1)分析。

注:纺织产品用辅料和装饰部件的预处理方法参见附录 A。

6.2 ICP-AES 分析和测定

6.2.1 ICP-AES 分析元素的分析波长

Pb 元素分析波长为 220.3 nm，Cd 元素分析波长为 214.4 nm。

注：为了消除其他元素的光谱干扰，可同时选取一条其他波长处的谱线作参考。

6.2.2 测定

6.2.2.1 工作曲线的测定

根据试验要求和仪器情况，将标准工作溶液(4.7)用水逐级稀释至适当浓度的系列工作溶液，设置仪器的分析条件，点燃等离子体焰距，待焰距稳定后，在相应的波长下，按浓度由低到高的顺序测定系列工作溶液中各待测元素的光谱强度。以光谱强度为纵坐标，元素浓度(μg/mL)为横坐标，绘制工作曲线。

6.2.2.2 样液的测定

按 6.2.2.1 所设定的仪器条件，测定空白溶液和样液(6.1.3)中各待测元素的光谱强度，从工作曲线上计算出各待测元素的浓度。

注 1：若样液中铅和镉的浓度超过了标准曲线最高点的 1.5 倍，宜将样液进行适当稀释，重新进行分析。

注 2：测定空白溶液和样液中的铅和镉浓度时，也可以采用火焰原子吸收光谱法，采用该方法时应注意校正可能存在的干扰。报告中要注明采用的方法。

注 3：不同仪器的分析条件可能有所不同，部分 ICP 光谱仪的工作条件及待测元素的分析波长参见附录 B。

6.2.2.3 质量核查

每进行 20 次试验测试后都要做质量校正曲线，以保证试验结果的准确性。

7 结果计算

7.1 试样中的重金属元素 i 的含量，按式(1)计算。

$$w_i = \frac{(c_i - c_0) \times V}{m} \qquad \cdots\cdots(1)$$

式中：

w_i ——试样中重金属元素 i 的总含量，单位为毫克每千克(mg/kg)；

c_i ——样液中被测重金属元素 i 的质量浓度，单位为微克每毫升(μg/mL)；

c_0 ——空白溶液中被测重金属元素 i 的质量浓度，单位为微克每毫升(μg/mL)；

V ——样液的总体积，单位为毫升(mL)；

m ——试样的质量，单位为克(g)。

7.2 计算结果表示到个位数。低于测定低限时，试验结果为未检出。

8 测定低限和精密度

8.1 方法的检出限

本方法中铅的检出限为 2.50 mg/kg，镉的检出限为 0.25 mg/kg。如果采用火焰原子吸收光谱法分析，方法的检出限可能有所差异。

8.2 精密度

在同一实验室，由同一操作者使用相同的设备、按相同的测试方法，并在短时间内对同一被测对象相互独立进行的测试获得的两次独立测试结果的相对标准偏差不大于10%。以大于这两个测定值的算术平均值的10%的情况不超过5%为前提。

9 试验报告

试验报告至少应给出下述内容：

a) 使用的标准(即本标准)编号；

b) 样品来源及描述；

c) 测试结果；

d) 任何偏离本标准的细节；

e) 试验日期。

附　录　A
（资料性附录）
纺织产品用辅料和装饰部件的前处理方法

A.1　试剂

A.1.1　第4章所列试剂。

A.1.2　浓盐酸。

A.2　仪器与设备

A.2.1　第5章所列仪器与设备。

A.2.2　金属切割器。

A.2.3　旋转式研磨机。

A.2.4　低温粉碎机。

A.3　分析步骤

A.3.1　样品前处理

A.3.1.1　有涂层样品的制备

用一次性刀片将表面涂层刮下，不要刮掉基质，称取刮下的涂层20 mg～100 mg作为试样，精确至0.1 mg，置于微波消解容器(5.3)中，并按6.1.2～6.1.3进行处理。

A.3.1.2　没有涂层的样品的制备

A.3.1.2.1　金属材料

将样品用金属切割器(A.2.2)切碎或用旋转式研磨机(A.2.3)将金属研碎。称取30 mg～100 mg试样，精确至0.1 mg，置于微波消解容器(5.3)中。

往装有待测试样和空白的消解容器中分别加入4.5 mL浓硝酸(4.1)和1.5 mL浓盐酸(A.1.2)，待试样和酸反应完全后，将消解容器密封放置到微波消解仪(5.2)中，用5.5 min升温至(175±5)℃，并在(175±5)℃保持4.5 min，让样品冷却至少5 min，然后从微波消解仪中取出。打开消解容器前应先在通风柜中将微波消解罐冷却到室温或冷却至少30 min。

根据取样量的大小将消化后的溶液转移于合适的容量瓶(5.5)中，用少量的水淋洗消解容器，合并淋洗液于容量瓶中，用水定容到刻度，混匀，过水相过滤膜(5.7)，此液体用ICP-AES或原子吸收分光光度计(5.1)分析和测定(6.2)。

注：一般情况下，当取样量在20 mg～49 mg时，转移消化后的溶液于10 mL容量瓶中；当取样量在50 mg～100 mg时，转移消化后的溶液于25 mL容量瓶中。

A.3.1.2.2　塑料、聚合物等非硅质材料

将样品用低温粉碎机(A.2.4)粉碎或剪碎到不大于1 mm×1 mm×1 mm，称取30 mg～100 mg粉碎的试样，精确至0.1 mg，置于微波消解容器中。

往装有测试样和空白的消解容器中分别加入8.0 mL浓硝酸，待试样和酸反应完全后，将消解容器密封并放置到微波消解仪中，用20 min升温至(210±5)℃，并在(210±5)℃保持10 min，让样品冷却至少5 min，然后从微波消解仪中取出。打开消解容器前应先在通风柜中将消解罐冷却到室温或至少30 min。

根据取样量的大小将消化后的溶液转移于合适的容量瓶(5.5)中，用少量的水淋洗消解容器，合并淋洗液于容量瓶中，用水定容到刻度，混匀，过水相过滤膜(5.7)，此液体用于ICP-AES分析或其他合适的仪器(5.1)分析和测定(6.2)。

A.3.1.2.3　水晶、玻璃等硅质材料

将样品用低温粉碎机(A.2.4)粉碎。称取30 mg～100 mg粉碎的试样，精确至0.1 mg，置于微波消解容器中。

往装有测试样和空白的消解容器中分别加入3 mL浓硝酸(4.1)和1 mL氢氟酸(4.4)，待试样和酸反应完全后，将消解容器密封并放置到微波消解仪中，用5.5 min升温至(175±5)℃，并在(175±5 ℃)保持9.5 min，让样品冷却至少5 min，然后从微波消解仪中取出。打开消解容器前应先在通风柜中将微波消解罐冷却到室温或冷却至少30 min。

根据取样量的大小将消化后的溶液转移于合适的容量瓶(5.5)中，用少量的水淋洗消解容器，合并淋洗液于容量瓶中，用水定容到刻度，混匀，过水相过滤膜(5.7)，此液体用于ICP-AES或其他合适的仪器(5.1)分析和测定(6.2)。

附　录　B
（资料性附录）
ICP 光谱仪的工作条件

表 B.1　ICP 光谱仪的工作条件

光谱仪型号		IRIS HR	IRIS Advantage ICAP	JY238	JY70P	JY381	P-4010	Baird PS4	ICP-2000
高频功率发生器	入射功率/W	1 150	1 150	1 000	1 480	1 000	1 000	1 150	1 800
	反射功率/W	—	—	<5	—	—	<5	<5	<3
	工作频率/MHz	27.12	27.12	40.68	56	40.68	27.12	40.68	40.68
气路系统	观测高度/mm	15	15	15	18	16	13	10	15
	冷却气/(L/min)	14	14	15	15	16	11	12	12
	辅助气/(L/min)	0.5	0.5	—	1.0	1.0	1.0	1.0	0.4
	载气/(L/min)	—	—	0.3	1.0	0.7	0.6	0.5	0.4
	雾化器压力/kPa(psi)	270.3(30.06)	165.9(24.06)	—	—	—	—	—	—
	蠕动泵转速/(r/min)	100	100	—	—	—	—	—	—
数据处理系统	短波部分积分时间/s	30	10	视元素而定	视元素而定	5	5	5	5
	长波部分积分时间/s	10	5			5	5	5	5
	积分次数	3	3			3	4	4	2

表 B.2　元素的分析波长及衍射级

元素	Pb	Cd
波长(衍射级)	220.3 261.4	214.4 226.5 228.8

ICS 59.080.01
W 04

中华人民共和国国家标准

GB/T 30158—2013

纺织制品附件镍释放量的测定

Determination of nickel released from accessories on textile products

2013-12-17 发布　　2014-10-15 实施

中华人民共和国国家质量监督检验检疫总局
中国国家标准化管理委员会　发布

前　言

本标准按照 GB/T 1.1—2009 给出的规则起草。

本标准由中国纺织工业联合会提出。

本标准由全国纺织品标准化技术委员会基础标准分技术委员会(SAC/TC 209/SC 1)归口。

本标准起草单位:中华人民共和国宁波出入境检验检疫局、中华人民共和国江苏出入境检验检疫局、纺织工业标准化研究所。

本标准主要起草人:傅科杰、冯云、丁友超、傅丹华、杨树娟、保琦蓓、杨力生、张弛、任清庆。

纺织制品附件镍释放量的测定

警告:使用本标准的人员应有正规实验室工作的实践经验。本标准并未指出所有可能的安全问题。使用者有责任采取适当的安全和健康措施,并保证符合国家有关法规规定的条件。

1 范围

本标准规定了纺织制品中直接与皮肤频繁接触附件镍释放量的测定方法。

本标准适用于纺织制品中的附件,如拉链、纽扣等镍释放量的测定,其他类附件可参照执行。

2 规范性引用文件

下列文件对于本文件的应用是必不可少的。凡是注日期的引用文件,仅注日期的版本适用于本文件。凡是不注日期的引用文件,其最新版本(包括所有的修改单)适用于本文件。

GB/T 6682 分析实验室用水规格和试验方法

GB/T 8170 数字修约规则与极限数值的表述和判定

GB/T 30156 纺织制品涂层附件腐蚀和磨损的方法

3 原理

将用于测试镍释放量的附件样品放置于人工汗液中一星期[(168±2)h],用原子吸收光谱仪、电感耦合等离子体发射光谱仪或者其他合适的分析仪器测定释放溶液中镍的浓度,结合样品面积计算出附件的镍释放量。镍的释放量用微克每平方厘米每星期[$\mu g/(cm^2 \cdot 周)$]表示。

4 试剂

除非另有说明,所用试剂均为分析纯,且应不含有镍。试验用水应符合GB/T 6682中规定的三级水或以上级别的水。

4.1 氯化钠。

4.2 DL-乳酸:大于88%(质量分数),$\rho=1.21$ g/mL。

4.3 尿素。

4.4 氢氧化钠:固体,纯度98%以上。

4.5 1 mol/L氢氧化钠溶液:称取(4.00±0.01)g氢氧化钠(4.4)至100 mL烧杯内,加水50 mL,搅拌并冷却至室温,将溶液转移至100 mL容量瓶中,用水稀释定容至刻度。

4.6 0.1 mol/L氢氧化钠溶液:量取25 mL氢氧化钠溶液(4.5)至250 mL容量瓶中,用水稀释定容至刻度。

4.7 盐酸:$\rho=1.16$ g/mL,32%(体积分数)。

4.8 0.1 mol/L盐酸溶液:量取10 mL盐酸(4.7)至100 mL容量瓶中,用水稀释定容至刻度,混匀。

4.9 硝酸:65%(质量分数),$\rho=1.40$ g/mL。

4.10 稀硝酸溶液:约为5%(质量分数)。将30 mL硝酸(4.9)移入预先装有350 mL水的500 mL烧杯中,搅拌并冷却至室温,将溶液移入500 mL容量瓶,用水稀释至刻度。

4.11 脱脂溶液:将 5 g 阴离子型表面活性剂(例如,十二烷基苯磺酸钠或烷芳基磺酸钠)溶解于 1 000 mL 水中。其他中性的商业洗涤剂经稀释后也可使用。

4.12 蜡或漆:选用合适的蜡和漆,在试样的非测试表面涂上一层或多层,防止在进行镍释放量试验时镍从非测试表面逸出。

4.13 镍标准储备液(100 μg/mL):称取 0.448 g 硫酸镍($NiSO_4 \cdot 6H_2O$)溶于水,移入 1 000 mL 容量瓶中,稀释至刻度。也可购买有证国家标准溶液进行配制。

注:除另有规定外,标准储备溶液在常温(15 ℃~25 ℃)下保存期为 6 个月,当出现浑浊、沉淀或颜色有变化等现象时,需重新配制。

5 仪器与设备

5.1 pH 计:测量精度至少为 0.05。

5.2 分析仪器:仪器对镍的检测限至少为 0.01 mg/L。推荐使用电感耦合等离子体发射光谱仪、石墨炉原子吸收光谱仪或其他合适的分析仪器。

5.3 带温控的水浴或烘箱:控温能力为(30±2)℃。

5.4 带盖的容器:容器和盖均以不含镍且耐酸的非金属材料(如玻璃、聚丙烯、聚四氟乙烯、聚苯乙烯等)制成。采用合适的方式使样品悬浮于人工汗液中,应避免试样测试部位接触容器的底部或壁,所用汗液应能全部覆盖试样。

注:容器的选择可参见附录 A,为了消除玻璃容器中镍的干扰,建议容器在实验前采用稀硝酸溶液(4.10)浸泡 4 h 以上,用水冲洗干净,干燥。

5.5 测量器具:用于测量样品的测试面积,如精度为 0.01 mm 的游标卡尺。

5.6 天平:精度为万分之一。

6 样品前处理

6.1 样品测试前准备

见附录 B。

6.2 样品测试面积

6.2.1 样品测试面积的确定

样品测试面积应为表面直接与皮肤频繁接触的附件的面积,单位为平方厘米(cm^2)。

为达到必要的分析灵敏度,被测样品测试面积至少 0.2 cm^2。必要时完全相同的样品可以一起测试以达到该最小面积。

当样品由均一性材料制成时,样品的整个面积都应被考虑,无论其是否频繁与人体皮肤接触。

注:样品测试面积计算参见附录 A。

6.2.2 样品测试面积以外面积的保护

为避免从样品非测试表面上释放出镍,这类表面应除去或加以保护,使其不接触人工汗液。在去除油脂后,涂上一层或多层能防止镍释放的蜡或漆(4.12)。

6.3 样品脱脂

在室温下,将样品置于脱脂溶液(4.11)中轻轻搅动 2 min,以水冲洗、晾干。去除油脂后的样品,应使用塑料镊子或戴清洁的防护手套进行后续试验。

注：这一清洗步骤的目的是去除外来的油脂和皮肤的分泌物，而不是去除防护涂层。

7 步骤

7.1 人工汗液的制备

人工汗液为含有下列成分的水溶液：

a) 氯化钠(4.1)，0.5%(质量分数)；

b) 乳酸(4.2)，0.1%(质量分数)；

c) 尿素(4.3)，0.1%(质量分数)；

d) 1 mol/L 氢氧化钠溶液(4.5)和 0.1 mol/L 氢氧化钠溶液(4.6)。

将(1.00±0.01)g 尿素(4.3)，(5.00±0.05)g 氯化钠(4.1)和(1.00±0.01)g 乳酸(4.2)置于 1 000 mL 烧杯中，加入水 900 mL，搅拌至试剂完全溶解。

用 1 mol/L 的氢氧化钠溶液(4.5)调节人工汗液 pH 值至(5.50±0.05)，然后逐滴加入 0.1 mol/L 的氢氧化钠溶液，直至 pH 值稳定在(6.50±0.05)。10 min 后再测试人工汗液的 pH 值，确保仍在(6.50±0.05)范围内。

将人工汗液转移至 1 000 mL 容量瓶，以水稀释至刻度，人工汗液配制后应在当天内使用。

注：pH 调试过程中可逐滴加入 0.1 mol/L 的盐酸(4.8)，使 pH 值降低。

7.2 释放过程

将试样采用合适的方式置于带盖的容器(5.4)内，按照试样测试面积每平方厘米 1 mL 的比例加入人工汗液(7.1)。试样测试面积应全部浸入人工汗液中，但用蜡或漆保护的表面不必浸入。无论试样测试面积大小，人工汗液至少为 0.5 mL。用密闭的盖子封盖容器，以免汗液蒸发。记录试样测试面积和使用的人工汗液体积。

将容器静置于温度恒定的水浴或烘箱(5.3)内，于(30±2)℃下静置(168±2)h，不要搅动。

(168±2)h 后，将试样缓慢地从人工汗液中取出，并适当地翻转以收集包括试样孔洞内的所有人工汗液，不要冲洗试样。

将收集到的人工汗液定量转移至适当的容量瓶中。为防止释放出的镍再沉淀，向容量瓶内加入适量的稀硝酸溶液(4.10)，以水稀释至刻度，使溶液中硝酸浓度约为 1%，此溶液即为测试溶液。

容量瓶大小的选定应考虑测定镍时所用仪器的灵敏度，测试溶液的最后体积至少为 2 mL。

注：测试溶液建议避免过滤，以免发生溶液污染而影响结果。

7.3 测定

选用合适的仪器(5.2)对测试溶液进行镍浓度测试，由于不同仪器试验条件不同，因此不可能给出普遍的参数，附录 C 所列试验条件已被证明对测试是合适的。

7.3.1 校准溶液

采用镍标准储备液(4.13)配制成系列校准溶液，校准溶液基体应与测试溶液尽量保持一致，校准溶液的浓度范围应包括测试溶液中镍的浓度。

7.3.2 试样数量

只要可能，至少用 3 份平行样品进行测定。

7.3.3 空白试验

与试样同时进行空白试验。空白试验过程按(7.2)进行。

7.3.4 质量控制

可采用质量控制参考片对测试结果进行质量控制,具体实验过程按步骤(7.2)进行。质量控制参考片应满足附录D的要求。

8 结果的计算

按式(1)计算样品的镍释放量,以微克每平方厘米每星期[μg/(cm² · 周)]表示。

$$d = \frac{V \times (c_1 - c_0)}{1\,000a} \qquad \cdots\cdots(1)$$

式中:

a ——试样测试面积,单位为平方厘米(cm^2);

V ——测试溶液的体积,单位为毫升(mL);

c_1 ——一周后测试溶液中的镍浓度,单位为微克每升(μg/L);

c_0 ——一周后空白试验溶液中的镍浓度,单位为微克每升(μg/L)。

取测定结果的算术平均值作为试验结果,计算结果按GB/T 8170修约到小数点后两位。

9 试验报告

试验报告至少应包括以下内容:

a) 样品的信息,包括样品来源、接样日期、测试面积、其他必要的描述;

b) 使用的标准(包括发布年号);

c) 试样的前处理方法;

d) 样品镍释放量的结果;

e) 任何偏离标准的异常;

f) 试验日期。

附 录 A
（资料性附录）
样品测试面积的计算和试验容器选择

样品测试面积的计算是影响测试结果的重要因素，样品测试面积的测量可按以下方法进行。

A.1 测试面积测量方法

A.1.1 测试面积测量

选定好样品可能直接与皮肤频繁接触的表面的几何形状，然后根据其形状选取合适的数学公式计算其面积。测试面积的测定应使用合适的测量器具进行测量。对于形状不规则的表面，可测量其投影面积进行试验。

A.1.2 简化计算测试面积

如果可能的话，使用常见的几何体来分解并计算样品的测试面积，例如：

a) 立方体；

b) 棱柱体；

c) 圆柱体；

d) 圆锥体；

e) 球体。

A.2 镍释放测试的试验容器

样品的试验容器(5.4)应选用能满足使测试液体积(mL)与测试面积(cm^2)比例接近1：1的合适容器。对于那些由于其面积或形状原因不能达到1：1比例的，可参考表A.1所给出的比例。

表 A.1 测试液体积与测试面积参考比例

表面积/cm^2	测试液体积/mL
0～5	按测试面积与体积1：1取
5～10	10
10～25	25
25～50	50
＞50	100

附　录　B
（规范性附录）
进行镍释放测试前的准备要求

B.1　概述

本附录为进行镍释放测试前对测试样品的准备要求。

B.2　要求与原理

对样品进行镍释放的测试，首先需要选择好最有可能直接与皮肤频繁接触样品表面，然后确定采用何种镍释放的测试方法。在进行测试前，需先测定所选定表面的表面积并选择合适的仪器设备测定测试溶液中镍的浓度。

B.3　镍释放测试方法的确定

直接与皮肤频繁接触的不含涂层的样品可直接按本标准方法进行测定。

直接与皮肤频繁接触的含涂层且涂层中不含镍的样品先根据 GB/T 30156 进行前处理，再按本标准方法进行测定。

直接与皮肤频繁接触的含涂层且涂层中含镍的样品可直接按本标准方法进行测定，或先按 GB/T 30156 进行处理后再按本标准方法进行测定。

注：可采用 X 射线荧光光谱、扫描电镜-能谱或其他合适的方法来确定样品的涂层中是否含有镍。

B.4　直接与皮肤频繁接触测试表面的确定

本标准的基本要求是进行测试的样品的镍释放量必须具有代表性。没有直接与皮肤频繁接触的样品表面不应作为测试面积进行选取。进行镍释放测定的表面应确定是均质还是非均质材料制成，可通过视觉观察得出。

对于均质物品，不用考虑表面是否直接与皮肤频繁接触，可对整个样品表面进行镍释放量的测定。

对于非均质物品，镍释放量的测定需选取具有代表性表面进行。具体可参考以下情形：

a）　情形 1

直接与皮肤频繁接触的表面由不同材料组成或存在不同表面处理方式时，应进行拆卸成或剪成各自含有均质的分部分。各分部分根据均质材料样品进行测试。

计算各分部分的镍释放量，进行面积加权后得到直接与皮肤频繁接触部分的平均释放量。应尽可能计算直接与皮肤频繁接触未掩盖部分的面积。

b）　情形 2

当样品既不符合上述情形 1，又不能被拆卸或剪切时，将整个样品按均质样品进行测试，以平均镍释放量表示最终结果。

在没有其他选择的情况下，平均镍释放量是可以得到的最佳评估。

附 录 C
(资料性附录)
仪器参考工作条件

C.1 石墨炉原子吸收光谱仪

表 C.1 是参考横向加热石墨炉工作条件,其他型号仪器可以参照使用。

表 C.1 横向加热石墨炉工作条件

步骤	升温程序	温度/℃	时间/s	载气流速/(L/min)
1	蒸发过程	85	5.0	3.0
2		95	40.0	3.0
3		120	10.0	3.0
4	灰化过程	800	5.0	3.0
5		800	1.0	3.0
6		800	2.0	3.0
7	原子化过程	2 400	1.0	0
8		2 400	2.0	0
9		2 400	2.0	3.0

注:基体改进剂推荐用 1 000 μg/L～1 500 μg/L 的硝酸钯为基体改进剂,进样方式为共进,进样量为 5 μL,灰化温度可提高到 850 ℃。

C.2 电感耦合等离子发射光谱仪

表 C.2 是参考电感耦合等离子体发射光谱仪工作条件,其他型号仪器可以参照使用。

表 C.2 电感耦合等离子体发射光谱仪工作条件

高频功率发生器	入射功率/W	1 120
气路系统	观测高度/mm	10
	等离子气流量/(L/min)	15
	辅助气/(L/min)	1.5
	雾化器流量/(L/min)	0.8
	蠕动泵转速/(r/min)	15
	清洗时间/s	10
数据处理系统	仪器稳定延时/s	15
	进样延时/s	20
	一次性读数时间/s	5
	长波部分积分时间/s	5
	积分次数	3
分析波长/nm		Ni 231.604

附　录　D
（规范性附录）
质量控制参考片的要求

为满足本标准的测试要求，各实验室对质量控制参考片的测试结果应分布在[0.19，0.49]μg/(cm^2·周)的范围之间，区间左右两端分别为实验室可接受结果的上下区间边界。质量控制参考片不可重复使用。

D.1　参考片的组分

下列合金成分证明是合适的：

为准确地生产质量控制参考片，至少配制需要1 kg合金。将金(纯度不低于99.99%)、铜(纯度不低于99.9%)、镍(纯度不低于99.9%)和锌(纯度不低于99.9%)的称量精确到±0.1 g，以获得如下组分(见表D.1)：

表 D.1　参考试片的组分

元素	质量分数/%
Au	76.0
Cu	16.0
Ni	6.0
Zn	2.0

此外，还可以采用24%(质量分数)预先制作好的合金(组分如表D.2所示)和76%(质量分数)的金生产参考片。

表 D.2　预先制作好的合金组分

元素	质量分数/%
Cu	66.7
Ni	25.0
Zn	8.3

参考片中金含量的质量偏差不超过±0.1%，铜、镍、锌的质量偏差不超过±0.2%，合金的维氏硬度应为(190±5)HV。

质量控制参考片应采用上述的合金制成，并具有下列尺寸(见图D.1)：

——直径：(12.0±1.0)mm；

——厚度：(0.5±0.1)mm；

——中央孔径：(1.0±0.2)mm。

注：整个操作过程应避免材料表面沾染镍。

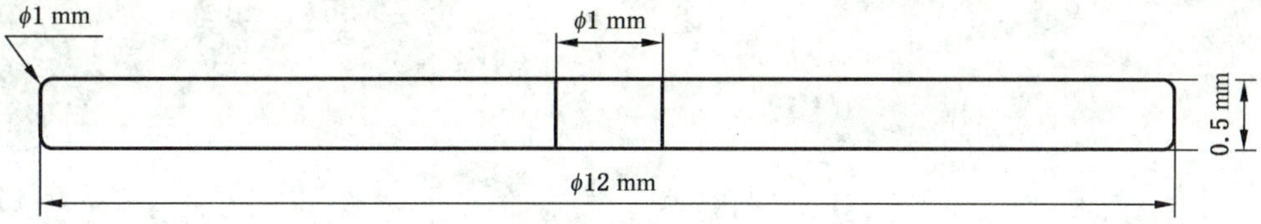

图 D.1 质量控制参考片的尺寸

ICS 59.080.30
W 04

中华人民共和国国家标准

GB/T 30159.1—2013

纺织品　防污性能的检测和评价
第1部分：耐沾污性

Textiles—Testing and evaluation for anti-soil properties—
Part 1: Stain resistance

2013-12-17 发布　　2014-10-15 实施

中华人民共和国国家质量监督检验检疫总局
中国国家标准化管理委员会　发布

前　言

GB/T 30159《纺织品　防污性能的检测和评价》包括以下2个部分：

——第1部分：耐沾污性；

——第2部分：易去污性。

本部分为GB/T 30159的第1部分。

本部分按照GB/T 1.1—2009给出的规则起草。

本部分由中国纺织工业联合会提出。

本部分由全国纺织品标准化技术委员会基础标准分技术委员会(SAC/TC 209/SC 1)归口。

本标准主要起草单位：中纺标(北京)检验认证中心有限公司、国家纺织制品质量监督检验中心、雅戈尔集团股份有限公司。

本部分标准主要起草人：斯颖、刘飞飞、徐路。

纺织品　防污性能的检测和评价
第1部分:耐沾污性

1　范围

GB/T 30159 的本部分规定两种测定纺织品耐沾污性的试验方法,即液态沾污法和固态沾污法,并给出了耐沾污性的评价指标。

本部分适用于各类纺织织物及其制品。根据产品种类和用途,可选择一种或两种方法。使用不同的污物和方法所得试验结果不具可比性。

本部分不适用于膜结构用涂层织物。试样与固态污物的颜色相近时,不宜采用固态沾污法评价。

2　规范性引用文件

下列文件对于本文件的应用是必不可少的。凡是注日期的引用文件,仅注日期的版本适用于本文件。凡是不注日期的引用文件,其最新版本(包括所有的修改单)适用于本文件。

GB/T 250　纺织品　色牢度试验　评定变色用灰色样卡

GB 1534—2003　花生油

GB/T 4802.3—2008　纺织品　织物起毛起球性能的测定　第3部分:起球箱法

GB/T 6529　纺织品　调湿和试验用标准大气

GB/T 7044—2003　色素炭黑

GB/T 8629—2001　纺织品　试验用家庭洗涤和干燥程序

GB 18186—2000　酿造酱油

3　术语和定义

下列术语和定义适用于本文件。

3.1

防污性能　anti-soil properties

材料抵抗沾污的性能,即材料具有不易沾附污物,或即使沾污也易去除的性能,以耐沾污性和易去污性表征。

3.2

耐沾污性　stain resistance

材料与液态或固态污物接触后,不易沾附污物的性能。

4　原理

在纺织试样表面施加一定量的液态或固态污物,根据污物对试样的沾附程度来评价试样的耐沾污性。

液态沾污法是将规定的液态污物滴加在水平放置的试样表面,观察液滴在试样表面的润湿、芯吸和接触角的情况,评定试样耐液态污物的沾污程度。

固态沾污法是将试样固定在装有规定的固态污物的试验筒中，翻转试验筒使试样与污物充分接触，通过变色用灰色样卡比较试样沾污部位与未沾污部位的色差，评定试样耐固态污物的沾污程度。

注：可根据双方协商确定使用其他污物，在试验报告中说明。

5 设备和材料

5.1 液态沾污法

5.1.1 液态污物，符合 GB 1534—2003 的一级压榨成品油或符合 GB 18186—2000 的高盐稀态发酵酱油(老抽)。

5.1.2 滴瓶，配有磨口滴管。

5.1.3 吸液滤纸，中速定性。

5.2 固态沾污法

5.2.1 固态污物，符合附录 A 中的组成和配制要求。

5.2.2 翻转箱，每边长为(235±5)mm 的正方体箱，箱子应绕穿过箱子两对面中心的水平轴转动，转速为(60±2)r/min。箱子的一面应是可打开的，用于试样取放。也可使用 GB/T 4802.3—2008 的 5.1 中规定的起球试验箱。

5.2.3 试验筒，由筒身、筒盖和试样固定片三部分组成，总质量约为 350 g：

a) 筒身(见图 1)与筒盖，均由耐撞击的硬质材料制成(如铝材)，其中筒身内径为(90±0.5)mm，高度为(100±0.5)mm，厚度为(3±0.5)mm；筒壁有均匀分布的 3 个长方孔，每个孔的内弧长为(50±0.5)mm，高度为(80±0.5)mm；筒盖能够与筒身紧密扣合；

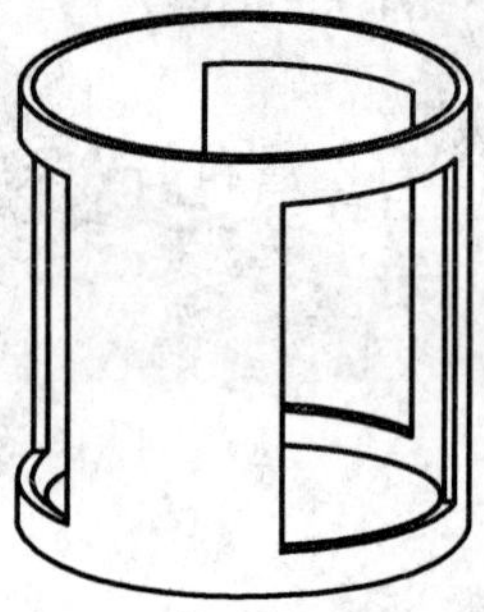

图 1 筒身示意图

b) 试样固定片，由弹性橡胶制成，长度与筒身外径周长相同，宽度为(93±0.5)mm，上面有 3 个厚度为(3±0.5)mm 的长方体凸起部位。包合筒身时，凸起部位与筒身的长方孔紧密吻合，且与筒身内表面在同一圆周面上。

5.2.4 防护袋，由 3 层符合 GB/T 8629—2001 中规定的 A 型涤纶陪洗布制成，尺寸以恰好装入试验筒为宜，袋口可通过绳带扎紧，以防止试验筒在翻转箱中翻动过程中，对其内壁造成污染和损伤。

5.2.5 家用吹风机。

5.2.6 胶带。

5.2.7 评定变色用灰色样卡，符合 GB/T 250。

6 试样的准备和调湿

从每个样品中取有代表性的试样，确保其表面无沾污，无褶皱。液态沾污法取 2 块试样，尺寸能满足试验要求即可;固态沾污法取2块试样,每块试样尺寸约为(300×120)mm。

如果考核样品防污性能的耐洗涤性,应采用GB/T 8629—2001中6A程序对样品进行洗涤,洗涤次数为10次,或根据双方协商确定,但应在试验报告中说明。

注:多次洗涤时,可将时间累加进行连续洗涤。

试样应在GB/T 6529规定的标准大气中调湿。

7 程序

7.1 液态沾污法

7.1.1 试验在GB/T 6529规定的标准大气下进行。

7.1.2 将2层滤纸置于光滑的水平面上,再将试样正面朝上平整的放置在滤纸上。

7.1.3 根据需要选择一种或两种污液。在试样的3个部位上,用滴管分别在每个部位滴下约0.05 mL(1滴)污液(见5.1.1),各液滴间距至少为50 mm。滴液时,滴管口距试样表面约6 mm。

7.1.4 试样静置(30±2)s后,以约45°角观察每个液滴,按8.1进行评级。

7.1.5 按7.1.1~7.1.4对另一块试样进行测试。

7.2 固态沾污法

7.2.1 将试样测试面朝上平整地放置在试样固定片上,使其覆盖3个凸起部位,用试样固定片包合筒身,使试样固定在试验筒上,再用胶带将试样固定片的两端封合。

7.2.2 向试验筒底部加入(40±2)mg的固态污物(见5.2.1),盖好筒盖,将试验筒装入防护袋内,扎紧袋口。

7.2.3 将装有试验筒的防护袋放入翻转箱中,使筒身的轴向平行于翻转箱的水平轴,关闭箱盖。

7.2.4 启动翻转箱,转动200次后停止,取出试样。

7.2.5 用吹风机吹去附在试样表面上的污物,按8.2进行评级。

7.2.6 按7.2.1~7.2.5对另一块试样进行测试。

7.2.7 试验结束后,将试验筒清洗干净。

8 结果表示和评价

8.1 液态沾污法的结果

观察液态污物在试样表面的状态,依据表1中给出的级数对每处液滴进行评级,如果介于两级之间,记录半级,例如3-4级。同一试样中如果有2处或3处级数相同,则以该级数作为该试样的级数;如果3处级数均不相同,则以中间值作为该试样的级数。取两个试样中较低级数作为样品的试验结果。

表1 沾污等级

沾污等级	沾污状态描述
5级	液滴清晰,具有大接触角的完好弧形,液滴与试样接触表面没有润湿。
4级	液滴与试样接触表面部分或全部发暗,约四分之三液滴量保留在试样表面。
3级	液滴与试样接触表面部分或全部发暗,约二分之一液滴量保留在试样表面。
2级	液滴与试样接触表面部分或全部发暗,约四分之一液滴量保留在试样表面。
1级	液滴消失在试样表面,全部润湿。

8.2 固态沾污法的结果

用变色用灰色样卡评定试样沾污区中央部位与未沾污部位的色差,如果有少数沾污深斑,则不计入评级范围。对每块试样进行评级,如果有2处或3处沾污区的级数相同,则该级数为该试样的级数;如果3个沾污区级数均不相同,则取中间值作为该试样的级数。取两个试样中较低级数作为样品的试验结果。

8.3 耐沾污性的评价

如果需要,根据选择的试验方法,对样品的耐沾污性进行评价:

——采用液态沾污法的试验结果为3-4级及以上时,则认为该样品具有耐液态污物沾污性。

——采用固态沾污法的试验结果的色差级数为3-4级及以上时,则认为该样品具有耐固态污物沾污性。

9 试验报告

报告应包括下列内容:

a) 试验是按本标准进行的;

b) 样品的描述;

c) 使用的试验方法及其污物;

d) 样品的耐沾污等级;

e) 是否经过洗涤处理;

f) 如果需要,对样品的耐沾污性给出评价;

g) 任何偏离本标准的情况。

附 录 A
（规范性附录）
固态污物的组成和配制

A.1 组成：

a) 粉尘，化学纯，粒径 $d_p \leqslant 60\ \mu m$。

组成	质量分数(%)
二氧化硅(SiO_2)	72
三氧化二铝(Al_2O_3)	14
氧化铁(Fe_2O_3)	5
氧化钙(CaO)	9
	100

b) 高色素炭黑，符合 GB/T 7044—2003，规格为 C111 粉体。

A.2 配制：粉尘和高色素炭黑按质量比 72∶25 混合均匀备用。

ICS 59.120.40
W 96

中华人民共和国国家标准

GB/T 30160.1—2013/ISO 8119-1:1989

纺织机械与附件　针织机用针术语
第1部分:舌针

Textile machinery and accessories—Needles for knitting machines—
Terminology—Part 1:Latch-type needles

(ISO 8119-1:1989,IDT)

2013-12-17 发布　　2014-10-15 实施

中华人民共和国国家质量监督检验检疫总局
中国国家标准化管理委员会　发布

前 言

GB/T 30160《纺织机械与附件　针织机用针术语》分为以下3个部分：

——第1部分：舌针；

——第2部分：钩针；

——第3部分：复合针。

本部分为GB/T 30160的第1部分。

本部分按照GB/T 1.1—2009给出的规则起草。

本部分使用翻译法等同采用ISO 8119-1:1989《纺织机械与附件　针织机用针术语　第1部分：舌针》(英文版)。

为便于使用，本部分对ISO 8119-1:1989做了下列编辑性修改：

a) 用"GB/T 30160.1"代替"ISO 8119-1"；

b) 删除了ISO 8119-1:1989的前言；

c) 在第2章的标题下，增加了引导语"舌针术语见图1～图7和表1。"；

d) 图7中增加了工作长度编号"13.2"；

e) 增加了表的编号和表题"表1　舌针术语"。

本部分由中国纺织工业联合会提出。

本部分由全国纺织机械与附件标准化技术委员会纺织器材分技术委员会(SAC/TC 215/SC 2)归口。

本部分起草单位：山东金鹏针业集团有限公司、昆山凯意织针有限公司、烟台运成制针有限责任公司、苏州神马织针器材有限公司、南通市光阳针业有限公司、烟台天成制针有限公司、三门峡宇龙纺器织针有限责任公司、福建省晋江市佶龙机械工业有限公司、江苏金龙科技股份有限公司、陕西纺织器材研究所。

本部分主要起草人：侯水利、赵玉生、王瑞令、顾云图、钱铭、王梅峰、林浩、杨露俐、陆永海、崔永青、申国志、赛世广、王婕、梁玉红、朱建兵、杨兴才、金永良、梁志佳。

纺织机械与附件　针织机用针术语 第1部分:舌针

1 范围

GB/T 30160 的本部分规定了舌针的术语。舌针呈扁平形或圆形截面,具有钩形针头,以及安装于针头前端固定轴上的活动针舌。在成圈过程中,依靠纱线的作用,针舌可使针钩开启或闭合。

2 术语

舌针术语见图1~图7和表1。

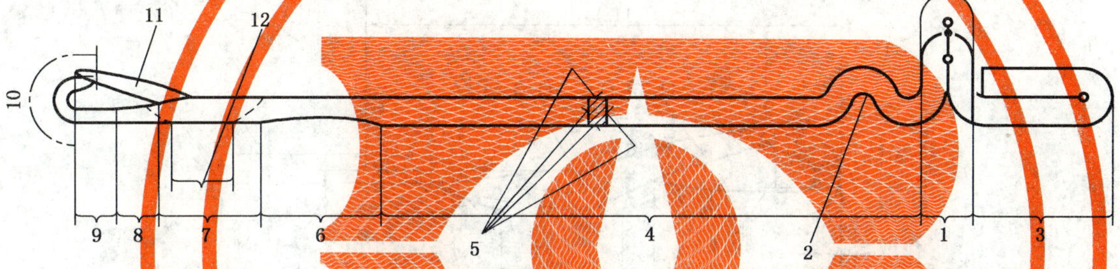

图1 舌针主要部位示意

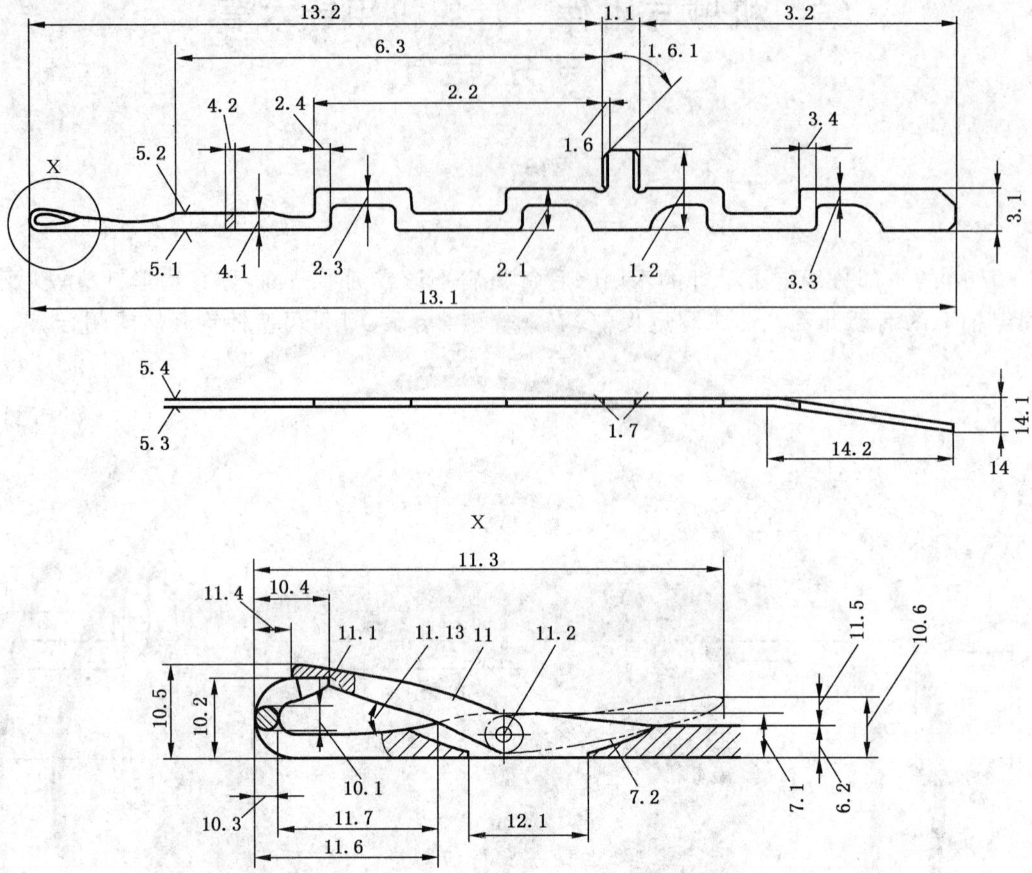

图 2 针头部分详细结构示意

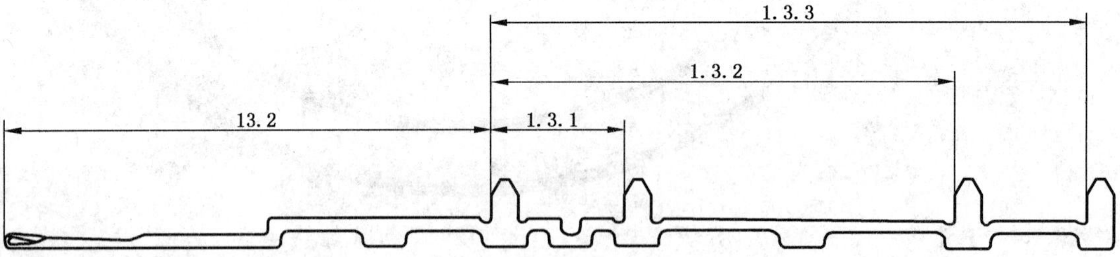

图 3 多针踵舌针

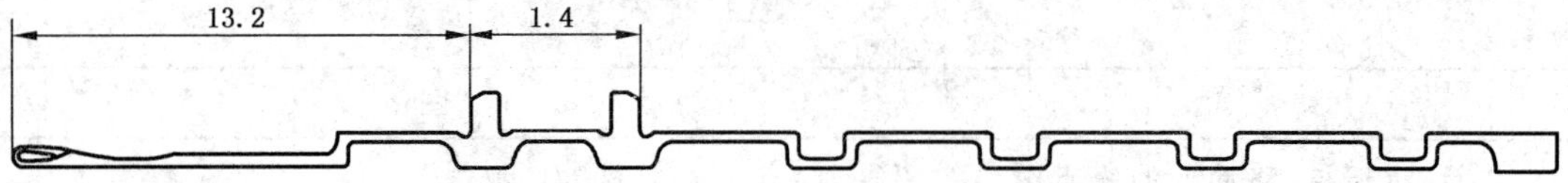

图 4　针踵外侧靠凸轮导向的舌针

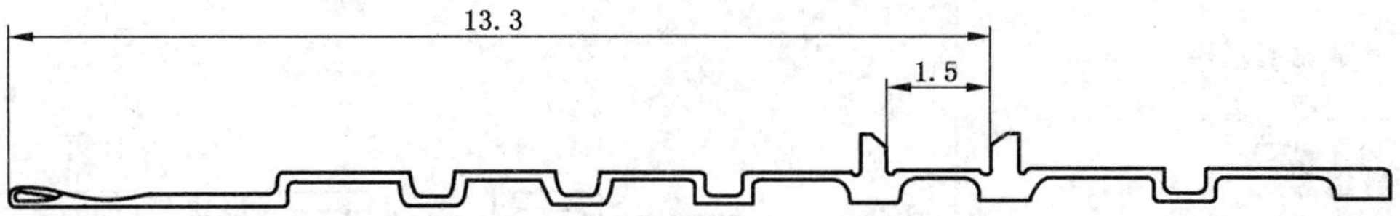

图 5　针踵间靠凸轮导向的舌针

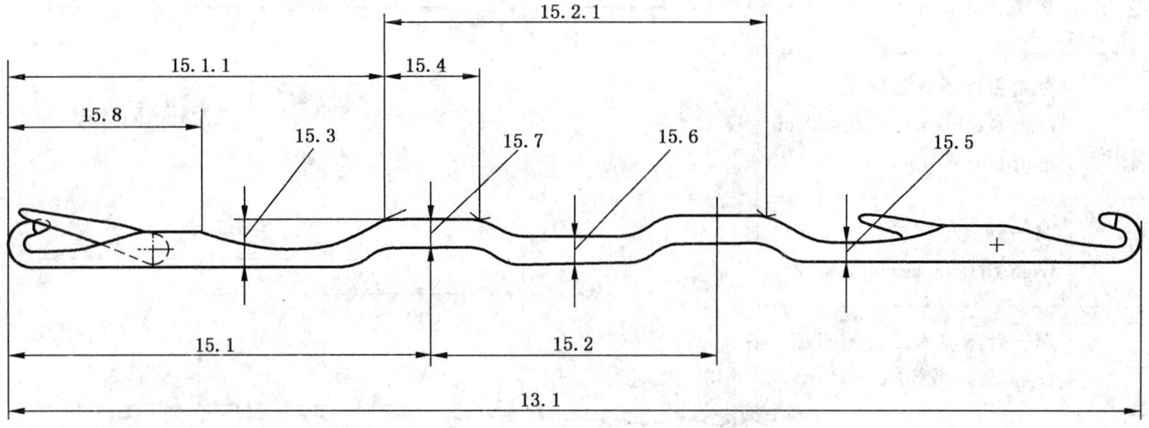

图 6　双头舌针

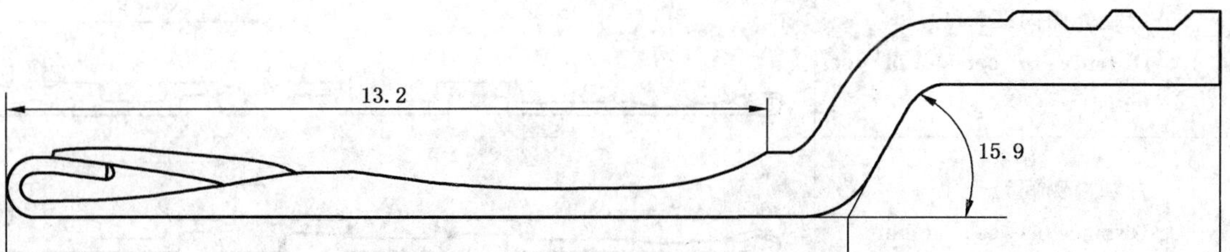

图 7　曲杆舌针

表 1　舌针术语

序号	术　语	图
1	针踵(握持、移动针的突出部分) **BUTT(protrusion to slide or to hold the needle)**	
1.1	针踵宽度　**Butt width**	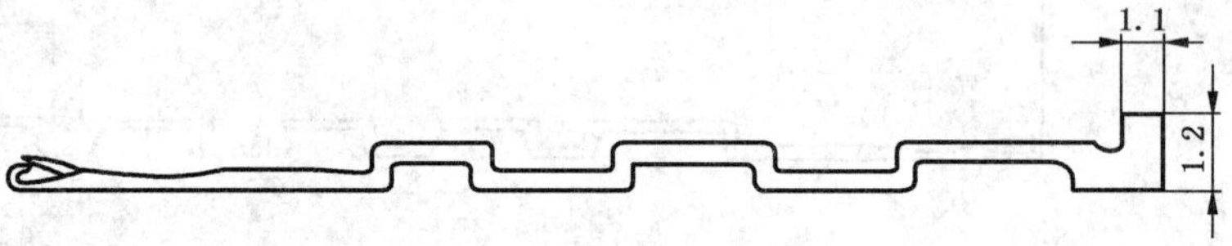
1.2	针踵高度　**Butt height**	
1.2.1	低踵　**low butt**	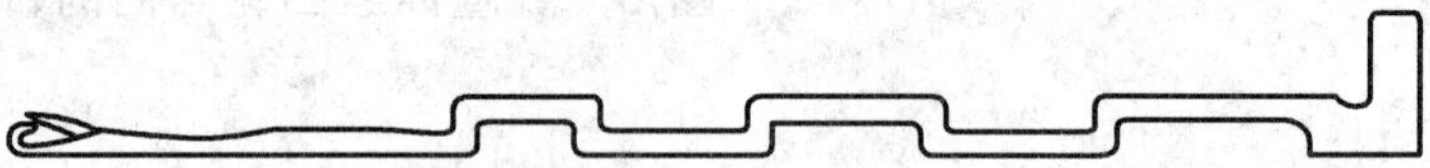
1.2.2	高踵　**high butt**	
1.3	多踵舌针的针踵间距 **Distance between butts on multibutt needles**	
1.3.1	第一针踵与第二针踵间距 **from first to second butt**	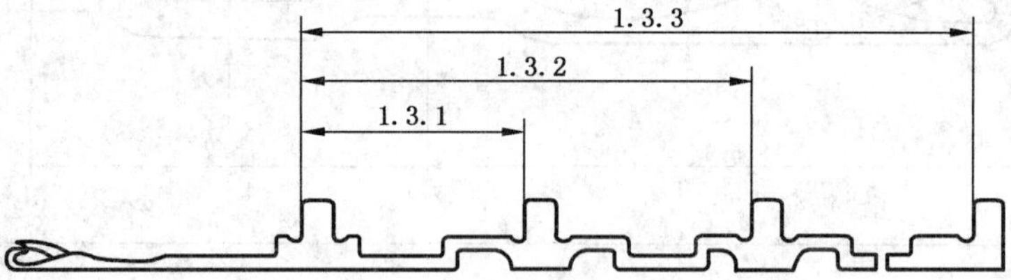
1.3.2	第一针踵与第三针踵间距 **from first to third butt**	
1.3.3	第一针踵与第 *n* 针踵间距 **from first to *n*th butt**	
1.4	针踵外侧间距 **Distance to outside of the butts**	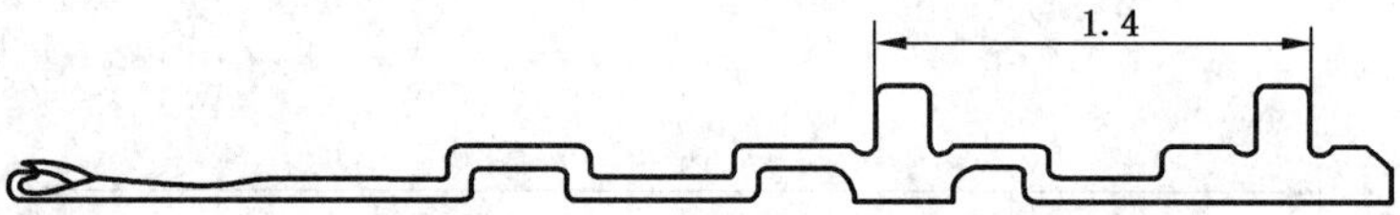
1.5	针踵内侧间距 **Distance between the butts**	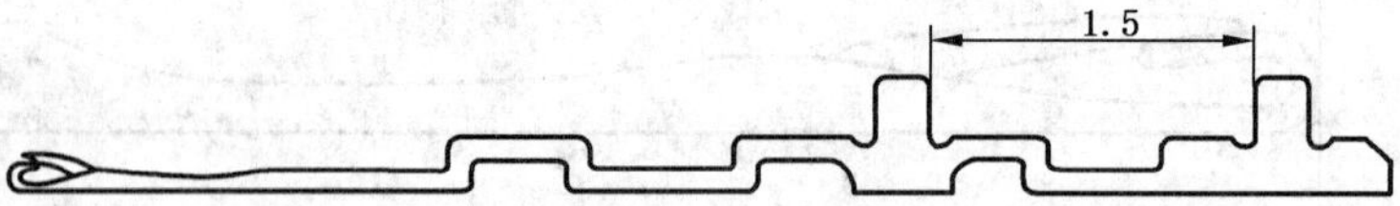
1.6	针踵倒角 **Chamfer at top corners of the butt**	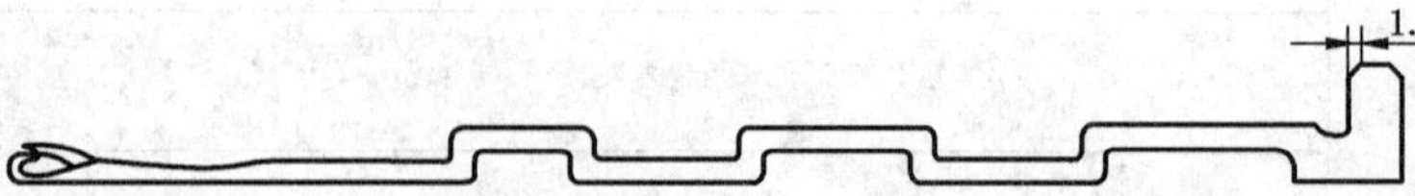
1.6.1	倒角 α **butt chamfer angle α**	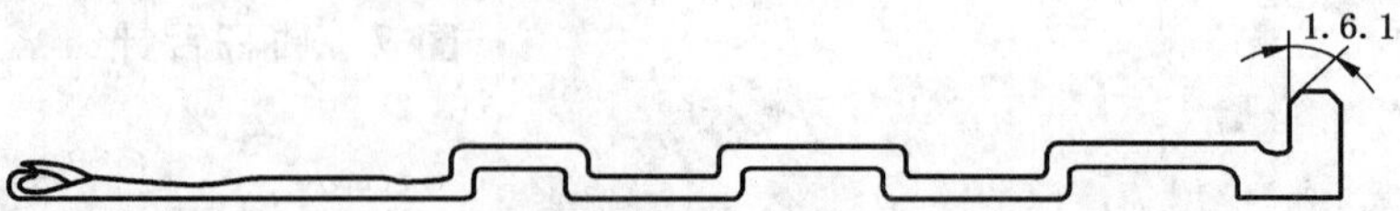
1.7	针踵侧面倒角　**Bevel butt**	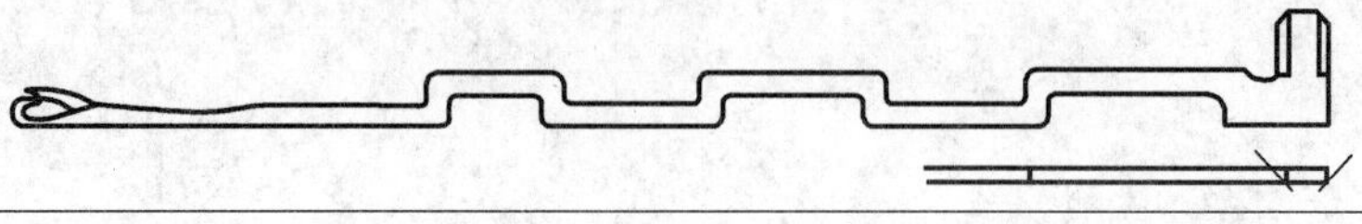

表 1（续）

序号	术语	图
1.8	针踵形状　Butt shape	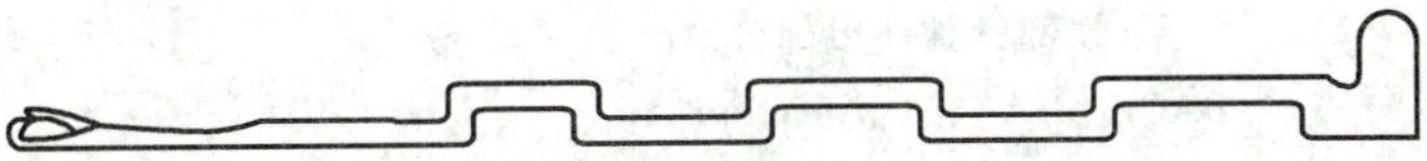
1.8.1	圆形　round	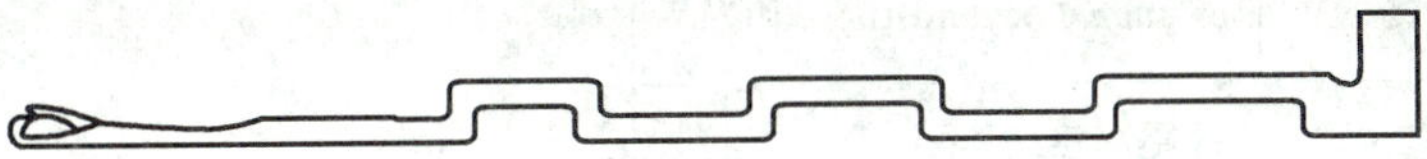
1.8.2	方形　angular	
1.8.3	其他形　other shapes	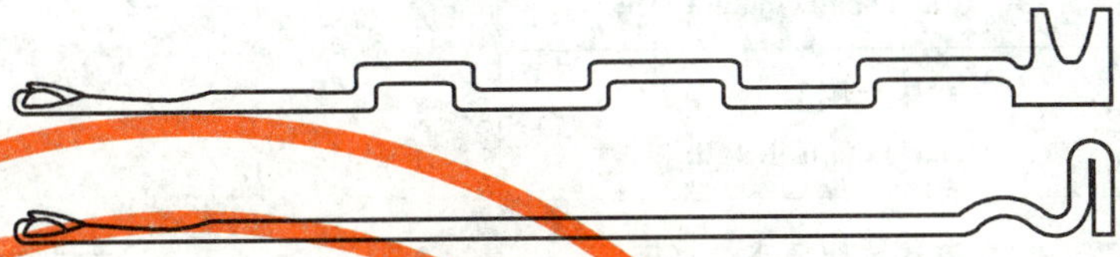
1.9	针踵朝向 Butt direction	
1.9.1	朝针背面 to the bottom side of the needle	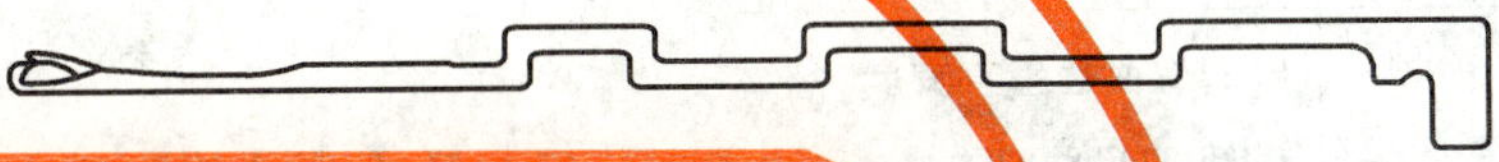
1.9.2	朝针前面 to the top side of the needle	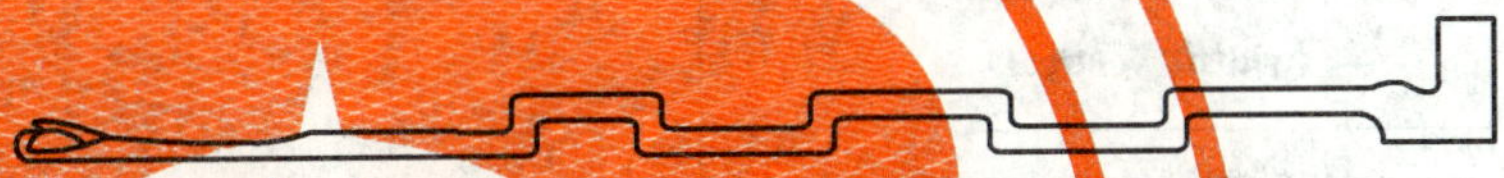
1.10	针踵数　Number of butts	
1.10.1	无针踵　without butt	
1.10.2	单针踵　with one butt	
1.10.3	多针踵　with several butts	
2	针踵前部弯曲 CRIMP IN FRONT OF BUTT(bend or elevation before shank blade)	
2.1	弯曲高度　Crimp height	
2.2	弯曲长度　Crimp length	
2.3	弯曲边水平方向宽度 Shoulder bridge width (horizontal)	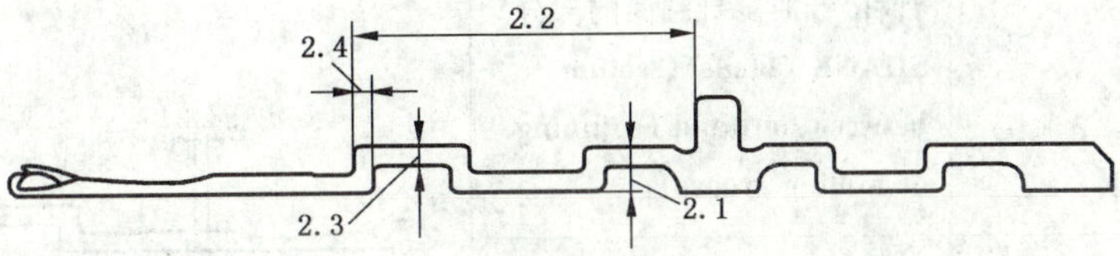
2.4	弯曲边垂直方向宽度 Shoulder bridge width (vertical)	

表 1（续）

序号	术　语	图
3	针尾（端部针踵伸出部分） **BACK SHANK（projection of shank beyond the butt）**	
3.1	针尾高度 **Back shank height**	
3.2	针尾长度 **Back shank length**	
3.3	针尾弯曲边水平宽度 **Back shank brige width（horizontal）**	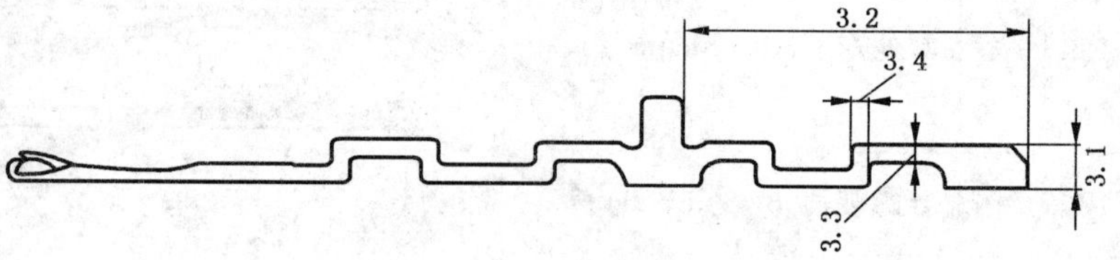
3.4	针尾弯曲边垂直宽度 **Back shank brige width（vertical）**	
3.5	针尾型式 **Types of back shank**	
3.5.1	无针尾　**without back shank**	
3.5.2	有针尾　**with back shank**	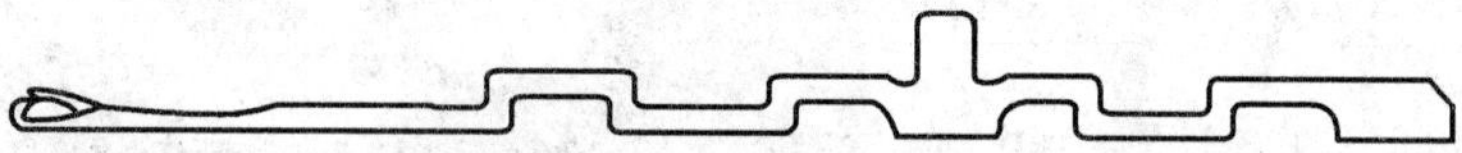
3.6	针尾形状 **Back shank shape**	
3.6.1	单针尾　**single**	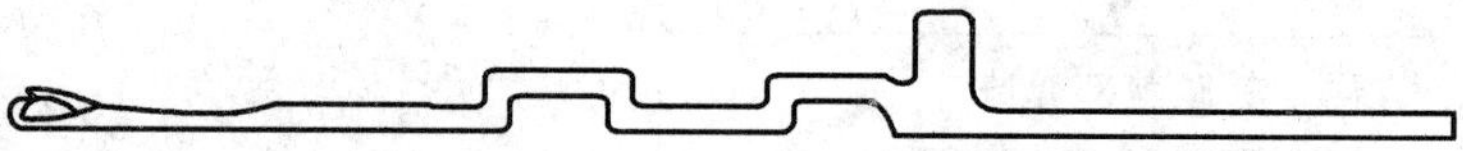
3.6.2	双层针尾　**double**	
3.6.3	其他形状针尾 **other shapes**	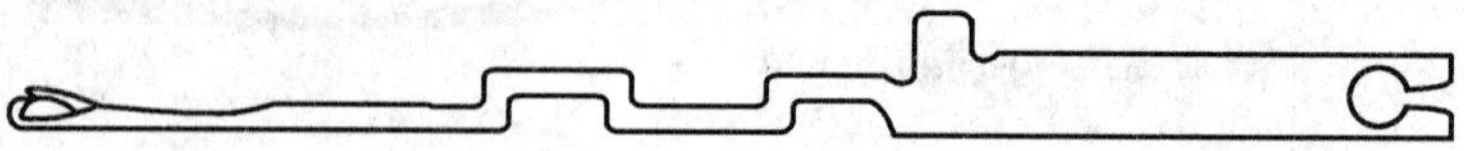
4	针杆（针曲到针踵间的部分） **SHANK（blade）（section between butt and beginning of milling groove）**	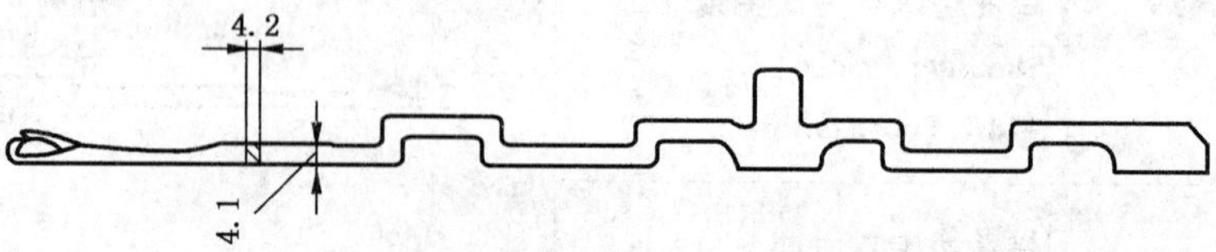
4.1	针杆高度　**Shank height（blade height）**	
4.2	针杆宽度　**Shank width**	

表 1（续）

序号	术　　语	图
4.3	针杆形状　Shank shape	
4.3.1	直形　straight	
4.3.2	单弯倾斜形 angular, with one angle	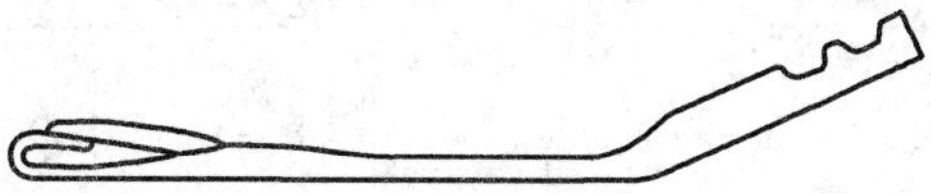
4.3.3	多弯倾斜形 angular, with several angles	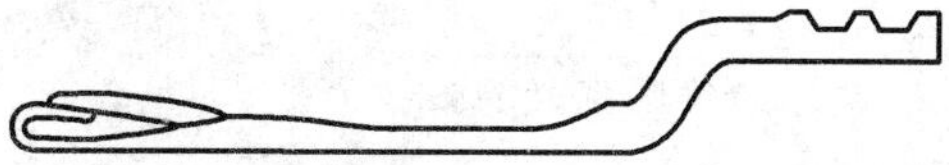
4.3.4	直杆形　solid	
4.3.5	缺口形　spared	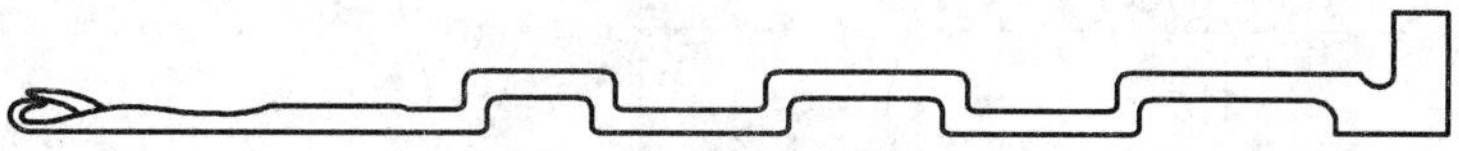
4.4	移圈件　Transfer elements	
4.4.1	斜夹（刚性） angular clip (stiff)	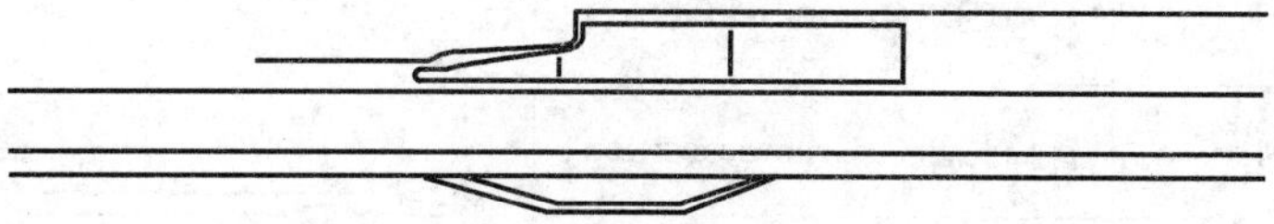
4.4.2	圆夹（挠性），扁平截面 round clip(flexible) with flat cross-section	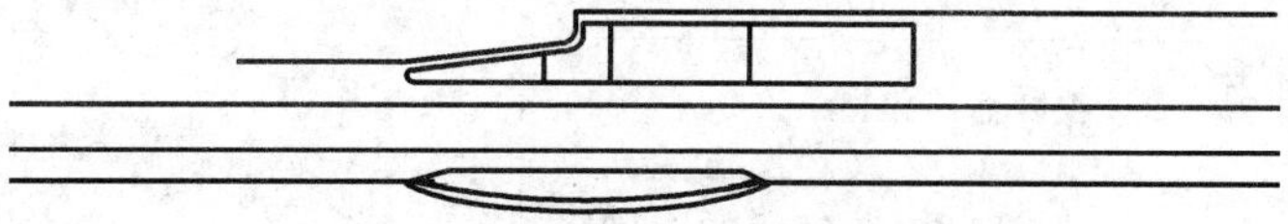
4.4.3	圆夹（挠性），圆截面 round clip(flexible) with round cross-section	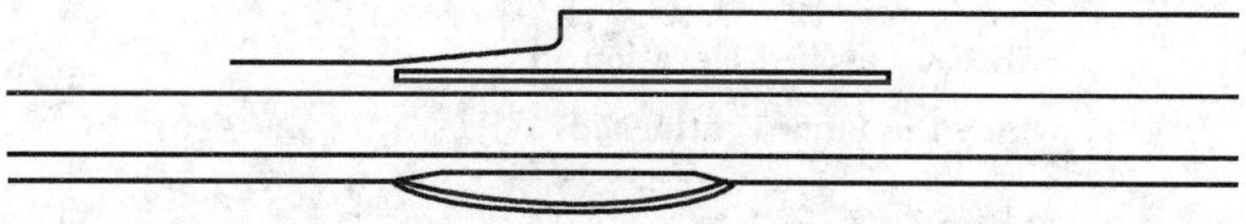
4.4.4	圆夹（刚性） round clip(stiff)	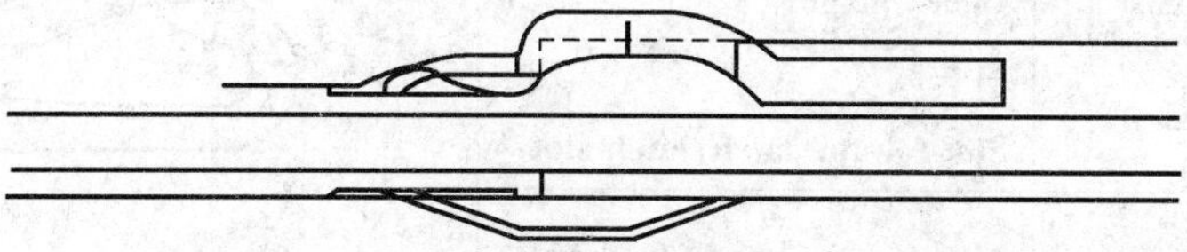
4.4.5	移圈槽 transfer milling	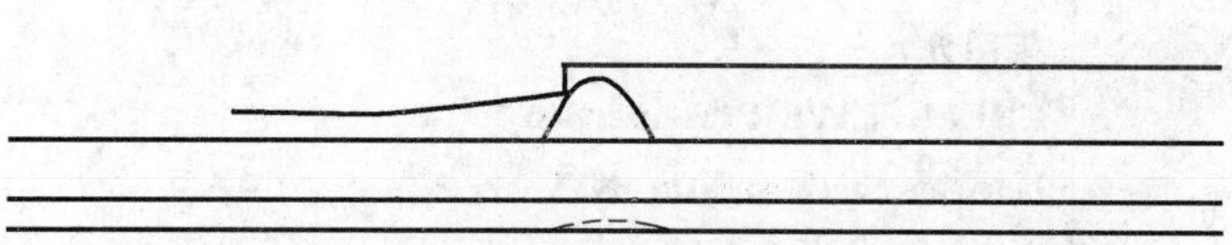
4.4.6	移圈槽和后移圈 transfer milling and back transfer slot	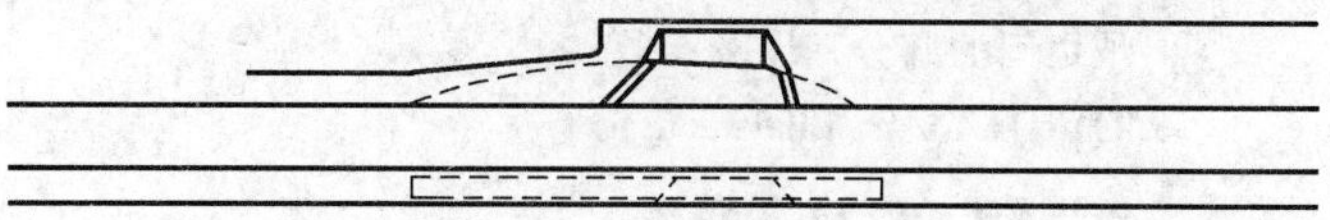

表 1（续）

序号	术　　语	图
5	针的四面 **NEEDLE SIDES**	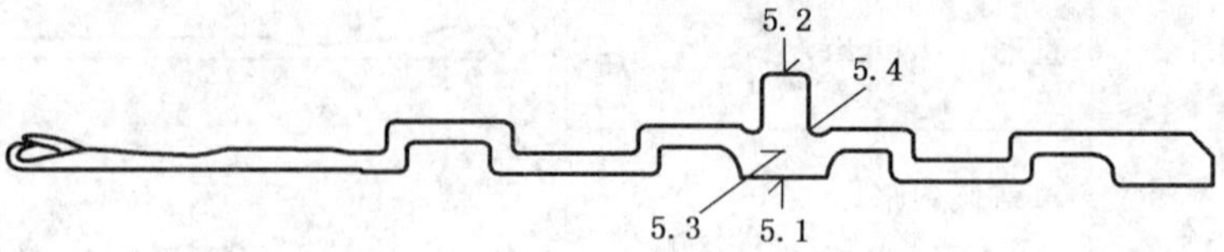
5.1	针背面 **Bottom side of the needle**	
5.2	针前面 **Top side of the needle**	
5.3	针左侧面 **Left side of the needle**	
5.4	针右侧面 **Right side of the needle**	
6	针曲（减小纱线脱圈时的张力） **GROOVE（reduction of shank on bottom or top side of the needle）**	
6.1	针曲长　**Groove length**	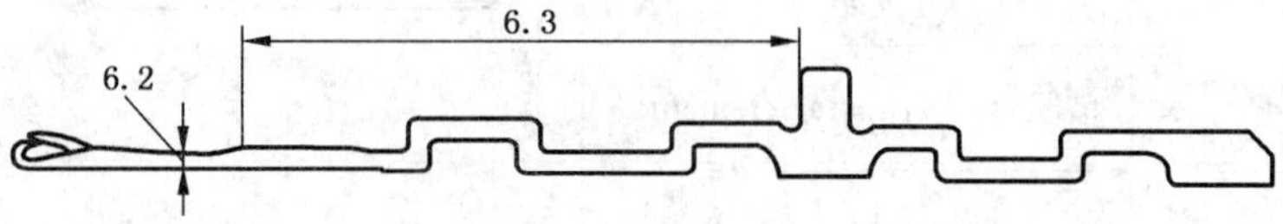
6.2	针曲高　**Groove height**	
6.3	针曲距　**Groove distance**	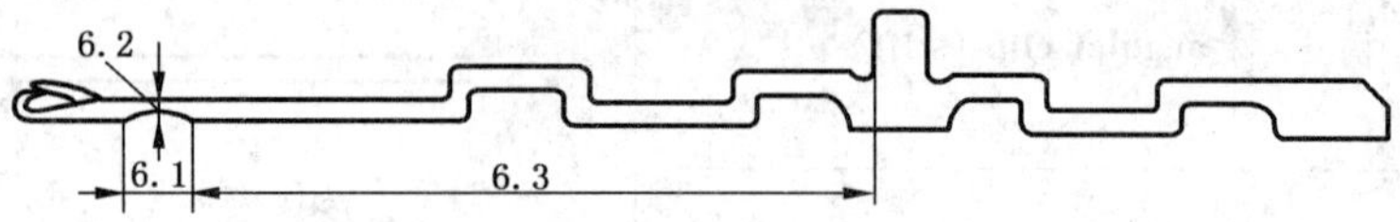
6.4	针曲位置　**Groove position**	
6.4.1	前针曲　**above**	
6.4.2	背针曲　**below**	
7	针槽壁（安装针舌的半圆形壁） **CHEEK（arched elevation in which the latch is attached）**	
7.1	针槽壁高度 **Cheek height**	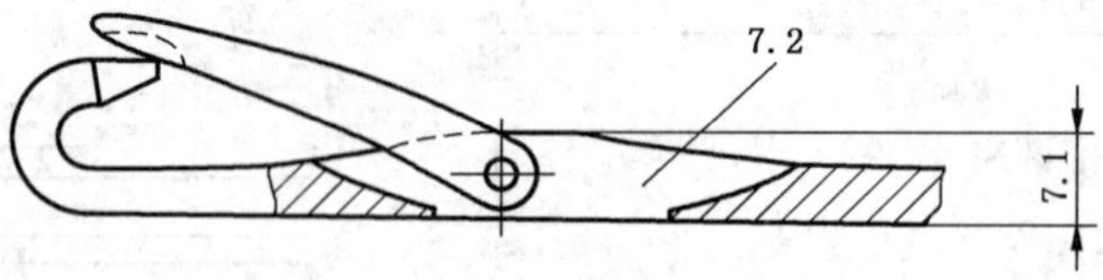
7.2	针舌槽 **Slot for the latch; latch slot**	
8	针槽壁坡（针槽壁和针颈连接部分） **CHEEK TAPER（connection between cheek and throat）**	
9	针颈（针头和针槽壁坡之间的部分） **THROAT（area between head and cheek taper）**	

表 1（续）

序号	术　语	图
10	针钩（钩形端）HOOK (hook-shaped bent needle end)	
10.1	针钩宽　Hook width	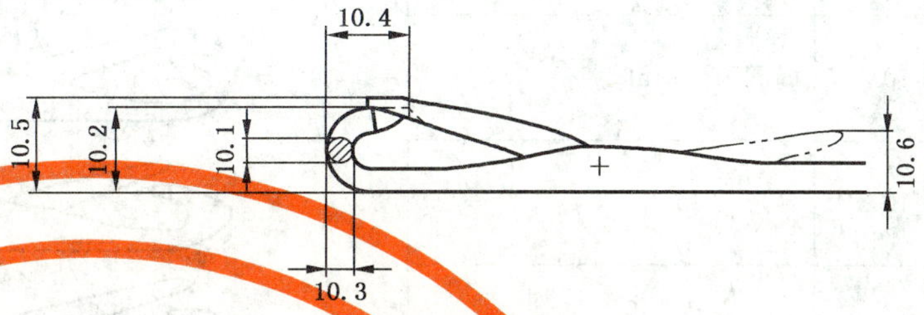
10.2	针钩高　Hook height	
10.3	针钩厚　Hook thickness	
10.4	针钩长　Hook length	
10.5	针舌的闭合高（舌复上高） Height of the closed latch	
10.6	针舌的打开高度（舌复下高） Height at latch when standing	
10.7	针钩距离 Distance of the hook	
10.8	针钩数　Number of hooks	
10.8.1	单钩　one hook	
10.8.2	双钩　double hook	
10.9	针钩位置　Position of hook	
10.9.1	直钩　straight hook	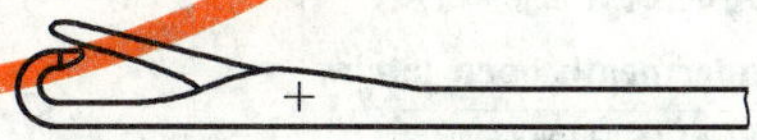
10.9.2	居中钩　central hook	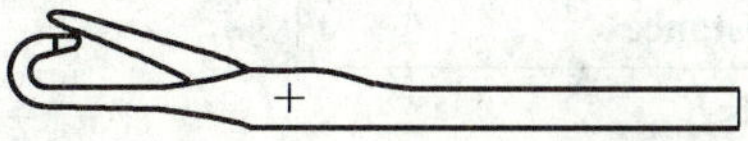
10.9.3	前置钩　forward hook	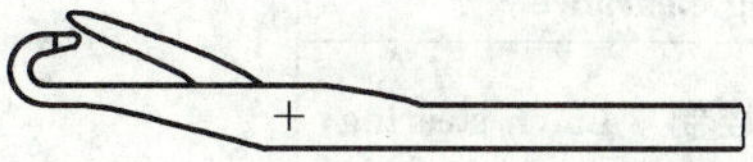
10.9.4	前倾钩 forward-slanting hook	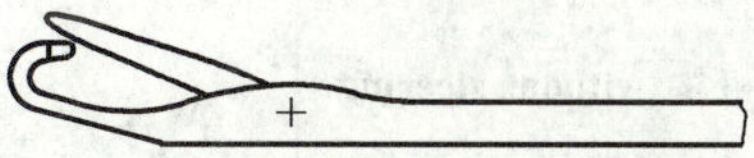
10.9.5	后倾钩 backward-slanting hook	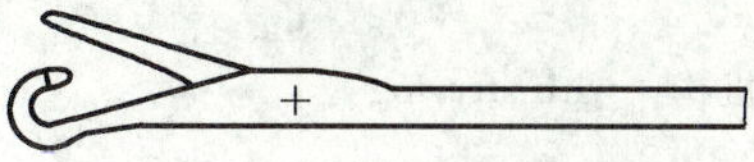

表 1（续）

序号	术　　语	图
10.10	针钩形状　Hook shape	
10.10.1	圆形　round	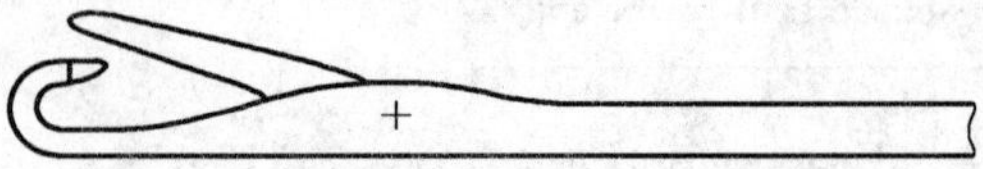
10.10.2	椭圆形　oval	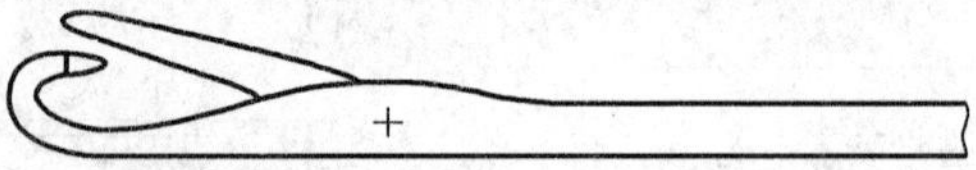
10.10.3	尖形　tip	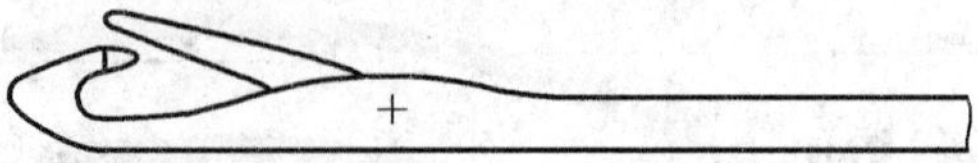
10.10.4	无沟槽形　without noucat	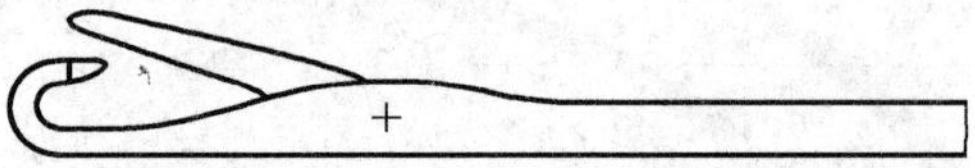
10.10.5	有沟槽形　with noucat	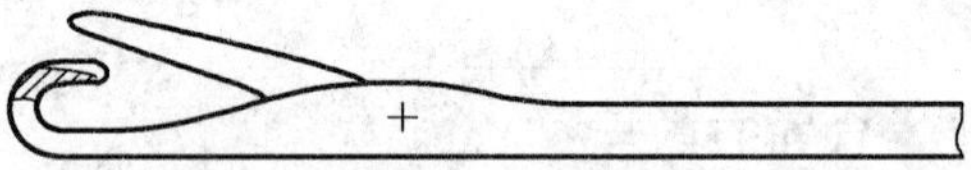
10.10.6	钝形　blunt	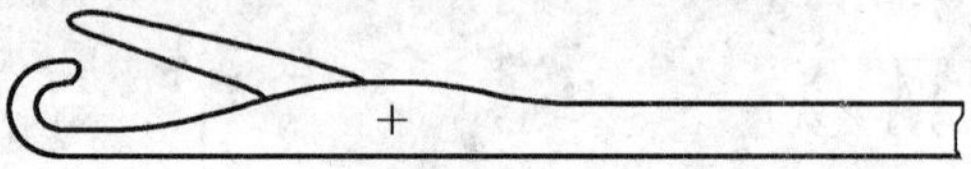
11	针舌(开闭针钩的活动件) LATCH(movable part for closing or opening of hook)	
11.1	针舌匙 Noucat (latch spoon)	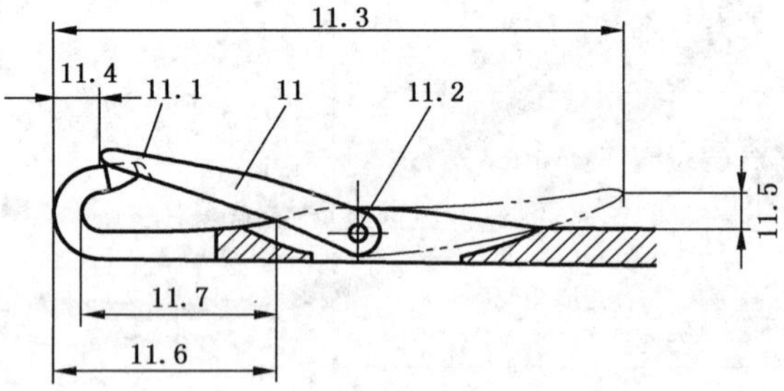
11.2	舌孔　Rivet	
11.3	针钩舌尖距　Latch motion	
11.4	针舌关闭位置时，舌尖与钩外端间距 Distance between tip of closed latch and outside radius of hook	
11.5	针舌打开时到针面的高度 Space undermeath open latch	
11.6	舌剪点与针钩外端的距离 Shear distance	
11.7	垫纱区长 Trapping clearance	
11.8	针舌的控制　Latch steering	
11.8.1	无换向机构 without steering	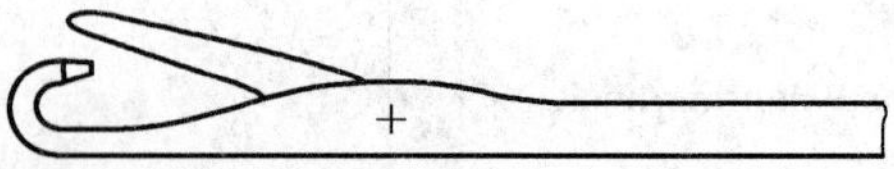
11.8.2	有换向机构　with steering	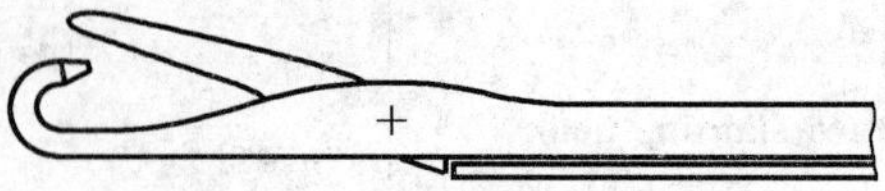

表 1（续）

序号	术　语	图
11.9	针舌数　Number of latches	
11.9.1	单针舌 needle with one latch	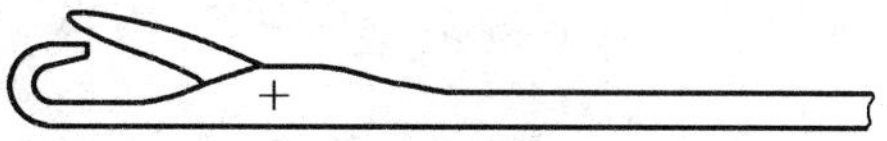
11.9.2	双针舌 needle with two latches	
11.10	舌匙型式 Types of noucats	
11.10.1	有舌匙的针舌 latch with noucat	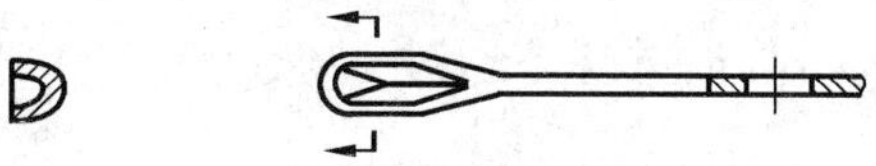
11.10.2	平舌匙的针舌 latch with solid noucat	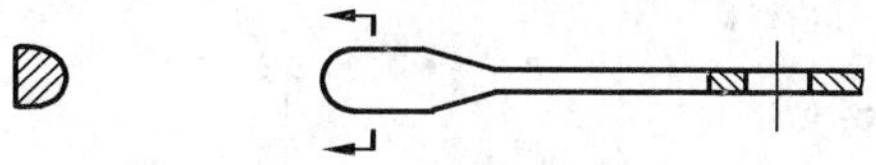
11.10.3	无舌匙的针舌(针钩有槽) latch without noucat (primm latch)	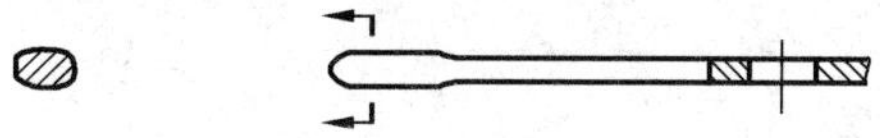
11.11	舌形　Latch blade	
11.11.1	直形　straight	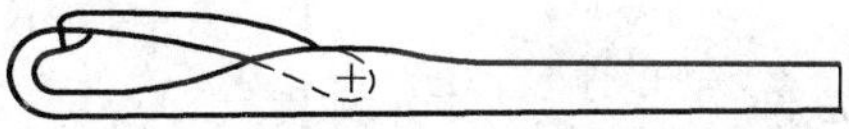
11.11.2	弯形　concave	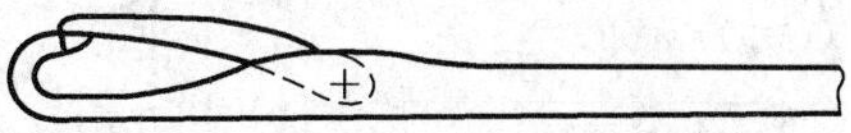
11.12	针舌的配置　Latch fit	
11.12.1	普通型　regular fit	
11.12.2	V 型　V-fit	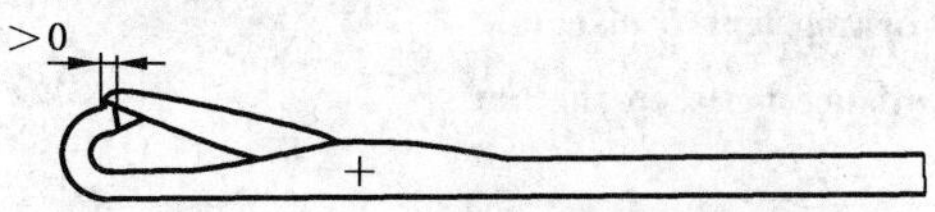

表 1(续)

序号	术　语	图
11.12.3	过伸型　full fit	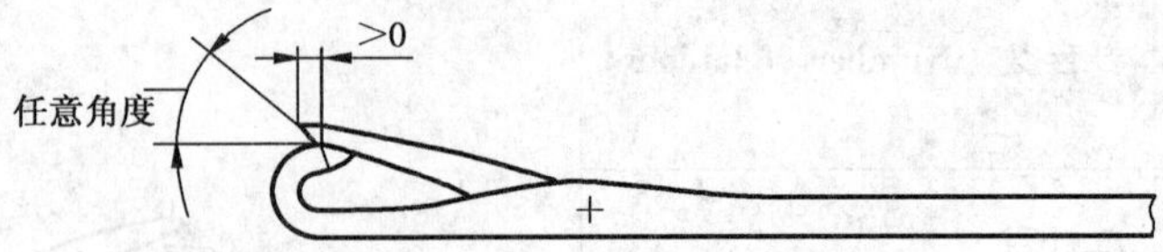
11.13	针舌与针坡间夹角 Shear angle	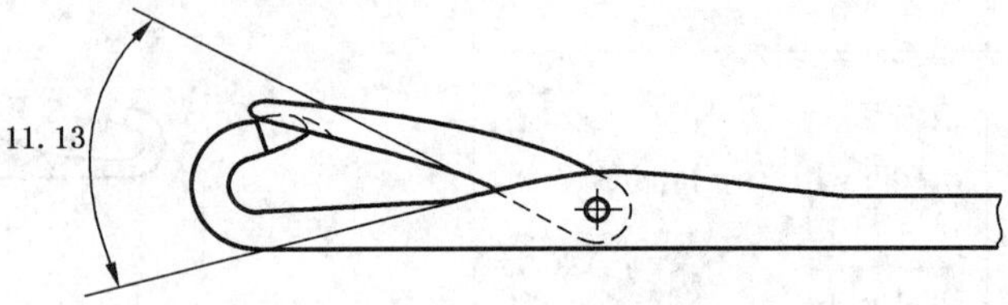
12	针背槽 NEEDLE BACK PUNCH	
12.1	针背槽长 Length of back punch	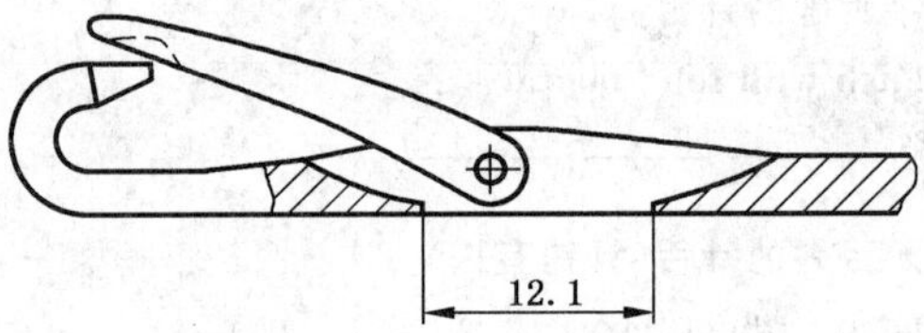
13	长度尺寸 LENGTH DIMENSIONS	
13.1	针总长 Overall needle length	
13.2	工作长度(针身长度) Working length	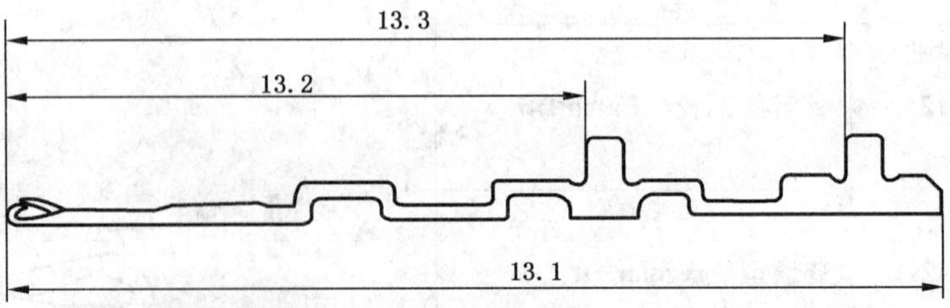
13.3	第二工作长度 Working length of cam guidance between the butts	

表 1（续）

序号	术　　语	图
14	摩擦斜面（用于增加阻尼） **FRICTION BEND（required for slow-down of needle）**	
14.1	摩擦斜面高 **Height of friction bend**	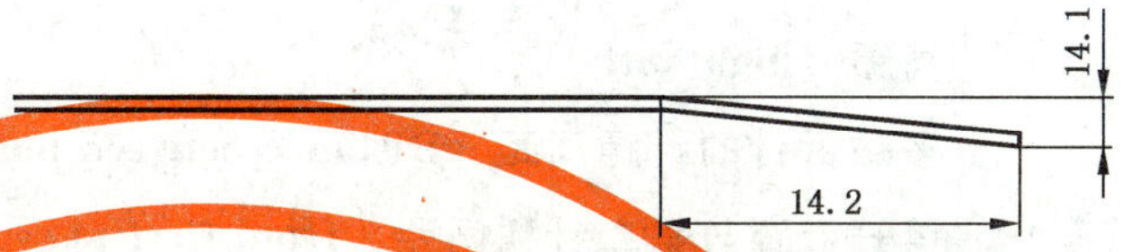
14.2	摩擦斜面长 **Length of friction bend**	
15	其他尺寸 **ADDITIONAL DETAILS**	
15.1	针头端到第一弯曲中心的距离 **Distance from hook to hump**	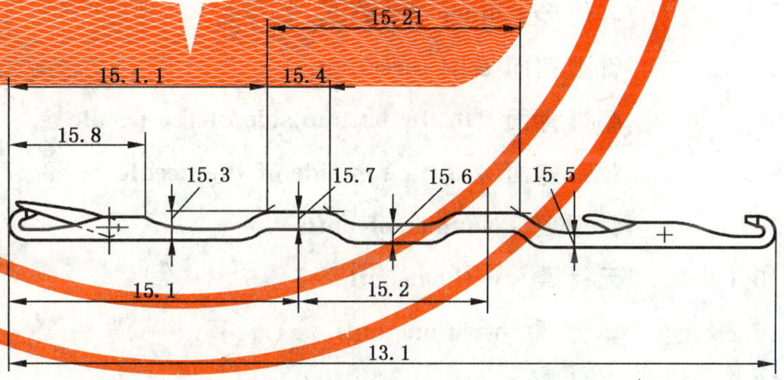
15.1.1	针头端到第一弯曲点的距离 **distance from hook to the beginning of hump**	
15.2	两弯曲部中心距 **Distance between humps**	
15.2.1	两弯曲部外端距 **distance between ends of humps**	
15.3	弯曲高 **Height of hump**	
15.4	弯曲长 **Length of hump**	
15.5	上弯曲宽 **Height of upper groove**	
15.6	中弯曲宽 **Height of middle groove**	
15.7	下弯曲宽 **Width of hump when groove underneath**	
15.8	钩到槽外端的距离 **Distance from hook to groove**	
15.9	弯曲角度　**Angle of crimp**	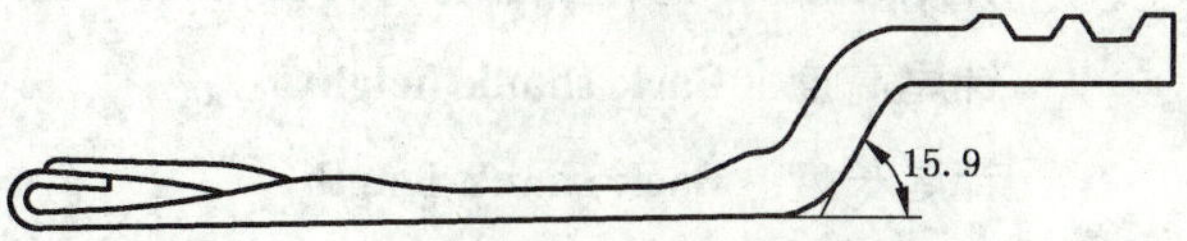

索　引

序号	术　语
1	针踵(握持、移动针的突出部分)　**BUTT(protrusion to slide or to hold the needle)**
1.1	针踵宽度　**Butt width**
1.2	针踵高度　**Butt height**
1.2.1	低踵　**low butt**
1.2.2	高踵　**high butt**
1.3	多踵舌针的针踵间距　**Distance between butts on multibutt needles**
1.3.1	第一针踵与第二针踵间距　**from first to second butt**
1.3.2	第一针踵与第三针踵间距　**from first to third butt**
1.3.3	第一针踵与第 *n* 针踵间距　**from first to *n*th butt**
1.4	针踵外侧间距　**Distance to outside of the butts**
1.5	针踵内侧间距　**Distance between the butts**
1.6	针踵倒角　**Chamfer at top corners of the butt**
1.6.1	倒角 α　**butt chamfer angle** α
1.7	针踵侧面倒角　**Bevel butt**
1.8	针踵形状　**Butt shape**
1.8.1	圆形　**round**
1.8.2	方形　**angular**
1.8.3	其他形　**other shapes**
1.9	针踵朝向 **Butt direction**
1.9.1	朝针背面　**to the bottom side of the needle**
1.9.2	朝针前面　**to the top side of the needle**
1.10	针踵数　**Number of butts**
1.10.1	无针踵　**without butt**
1.10.2	单针踵　**with one butt**
1.10.3	多针踵　**with several butts**
2	针踵前部弯曲　**CRIMP IN FRONT OF BUTT(bend or elevation before shank blade)**
2.1	弯曲高度　**Crimp height**
2.2	弯曲长度　**Crimp length**
2.3	弯曲边水平方向宽度　**Shoulder bridge width (horizontal)**
2.4	弯曲边垂直方向宽度　**Shoulder bridge width (vertical)**
3	针尾(端部针踵伸出部分)**BACK SHANK (projection of shank beyond the butt)**
3.1	针尾高度　**Back shank height**
3.2	针尾长度　**Back shank length**

3.3 针尾弯曲边水平宽度 Back shank brige width (horizontal)

3.4 针尾弯曲边垂直宽度 Back shank brige width (vertical)

3.5 针尾型式 Types of back shank

3.5.1 无针尾 without back shank

3.5.2 有针尾 with back shank

3.6 针尾形状 Back shank shape

3.6.1 单针尾 single

3.6.2 双层针尾 double

3.6.3 其他形状针尾 other shapes

4 针杆(针曲到针踵间的部分) SHANK (blade)(section between butt and beginning of milling groove)

4.1 针杆高度 Shank height(blade height)

4.2 针杆宽度 Shank width

4.3 针杆形状 Shank shape

4.3.1 直形 straight

4.3.2 单弯倾斜形 angular, with one angle

4.3.3 多弯倾斜形 angular, with several angles

4.3.4 直杆形 solid

4.3.5 缺口形 spared

4.4 移圈件 Transfer elements

4.4.1 斜夹(刚性) angular clip (stiff)

4.4.2 圆夹(挠性),扁平截面 round clip(flexible) with flat cross-section

4.4.3 圆夹(挠性),圆截面 round clip(flexible) with round cross-section

4.4.4 圆夹(刚性) round clip(stiff)

4.4.5 移圈槽 transfer milling

4.4.6 移圈槽和后移圈 transfer milling and back transfer slot

5 针的四面 NEEDLE SIDES

5.1 针背面 Bottom side of the needle

5.2 针前面 Top side of the needle

5.3 针左侧面 Left side of the needle

5.4 针右侧面 Right side of the needle

6 针曲(减小纱线脱圈时的张力) GROOVE (reduction of shank on bottom or top side of the needle)

6.1 针曲长 **Groove length**

6.2 针曲高 **Groove height**

6.3 针曲距 **Groove distance**

6.4 针曲位置 **Groove position**

6.4.1 前针曲 **above**

6.4.2 背针曲 **below**

7 针槽壁(安装针舌的半圆形壁) **CHEEK (arched elevation in which the latch is attached)**

7.1 针槽壁高度 **Cheek height**

7.2 针舌槽 **Slot for the latch; latch slot**

8 针槽壁坡(针槽壁和针颈连接部分) **CHEEK TAPER (connection between cheek and throat)**

9 针颈(针头和针槽壁坡之间的部分) **THROAT (area between head and cheek taper)**

10 针钩(钩形端) **HOOK (hook-shaped bent needle end)**

10.1 针钩宽 **Hook width**

10.2 针钩高 **Hook height**

10.3 针钩厚 **Hook thickness**

10.4 针钩长 **Hook length**

10.5 针舌的闭合高(舌复上高) **Height of the closed latch**

10.6 针舌的打开高度(舌复下高) **Height at latch when standing**

10.7 针钩距离 **Distance of the hook**

10.8 针钩数 **Number of hooks**

10.8.1 单钩 **one hook**

10.8.2 双钩 **double hook**

10.9 针钩位置 **Position of hook**

10.9.1 直钩 **straight hook**

10.9.2 居中钩 **central hook**

10.9.3 前置钩 **forward hook**

10.9.4 前倾钩 **forward-slanting hook**

10.9.5 后倾钩 **backward-slanting hook**

10.10 针钩形状 **Hook shape**

10.10.1 圆形 **round**

10.10.2　椭圆形　oval

10.10.3　尖形　tip

10.10.4　无沟槽形　without noucat

10.10.5　有沟槽形　with noucat

10.10.6　钝形　blunt

11　针舌(开闭针钩的活动件)　LATCH(movable part for closing or opening of hook)

11.1　针舌匙　Noucat(latch spoon)

11.2　舌孔　Rivet

11.3　针钩舌尖距　Latch motion

11.4　针舌关闭位置时,舌尖与钩外端间距　Distance between tip of closed latch and outside radius of hook

11.5　针舌打开时到针面的高度　Space undermeath open latch

11.6　舌剪点与针钩外端的距离　Shear distance

11.7　垫纱区长　Trapping clearance

11.8　针舌的控制　Latch steering

11.8.1　无换向机构　without steering

11.8.2　有换向机构　with steering

11.9　针舌数　Number of latches

11.9.1　单针舌　needle with one latch

11.9.2　双针舌　needle with two latches

11.10　舌匙型式　Types of noucats

11.10.1　有舌匙的针舌　latch with noucat

11.10.2　平舌匙的针舌　latch with solid noucat

11.10.3　无舌匙的针舌(针钩有槽)　latch without noucat(primm latch)

11.11　舌形　Latch blade

11.11.1　直形　straight

11.11.2　弯形　concave

11.12　针舌的配置　Latch fit

11.12.1　普通型　regular fit

11.12.2　V 型　V-fit

11.12.3　过伸型　full fit

11.13　针舌与针坡间夹角　Shear angle

12　针背槽　NEEDLE BACK PUNCH

12.1　针背槽长　Length of back punch

13　长度尺寸　LENGTH DIMENSIONS

13.1　针总长　Overall needle length

13.2　工作长度(针身长度)　Working length

13.3　第二工作长度　Working length of cam guidance between the butts

14　摩擦斜面(用于增加阻尼)　FRICTION BEND(required for slow-down of needle)

14.1　摩擦斜面高　Height of friction bend

14.2　摩擦斜面长　Length of friction bend

15　其他尺寸　ADDITIONAL DETAILS

15.1　针头端到第一弯曲中心的距离　Distance from hook to hump

15.1.1　针头端到第一弯曲点的距离　distance from hook to the beginning of hump

15.2　两弯曲部中心距　Distance between humps

15.2.1　两弯曲部外端距　distance between ends of humps

15.3　弯曲高　Height of hump

15.4　弯曲长　Length of hump

15.5　上弯曲宽　Height of upper groove

15.6　中弯曲宽　Height of middle groove

15.7　下弯曲宽　Width of hump when groove underneath

15.8　钩到槽外端的距离　Distance from hook to groove

15.9　弯曲角度　Angle of crimp

ICS 59.120.40
W 96

中华人民共和国国家标准

GB/T 30160.2—2013/ISO 8119-2:1989

纺织机械与附件　针织机用针术语
第2部分:钩针

Textile machinery and accessories—Needles for knitting machines—Terminology—Part 2:Bearded needles

(ISO 8119-2:1989,IDT)

2013-12-17 发布　　　　2014-10-15 实施

中华人民共和国国家质量监督检验检疫总局
中国国家标准化管理委员会　发布

前　言

GB/T 30160《纺织机械与附件　针织机用针术语》分为以下3个部分：

——第1部分：舌针；

——第2部分：钩针；

——第3部分：复合针。

本部分为GB/T 30160的第2部分。

本部分按照GB/T 1.1—2009给出的规则起草。

本部分使用翻译法等同采用ISO 8119-2:1989《纺织机械与附件　针织机用针术语　第2部分：钩针》(英文版)。

为便于使用，本部分对ISO 8119-2:1989做了下列编辑性修改：

a) 用“GB/T 30160.2”代替“ISO 8119-2”；

b) 删除了ISO 8119-2:1989的前言；

c) 在第2章的标题下，增加了引导语“钩针术语见图1和表1。”；

d) 增加了表的编号和表题“表1　钩针术语”；

e) 在表1中增加了“3.1　针槽尺寸”。

本部分由中国纺织工业联合会提出。

本部分由全国纺织机械与附件标准化技术委员会纺织器材分技术委员会(SAC/TC 215/SC 2)归口。

本部分起草单位：陕西纺织器材研究所、昆山凯意织针有限公司、苏州神马织针器材有限公司、南通市光阳针业有限公司、烟台天成制针有限公司、福建省晋江市佶龙机械工业有限公司。

本部分主要起草人：侯水利、赵玉生、钱铭、王梅峰、陆永海、崔永青、申国志、赛世广、朱建兵、杨兴才。

纺织机械与附件　针织机用针术语
第2部分:钩针

1　范围

GB/T 30160的本部分规定了钩针的术语。钩针是针织机件,主要由呈圆形或扁平形的针杆及挠性针钩组成。在成圈过程中,针钩由辅件压入针槽内而闭合。

2　术语

钩针术语见图1和表1。

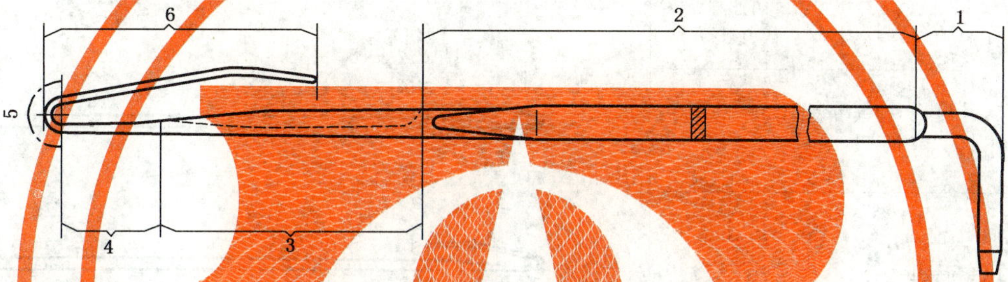

图1　钩针的主要部位示意

表1　钩针术语

序　号	术　　语	图
1	针踵(握持、移动针的弯凸部分) BUTT(protrusion to slide or to hold the needle)	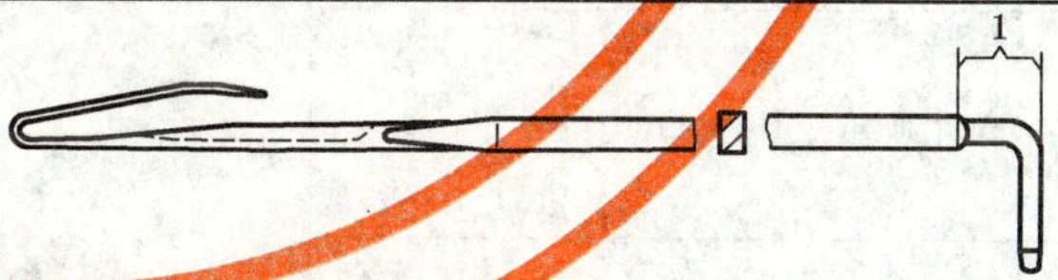
1.1	针踵直径;针踵宽　Butt diameter;width of the butt	
1.2	针踵高　Butt height	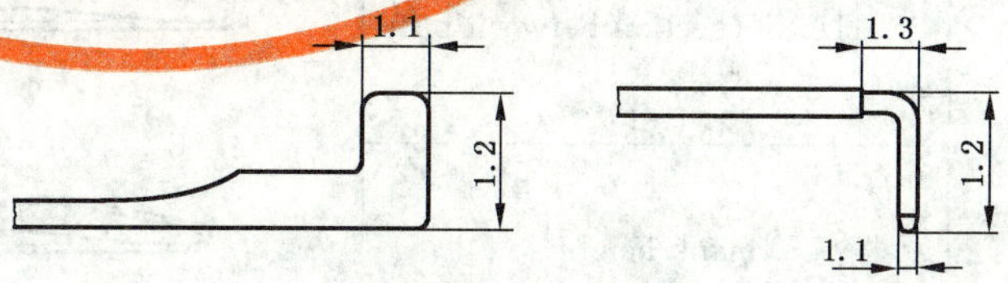
1.3	针踵长　Butt length	
1.4	针踵数　Number of butts	
1.4.1	无针踵　without butt	
1.4.2	单针踵　with one butt	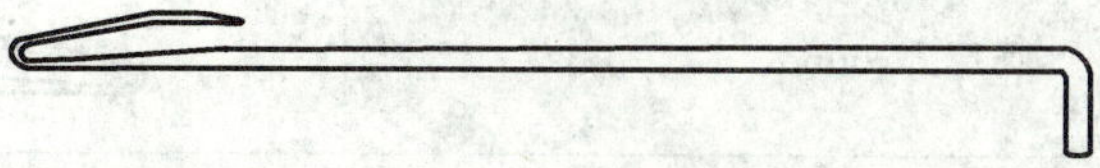

表 1（续）

序 号	术 语	图
1.4.3	多针踵 with several butts	
1.5	针踵形状 Butt shape	
1.5.1	单弯曲 with an ange	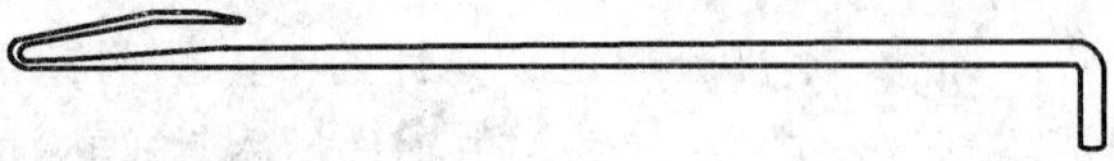
1.5.2	特殊弯曲 special bend	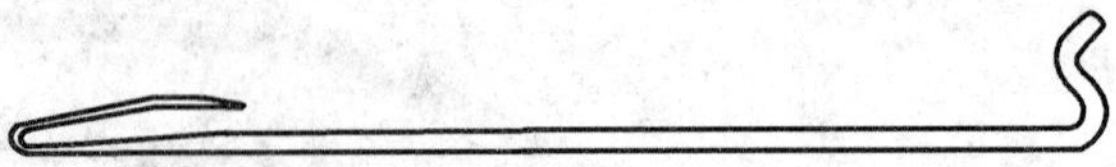
1.5.3	扁平 flat stock	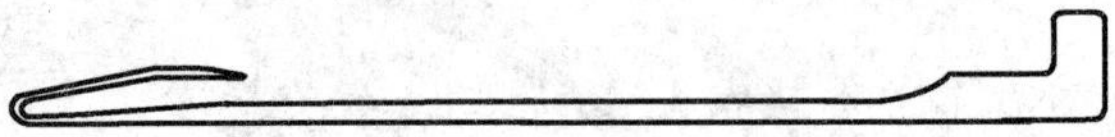
1.6	针踵朝向 Butt direction	
1.6.1	向针背面 to the bottom side of the needle	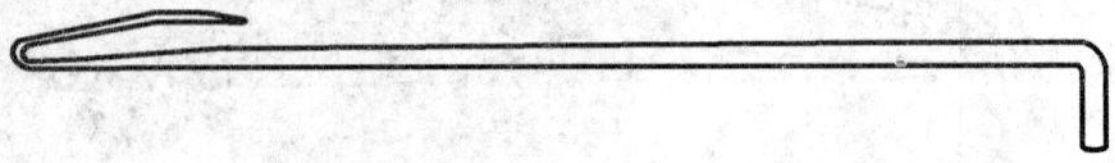
1.6.2	向针前面 to the top side of the needle	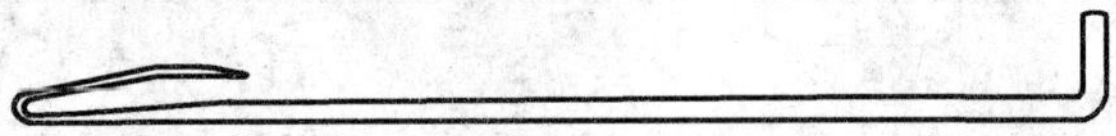
1.6.3	向针左侧面 to the left-hand side of the needle	
1.6.4	向针右侧面 to the right-hand side of the needle	
1.7	针踵角 Butt angle	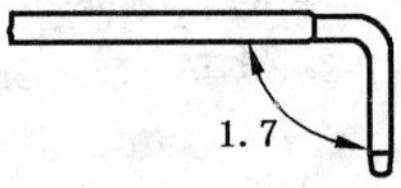
2	针杆（针槽与针踵之间的部分） SHANK(section between butt and groove)	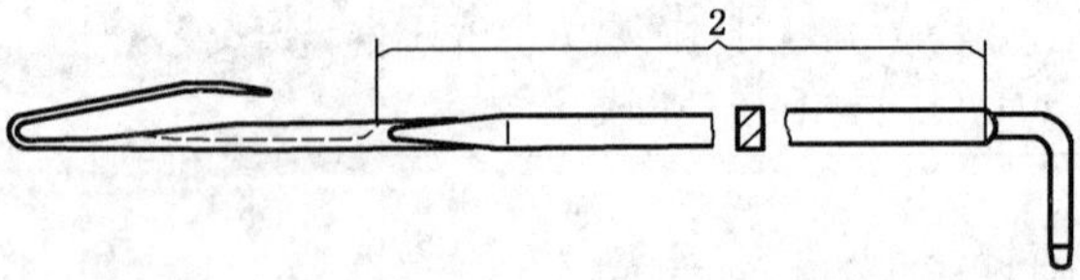
2.1	针杆高 Shank height	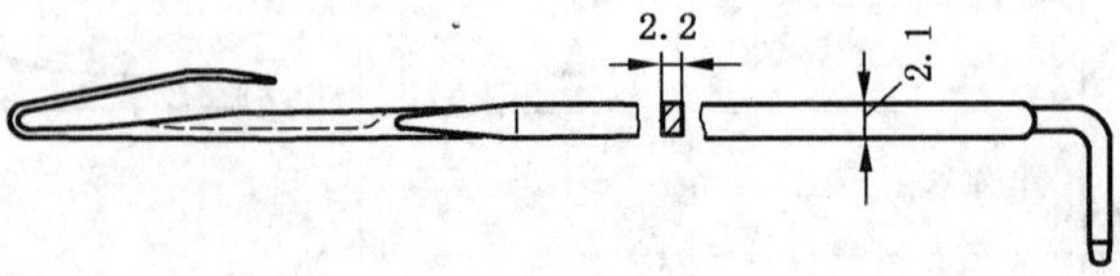
2.2	针杆厚 Shank width	
2.3	针杆形状 Shank shape	
2.3.1	圆形 round	

表 1(续)

序 号	术 语	图
2.3.2	扁平形 flat	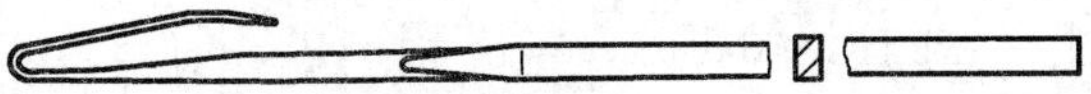
2.3.3	双压扁形 double pressed	
2.4	针尾 Shank end	
2.4.1	直式 straight	
2.4.2	其他形式 otherwise	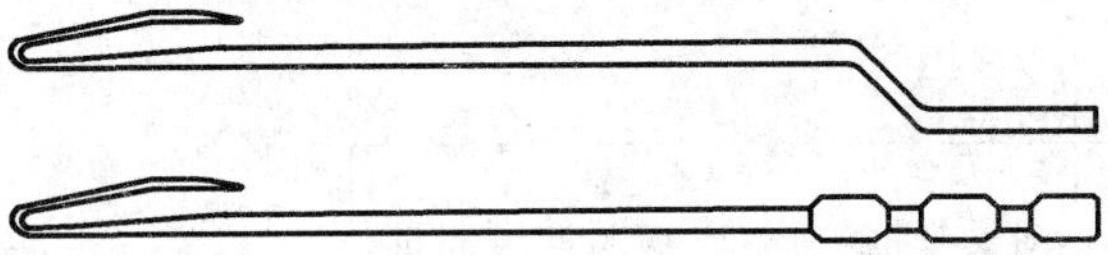
3	针槽(针杆与针颈间的部分) GROOVE (section between shank and throat)	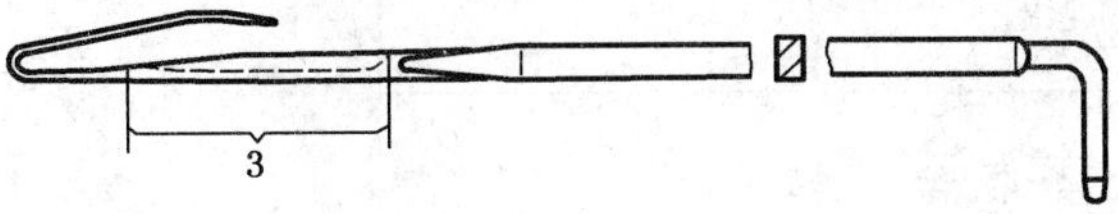
3.1	针槽尺寸 Groove size	
3.1.1	针槽宽 groove width	
3.1.2	针槽长 groove length	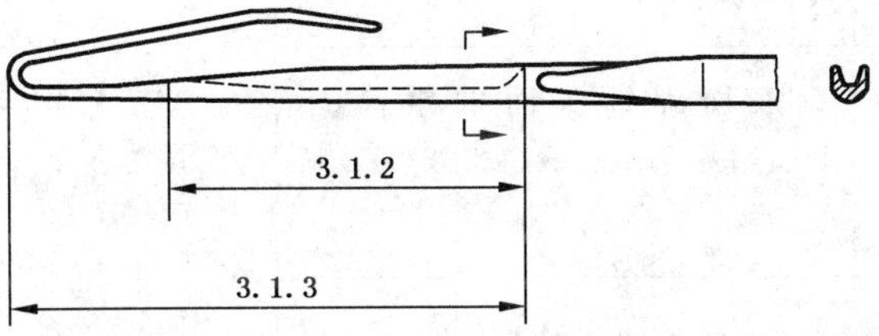
3.1.3	槽距(针槽到针头外侧的长度) distance of groove (measured from the outside radius of the head)	
3.1.4	槽底高 height of bottom of groove	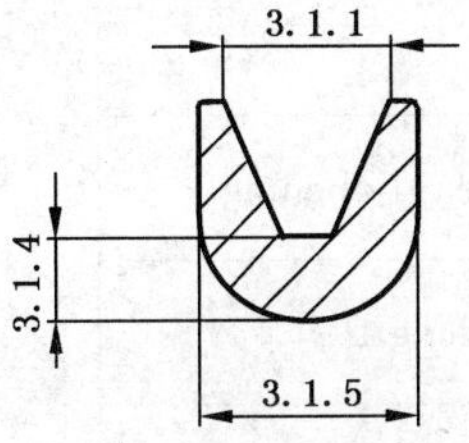
3.1.5	槽部针宽 width of needle at groove	
3.1.6	槽部针高 height of needle at groove	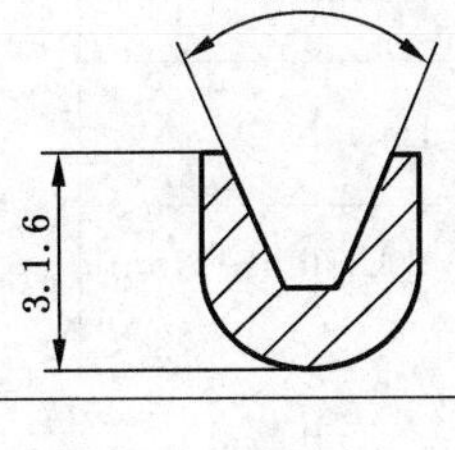
3.1.7	针槽角 groove angle	

表 1（续）

序　号	术　　语	图
3.2	针槽形状　Groove type	
3.2.1	U 形　U-shape	
3.2.2	V 形　V-shape	
4	针颈（针槽与针头间部分）THROAT(area between groove and head)	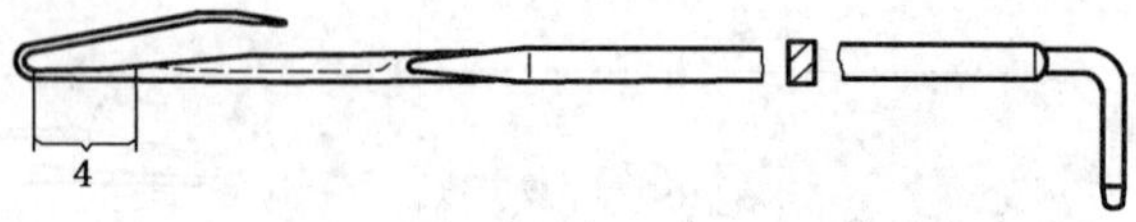
5	针头(针颈与针头端间的弯曲部分)　HEAD(crimping between throat and beard)	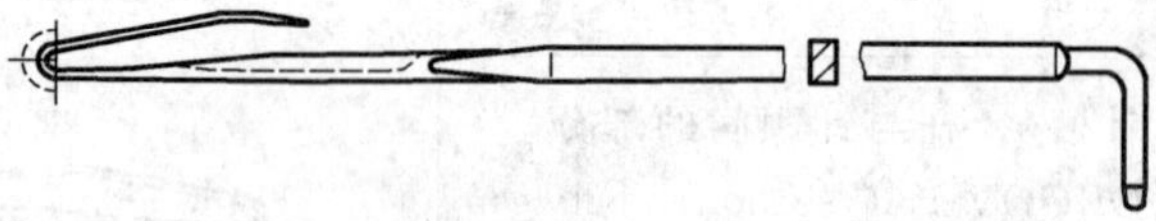
5.1	针头宽　Head width	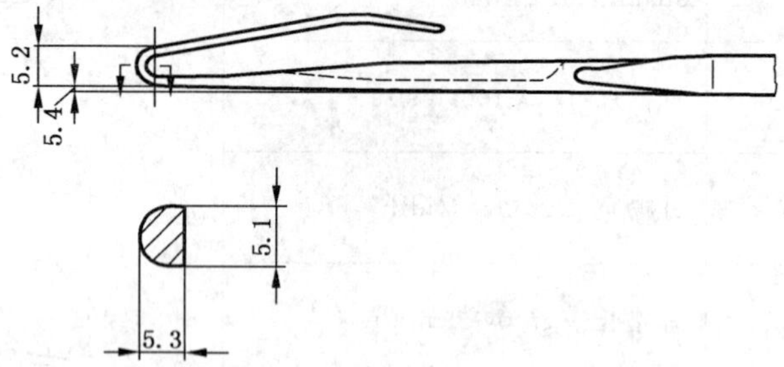
5.2	针头高　Head height	
5.3	针头厚　Head thickness	
5.4	针底面到针头间的距离 Distance from back of needle to head	
6	针钩(针头凸出针杆的部分) BEARD (projection of head towards shank)	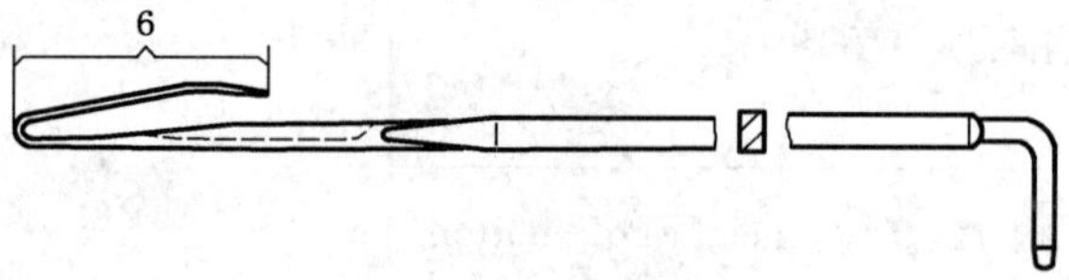
6.1	针钩开口高　Beard opening	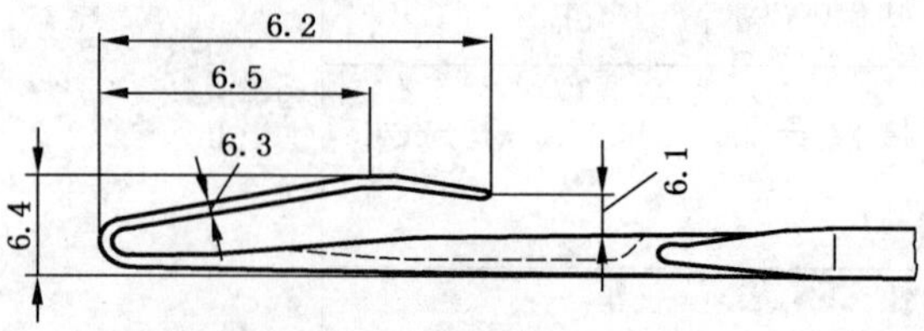
6.2	针钩长　Beard length	
6.3	针钩厚　Beard thickness	
6.4	针钩总高　Beard height	
6.5	针头到针腰距离　Distance from head to crimp	

表 1（续）

序 号	术 语	图
6.6	针钩形状 Beard shape	
6.6.1	单弯曲 simple crimp	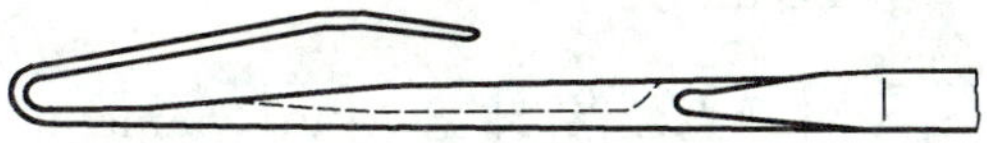
6.6.2	多弯曲 multiple crimp	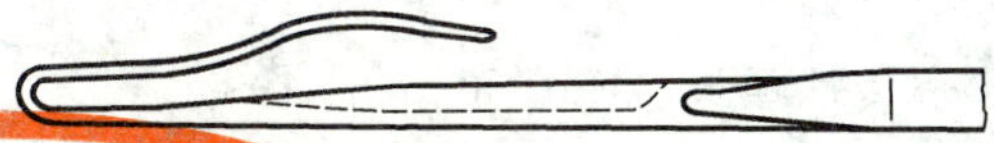
7	针腰（针钩向下弯曲部分） CRIMP(beard bend down-wards)	
7.1	针腰开口高 Crimp opening	
7.2	针腰到针头的长 Distance to the crimp	
8	长度尺寸和针面 LENGTH DIMENSIONS AND NEEDLE SIDES	
8.1	总长 Overall length	
8.2	针头至针杆平面的距离 Distance between head and beginning of flattened part of needle	
8.3	针头至针杆斜面起点的距离 Distance between head and beginning of taper	
8.4	工作长度 Working length	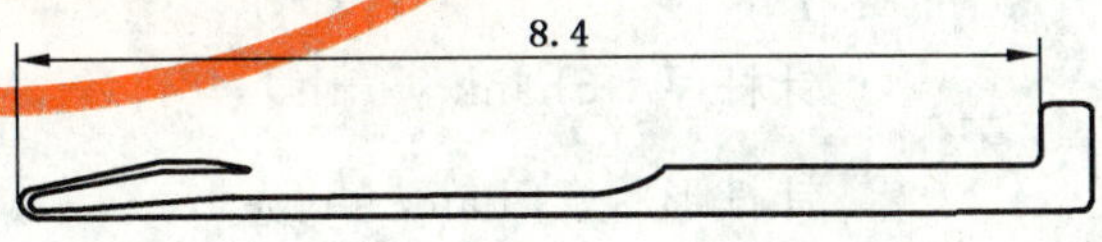
8.5	针背面 Bottom side of the needle	
8.6	针前面 Top side of the needle	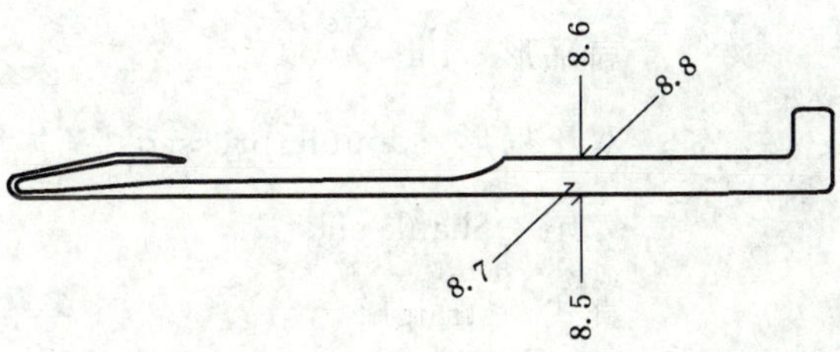
8.7	针左侧 Left-hand side of the needle	
8.8	针右侧 Right-hand side of the needle	

索　引

序　号	术　语
1	针踵(握持、移动针的弯凸部分)　BUTT(protrusion to slide or to hold the needle)
1.1	针踵直径;针踵宽　Butt diameter;width of the butt
1.2	针踵高　Butt height
1.3	针踵长　Butt length
1.4	针踵数　Number of butts
1.4.1	无针踵　without butt
1.4.2	单针踵　with one butt
1.4.3	多针踵　with several butts
1.5	针踵形状　Butt shape
1.5.1	单弯曲　with an ange
1.5.2	特殊弯曲　special bend
1.5.3	扁平　flat stock
1.6	针踵朝向　Butt direction
1.6.1	向针背面　to the bottom side of the needle
1.6.2	向针前面　to the top side of the needle
1.6.3	向针左侧面　to the left-hand side of the needle
1.6.4	向针右侧面　to the right-hand side of the needle
1.7	针踵角　Butt angle
2	针杆(针槽与针踵之间的部分)　SHANK(section between butt and groove)
2.1	针杆高　Shank height
2.2	针杆厚　Shank width
2.3	针杆形状　Shank shape
2.3.1	圆形　round
2.3.2	扁平形　flat
2.3.3	双压扁形　double pressed
2.4	针尾　Shank end
2.4.1	直式　straight
2.4.2	其他形式　otherwise

3	针槽(针杆与针颈间的部分) GROOVE(section between shank and throat)
3.1	针槽尺寸 Groove size
3.1.1	针槽宽 groove width
3.1.2	针槽长 groove length
3.1.3	槽距(针槽到针头外侧的长度) distance of groove(measured from the outside radius of the head)
3.1.4	槽底高 height of bottom of groove
3.1.5	槽部针宽 width of needle at groove
3.1.6	槽部针高 height of needle at groove
3.1.7	针槽角 groove angle
3.2	针槽形状 Groove type
3.2.1	U形 U-shape
3.2.2	V形 V-shape
4	针颈(针槽与针头间部分) THROAT(area between groove and head)
5	针头(针颈与针头端间的弯曲部分) HEAD(crimping between throat and beard)
5.1	针头宽 Head width
5.2	针头高 Head height
5.3	针头厚 Head thickness
5.4	针底面到针头间的距离 Distance from back of needle to head
6	针钩(针头凸出针杆的部分) BEARD(projection of head towards shank)
6.1	针钩开口高 Beard opening
6.2	针钩长 Beard length
6.3	针钩厚 Beard thickness
6.4	针钩总高 Beard height
6.5	针头到针腰距离 Distance from head to crimp
6.6	针钩形状 Beard shape
6.6.1	单弯曲 simple crimp
6.6.2	多弯曲 multiple crimp
7	针腰(针钩向下弯曲部分) CRIMP(beard bend down-wards)
7.1	针腰开口高 Crimp opening
7.2	针腰到针头的长 Distance to the crimp
8	长度尺寸和针面 LENGTH DIMENSIONS AND NEEDLE SIDES

8.1 总长 Overall length

8.2 针头至针杆平面的距离 Distance between head and beginning of flattened part of needle

8.3 针头至针杆斜面起点的距离 Distance between head and beginning of taper

8.4 工作长度 Working length

8.5 针背面 Bottom side of the needle

8.6 针前面 Top side of the needle

8.7 针左侧 Left-hand side of the needle

8.8 针右侧 Right-hand side of the needle

ICS 59.120.40
W 96

GB

中华人民共和国国家标准

GB/T 30160.3—2013/ISO 8119-3:1992

纺织机械与附件 针织机用针术语 第3部分:复合针

Textile machinery and accessories—Needles for knitting machines—Terminology—Part 3: Compound needles

(ISO 8119-3:1992,IDT)

2013-12-17 发布 2014-10-15 实施

中华人民共和国国家质量监督检验检疫总局
中国国家标准化管理委员会 发布

前言

GB/T 30160《纺织机械与附件　针织机用针术语》分为以下3个部分：

——第1部分：舌针；

——第2部分：钩针；

——第3部分：复合针。

本部分为GB/T 30160的第3部分。

本部分按照GB/T 1.1—2009给出的规则起草。

本部分使用翻译法等同采用ISO 8119-3:1992《纺织机械与附件　针织机用针术语　第3部分：复合针》(英文版)。

为便于使用，本部分对ISO 8119-3:1992做了下列编辑性修改：

a) 用“GB/T 30160.3”代替“ISO 8119-3”；

b) 删除ISO 8119-3:1992的前言；

c) 在第2章的标题下，增加了引导语“复合针术语见图1～图3和表1。”；

d) 增加了表的编号和表题“表1　复合针术语”。

本部分由中国纺织工业联合会提出。

本部分由全国纺织机械与附件标准化技术委员会纺织器材分技术委员会(SAC/TC 215/SC 2)归口。

本部分起草单位：三门峡宇龙纺器织针有限责任公司、昆山凯意织针有限公司、烟台运成制针有限责任公司、苏州神马织针器材有限公司、南通市光阳针业有限公司、烟台天成制针有限公司、福建省晋江市佶龙机械工业有限公司、常州市润源经编机械有限公司、陕西纺织器材研究所。

本部分主要起草人：侯水利、赵玉生、王婕、梁玉红、钱铭、王梅峰、林浩、杨露俐、陆永海、崔永青、申国志、赛世广、朱建兵、杨兴才、王占洪、刘莉萍。

纺织机械与附件　针织机用针术语　第3部分:复合针

1　范围

GB/T 30160 的本部分规定了复合针的术语。复合针是针织器材的一种,由针钩件和闭合件(针芯)组成。针钩件基本呈扁平形并具有钩形针头;闭合件一般具有扁平针杆,由针钩件导向,用于开闭针钩。

2　术语

复合针术语见图1～图3和表1。

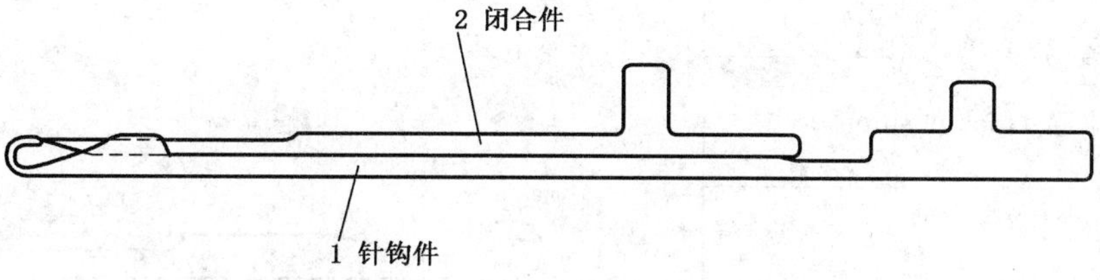

图1　复合针的主要部分

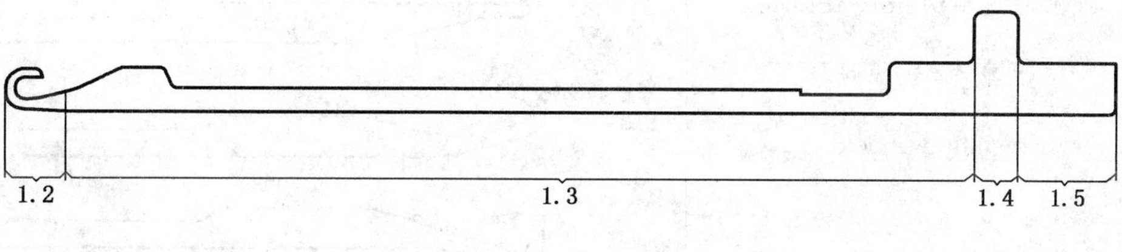

图2　针钩件

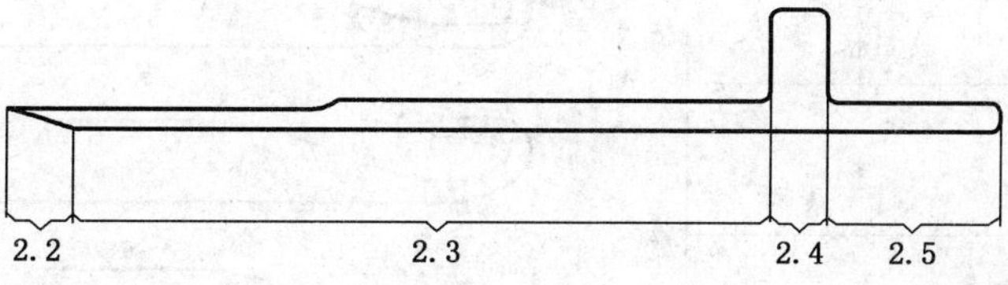

图3　闭合件

表 1 复合针术语

序号	术语	图
1	针钩件 NEEDLE ELEMENT	
1.1	制造型式 Manufacture	
1.1.1	钢片 from steel strip	
1.1.2	钢丝 from steel wire	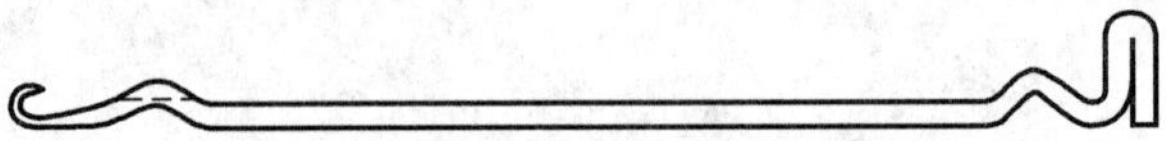
1.1.3	钢管 form steel tubing	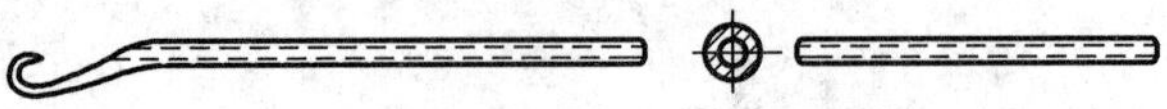
1.2	针钩 Hook	
1.2.1	针钩位置 Hook position	
1.2.1.1	直钩(下平钩) straight hook	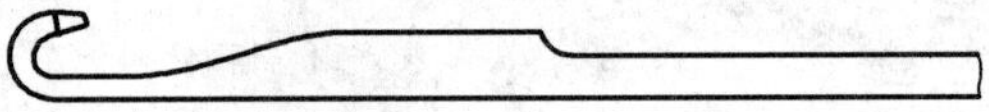
1.2.1.2	居中钩 central hook	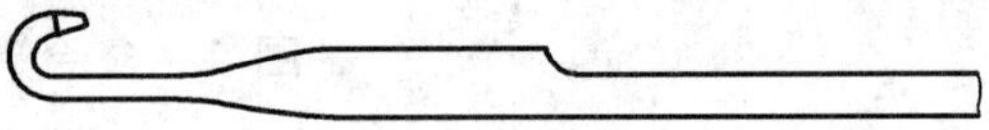
1.2.1.3	前倾钩(上平钩)forward hook	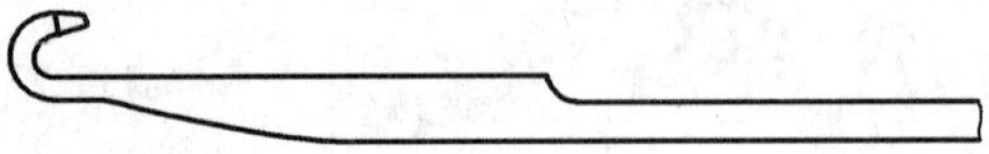
1.2.1.4	前斜钩 forward slanting hook	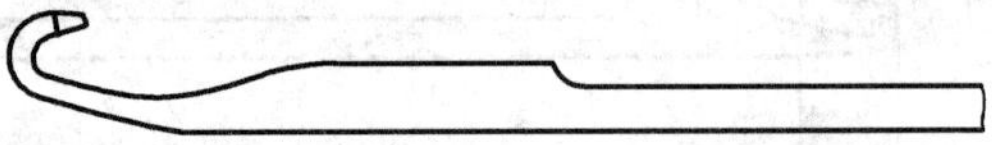
1.2.1.5	后斜钩 backward slanting hook	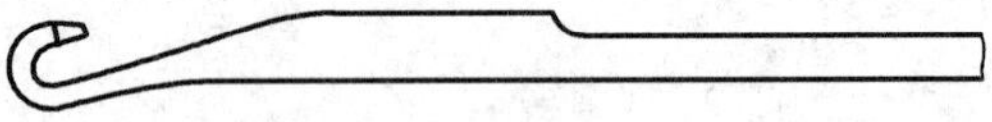
1.2.2	针钩形状 Hook shape	
1.2.2.1	圆形 round	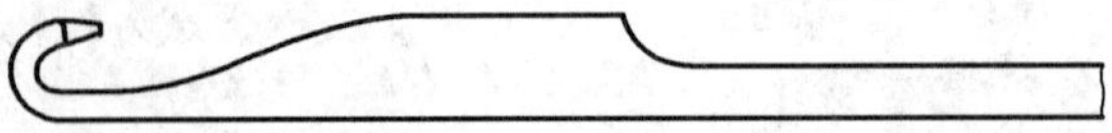
1.2.2.2	椭圆形 oval	
1.2.2.3	尖头形 pointed	
1.2.2.4	方形 solid	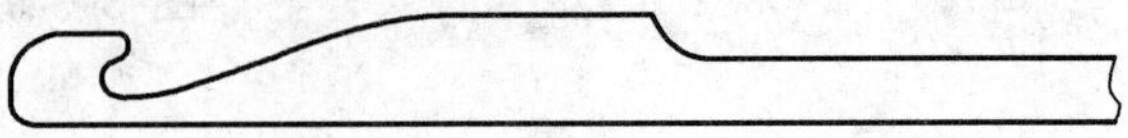

表 1（续）

序号	术语	图
1.2.2.5	钝形 blunt	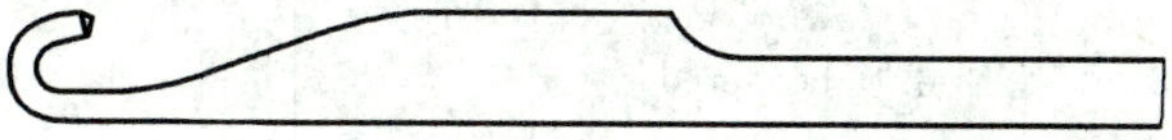
1.2.2.6	无沟槽形 without noucat	
1.2.2.7	有沟槽形 with noucat	
1.3	针杆 Shank	
1.3.1	针杆形状 Shank shape	
1.3.1.1	直形 straight	
1.3.1.2	单弯形 angular, with one angle	
1.3.1.3	多弯形 angular, with several angles	
1.3.1.4	直杆形 solid	
1.3.1.5	缺口形 spared(cut out)	
1.3.2	针杆截面 Cross-section of shank	
1.3.2.1	针前开槽 grooved on the top side of the needle	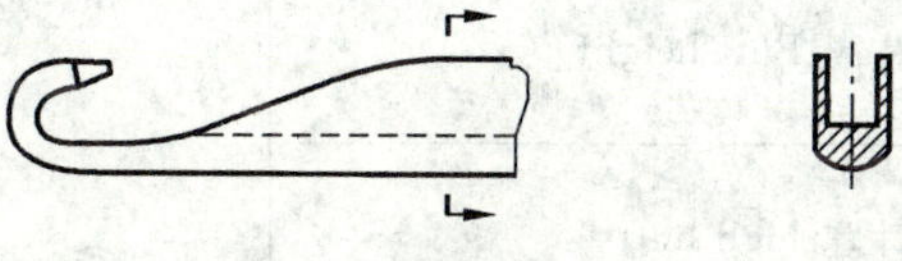
1.3.2.2	针背开槽 grooved on the bottom side of the needle	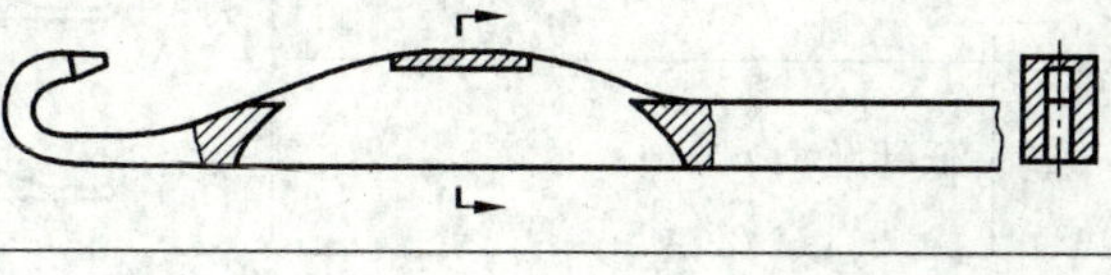

表 1（续）

序号	术 语	图
1.3.2.3	船壳形 bordered	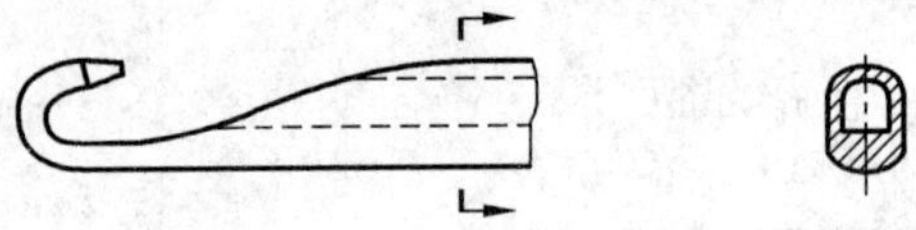
1.3.2.4	管形 tubular	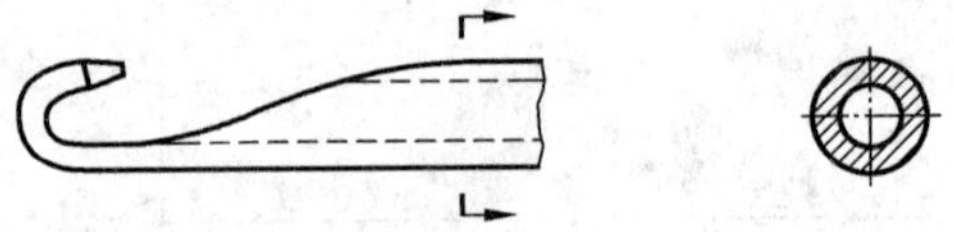
1.3.2.5	凸梁形 with buide	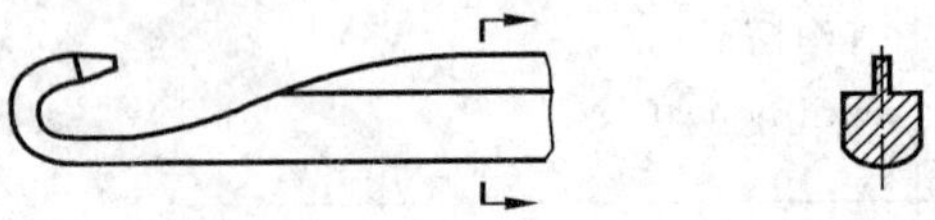
1.3.2.6	实心形 solid	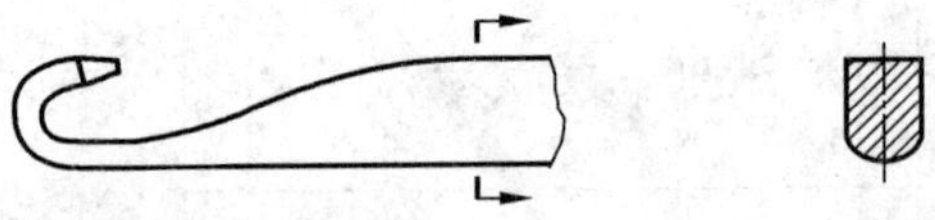
1.3.3	针杆尾 Shank end	
1.3.3.1	弯形 bent	
1.3.3.2	切割形 cut out	
1.3.3.3	铸形 coined	
1.4	针踵 Butt	
1.4.1	针踵数 Number of butts	
1.4.1.1	无针踵 without butt	
1.4.1.2	单针踵 with one butt	
1.4.1.3	多针踵 with several butts	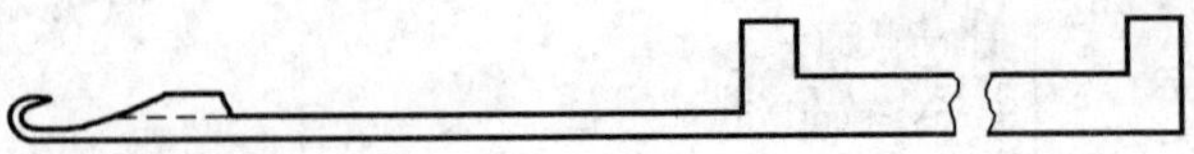
1.4.2	针踵高 Butt height	
1.4.2.1	高针踵 high butt	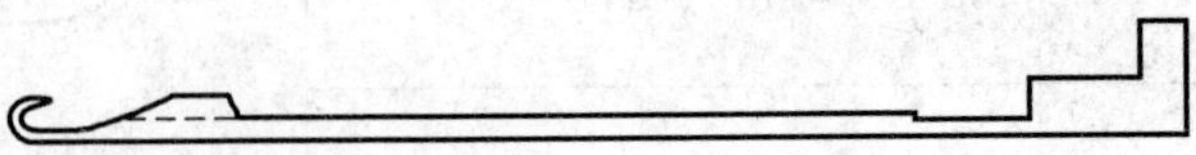
1.4.2.2	低针踵 low butt	

表 1（续）

序号	术　语	图
1.4.3	针踵形状 Butt shape	
1.4.3.1	圆形 round butt	
1.4.3.2	倒棱形 chamfered(angled)butt	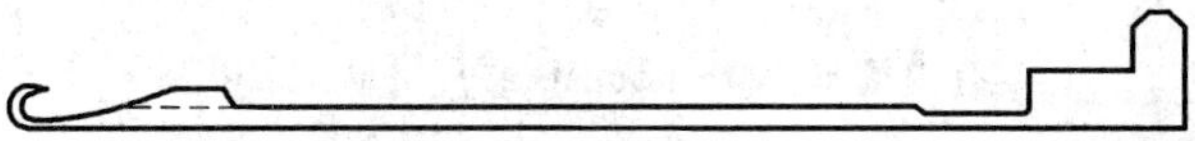
1.4.3.3	方形 right-angled(flat)butt	
1.4.4	针踵朝向 Butt direction	
1.4.4.1	朝针背面 to the bottom side of the needle	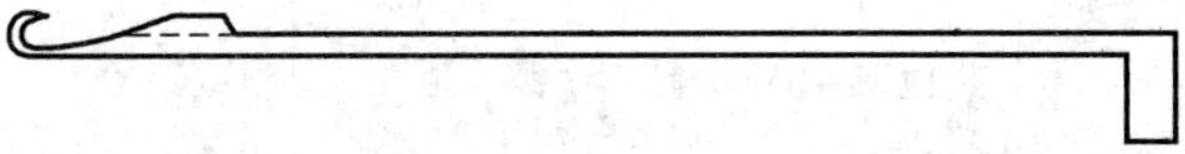
1.4.4.2	朝针前面 to the top side of the needle	
1.5	针尾 Back shank	
1.5.1	针尾型式 Types of back shank	
1.5.1.1	无针尾 without back shank	
1.5.1.2	有针尾 with back shank	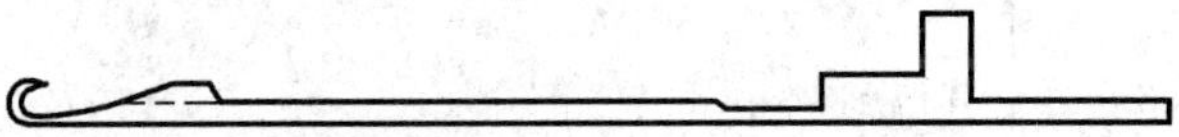
1.5.1.3	有成形针尾 with shaped back shank	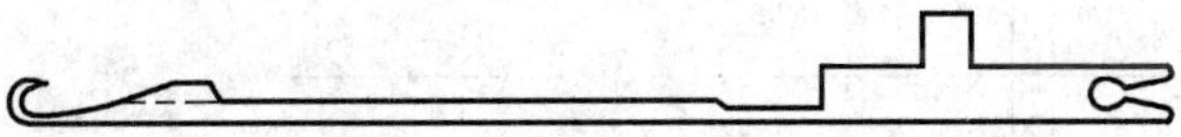
2	闭合件 CLOSING ELEMENT	
2.1	制造型式 Manufacture	
2.1.1	钢片 from steel strip	
2.1.2	钢丝 from steel wire	
2.1.3	钢管 from steel tube	

表 1（续）

序号	术　语	图
2.2	针芯头 Beard	
2.2.1	针芯头形状 Beard shape	
2.2.1.1	无沟槽形 without noucat	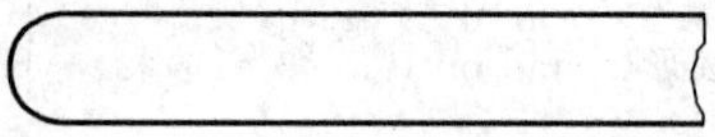
2.2.1.2	有沟槽形 with noucat	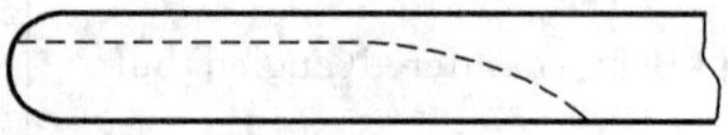
2.2.1.3	尖头形 pointed	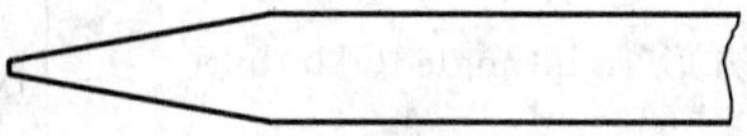
2.2.1.4	角形 angular	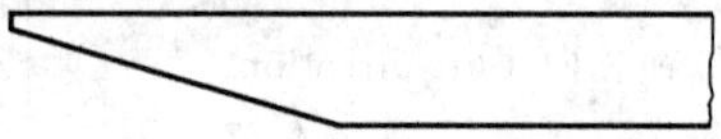
2.2.1.5	其他形 shaped	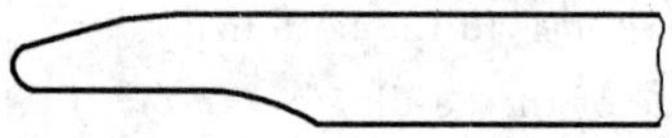
2.3	针芯杆 Shank	
2.3.1	针芯杆形状 Shank shape	
2.3.1.1	直形 straight	
2.3.1.2	弯形 angular	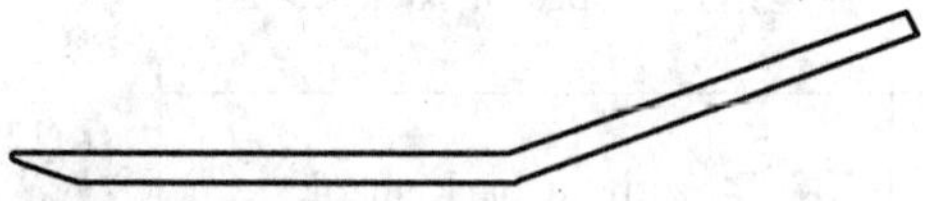
2.3.1.3	其他形 shaped	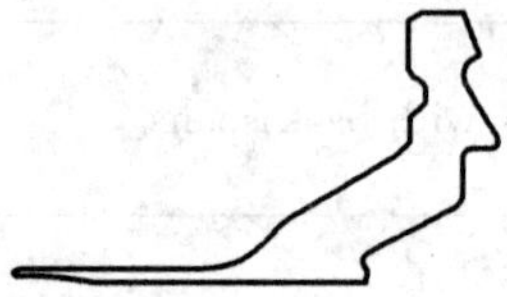
2.3.1.4	摩擦弯形 friction bent	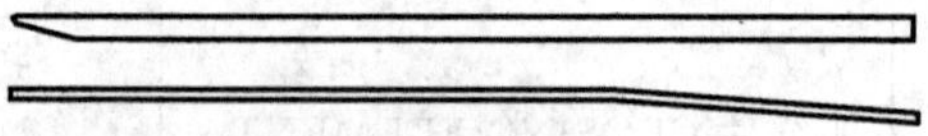
2.3.1.5	双向承压形 double pressed	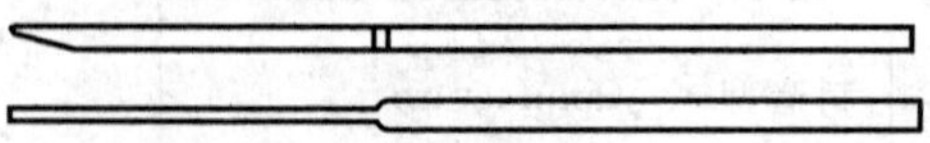
2.3.2	针芯杆截面 Cross-section of shank	
2.3.2.1	管形 tubular	
2.3.2.2	槽形 grooved	

表 1（续）

序号	术语	图
2.3.2.3	凸梁形 with bridge	
2.3.2.4	实心形 solid	
2.3.3	针芯尾 Shank end	
2.3.3.1	弯形 bent(crimped)	
2.3.3.2	固定形 shaped	
2.3.3.3	铸形 coined	
2.4	针芯踵 Butt	
2.4.1	针芯踵数 Number of butts	
2.4.1.1	无针踵 without butt	
2.4.1.2	单针踵 with one butt	
2.4.1.3	多针踵 with several butts	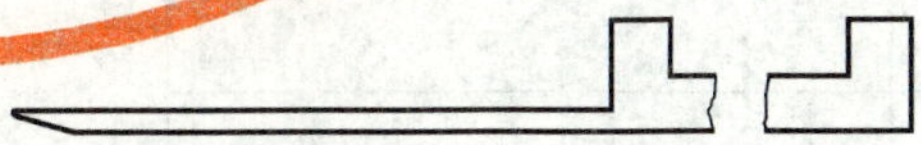
2.4.2	针芯踵高度 Butt height	
2.4.2.1	高踵 high butt	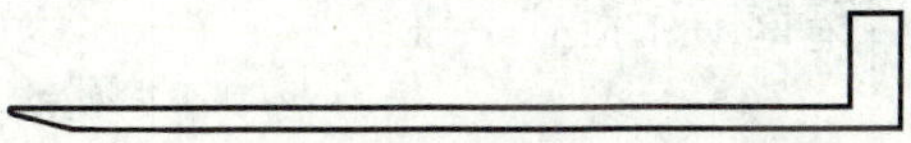
2.4.2.2	低踵 low butt	

表 1（续）

序号	术语	图
2.4.3	针芯踵形状 Butt shape	
2.4.3.1	圆形 round butt	
2.4.3.2	倒棱形 chamfered(angled)butt	
2.4.3.3	方形 right-angled(flat)butt	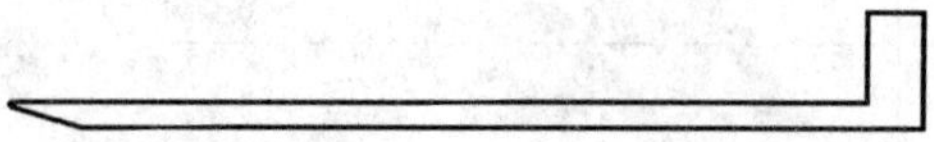
2.4.4	针芯踵朝向 Butt direction	
2.4.4.1	朝针杆背面 to the bottom side of the shank	
2.4.4.2	朝针杆前面 to the top side of thc shank	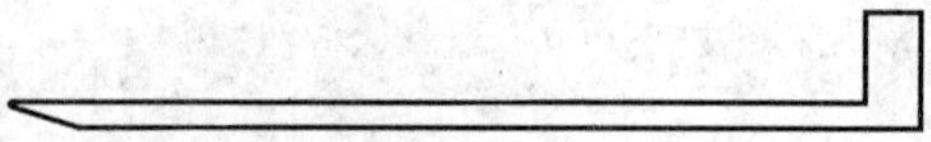
2.5	针芯尾 Back shank	
2.5.1	针芯尾型式 Types of back shank	
2.5.1.1	无尾 without back shank	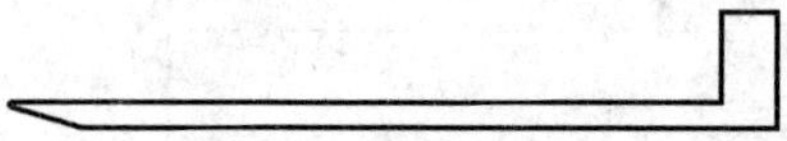
2.5.1.2	有尾 with back shank	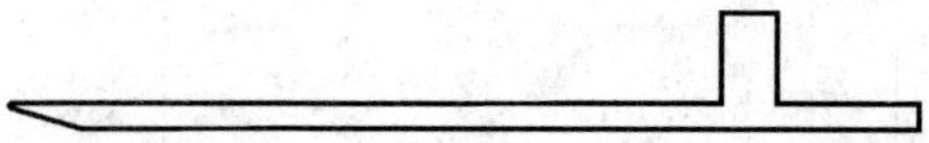
2.5.1.3	有成形尾 with shaped back shank	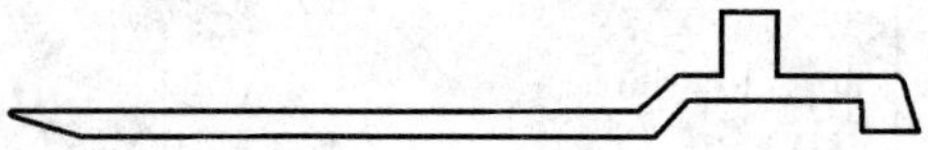

索　引

1.3.3	针杆尾　Shank end
1.3.3.1	弯形　bent
1.3.3.2	切割形　cut out
1.3.3.3	铸形　coined
1.4	针踵　Butt
1.4.1	针踵数　Number of butts
1.4.1.1	无针踵　without butt
1.4.1.2	单针踵　with one butt
1.4.1.3	多针踵　with several butts
1.4.2	针踵高　Butt height
1.4.2.1	高针踵　high butt
1.4.2.2	低针踵　low butt
1.4.3	针踵形状　Butt shape
1.4.3.1	圆形　round butt
1.4.3.2	倒棱形　chamfered(angled)butt
1.4.3.3	方形　right-angled(flat)butt
1.4.4	针踵朝向　Butt direction
1.4.4.1	朝针背面　to the bottom side of the needle
1.4.4.2	朝针前面　to the top side of the needle
1.5	针尾　Back shank
1.5.1	针尾型式　Types of back shank
1.5.1.1	无针尾　without back shank
1.5.1.2	有针尾　with back shank
1.5.1.3	有成形针尾　with shaped back shank
2	闭合件　CLOSING ELEMENT
2.1	制造型式　Manufacture
2.1.1	钢片　from steel strip
2.1.2	钢丝　from steel wire
2.1.3	钢管　from steel tube
2.2	针芯头　Beard
2.2.1	针芯头形状　Beard shape
2.2.1.1	无沟槽形　without noucat
2.2.1.2	有沟槽形　with noucat
2.2.1.3	尖头形　pointed
2.2.1.4	角形　angular
2.2.1.5	其他形　shaped
2.3	针芯杆　Shank
2.3.1	针芯杆形状　Shank shape

2.3.1.1 直形 straight

2.3.1.2 弯形 angular

2.3.1.3 其他形 shaped

2.3.1.4 摩擦弯形 friction bent

2.3.1.5 双向承压形 double pressed

2.3.2 针芯杆截面 Cross-section of shank

2.3.2.1 管形 tubular

2.3.2.2 槽形 grooved

2.3.2.3 凸梁形 with bridge

2.3.2.4 实心形 solid

2.3.3 针芯尾 Shank end

2.3.3.1 弯形 bent(crimped)

2.3.3.2 固定形 shaped

2.3.3.3 铸形 coined

2.4 针芯踵 Butt

2.4.1 针芯踵数 Number of butts

2.4.1.1 无针踵 without butt

2.4.1.2 单针踵 with one butt

2.4.1.3 多针踵 with several butts

2.4.2 针芯踵高度 Butt height

2.4.2.1 高踵 high butt

2.4.2.2 低踵 low butt

2.4.3 针芯踵形状 Butt shape

2.4.3.1 圆形 round butt

2.4.3.2 倒棱形 chamfered(angled)butt

2.4.3.3 方形 right-angled(flat)butt

2.4.4 针芯踵朝向 Butt direction

2.4.4.1 朝针杆背面 to the bottom side of the shank

2.4.4.2 朝针杆前面 to the top side of the shank

2.5 针芯尾 Back shank

2.5.1 针芯尾型式 Types of back shank

2.5.1.1 无尾 without back shank

2.5.1.2 有尾 with back shank

2.5.1.3 有成形尾 with shaped back shank

ICS 59.080.70
W 59

中华人民共和国国家标准

GB/T 30161—2013

膜结构用涂层织物

Coated fabrics for membrane structures

2013-12-17 发布 2014-10-15 实施

中华人民共和国国家质量监督检验检疫总局
中国国家标准化管理委员会 发布

前　言

本标准按照GB/T 1.1—2009给出的规则起草。

本标准由中国纺织工业联合会与中国钢结构协会空间结构分会联合提出。

本标准由全国纺织品标准化技术委员会产业用纺织品分技术委员会(SAC/TC 209/SC 7)归口。

本标准起草单位:纺织工业标准化研究所、中国钢结构协会空间结构分会、中国产业用纺织品行业协会。

本标准参加单位:中国建筑科学研究院、北京工业大学、哈尔滨工业大学、北京思博福瑞空间结构技术有限公司、上海申达科宝新材料有限公司、宁波天塔氟硅应用技术研究所、北京五洲佳泰新型涂层公司、德国米乐膜材公司、法国法拉利公司上海代表处、日本平冈织染株式会社、北京今腾盛膜结构技术有限公司、北京纽曼帝莱蒙膜建筑技术有限公司、上海太阳膜结构有限公司、柯沃泰膜结构(上海)有限公司。

本标准起草人:郑宇英、李桂梅、章辉、蓝天、张毅刚、薛素铎、吴金志、武岳、向阳、胡淳、薛秉荣、朱振啟、霍东辉、虞政、万海波、王平、王文胜、宋浩、张艳琪、季广其。

膜结构用涂层织物

1 范围

本标准规定了膜结构用涂层织物(以下简称膜材)的技术要求、试验方法、检验规则、包装和标志等。

本标准适用于以合成纤维或玻璃纤维织物为基布,经浸渍、涂层或层压工艺在基布表面覆盖聚合物连续层,作为膜结构建筑用的涂层织物。

2 规范性引用文件

下列文件对于本文件的应用是必不可少的。凡是注日期的引用文件,仅注日期的版本适用于本文件。凡是不注日期的引用文件,其最新版本(包括所有的修改单)适用于本文件。

GB/T 250 纺织品 色牢度试验 评定变色用灰色样卡

GB/T 3917.3 纺织品 织物撕破性能 第3部分:梯形试样撕破强力的测定

GB/T 3923.1 纺织品 织物拉伸性能 第1部分:断裂强力和断裂伸长率的测定 条样法

GB/T 4669—2008 纺织品 机织物 单位长度质量和单位面积质量的测定

GB/T 8626 建筑材料可燃烧性试验方法

GB/T 14801 机织物与针织物纬斜和弓纬试验方法

GB/T 20284 建筑材料或制品的单体燃烧试验

FZ/T 01003 涂层织物 厚度试验方法

FZ/T 01004 涂层织物 抗渗水性的测定

FZ/T 01007—2008 涂层织物 耐低温性的测定

FZ/T 01008—2008 涂层织物 耐热空气老化性的测定

FZ/T 01009 纺织品 织物透光性的测定

FZ/T 01071 纺织品 毛细效应试验方法

FZ/T 60036—2013 膜结构用涂层织物 接头强力试验方法

FZ/T 60037—2013 膜结构用涂层织物 拉伸蠕变性能试验方法

FZ/T 60038—2013 膜结构用涂层织物 防污性能试验方法

FZ/T 60039—2013 膜结构用涂层织物 剥离强力试验方法

3 分类、规格和代号

3.1 分类与命名

膜材的分类按基布纤维分类,例如:玻璃纤维类(G类),聚酯纤维类(P类)。

膜材产品名称按照基布纤维、涂层和防污面层材料命名,采用国际通用的英文缩写字母、化学符号或代码,以“基布纤维/涂层材料/防污面层”表示;如无防污面层,以“基布纤维/涂层材料”表示。例如:

——P/PVC/PVF:聚酯纤维机织物/聚氯乙烯(PVC)/聚氟乙烯(PVF)

——P/PVC/PVDF:聚酯纤维机织物/聚氯乙烯(PVC)/聚偏氟乙烯(PVDF)

——P/PVC/TiO_2:聚酯纤维机织物/聚氯乙烯(PVC)/二氧化钛(TiO_2)

——G/PTFE:玻璃纤维机织物/聚四氟乙烯(PTFE)

——G/Si:玻璃纤维机织物/有机硅(Si)

3.2 规格

膜材的规格为经向断裂强力标称值,以牛顿(N)为单位,按供需双方合同和实际需要设计。例如:规格为6000的膜材,表示其断裂强力标称值为6 000 N。

3.3 代号

膜材的代号包括产品名称、规格和幅宽,形式为:

□-□-□

- 第三格:幅宽(cm)
- 第二格:经向断裂强力标称值(N)(见3.2)
- 第一格:产品名称(见3.1)

示例1:玻璃纤维机织物+聚四氟乙烯,规格为6 000 N,幅宽400 cm,其代号为G/PTFE-6000-400。

示例2:聚酯纤维机织物+聚氯乙烯+聚氟乙烯,规格为5 500 N/5 cm,幅宽250 cm,其代号为P/ PVC /PVF-5500-250。

4 要求

4.1 膜材的内在质量

4.1.1 膜材的力学性能考核项目及其技术要求见表1。

表1 力学性能要求

项目		要 求	试验方法
经向断裂强力/N		不低于标称值	5.1
纬向断裂强力/N		不低于经向断裂强力值的80%	5.1
定负荷伸长率[a]/%		不大于约定值[b](200 N,24 h)	5.2
撕破强力[a]/N	G类	不低于约定值[b],且不低于断裂强力值的7%	5.3
	P类	不低于约定值[b],且不低于断裂强力值的8%	
剥离强力/N		不低于约定值[b]	5.4
接头强力/N		不低于约定值[b]	5.5

[a] 定负荷伸长率与撕破强力应分别考核经向和纬向两个方向。

[b] 约定值为有关方协商约定的值。

4.1.2 膜材的理化性能考核项目及其技术要求见表2。

表2 理化性能要求

项 目	要 求	试验方法
膜材单位面积质量偏差率[a]/%	±5	5.6
膜材厚度偏差率[a]/%	±10	5.7

表 2（续）

<table>
<tr><th colspan="3">项　目</th><th>要　求</th><th>试验方法</th></tr>
<tr><td colspan="3">透光率/%</td><td>符合约定范围</td><td>5.8</td></tr>
<tr><td colspan="3">静水压/kPa</td><td>≥50 kPa</td><td>5.9</td></tr>
<tr><td rowspan="4">防污性能，级</td><td rowspan="2">耐沾污</td><td>G 类</td><td>≥3</td><td rowspan="4">5.10</td></tr>
<tr><td>P 类</td><td>≥3</td></tr>
<tr><td rowspan="2">易去污</td><td>G 类</td><td>≥4</td></tr>
<tr><td>P 类</td><td>≥3</td></tr>
<tr><td colspan="3">液体芯吸高度/mm</td><td>≤2</td><td>5.11</td></tr>
<tr><td colspan="3">燃烧性能</td><td>符合附录 A 中 B 级或 C 级材料的要求</td><td>5.12</td></tr>
<tr><td colspan="3">耐低温性[b]/℃</td><td>−10 ℃下全部试样不破坏</td><td>5.13</td></tr>
<tr><td colspan="3">耐热空气老化性[c]/%</td><td>符合约定值</td><td>5.14</td></tr>
<tr><td colspan="5">[a] 根据约定值考核膜材的单位面积质量和厚度，偏差率(%)＝100×(测试值－约定值)/约定值
[b] 耐低温性也可采用更低的温度。
[c] 耐热空气老化性为可选项，以 100 ℃下的质量损失率(Lmc)为指标。</td></tr>
</table>

4.2　**膜材的外观质量**

4.2.1　膜材的幅宽偏差应符合约定范围。

4.2.2　膜材的表面应平整、均匀，边缘平直整齐，不应有破边、荷叶边、裂缝、破洞、油污斑渍、漏涂、结胶、气泡、纱线断裂等影响产品美观和使用性能的缺陷。

4.2.3　同一卷膜材的表面色差(包括左中右色差和前后色差)不低于 4 级，同一批材料卷与卷之间的色差不低于 3-4 级，与确认样对比色差不低于 3-4 级。

4.2.4　膜材中的织物的纬斜和纹路歪斜不超过 3 %。

4.2.5　对于其他缺陷，供需双方应根据膜材的用途，就缺陷的范围和许可限度达成协议。

5　试验方法

5.1　断裂强力的测定按 GB/T 3923.1 执行。

注：对于较大强度的试样，可采用罗拉式夹具或其他有效防止试样滑移的夹具。

5.2　定负荷伸长率的测定按 FZ/T 60037 执行，定负荷为 200 N，加载时间为 24 h。

5.3　撕破强力的测定按 GB/T 3917.3 执行。

5.4　剥离强力的测定按 FZ/T 60039 执行。

5.5　接头强力的测定按 FZ/T 60036 执行。

5.6　膜材单位面积质量的测定按 GB/T 4669—2008 的方法 5 执行。

5.7　膜材厚度的测定按 FZ/T 01003 执行。

5.8　透光率的测定按 FZ/T 01009 执行。

5.9　抗渗水性的测定按 FZ/T 01004 执行。

5.10　防污性能(耐沾污和易去污)的测定按 FZ/T 60038 执行。

5.11 液体芯吸性的测定按 FZ/T 01071 执行，试样浸入试液时间为 72 h。

注：观察液体的芯吸高度时，在试样中部开一叉口。从试样底端开始每次剪切 1 mm～2 mm，观察切口，直到切口没有显示颜色为止，最后测定其切口到底端的距离即为芯吸高度。

5.12 燃烧性能的测定按 GB/T 8626 规定分别测定膜材采用表面点火和边缘点火时的燃烧长度（F_S），点火时间为 30 s。按 GB/T 20284 规定测定膜材的燃烧增长率指数（$FIGRA$）、时间为 600 s 时的总放热量（THR_{600s}）、火焰横向蔓延长度（LFS）和燃烧滴落物。

5.13 耐低温性的测定按 FZ/T 01007—2008，采用试验温度 −10 ℃ 和参数 B 进行试验。

5.14 耐热空气老化性的测定按 FZ/T 01008—2008 的方法 A 进行，按公式（1）计算。

5.15 膜材幅宽的测定根据合同或协议选择下列方法之一进行：

a） 用钢尺测量卷的宽度作为该卷的幅宽，精确至 1 mm。

b） 退卷使膜材松弛。在距卷头至少 5 m 以上，用钢尺测量幅宽至少 5 处，精确至 1 mm。计算平均值（保留整数位），作为该卷的幅宽。

5.16 色差按 GB/T 250 评定变色用灰卡进行评定。

5.17 纬斜和纹路歪斜的测定按 GB/T 14801 执行。

5.18 外观疵点检验以产品正面为主，检验应在平台上进行，采用正常白昼北光或日光灯照明，台面照度不低于 750 lx，目光与台面距离 60 cm 左右。

6 检验规则

6.1 抽样

按同一品种、同一规格的产品作为检验批，从每批产品中随机抽样。外观质量的抽样数量按表 3 规定；内在质量距膜材卷的外层头端至少 1 m 处剪取一个样品，其样品尺寸应满足所要求的性能试验。

表 3 外观质量抽样数量

一批卷的数量/卷	抽样数量/卷
≤15	2
16～25	3
≥26	5

6.2 内在质量的判定

对所取样品按 4.1 的项目进行试验。如果所有项目符合要求，则该批产品内在质量合格。如果有不符合项，按 6.1 重新取样，对不符合项进行复试。如果所有复试结果符合要求，则该批产品内在质量合格；如果复试结果仍有不符合项，则该批产品不合格。

6.3 外观质量的判定

按 4.2 对所有抽取的样品（卷）进行外观质量评定，如果均符合要求，则该批产品外观质量合格。如果有不合格卷时，按 6.1 重新抽样进行复验。如果复验卷均符合要求，则该批产品外观质量合格；如果复验卷仍有不合格卷，则该批产品不合格。

6.4 结果判定

按 6.2 和 6.3 判定均为合格，则该批产品合格。

7 包装、标志和储运

7.1 膜材按定长成卷包装，每卷定长值以及每卷内的段数根据协议或合同规定。

7.2 每卷膜材应附一个标志，包含下列内容：

a) 制造者的名称和地址；

b) 产品名称和代号；

c) 执行的标准（即本标准）编号；

d) 卷长(m)；

e) 生产批号；

f) 生产日期。

7.3 产品在储运中应保证不破损，不沾污，不粘连，不受潮，防雨淋，置于干燥和通风的环境中，不得长期暴晒。

附 录 A
（规范性附录）
燃烧性能要求

表 A.1 燃烧性能要求

项目	考核指标	
	B 级	C 级
燃烧长度 F_S/mm	≤150	≤150
燃烧增长率指数 $FIGRA$/W/s	≤120	≤250
时间为 600 s 时的总放热量 THR_{600s}/MJ	≤7.5	≤15
火焰横向蔓延长度 LFS/m	小于试样边缘	小于试样边缘
燃烧滴落物	600 s 内无燃烧滴落物	600 s 内无燃烧滴落物

ICS 59.120.30
W 94

中华人民共和国国家标准

GB/T 30162—2013/ISO 6177:1986

纺织机械　卷布辊
术语和主要尺寸

Textile machinery—Cloth rollers—
Terminology and main dimensions

(ISO 6177:1986,IDT)

2013-12-17 发布　　2014-10-15 实施

中华人民共和国国家质量监督检验检疫总局
中国国家标准化管理委员会　发布

前　言

本标准按照 GB/T 1.1—2009 给出的规则起草。

本标准使用翻译法等同采用 ISO 6177:1986《纺织机械　卷布辊　术语和主要尺寸》(英文版)。

与本标准中规范性引用的国际文件有一致性对应关系的我国文件如下：

——FZ/T 90035—1992　纺织机械　整经轴术语和主要尺寸(ISO 8116-2:1985,NEQ)；

——FZ/T 90036—1992　纺织机械　织轴术语和主要尺寸[ISO 8116-3:1986(ISO 8116-3:1986 为 ISO 5241:1978 的替代标准),EQV]。

为便于使用,本标准对 ISO 6177:1986 做了下列编辑性修改：

a) 用"GB/T 30162"代替"ISO 6177"；

b) 删除了 ISO 6177:1986 的前言；

c) 在第 2 章中删除了 ISO 109；

d) 在第 3 章标题下增加引导语"卷布辊的基本结构、术语和主要尺寸见图 1、表 1 及表 2"；在 3.1、3.2 的标题下分别增加引导语"见表 1"、"见表 2"；

e) 增加了图 1 的图题"卷布辊的基本结构"；

f) 用"a"、"b"分别代替表 2 中脚注的编号"1)"、"2)",并将脚注置于表中；

g) "4 标记"中增加了方榫边长为 60 mm 卷布辊的标记示例；

h) 增加了附录 A 的标题,将图 2 改为图 A.1,并补充了图 A.1 中截面上的中心线和剖面线。

本标准由中国纺织工业联合会提出。

本标准由全国纺织机械与附件标准化技术委员会纺织器材分技术委员会(SAC/TC 215/SC 2)归口。

本标准起草单位：绍兴县鼎丰纺织器材有限公司、无锡市星龙达科技有限公司、陕西纺织器材研究所。

本标准主要起草人：秋黎凤、赵玉生、余定雅、淡培霞、夏锡平、陈潍坚。

纺织机械　卷布辊
术语和主要尺寸

1　范围

本标准规定了卷绕和传送织物的机械用卷布辊的术语、主要尺寸和标记。

2　规范性引用文件

下列文件对于本文件的应用是必不可少的。凡是注日期的引用文件，仅注日期的版本适用于本文件。凡是不注日期的引用文件，其最新版本（包括所有的修改单）适用于本文件。

ISO 5241　纺织机械与附件　织轴　术语和主要尺寸（Textile machinery and accessories—Weaver's beams—Terminology and main dimensions）

ISO 8116-2　纺织机械与附件　卷绕轴　第2部分：整经轴　术语和主要尺寸（Textile machinery and accessories—Beams for winding—Part 2：Warper's beams—Terminology and main dimensions）

3　术语和主要尺寸

卷布辊的基本结构、术语和主要尺寸见图1、表1和表2。

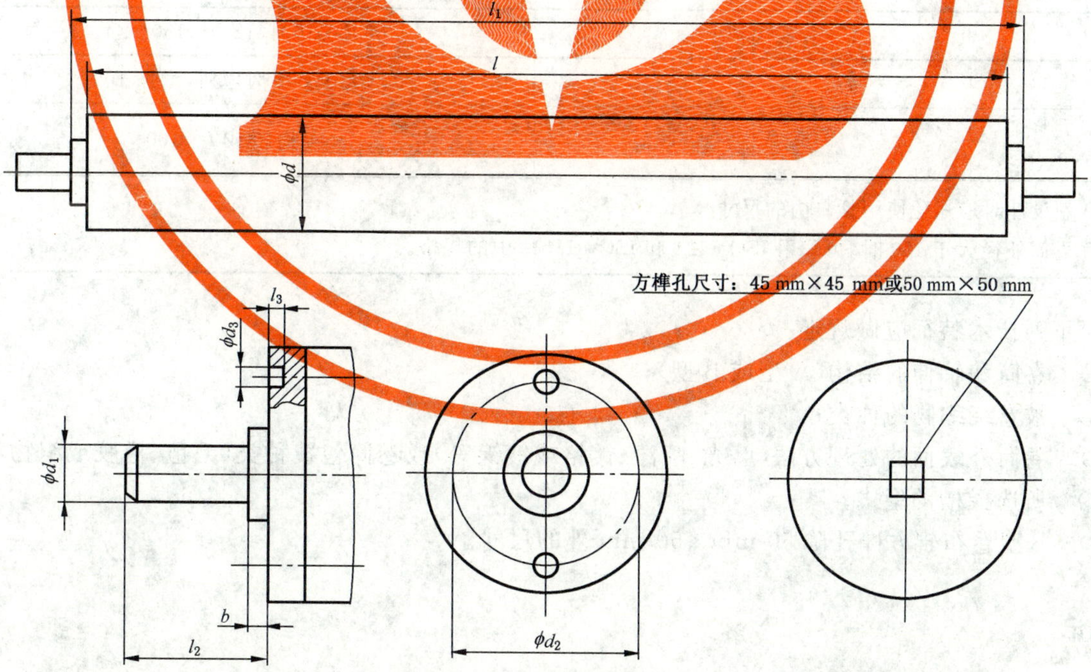

a）　A型　　　　b）　B型

注：其他型式卷布辊参见附录A中图A.1。

图1　卷布辊的基本结构

3.1 术语

见表1。

表1 卷布辊术语

代号	术语
d	卷筒外径 Outside diameter of barrel
d_1	轴伸直径 Diameter of the shaft
d_2	传动孔节圆直径 Diameter of pitch circle of driving holes
d_3	传动孔直径 Diameter of driving hole
l	卷筒长度 Barrel length
l_1	两轴肩外端面间距离(A型) Length over bosses,collar to collar,type A
l_2	轴伸长度 Length of the shaft
l_3	传动孔深度 Depth of driving hole
b	轴肩长度 Length of boss

3.2 主要尺寸

见表2。

表2 卷布辊主要尺寸

单位为毫米

d	100,(120)[a],150[b]
l	大于800时,每档增加100
$l_1{}^{0}_{-3}$	$l+10$ 或 $l+100$

[a] 新设计时应避免使用括号内的尺寸。

[b] 卷筒外径大于150时,可采用ISO 5421和ISO 8116-2中的规格。

对下列技术特征应做规定:

a) 卷筒和轴伸的结构(A型或B型);

b) 被卷绕织物的种类;

c) 卷筒外表面的处理方法(磨光、喷漆、镀铬或镀镍等)或卷筒包覆种类(毛毡、橡胶或织物等);

d) 所选择槽的型式;

e) B型卷布辊方榫孔除50 mm×50 mm外的尺寸。

4 标记

卷布辊的标记应由下列内容组成:

a) 名称;

b) 本标准编号(即GB/T 30162);

c) 卷布辊型号;

d) 卷筒外径；

e) 卷筒长度；

f) A型卷布辊两轴肩外端面间距离。

示例：

A型卷布辊(有轴伸和轴肩)，卷筒外径 d=100 mm，卷筒长度 l=2 000 mm，两轴肩外端面间距离 $l_1=l+10$ mm，应标记为：

卷布辊 GB/T 30162-A-100×2 000×2 010

B型卷布辊，方榫边长 50 mm，卷筒外径 d=100 mm，卷筒长度 l=1 500 mm，应标记为：

卷布辊 GB/T 30162-B-100×1 500

B型卷布辊，方榫边长 60 mm，卷筒外径 d=100 mm，卷筒长度 l=1 500 mm，应标记为：

卷布辊 GB/T 30162-B60-100×1 500

附 录 A
（资料性附录）
其他型式卷布辊的基本结构

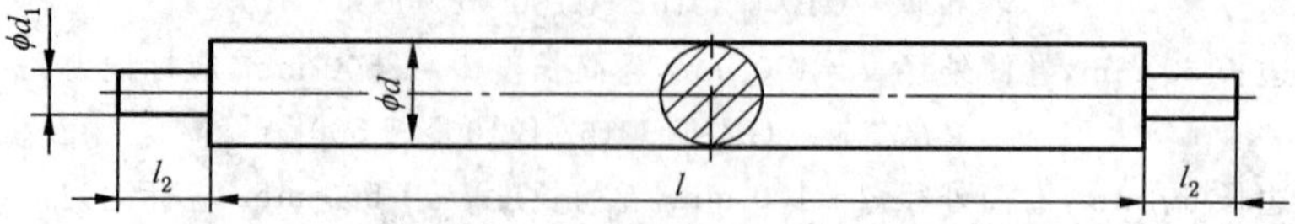

a)

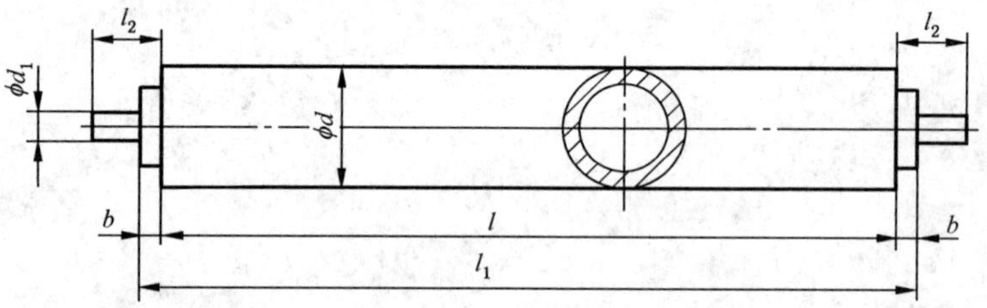

b)

c)

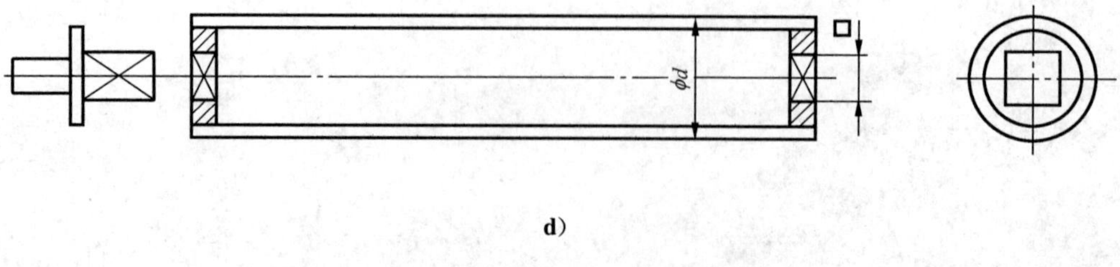

d)

图 A.1 其他型式卷布辊

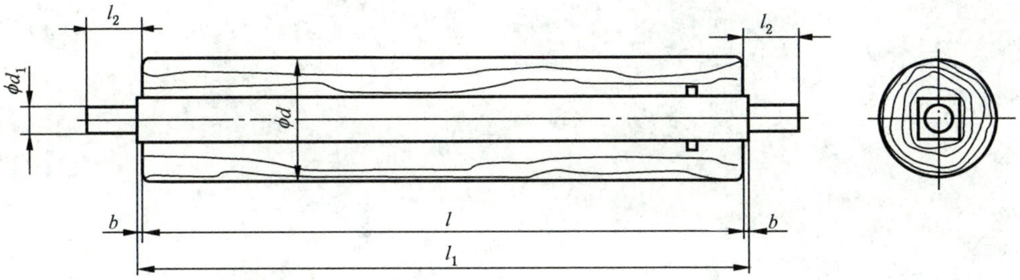

e)

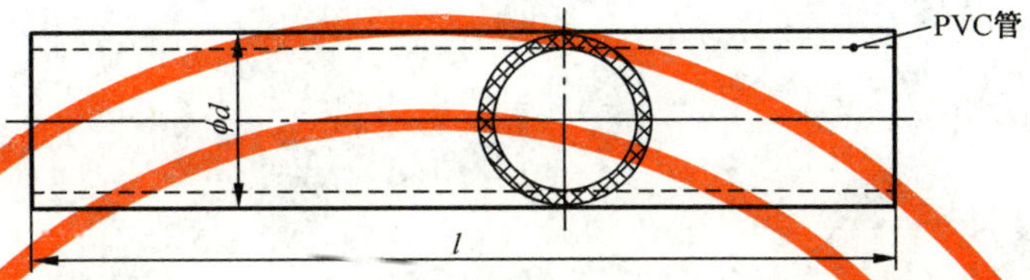

f)

图 A.1（续）

ICS 77.010
H 04

中华人民共和国国家标准

GB/T 30163—2013

高炉用高风温顶燃式热风炉节能技术规范

Specifications of top combustion stove with high blast temperature for blast furnace

2013-12-31 发布　　2014-06-15 实施

中华人民共和国国家质量监督检验检疫总局
中国国家标准化管理委员会　发布

前　言

本标准按照 GB/T 1.1—2009 给出的规则起草。

本标准由中国钢铁工业协会提出。

本标准由全国钢标准化技术委员会(SAC/TC 183)归口。

本标准起草单位:首钢总公司、山东慧敏科技开发有限公司、郑州安耐克实业有限公司、冶金工业信息标准研究院。

本标准主要起草人:陈冠军、张卫东、张福明、周惠敏、李富朝、刘逸舟、李建涛、陈泉锋。

高炉用高风温顶燃式热风炉
节能技术规范

1 范围

本标准规定了高炉用高风温顶燃式热风炉的术语和定义、原理、技术要求、试验和操作制度。

本标准适用于钢铁企业炼铁高炉新建、扩建或改造的顶燃式热风炉。

2 规范性引用文件

下列文件对于本文件的应用是必不可少的。凡是注日期的引用文件，仅注日期的版本适用于本文件。凡是不注日期的引用文件，其最新版本(包括所有的修改单)适用于本文件。

GB/T 699 优质碳素结构钢

GB/T 700 碳素结构钢

GB/T 1047 管道元件 DN(公称尺寸)的定义和选用

GB/T 3077 合金结构钢

GB/T 24564 高炉热风炉节能监测

GB/T 26480 阀门的检验和试验

GB 50427 高炉炼铁工艺设计规范(附条文说明)

YB/T 5012 高炉及热风炉用耐火砖形状尺寸

3 术语和定义

下列术语和定义适用于本文件。

3.1

顶燃式热风炉 top combustion hot blast stove

一种燃烧器位于炉体顶部且位于蓄热室上部的热风炉。

3.2

本体热效率 ontology thermal efficiency

热风出口处热风获得的有效热占供给热风炉本体热量百分比。

3.3

系统热效率 system thermal efficiency

供给高炉的热风的有效热占供给热风炉系统热量百分比。

3.4

空气过剩系数 combustion air excess coefficient

燃料燃烧时，实际空气供给量与理论空气需要量之比。

3.5

单位体积蓄热面积 unit volume regenerative area

蓄热体换热面积与体积之比。

3.6

热风出口温度　outlet hot blast temperature

热风出口处未混风的热风温度。

3.7

热风温度　hot blast temperature

送入高炉的热风的温度。

3.8

拱顶操作温度　dome operating temperature

热风炉拱顶的最高控制温度。

3.9

高风温　high blast temperature

热风温度不低于 1 200 ℃。

3.10

富化率　enriched ratio

掺混的高热值燃料体积占所有燃料体积的百分比。

3.11

高辐射覆层　high radiative coating

在蓄热体表面,涂覆一层发射率高于基体发射率的材料。

3.12

晶间应力腐蚀　intergranular stress corrosion

在腐蚀介质和应力的双重作用下,没有产生变形,造成沿晶间方向的开裂而导致材料的破坏。

3.13

耐酸涂料　acid-proof coating

在热风炉壳内表面喷刷,为防止晶间应力腐蚀发生的材料。

3.14

自动燃烧控制　automatic combustion control

利用机械、电气或计算机等组合的主动控制系统,实时优化煤气流量和空燃比,实现燃烧过程高效、节能和稳定的自动化控制。

3.15

富氧燃烧　oxygen enriched combustion

助燃空气中氧浓度大于大气中氧浓度的燃烧。

3.16

燃烧效率　combustion efficiency

燃料燃烧所放出的热量占燃料发热量的百分比。

4　原理

高炉用高风温顶燃式热风炉是利用炉顶燃烧器的燃料燃烧产生高温烟气,通过炉内蓄热体将空气加热至高温,将高温热风提供给高炉冶炼,热效率不低于 75%,热风温度不低于 1 200 ℃的顶燃式热风炉。

5　技术要求

5.1　基本要求

5.1.1　一座高炉宜配备 2 座～4 座顶燃式热风炉。

5.1.2 顶燃式热风炉本体包括炉顶、燃烧室、喉口、炉壳、炉墙、蓄热体、烟气出口、热风出口、煤气入口、冷风入口和炉箅子等部件。

5.1.3 热风炉系统包括热风管路、燃料系统管路、助燃空气管路、冷风管路、烟气管路、切断阀门和助燃风机等附属设备。

5.1.4 热风炉设计应符合 GB 50427 的要求，其整体寿命至少满足一代高炉炉龄的使用寿命。

5.1.5 对于排烟温度大于 250 ℃的顶燃式热风炉应设置余热回收装置，将烟气余热预热助燃空气和燃料。针对不同高炉容积情况，配备顶燃式热风炉基本要求如表 1 所示。

表 1 高炉配备顶燃式热风炉基本要求

高炉容积/m^3	1 000～2 000	2 000～3 000	3 000～4 000	4 000～5 000	5 000～6 000
热风炉数量/座	2～3	3	3～4	4	4
布置方式	一列式	一列式	一列式	矩形	矩形
设计风温/℃	≥1 200	≥1 200	≥1 250	≥1 250	1 250～1 300
必备节能措施	余热回收装置				
本体热效率/%	≥75	≥75	≥76	≥76	≥77
系统热效率/%	≥80	≥80	≥81	≥81	≥82

为实现高风温，应使用在蓄热体表面和拱顶涂覆高辐射覆层、高温区炉壳内表面喷刷耐酸涂料、自动燃烧控制和富氧燃烧等技术。

5.2 燃料

热风炉用燃料为高炉煤气或混合煤气（混有焦炉煤气或转炉煤气），燃料适应要求见表 2。

表 2 热风炉使用燃料适应要求

项目	燃料参数		
	高炉煤气		混合煤气
	干法除尘	湿法除尘	
热值/(kJ/m^3)	2 900～3 200	2 600～2 900	3 300～3 500
压力/kPa	10～15	8～13	10～15
富化率/%	—	—	1～10
含尘/(mg/m^3)	≤8	≤10	≤10
含水/(g/m^3)	≤30	≤100	<100

5.3 助燃空气和煤气预热

对于使用全高炉煤气的热风炉，助燃空气必须预热，并且预热温度为 200 ℃～700 ℃，同时利用热风炉余热预热高炉煤气 150 ℃～220 ℃。不同高炉容积下热风炉助燃空气和煤气预热要求如表 3 所示。助燃空气预热装置的基本要求如表 4 所示。

表 3　热风炉使用助燃空气和煤气预热要求

高炉容积/m^3	1 000～2 000	2 000～3 000	3 000～4 000	4 000～5 000	5 000～6 000
风温要求/℃	1 200	1 200	1 250	1 250	1 250～1 300
助燃空气预热温度/℃	200～600	200～600	450～600	450～600	450～700
煤气预热温度/℃	150～180	150～180	180～200	180～200	200～220

表 4　热风炉助燃空气预热装置基本要求

项目	助燃空气		
预热温度/℃	＜250	250～500	＞500
预热装置	换热器	换热器或前置预热炉	前置预热炉

5.4　燃烧器

燃烧器布置在热风炉炉顶，可以预混，也可以非预混，应能在温度波动大，工作条件苛刻的条件下稳定工作。其中全高炉煤气高效燃烧器的性能要求如表 5 所示。

表 5　全高炉高效煤气燃烧器性能

项目	全高炉煤气高效燃烧器参数
煤气流速/(m/s)	15～25
助燃空气流速/(m/s)	15～25
燃烧器喷口	多孔(＞10)
空气过剩系数	1.01～1.10
燃烧效率/%	＞99

5.5　材料

5.5.1　热风炉蓄热体耐火材料可以采用格子砖或蓄热球。格子砖单位体积蓄热面积要求如表 6 所示。单位鼓风蓄热体容重应满足设计要求。

表 6　格子砖单位体积蓄热面积

项目	蓄热面积
单位体积蓄热面积/(m^2/m^3)	＞48

5.5.2　热风炉各部位的工作温度、结构强度和化学侵蚀的特点，分别选用了不同性能的耐火材料，其中格子砖各部位材料要求如表 7 所示。

表 7　格子砖各部位材料

格子砖	工作温度/℃	推荐材质
高温区	1 200～1 450	硅质、高铝质、高辐射覆层材料
中温区	900～1 200	高铝质
低温区	400～900	黏土质

5.5.3　热风炉炉体外壳及附属热风管道外壳为金属材料，根据选择材料不同分别按碳素结构钢应符合 GB/T 700 的要求、优质碳素结构钢应符合 GB/T 699、合金结构钢应符合 GB/T 3077 的要求，热风管道元件应符合 GB/T 1047 的要求。

5.6　排烟温度

设有余热回收装置的顶燃式热风炉最高排烟温度和最低排烟温度要求见表 8。

表 8　最高排烟温度和最低排烟温度

项目		数值
换热器后	最高排烟温度/℃	180
	最低排烟温度/℃	120

5.7　热风炉附属设备

5.7.1　热风炉系统至少安装一套切断阀，煤气系统应安装煤气切断阀和煤气调节阀，应安装吹扫放散等保证安全措施；助燃空气系统应安装助燃空气调节阀；热风系统应安装高温热风阀，宜实施软水循环冷却。

5.7.2　热风管道、热助燃空气总管和支管应设置波纹补偿器吸收热膨胀及方便检修阀门，在烟气管道、冷风、助燃空气、煤气管道上宜设置波纹补偿器。带支梁炉箅子及支柱采用的耐热铸铁，应能够保证在不大于 400℃的温度下长期稳定工作。

5.8　检测及控制

热风炉控制有全自动、半自动、手动及现场机旁操作等多种方式，宜采用计算机控制的自动换炉方式，以提高热风炉工作效率。检测参数分别包括煤气、助燃空气、冷风、热风和烟气的温度、压力和流量。热风炉下部宜设有专用的烟气成分分析装置，可测量烟气中一氧化碳和氧气含量，要求烟气中一氧化碳低于 0.02%、氧气低于 3%，并根据煤气热值及烟气中残氧量对热风炉的燃烧进行自动调节。

5.9　炉壳温度

顶燃式热风炉正常工作时，其炉壳温度应低等于 120 ℃，不同部位炉壳温度要求应符合表 9 的规定。

表 9　不同部位炉壳温度要求

项目	温度/℃
燃烧器外壳	≤120
蓄热室高温区外壳	≤120
其余部位外壳	≤100

5.10 安全

热风炉点火、烘炉、烧炉和使用均需符合相关安全规范。

5.11 检验

5.11.1 热风炉炉体砖和蓄热体尺寸按 YB/T 5012 的规定进行检验。
5.11.2 耐火材料的检验应符合相关标准。
5.11.3 阀门的检验应符合 GB/T 26480 的规定。
5.11.4 管道、波纹补偿器、液压站和润滑站等设备按相关标准的规定进行检验。
5.11.5 外购配套件按相关标准进行检验。

6 试验

6.1 严密性

在热风炉投产前,应按有关施工及验收规范进行严密性测试及检查。

6.2 点火燃烧

6.2.1 对于燃用高炉煤气或混合煤气的顶燃式热风炉,宜设置专门的点火燃烧器,并采用高热值煤气(如焦炉煤气或天然气)点火。
6.2.2 点火前,应对煤气管道通氮气进行放散,直至燃气符合燃气点火的安全规范,方可进行点火。

6.3 温度和压力指标

6.3.1 助燃空气、煤气、热风、冷风和烟气等应检测其工作状态下的温度和压力。
6.3.2 炉体表面温度测量可采用热电偶或红外测温仪等仪器进行检测试验,拱顶、助燃空气预热和热风等温度采用在线温度仪表测量,测量精度应小于 3%,测量要求和平均温度计算应符合相关技术标准。对压力检测时应采用在线压力计测量。

6.4 本体热效率计算

本体热效率按式(1)计算:

$$\eta_t=\frac{\text{有效热量}}{\text{供入热量}}=\frac{Q_{效}}{Q_{供}}=\frac{Q_{热风}-Q_{冷风}}{Q_{燃化}+Q_{燃预}+Q_{空预}}\times 100\% \qquad (1)$$

式中:

η_t ——热风炉本体热效率,以百分数计(%);
$Q_{效}$ ——热风炉有效热量,单位为千焦(kJ);
$Q_{供}$ ——热风炉供入热量,单位为千焦(kJ);
$Q_{热风}$ ——热风炉热风带出热量,单位为千焦(kJ);
$Q_{冷风}$ ——热风炉冷风带入热量,单位为千焦(kJ);
$Q_{燃化}$ ——燃料的化学热量,单位为千焦(kJ);
$Q_{燃预}$ ——预热燃料热量,单位为千焦(kJ);
$Q_{空预}$ ——预热助燃空气热量,单位为千焦(kJ)。

顶燃式热风炉的本体热效率的监测计算方法可依据 GB/T 24564 监测,计算误差应小于 5%。

7 操作制度

7.1 烘炉的加热曲线应符合耐火材料的要求。

7.2 顶燃式热风炉操作可以采用“二烧一送”、“二烧二送”、“三烧一送”或“一烧一送”等操作模式，具体根据热风炉座数和高炉使用风温制定。基本操作制度要求见表10。

表10 操作制度

配备热风炉数量	4	3	2
操作模式	二烧二送 或三烧一送	二烧一送	一烧一送
单炉燃烧时间/min	40～80		
单炉送风时间/min	40～80		
单炉换炉时间/min	5～20		

7.3 顶燃式热风炉应根据高炉用风温要求宜采用不同的操作制度，其中不同风温下顶燃式热风炉的拱顶操作温度应符合表11的规定。

表11 拱顶操作温度

要求风温/℃	1 200	1 250	1 300
拱顶操作温度/℃	≤1 380	≤1 400	≤1 420

附　录　A
（资料性附录）
不同容积高炉用高风温顶燃式热风炉主要技术参数参考值

表 A.1 给出了不同容积高炉用高风温顶燃式热风炉主要技术参数参考值。

表 A.1　不同容积高炉用高风温顶燃式热风炉主要技术参数参考值

项目	高炉容积/m^3		
	1 200	3 200	5 500
热风炉座数	3	3	4
燃烧器	顶燃式	顶燃式	顶燃式
燃料	全高炉煤气	高炉煤气	全高炉煤气
富化率/%	0	2	0
操作制度	二烧一送	二烧一送	二烧二送
送风时间/min	45	60	60
燃烧时间/min	80	100	48
换炉时间/min	10	20	12
拱顶操作温度/℃	1 420	1 450	1 450
热风温度/℃	1 250	1 200～1 250	1 300
冷风温度/℃	170	238	190
助燃空气温度/℃	410	180	450～700
煤气温度/℃	180	180	200～215
热风炉排烟温度/℃	340～450	350	330～450
本体热效率/%	76.8	75.0～80.0	78.7

ICS 59.120.10
W 91

中华人民共和国国家标准

GB/T 30164—2013/ISO 9904:2000

纺织机械与附件　纺纱准备与纺纱机械用钢针

Textile machinery and accessories—Steel pins for spinning preparatory and spinning machinery

(ISO 9904:2000,IDT)

2013-12-17 发布　　　　2014-10-15 实施

中华人民共和国国家质量监督检验检疫总局
中国国家标准化管理委员会　发布

前　言

本标准按照 GB/T 1.1—2009 给出的规则起草。

本标准使用翻译法等同采用 ISO 9904:2000《纺织机械与附件　纺纱准备与纺纱机械用钢针》(英文版)。

为便于使用,本标准对 ISO 9904:2000 做了下列编辑性修改:

a) 用“GB/T 30164”代替“ISO 9904”;

b) 删除了 ISO 9904:2000 的前言;

c) 在“参考文献”中,用“GB/T 4340.1—2009、GB/T 4340.2—1999”代替“ISO 6507-1:1997、ISO 6507-2:1997”;

d) 用小数点符号“.”代替符号“,”;

e) 补齐数字有效位数的“0”;

f) 用“ϕd”代替图 2 中“d”,延长 l_2 的尺寸界线到钢针另一轮廓线;

g) 表 3 中“×”改为“灰色”,并增加“注:目前正在使用的钢针以灰色标出。”;

h) 图 3 中延长 l_2 的尺寸界线到钢针另一轮廓线。

本标准由中国纺织工业联合会提出。

本标准由全国纺织机械与附件标准化技术委员会纺织器材分技术委员会(SAC/TC 215/SC 2)归口。

本标准起草单位:上海远东钢丝针布有限责任公司、陕西纺织器材研究所。

本标准主要起草人:侯水利、赵玉生、潘增荣、吴延平。

纺织机械与附件　纺纱准备与纺纱机械用钢针

1　范围

本标准规定了纺纱准备与纺纱机械用钢针的基本尺寸、特性和标记。

2　基本尺寸

钢针的基本尺寸见表1。

表1　钢针的基本尺寸(见图1～图4)

针号	d,a 或 b mm	针号	d,a 或 b mm
1	7.62	18	1.22
2	7.01	19	1.07
3	6.35	20	0.99
4	5.97	21	0.88
5	5.39	22	0.79
6	4.88	23	0.71
7	4.47	24	0.62
8	4.06	25	0.535
9	3.76	26	0.50
10	3.35	27	0.44
11	2.95	28	0.38
12	2.62	29	0.355
13	2.34	30	0.33
14	1.98	31	0.30
15	1.79	32	0.28
16	1.63	33	0.25
17	1.42		

3　圆钢针

3.1　尺寸

圆钢针分为3种类型：

A型：纺纱准备机械用针

$$l_2=\frac{2}{3}l_1\text{，用于 }5.56\ \text{mm}\leqslant l_1\leqslant 17.46\ \text{mm}$$

$$l_2=\frac{3}{4}l_1,\text{用于 } 19.05\ \text{mm}\leqslant l_1\leqslant 50.80\ \text{mm}$$

B 型:韧皮纤维纺部机械用梳麻针

$$l_2=\frac{1}{2}l_1$$

C 型:梳针

$$l_2=\frac{1}{4}l_1$$

图 1 为 A 型、$l_2=\frac{2}{3}l_1$ 圆钢针的尺寸示例,各种类型圆钢针的尺寸见表 2。

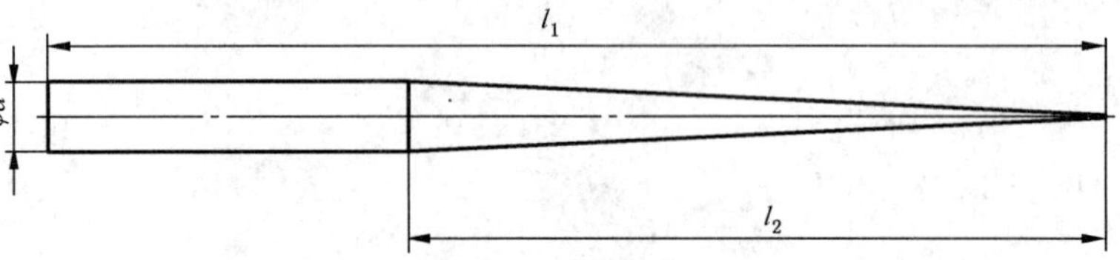

图 1　圆钢针

3.2　特性

材料:钢(材质、牌号由制造厂自定)

维氏硬度:直径 1～20 号:620 HV2～750 HV2

直径 21～33 号:700 HV2～800 HV2

表面粗糙度:A 型和B 型:$Ra\leqslant 0.1\ \mu m$

C 型:$Ra\leqslant 0.8\ \mu m$

表 2　各种类型圆钢针的尺寸

直径			A 型、B 型或 C 型圆钢针																							
			英制号																							
			$\frac{7}{32}$	$\frac{1}{4}$	$\frac{9}{32}$	$\frac{3}{8}$	$\frac{7}{16}$	$\frac{1}{2}$	$\frac{9}{16}$	$\frac{5}{8}$	$\frac{11}{16}$	$\frac{3}{4}$	$\frac{13}{16}$	$\frac{7}{8}$	$\frac{15}{16}$	1	$1\frac{1}{16}$	$1\frac{1}{8}$	$1\frac{3}{16}$	$1\frac{1}{4}$	$1\frac{3}{8}$	$1\frac{1}{2}$	$1\frac{5}{8}$	$1\frac{3}{4}$	$1\frac{7}{8}$	2
			长度 l_1/mm																							
			5.56	6.35	7.14	9.53	11.11	12.70	14.29	15.88	17.46	19.05	20.64	22.23	23.81	25.40	26.99	28.58	30.16	31.75	34.93	38.10	41.28	44.45	47.63	50.80
			l_1 偏差																							
针号[a]	d mm	d 偏差 mm	$^{0}_{-0.2}$									$^{0}_{-0.3}$														
7	4.47	+0.005 −0.025																		B						
8	4.06																			B					A	
9	3.78																		C	B C	C	C	C	C		
$\left(9\frac{1}{2}\right)$	3.56																		C	C	C	C	C	C		

表 2（续）

直径			A 型、B 型或 C 型圆钢针																							
			英制号																							
			$\frac{7}{32}$	$\frac{1}{4}$	$\frac{9}{32}$	$\frac{3}{8}$	$\frac{7}{16}$	$\frac{1}{2}$	$\frac{9}{16}$	$\frac{5}{8}$	$\frac{11}{16}$	$\frac{3}{4}$	$\frac{13}{16}$	$\frac{7}{8}$	$\frac{15}{16}$	1	$1\frac{1}{16}$	$1\frac{1}{8}$	$1\frac{3}{16}$	$1\frac{1}{4}$	$1\frac{3}{8}$	$1\frac{1}{2}$	$1\frac{5}{8}$	$1\frac{3}{4}$	$1\frac{7}{8}$	2
			长度 l_1/mm																							
			5.56	6.35	7.14	9.53	11.11	12.70	14.29	15.88	17.46	19.05	20.64	22.23	23.81	25.40	26.99	28.58	30.16	31.75	34.93	38.10	41.28	44.45	47.63	50.80
			l_1 偏差																							
针号[a]	d mm	d 偏差 mm	$^{0}_{-0.2}$									$^{0}_{-0.3}$														
10	3.35	+0.005 −0.025																B	C	B C	C	A C	A C	C	A	
$(10\frac{1}{2})$	3.15	+0.003 −0.018																	C	C	C	C	C	C		
11	2.95												C			B C		B C	C	B C	C	A C	A C	C		A
$(11\frac{1}{2})$	2.78															C		C	C	C	C	C	C	C		
12	2.65									C						B C		B C		A B C	C	C	C	A		A
$(12\frac{1}{2})$	2.48															C		C	C	C	C	C	C	C		
13	2.34									C				C	C	B C		B C	C	A B C	C	A B C	A C	A C		A
$(13\frac{1}{2})$	2.16													C	C	C		C	C	C	C	C				
14	1.98								A	A C	C		C	C	C	B C		B C	C	A B C	A B C	B C	A C	A C		
$14\frac{1}{2}$	1.88													C	C	C		C	C	C	C					
15	1.79								A	A C	C	A C	C	C	C	A B C	A C	A B C	A C	A B C	A B C	A B	A	A	A	
$(15\frac{1}{2})$	1.72										C		C	C	C	C		C	C	C	C					
16	1.63							A	A	A C	C	A C	A C	A C	A C	A B C	A C	A B C	A C	A B C	A B C	A B	A		A	

表 2（续）

直径			A 型、B 型或 C 型圆钢针																							
			英制号																							
			$\frac{7}{32}$	$\frac{1}{4}$	$\frac{9}{32}$	$\frac{3}{8}$	$\frac{7}{16}$	$\frac{1}{2}$	$\frac{9}{16}$	$\frac{5}{8}$	$\frac{11}{16}$	$\frac{3}{4}$	$\frac{13}{16}$	$\frac{7}{8}$	$\frac{15}{16}$	1	$1\frac{1}{16}$	$1\frac{1}{8}$	$1\frac{3}{16}$	$1\frac{1}{4}$	$1\frac{3}{8}$	$1\frac{1}{2}$	$1\frac{5}{8}$	$1\frac{3}{4}$	$1\frac{7}{8}$	2
			长度 l_1/mm																							
			5.56	6.35	7.14	9.53	11.11	12.70	14.29	15.88	17.46	19.05	20.64	22.23	23.81	25.40	26.99	28.58	30.16	31.75	34.93	38.10	41.28	44.45	47.63	50.80
			l_1 偏差																							
针号[a]	d mm	d 偏差 mm	0 −0.2									0 −0.3														
$\left(16\frac{1}{2}\right)$	1.52	+0.003 −0.018								C	C			C	C	C		C	C	C	C					
17	1.42							A	A	C	C	C	A C	A C	A C	A B C	A C	A B C	A	A B	A B	A B	A			
18	1.22							A	A	A C	C	A C	C	A C	A C	A B C	A C	A B C	A	A B	A B	A B				
19	1.07							A	A	C	C	C	C	A C	A C	A B C	A C	A B C		A B		A				
20	0.99	+0.003 −0.015				A	A	A		A C	C	A C	C	C	A C	A B C	A C	A B C		B						
21	0.88		A	A		A	A	A	A			A C	A C	A C	C	B		A B		B						
22	0.79		A	A	A	A	A	A		A		A	A	A C		B		A B		B						
23	0.71		A	A	A	A	A	A				A	A	A		B		A B		B						
24	0.62		A	A	A	A	A	A		A		A				B		A B		B						
25	0.535		A	A	A	A	A	A		A	A	A				B		A B								
26	0.50	+0.002 −0.010	A	A	A	A	A	A		A	A					B		B								
27	0.44		A	A		A	A	A		A	A					B										
28	0.38					A	A			A	A					B										

表 2（续）

直径			A 型、B 型或 C 型圆钢针																							
			英制号																							
			$\frac{7}{32}$	$\frac{1}{4}$	$\frac{9}{32}$	$\frac{3}{8}$	$\frac{7}{16}$	$\frac{1}{2}$	$\frac{9}{16}$	$\frac{5}{8}$	$\frac{11}{16}$	$\frac{3}{4}$	$\frac{13}{16}$	$\frac{7}{8}$	$\frac{15}{16}$	1	$1\frac{1}{16}$	$1\frac{1}{8}$	$1\frac{3}{16}$	$1\frac{1}{4}$	$1\frac{3}{8}$	$1\frac{1}{2}$	$1\frac{5}{8}$	$1\frac{3}{4}$	$1\frac{7}{8}$	2
			长度 l_1/mm																							
			5.56	6.35	7.14	9.53	11.11	12.70	14.29	15.88	17.46	19.05	20.64	22.23	23.81	25.40	26.99	28.58	30.16	31.75	34.93	38.10	41.28	44.45	47.63	50.80
			l_1 偏差																							
针号[a]	d mm	d 偏差 mm	0 −0.2									0 −0.3														
29	0.355	+0.002 −0.010				A	A																			
30	0.33					A	A																			
31	0.30					A																				
32	0.28					A																				
33	0.25					A																				

[a] 括弧内的针号仅用于维修。

3.3 标记

圆钢针标记依次包括下列内容：

a) “圆钢针”；

b) 本标准编号(即 GB/T 30164)；

c) 类型(A 型、B 型或 C 型)；

d) 直径代号(针号)；

e) 长度，l_1。

示例：圆钢针　GB/T 30164-B 16-25.40

4 有槽圆钢针

4.1 尺寸

图 2 为 $l_2=\frac{3}{4}l_1$ 有槽圆钢针的尺寸示例，有槽圆钢针的尺寸见表 3。

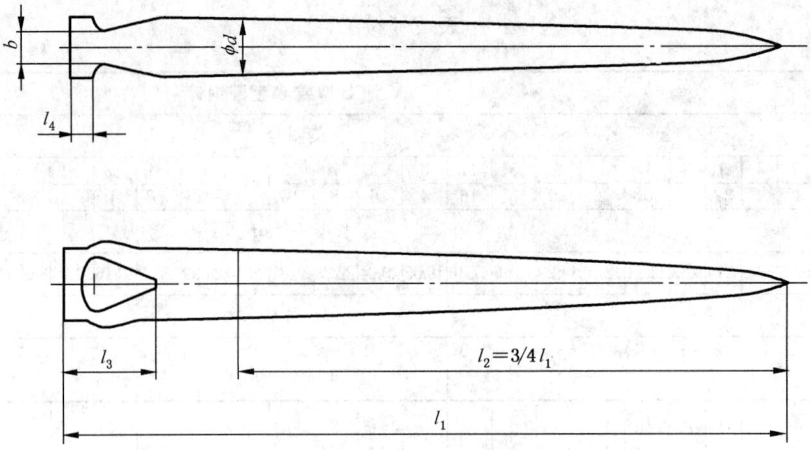

图 2 有槽圆钢针

表 3 有槽圆钢针尺寸

直径			英制号				l_3	l_4	b
			$\frac{7}{8}$	$\frac{15}{16}$	1	$1\frac{1}{16}$			
			长度 l_1/mm $^{0}_{-0.3}$						
针号	d mm	d 偏差 mm	22.23	23.81	25.40	26.99	mm	mm	mm
15	1.79	$^{+0.003}_{-0.018}$					$6.4^{+0.5}_{0}$	$2^{+0.5}_{0}$	0.90
16	1.63								0.86
17	1.42								0.78
18	1.22								0.70
注：目前正在使用的钢针以灰色标出。									

4.2 特性

材料：钢(材质、牌号由制造厂自定)

维氏硬度：620 HV2～750 HV2

表面粗糙度：$Ra \leqslant 0.1\ \mu m$

4.3 标记

有槽圆钢针的标记应依次包括下列内容：

a) "有槽圆钢针"；

b) 本标准编号(即 GB/T 30164)；

c) 直径针号；

d) 长度，l_1；

e) K 表示有槽。

示例：有槽圆钢针 GB/T 30164-16-25.40-K

5 扁钢针

5.1 尺寸

扁钢针有两种：

A 型：$l_2=\frac{2}{3}l_1$，用于 9.53 mm≤l_1≤17.46 mm(见图 3)

B 型：$l_2=\frac{3}{4}l_1$，用于 19.05 mm≤l_1≤28.58 mm

其尺寸见表 4。

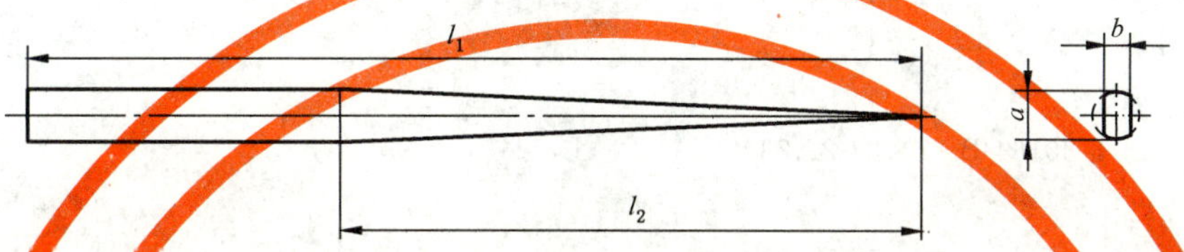

图 3 扁钢针

表 4 扁钢针尺寸和型号

截面代号	直径 mm			A 型或 B 型扁钢针												
				英制号												
				$\frac{3}{8}$	$\frac{7}{16}$	$\frac{1}{2}$	$\frac{9}{16}$	$\frac{5}{8}$	$\frac{11}{16}$	$\frac{3}{4}$	$\frac{13}{16}$	$\frac{7}{8}$	$\frac{15}{16}$	1	$1\frac{1}{16}$	$1\frac{1}{8}$
				长度 l_1/mm												
				9.53	11.11	12.70	14.29	15.88	17.46	19.05	20.64	22.23	23.81	25.40	26.99	28.58
				l_1 偏差												
	a	b	a 和 b 偏差	$^{0}_{-0.2}$						$^{0}_{-0.3}$						
15×19	1.79	1.07	$^{0}_{-0.03}$							B	B	B	B	B	B	B
15×21	1.79	0.88								B	B	B	B	B	B	B
16×22	1.63	0.79								B	B	B	B	B	B	B
17×23	1.42	0.71								B	B	B	B	B	B	B
18×24	1.22	0.62								B	B	B	B	B	B	B
20×26	0.99	0.50								B	B	B	B	B	B	B
21×27	0.88	0.44	$^{0}_{-0.02}$					A	A							
22×28	0.79	0.38					A	A	A							
23×29	0.71	0.35				A	A	A	A							
24×30	0.62	0.33				A	A	A	A							
22×32	0.79	0.28		A	A											

注：目前正在使用的钢针以灰色标出。

5.2 特性

材料:钢(材质、牌号由制造厂自定)

维氏硬度:670 HV2~735 HV2

表面粗糙度(扁面):$R_{max} \leqslant 1\ \mu m$;$Ra \leqslant 0.1\ \mu m$

5.3 标记

扁钢针的标记应依次包括下列内容:

a) “扁钢针”;

b) 本标准编号(即 GB/T 30164);

c) 型号(A 或 B);

d) 截面代号;

e) 长度,l_1。

示例:扁钢针 GB/T 30164-B 17×23-22.23

6 有脚扁钢针

6.1 尺寸

有脚扁钢针尺寸见图 4 和表 5。

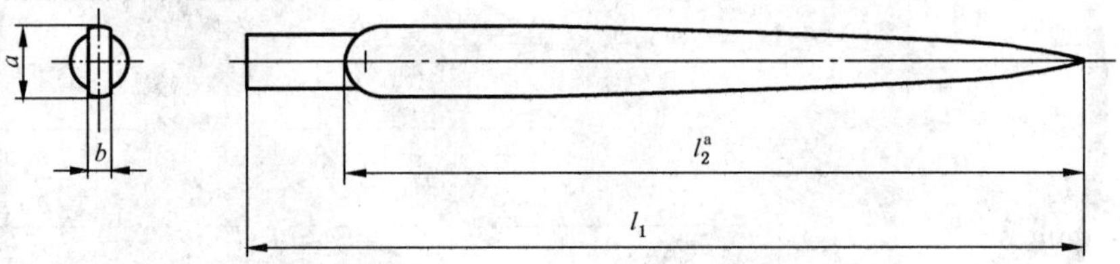

[a] 尺寸由制造厂家与用户协商。

图 4 有脚扁钢针

表 5 有脚扁钢针尺寸

截面代号	尺寸 mm			英制号						
				$\frac{7}{16}$	$\frac{3}{4}$	$\frac{7}{8}$	$\frac{15}{16}$	1	$1\frac{1}{16}$	$1\frac{1}{8}$
				长度 l_1/mm						
				11.11	19.05	22.23	23.81	25.40	26.99	28.58
	a	b	a 和 b 偏差	l_1 偏差 $^{0}_{-0.3}$						
15×19	1.79	1.07	$^{0}_{-0.03}$							
15×21	1.79	0.88								
16×22	1.63	0.79								
17×23	1.42	0.71								
18×24	1.22	0.62								
20×26	0.99	0.50								
注:目前正在使用的钢针以灰色标出。										

6.2 特性

材料:钢(材质、牌号由制造厂自定)

维氏硬度:670 HV2～735 HV2

表面粗糙度(扁面):R_{max}≤1 μm;Ra≤0.1 μm

6.3 标记

有脚扁钢针的标记应依次包括下列内容:

a) “有脚扁钢针”;

b) 本标准编号(即 GB/T 30164);

c) 截面代号;

d) 长度,l_1;

e) F 表示有脚。

示例:有脚扁钢针　GB/T 30164-17×23-25.40-F

参 考 文 献

[1] GB/T 4340.1—2009 金属材料 维氏硬度试验 第1部分:试验方法
[2] GB/T 4340.2—1999 金属维氏硬度试验 第2部分:硬度计的检验

ICS 59.120.40
W 96

中华人民共和国国家标准

GB/T 30165—2013/ISO 11825:1995

纺织机械与附件 针织机用舌针针杆厚度和针钩高度的对应尺寸

Textile machinery and accessories—Latch-type needles for knitting machines—Coordination of shank widths and hook heights

(ISO 11825:1995,IDT)

2013-12-17 发布

2014-10-15 实施

中华人民共和国国家质量监督检验检疫总局
中国国家标准化管理委员会 发布

前　言

本标准按照 GB/T 1.1—2009 给出的规则起草。

本标准使用翻译法等同采用 ISO 11825:1995《纺织机械与附件　针织机用舌针　针杆厚度和针钩高度的对应尺寸》(英文版)。

为便于使用，本标准对 ISO 11825:1995 做了下列编辑性修改：

a) 第 2 章中增加了表 1 和表 2 的引导语；

b) “附录 A　文献目录”修改为“参考文献”，并用“GB/T 6002.9—2008、GB/T 8457—2003、GB/T 8458—2003、FZ/T 90100—1999”代替“ISO 7839:1984、ISO 8122:1988、ISO 8188:1986、ISO 8640-1:1990”。

本标准由中国纺织工业联合会提出。

本标准由全国纺织机械与附件标准化技术委员会纺织器材分技术委员会(SAC/TC 215/SC 2)归口。

本标准起草单位：山东金鹏针业集团有限公司、昆山凯意织针有限公司、烟台运成制针有限责任公司、苏州神马织针器材有限公司、南通市光阳针业有限公司、烟台天成制针有限公司、三门峡宇龙纺器织针有限责任公司、福建省晋江市佶龙机械工业有限公司、常州市润源经编机械有限公司、陕西纺织器材研究所。

本标准主要起草人：侯水利、赵玉生、王瑞令、顾云图、钱铭、王梅峰、林浩、杨露俐、陆永海、崔永青、申国志、赛世广、王婕、梁玉红、朱建兵、杨兴才、王占洪、刘莉萍。

纺织机械与附件　针织机用舌针 针杆厚度和针钩高度的对应尺寸

1　范围

本标准规定了针杆厚度和针钩高度的推荐尺寸，及与其对应的有关针织机的针距。

2　尺寸

表1、表2分别列出了针杆厚度、针钩高度推荐值。

表1　针杆厚度推荐值

单位为毫米

0.26	0.3	0.32	0.34[a]	0.36	0.41	0.5	0.62	0.75	0.85	1	1.3	1.5	1.8	2

[a] 尺寸仅适用于小直径的RL型圆机。

表2　针钩高度推荐值

单位为毫米

0.8	0.85	0.9	1	1.1	1.2	1.35	1.5	1.7	2	2.4	2.65	3	3.45	4	5.5	6.9

3　针杆厚度、针钩高度和针距的对应尺寸

表3列出了与针距有关的针杆厚度和针钩高度的推荐尺寸。特殊情况下与针钩高度对应的针杆厚度可采用未包括在表1中的尺寸。

表3　针杆厚度、针钩高度和针距的对应尺寸

单位为毫米

针距 t	机号 E	RL型圆机		RR型圆机（双罗纹组织）		RR型圆机（细罗纹组织）		横　机	
		针杆厚度	针钩高度	针杆厚度	针钩高度	针杆厚度	针钩高度	针杆厚度	针钩高度
0.508	50	—	—	0.26	0.8	—	—	—	—
0.529	48	—	—	0.26	0.8	—	—	—	—
0.552	46	—	—	0.26	0.8	—	—	—	—
0.577	44	—	—	0.3	0.85	—	—	—	—
0.605	42	—	—	0.3	0.85	—	—	—	—
0.635	40	0.32	1	0.3	0.85	—	—	—	—
0.668	38	0.32	1	0.32	0.9	—	—	—	—
0.706	36	0.32	1	0.32	0.9	—	—	—	—
0.747	34	0.32 (0.34[a])	1	0.32	1	—	—	—	—

表 3（续）

单位为毫米

针距 t	机号 E	RL 型圆机		RR 型圆机（双罗纹组织）		RR 型圆机（细罗纹组织）		横 机	
		针杆厚度	针钩高度	针杆厚度	针钩高度	针杆厚度	针钩高度	针杆厚度	针钩高度
0.794	32	0.36	1.1	0.32	1	0.32	0.9	—	—
0.847	30	0.36	1.1	0.36	1.1	0.32	0.9	—	—
0.907	28	0.41	1.2	0.36	1.1	0.36	1	—	—
0.977	26	0.41	1.2	0.41	1.2	0.36	1	—	—
1.058	24	0.5	1.35	0.41	1.2	0.41	1.1	—	—
1.155	22	0.5	1.35	0.41	1.2	0.41	1.1	—	—
1.210	21	0.5	1.35	0.5	1.35	0.5	1.2	—	—
1.270	20	0.5	1.35	0.5	1.35	0.5	1.2	—	—
1.337	19	0.62	1.5	0.5	1.35	0.5	1.2	—	—
1.411	18	0.62	1.5	0.5	1.35	0.5	1.2	—	—
1.494	17	0.62	1.5	0.5	1.35	0.5	1.2	—	—
1.588	16	0.62	1.5	0.62	1.5	0.62	1.35	0.5	1.35
1.693	15	0.62	1.5	0.62	1.5	0.62	1.35	—	—
1.814	14	0.75	1.7	0.62	1.5	0.62	1.35	0.82	1.5
1.954	13	0.75	1.7	0.62	1.5	0.62	1.35	—	—
2.117	12	0.75	1.7	0.75	1.7	0.75	1.5	0.75	1.7
2.309	11	0.85	2	0.75	1.7	0.75	1.5	—	—
2.540	10	0.85	2	0.75	1.7	0.75	1.5	0.85	2
2.822	9	0.85	2	0.85	2	0.85	1.7	—	—
3.175	8	1	2.4	0.85	2	0.85	1.7	1	2.4
3.629	7	1	2.4	0.85	2	0.85	1.7	1	2.65
4.233	6	1	2.4	1	2.4	1	2	1.3	3
5.080	5	—	—	1	2.4	1	2	1.3	3.45
6.350	4	—	—	1	2.4	1	2	1.5	4
8.467	3	—	—	—	—	—	—	1.8	5.5
12.700	2	—	—	—	—	—	—	2.2	6.9

[a] 尺寸只适用于小直径的 RL 型圆机。

参 考 文 献

[1] GB/T 6002.9—2008 纺织机械术语 第9部分:针织机分类和术语
[2] GB/T 8457—2003 纺织机械 针织机 大公称直径圆机的针数
[3] GB/T 8458—2003 纺织机械与附件 针织机的针距
[4] FZ/T 90100—1999 平型经编机 词汇

ICS 59.080.01
W 04

中华人民共和国国家标准

GB/T 30166—2013

纺织品　丙烯酰胺的测定

Textiles—Determination of acrylamide

2013-12-17 发布　　　　2014-10-15 实施

中华人民共和国国家质量监督检验检疫总局
中国国家标准化管理委员会　发布

前　言

本标准按照GB/T 1.1—2009给出的规则起草。

本标准由中国纺织工业联合会提出。

本标准由全国纺织品标准化技术委员会基础标准分技术委员会(SAC/TC 209/SC 1)归口。

本标准起草单位:浙江理工大学、浙江省检验检疫科学技术研究院、浙江省检验检疫科学技术研究院义乌分院。

本标准主要起草人:陈海相、吴刚、许菲菲、赵珊红、汪澜、李艳。

纺织品　丙烯酰胺的测定

警告——使用本标准的人员应有正规实验室工作的实践经验。本标准并未指出所有可能的安全问题。使用者有责任采取适当的安全和健康措施，并保证符合国家有关法规规定的条件。

1　范围

本标准规定了采用高效液相色谱测定纺织品中丙烯酰胺的方法。

本标准适用于各类纺织产品。

2　规范性引用文件

下列文件对于本文件的应用是必不可少的。凡是注日期的引用文件，仅注日期的版本适用于本文件。凡是不注日期的引用文件，其最新版本(包括所有的修改单)适用于本文件。

GB/T 6682　分析实验室用水规格和试验方法

3　原理

纺织品中的丙烯酰胺经水提取，提取液经过滤净化处理后采用高效液相色谱/二极管阵列检测器(HPLC/DAD)进行分析测定，外标法定量。

4　试剂

除非另有说明，所用试剂均为分析纯，水为GB/T 6682规定的二级水。

4.1　丙烯酰胺标准品：纯度≥99%。

4.2　甲醇：HPLC级。

4.3　乙腈：HPLC级。

4.4　甲酸：HPLC级，纯度96%。

4.5　甲酸溶液(10 mmol/L)：移取0.4 mL甲酸(4.4)于1 000mL容量瓶中，用水稀释至刻度。

4.6　标准储备溶液(1 000 μg/mL)：准确称取适量的丙烯酰胺标准品(4.1)，用甲醇(4.2)溶解定容，制成浓度为1 000 μg/mL的标准储备溶液。标准储备溶液于0 ℃～8 ℃下避光储存，有效期12个月。

4.7　标准工作溶液(10 μg/mL)：准确移取1.0 mL标准储备溶液(4.6)于100 mL容量瓶中，用水稀释至刻度，制成浓度为10 μg/mL的标准工作溶液。标准工作溶液于4 ℃～8 ℃下避光储存，有效期6个月。

5　仪器和设备

5.1　高效液相色谱仪：配有二极管阵列检测器(DAD)。

5.2　旋转式振荡器/摇床：转速(60±5)r/min。

5.3　精密天平：精度0.1 mg。

5.4　微孔滤膜：0.45 μm水系滤膜。

5.5 具塞锥形瓶：100 mL。

5.6 容量瓶：50 mL，100 mL，1 000 mL。

5.7 C_{18}固相萃取柱：500 mg/3 mL，预先用5 mL甲醇(4.2)、5 mL水依次活化处理。

6 分析步骤

6.1 样品准备

取代表性的纺织样品，剪成约5 mm×5 mm的碎片，混匀。

6.2 提取

称取1 g(精确至0.01 g)剪碎样品(6.1)，置于100 mL锥形瓶(5.5)中，加入20 mL水，于旋转式振荡器/摇床(5.2)中室温下提取30 min。提取液用微孔滤膜(5.4)过滤，滤液用于净化。

6.3 净化

取2 mL滤液(6.2)通过固相萃取柱(5.7)进一步净化，弃去最初的0.5 mL流出液，收集剩余的流出液用于液相色谱分析。

6.4 分析测定

6.4.1 液相色谱条件

由于测试结果取决于所使用的仪器，因此不能给出色谱分析的普遍条件参数。用下列参数已被证明对测试是合适的：

a) 液相色谱条件参数1：
   1) 色谱柱：C_{18}柱，150 mm×4.6 mm(内径)× 5 μm，或相当者；
   2) 流动相：甲醇/水＝5/95(体积分数)；
   3) 流速：0.5 mL/min；
   4) 检测波长：202 nm；
   5) 进样量：20 μL；
   6) 柱温：30 ℃。

b) 液相色谱条件参数2：
   1) 色谱柱：IonPac ICE-AS1，250 mm×4.0 mm(内径)× 5 μm，或相当者；
   2) 流动相：乙腈/10 mmol/L甲酸溶液＝30/70(体积分数)；
   3) 流速：0.15 mL/min；
   4) 检测波长：202 nm；
   5) 进样量：20 μL；
   6) 柱温：30 ℃。

6.4.2 标准工作曲线

6.4.2.1 分别准确移取0.25 mL、0.5 mL、1.0 mL、2.5 mL、5.0 mL标准工作溶液(4.7)于50 mL容量瓶中，用水稀释至刻度，得到丙烯酰胺标准系列溶液，浓度分别为0.05 μg/mL、0.10 μg/mL、0.20 μg/mL、0.50 μg/mL、1.00 μg/mL。

6.4.2.2 按照液相色谱条件6.4.1a)或6.4.1b)对丙烯酰胺标准系列溶液(6.4.2.1)依次进行测定。以丙烯酰胺的浓度为横坐标，对应色谱峰面积为纵坐标绘制标准工作曲线。

6.4.3 定性、定量分析

按照与6.4.2.2相同的液相色谱条件对提取液(6.3)进行分析测定,以DAD扫描光谱图辅助保留时间对丙烯酰胺进行定性,以获得的丙烯酰胺峰面积外标法进行定量。丙烯酰胺的标准液相色谱图和DAD扫描光谱图(波长范围190 nm～360 nm)参见附录A。

7 结果计算

用6.4.3测得的丙烯酰胺峰面积,利用标准工作曲线(6.4.2.2)获得提取液中丙烯酰胺浓度,按式(1)计算样品中丙烯酰胺的含量:

$$w=\frac{\rho \times V}{m} \qquad \cdots\cdots (1)$$

式中:

w ——样品中丙烯酰胺的含量,单位为毫克每千克(mg/kg);

ρ ——提取液中丙烯酰胺的浓度,单位为微克每毫升(μg/mL);

V ——提取液的体积,单位毫升(mL);

m ——试样的质量,单位为克(g)。

计算结果表示到小数点后一位。

8 测定低限、回收率和精密度

8.1 测定低限

本方法的测定低限为1.0 mg/kg。

8.2 回收率

在1.0 mg/kg～16 mg/kg的丙烯酰胺添加浓度下,本方法的回收率范围为90%～110%。

8.3 精密度

在同一实验室,由同一操作者使用相同设备,按相同的测试方法,并在短时间内对同一被测对象相互独立进行的测试获得的两次测试结果的绝对差值不大于这两个测定值的算术平均值的20%,以大于这两个测定值的算术平均值的20%的情况不超过5%为前提。

9 试验报告

试验报告至少应给出下述内容:

a) 使用的标准(即本标准)编号;

b) 样品来源及描述;

c) 测试结果;

d) 任何偏离本标准的细节;

e) 试验日期。

附　录　A
（资料性附录）
丙烯酰胺的标准液相色谱图和 DAD 扫描光谱图

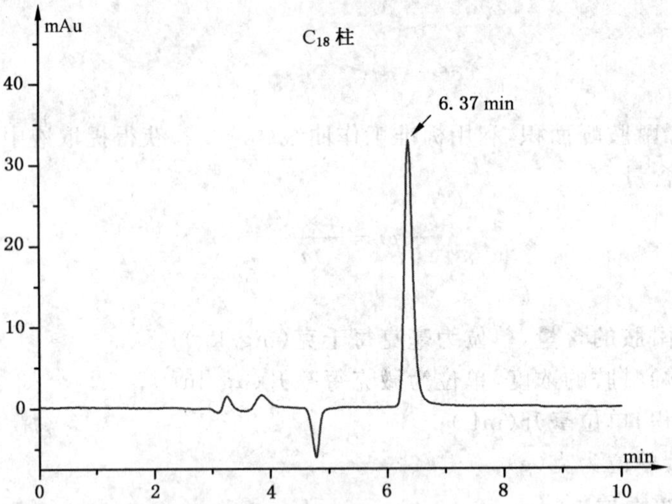

图 A.1　丙烯酰胺 C_{18} 色谱柱的标准液相色谱图

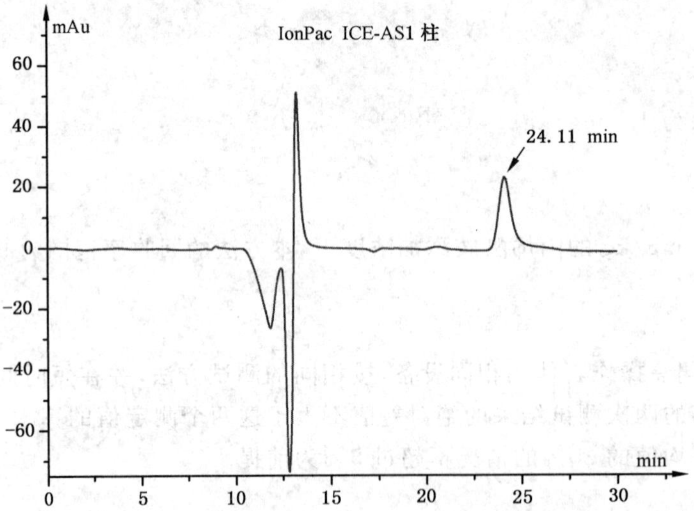

图 A.2　丙烯酰胺 IonPac ICE-AS1 色谱柱的标准液相色谱图

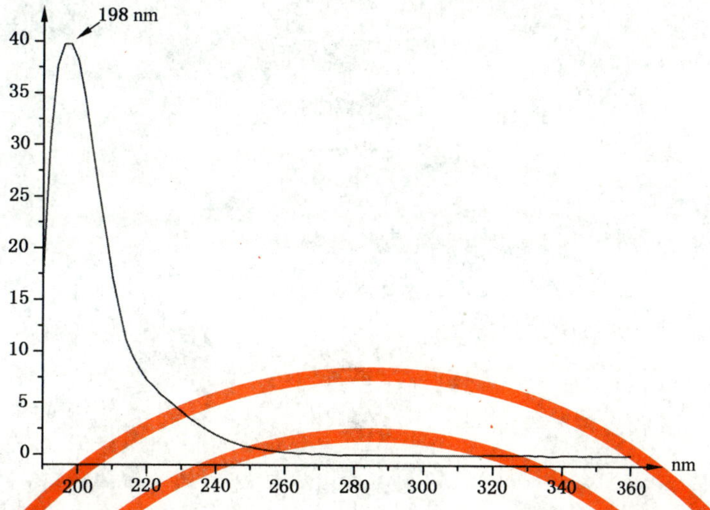

图 A.3 丙烯酰胺的标准 DAD 扫描光谱图

ICS 59.120.30
W 94

中华人民共和国国家标准

GB/T 30167.1—2013

纺织机械 织机边撑 第1部分:边撑刺轴

Textile machinery—Weaving machine temples—Part 1:Temple cylinders

(ISO 8118-1:2006,MOD)

2013-12-17 发布　　2014-10-15 实施

中华人民共和国国家质量监督检验检疫总局
中国国家标准化管理委员会　发布

前言

GB/T 30167《纺织机械　织机边撑》分为以下2部分：

——第1部分：边撑刺轴；

——第2部分：全幅边撑。

本部分为GB/T 30167的第1部分。

本部分按照GB/T 1.1—2009给出的规则起草。

本部分使用重新起草法修改采用ISO 8118-1：2006《纺织机械　织机边撑　第1部分：边撑刺轴》(英文版)。

本部分与ISO 8118-1：2006相比在结构上有较多调整，附录A列出了本部分与ISO 8118-1：2006的章条编号对照一览表。

本部分与ISO 8118-1：2006相比存在技术性差异，这些差异涉及的条款已通过在其外侧页边空白位置的垂直线(|)进行了标示，附录B中给出了相应技术性差异及其原因的一览表。

本部分还对ISO 8118-1：2006做了下列编辑性修改：

a) 用"GB/T 30167.1"代替"ISO 8118-1"；

b) 删除了ISO 8118-1：2006的前言；

c) 增加了图1中分图的编号和分图题，尺寸符号与其释义之间增加破折号"——"，并在释义之后增加分号"；"，最后一个释义之后增加句号"。"；

d) 用小数点符号"."代替作为小数点符号的"，"；

e) 用标点符号"，"代替表1中间隔数字的短线"-"；

f) 表3中长度代号 l 移放在表头中；

g) 增加了表1中 t 相关规格参数有效位数的"0"；

h) 增加资料性附录A和附录B。

本部分由中国纺织工业联合会提出。

本部分由全国纺织机械与附件标准化技术委员会纺织器材分技术委员会(SAC/TC 215/SC 2)归口。

本部分起草单位：上海梅花刺轴有限公司、常州市雄鹰刺轴有限公司、鲁泰纺织股份有限公司、陕西纺织器材研究所。

本部分主要起草人：秋黎凤、赵玉生、张中辉、曹国栋、孙建新、张溢、张建祥、杜立新。

纺织机械　织机边撑
第1部分:边撑刺轴

1　范围

GB/T 30167 的本部分规定了织机用边撑刺轴的术语和定义、名称、规格和标记。

2　术语和定义

下列术语和定义适用于本文件。

2.1

边撑刺轴　temple cylinder

在织造过程中用于将织物尽可能撑拉至与筘上经纱同宽、并安装在靠近织口位置的装置。

见图1。

2.2

刺环　ring

植入钢针并在外圆周面上露出针尖的环状体。

见图1。

2.3

滚环　ring without pin

结构与刺环相同的无钢针环状体。

见图1。

2.4

滚筒　roller

附加于轴和衬套上的可旋转筒体。

见图1。

3　名称

图1为边撑刺轴组件和尺寸说明。

4　规格

4.1　轴径

轴径 d_1 为 9 mm、10 mm。

4.2　刺环(成套)

见表1。

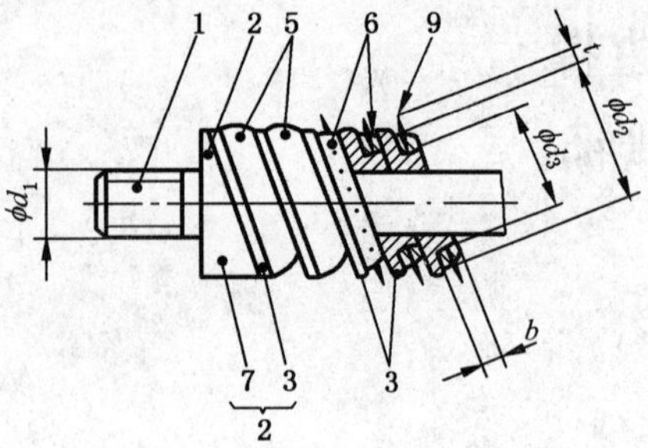

a） 刺环组件

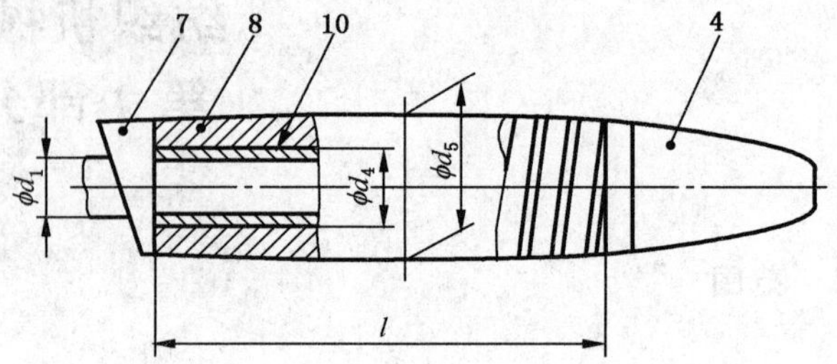

b） 滚筒组件

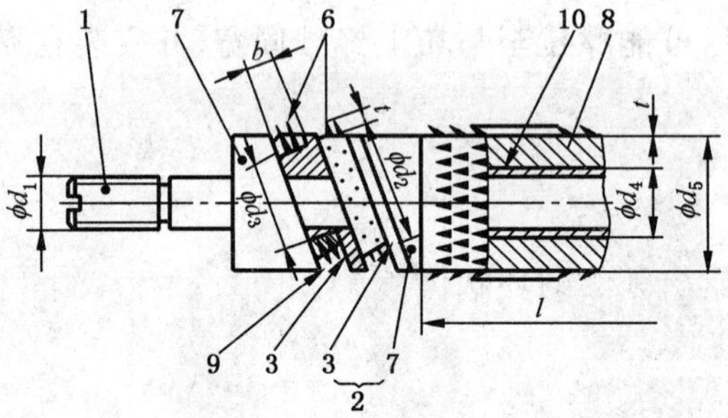

c） 钢刺辊组件

基本尺寸：

b——环厚；

d_1——轴径；

d_2——环外径；

d_3——环孔径；

t——针/刺高；

d_4——滚筒内径；

d_5——滚筒外径；

l——滚筒长度。

1——轴；

2——斜座(可能是单个，也可能是 3 和 7 合起来)；

3——环座；

4——刺轴头；

5——滚环；

6——刺环；

7——斜面盘；

8——滚筒[a]；

9——针/刺；

10——衬套。

注：尺寸见表 1、表 2 和表 3。

[a] 滚筒结构材料决定其名称，如“橡胶滚筒”、“铜滚筒”、“聚氨酯滚筒”、“钢刺滚筒”。

图 1　边撑刺轴组件和尺寸

表 1 刺环规格

单位为毫米

系列	标准直径	针排数	总针数	t	d_2	d_3	b
A	24	1	18	0.50,0.75,1.00	24～25	14.2～17.0	3.0～7.0
			24	1.25,1.50,1.75			
		2	30	1.50,1.75			
			36	1.25			
			48	1.00			
			60	0.75			
			72	0.50			
		3	54	1.25			
			72	1.00			
			90	0.75			
			108	0.50,0.30			
		4	72	1.25,1.50,1.75			
			96	1.00			
			120	0.75			
			144	0.50			
		5	90	1.25,1.50,1.75			
			120	1.00			
			150	0.75			
			180	0.50			
B	23	1	18	0.50,0.75,1.00	23～24	14.2～16.1	
			24	1.25,1.50,1.75			
		2	24	1.75,2.00			
			30	1.50			
			36	1.25			
			48	0.50,0.75,1.00,1.25			
		3	72	1.25,1.50			
		4	96	0.50,0.75,1.00			
			132	0.50,0.75,1.00			
		5	150	1.00			7.0[b]
C[a]	17	3	72	0.50,0.75,1.00,1.25	17	12.0	4.8

[a] 该尺寸应避免用于新产品。

[b] 对于两个平衡滚环，可以选用两个配套的对等滚环。

4.3 滚环

见表2。

表2 滚环规格

单位为毫米

系列	外部材质	外部结构	d_2	d_3	b
A	橡胶 聚氨酯 铜 尼龙	光滑	24.5～26.0	13.3～16.1	3.0～5.7
B			23.5～25.0		

4.4 滚筒

见表3。

表3 滚筒规格

单位为毫米

系列	外部材料	外部结构	外径 d_5	内径 d_4	轴周单列刺数	针/刺高 t	长度 l
A	橡胶 聚酰胺(尼龙) 聚氨酯 铜 钢	光滑 有槽 滚花 粗螺纹左/右手 细螺纹左/右手	24.0 26.0	14.0～ 16.1			
	钢	凿刺	23.8		24	0.60	
					36	0.30,0.35,0.40	
					48	0.20,0.25	
B	橡胶 聚酰胺(尼龙) 聚氨酯 铜 钢	光滑 有槽 滚花 粗螺纹左/右手 细螺纹左/右手	22.0 24.0	14.0～ 16.1			
	钢	凿刺	23.8		24	0.60	
					36	0.30,0.35,0.40	
					48	0.20,0.25	
C	钢	凿刺	12.0	8.0	12	0.75	
					16	0.20,0.35,0.40,0.60	

5 标记

边撑刺轴标记应包括以下内容：

a） “边撑刺轴”；

b） 本标准编号(即 GB/T 30167.1)；

c） 刺环所属系列和针排数；

d） 针总数；

e） 针/刺高；

f） 环厚；

g） 针尖形状(锐化或钝化)。

示例：

有 2 排针的 A 系列边撑刺轴，针总数为 48，针高 1.0 mm，环厚 4.4 mm，钝化的针尖应标记为：

边撑刺轴　GB/T 30167.1-A2-48-1.0-4.4-钝化

附 录 A
（资料性附录）
本部分与 ISO 8118-1:2006 相比的结构变化情况

本部分与 ISO 8118-1:2006 相比在结构上有较多调整，具体章条编号对照情况见表 A.1。

表 A.1 本部分与 ISO 8118-1:2006 的章条编号对照情况

本部分章条编号	对应的 ISO 8118-1:2006 章条编号
前言的第 1 段	前言的第 7 段
1	1
2.1	2.1
2.2	2.2
2.3	—
2.4	2.3
3	3
4.1	4.1
4.2	4.2
4.3	—
4.4	4.3
5	5

附 录 B
（资料性附录）
本部分与ISO 8118-1:2006的技术性差异及其原因

表B.1给出了本部分与ISO 8118-1:2006的技术性差异及其原因。

表B.1 本部分与ISO 8118-1:2006的技术性差异及其原因

本部分章条编号	技术性差异	原　因
2.3	增加了术语“滚环　ring without pin”	为了与“刺环”相区分
3	在图1增加了钢刺辊组件的分图	在我国无梭织机的发展中，“钢刺辊”边撑刺轴应用较多
	在图1脚注中增加了滚环外部结构材料的说明	“聚氨酯滚筒”、“钢刺滚筒”应用较多
4.1	增加了轴径为9 mm的规格	喷气织机中，轴径不是10 mm的产品很多
4.2	表1中系列A的针排数为1中增加总针数24	针数增加可提高撑幅力、减小针负荷，有利于减少纤维损伤、保护织物
	d_2、d_3、b给出范围	边撑刺轴是由不同尺寸的刺环、滚环组合而成
4.3	增加了滚环，并将滚环规格列在表2中	为了使产品结构要素更加具体完整
4.4	在表3中增加了钢刺辊滚筒的轴周单列刺数、针/刺高；增加系列C	列入其具体规格以便于选用

ICS 59.120.30
W 94

中华人民共和国国家标准

GB/T 30167.2—2013/ISO 8118-2:2006

纺织机械 织机边撑 第2部分:全幅边撑

Textile machinery—Weaving machine temples—Part 2:Full-width temples

(ISO 8118-2:2006,IDT)

2013-12-17 发布 2014-10-15 实施

中华人民共和国国家质量监督检验检疫总局
中国国家标准化管理委员会 发布

前 言

GB/T 30167《纺织机械 织机边撑》分为以下2部分：

——第1部分：边撑刺轴；

——第2部分：全幅边撑。

本部分为GB/T 30167的第2部分。

本部分按照GB/T 1.1—2009给出的规则起草。

本部分使用翻译法等同采用ISO 8118-2:2006《纺织机械 织机边撑 第2部分：全幅边撑》(英文版)。

为便于使用，本部分对ISO 8118-2:2006做了下列编辑性修改：

a) 用"GB/T 30167.2"代替"ISO 8118-2"；

b) 删除了ISO 8118-2:2006的前言；

c) 图1中尺寸符号与其释义之间增加破折号"——"，并在释义之后增加分号"；"，最后一个释义之后增加句号"。"。

本部分由中国纺织工业联合会提出。

本部分由全国纺织机械与附件标准化技术委员会纺织器材分技术委员会(SAC/TC 215/SC 2)归口。

本部分起草单位：上海梅花刺轴有限公司、常州市雄鹰刺轴有限公司、鲁泰纺织股份有限公司、陕西纺织器材研究所。

本部分主要起草人：秋黎凤、赵玉生、张中辉、曹国栋、孙建新、张溢、张建祥、杜立新。

纺织机械　织机边撑
第2部分:全幅边撑

1　范围

GB/T 30167 的本部分规定了织机用全幅边撑的术语和定义、名称、规格和标记。

2　术语和定义

下列术语和定义适用于本文件。

2.1

全幅边撑　full-width temple

在织造过程中用于将织物撑开、使之接近筘上最大经纱宽并尽可能安装在靠近织口位置的装置。

见图1。

3　名称

图1为全幅边撑组件及其尺寸说明。

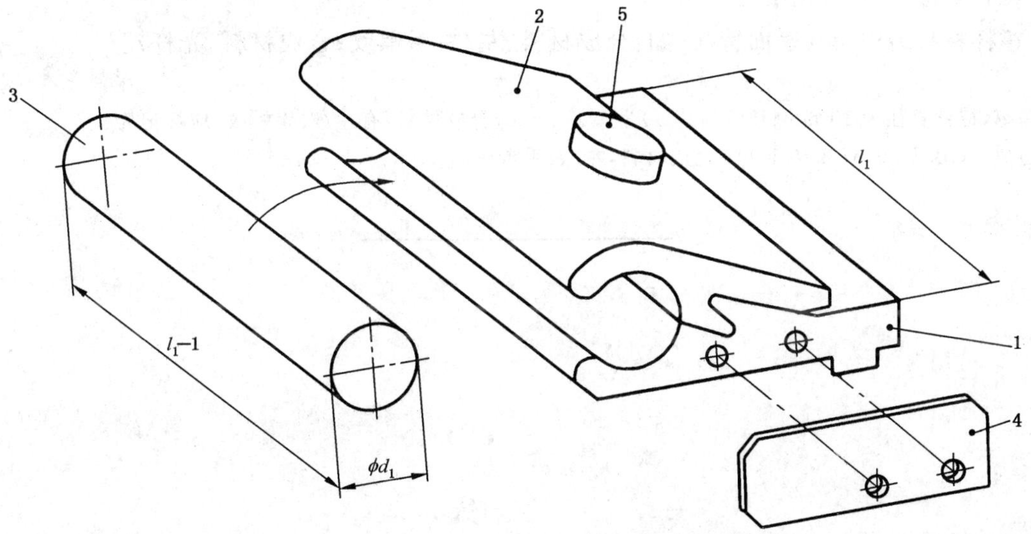

基本尺寸：

d_1——撑杆直径；

l_1——全幅边撑长度；

l_1-1——撑杆长度。

说明：

1——幅撑座；

2——幅撑盖；

3——撑杆；

4——边盖；

5——定位螺栓。

注：撑杆直径见表1。

图1　全幅边撑组件及其尺寸

4 规格

撑杆规格见表 1。

表 1 撑杆规格

单位为毫米

材料	直径 d_1	结构	长度
橡胶 铜 钢 合成材料	8 10 12 14 16 18	光杆 左/右手螺纹 橡胶涂层 其他	l_1-1

5 标记

全幅边撑标记应包括以下内容：

a) “全幅边撑”；

b) 本标准编号(即 GB/T 30167.2)；

c) 撑杆直径 d_1；

d) 撑杆长度 l_1-1 mm；

e) 撑杆材料结构及其表面特征(如：合成材料、左/右手螺纹；合成材料、光杆)。

示例：

全幅边撑，撑杆直径为 10 mm、长度(l_1-1)为 1 995 mm，合成材料，有左/右手螺纹，应标记为：

全幅边撑 GB/T 30167.2-10-1 995-合成材料，左/右手螺纹。